普通高等教育"十二五"规划教材

石油化学工程基础

史德青　王万里　刘相　段红玲　主编

中国石化出版社

内 容 提 要

本书主要论述石油化学工程中单元操作的基本原理及其设备的计算，主要内容包括绪论、流体流动、流体输送机械、沉降与过滤、固体流态化和气力输送、传热及换热设备、气体吸收、液体蒸馏、气液传质设备、蒸发和干燥等。本书力求联系炼油和石油化工工业的生产实际，基本概念和基本原理论述由浅入深，并列有必要的例题和习题。

本书可作为石油院校非化工专业化工原理教学的教材，亦可供炼油和石油化工部门的工程技术人员参考。

图书在版编目(CIP)数据

石油化学工程基础 / 史德青等主编. —北京：
中国石化出版社，2014.8
普通高等教育"十二五"规划教材
ISBN 978 - 7 - 5114 - 2866 - 0

Ⅰ.①石… Ⅱ.①史… Ⅲ.①石油化工 - 化学工程 - 高等学校 - 教材 Ⅳ.①TF65

中国版本图书馆 CIP 数据核字(2014)第 159271 号

未经本社书面授权,本书任何部分不得被复制、抄袭,或者
以任何形式或任何方式传播。版权所有,侵权必究。

中国石化出版社出版发行

地址:北京市东城区安定门外大街 58 号
邮编:100011   电话:(010)84271850
读者服务部电话:(010)84289974
http://www.sinopec-press.com
E-mail:press@sinopec.com
北京柏力行彩印有限公司印刷
全国各地新华书店经销

*

787 × 1092 毫米 16 开本 25 印张 630 千字
2014 年 8 月第 1 版   2014 年 8 月第 1 次印刷
定价:50.00 元

前言

为适应石油院校本科非化工专业化工原理教学的需要，本书作者在多年教学实践的基础上，结合石油院校非化工专业的教学实际情况，编写了《石油化学工程基础》一书。

"化工原理"是化学工程学的重要组成部分，它为过程工业(包括化工、轻工、医药、食品、环境、材料、冶金等工业部门)提供理论基础与技术原理，对化工及相近学科的发展起支撑作用。石油院校的多个非化工专业，如过程装备与控制、自动化、材料化学和安全工程等，其学生学习化工原理的基础知识，不仅能开阔视野、夯实化学理论基础，还能培养工程观念，并能为将来在过程工业领域的工作提供有益的帮助。因此，多个石油院校的相关专业都为学生开设了化工原理方面的课程。但目前适用于石油院校非化工专业的化工原理教材较为稀少，为这些专业的学生提供一本适合其需求的化工原理教材是非常有必要的。

本书作者长期从事本科化工和非化工专业的化工原理教学，明了非化工专业学生的化学基础和实际需求，结合师生们提供的宝贵意见和建议，将化工原理中与石油加工和石油化工过程紧密相关的主要单元操作教学内容进行凝练和精简，最终形成本书。

本书主要论述石油化学工程中单元操作的基本原理及其设备的计算，包括绪论、流体流动、流体输送机械、沉降与过滤、固体流态化和气力输送、传热及换热设备、气体吸收、液体蒸馏、气液传质设备、蒸发和干燥等。本书力求联系炼油和石油化工工业的生产实际，可作为石油院校非化工专业少学时化工原理教学的教材，亦可供炼油和石油化工部门的工程技术人员参考。

本书绪论及第 2 章由张海鹏执笔，第 1、3 章由刘相执笔，第 4、8 章由李军执笔，第 5 章由段红玲执笔，第 6、7 章由王万里执笔，第 9、10 章和附录由史德青执笔。全书的统稿由史德青完成。

本书的编写汲取了中国石油大学(华东)李阳初教授编写的《石油化学工程原理》、《石油化学工程基础》教材的精华，并广泛参考了国内外现行的多种同类教材，教研室的同事们也在编写过程中多次提出宝贵意见，编者在此一并致谢。

由于编者学识有限，书中欠妥之处在所难免，恳请同行及使用者不吝指教，以助日后修订。

目 录

I

绪　论

0.1　化学工程及其发展

化学工程(Chemical Engineering)研究以化学工业为代表的过程工业中有关的化学过程和物理过程的一般原理和共性规律，解决过程及装置的开发、设计、操作及优化的理论和方法问题，其研究内容与方向包括化工热力学、传递过程原理、分离工程、化学反应工程、过程系统工程及其他学科分支。

化学工程作为工程技术学科，经历了形成、发展以及拓展三个阶段。从 19 世纪末至 20 世纪 30 年代左右，提出并发展了"单元操作"，是化学工程的形成阶段，为化学工程这门工程学科初步奠定了理论基础。英国化学家戴维斯(G. E. Davis，1850 ~ 1907)首先提出"化学工程"的概念，指出各种不同的化工过程的基本规律是相同的，其科学基础是化学、物理和数学。1915 年利特尔(A. D. Little，1863 ~ 1935)提出了"单元操作"的概念，并论述了它的基本内容，从而形成了化学工程的分类基础，使单元操作成为解决各种化工过程问题的方法。

20 世纪 40 年代至 20 世纪 60 年代左右，化学工程学科的各个二级学科先后问世，并促进了一系列有重大影响的化学工艺的产生，是化学工程的发展阶段。1939 年美国麻省理工学院韦伯(H. C. Weber)的《化学工程师用热力学》问世，1944 年美国耶鲁大学道奇(B. F. Daoger)的《化工热力学》出版，使得化工热力学成为化学工程领域的一个分支学科。在对单元操作的的研究中，人们渐渐发现所有这些操作都可以归于流体流动、传热与传质三种现象，各种单元操作的特性均服从于这三种传递的基本规律。这样，化学工程由单元操作研究阶段进入了"三传"的研究阶段，形成了化学工程领域的另一个分支学科传递过程。1960 年美国勃德(R. B. Bird)的《传递现象》的出版标志着传递过程研究内容的完善。随着化工工艺的发展，特别是石油化工的发展和生产的大型化，对反应过程的开发与反应器的放大设计提出了更高要求，化学反应工程这一分支学科应运而生，并于 1957 年第一届欧洲化学反应工程学术会议上正式确定命名。从此，化学工程的"三传一反"的理论开始建立和完善。20 世纪 50 年代末，随着电子计算机进入化工领域，系统模拟开始出现。20 世纪 60 年代，石油化工装置的高度集中的自动化控制系统和化工模拟系统的推广与应用，推进了化工系统工程及化工控制工程等二级学科的形成。

20 世纪 70 ~ 80 年代以后，化学工程与生物、材料、资源、环境、微电子紧密结合，形成了新的交叉学科和发展领域，是化学工程的拓展阶段。

0.2　本课程的研究对象和任务

在石油加工、石油化工等工业中有所谓工艺过程和单元操作，后者就是本课程的研究对象。

工艺过程是指将一定的原料经过各个物理加工和化学加工而获得符合一定规格要求的各种产品的过程。例如,石油加工中的原油常压蒸馏,就是将原油经换热、加热、蒸馏等加工处理,以得到汽油、煤油、柴油、重油等产品的生产过程,其原理流程如图 0-1 所示。

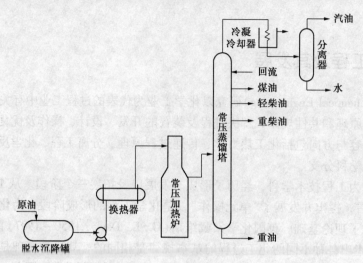

图 0-1　原油常压蒸馏原理流程

又例如石油化工中的裂解分离装置,就是将原料油(柴油或汽油等)经过加热、高温裂解、压缩以及低温分离,以得到乙烯、丙烯等烯烃产品的生产过程,其原理流程如图 0-2 所示。

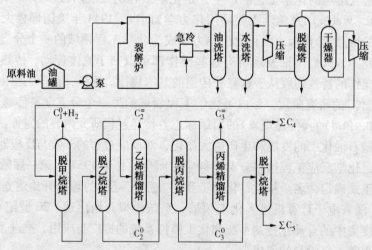

图 0-2　裂解分离装置的原理流程图

由于石油加工、石油化工以及化学、制药、轻工、冶金、原子能等工业生产中,原料各异,要求得到的产品种类繁多,又有各种各样的加工方法和各种型号的装置设备,因此实际生产中有很多的工艺过程。

虽然工艺过程为数众多,而且随着科学技术和经济的发展、新产品的不断开发,还会有新的工艺过程出现。但经过分析可以发现,千差万别的工艺过程都是由原理上相同或相似的一些基本单元组成。就以上所举出的两个典型的工艺过程来说,大体上是由物料沉降、压缩和输送、加热和换热、裂解(化学反应)、蒸馏等基本单元所组成,其中除了裂解(有些工艺过程还有合成、聚合等)为化学反应过程外,其余的均是只改变物料状态或物理性质,并不改变物料化学性质的物理过程,将这些物理过程称为单元操作。在石油加工和石油化工中,其核心是化学反应过程及其设备——反应器。同时,为了保障化学反应过程有效地进行和得到各种规格的产品,就必须以各种物理过程对原料进行预处理以达到必要的温度、压力等条件和对反应产物进行处理以达到分离、精制等目的。因此,单元操作是石油加工和石油化工生产中不可缺少的重要组成部分。

在石油加工和石油化工生产中,重要的单元操作约有 20 多种,按其理论基础可归纳为以下三类:

(1)流体流动过程,包括流体输送、气体压缩、沉降、过滤、离心分离、搅拌、固体流态化、气力输送等。

(2)传热过程,包括加热、冷凝和冷却、蒸发等。

(3)传质过程,包括蒸馏、吸收、萃取、吸附、干燥、结晶等。进行这些过程的目的是分离均相混合物,故称传质过程,又称分离过程。

《石油化学工程基础》这门课程既不同于自然科学中的基础学科,也区别于具体的石油加工和石油化工中产品生产工艺学,它研究的是各个单元操作的基本原理、计算方法及其设备的设计、操作和选型等。通过本课程的学习使学生掌握各个单元操作的基本理论和计算方法,培养学生运用这些基本理论和计算方法正确地分析、解决各个单元操作中各种工程技术问题的能力。因此,《石油化学工程基础》与《化工原理》、《化学工程基础》、《单元操作》等属同一内容的课程,是石油加工、石油化工、炼油化工仪表自动化等专业的一门重要的技术基础课,也是石油应用化学、化工实验技术、环境工程等专业的一门工程基础课。因此,本课程具有十分广泛的实用性。

0.3　单元操作过程中常见的基本规律

单元操作虽有若干种,所解决的实际问题也非常之多,但是研究单元操作时,都遵循下列四个基本规律,也是研究单元操作的四个基本工具,即:

1. 物料衡算

物料衡算是以质量守恒定律为基础,即向单元过程输入的物料质量必等于从该过程输出的物料质量与该过程中积累的物料质量之和,即:

$$输入的物料质量 = 输出的物料质量 + 积累的物料质量 \qquad (0-1)$$

对于连续、稳定的操作过程,各物料量不随时间变化,则过程中不应有物料的积累,即式(0-1)可写为:

$$输入的物料质量 = 输出的物料质量 \qquad (0-2)$$

式(0-1)和式(0-2)均称物料衡算方程式,它既适用于总物料衡算计算,也适用于某一组分的物料衡算计算。物料衡算是单元操作过程及化工工艺过程的重要计算内容之一,它对于设备尺寸的设计和生产过程的操作、控制等具有重要意义。在进行物料衡算计算时,要确定计算的范围,明确计算的对象(即总物料或某一组分),选定计算基准,一般常用单位时间或单位进料质量作为衡算的基准。

2. 能量衡算

能量衡算是以能量守恒定律为基础的，对于连续、稳定操作过程，输入系统的总能量必等于输出系统的总能量和系统与环境交换的能量之和。

能量有各种形式，本教材中所涉及到的能量主要有机械能和热能。进行机械能衡算或热量衡算的方法与物料衡算基本相同，同样也要确定衡算范围和基准，通常用单位质量或单位体积的物料(此处指的是总物料)，或者用单位时间作为能量衡算的基准。

通过能量衡算可以了解生产操作中能量利用和损失情况，以便确定设备的处理能力，保证单元操作按所规定的条件(温度、流动要求)进行。

3. 系统的平衡关系

平衡状态是自然界普遍存在的现象，当系统在某一条件下自然发生变化时，其变化必趋于一定的方向，如任其发展，结果必达到平衡状态为止。例如热量从温度较高的物体传向温度较低的物体时，将一直进行到两个物体的温度相等时为止，又如，在一定温度下，当溶液中食盐浓度小于其饱和浓度时，加入的食盐就溶解，直至达到平衡状态；反之，溶液中的食盐会析出，最终达到平衡状态。因此，平衡状态是各种自然发生的变化过程可能达到的极限程度。在物系相际间进行的传质平衡关系为相平衡关系，显然，用相平衡关系可判断传质过程进行的方向和可能达到的限度。

4. 过程速率

由上可知，任何一个系统，如果不是处于平衡状态，就必然向平衡状态变化。但以多大的速率趋于平衡，这不取决于平衡关系，而取决于系统的不平衡程度(如上述溶液中的食盐浓度与其饱和浓度相差程度)和影响过程变化的许多其他因素。通常以系统的不平衡程度为推动力，把其他许多影响因素归于过程阻力，则过程速率可近似地用下式表示，即：

$$过程速率 = \frac{过程推动力}{过程阻力} \tag{0-3}$$

不同的过程有各自的推动力和阻力的内涵，如传热过程的推动力是互相换热的两流体间的温度差，传质过程则是物系浓度与平衡浓度之差，而诸过程的阻力内涵则较为复杂，需要结合具体过程，进行具体分析。

由式(0-3)可见，过程速率与过程推动力成正比，与过程阻力成反比，这种关系类似于电学中的欧姆定律。过程速率是决定过程设备尺寸的重要因素，如果过程速率大时，设备尺寸就可以小些。因此，过程平衡关系是过程设备尺寸设计计算的理论依据，过程速率则是过程设备尺寸设计计算的基本工具。

在研究单元过程中，除了应用以上四个基本规律研究过程的变化和进行设备的设计计算外，还要利用技术经济比较，以优化过程方案，使单元操作得以经济有效地进行。

0.4 单位及单位换算

0.4.1 单位与单位制

任何物理量的大小都是用数值和单位来表示的。由于各种物理量之间存在着客观的联系，因此不必对每个物理量都单独进行任意选择，通常是任意选定几个独立的物理量，作为基本量，并根据使用方便的原则制定出基本量的单位作为基本单位，而其他物理量的单位通过基本单位根据其定义或物理方程导出，所以这些物理量称为导出量，其单位称为导出单位。所有导出单位都是由基本单位相互乘、除关系而构成的。如果选定长度和时间作为基本量，其单位定为米和秒，那么速度的单位就是导出量，其单位可通过它的定义导出，即为（m/s）。

基本单位与导出单位的总和称为单位制。由于基本量及其单位的不同选择，就产生了不同的单位制。过去我国经常采用的单位制有物理单位制（CGS制）和工程单位制，它们的基本量和单位如表0-1所示。

表0-1　CGS制与工程制的基本单位

项目	CGS 制				工 程 制			
量的名称	长度	质量	时间	温度	长度	力	时间	温度
单位符号	cm	g	s	℃	m	kgf	s	℃

工程单位制中把力作为基本量，其单位为kgf（千克力或公斤力），1kgf的意义为1kg（千克）质量的物体在重力加速度为9.807m/s^{2}的海平面所受到的重力。

由于科学技术的迅速发展和国际学术交流的日益广泛，以及理科与工科的关系进一步密切，要求有统一的度量单位。1960年10月第11届国际计量会议制定了一种国际上统一的国际单位制，其代号为SI（法文Système International d'unites缩写）。国际单位制（SI制）中所规定的7个基本量及其单位和2个辅助量及其单位构成了不同科学技术领域中所需要的全部单位，如表0-2所示；用于构成十进倍数和分数单位的词冠及化工中常用的具有专门名称的导出单位分别列于表0-3及表0-4。

我国于1984年2月27日发布了以国际单位制为基础，包括国家选定的国内外习惯或通用的少数非国际单位制单位在内的《中华人民共和国法定计量单位》，简称法定单位。其内容除了表0-2、表0-3、表0-4外，还有《国家选定的非国际单位制单位》。表0-5是其节录。

表0-2　国际单位制的基本单位和辅助单位

类　别	物　理　量	单　位　名　称	单　位　符　号
基本单位	长度	米	m
	质量	千克（公斤）	kg
	时间	秒	s
	电流	安[培]	A
	热力学温度	开[尔文]	K
	物质的量	摩[尔]	mol
	发光强度	坎[德拉]	cd
辅助单位	平面角	弧度	rad
	立体角	球面度	sr

注：1. （ ）内的字为前者同义语。

2. [ ]内的字，是在不致混淆的情况下可以省略的字。

表 0-3　国际单位制用于构成十进倍数和分数单位的词头

所表示的因数	词头名称	符号	所表示的因数	词头名称	符号
10^{18}	艾[克萨]	E	10^{-1}	分	d
10^{15}	拍[它]	P	10^{-2}	厘	c
10^{12}	太[拉]	T	10^{-3}	毫	m
10^{9}	吉[咖]	G	10^{-6}	微	μ
10^{6}	兆	M	10^{-9}	纳[诺]	n
10^{3}	千	k	10^{-12}	皮[可]	p
10^{2}	百	h	10^{-15}	飞[母托]	f
10^{1}	十	da	10^{-18}	阿[托]	a

注：[ ]内的字，可在不致混淆的情况下省略。

表 0-4　化工常用国际单位制中具有专门名称的导出单位

物 理 量	单 位 名 称	单 位 符 号	用其他导出单位表示	用基本量表示
频率	赫[兹]	Hz		s^{-1}
力；重力	牛[顿]	N		$kg \cdot m \cdot s^{-2}$
压力，压强；应力	帕[斯卡]	Pa	N/m^2	$kg \cdot m^{-1} \cdot s^{-2}$
能量；功；热	焦[耳]	J	$N \cdot m$	$kg \cdot m^2 \cdot s^{-2}$
功率	瓦[特]	W	J/s	$kg \cdot m^2 \cdot s^{-3}$
摄氏温度	摄氏度	℃		

注：[ ]内的字，可在不致混淆的情况下省略。

表 0-5　国家选定的部分非国际单位制单位

物 理 量	单 位 名 称	单 位 符 号	换算关系和说明
时间	分	min	$1min = 60s$
	[小]时	h	$1h = 60min = 3600s$
	天（日）	d	$1d = 24h = 86400s$
平面角	[角]秒	(″)	$1'' = (\pi/648000) rad$（π 为圆周率）
	[角]分	(′)	$1' = 60'' = (\pi/10800) rad$
	度	(°)	$1° = 60' = (\pi/180) rad$
旋转速度	转每分	r/min	$1r/min = (1/60) s^{-1}$
质量	吨	t	$1t = 10^3 kg$
体积	升	L(l)	$1L = 1dm^3 = 10^{-3} m^3$

注：1. [ ]内的字，在不致混淆的情况下可以省略。

2. ( )内的字为前者的同义语。

3. 角度单位度、分、秒的符号不处于数字后时，要用括弧。

4. r 为"转"的符号。

5. 升的符号中，小写字母 l 为备用符号。

0.4.2 单位换算

由于目前常用的物理、化学数据手册以及工程计算用表和图仍有许多是用物理单位制或工程单位制单位表示，所以查得的数据，其单位就可能是非法定单位。本教材采用法定单位，在例题和习题中，除特殊说明外，均采用 SI 单位制单位进行计算，因此必须掌握同一物理量的不同单位制单位之间的换算关系。由于同一物理量若用不同单位制单位度量时，量本身并无变化，只是其数值需相应地改变，因此进行单位换算时，需要乘以两单位间的换算因数。换算因数就是某一物理量用不同单位表示时，它们的数值关系系数。如把质量的单位由 kg(千克) 换算成 g(克)，因 1kg 等于 1000g，则其换算因数为 1000。同理，把长度的单位由 m 换算成 cm 时的换算因数为 100 。

石油加工和石油化工中常用的单位换算因数可以从本教材附录中查得。

【例 0 – 1】 将某温度下水的密度 $\rho = 1g/cm^3$，换算成以 SI 单位表示的值。

解：由于 $1g = 10^{-3}kg$，$1cm^3 = 10^{-6}m^3$

则 $$\rho = 1g/cm^3 = 1 \times \frac{g \times \dfrac{10^{-3}kg}{1g}}{cm^3 \times \dfrac{10^{-6}m^3}{1cm^3}} = 1 \times 10^{-3} \times 10^6 = 10^3 kg/m^3$$

可见，把密度的单位由 g/cm^3 换算为 kg/m^3 的换算因数为 1000。

【例 0 – 2】 将压力 $p = 1.033kgf/cm^2$ 的单位分别换算成工程单位和 SI 单位制。

解：由于 $1kgf/cm^2 = 9.807N$，$1cm^2 = 10^{-4}m^2$

则 $$p = 1.033kgf/cm^2 = 1.033 \times \frac{kgf}{cm^2 \times \dfrac{10^{-4}m^2}{1cm^2}} = 1.033 \times 10^4 kgf/m^2$$

又 $$p = 1.033kgf/cm^2 = 1.033 \times \frac{kgf \times \dfrac{9.807N}{1kgf}}{cm^2 \times \dfrac{10^{-4}m^2}{1cm^2}} = 1.013 \times 10^4 N/m^2$$

【例 0 – 3】 将 30℃ 水的比热容 $c_p = 0.997cal/(g \cdot ℃)$ 换算成以 SI 单位表示的值。

解：由附录查得 $1cal = 4.187J$，$1g = 10^{-3}kg$，又 $\Delta℃ = \Delta K$

则 $$c_p = 0.997cal/(g \cdot ℃) = 0.997 \times \frac{cal \times \dfrac{4.187J}{1cal}}{g \times \dfrac{10^{-3}kg}{1g} \times ℃ \times \dfrac{\Delta K}{\Delta ℃}}$$

$$= 4.184 \times 10^3 J/(kg \cdot K)$$

同样可见，比热容的 $cal/(g \cdot ℃)$ 与 $J/(kg \cdot K)$ 单位间的换算因数为 4.187×10^3。

以上是从每一个单独的单位进行了换算，从而得到了不同复合单位之间的换算因数，这对初学者来说是一个必要的训练。在今后的计算中，可直接运用复合单位间的换算因数进行计算。

习题

0 – 1 某设备内的压力为 $1.4kgf/cm^2$，试用 SI 单位表示此压力。

0 – 2 将 100 kcal/h 的传热速率换算成以 kW(千瓦) 表示的传热速率。

0-3　流体的体积流量为 4L/s，试分别用 L/min、m^3/s 及 m^3/h 表示。

0-4　空气在 100℃时的比热容为 0.241 kcal/(kgf·℃)，试以 SI 单位表示。

0-5　5kgf·m/s 等于多少 N·m/s、J/s 和 kW？

0-6　通用气体常数 $R = 82.06$ atm·cm^3/(mol·K)，请将其单位换算成为工程制单位 kgf·m/(kmol·K) 和 SI 单位 kJ/(kmol·K)。

第1章 流 体 流 动

1.1 概述

气体和液体具有流动性，统称为流体。在炼油、石油化工等生产过程中，不论是所处理的原料、还是中间品或产品，大多都是流体；而且生产过程都是在流体流动下进行的，在炼油和石油化工厂中有纵横交错的管道和众多的机泵在各生产设备之间输送流体。这就说明流体流动不但普遍存在，而且流体流动的状况与生产过程的能量消耗、设备投资等密切相关，同时对传热、传质等其他单元操作的研究也离不开流体流动的基本规律。因此，流体流动是炼油、石油化工等生产过程中一个很重要的单元操作。流体流动状况和流体的物性密切相关，常用的流体物性如下：

1. 密度

单位体积的流体所具有的质量称为流体的密度，通常以符号 ρ 表示。

$$\rho = \frac{m}{V} \qquad (1-1)$$

式中　m——流体的质量，kg；

　　　V——流体的体积，m^3。

不同的流体其密度是不同的。对于任一种流体，其密度又随压力和温度的变化而变化，即：

$$\rho = f(p, T) \qquad (1-2)$$

液体为不可压缩性流体，液体的密度随压力的变化很小，可忽略不计（除极高压力外）。温度对液体的密度会有一定的影响，故在手册或有关资料中，对液体的密度都注明了相应的温度条件。

气体是可压缩性流体，其密度随温度和压力的变化较大，通常在温度不太低、压力不太高的情况下，气体的密度可近似地用理想气体状态方程进行计算，即

$$\rho = \frac{pM}{RT} \qquad (1-3)$$

式中　p——气体的绝对压力，Pa；

　　　M——气体的摩尔质量，kg/kmol；

　　　R——气体常数，8.314 J/(mol·K)；

　　　T——气体的温度，K。

气体密度也可按下式进行计算：

$$\rho = \rho_0 \frac{T_0 p}{T p_0} \qquad (1-4)$$

上式中的 ρ_0 为标准状态（即 $p_0 = 101.3 kPa$ 及 $T_0 = 273.15 K$）下气体的密度，其值为 $\rho_0 = M/22.4 \ kg/m^3$。

当气体的压力较高、温度较低时，其密度应采用真实气体状态方程式进行计算。

对液体混合物，各组分的组成通常用质量分率表示。现以 1kg 混合液体为基准，假定各组分在混合前后其体积不变，则 1kg 混合液体的体积等于各组分单独存在时的体积之和，即

$$\frac{1}{\rho_m} = \frac{x_{w_1}}{\rho_1} + \frac{x_{w_2}}{\rho_2} + \cdots + \frac{x_{w_n}}{\rho_n} \qquad (1-5)$$

式中　ρ_1，ρ_2，$\cdots\rho_n$——液体混合物中各组分的密度，kg/m^3；

　　　x_{w_1}，$x_{w_2}\cdots x_{w_n}$——液体混合物中各组分的质量分率。

对于气体混合物，各组分的组成通常用体积分率表示。现以 $1m^3$ 混合气体为基准，如果各组分在混合前后其体积不变，则 $1\ m^3$ 混合气体的质量等于各组分的质量之和，即：

$$\rho_m = \rho_1 x_{v_1} + \rho_2 x_{v_2} + \cdots + \rho_n x_{v_n} \qquad (1-6)$$

式中　ρ_1，ρ_2，$\cdots$，ρ_n——气体混合物中各组分的密度，kg/m^3；

　　　x_{v_1}，x_{v_2}，$\cdots$，x_{v_n}——气体混合物中各组分的体积分率。

当气体混合物的温度、压力接近理想气体时，也可以用 $\rho = pM_m/(RT)$ 计算气体混合物的密度 ρ_m，其中气体混合物的平均相对分子质量可按下式计算，即

$$M_m = M_1 y_1 + M_2 y_2 + \cdots + M_n y_n \qquad (1-7)$$

式中　$M_1,M_2,\cdots,M_n$——气体混合物中各组分的相对分子质量；

　　　y_1，y_2，$\cdots$，y_n——气体混合物中各组分的摩尔分率。

2. 重度

这是工程单位制中的物理量，是指单位体积流体所具有的重量，其表达式

$$\gamma = \frac{F_g}{V} \qquad (1-8)$$

式中　γ——流体的重度，kgf/m^3；

　　　F_g——流体的重量，kgf；

　　　V——流体的体积，m^3。

3. 相对密度

相对密度是指液体的密度（或重度）与277K（即4℃）时纯水的密度（或重度）之比，工程上也称比重。相对密度是没有单位的，通常以符号 d 表示，其表达式为

$$d = \frac{\rho}{\rho_水} = \frac{\gamma}{\gamma_水} \qquad (1-9)$$

由于在4℃时，国际单位制中水的密度和工程单位制中水的重度在数值上都是1000，所以由上式可知 $\rho = 1000d$，单位为 kg/m^3，$\gamma = 1000d$，单位为 kgf/m^3。

4. 流体的比容

单位质量流体的体积，称为流体的比容，通常以 ν 表示，单位为 m^3/kg。显然，比容与密度互为倒数，即

$$\nu = \frac{V}{m} = \frac{1}{\rho} \qquad (1-10)$$

5. 流体的黏度和牛顿黏性定律

流体分子间存在着相互作用力，流体流动时，当低速流体层的分子借分子运动进入高速层时将使该层速度降低，反之，当高速流体层的分子借分子运动进入低速层时将促使该层速

度增加。从宏观上看，不同流速的流体层间的的相互作用会阻碍流体层原来的运动状态，较高流速的流体层受力后速度降低，较低流速的流体层受力后速度升高。流体流动过程中，相邻的不同流速的流体层之间的作用力称为内摩擦力，内摩擦力的物理本质是分子间的引力和分子的运动与碰撞。流体在流动时产生内摩擦力的这种性质，称为流体具有黏性。

实验证明，对一定的流体，内摩擦力 F 与两流体层的速度差 Δu 成正比，与两流体层间的垂直距离 Δy 成反比，与两流体层间的接触面积 S 成正比，即

$$F \propto \frac{\Delta u}{\Delta y} S$$

引进比例系数 μ，可把上式写成等式，即：

$$F = \mu \frac{\Delta u}{\Delta y} S$$

当流体在管内流动时，径向速度的变化规律并不是线性关系，而是曲线关系，则上式应改写成

$$F = \mu \frac{du}{dy} S$$

式中 $\dfrac{du}{dy}$——速度梯度，即与流体流动方向相垂直的方向上速度随距离的变化率；

$\quad\mu$——比例系数，其值与流体性质有关，流体的黏性越大，其值越大，所以也称为
流体的黏性系数。

上式所表示的关系，称为牛顿（Newton）黏性定律。它的物理意义是流体流动的内摩擦力的大小与流体性质有关，且与流体流动的速度梯度和流层接触面积成正比。

单位面积上的内摩擦力称为摩擦应力或剪应力，以 τ 表示，于是上式可写成

$$\tau = \mu \frac{du}{dy} \tag{1-11}$$

把流体的黏性系数称为动力黏度，简称黏度。

$$\mu = \frac{\tau}{\dfrac{du}{dy}}$$

黏度的物理意义：它是促使流体流动产生单位速度梯度的剪切力，也就是说黏度是速度梯度为 1 时，在单位面积上由于流体黏性所产生的内摩擦力大小。

黏度的单位可通过式（1-1）导出，即

$$[\mu] = \left[\frac{\tau}{\dfrac{du}{dy}}\right] = \frac{N/m^2}{\dfrac{m/s}{m}} = \frac{N \cdot s}{m^2} = Pa \cdot s = \frac{kg}{m \cdot s}$$

从有关手册中可查到某些流体的黏度，本书附录中也列出了某些流体的黏度，但查到的黏度数据常用物理单位制（CGS）表示，而本课程主要采用国际单位制（即 SI 制），有些计算中也可能还用到工程单位制。因此，要注意不同单位制单位的换算。在 CGS 制中，黏度单位为：

$$[\mu] = \left[\frac{\tau}{\dfrac{du}{dy}}\right] = \frac{dyn/m^2}{\dfrac{cm/s}{cm}} = \frac{dyn \cdot s}{cm^2} = \frac{g}{cm \cdot s} = P（泊）$$

由于泊的单位太大，使用不方便，所以通常采用 cP（厘泊）作为黏度的单位，1cP = 0.01P。

$$1cP = \frac{1}{100} \frac{dyn \cdot s}{cm^2} = \frac{1}{100} \times \frac{\frac{1}{100000}}{\left(\frac{1}{10}\right)^2 m^2} = \frac{1}{1000} \frac{N \cdot s}{m^2} = \frac{1}{1000} Pa \cdot s$$

或
$$1Pa \cdot s = 1000cP$$

黏度以工程单位制表示的单位为 $kgf \cdot s/m^2$，其换算关系为

$$1 \frac{kgf \cdot s}{m^2} = 1 \times \frac{9.807 \times 10^3 dyn \cdot s}{(100)^2 cm^2} = 98.07 \frac{dyn \cdot s}{cm^2} = 98.07P = 9807cP$$

在流体力学中，还经常把流体的黏度 μ 与密度 ρ 之比称为运动黏度，用 ν 表示，即 $\nu = \mu/\rho$。

运动黏度的 SI 制单位和工程单位制单位均为 m^2/s，而 CGS 制单位为 cm^2/s，称为斯托克斯(Stokes)，习惯上称为沲(读音 duò)，以符号 St 表示，同样有 $1St = 100cSt$（厘沲）$= 10^{-4}m^2/s$。

对于分子不缔合的液体混合物，其黏度可用下式进行估算，即

$$\lg\mu_m = \sum x_i \lg\mu_i \qquad (1-12)$$

式中　μ_m——液体混合物的黏度；

　　　x_i——液体混合物中 i 组分的摩尔分率；

　　　μ_i——与液体混合物同温度下的 i 组分的黏度。

对于常压下气体混合物，可采用下式估算，即

$$\mu_m = \frac{\sum y_i\mu_i M_i^{1/2}}{\sum y_i M_i^{1/2}} \qquad (1-13)$$

式中　μ_m——常压下混合气体的黏度；

　　　y_i——混合气体中 i 组分的摩尔分率；

　　　μ_i——与气体混合物同温度下的 i 组分的黏度；

　　　M_i——气体混合物中 i 组分的相对分子质量。

1.2　流体静力学

1.2.1　流体的压力

流体垂直作用于单位面积上的力，称为流体的静压强，简称压强，习惯上称为压力，常用 p 表示，即

$$p = \frac{F}{A} \qquad (1-14)$$

在 SI 制中，压力的单位是 N/m^2，称为帕斯卡，以 Pa 表示。但在石油加工和石油化工生产中所用的压力单位是多种多样的，除了用 N/m^2 计量外，还常用标准大气压(atm)、工程大气压(at)、某流体柱高度如米水柱(mH_2O)和毫米汞柱(mmHg)等来计量。它们之间的换算关系为：

$$1\text{atm} = 1.013 \times 10^5 \text{Pa} = 10.33\text{mH}_2\text{O} = 760\text{mmHg}$$

同时还有

$$1\text{at} = 1\text{kgf/cm}^2 = 9.807 \times 10^4 \text{Pa} = 10\text{mH}_2\text{O} = 735.6\text{mmHg}$$

显然 $$1\text{atm} = 1.033\text{at}$$

压力还可以用不同的基准来表示和计量,如以绝对真空(即零大气压)为基准计量的压力称为绝对压力,是流体的真实压力;以当地大气压为基准计量的压力称为表压力或真空度。当被测流体的绝对压力大于外界大气压力时,所用的测压仪表叫做压力表。压力表上的读数表示被测流体的绝对压力高出当地大气压力的数值,称为表压力。表压力与绝对压力的关系为:

$$表压力 = 绝对压力 - 大气压力$$

或 $$绝对压力 = 大气压力 + 表压力$$

当被测流体的绝对压力小于外界大气压力时,所用的测压仪表叫做真空表。真空表上的读数表示被测流体的绝对压力低于当地大气压力的数值,称为真空度,它与绝对压力的关系为:

$$真空度 = 大气压力 - 绝对压力$$

$$绝对压力 = 大气压力 - 真空度$$

显然,设备内流体的绝对压力愈低,则其真空度就愈高。

注意,大气压力的数值不是固定的,它是随大气温度、湿度和所在地区的海拔高度而变化,其数值应从当时当地气压计上读得。另外,为了区分绝对压力、表压力和真空度,应对表压力和真空度加以注明。

1.2.2 流体静力学基本方程式

流体静力学实际上是研究静止状态下流体内部压力的变化规律。那么描述这一规律的数学表达式,称为流体静力学基本方程式。此方程式可通过下面的方法进行推导。

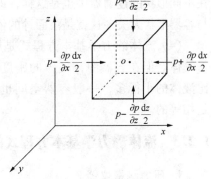

图 1-1 流体微元的受力平衡

在静止流体中取出一个边长各为 dx、dy、dz 的微元平行六面体,其体积为 $dV = dxdydz$,如图 1-1 所示。设微元平行六面体中心点为 O,该点的流体压力为 p_0。由于静止流体内的压力是空间坐标的连续函数,作用在微元平行六面体各个面上的压力如图所示。设流体的密度为 ρ,则微元平行六面体的重量 $dG = \rho gdxdydz$。由于微元平行六面体的流体处于静止状态,则根据平衡条件,作用在 x、y、z 各个方向上的力的总和应等于零。

对 z 轴方向的平衡方程(取向上的力为正)

$$\left(p - \frac{1}{2}\frac{\partial p}{\partial z}dz\right)dxdy - \left(p + \frac{1}{2}\frac{\partial p}{\partial z}dz\right)dxdy - \rho gdxdydz = 0$$

经整理,则得: $$-\frac{\partial p}{\partial z} - \rho g = 0$$

对 x 轴方向： $\left(p - \dfrac{1}{2}\dfrac{\partial p}{\partial x}\mathrm{d}x\right)\mathrm{d}y\mathrm{d}z - \left(p + \dfrac{1}{2}\dfrac{\partial p}{\partial x}\mathrm{d}x\right)\mathrm{d}y\mathrm{d}z = 0$

$$-\frac{\partial p}{\partial x} = 0$$

同理，y 轴方向的平衡方程为：

$$-\frac{\partial p}{\partial y} = 0$$

上式是 Euler 在 1755 年首先提出的，故称为欧拉平衡微分方程式。由该方程式可以看出，静止流体内同一水平面上各点的压力是相同的，流体的压力只沿着高度变化，因此可改写为

$$-\frac{\mathrm{d}p}{\mathrm{d}z} - \rho g = 0 \tag{1-15}$$

若流体是不可压缩流体，即其密度 ρ 为常数，对静止流体中的任意一点 A，如图 1-2 所示。

$$-\int_{p_0}^{p}\mathrm{d}p = \int_{z_1}^{z_2}\rho g\mathrm{d}z$$
$$p - p_0 = \rho g(z_1 - z_2) = \rho g h$$
$$p - p_0 + \rho g h \tag{1-16}$$

上式称为流体静力学基本方程式，表明了在重力的作用下，静止液体内部压力变化规律。流体静力学基本方程式形式虽然简单，但它包含了许多基本概念，如：

（1）当容器液面上方的压力 p_0 一定时，静止液体内部任一点压力的大小，与液体本身密度 ρ 和该点距离液面的深度有关。越深则其压力越大。

（2）当液面上方压力 p_0 变化时，必以同样的大小传递到液体各点。这就是著名的巴斯卡原理。工程上的水压机、液压传动装置等都以此原理为依据。

（3）在静止、连续的同一液体的同一水平面上，各点压力相等，即等压面为一水平面。在不同形状的连通器中也是这样，即当液面上的压力相等时，各容器中的液面高度必相等，与容器形状无关，这就是液面计的依据。

（4）流体静力学基本方程式是用液体推导出来的，严格地讲只适用于液体，而不适用于气体。但在容器中，气体的密度随高度变化很小，可视为常数；同时由于气体的密度比液体的小得多，一般容器空间也有限，因此对于容器的整个空间内，可近似认为压力是相等的。

1.2.3　流体静力学基本方程式的应用

1. 压力测量仪器

（1）U 形管压差计

如图 1-3 所示的流体流动的水平管路中，由于截面 1、2 处的压力不等($p_1 > p_2$)，则指示液在 U 形管的两侧产生高度差 R。根据流体静力学基本方程式可推导出计算两截面之间的压差($p_1 - p_2$)值的公式。

根据流体静力学基本方程式，A、B 两点的压力分别为：

$$p_A = p_1 + \rho g Z_1$$
$$p_B = p_2 + \rho g Z_2 + \rho_0 g R$$

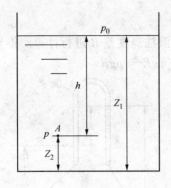

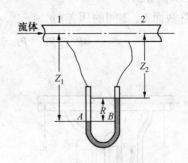

图 1-2　静压强分布　　　　　　　图 1-3　U 形管压差计

由于 A、B 两点处于同一水平面上,且被静止、连续的同种流体(指示液)连通,故有

$$p_A = p_B$$

即

$$p_1 + \rho g Z_1 = p_2 + \rho g Z_2 + \rho_0 g R$$

经整理,可得

$$\Delta p = p_1 - p_2 = (\rho_0 - \rho) g R \tag{1-17}$$

当被测流体为气体时,由于气体密度 ρ 比指示液密度 ρ_0 小得多,即 $\rho_0 - \rho \approx \rho_0$,则式可简化为

$$\Delta p = p_1 - p_2 \approx \rho_0 g R \tag{1-18}$$

显然,测出 U 形管压差计的读数 R 后,即可算出两截面间的压差 $(p_1 - p_2)$,当压差 $(p_1 - p_2)$ 一定时,读数 R 的大小仅与密度差 $\rho_0 - \rho$ 有关,而与 U 形管的粗细、长短和位置无关,$\rho_0 - \rho$ 的数值越小,则读数 R 越大。为了使得读数 R 大小适当,就要选用密度适当的指示液,常用的指示液有水银、四氯化碳、水、酒精、煤油等。测量液体的压差时,可选用密度大的指示液,如水银、四氯化碳等。测量气体压差时,一般用水作为指示液,并加一点红色染料,以便于观察和读数。

U 形管压差计不但可以用来测量流体流动管路或设备两截面间的压力差,也可以用来测量某一处的压力。若把 U 形管一端与设备或管路的某一截面连接,另一端与大气相通,这时读数 R 所反映的就是管路中某一截面处流体的表压力(即绝对压力与大气压力之差)。

U 形管压差计具有构造简单、测压准确、价格便宜的优点。但玻璃管易破碎、耐压不高、测量范围小,故通常用在测量压力差不大或真空度不太高的场合。

(2) 多 U 形管测压计(图 1-4)

当流体流动管路或设备中被测流体的压力或压力差较大时,还可使用由若干个 U 形管串联而成的多 U 形管测压计。

$$p_A = p_1 + \rho g h_1 - \rho_0 g R_1$$

$$p_B = p_2 + \rho g (h_2 - R_2) + \rho_0 g R_2 - \rho g [h_2 - (h_1 - R_1)]$$

$$p_A = p_B$$

$$p_1 + \rho g h_1 - \rho_0 g R_1 = p_2 + \rho g (h_2 - R_2) + \rho_0 g R_2 - \rho g [h_2 - (h_1 - R_1)]$$

$$\Delta p = p_1 - p_2 = \rho_0 g (R_1 + R_2) - \rho g (R_1 + R_2) = (\rho_0 - \rho) g (R_1 + R_2) \tag{1-19}$$

(3) 倒置 U 形管压差计(图 1-5)

这种压差计的特点是指示液为管路中的液体,而指示液上方一般为气体(如空气或氮气），其密度以 ρ_g 表示。

流动管路截面 1、2 间的压差 $(p_1 - p_2)$，可根据液柱高度差 R 进行计算。推导结果为

$$\Delta p = p_1 - p_2 = (\rho - \rho_g)gR \approx \rho gR \qquad (1-20)$$

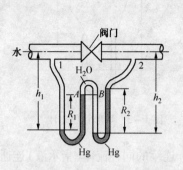

图 1-4　多 U 形管压差计

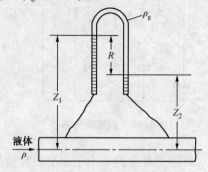

图 1-5　倒装 U 形管压差计

（4）斜管压差计（图 1-6）

当被测量的压差比较小时，读数 R 必然很小。为了放大读数 R，提高测量精确度，除了选用更合适的指示液外，还可采用一端带扩大室，另一端倾斜角为 α 的斜管压差计。

根据流体静力学基本方程式可推导出计算压差 $(p_1 - p_2)$ 的公式，即

$$\Delta p = p_1 - p_2 = R(\rho_0 - \rho)g = R'(\rho_0 - \rho)g\sin\alpha \qquad (1-21)$$

显然，当测量的压差值一定时，倾斜角 α 值越小，读数 R' 值就越大。但倾斜角不宜小于 15°，一般为 20° 左右。否则会给读取数据造成困难。

（5）微差压差计

当所测压差很小时，为了放大读数 R；还可采用微差压差计，其构造如图 1-7 所示。U 形管每端有扩大室，当读数 R 变化时，两扩大室液面不致有明显的变化。可忽略两扩大室间的液面差；在 U 形管内装有两种密度不同（如 $\rho_a > \rho_b$）、又不互溶的指示液 a 和 b，所以微差压差计也叫做双指示液压差计。

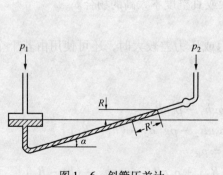

图 1-6　斜管压差计

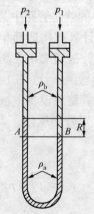

图 1-7　微差压差计

根据流体静力学基本方程式，取 $A - B$ 为等压面，可推导出计算压差 $(p_1 - p_2)$ 的公

式，即

$$\Delta p = p_1 - p_2 = (\rho_a - \rho_b)gR \qquad (1-22)$$

由上式可知，即使 Δp 很小，只要适当选择 a，b 两种指示液，使它们的密度差很小，则可放大读数 R。常用的双指示液有：水 – 煤油、酒精 – 煤油、四氯化碳 – 水、苯胺 – 氯化钙溶液(其密度可由浓度调整)等。

2. 液面测定

在石油加工和石油化工生产中，为了了解容器或设备内的贮液量，需要对液面进行测定。此处仅讨论以流体静力学基本方程式为依据的液面测定方法——液位计。

液面计就是根据静止、连续的同一液体内压力相等的各点必然在同一水平面上这一原理设计成的。如图 1 – 8 所示，为一测量设备内液面高度的液面计简图。因为玻璃管上、下端与设备内液面上、下相连通，则 $p_a = p_b$。根据等压面概念，设备内液面与玻璃管内液面必在同一水平面上。故从玻璃管中观察到的液面高度也就是设备内液面高度。

3. 液封高度的计算

液封在实际工程中应用十分广泛，如各种气液分离器的后面、气体洗涤塔底以及气柜等为了防止气体泄漏和安全等目的，都要采用液封(或称水封)。

如塔底液面上方的表压力为 p，则根据流体静力学基本方程式，可得

$$p = \rho_水 gh$$

则

$$h = \frac{p}{\rho_水 g} \qquad (1-23)$$

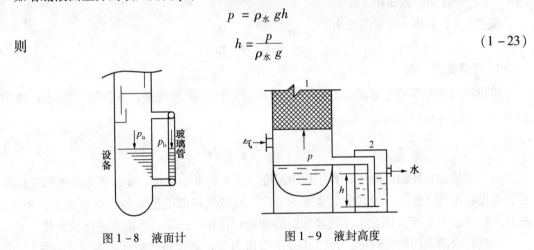

图 1 – 8 液面计   图 1 – 9 液封高度

只要液封高度 h 满足以上条件，就可以达到只让水流出，而不致使气体冲出的目的。但由于洗涤塔底流出的水中常溶解或夹带部分气体，使水的密度降低。因此，液封高度 h 应大于上面的计算值。

1.3 流体动力学

1.3.1 流量和流速

1. 体积流量

单位时间内流体流过管路任一截面的体积，称为体积流量，以 V 表示，其单位为 m^3/h 或 m^3/s。

2. 质量流量

单位时间内流体流过管路任一截面的质量，称为质量流量，以 W 表示，其单位为 kg/s 或 kg/h。

体积流量与质量流量的关系为

$$W = V\rho \tag{1-24}$$

式中　ρ——流体的密度，kg/m³。

3. 平均流速

单位时间内流体在流动方向上流过的距离，称为流速。实践证明，流体在管路内流动时，由于流体具有黏性，管路截面上流体的流速沿半径是变化的。流体在管路中心流速最大，愈靠近管壁流速愈小，在管内壁处流速为零。流体在截面上的某点流速，称为点速度，以 u_r 表示。流体在同一截面上各点流速的平均值，称为平均流速，简称流速，以 u 表示，单位为 m/s。在工程上，平均流速是指流体的体积流量 V（m³/s）除以管路的截面积 A，即

$$u = \frac{V}{A} \tag{1-25}$$

式中　A——管路的截面积，m²。

显然，W，V 和 u 三者关系为

$$W = V\rho = uA\rho \tag{1-26}$$

4. 质量流速

单位时间内流体流过管路单位截面积的质量，称为质量流速，以符号 G 表示，常用单位为 kg/(m²·s)，其表达式为

$$G = \frac{W}{A} = \frac{V\rho}{A} = u\rho \tag{1-27}$$

由于气体为可压缩性流体，其体积随温度、压力而发生变化，那么气体的体积流量、流速和密度也将随之变化，但其质量流速不变化，或者气体的流速 u 和密度 ρ 成反比例变化，故其质量流速 G 不变。因此，在气体管路的分析和计算中，采用质量流速比较方便。

一般管道的截面均为圆形，若以 d 表示管道内径，则管路的截面积为 $A = \pi d^2/4$。由式可得

$$d = \sqrt{\frac{4V}{\pi u}} \tag{1-28}$$

式中　d——圆形管路或设备内径，m。

流体输送管路的直径可根据流量和流速，用式（1-28）进行计算，流量一般为生产任务所决定，所以关键在于选择合适的流速。若流速选得太大，管径虽然可以减小，但流体流过管道的阻力增大，消耗的动力就大，操作费随之增加。反之，流速选得太小，操作费可以相应减小，但管径增大，管路的设备费用随之增加。所以当流体以大流量在长距离的管路中输送时，需根据具体情况在操作费与设备费之间通过经济权衡来确定适宜的流速。车间内部的工艺管线，通常较短，管内流速可选用经验数据，某些流体在管道中的常用流速范围列于表1-1中，以供估算管径时选用。

表 1 – 1　某些流体在管道中的常用流速范围

流体的类别及情况	流速范围/(m/s)
自来水(3×10^5 Pa 左右)	1 ~ 1.5
水及低黏度液体($1 \times 10^5 \sim 1 \times 10^6$ Pa)	1.5 ~ 3.0
高黏度液体	0.5 ~ 1.0
工业供水(8×10^5 Pa 以下)	1.5 ~ 3.0
锅炉供水(8×10^5 Pa 以下)	>3.0
饱和蒸汽	20 ~ 40
过热蒸汽	30 ~ 50
蛇管、螺旋管内的冷却水	<1.0
低压空气	12 ~ 15
高压空气	15 ~ 25
一般气体(常压)	10 ~ 20
鼓风机吸入管	10 ~ 15
鼓风机排出管	15 ~ 20
离心泵吸入管(水—一类液体)	1.5 ~ 2.0
离心泵排出管(水—一类液体)	2.5 ~ 3.0
往复泵吸入管(水—一类液体)	0.75 ~ 1.0
往复泵排出管(水—一类液体)	1.0 ~ 2.0
液体自流速度(冷凝水等)	0.5
真空操作下气体流速	<10

　　由于厂家生产的管子都已规范化，所以估算出管径之后，还需要按有关管子规格选取合适的标准管径。

1.3.2　稳定流动与不稳定流动

1. 稳定流动

　　流体在管路中流动时，若流体在任一截面处的流速、流量、压力和密度等与流动有关的物理量均不随时间而变化，这种流动称为稳定流动。

2. 不稳定流动

　　流体在流动时，若流体在任一截面处与流动有关的物理量中，只要有一项随时间而变化，这种流动称为不稳定流动。

　　实际生产中多为连续生产，如生产条件正常，则流体流动多属于稳定流动。只有在生产装置的开工、停工阶段或生产不正常情况以及间歇生产才发生不稳定流动。

1.3.3　物料衡算——连续性方程式

　　当流体在如图 1 – 10 所示的无分支管路中作稳定流动时，如果在流动过程中并没有流体的加入或泄漏，根据质量守恒定律，从管路截面 1 – 1 进入的流体质量流量应等于从截面 2 – 2

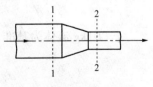

图 1 – 10　流体流动的连续性

流出的流体质量流量，即

$$W_1 = W_2 \qquad\qquad (1-29)$$

式(1-29)即为流体稳定流动的物料衡算方程式。由于流体充满管路，并作连续稳定流动，所以把上式也称为连续性方程式。

按照式(1-29)，则有：

$$u_1 A_1 \rho_1 = u_2 A_2 \rho_2$$

对于不可压缩性流体，由于 ρ 为常数，则有：

$$u_1 A_1 = u_2 A_2$$

或

$$\frac{u_1}{u_2} = \frac{A_2}{A_1}$$

上式表明对不可压缩性流体作稳定流动时，流体的流速与管路的截面积成反比。对于圆形管路，由于 $A = \pi d^2/4$，则上式可写成

$$\frac{u_1}{u_2} = \left(\frac{d_2}{d_1}\right)^2 \qquad\qquad (1-30)$$

式中 d_1 和 d_2 分别为管路截面 1 和 2 处的管内径。该式说明在不可压缩流体的稳定流动管路中，流速与管内径的平方成反比。

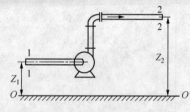

图 1-11 流体稳定流动管路图

1.3.4 机械能衡算——柏努利方程式

流体流动不仅遵循物料衡算，而且也遵循能量衡算。

能量平衡计算的依据是能量守恒定律。在进行能量平衡计算时，先要确定衡算范围(或叫衡算系统)，并找出进、出衡算范围的所有能量，再根据能量守恒原理，进行能量平衡计算。如图 1-11 所示，取管路的截面 1-1 至截面 2-2 作为衡算范围。

1. 流动的流体所具有的能量

物质具有的能量形式有多种，如位能、动能、静压能、热能、内能等。在流体流动过程中，将可直接用于流体输送的位能、动能、和静压能称为机械能，而热能和内能在流体流动系统内不能直接转化为机械能用于流体输送，因此本章只限于讨论流体流动过程中的机械能衡算。

(1) 位能

系指流体在重力场中所具有的能量。因为能量是做功所产生的效应，因此质量为 m (kg)的流体所具有的位能数值等于把其从基准水平面(图 1-11 的 $O-O'$ 面)升举到高度为 z 时克服重力所作的功，即

$$位能 = mgz \qquad 单位为 J$$

若以 1kg 流体为基准，把单位质量流体所具有的位能称为比位能，即

$$比位能 = \frac{mgz}{m} = gz \qquad 单位为 J/kg$$

显然，位能是个相对数值，其数值随所选定的基准水平面(简称基准面)的位置而定。因此，脱离开基准面而讲位能的绝对值是没有意义的。

（2）动能

系指流体以一定流速流动时所具有的能量。质量为 m（kg）的流体以流速 u 运动时，所具有的动能等于将其从静止加速到流速为 u 时所作的功，计算方法同固体一样，即

$$\text{动能} = \frac{1}{2}mu^2 \quad \text{单位为 J}$$

同样

$$\text{比动能} = \frac{1}{2}u^2 \quad \text{单位为 J/kg}$$

（3）静压能

流动流体与静止流体一样，其内部任一截面处也有一定压力。压力本身虽然不是能量，但流动流体却具有与压力密切相关的能量，因为把流体推进压力为 p 的截面时，必须对流体作功，那么流体进入该截面时，就带着与此功相当的能量进入该截面，把流体所具有的这部分能量称为静压能。如图 1-12 所示，把质量为

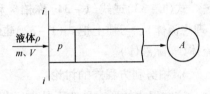

图 1-12　静压能或流动功

m（kg）、体积为 V（m³）的流体推进压力为 p（Pa）、截面积为 A（m²）的截面 $i-i$，则需要的作用力 $f = pA$（N），推进的距离 $l = V/A$（m）。根据功 = 作用力 × 距离

则有，
$$\text{压力能} = pA \cdot \frac{V}{A} = pV \quad \text{单位为 J}$$

$$\text{比压能} = \frac{pV}{m} = \frac{p}{\rho} \quad \text{单位为 J/kg}$$

以上就是流动的流体在任一截面处所具有的三项机械能。

（4）外加功

由衡算范围内的流体输送设备（泵或压缩机等）向流体作功，流体便获得了相应的机械能，称为外加功或有效功。单位质量（1kg）流体所获得的外加机械能，以 W_e 表示，单位为 J/kg。

（5）能量损失

由于流体具有黏性，在流动时存在着内摩擦力，便会产生流动阻力，因而为克服流动阻力就必然会消耗一部分机械能。消耗的这部分机械能转变为热，或被流体吸收增加了流体的内能，或向外界散失再不能自动地转化为机械能而用于流体输送。因此，从这个意义上来说，把克服流动阻力而消耗的机械能称为能量损失。对单位质量（1kg）流体在衡算范围内流动时的能量损失称为比能损失，以 $\sum h_f$ 表示，单位为 J/kg。

2. 柏努利方程式

由于外加功（W_e）和比能损失是 1kg 流体在衡算范围内流动时获得和损失的机械能，所以在进行机械能平衡计算时，前者应计入输入一边，后者应计入输出一边。因此，对 1kg 质量流体在图 1-11 中从截面 1-1 到截面 2-2 的能量衡算范围内，根据能量守恒定律，机械能衡算方程式为

$$gZ_1 + \frac{u_1^2}{2} + \frac{p_1}{\rho_1} + W_e = gZ_2 + \frac{u_2^2}{2} + \frac{p_2}{\rho_2} + \sum h_f \qquad (1-31)$$

对液体，为不可压缩性流体，密度 ρ 不随压力而变化，即 $\rho_1 = \rho_2 = \rho$，则

$$gZ_1 + \frac{u_1^2}{2} + \frac{p_1}{\rho} + W_e = gZ_2 + \frac{u_2^2}{2} + \frac{p_2}{\rho} + \sum h_f \qquad (1-32)$$

如果液体为理想流体，即无黏性，在流动时不产生摩擦阻力，则 $\sum h_f = 0$。当无外功加入时，则 $W_e = 0$，此时，式(1-31)可简化为

$$gZ_1 + \frac{u_1^2}{2} + \frac{p_1}{\rho} = gZ_2 + \frac{u_2^2}{2} + \frac{p_2}{\rho} \qquad (1-33)$$

或

$$gZ + \frac{u^2}{2} + \frac{p}{\rho} = 常数 \qquad (1-34)$$

式(1-33)或式(1-34)称柏努利(Bernoulli)方程式，仅适用于不可压缩性非黏性流体（理想流体）。习惯上把式(1-32)也称为柏努利(Bernoulli)方程式，适用于不可压缩性黏性流体（实际液体）。

3. 柏努利方程式的讨论

该方程式的形式虽然不是太复杂，但其中包含了许多重要概念，弄清楚这些概念对分析和解决流体流动问题非常有意义。

（1）上已述及，柏努利方程式适用于不可压缩性流体流动系统。对气体，应考虑压力的变化对其密度的影响。但当气体在两截面间压力变化相对于起始截面处的绝对压力变化较小，如 $(p_1 - p_2)/p_1 \leqslant 20\%$ 时，密度变化较小。此时，柏努利方程式仍可适用，但密度应取两截面处的平均值，即 $\rho_m = (\rho_1 + \rho_2)/2$，这样处理所造成的误差，工程计算上是允许的。但是，当气体在两截面间的压力变化较大时，其密度 ρ 变化就较大。此时，就不能取平均密度按不可压缩性流体处理，否则会造成较大的计算误差，而必须根据气体流动过程的特点（等温、绝热或多变过程），按热力学方法处理。

（2）柏努利方程式中各项比能的衡算基准和单位必须统一，也可以用不同的基准和不同的单位制表示。式(1-32)是以单位质量流体为衡算基准，使用的是 SI 单位，即各项比能的单位为 J/kg。如式(1-32)各项乘以流体密度 ρ，则有

$$gZ_1\rho + \frac{u_1^2}{2}\rho + p_1 + W_e\rho = gZ_2\rho + \frac{u_2^2}{2}\rho + p_2 + \rho \sum h_f \qquad (1-35)$$

式(1-35)中各项能量单位为：J/m^3，仍是 SI 单位，但衡算基准为单位体积流体所具有的能量，其单位与压力单位相同。

如式(1-32)各项除以 g，则有

$$Z_1 + \frac{u_1^2}{2g} + \frac{p_1}{\rho g} + \frac{W_e}{g} = Z_2 + \frac{u_2^2}{2g} + \frac{p_2}{\rho g} + \sum h_f \qquad (1-36)$$

式(1-36)中各项能量的单位为 J/N，仍是 SI 单位，但衡算基准为单位重量流体所具有的能量，其单位与高度的单位相同，它的物理意义表示单位重量的流体所具有机械能可以将它自身从基准水平面升举的高度。因此，可借用水力学上的术语，常把 Z、$u^2/2g$、$p/\rho g$、H_e 和 $\sum h_f$ 分别称为位压头、动压头、静压头、有效压头和压头损失。

（3）总比能和流向判断。柏努利方程式中 W_e 和 $\sum h_f$ 是单位质量流体在流动过程中获得和损失的机械能，而 gz，$u^2/2$ 和 p/ρ 是流动的流体在某一截面上所具有的三项机械能，通常把这三项机械能之和称为总比能，以 E 表示。如图 1-11 中所示的流动管路中截面 1-1 和截面 2-2，有

$$E_1 = gZ_1 + \frac{u_1^2}{2} + \frac{p_1}{\rho} \text{ 和 } E_2 = gZ_2 + \frac{u_2^2}{2} + \frac{p_2}{\rho}$$

此时，把柏努利方程式(1-32)可表示为

$$E_1 + W_e = E_2 + \sum h_f \qquad (1-37)$$

当无外功加入时，即 $W_e = 0$，则

$$E_1 = E_2 + \sum h_f$$

黏性流体流动时总会产生摩擦阻力损失，消耗机械能，即 $\sum h_f > 0$ 或 $E_1 > E_2$。故对于无外功加入的黏性流体流动管路，流体总是从总比能高处流向总比能低处。因而，对这样的流动管路，各截面处的总比能大小是判断流体流向的依据。

(4) 能量转换关系。由式(1-33)和式(1-34)可知，无外功加入的理想流体流动管路中诸截面处总比能相等，即总比能为一常数。但各截面处的每一项比能不一定相等，各种形式的机械能在一定的条件下是可以相互转换的。对于实际流体的流动管路，不但各截面处的总比能不相等，而且各种形式的机械能也是可以相互转换的。如当流动截面相对于基准面的高度变化时就会引起位能的变化；对稳定流动，当管径改变时就会引起动能的变化；外功的加入和机械能损失又会引起压力能的变化。各种形式的机械能的变化就会带来它们之间的相互转换。但转换后的结果如何，要视具体管路条件变化而定。

(5) 如果所讨论的流动系统没有外功加入，则 $W_e = 0$；又如果系统里的流体是静止的，即 $u = 0$，那么没有流动就没有摩擦阻力产生，即 $\sum h_f = 0$。于是式(1-33)可写为

$$gZ_1 + \frac{p_1}{\rho} = gZ_2 + \frac{p_2}{\rho}$$

该式实为流体静力学基本方程式的另一种表达形式。因此，流体的静止状态是流体流动状态的一种特殊形式。

(6) 式(1-32)中的外功 W_e 是单位质量流体从输送设备获得的机械能，即输送设备对单位质量的流体所作的有效功，它是决定流体输送设备的重要数据。单位时间内输送设备所作的有效功称为有效功率，以 N_e 表示，即

$$N_e = W_e \cdot W \qquad (1-38)$$

式中　N_e——流体输送设备的有效功率，W；

　　　W_e——流体输送设备对流体所作的有效功，J/kg；

　　　W——流体的质量流量，kg/s。

1.3.5　柏努利方程式的应用

柏努利方程式是流体流动过程的基本方程式，是分析和解决流体输送管路的工程实际问题的重要工具之一。此处仅举例说明应用柏努利方程的注意事项，具体应用见管路计算、流量测定和流体输送设备等章、节。

【例1-1】如图1-13所示，用泵将油品从油罐输送到某蒸馏塔作为进料。油罐通大气，其内油面维持恒定。基准面 $O-O'$ 到油罐内液面、泵出口和进料管口中心线的高度分别为4m、0.4m 和12m。从油罐至泵和从泵至进料管口的能量损失分别为10J/kg 和200J/kg，油的输送管直径为 $\phi108 \times 4mm$，塔进料处的压力为 2.5kgf/cm²(表压)，在操作条件下油的密度为900kg/m³。要求油的进料流量为 2.64×10^4 kg/h。试求：

（1）泵的有效功率 N_e(kW)；

（2）泵的出口处压力(Pa)。

解： 如图 1-13 所示，分别取油罐内液面、泵出口处和塔的进料管口为截面 1-1′、2-2′ 和 3-3′。列截面 1-1′ 与 3-3′ 间的柏努利方程式，即

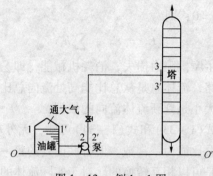

图 1-13　例 1-1 图

$$gZ_1 + \frac{u_1^2}{2} + \frac{p_1}{\rho} + W_e = gZ_3 + \frac{u_3^2}{2} + \frac{p_3}{\rho} + \left(\sum h_f\right)_{1-3}$$

或

$$W_e = g(Z_3 - Z_1) + \frac{u_3^2 - u_1^2}{2} + \frac{p_3 - p_1}{\rho} + \left(\sum h_f\right)_{1-3}$$

已知　$Z_1 = 4\text{m}; \quad Z_3 = 12\text{m}$

$$p_1 = 0 \text{（表压）}; \quad p_3 = 2.5 \times 9.807 \times 10^4 = 2.45 \times 10^5 \text{Pa}$$

$$u_1 \approx 0$$

$$u_3 = \frac{W}{0.785 d^2 \rho} = \frac{2.6 \times 10^4}{0.785 \times 0.1^2 \times 900 \times 3600} = 1.02 \text{(m/s)}$$

$$\left(\sum h_f\right)_{1-3} = 10 + 200 = 210 \text{J/kg}$$

$$\rho = 900 \text{kg/m}^3$$

将数据代如上式，得

$$W_e = 9.807 \times (12 - 4) + \frac{1.02^2 - 0}{2} + \frac{2.45 \times 10^5 - 0}{900} + 210 = 561.2 \text{(J/kg)}$$

泵的有效功率为

$$N_e = W_e \cdot W = 561.2 \times \frac{2.6 \times 10^4}{3600} = 3.98 \times 10^3 \text{W}$$

列截面 2-2′ 与 3-3′ 间的柏努利方程式，即

$$gZ_2 + \frac{u_2^2}{2} + \frac{p_2}{\rho} + W_e = gZ_3 + \frac{u_3^2}{2} + \frac{p_3}{\rho} + \left(\sum h_f\right)_{2-3}$$

或

$$p_2 = \rho g(Z_3 - Z_2) + \frac{u_3^2 - u_2^2}{2}\rho + p_3 + \rho\left(\sum h_f\right)_{2-3}$$

已知　　　　$Z_2 = 0.4\text{m}; u_2 = u_3; \left(\sum h_f\right)_{2-3} = 200 \text{J/kg}$

将以上各已知数据代入上式，则得

$$p_2 = 900 \times (12 - 0.4) \times 9.807 + 0 + 2.45 \times 10^5 + 900 \times 200$$

$$= 2.275 \times 10^5 \, \text{Pa}$$

当然界面 1 – 1′ 与截面 2 – 2′ 间的柏努利方程式也可以求得泵出口处压力，结果与上相同。

由本例题可知，泵的有效压头转化为泵出口处油品的压力能；泵出口处的压力能有一部分消耗于摩擦阻力损失 $(\sum h_f)_{2-3}$ ，有一部分转换为截面 3 – 3′ 处的位能。

通过以上例题可知，柏努利方程式是分析和解决涉及到流体流动问题的重要工具之一。必须弄清楚其中的概念，并正确地、熟练地运用它。为此，在应用柏努利方程式时应注意如下问题：

（1）画出示意图。为了使计算系统清晰，有助于理解题意，应根据题意画出示意图，并把有关的主要数据标注在图中。

（2）选取合理的截面进行能量衡算。首先要确定衡算范围，所选取的两截面均应与流体流动方向垂直；两截面间的流体必须是连续的；所求的未知数应在两截面之一上或两截面之间；除未知数以外，截面上其他的物理量应该是已知的或者可通过其他关系计算出来。若需确定外功时，则两截面应分别在流体输送设备两侧。

（3）选取基准水平面。选取基准水平面是为了确定流体所具有位能的大小。由于柏努利方程式两边都有位能，所以基准水平面的选取是任意的，但必须是水平面（即与地面平行）。为了计算方便，通常把两截面中较低的那个截面作为基准面。如截面不是水平的，则流体在该截面所具有的位能应以该截面中心点为准计算。

（4）单位必须统一。在计算之前，应把方程式中各物理量换算成一致的单位，然后再进行计算。因为柏努利方程式两边都有压力，所以用绝对压力或用表压力均可，但压力基准必须一致。

1.4 流体在管内的流动阻力

流体在管内的流动阻力由两部分组成，一部分是流体在流经直管时的流动阻力，叫直管阻力损失；另一部分是流体流经弯头、阀门、三通等管件时的流动阻力，叫局部阻力损失。流体在管内流动的总阻力为直管阻力损失与局部阻力损失之和。大量的实验表明，阻力损失的大小和流体的流动类型有关。

1.4.1 流体流动的类型

1. 雷诺实验

为了直接观察流体流动的类型及各种因素对流动状况的影响，英国著名科学家雷诺（Reynolds）于 1883 年首先做了一个如图 1 – 14 所示的实验，揭示了流体流动不同的流动型态，故称此实验为雷诺实验。用阀门调节玻璃管内水的流速，当水的流速较小时，玻璃管水流中出现一条稳定而明显的染色直线。表明流体质点沿管轴作直线运动，即流体分层流动，且各层流体以不同的速度向前运动，这种流动型态称为层流或滞流；水的流速逐渐

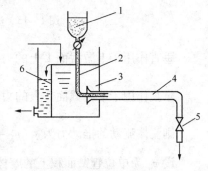

图 1 – 14 雷诺实验装置

1—小瓶；2—细管；3—水箱；
4—水平玻璃管；5—阀门；6—溢流装置

加大到一定程度后，开始弯曲并出现波浪形，再继续增加水的流速，染色细线的波动加剧，并形成漩涡向四周散开，直到染色细线完全消失，与水流主体完全混成均匀的颜色。表明流体质点在总体上沿管路向前运动外，还有各个方向上的随机运动，这种流动型态称为湍流或紊流。

2. 流型的判据——雷诺数

雷诺发现，除了流体的流速可引起流动型态的转变外，影响因素还有管径和流体的黏度、密度等。在大量实验的基础上，雷诺把这些影响流型的因素组合成一个无因次的数群，此数群称为雷诺准数（简称雷诺数），以符号 Re 表示，即

$$Re = \frac{du\rho}{\mu} \tag{1-39}$$

因为雷诺数是一个无因次数群，所以不论采用何种单位制，只要其中各物理量用同一单位制的单位，Re 值相等。

大量的实验证明，Re 值的大小可以用来判断流体的流动型态。当流体在直管内流动时：

（1）$Re \leqslant 2000$ 时，流动型态为层流；

（2）$2000 < Re \leqslant 4000$ 时，流型不固定，依赖于环境条件，可能是层流，也可能是湍流，称为过渡流；

（3）$Re > 4000$ 时，流动型态为湍流。

1.4.2 流体流动阻力的计算

1. 直管阻力损失

当流体在直管内以一定速度流动时，有两个相反的力相互作用着。一个是促使流体流动的推动力，此力的方向与流体流动方向一致；另一个是由于流体的内摩擦力所产生的阻止流体流动的阻力，其方向与流体流动方向相反。根据牛顿第二运动定律，只有在上述两个力达到平衡、相互抵消的条件下，才能维持流体在管内作稳定流动。如图 1-15 所示为一长度为 l、管内径为 d 的水平直管内流体以速度 u 流动时的受力情况。

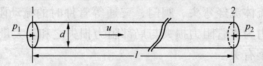

图 1-15　流体在水平直管内流动时的受力示意图

垂直作用于上游截面 1 上的力为　$p_1 \frac{\pi d^2}{4}$

垂直作用于下游截面 2 上的力为　$p_2 \frac{\pi d^2}{4}$

则流体流动的推动力为　$(p_1 - p_2)\frac{\pi d^2}{4}$

设 τ_w 为单位管壁面积上的摩擦力，即管壁处摩擦应力，那么管内流动流体与管内壁间的摩擦力为 $\tau_w \pi dl$。当达到稳定流动时，推动力与摩擦力达到平衡，即

$$(p_1 - p_2)\frac{\pi d^2}{4} = \tau_w(\pi dl)$$

或
$$-\Delta p = p_1 - p_2 = \frac{4\tau_w l}{d}$$

上式中 Δp 表示由于摩擦力所引起的压力降低，也是能量损失的一种表示形式，单位为 J/m^3，净单位同压力单位，即 N/m^2，常把 $-\Delta p$ 记为 Δp_f。若把能量损失的单位以 J/kg 表示，则有：

$$h_f = \frac{\Delta p_f}{\rho} = \frac{4\tau_w l}{\rho d} \qquad (1-40)$$

上式是流体在圆形直管内流动时能量损失 h_f 与管壁处摩擦应力 τ_w 的关系。因为直接用 τ_w 计算 h_f 有困难，为此作如下变换，以便消去 τ_w。由于流体流动的阻力损失与流动速度 u 密切相关，且流体比动能 $u^2/2$ 与 h_f 的单位相同，均为 J/kg。因此，常把能量损失 h_f 表示为流体比动能 $u^2/2$ 的倍数，于是可写成

$$h_f = \left(\frac{8\tau_w}{\rho u^2}\right)\left(\frac{l}{d}\right)\frac{u^2}{2}$$

令
$$\lambda = \frac{8\tau_w}{\rho u^2}$$

则
$$h_f = \lambda \frac{l}{d}\frac{u^2}{2} \qquad (1-41)$$

或
$$\Delta p_f = \lambda \frac{l}{d}\frac{\rho u^2}{2} \qquad (1-42)$$

上式为计算圆形直管流动阻力的通式，称为范宁（Fanning）公式，对不可压缩性流体稳定流动条件下的层流和湍流均适用。式中 λ 称为摩擦系数，λ 是无因次的。要通过范宁公式计算流动阻力，关键是求取摩擦系数 λ。

流体流动型态不同，流体在流动管路截面上的速度分布规律和阻力损失的性质就不相同，所以摩擦系数的求法也因流体流动型态的不同而异。因此，对层流和湍流的速度分布和摩擦系数分别进行讨论。

（1）层流时的速度分布和摩擦系数

层流时流体层间的内摩擦应力可以用牛顿黏性定律表示，故利用此定律可以推导出层流时速度分布表达式。

为了研究层流时的速度分布，设流体在半径为 R、直径为 d 的水平管路作稳定的层流流动，于管路轴心处取一半径为 r、长度为 l 的流体柱作为研究对象，如图 1-16 所示。

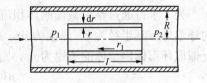

图 1-16　圆管内层流分析

作用于流体柱上的推动力为：
$$(p_1 - p_2)\pi r^2 = \Delta p_f \pi r^2$$

设半径为 r 处的流体层流速为 u_r，$(r+dr)$ 处的相邻流体层流速为 (u_r+du_r)，则沿半径方向的速度梯度为 du_r/dr。根据牛顿黏性定律，两相邻流体层间相对运动所产生的内摩擦力为：

$$F_r = \tau_r S = -\mu(2\pi rl)\frac{du_r}{dr}$$

上式中取负号是因为流速 u_r 沿半径 r 的增加而减小，即速度梯度 du_r/dr 为负值故取负

号可使内摩擦力为正值。

对稳定流动，根据受力平衡条件，则有

$$\Delta p_f \pi r^2 = -\mu(2\pi rl)\frac{du_r}{dr}$$

即

$$du_r = -\frac{\Delta p_f}{2\mu l}rdr$$

$$\int_0^{u_r} du_r = -\frac{\Delta p_f}{2\mu l}\int_R^r rdr$$

$$u_r = \frac{\Delta p_f}{4\mu l}(R^2 - r^2)$$

在管中心，$r=0$，$u_r = u_{max}$，代入上式得

$$u_{max} = \frac{\Delta p_f}{4\mu l}R^2$$

$$u_r = u_{max}\left[1 - \left(\frac{r}{R}\right)^2\right] \tag{1-43}$$

从上式可以看出，层流时的速度分布表达式，为抛物线方程式，表明圆管中层流时的速度分布呈抛物线，在空间中的速度分布图形为一旋转抛物面。

工程上，通常以流体通过管截面的平均流速 u 来计算阻力损失。因此，须找出平均流速 u 和 Δp_f 的关系。

平均流速 $u = \dfrac{V}{A} = \dfrac{V}{\pi R^2}$

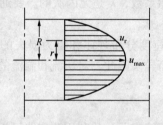 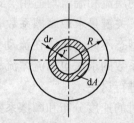

图 1-17　圆管中层流时的速度分布　　　图 1-18　圆管内流体流动的截面积

为了求得通过整个截面的体积流量 V，在如图所示的圆管内流动的流体中划出一个很薄的环形体，其半径为 r，厚度为 dr、截面积为 $dA = 2\pi rdr$，由于环形体很薄，即 dr 很小，可近似取环形体内流体的流速为 u_r，则通过截面 dA 的体积流量为：

$$dV = u_r dA = u_r(2\pi rdr)$$

$$dV = \frac{\Delta p_f}{2\mu l}(R^2 - r^2)\pi rdr$$

$$\int_0^V dV = \int_0^R \frac{\Delta p_f}{2\mu l}(R^2 - r^2)\pi rdr$$

$$V = \frac{\pi\Delta p_f}{2\mu l}\left(\frac{R^4}{2} - \frac{R^4}{4}\right) = \frac{\pi\Delta p_f}{8\mu l}R^4$$

平均流速 $\quad u = \dfrac{V}{\pi R^2} = \dfrac{\frac{\pi\Delta p_f}{8\mu l}R^4}{\pi R^2} = \dfrac{\Delta p_f}{8\mu l}R^2$

$$\therefore \qquad u = \frac{1}{2}u_{\max} \qquad\qquad (1-44)$$

即流体在圆管内层流流动时，其平均流速为管中心最大流速的一半。以 $R=d/2$ 代入上式经整理得

$$\Delta p_{\mathrm{f}} = \frac{32\mu l u}{d^2} \qquad\qquad (1-45)$$

$$h_{\mathrm{f}} = \frac{\Delta p_{\mathrm{f}}}{\rho} = \frac{64}{\dfrac{du\rho}{\mu}} \cdot \frac{l}{d} \cdot \frac{u^2}{2} = \frac{64}{Re} \cdot \frac{l}{d} \cdot \frac{u^2}{2}$$

$$\lambda = \frac{64}{Re} \qquad\qquad (1-46)$$

显然，流体在圆形直管内层流时，摩擦系数 λ 仅是雷诺数的函数，经实验证明与实际完全符合。式(1-45)又称为哈根-泊谡叶(Hagen-Poiseuille)方程。

(2) 湍流时的速度分布与摩擦系数

由于湍流流动的复杂性，目前尚不能像层流那样完全从理论分折来推导其速度公式，大都是综合了实验数据所得出的经验公式或半经验公式。常见的是尼库拉则(J. Nikuradse)在光滑管中进行了大量实验的基础上提出的比较简单的计算湍流时速度分布的近似指数方程，即

$$\frac{u_{\mathrm{r}}}{u_{\max}} = \left(1 - \frac{r}{R}\right)^{1/n}$$

式中 n 与雷诺数 Re 有关，其值随 Re 的增加在 $6 \sim 10$ 之间变化。当 $Re = 10^5$ 左右，$n=7$，则有：

$$\frac{u_{\mathrm{r}}}{u_{\max}} = \left(1 - \frac{r}{R}\right)^{1/7} \qquad\qquad (1-47)$$

称为普兰特(Prandtl)1/7 次方速度分布方程。

上两式表明了流体在圆管内湍流流动时的速度分布规律。但在管路计算中，更为有用的则是平均流速 u。根据湍流时速度分布的指数方程，进行与层流时相同的推导，则可得到湍流时的平均流速 u 与最大流速 $u_{\max}$ 的关系。湍流流动时通过截面积 $\mathrm{d}A$ 的流体体积流量 $\mathrm{d}V$ 为：

$$\mathrm{d}V = u_{\mathrm{r}}\mathrm{d}A = u_{\mathrm{r}}(2\pi r\mathrm{d}r)$$

$$\mathrm{d}V = 2\pi u_{\max}\left(1 - \frac{r}{R}\right)^{1/n} r\mathrm{d}r$$

$$\int_0^V \mathrm{d}V = \int_0^R 2\pi u_{\max}\left(1 - \frac{r}{R}\right)^{1/n} r\mathrm{d}r$$

积分得
$$V = \frac{2\pi u_{\max} n^2 R^2}{(n+1)(2n+1)}$$

平均流速
$$u = \frac{V}{\pi R^2} = \frac{\dfrac{2\pi u_{\max} n^2 R^2}{(n+1)(2n+1)}}{\pi R^2} = \frac{2u_{\max} n^2}{(n+1)(2n+1)}$$

$$\therefore \qquad \frac{u}{u_{\max}} = \frac{2n^2}{(n+1)(2n+1)}$$

由以上分析可知，$u/u_{\max}$ 随 n 值的增大而增加，由于随 Re 的增大 n 值在 $6 \sim 10$ 之间变

化，因此 u/u_{max} 在 0.791 ~ 0.865 之间。通常，流体在圆管内达到完全湍流流动（$Re = 1 \times 10^5$ 左右）时，其平均流速约为最大流速的 0.82 倍。

湍流流动中存在层流底层，层流底层的厚度 δ 尽管很薄，通常只有几分之一毫米，但它对湍流流动的阻力损失和流体与壁面间的传热等物理现象有着重要的影响，且这种影响与管子的相对粗糙程度有关，因此，在湍流流动阻力损失的计算中，不但要考虑雷诺数的大小，还要考虑管壁相对粗糙度的大小。

将管道壁面的凸出部分的平均高度称为管壁绝对粗糙度，以 ε 表示；而将绝对粗糙度与管径的比值 ε/d 称为管壁的相对粗糙度。按照管道的材质种类和加工方法，大致可将管道分为光滑管与粗糙管。通常把玻璃管、塑料管等列为光滑管；将钢管、铸铁管等列为粗糙管。

由于湍流流动情况比层流流动复杂得多，因此湍流时的摩擦系数还不能像层流那样完全用理论分析法推导其计算公式。但是可以通过实验建立诸因素之间的关系式，人们在大量实验的基础上经过分析处理，归纳出了不少经验公式和关系图。

柏拉修斯（Blasius）公式：

$$\lambda = \frac{0.316}{Re^{0.25}} \tag{1-48}$$

该式适用于 $Re = 5 \times 10^3 \sim 1 \times 10^5$ 和光滑管。

顾毓珍等公式：

$$\lambda = 0.0056 + \frac{0.500}{Re^{0.32}} \tag{1-49}$$

该式适用于 $Re = 3 \times 10^3 \sim 3 \times 10^6$ 和光滑管。

$$\lambda = 0.01227 + \frac{0.7543}{Re^{0.38}} \tag{1-50}$$

该式适用于 $Re = 3 \times 10^3 \sim 3 \times 10^6$ 和内径为 50 ~ 200mm 的钢管和铁管。

柯尔布鲁克（Colebrook）公式：

$$\frac{1}{\sqrt{\lambda}} = 1.14 - 2\lg\left(\frac{\varepsilon}{d} + \frac{9.35}{Re\sqrt{\lambda}}\right) \tag{1-51}$$

此式应用范围广（$Re = 4 \times 10^3 \sim 10^8$，$\varepsilon/d = 10^{-6} \sim 5 \times 10^{-2}$），但由于公式两边均含有待求的摩擦阻力系数 λ，所以计算较麻烦。

摩擦阻力系数图——Moody（莫狄）图：

为了计算方便，可将 Re，λ 及 ε/d 之间的关系标绘在双对数坐标上，如图 1-19 所示。此图称为摩擦阻力系数图——Moody（莫狄）图。

依摩擦系数 λ 与 Re 和 ε/d 关系的特点，可在图 1-19 上分为以下四个区域：

① $Re \leq 2000$，为层流区。λ 与管壁粗糙度无关，而只与 Re 值成斜率为 -1 的直线关系，即 $\lambda = 64/Re$，与理论分析结果相同。

② $2000 < Re \leq 4000$，为过渡区。在该区域内，流体流型处于不稳定状态，在计算阻力损失时，为留有余地，此区域中的摩擦系数 λ 通常按湍流时的曲线延长线查取。

③ $Re > 4000$ 及图中虚线以下的区域，为湍流区。在此区域内，λ 与 Re 和 ε/d 均有关。当 ε/d 值一定时，λ 随 Re 的增大而减小，且 Re 值增至某一数值后 λ 值下降缓慢；当 Re 一定时，λ 随 ε/d 的增加而增大。此区域最下面的那条曲线为流体流经光滑管湍流时的 λ 与

Re 关系曲线。

④ 图中虚线右上方的区域，为完全湍流区。在此区域内层流底层的厚度小于管壁绝对粗糙度，壁面上的凸出部分伸入湍流主体之中，流体质点与凸出部分碰撞和引起旋涡已成为产生阻力损失的主要因素，因此摩擦系数 λ 与 Re 无关，而仅与 ε/d 有关。此时该区域的各条 $\lambda - Re$ 系线几乎与横坐标相平行。那么对一定的流体输送管路，由于 d 及 ε/d 一定，则 λ 也为定值，由式 1-42 可知，即阻力损失与流速的平方成正比，故此区域又称阻力平方区。由图 1-19 可见，对于相对粗糙度 ε/d 愈大的管道，达到阻力平方区的 Re 值愈低。

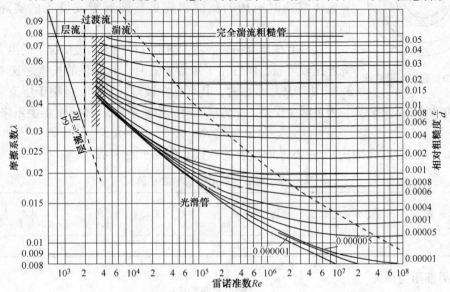

图 1-19 摩擦阻力系数与雷诺数和相对粗糙度的关系

2. 流体在非圆形直管内的流动阻力

在石油加工和石油化工生产中除了圆形管路以外，还会遇到非圆形管路或设备，如矩形管道、同心套管之间的环形通道等。

当流体在非圆形管内湍流流动时，仍可用以上讨论的圆形管路阻力计算公式和图表，但雷诺数和阻力计算公式中的直径 d 要以非圆形管的当量直径 d_e 代替。

非圆形管的当量直径的定义表达式为

$$d_e = \frac{4A}{\Pi} \tag{1-52}$$

式中　　d_e——非圆形管的当量直径，m；

　　　A——流体流经非圆形管路截面积，m^2；

　　　Π——流体管路的润湿周边长度，m。

对于内径为 d 的圆形管路，其当量直径为

$$d_e = 4 \frac{\pi d^2/4}{\pi d} = d$$

对于边长分别为 a 与 b 的矩形管道，其当量直径为

$$d_e = \frac{4ab}{2(a+b)} = \frac{2ab}{a+b}$$

对于套管环形截面(如图 1-20 所示)，如 d_1 和 d_2 分别为外管内径和内管外径，其当量

直径为

$$d_e = 4 \frac{\frac{\pi}{4}(d_1^2 - d_2^2)}{\pi(d_1 + d_2)} = d_1 - d_2$$

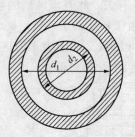

图 1-20 套管环形截面

当量直径 d_e 的计算方法完全是经验性的,在计算非圆形管内的阻力损失时,可以用 d_e 代替雷诺数和阻力计算公式中的管道或设备内径,而不能用 d_e 计算流体通过的截面积、流速和流量,计算流体流速时所用的截面积应是非圆形管或设备的实际流通截面积。

此外有些研究结果表明,当量直径用于湍流情况下的阻力损失计算才比较可靠,而且用于矩形管道时,其面积的长宽之比不能超过 3:1,用于环形截面时,其可靠性较差;当量直径用于层流情况下的阻力损失计算时误差较大,为了减少误差,须将层流时的摩擦系数 $\lambda = 64/Re$ 的关系修正为

$$\lambda = C/Re \qquad\qquad (1-53)$$

式中 C ——系数(无因次),一些非圆形管的系数 C 值列于表 1-2。

表 1-2 某些非圆形管的系数 C 值

截面形状	正方形	等边三角形	环　形	长方形 长：宽＝2：1	长方形 长：宽＝2：1
系数 C	57	53	96	62	73

3. 局部阻力损失

局部阻力损失系指流体流经管路的进口和出口、突然扩大和缩小以及管件、阀件等局部部位时,由于流动方向或流速发生变化,湍动加剧,造成涡流等所引起的能量损失。由实验可知。流体即使在直管中为层流流动,但在流过管件或阀门等局部部位时,也容易变为湍流。局部阻力损失是一个复杂的问题,难以精确计算,通常有以下两种近似方法:

(1)阻力系数法

克服局部阻力所引起的能量损失,可表示为动能的倍数,即

$$h'_f = \zeta \frac{u^2}{2} \qquad\qquad (1-54)$$

或

$$\Delta p'_f = \zeta \frac{u^2}{2} \rho \qquad\qquad (1-55)$$

式中的 ζ 称为局部阻力系数,其值一般由实验测定。下面介绍几种常见的局部阻力系数的求法。

(a)突然扩大与突然缩小

管路由于直径改变使流动截面突然扩大或突然缩小,所产生的阻力损失按式(1-54)计算时,式中的流体流速均用小管中的流速,其局部阻力系数可用图 1-21 查取。

(b)进口与出口

进口系指流体自容器进入管内,相当于流动截面突然缩小,可看成从很大的截面 A_1 收缩到很小的截面 A_2,即 $A_2/A_1 \approx 0$,此时由图 1-21 中曲线可知,进口阻力系数 $\zeta = 0.5$。若管口圆滑或呈喇叭状,则进口阻力系数相应减小,约为 $0.25 \sim 0.5$。

出口系指流体自管路流入容器或排放到管外空间,相当于流动截面突然扩大,是从很小

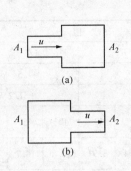

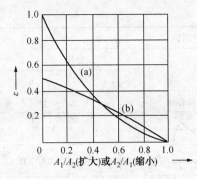

图 1 - 21　突然扩大(a)与突然缩小(b)的局部阻力系数

的截面 A_1 扩大到很大的截面 A_2，即 $A_1/A_2 \approx 0$，此时由图 1 - 21 中曲线(a)可知，出口阻力系数 $\zeta = 1.0$。

（c）管件与阀门

管路上的弯头、三通等管件与各种阀门的局部阻力系数可从有关资料或手册中查到。表 1 - 3 列举了一些常用管件及阀门的局部阻力系数，供计算时查用。

表 1 - 3　常用管件及阀门的局部阻力系数

管件和阀件名称	ξ 值						
标准弯头	45°，$\xi = 0.35$			90°，$\xi = 0.75$			
90°方形弯头	1.3						
180°回弯头	1.5						
活管接	0.4						

弯管	φ / R/d	30°	45°	60°	75°	90°	105°	120°
	1.5	0.08	0.11	0.14	0.16	0.175	0.19	0.20
	2.0	0.07	0.10	0.12	0.14	0.15	0.16	0.17

突然扩大	$\xi = (1 - A_1/A_2)^2$　$h_1 = \xi \cdot u_1^2/2$										
	A_1/A_2	0	0.1	0.2	0.3	0.4	0.5	0.6	0.7	0.8	0.9	1.0
	ξ	1	0.81	0.64	0.49	0.36	0.25	0.16	0.09	0.04	0.01	0

突然缩小	$\xi = 0.5(1 - A_2/A_1)^2$　$h_1 = \xi \cdot u_2^2/2$										
	A_2/A_1	0	0.1	0.2	0.3	0.4	0.5	0.6	0.7	0.8	0.9	1.0
	ξ	0.5	0.45	0.40	0.35	0.30	0.25	0.20	0.15	0.10	0.05	0

流入大容器的出口	$\xi = 1$（用管中流速）							
入管口（容器一管）	$\zeta = 0.5$							

水泵进口	没有底阀	2 ~ 3						
	有底阀	d/mm	40	50	75	100	150	200	250	300
		ξ	12	10	8.5	7.0	6.0	5.2	4.4	3.7

管件和阀件名称	ξ 值								
闸阀	全开		3/4 开			1/2 开			1/4 开
	0.17		0.9			4.5			24
标准截止阀(球心阀)	全开 $\xi = 6.4$					1/2 开 $\xi = 9.5$			
蝶阀	a	5°	10°	20°	30°	40°	45°	50°	60°	70°
	ξ	0.24	0.52	1.54	3.91	10.8	18.7	30.5	118	751
旋转	θ		5°		10°		20°		40°	60°
	ξ		0.05		0.29		1.56		17.3	206
角阀(90°)	5								
单向阀	播板式 $\xi = 2$					球形单向阀 $\xi = 70$			
水表(盘形)	7								

（2）当量长度法

把与流体流过管件或阀件等所产生的局部阻力损失相等的同径直管的长度称为管件或阀件等部件的当量长度，以 l_e 表示。此时，管件或阀件等部件的阻力损失 h'_f 可由下式计算，即

$$h'_f = \lambda \frac{l_e}{d} \frac{u^2}{2} \qquad (1-56)$$

l_e 值由实验确定。有时以管路直径的倍数 l_e/d 来表示局部阻力的当量长度，如 90°标准弯头的 l_e/d 值约为 30～40；孔板流量计、文氏流量计和转子流量计的 l_e/d 值分别约为 400、12 和 200～300。在湍流情况下，某些管件和阀门等的当量长度可从图 1-22 的共线图上查取。

由于管件及阀门等在制造与加工精度上的差异，其局部阻力系数 ζ 和当量长度 l_e 的数值会有一定的范围，所以从有关资料和手册中查得 ζ 和 l_e 值只是个约略值，因而局部阻力损失的计算只是一种粗略的估算。

流体流过整个管路的总阻力损失为直管阻力与局部阻力损失之和，即

$$\sum h_f = h_f + h'_f = \lambda \frac{(l + \sum l_e)}{d} \frac{u^2}{2}$$

或

$$\sum h_f = h_f + h'_f = \left(\lambda \frac{l}{d} + \sum \zeta\right) \frac{u^2}{2}$$

当管路由若干直径不同的管段串联组成时，由于各段管路的流速不同，应先分段计算阻力损失，然后再求其总和。

【例 1-2】如图 1-23 所示，用泵将常温水从贮罐输送到高位槽。水的输送量为 20m³/h，水的密度和黏度分别为 1000kg/m³ 和 1×10^{-3} Pa·s。泵的吸入管 A 为 $\phi 89 \times 4$mm 的无缝钢管，直管长度为 10m，其上有一个底阀和一个标准弯头；泵的排出管 B 为 $\phi 57 \times 3$mm 的无缝钢管，直管长度为 40m，其上有一个 3/4 开的闸阀和两个标准弯头。贮罐和高位槽上方均通大气，液面均维持恒定，贮罐内液面距高位槽内液面间的高度为 10m。试求泵的有效功率 N_e。

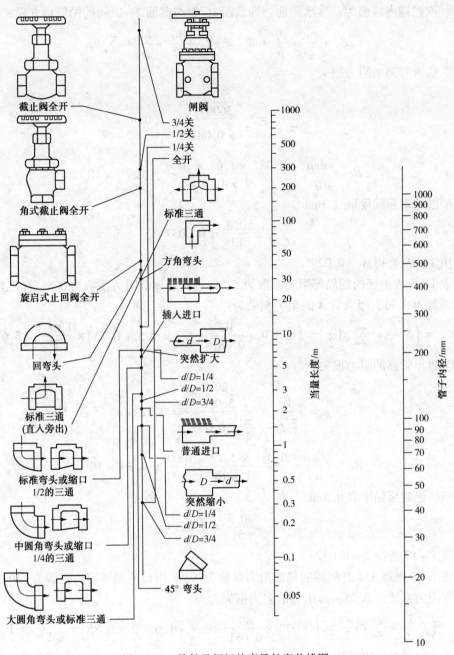

图 1-22　管件及阀门的当量长度共线图

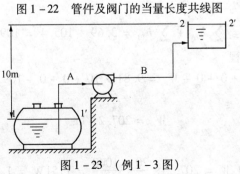

图 1-23　（例 1-3 图）

解: 取贮罐内液面为基准水平面,列截面 1 - 1′与截面 2 - 2′间的柏努利方程式,即

$$gZ_1 + \frac{u_1^2}{2} + \frac{p_1}{\rho} + W_e = gZ_2 + \frac{u_2^2}{2} + \frac{p_2}{\rho} + \sum h_f$$

(1) 吸入管路的阻力损失

$$u = \frac{V}{\frac{\pi}{4}d^2} = \frac{\frac{20}{3600}}{\frac{\pi}{4} \times 0.081^2} = 1.08 \text{m/s}$$

$$Re = \frac{du\rho}{\mu} = \frac{0.081 \times 1.08 \times 1000}{1 \times 10^{-3}} = 8.75 \times 10^4$$

管壁的绝对粗糙度取 0.3mm

$$\frac{\varepsilon}{d} = \frac{0.3}{81} = 0.0037$$

由图 1 - 19 查得 $\lambda = 0.029$

由表 1 - 3 查得底阀的局部阻力系数为 1.5,进口的局部阻力系数为 0.5;标准弯头的局部阻力系数为 0.75,吸入管 A 的阻力损失为:

$$\sum h_{fA} = \left(\lambda \frac{l}{d} + \sum \zeta\right)\frac{u^2}{2} = \left(0.029 \times \frac{10}{0.081} + 1.5 + 0.5 + 0.75\right) \times \frac{1.08^2}{2} = 3.69 \text{J/kg}$$

(2) 排出管路的阻力损失

$$u = \frac{V}{\frac{\pi}{4}d^2} = \frac{\frac{20}{3600}}{\frac{\pi}{4} \times 0.051^2} = 2.72 \text{m/s}$$

$$Re = \frac{du\rho}{\mu} = \frac{0.051 \times 2.72 \times 1000}{1 \times 10^{-3}} = 1.39 \times 10^5$$

管壁的绝对粗糙度取 0.3mm,则

$$\frac{\varepsilon}{d} = \frac{0.3}{51} = 0.0059$$

由图 1 - 19 查得 $\lambda = 0.032$

由表 1 - 3 查得 3/4 开闸阀的局部阻力系数为 0.9,出口的局部阻力系数为 1.0;标准弯头的局部阻力系数为 0.75,排出管的阻力损失为:

$$\sum h_{fB} = \left(\lambda \frac{l}{d} + \sum \zeta\right)\frac{u^2}{2} = \left(0.032 \times \frac{40}{0.051} + 0.9 + 1.0 + 2 \times 0.75\right) \times \frac{2.72^2}{2} = 105.4 \text{J/kg}$$

整个管路的阻力损失为

$$\sum h_f = \sum h_{fA} + \sum h_{fB} = 3.69 + 105.4 = 109.1 \text{J/kg}$$

将数据代入柏努利方程

$$0 + 0 + 0 + W_e = 9.81 \times 10 + 0 + 0 + 109.1$$

解得

$$W_e = 207.2 \text{J/kg}$$

泵的有效功率为:

$$N_e = W_e W = 207.2 \times \frac{20 \times 1000}{3600} = 1151 \text{W} = 1.151 \text{kW}$$

1.5 管路计算

管路计算是连续性方程式、柏努利方程式和阻力公式的综合应用。根据管路有无分支，可分为简单管路和复杂管路。

1.5.1 简单管路

无分支或汇合的管路，称为简单管路。简单管路可以是由直径相同的管路或直径不同的管路串联而成。前面讨论柏努利方程式的应用时，已涉及到简单管路的有关计算问题。此处将简单管路计算中所遇到的问题，分为设计计算和校核计算作一简要的讨论。

1. 设计计算

设计计算是给定输送任务，要求设计经济上合理的管路。常有如下典型的设计计算内容：规定输送任务 V，确定最经济（适宜）的管径 d 及泵的有效压头 H_e（或确定高位槽的高度）。

【例 1-3】钢管的总长为 100m，用以输送 20℃的水，已知水的流率为 27m³/h。要求输送过程中摩擦阻力不大于 40N·m/kg，试确定输送管路的最小直径。已知 20℃时水的黏度 $\mu = 1.005 \times 10^{-3}$Pa·s，密度 $\rho = 998.2$kg/m³。

解： 管径用流率公式计算，即

$$V_s = \frac{\pi}{4}d^2 u \tag{1}$$

其中流速 u 为允许的摩擦阻力所限制，即

$$h_f = \lambda \frac{l}{d}\frac{u^2}{2} \tag{2}$$

式中 λ 及 u 为 d 的函数。故要用试差法求管径 d

先将式(1)中的 u 代入式(2)，得

$$\sum h_f = \lambda \frac{l}{d}\frac{u^2}{2} = \lambda \frac{l}{d}\frac{\left(\dfrac{V_s}{\frac{\pi}{4}d^2}\right)^2}{2} = \lambda \frac{100}{2d}\left(\frac{27}{3600 \times \frac{\pi}{4}d^2}\right)^2 = 0.00457\frac{\lambda}{d^5} \tag{3}$$

由于水在管道中流过时的 λ 值约在 0.02 ~ 0.04 左右，故易于假设 λ 值。即先假设 λ 值，由 λ 值求出管径 d，然后利用已算出的 d 去计算 Re 值，由此查出 λ 值，以与假设的 λ 值相比较。

将式(3)及 Re 数计算式整理成

$$d = \left(\frac{0.00457\lambda}{\sum h_f}\right)^{1/5} = \left(\frac{0.00457\lambda}{40}\right)^{1/5} = 0.163\lambda^{1/5} \tag{4}$$

$$Re = \frac{du\rho}{\mu} = \frac{d\left(\dfrac{V_s}{\frac{\pi}{4}d^2}\right)\rho}{\mu} = \frac{d\left(\dfrac{27}{3600 \times \frac{\pi}{4}d^2}\right) \times 998.2}{1.005 \times 10^{-3}} = \frac{9485}{d} \tag{5}$$

设 $\lambda = 0.03$，由式(4)算出

$$d = 0.163 \times 0.03^{1/5} = 0.081\text{m}$$

取钢管相对粗糙度 $\varepsilon = 0.2\text{mm}$，则

$$\frac{\varepsilon}{d} = \frac{0.2}{81} = 0.00247$$

$$Re = \frac{9485}{0.081} = 1.17 \times 10^5$$

由图查出 $\lambda = 0.025$，与假设值不符，重新假设 $\lambda = 0.025$，由式(4)算出

$$d = 0.163 \times 0.025^{1/5} = 0.078\text{m}$$

则

$$\frac{\varepsilon}{d} = \frac{0.2}{78} = 0.0025$$

$$Re = \frac{9485}{0.078} = 1.22 \times 10^5$$

由图查出 $\lambda = 0.025$，与假设值相符。因此，管内径应为 78mm，查附录——无缝钢管规格表，选用 3in($\phi 88.5 \times 4$)的有缝钢管。

校验：

管内实际流速 $u = \dfrac{V}{\frac{\pi}{4}d^2} = \dfrac{27}{3600 \times \frac{\pi}{4} \times 0.0805^2} = 1.46\text{m/s}$

$$Re = \frac{9485}{0.0805} = 1.17 \times 10^5$$

$$\frac{\varepsilon}{d} = \frac{0.2}{805} = 0.0025$$

由图查出 $\lambda = 0.025$

$$\therefore \quad \sum h_{\text{f}} = \lambda \frac{l}{d} \frac{u^2}{2} = 0.025 \times \frac{100}{0.0805} \frac{1.46^2}{2} = 33\text{N} \cdot \text{m/kg}$$

满足要求。

应该注意的是，算出的管径 d 必须根据管子标准进行圆整。

2. 校核计算

管路布局一定，要求核算在某给定条件下管路的输送能力。

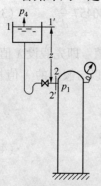

图 1－24
(例 1－4 图)

【例 1－4】如图 1－24 所示的输送管路，已知进料管口处的压力 p_2 $= 1.96 \times 10^4\text{Pa}$（表压），管子的规格为 $\phi 60 \times 3\text{mm}$、直管长度 35m，管路上有 3 个标准弯头、1 个 1/4 关闸阀，管子绝对粗糙度为 0.2mm，高位槽内液面距进料管口中心的高度 $Z = 4.2\text{m}$，液体的密度和黏度分别为 1100kg/m^3 和 $1.7 \times 10^{-3}\text{Pa} \cdot \text{s}$。试问该管路能达到多大的供液流量。

解：由题知 $d = 60 - 3 \times 2 = 54\text{mm} = 0.054\text{m}$，$l = 35\text{m}$，$\varepsilon = 0.2\text{mm}$，查得 3 个标准弯头和 1 个 1/4 关闸阀的阻力系数分别为 $0.75 \times 3 = 2.25$ 和 0.9，高位槽底部进口的阻力系数为 0.5

列截面 1－1′到 2－2′间的柏努利方程式，即

$$gZ_1 + \frac{u_1^2}{2} + \frac{p_1}{\rho} = gZ_2 + \frac{u_2^2}{2} + \frac{p_2}{\rho} + \left(\lambda \frac{l}{d} + \sum \zeta\right)\frac{u_2^2}{2}$$

代入数据，得

$$9.81 \times 4.2 + 0 + 0 = 0 + \frac{u_2^2}{2} + \frac{1.96 \times 10^4}{1100} + \left(\lambda \frac{35}{0.054} + 2.25 + 0.9 + 0.5\right)\frac{u_2^2}{2} \quad (1)$$

设 $\lambda = 0.03$，由式(1)算出

$$u_2 = 1.39\text{m/s}$$

$$\therefore Re = \frac{du\rho}{\mu} = \frac{0.054 \times 1.39 \times 1100}{1.7 \times 10^{-3}} = 4.86 \times 10^4$$

钢管相对粗糙度 $\varepsilon = 0.2\text{mm}$，则

$$\frac{\varepsilon}{d} = \frac{0.2}{54} = 0.0037$$

查图，得 $\lambda = 0.03$

与假设相符，所以

$$u_2 = 1.39\text{m/s}$$

$$V = \frac{\pi}{4}d^2 u_2 = \frac{\pi}{4} \times 0.054^2 \times 1.39 = 0.00318\text{m}^3/\text{s} = 11.4\text{m}^3/\text{h}$$

1.5.2 复杂管路

有分支或汇合的管路称为复杂管路，按其联接特点复杂管路又分为并联管路和分支管路。见图 1–25。主管路在某一处分为两条或更多条支路，然后在某一处又汇合在一起的管路称为并联管路。如主管路分支后不汇合的管路，称为分支管路。以下分别介绍其特点和计算要点。

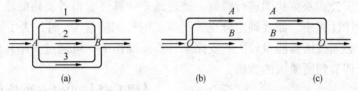

图 1–25　并联管路(a)、分支管路(b)和汇合管路(c)

（1）并联管路

主管路中流体的质量流量等于各并联支路中流体质量流量之和，即

$$W = W_1 + W_2 + W_3$$

对不可压缩性流体，还有

$$V = V_1 + V_2 + V_3 \qquad (1-57)$$

由于各并联支路的起、止端均为分点支 A 和汇合点 B，因此各支路的起、止端截面的总比能差相等，则各并联支路单位质量流体的阻力损失相等，即

$$h_{\text{f}1} = h_{\text{f}2} = h_{\text{f}3} \qquad (1-58)$$

另外，由于阻力损失的单位为 J/kg，即以单位质量流体为计算基准，所以在计算并联管路段的阻力损失时，只需要考虑其中任一支路的阻力损失即可，绝不能把各并联支路的阻力损失全部加在一起作为并联管路段的阻力损失。也就是说，主管路与并联管路段的总阻力损失应为：

$$\sum h_\text{f} = h_{\text{f主}} + h_{\text{f}1} = h_{\text{f主}} + h_{\text{f}2} = h_{\text{f主}} + h_{\text{f}3}$$

尽管各并联支路的阻力相等，但由于各支路的管径、管长、粗糙度情况一般不相同，所

以各支路的流量也不相等。各支路的流量分配关系可由计算得到。因为

$$u_i = \frac{4V_i}{\pi d_i^2}$$

则

$$h_f = \lambda_i \frac{l_i}{d_i} \frac{u_i^2}{2} = \frac{8\lambda_i l_i V_i^2}{\pi^2 d_i^5}$$

将上式代入式(1-58)，得

$$\frac{8\lambda_1 l_1 V_1^2}{\pi^2 d_1^5} = \frac{8\lambda_2 l_2 V_2^2}{\pi^2 d_2^5} = \frac{8\lambda_3 l_3 V_3^2}{\pi^2 d_3^5}$$

故

$$V_1 : V_2 : V_3 = \sqrt{\frac{d_1^5}{\lambda_1 l_1}} : \sqrt{\frac{d_2^5}{\lambda_2 l_2}} : \sqrt{\frac{d_3^5}{\lambda_3 l_3}} \qquad (1-59)$$

由式可知，各并联支路的流量分配与各支路的管径、管长(包括当量长度)、粗糙度及流动型态有关。当改变某一支路的阻力时，必将引起各支路流量的变化。联解式(1-57)与式(1-59)，可得到各支路的流量。因摩擦系数 λ 与流量有关，所以当各支路的摩擦系数视为常数时，可直接求解；否则要通过试差求解。

(2) 分支管路与汇合管路

对分支或汇合管路，由于各支路终端的总比能一般不相等，则各支路的阻力损失一般也是不相等的，这是与并联管路的不同之处。而分支或汇合管路与并联管路一样，主管路中的流量等于各分支管路的流量之和。至于各支路的流量分配关系，除了与各支路的管径、管长(包括当量长度)和粗糙度有关外还与各支路终端的条件(如压力、位能等)有关，可通过柏努利方程式、范宁公式及莫狄图进行联解，通过试差计算可求得各支路的流量。

此外，在设计计算中，如要确定分支管路所需的外加能量 W_e 时，为了确保完成整个管路的输送任务，必须按所需能量较大的支路来计算。操作中，可通过关小其他支路上的阀门开度，将其流量调节到所要求的数值。

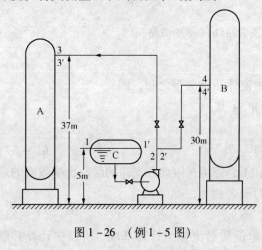

图 1-26 (例 1-5 图)

【例 1-5】如图 1-26 所示，用泵将密度为 $710 kg/m^3$ 的粗汽油分两路输送到精馏塔 A 的顶部和吸收解吸塔 B 的中部。贮罐 C 内液面上方、精馏塔顶部和吸收解吸塔中部的表压力分别为 49kPa、49 kPa 和 1177 kPa。现要求输送管路上的所有阀门全开，使输送到精馏塔顶部和吸收解吸塔中部的最大粗汽油流量分别达 10800kg/h 和 6400kg/h，此时从截面 1-1′至截面 2-2′、从截面 2-2′至截面 3-3′和从截面 2-2′至截面 4-4′的阻力损失分别为 20、60 和 50J/kg。试求泵的有效功率 N_e(计算中忽略动能项)。

解：在 1-1′和 3-3′列柏努利方程式

$$gZ_1 + \frac{u_1^2}{2} + \frac{p_1}{\rho} + W_e = gZ_3 + \frac{u_3^2}{2} + \frac{p_3}{\rho} + \sum h_{f1-2} + \sum h_{f2-3}$$

代入数据

$$9.81 \times 5 + 0 + \frac{49 \times 10^3}{710} + W_e = 9.81 \times 37 + 0 + \frac{49 \times 10^3}{710} + 20 + 60$$

解得

$$W_e = 393.92 \text{J/kg}$$

$$N_e = W_e \cdot W = 393.92 \times \frac{10800 + 6400}{3600} = 1882 \text{W}$$

在 $1-1'$ 和 $4-4'$ 列柏努利方程式

$$gZ_1 + \frac{u_1^2}{2} + \frac{p_1}{\rho} + W_e = gZ_4 + \frac{u_4^2}{2} + \frac{p_4}{\rho} + \sum h_{f1-2} + \sum h_{f2-4}$$

代入数据

$$9.81 \times 5 + 0 + \frac{49 \times 10^3}{710} + W_e = 9.81 \times 30 + 0 + \frac{1177 \times 10^3}{710} + 20 + 50$$

解得

$$W_e = 1904 \text{J/kg}$$

$$N_e = W_e \cdot W = 1904 \times \frac{10800 + 6400}{3600} = 9097(\text{W}) \approx 9.1 \text{kW}$$

比较上述结果，为保证输送任务，泵的有效功率应为 9.1kW。

应当指出，因为泵的有效功率是按从截面 $1-1'$ 至截面 $4-4'$ 的能量平衡计算的，因此从截面 $2-2'$ 至截面 $4-4'$ 的支管路的粗汽油流量正好达到 6400kg/h 的要求，但从截面 $2-2'$ 至截面 $3-3'$ 支路的粗汽油流量便大于 10800kg/h 的要求。为此操作时应适当关小从截面 $2-2'$ 截面 $3-3'$ 支路上的阀门开度，将其粗汽油流量调节到所要求的 10800kg/h。

1.6 流量测量

在石油加工和石油化工生产中，流体的流量是一个重要的操作参数。为了控制生产过程稳定进行，就必须测量流体的流量，并加以调节和控制。测量流体流量的方法很多，本节主要介绍几种以流体流动时各种机械能相互转换原理为基础的流量计。

1.6.1 测速管

1. 测速管的结构

测速管又称皮托(Pitot)管，其结构示意图如图 $1-27$ 所示。它是由两根弯成直角的同心套管所组成。外管的管口是封闭的，在其前端管壁四周开有一些小孔。内管敞开，管口正对着流体流动方向。外管与内管的末端分别与 U 形管压差计的两端相连。

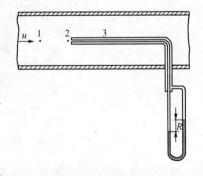

图 $1-27$ 测速管

2. 测速管的测量原理

设流体在 1 点处流速为 u_1，压力为 p_1。当流体流至内管管口 2 点处时，因内管内已充满被测流体，故流体到达 2 点处时受阻被截，其流速为零，于是动能在此转化为静压能，使 2 点压力增至 p_2。1、2 两点间的能量转换关系可由柏努利方程式求得，若忽略阻力损失，即

$$\frac{p_2}{\rho} = \frac{p_1}{\rho} + \frac{u_1^2}{2} \tag{1-60}$$

即内管测得的 1 点处的静压能与动能之和,称为冲压能,其值为 p_2/ρ,所以内管亦称冲压管。

外管管壁上的小孔与流体流动方向平行,且测速管直径相对管径很小,又忽略阻力损失,则外管管壁处的流速和压力均与 1 点处相同。因此,外管测得的是流体的静压能 p_1/ρ,故外管亦称静压管。

由上述可知,从 U 形管压差计读数所反映出来的是冲压能与静压能之差,即

$$\frac{\Delta p}{\rho} = \frac{p_2}{\rho} - \frac{p_1}{\rho} \tag{1-61}$$

将式(1-60)与式(1-61)相比较,则得

$$\frac{\Delta p}{\rho} = \frac{u_1^2}{2}$$

故有

$$u_1 = \sqrt{\frac{2\Delta p}{\rho}} \tag{1-62}$$

若 U 形管压差计读数为 R,指示液和被测流体的密度分别为 ρ_0 和 ρ,把式(1-17)代如上式,则得

$$u_1 = \sqrt{\frac{2R(\rho_0 - \rho)g}{\rho}} \tag{1-63}$$

若被测流体为气体时,由于 $\rho \ll \rho_0$,则上式可简化为

$$u_1 = \sqrt{\frac{2R\rho_0 g}{\rho}} \tag{1-64}$$

测速管所测得的是流体在管路截面上某一点的速度,因此可利用测速管测出管路截面上的速度分布。若把测速管安装在管截面的中心处,则可测得最大速度 u_{max},再利用图 1-28,可求出管路截面上的平均速度 u,进而可计算出流体的流量。

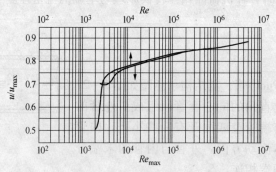

图 1-28　u/u_{max} 与雷诺数的关系

测速管的特点是拆卸方便,阻力损失小,所以工业上测速管主要用于测定大直径管路中的气体流速。测速管的测压孔小,容易堵塞,因此不宜用于测量含固体粒子的流体速度。为了提高精确度,必须保证测速管的测量点前、后各有 50 倍管径以上的直管距离;内管管口务必要正对着流体流动方向;测速管的直径应小于管路直径的 1/50。

1.6.2 孔板流量计

1. 孔板流量计的结构

孔板流量计主要是由一块中心开有孔径为 d_0 的锐孔板和测定孔板前后压差的 U 形管压差计组成。如图 1-29 所示。通过压差计读数 R 可求得管中流体的流量。孔板流量计通常是用法兰把孔板固定在流体流动管路中,为保证测量精确度,圆孔中心应位于管路中心线上,且圆孔的锐边应对着流体流动方向,孔板前后分别要有 15 ~ 40 倍和 5 倍管路直径的直管距离。

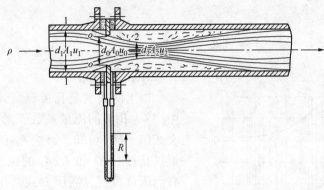

图 1-29 孔板流量计

2. 测量原理

当流体流过孔口时,因流动截面突然缩小,流速骤增,相应静压能降低。流体流过孔口后,由于惯性作用,流束截面还继续缩小,直至一定距离达到最小,然后流束截面才逐渐扩大到整个管路截面。流束截面最小处(如图 1-29 中 2-2 截面)称为缩脉。流体在缩脉处的流速最大,即动能最大,而相应的静压能最小。因此,当流体以一定流量流过孔板时,就产生一定的压力差,流量越大,所产生的压力差就越大,所以利用测量压力差的方法来测量流体的流量。

取孔板前未收缩的截面为 1-1 截面,取孔板后缩脉处为 2-2 截面,列截面 1-1 到截面 2-2 间的柏努利方程式,若暂不计阻力损失,并设不可压缩性流体在水平管内流动,则有

$$\frac{u_1^2}{2} + \frac{p_1}{\rho} = \frac{u_2^2}{2} + \frac{p_2}{\rho}$$

或

$$\sqrt{u_2^2 - u_1^2} = \sqrt{\frac{2(p_1 - p_2)}{\rho}} = \sqrt{\frac{2\Delta p}{\rho}}$$

由于缩脉的位置随流动状态而变化,其截面积 A_2 也无法知道,那么 u_2 也就无法知道。所以工程上以孔口流速 u_0 代替缩脉处流速 u_2;同时,实际流体流过孔口时有阻力损失。考虑到上述这些原因,引入一个校正系数 C,可将上式写成

$$\sqrt{u_0^2 - u_1^2} = C\sqrt{\frac{2\Delta p}{\rho}} \tag{1-65}$$

对不可压缩性气体,把连续性方程式 $u_1 A_1 = u_0 A_0$ 代上式,经整理可得

$$u_0 = \frac{C}{\sqrt{1 - (A_0/A_1)^2}}\sqrt{\frac{2\Delta p}{\rho}}$$

令
$$C_0 = \frac{C}{\sqrt{1 - (A_0/A_1)^2}} \qquad (1-66)$$

则
$$u_0 = C_0\sqrt{\frac{2\Delta p}{\rho}} \qquad (1-67)$$

上式中的压差 Δp 通过 U 形管压差计读数 R 测量，因而将式(1-17)代入上式，得

$$u_0 = C_0\sqrt{\frac{2R(\rho_0 - \rho)g}{\rho}} \qquad (1-68)$$

于是流体的流量为

$$V = A_0 u_0 = C_0 A_0\sqrt{\frac{2R(\rho_0 - \rho)g}{\rho}} \qquad (1-69)$$

或
$$W = V\rho = C_0 A_0\sqrt{2R(\rho_0 - \rho)\rho g} \qquad (1-70)$$

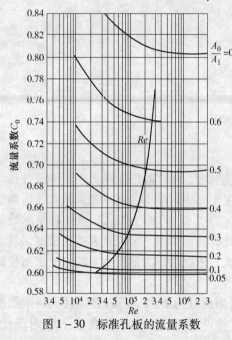

图 1-30 标准孔板的流量系数

以上两式就是孔板流量计的流量公式，其中 C_0 称为孔板的流量系数，无因次。由 C_0 的定义式(1-66)可知，影响 C_0 的因素主要有流体流过孔板时 Re 和 A_0/A_1 的比值大小。此外，还有测压口位置，测压方式，孔口形状，孔板厚度等。一般 C_0 值通过实验测定。对测压方式、结构尺寸、加工状况等均已规定的标准孔板，C_0 与 Re 和 A_0/A_1 之间的关系，如图 1-30 所示。

由图 1-30 可知，当 Re 一定时，A_0/A_1 值越大，则 C_0 越大；当 A_0/A_1 一定时，C_0 随 Re 的增加而减小，但当 Re 超过某一限度(即图中对应于 A_0/A_1 的 Re_0 值后)，C_0 随 Re 的变化很小，可视为定值。孔板流量计所测的流量范围，最好在 C_0 为定值的区域里。此时，由式(1-69)或式(1-70)可知，流体的流量与压差计读数 R 的平方根成正比关系。设计合理的孔板流量计，不但要求在所测的流量范围内 C_0 最好为定值，而且要求 C_0 值在 0.6~0.7 之间。

对于气体或蒸气，须考虑流体流经孔板时，由于压力降而引起气体体积的增大。因而在式(1-69)中引入一个校正系数 ε_k，并以流体的平均密度 ρ_m 代替式中的 ρ，则有

$$V = \varepsilon_k C_0 A_0\sqrt{\frac{2R\rho_0 g}{\rho_m}} \qquad (1-71)$$

式中，ε_k 为气体体积膨胀系数，无因次。ε_k 是气体绝热指数 γ、压差比值 $(p_1 - p_2/p_1)$、面积比 A_0/A_1 的函数，可从有关手册中查到。

用孔板流量计的流量公式计算流体流量时，须先知道 C_0 值，但 C_0 又与流速有关，因此要通过试差法求解。

孔板流量计结构简单紧凑、制造安装方便，因此应用十分广泛。其主要缺点是能量损失比较大，其能量损失可按下式估算

$$h'_f = \frac{\Delta p'_f}{\rho} = \frac{p_1 - p_2}{\rho}\left(1 - 1.1\frac{A_0}{A_1}\right) \qquad (1-72)$$

1.6.3 文丘里(Venturi)流量计

孔板流量计的主要缺点是能量损失大,为了减少能量损失,可采用文丘里流量计(也称文氏流量计),其结构如图 1-31 所示。特点是逐步收缩和逐步扩大,这样当流体流过时,流速改变平缓,能量损失比较小。通常收缩段的角度 $\alpha = 15° \sim 20°$,渐扩段的角度 $\alpha = 5° \sim 7°$。

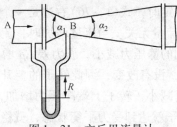

图 1-31　文丘里流量计

因为文丘里流量计的测量原理同孔板流量计一样,所以其流量公式与式(1-69)的类似,只是流量系数不同罢了,即

$$V = C_V A_0 \sqrt{\frac{2R(\rho_0 - \rho)g}{\rho}} \qquad (1-73)$$

或

$$W = C_V A_0 \sqrt{2R(\rho_0 - \rho)\rho g} \qquad (1-74)$$

式中　C_V——文丘里流量计的流量系数,其值由实验测定,无因次;在湍流时,一般可取 0.98(管径为 $50 \sim 200mm$)或取 0.99(管径大于 $200mm$);

A_0——文丘里管喉部截面积,m^2。

文丘里流量计的阻力损失一般可用下式估算,即

$$h'_f = 0.1 u_0^2 \qquad (1-75)$$

式中　u_0——流体流经喉部的流速,m/s。

文丘里流量计的主要优点是能量损失小,大多用于低压气体输送中的流量测量。其缺点是结构不如孔板紧凑,加工精度要求高,制造困难,造价较贵。

1.6.4 转子流量计

如图 1-32 所示,转子流量计是由一根截面积由上到下略微缩小的锥形玻璃管和转子组成。转子一般用金属或塑料制成,其上端平面略大并刻有斜槽,操作时可发生旋转,故称为转子。流体由玻璃管底部进入,经过转子与玻璃管间的环隙,由玻璃管顶部流出。

对于一定的流量,转子之所以能稳浮在玻璃管中的一定高度上,这是由于作用在转子的上升力(即作用于转子下端和上端的压力差 $\Delta p A_f$)与转子的净重力(即转子的重力 $V_f \rho_f g$ 与流体对转子的浮力 $V_f \rho g$ 之差)相等,即

$$\Delta p A_f = V_f(\rho_f - \rho)g$$

或　　　　　$$\Delta p = \frac{V_f(\rho_f - \rho)g}{A_f} \qquad (1-76)$$

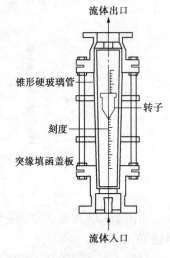

图 1-32　转子流量计

式中　Δp——转子下端与上端的压力差，N/m^2；

　　　A_f——转子最大直径处的截面积，m^2；

　　　V_f——转子体积，m^3；

　　　ρ_f——转子材料密度，kg/m^3；

　　　ρ——流体密度，kg/m^3。

显而易见，当转子和流体一定时，式(1-76)右边是一个定值，那么转子下端与上端的压力差 Δp 也就是一个定值，与流量无关。当流量增加时，流体在转子与玻璃管间环隙的流速增加，即动能增加，转子上端的静压力减小，压力差 Δp 增大，即上升力 $\Delta p A_f$ 增大。而转子的净重力 $V_f(\rho_f-\rho)g$ 是定值，没有改变，因此转子的上升力大于净重力，则转子就要上移。随着转子的上移，环隙流速减小，转子上端净压力增加，压力差 Δp 减小，直到 Δp 降至式(1-76)所示的定值后，转子就达到受力平衡状态，就稳定的浮在与增加后流量相对应的高度上。反之，当流体流量减小时，转子就会下降至与减小后的流量相对应的高度上。所以，转子所处位置的高低就表示流体流量的大小，其值可由玻璃管外壁上的刻度读出。

由上述可知，转子流量计测量流量的原理，同流体流过孔板时相类似，也是以流体流过环隙时能量转换原理为基础的。因此，可仿照孔板流量计的流量公式写出转子流量计的流量公式，即

$$V = C_R A_R \sqrt{\frac{2\Delta p}{\rho}}$$

将式(1-76)代入上式，得

$$V = C_R A_R \sqrt{\frac{2V_f(\rho_0-\rho)g}{A_f\rho}} \tag{1-77}$$

或

$$W = C_R A_R \sqrt{\frac{2V_f(\rho_0-\rho)\rho g}{A_f}} \tag{1-78}$$

式中　A_R——转子与玻璃管间的环隙截面积，m^2；

　　　C_R——转子流量计的流量系数(无因次)，其值与 Re 及转子的形状有关，由实验测定。图1-33给出了三种形状转子的 C_R 与 Re 关系曲线。

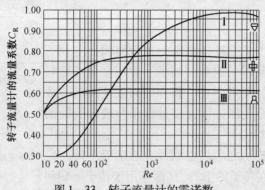

图1-33　转子流量计的需诺数

由图1-33可见，对一定形状的转子，当 Re 超过某一数值之后，C_R 值为一常数，即不再随 Re 而变化。

显然，对一定的转子和流体，若在流量测量范围内使 C_R 为常数，那么由式(1-77)可知，此时流量仅随环隙截面积 A_R 变化。因为玻璃管呈微锥形，转子悬浮的位置越高。A_R 越

大，流体的流量就越大；反之，转子悬浮的位置越低，则流体流量越小。因此，转子流量计出厂前，通常用 20℃ 的水或 20℃ 及 760mmHg 下的空气进行标定，将流量值刻于玻璃管壁上。当用于测量其他流体的流量时，须对原有的刻度进行校正。

若被测流体的黏度与水相差不大，流量系数 C_R 可视为常数。则由式(1-77)得到同一刻度下的流量校正公式，即

$$\frac{V_1}{V_2} = \sqrt{\frac{\rho_2(\rho_f - \rho_1)}{\rho_1(\rho_f - \rho_2)}} \qquad (1-79)$$

式中，下标 1 表示出厂标定所用的液体(即 20℃ 的水)；下标 2 表示实际被测量的液体。对于气体转子流量计，式(1-79)同样适用，即下标 1 表示 20℃、760mmHg 下的空气。当转子材料的密度远大于气体的密度时，上式可简化为

$$\frac{V_1}{V_2} = \sqrt{\frac{\rho_2}{\rho_1}} \qquad (1-80)$$

转子流量计读取流量直观方便，流体阻力小，测量精度高，对不同流体适用性广，能用于腐蚀性流体的测量(因为转子可用耐腐蚀性材料制成)；其缺点是玻璃管不能耐高温高压，安装时玻璃管易破碎。因此，转子流量计多用于直径小于 50mm 的管路中测量流量，温度和压力一般不超过 120℃ 和 $(4 \sim 5) \times 10^5$ Pa。转子流量计必须垂直安装在管路中。

本章符号说明

英文字母：

A——管路的截面积，m^2；

A_f——转子最大直径处的截面积，m^2；

A_R——转子与玻璃管间的环隙截面积，m^2；

C_0——孔板的流量系数，无因次；

C_R——转子流量计的流量系数，无因次；

C_V——文丘里流量计的流量系数，无因次；

d——圆形管路或设备内径，m；

d_e——非圆形管的当量直径，m；

E——总比能，J/kg；

F_g——流体的重量，kgf；

G——质量流速，kg/($m^2 \cdot s$)；

h_f——直管的阻力损失，J/kg；

h'_f——局部阻力损失，J/kg；

m——流体的质量，kg；

M——气体的摩尔质量，kg/kmol；

N_e——流体输送设备的有效功率，W；

p——压强，Pa；

Δp——压力差，N/m^2；

R——气体常数，8.314J/(mol·K)；

Re——雷诺准数，无因次；

T——气体的温度，K；

u——流速，m/s；

V——流体的体积，m^3；

V_f——转子体积，m^3；

W——流体的质量流量，kg/s；

W_e——流体输送设备对流体所作的有效功，J/kg；

x_i——液体混合物中 i 组分的摩尔分率；

x_{w_1}，x_{w_2}，$\cdots$，x_{w_n}——液体混合物中各组分的质量分率；

y_i——气体混合物中 i 组分的摩尔分率；

Z——高度或位压头。

希腊字母：

γ——流体的重度，kgf/m^3；

μ——流体的黏度，Pa·s；

μ_i——与液体混合物同温度下的 i 组分的黏度，Pa·s；

μ_m——液体混合物的黏度，Pa·s；

λ——摩擦系数，无因次；

ε/d——相对粗糙度，无因次；

Π——流体管路的润湿周边长度，m；

ζ——局部阻力系数，无因次；

ρ——流体密度，kg/m^3；

ρ_f——转子材料密度，kg/m^3。

习题

1-1 已知油品的相对密度为 0.9，试求其密度和比体积。

1-2 若将 90kg 密度为 $830kg/m^3$ 的油品与 60kg 密度为 $710kg/m^3$ 的油品混合，试求混合油的密度。

1-3 氢和氮混合气体中，氢的体积分率为 0.75。求此混合气体在 400K 和 $5 \times 10^5 N/m^2$ 的密度。

1-4 液体混合物的组成为乙烷 40% 和丙烯 60%（均为摩尔百分率），计算此液体混合物在 $-100℃$ 时的黏度。乙烷和丙烯在 $-100℃$ 时的黏度分别为 0.19mPa·s 和 0.26mPa·s。

1-5 如题图所示，用 U 形管压差计测定气体反应器进。出口处的压力，测得 $R_1 = 750mm$，$R_2 = 800mm$，试求此反应器底部 A 和顶部 B 处的表压和绝压为多少 N/m^2？当地大气压力为 1atm。

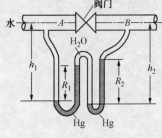

题 1-6 图

1-6 用一多 U 形管压差计测定水流管路中 A、B 两点的压差，压差计的指示液为汞，两段汞柱之间充满水，如本题附图所示。今测得 $h_1 = 1200mm$，$h_2 = 1300mm$，$R_1 = 900mm$，$R_2 = 950mm$，试向 A、B 两点问的压差 Δp 为多少 Pa？

1-7 用一如图 1-7 所示的双液体微差压差计来测量输送甲烷管路中某一段的压差，压差计读数为 200mm，压差计中的双指示液为四氯化碳和水，相对密度分别为 1.6 和

1.0，U形管内径为6mm，扩大室直径为60mm，试求该段压差 Δp 为多少 mmH_2O。

(1) 忽略扩大室中液面变化；

(2) 考虑扩大室中液面变化；

(3) 两种情况下的测量误差为多少？

1-8 相对密度为1.83的硫酸经由直径为 $\phi76 \times 4mm$ 和 $\phi57 \times 3.5mm$ 的管子串联管路，体积流量为150L/min。试分别求硫酸在两种直径管中的质量流量、流速和质量流速。

1-9 如题图所示，从容器A用泵B将密度为 $890kg/m^3$ 油品输送到塔C顶部。容器内与塔顶的表压力如题图所示。管子规格为 $\phi114 \times 4mm$。油品的输送量为 $5.4 \times 10^4 kg/h$，输送管路的全部能量损失为122J/kg，试求泵的有效功率。

1-10 如题图所示，从敞口高位槽向精馏塔加料，高位槽液面维持不变，塔进料口处的压力为 $0.4kgf/cm^2$（表压）。原料液的密度为 $890kg/m^3$，管子直径 $\phi60 \times 3mm$，从高位槽至塔的进料口处的阻力损失为22J/kg。试问要维持 $14m^3/h$ 的加料量，高位槽中的液面须高出塔的进料口多少米？

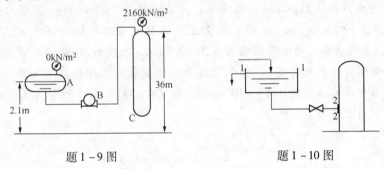

题1-9图　　　　　　　　　题1-10图

1-11 水在 $\phi38 \times 1.5mm$ 的水平钢管中流动，温度为20℃，管长100m，水的质量流量为 $8.65 \times 10^3 kg/h$。求直管阻力损失为多少？分别以 J/kg、mH_2O 和 kN/m^2 表示。（管壁绝对粗糙度取 $\varepsilon = 0.2mm$）

1-12 有一热交换器，外壳内径为300mm，内装有60根直径为 $\phi25 \times 2mm$ 的光滑管组成的管束。空气以 $3000m^3/h$ 的流量在管外平行流过，空气的平均温度为30℃，换热器长度为4m。试估算空气通过换热器时的压力降，以 mmH_2O 和 N/m^2 表示。

1-13 用泵将密度为 $820kg/m^3$、黏度为80cP的燃料油通过直径为 $\phi89 \times 4.5mm$ 的钢管输送到油罐。管路的直径长度为520m，管路上有两个全开闸阀，6个90°标准弯头，油从油罐的侧面进入。当燃料油的流量为 $6.5m^3/h$ 时，整个管路的能量损失和压力降为多少？

1-14 由高位槽通过管径 $\phi60 \times 3.5mm$ 的钢管（绝对粗糙度 $\varepsilon = 0.15mm$）向用户供水。水的温度为20℃，流量为 $9.53m^3/h$。管线的直管长度为35m，管路上有一个全开闸阀，2个90°标准弯头。试求整个输送管路的压力损失和压力降。

1-15 用泵将20℃的液体苯从贮槽输送到反应器，经过直管，直管长度为42m，管路上有两个90°标准弯头，一个半开的闸阀。管路出口在贮槽液面以上12m。贮槽与大气相通，反应器在 $5.1kgf/cm^2$（表压）下操作。苯的流量为30L/min，试设计管径，并计算泵的有效功率。

1-16 如本题附图所示，黏度为 $30mPa \cdot s$、密度为 $900kg/m^3$ 的液体自容器A流过内

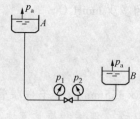

题 1-16 图

径为 40mm 的管路进入容器 B。两容器均为敞口，其中液面恒定。管路中有一阀门，阀前管长 50m，阀后管长 20m（均包括局部阻力的当量长度）。当阀门全关闭时，阀前、阀后的压力表上读数分别为 88kPa 和 44kPa。现将阀门开至 1/4 开度，此时阀门的当量长度为 30m，试求：

(1) 管路的流量；

(2) 阀前、阀后压力表上的读数如何变化，为什么？

1-17 有一水平输送原油的管路，管径为 $\phi299 \times 12$mm，总长度为 42km。原油的流量为 62.5m^3/h，密度和黏度分别为 910kg/m^3 和 300cP，管路两端压差保持不变，试问：

(1) 在管路下游 1/3 处并联一条同样直径的管子时，原油输送量增到多少？

(2) 欲使原油流量增加 50%，需并联多长的管子？

1-18 如题图所示由敞口高位槽 A 分别向反应器 B 和吸收塔 C 稳定的供给 20℃的软化水，反应器 B 内压力为 0.5kgf/cm^2，吸收塔 C 中真空度为 73.5mmHg。总管路的规格为 $\phi57 \times 3.5$mm，长度为 $(20 + Z_A)$m；从分支点至反应器 B 的管路规格为 $\phi25 \times 2.5$mm，长度为 15m；从分支点至吸收塔 C 的管路规格为 $\phi25 \times 2.5$mm，长度为 20m（以上管长均包括各自管路上的各种局部阻力的当量长度）。整个管道为无缝钢管，其粗糙度 ε 可取 0.15mm。如果要求向反应器 B 供给水流量为 1.13×10^3kg/h，向吸收塔 C 供给水流量为 1.7×10^3kg/h，问高位槽液面至少高于地面多少？

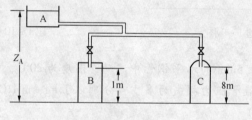

题 1-18 图

1-19 $\phi325 \times 8$mm 在的输送空气管道中心安装了一个皮托管，空气的温度为 21℃，压力为 1atm（绝压）。用一微差压差计测定压差，指示液为油和水，其密度分别为 835kg/m^3 和 1000kg/m^3。当压差计读数为 50mm 时，空气的质量流量为多少 kg/h？

1-20 在直径 $\phi108 \times 4$mm 的输送轻油管路上，安装了一个标准孔板流量计以测量轻油的流量。已知孔板孔径为 60mm，在操作温度下轻油的密度为 770kg/m^3，运动黏度为 1cst。当 U 形管压差计读数为 1250mmH$_2$O 时，轻油的体积流量和质量流量各为多少？

1-21 在 $\phi160 \times 5$mm 输送空气管道上安装了一个孔径为 75mm 的标准孔板流量计，孔板前空气压力为 1.2kgf/cm^2，温度为 25℃。问当 U 形管压差计读数为 145mmH$_2$O 时，流经管道空气的质量流量为多少 kg/h？

1-22 密度为 1600kg/m^3，黏度为 2cP 的某溶液，通过 $\phi89 \times 4.5$mm 的钢管流动，最大流量为 0.75m^3/min，U 形管压差计的读数 R 最大不超过 400mmHg，试计算标准孔板流量计的孔板孔径。

1-23 转子流量计出厂时是以 20℃和 1atm 条件下的空气进行标定的，现用来测定密度为 0.96kg/m^3 的裂解气的流量，当读数为 40m^3/h 时，裂解气的流量为多少 m^3/h？

1-24　如题图所示，常温水从一与水平方向呈30°角的倾斜缩径管中流过，在 AA′ 及 BB′ 截面接出一 U 形管压差计，其内为水银，读数 $R = 600$ mm，截面 AA′ 处同时并联一压差计（一端通大气），其读数 $R_1 = 375$ mmHg，$h_A = 1$ m，管段 AB 长 0.4m，A、B 二处管径分别为：$d_A = 40$ mm，$d_B = 15$ mm，当地压强 $p_a = 750$ mmHg。试求：

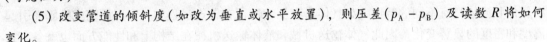

（1）A 处的表压强及绝对压强，分别以 N/m²、mmHg、atm、kgf/cm²、kgf/m²、mmH₂O 表示。

（2）A、B 两处的压强差 $(p_A - p_B)$ 和 B 处的残压与真空度。

（3）忽略阻力损失，求管段 AB 的流量为多少 m³/h。

（4）定性分析当流量为已知时，如何判断流动方向。（考虑阻力）

（5）改变管道的倾斜度（如改为垂直或水平放置），则压差 $(p_A - p_B)$ 及读数 R 将如何变化。

题 1-24 图

1-25　某装置将密度为 800kg/m³、黏度为 1.2cP 的油从中间罐 A 抽出，分成两路，一路作为减压塔塔顶 C 的回流，另一路作为产品送到储罐 B 中去，已知所有管线均为 φ57 × 3.5mm 的无缝钢管，粗糙度 $\varepsilon = 0.125$ mm，AO、OB 及 OC 各段的总当量长度分别为 100m、200m 及 120m（包括直管及所有管件、阀门的当量长度）。OB 段有一个局部阻力系数为 4.0 全开截止阀，两侧接上一个倒装的 U 形管压差计，读数为 204mm。其他尺寸如附图所示。

（一）假定所有管段流动状态均处于阻力平方区：

（1）求 OB 段的流量为多少 m³/h。

（2）求 OC 段的流量为多少 m³/h。

（3）求 AO 段的流量及泵的压头。

（4）在维持泵的排量及扬程不变的前提下，为了将 OC 段流量增加 20%，应在 OC 段并联一段多长的等径管？

（5）如果把 OC 段管径扩大，以提高流量 20%，问应取多大的管径？（前提同）

（6）在并联或扩大管径的同时，OB 段应采取什么措施？

（二）若各段不一定处于阻力平方区，上述各问题的解法应作何变动得到精确解？

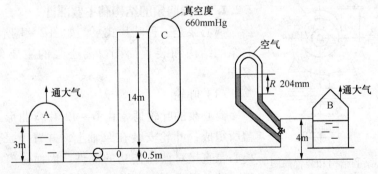

题 1-25 图

第2章　流体输送机械

2.1　概述

在石油加工和石油化工生产中，常常需要把流体从一处输送到较远的另一处，或从低能位处输送到高能位处。为此，必须对流体提供机械能（即加入外功 W_e），以克服流体流动阻力和提高流体的能位。为流体提供能量的机械称为流体输送机械。

在生产实际中，被输送流体的性质千差万别，在不同场合下流体的流量、压力、温度等操作条件也相差悬殊。为适应这些不同的要求，就需要各种不同结构和特性的输送机械。由于气体和液体具有不同的特性，如气体具有压缩性，在输送过程中，会因压缩或膨胀而引起温度和密度的显著变化，因此气体输送机械和液体输送机械在结构上和性能方面也就各有特点。把用于输送液体的机械称为泵，把用于输送气体的机械称为风机或压缩机。本章主要讨论常用输送机械的工作原理、主要结构和性能、选用原则和操作方法等。

2.2　液体输送机械

液体输送机械——泵，按其工作原理可分为3类。

叶片式泵：这类泵主要是依靠高速旋转的叶轮来输送液体，如离心泵、旋涡泵等；

容积式泵（正位移泵）：这类泵是依靠工作室容积间隙的改变来输送液体，如往复泵、旋转泵（如齿轮泵、螺杆泵等）等；

流体作用泵：这类泵是依靠气体的压力或流体流动中某一种能量来输送液体，如酸蛋、喷射泵、虹吸管等。由于离心泵在石油加工和石油化工生产中的应用十分广泛，因此本节重点讨论离心泵。

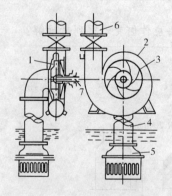

图 2-1　离心泵的结构和装置简图
1,3—叶轮；2—泵壳；4—吸入管；
5—底阀；6—排出管；7—泵轴

2.2.1　离心泵

2.2.1.1　离心泵的结构和主要部件

离心泵是一种叶片式泵。如图 2-1 所示，为一台离心泵的结构和装置简图。离心泵的主要部件为叶轮和泵壳。

（1）叶轮

离心泵的叶轮通常由 6~12 片弯曲形式的叶片和轮盖所组成，叶轮安装在泵轴上，并置于泵壳内。叶轮是离心泵直接对液体作功的部件，因而是离心泵的核心部件。叶轮通常有 3 种类型，即：

① 敞式叶轮　敞式叶轮也称开式叶轮，如图 2-2（a）所示。敞式叶轮的叶片两侧均无轮盖，结构简单，制

造、清洗方便；但由于叶轮与泵壳不能很好的密合，液体易发生倒流，故效率较低。装有敞式叶轮的离心泵适用于输送浆料和含有固粒悬浮物的液体，不易堵塞。

② 半蔽式叶轮　半蔽式叶轮也称半闭式叶轮，如图 2-2(b) 所示。半蔽式叶轮在叶片吸液口一侧没有前轮盖，而在另一侧有后轮盖，其结构比较简单，也适用于输送悬浮液，同样效率比较低。

③ 蔽式叶轮　蔽式叶轮如图 2-2(c) 所示。这种叶轮的叶片两侧均有轮盖，适用于输送不含杂质的清洁液体。蔽式叶轮的结构比较复杂，造价较高，但效率较高，所以一般离心泵多采用这种类型的叶轮。

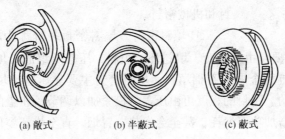

(a) 敞式　　　　(b) 半蔽式　　　　(c) 蔽式

图 2-2　叶轮的类型

叶轮不仅有以上三种类型，而且为适应输送液体流量的大小，离心泵也有两种吸液方式，即从叶轮一侧吸液的为单吸式叶轮，如图 2-3(a) 所示；从叶轮两侧吸液的为双吸式叶轮，如图 2-3(b) 所示。为此，离心泵也可分为单吸式离心泵和双吸式离心泵，双吸式离心泵适用于输送液体流量很大的场合。

为了使离心泵适应较大压头的要求，泵输上可以装 2 个和 2 个以上的叶轮。离心泵的级数就是泵轴上的叶轮数。

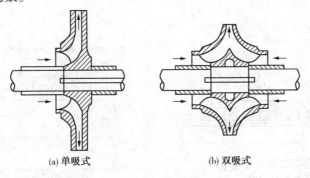

(a) 单吸式　　　　　　(b) 双吸式

图 2-3　吸液方式

(2) 泵壳

离心泵的泵壳(也称泵体)多做成蜗牛壳形，故常称蜗壳，其特点是沿着叶轮旋转方向，泵壳与叶轮之间形成一个截面积逐渐扩大的通道，使从叶轮四周围甩出的高速液体在通道内逐渐降低速度，这样既可将液体的大部分动能转换为静压能，从而提高了液体的压力，又可减少液体因流速过大而引起泵体内部的能量消耗。因此，泵壳既可汇集液体，又可起到能量转换的作用。泵壳上有两个接口，一个在泵壳中央为吸入口，它与吸入管相接，另一个接口位于泵壳外缘切线方向，为排出口，它与排出管相接。

有些离心泵为了减少液体进入泵壳时发生剧烈碰撞，在叶轮外周安装一个带叶片的固定

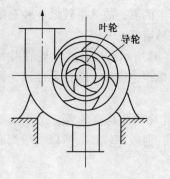

图 2-4 泵壳与导轮

导轮，如图 2-4 所示。导轮上的叶片弯曲方向与叶轮上的叶片弯曲方向相反，其弯曲角度恰好与液体从叶轮流出方向相适应，故导轮具有许多逐渐转向的孔道，使高速液体流过时能均匀而平缓地降低流速，调整方向，以减少机械能损失。

（3）轴封装置

泵轴与泵壳之间的密封称为轴封，其作用是防止泵内高压液体从泵壳内沿轴漏出，或者外界空气沿轴漏入泵壳内，以保证离心泵正常而高效的运转。常用的轴封装置有填料密封和机械密封。

① 填料密封　填料密封装置称为填料函，俗称盘根箱，如图 2-5 所示。它主要是由填料套、填料环、填料、压盖所组成。填料一般采用浸油或涂石墨的石棉绳或包有抗磨金属的石棉填料。填料密封主要靠压盖把填料压紧，并迫使其变形，以达到密封的目的。密封的程度可由压盖的松紧加以调节，压盖的松紧程度要适当，过紧会增加机械磨损，增加功率消耗，甚至会发热、冒烟、直至烧坏零件；过松漏液严重，会降低效率。

填料密封的优点是简单易行，缺点是维修工作量大，能量损失大，且有一定程度的泄漏，故不适用于易燃、易爆、有毒或贵重液体的输送。

② 机械密封　如图 2-6 所示为机械密封装置。它是由一个装在泵轴上的动环和固定在泵壳上的静环所组成，两环的接触端面随着泵运转作相对运动时，借助弹簧力的作用相互紧密接触而起到密封作用，因而机械密封又称为端面密封。动环一般用硬质材料制成，如高硅铸铁、硬质合金、陶瓷等；因静环易于更换，所以一般用硬度较小的非金属材料制成，如石墨制品、酚醛塑料等。动环和静环的密封圈常用合成橡胶或塑料制成，如丁苯橡胶、聚四氟乙烯等。

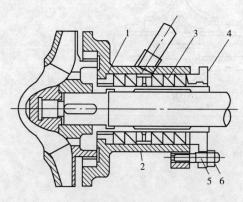

图 2-5　填料密封

1—填料套；2—填料环；3—填料；
4—填料压盖；5—长扣双螺栓；6—螺母

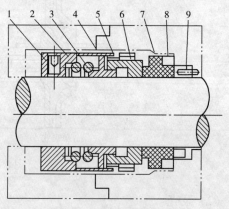

图 2-6　机械密封

1—传动螺钉；2—传动座；3—弹簧；
4—推环；5—动环密封圈；6—动环；
7—静环；8—静环密封圈；9—防转销

机械密封与填料密封相比较，其缺点是结构复杂、精度要求高、价格贵、装卸和更换零件不方便等。但由于它具有密封性能好、寿命长、功率消耗小等优点，在石油加工和石油化工生产中的应用日益广泛，特别在输送有爆炸危险成有毒物质时比较安全可靠。

（4）轴向推力平衡装置

由图 2-7 可知，在单吸式离心泵中，由于叶轮的前轮盖与后轮盖的面积不相同，因此叶轮两侧的作用力也就不相等。这样，叶轮将受到一个力（图中 F）的作用，将其推向吸入口一侧，这个力叫做轴向推力。如果不消除或平衡掉轴向推力，泵的转动部件将会发生轴向窜动，从而引起叶轮的磨损、振动和发热，致使泵不能正常运转。因此，必须采取措施以平衡轴向推力，常见的平衡轴向推力的方法有以下几种。

① 平衡孔　在叶轮后轮盖上开几个小孔（即平衡孔），使部分高压液体漏到低压区，从而减少轴向推力。但这种措施会降低泵的效率。

② 平衡管　在泵壳上接一根小管通到泵的吸入口，使叶轮两侧的压力基本平衡。这种措施也会降低泵的效率。

③ 平衡盘　如图 2-8 是平衡盘的一种，主要用于多级离心泵中，平衡盘设在最后一级叶轮的后面，由平衡室、平衡盘、平衡环和连接管等组成。平衡盘固定在轴上，不但随轴一起旋转，还能随轴作一定限度的轴向移动。平衡盘与泵体间有一轴向间隙。当泵工作时，由于平衡盘左边的液体与泵出口连通，压强较高；而平衡盘右边的平衡室内的液体与泵入口相连通，压强较低。鉴于平衡盘两侧所受的压强不等，便产生一个由左向右作用于平衡盘的平衡力，平衡力的方向与轴向推力相反。当平衡力与轴向推力的大小相等时，泵轴就不会窜动，而保持正常运转。

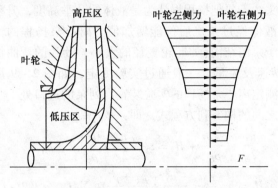

图 2-7　离心泵轴向推力示意图

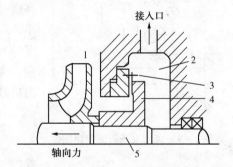

图 2-8　平衡盘装置示意图
1—末级叶轮；2—平衡室；3—轴向间隙；
4—平衡盘；5—泵轴

当轴向推力的大小随生产条件而变化时，平衡装置会自动调整平衡力，与轴向推力达到新的平衡。因平衡盘两侧的压力随轴向间隙的大小而变，轴向间隙增大，漏入平衡室的高压液体的流量也增加，结果使得平衡盘两侧的压力差变小，平衡力也随之减小；相反，轴向间隙减小，则平衡力随之增大。所以，当轴向推力增大破坏了平衡时，平衡盘连同整个叶轮组会向左移动，这样，使轴向间隙变小，平衡力增大，直至达到与轴向推力相等时，平衡盘和叶轮组才停止移动，停留在新的位置上。当轴向推力减小破坏了平衡时，平衡盘移动方向与上述相反，向右移动，直至达到新的平衡。这种平衡方法结构比较简单，缺点是轴向间隙的要求较高，允许变化的范围很小，且由于间隙处漏液，效率会降低。

另外，双吸式离心泵、将叶轮对称地排列等方法也是平衡轴向推力的方法。

2.2.1.2　离心泵的工作原理

如图 2-1 所示，当电动机带动叶轮高速旋转（1000～3000r/min）运动时，迫使叶片之间的液体随叶轮一起旋转，在离心力的作用下，使液体从叶轮中心向叶轮的外缘运动。在此过程中，叶轮对液体作功，液体获得了能量，提高了压力能，同时也具有很大的动能，并以高速(15～25m/s)离开叶轮外缘进入蜗形通道。由于通道的截面积逐渐扩大，则液体流速逐渐降低，便使其中大部分动能转换为压力能，这样就进一步提高了液体的压力能，于是液体以较高的压力进入排出管。当液体从叶轮中心被甩出后，叶轮的入口处就形成了一定的真空，与吸入端贮液槽液面上的压力形成了一定的压差，在此压差推动下，液体经底阀、吸入管进入泵内，填补了液体被甩出后的空间。这样，只要叶轮不断地旋转，液体就源源不断地被吸入和排出。

2.2.1.3　离心泵的主要性能参数

为了正确选择和使用离心泵，就需要了解离心泵的性能。离心泵的主要性能参数包括：流量、扬程、功率和效率等。

（1）流量

离心泵的流量系指离心泵在单位时间内所排送液体的体积，以 Q 表示，单位为 L/s 或 m^3/h。离心泵的流量取决于泵的结构、尺寸(主要是叶轮的直径与叶片的宽度)和转速。

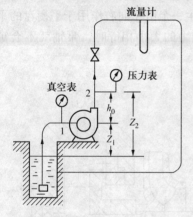

图 2 - 9　离心泵扬程测定简图

（2）扬程

离心泵的扬程系指离心泵对单位质量液体所提供的有效能量，以 H 表示，单位为 N·m/N 或 m 液柱。泵的扬程又称压头，不要把扬程误认为是液体的升举高度，升举高度是指液体经过泵之后位能增加值。离心泵扬程的大小，取决于泵的结构(如叶轮直径的大小、叶片的弯曲情况等)、转速及流量。一般通过实验测定，如图 2 - 9 所示，为一测定离心泵扬程的实验装置。列泵的进口处 1 与出口处 2 之间的柏努利方程式，即：

$$z_1 + \frac{u_1^2}{2g} + \frac{-p_1}{\rho g} + H = z_2 + \frac{u_2^2}{2g} + \frac{p_2}{\rho g} + \sum H_f$$

或　　　　$$H = h_0 + \frac{u_2^2 - u_1^2}{2g} + \frac{p_2 + p_1}{\rho g} + \sum H_f \qquad (2-1)$$

式中　p_1——真空表读数(真空度)，N/m^2；

p_2——压力表读数(表压)，N/m^2；

u_1、u_2——吸入管和排出管中液体流速，m/s；

h_0——截面 1、2 间的垂直距离，$h_0 = z_2 - z_1$，m；

$\sum H_f$——截面 1、2 间的压头损失，m。

由于两截面间管路很短，其间压头损失可以忽略不计，则有：

$$H = h_0 + \frac{u_2^2 - u_1^2}{2g} + \frac{p_2 + p_1}{\rho g} \qquad (2-2)$$

（3）效率

液体在泵内流动的过程中，有各种能量损失，即：

① 容积损失　离心泵在运转过程中，有一部分已获得能量具有较高压力的液体从排出口通过叶轮与泵壳之间的间隙或通过平衡孔漏回吸入口，因此从泵排出的实际液体流量要比理论流量小，其比值称为容积效率，以 η_Q 表示。显然，容积损失是由于泵的泄漏所造

成的。

② 水力损失　水力损失系指液体流过叶轮、泵壳时，由于其流速大小和方向均发生变化，产生冲击，在叶片之间形成环流，产生涡流以及摩擦阻力等原因所造成的能量损失。所以，泵的实际压头要比泵的理论压头低，两者比值称为水力效率，以 η_h 表示。显然，水力损失是由于液体在泵内的摩擦阻力和局部阻力所引起的。

③ 机械损失　机械损失系指泵在运转时，由于泵轴与轴承、泵轴与轴封之间的机械摩擦所引起的能量损失，它直接增大了泵的轴功率，理论功率（即理论压头与理论流量所对应的功率）与由于机械摩擦所增大了的轴功率之比值称为机械效率，以 η_M 表示。为了减少机械损失，泵运转时轴承不可缺油，填料压盖的松紧程度要适当。

泵的总效率（简称效率）等于上述三种效率的乘积，即：

$$\eta = \eta_Q \cdot \eta_h \cdot \eta_M \qquad (2-3)$$

显然，由于泵内的各种损失，所以泵的轴功率不可能全部转化为泵的有效功率。有效功率与轴功率的比值即为泵的效率 η，其值由实验测定。离心泵的效率与泵的大小、类型、制造精密程度和所输送的液体性质有关，也与泵的使用、维修的好坏有关。离心泵的效率一般约为 0.6 ~ 0.85 左右，大型泵可达 0.9。

（4）功率

功率是指单位时间内所作的功，单位为 J/s 或 W。泵的功率分有效功率、轴功率及电动机功率。现分述如下：

① 有效功率　上一节已述及，单位时间内泵对输送液体所作的功，称为泵的有效功率，如式（1-38）所示，即：

$$N_e = W_e \cdot W$$
$$N_e = QH\rho g \qquad (2-4)$$

式中　N_e——泵的有效功率，J/s 或 W；

Q——泵的流量，m^3/s；

H——泵的压头，m；

ρ——液体密度，kg/m^3。

若 N_e 以 kW 表示，且代入 $g = 9.807 m/s^2$，则：

$$N_e = \frac{QH\rho \times 9.807}{1000} = \frac{QH\rho}{102} kW \qquad (2-5)$$

② 轴功率　离心泵的轴功率是泵轴所需的功率。当泵直接由电动机带动时，也就是电动机传给泵轴的功率，以 N 表示，单位为 W 或 kW。因为泵的效率为泵的有效功率与轴功率的比值，那么轴功率即为：

$$N = \frac{N_e}{\eta} = \frac{QH\rho}{102\eta} \qquad (2-6)$$

应该注意，泵的铭牌上或泵的样本中列举的轴功率，除特殊说明外，均指输送清水时的数值。

③ 电动机功率　系指电动机所需的功率 $N_{电}$。由于电动机内的损失和电动机与泵轴之间的能量损失，电动机的功率大于泵的轴功率，即：

$$N_{电} = \frac{N}{\eta_{传}} \qquad (2-7)$$

式中 $\eta_{传}$ 为电动机与泵之间的传动效率，反映了传动损失，其值随传动方式而异。如为联轴器直接相联，则 η 传取 0.96。

为防止电动机超负荷，给泵选配电动机时，还应考虑电动机功率有 10% ~ 20% 的安全余量。电动机的功率，通常附在泵的样本之中。

【例 2 - 1】如图 2 - 9 所示为一输送 20℃ 水的稳定流动系统，以 20℃ 水为介质测定某离心泵的性能参数。由图中 U 形管压差计测得水的体积流量为 45m³/h，泵的进、出口处真空表和压力表上的读数分别为 180mmHg 和 3.0kgf/cm²。吸入管和排出管的规格分别为 $\phi 108 \times 4mm$ 和 $\phi 89 \times 3.5mm$，1、2 截面间的垂直距离为 0.4m。若泵的效率 $\eta = 0.71$，电动机与泵轴间的传动效率 $\eta_{传} = 0.96$。试求该泵在输送条件下的压头、轴功率及所配电动机功率。

解：根据式（2 - 2）

$$H = h_0 + \frac{u_2^2 - u_1^2}{2g} + \frac{p_2 + p_1}{\rho g}$$

已知　$h_0 = 0.4m$

$d_1 = 108 - 4 \times 2 = 100mm = 0.1m$，$d_2 = 89 - 3.5 \times 2 = 82mm = 0.082m$

$p_1 = \dfrac{180}{735.6} \times 9.807 \times 10^4 = 2.34 \times 10^4 N/m^2$（真空度）

$p_2 = 3.0 \times 9.807 \times 10^4 = 2.94 \times 10^5 N/m^2$（表压）

$u_1 = \dfrac{Q}{0.785 d_1^2} = \dfrac{45}{0.785 \times (0.1)^2 \times 3600} = 1.59m/s$

$u_2 = u_1 \left(\dfrac{d_1}{d_2}\right)^2 = 1.59 \times \left(\dfrac{100}{82}\right)^2 = 2.37m/s$

由附录查得水于 20℃ 下的密度为 998.2kg/m³，将以上已知数据代入上式，则得：

$$H = 0.4 + \frac{2.37^2 - 1.59^2}{2 \times 9.087} + \frac{2.94 \times 10^5 + 2.34 \times 10^4}{998.2 \times 9.807} = 0.4 + 0.157 + 32.4 = 33 mH_2O$$

由式（2 - 5）可得泵的有效功率为：

$$N_e = \frac{QH\rho}{102} = \frac{45 \times 33 \times 998.2}{102 \times 3600} = 4.04kW$$

因为泵的效率 $\eta = 0.71$，则由式（2 - 6）可得轴功率为：

$$N = \frac{N_e}{\eta} = \frac{4.04}{0.71} = 5.69kW$$

根据式（2 - 7），并取 15% 的安全余量，可求得电动机的功率，即：

$$N_{电} = 1.15 \times \frac{N}{\eta_{传}} = 1.15 \times \frac{5.69}{0.96} = 6.82kW$$

2.2.1.4　离心泵的特性曲线及其影响因素

（1）特性曲线

离心泵的性能参数 Q、H、N、η 及转速 n 之间是相互联系的。泵的铭牌上所列的数值均是指泵在最高效率时的性能，即为一组最佳性能。实际上，一台泵可以在很宽的流量范围内工作；而且，当流量变化时，其扬程、功率及效率等性能参数也将随之发生变化。由于水力损失难以定量计算，因而泵的压头 H 与流量 Q 的关系只能通过实验测定。于是，泵的生产部门通过实验测定离心泵的各性能参数间的定量关系，并将其结果用曲线表示出来，这些曲线称为离心泵的特性曲线。

离心泵的特性曲线，表明一台泵在一定的转速下，扬程、功率及效率等与流量之间的关系。利用这些性能曲线可以完整地了解一台离心泵的性能，以便合理的选用和正确的操作。图2-10为国产4B20型离心水泵在转速 $n = 2900$ r/min 时的特性曲线。

由图2-10可以看出：

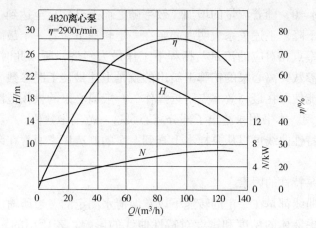

图2-10　4B20型离心水泵特性曲线

① $H-Q$ 曲线　为扬程与流量曲线，表示离心泵扬程与流量之间的关系。该曲线上任一点表明，对于每一流量，泵只能给出一个对应的扬程，而且在较大的流量范围内离心泵的扬程是随流量的增加而逐渐减小；当流量为零时，扬程也只能达到一定的数值，这是离心泵的一个极重要的特性。对有些离心泵来说，在流量较小时，$H-Q$ 曲线会形成驼峰（如图2-11中 $H-Q$ 曲线上 A 点以左的部分），这表示此泵在 A 点以左的区域内，同样压头下具有两个不同的流量，这样泵的工作是不稳定的，且压头损失大，效率很低。所以，离心泵不应在此区域内操作。

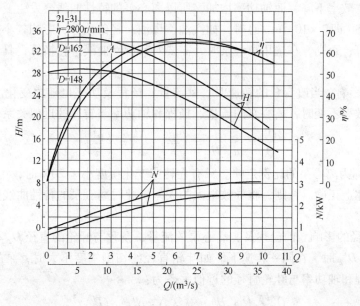

图2-11　4B31型离心水泵特性曲线

② $N-Q$ 曲线　为轴功率与流量曲线，表示离心泵的轴功率与流量之间的关系。由图可见，轴功率随流量的增加而增大。当流量为零时，泵的轴功率最小。因此，在启动离心泵时，为了降低启动功率，保护电动机避免因超载而损坏，应将泵的出口阀关闭。

③ $\eta-Q$ 曲线　即效率与流量关系曲线，表示离心泵的总效率与流量之间的关系。由图可见，当 $Q=0$ 时 $\eta=0$；随着流量的增加，效率随之而上升，直至达到一个最大值，而后流量再增加，效率便下降。上述关系表明离心泵在一定转速下，有一个最高效率点，称为设计点。因泵在最高效率点相对应的流量及扬程下工作最为经济，所以此时性能参数 Q、H、N 的值称为最佳工况参数，离心泵的铭牌上给出的就是上述最佳工况参数。根据生产任务选用离心泵时，应尽可能使泵在最高效率点附近操作，一般离心泵的操作范围以其效率不低于最高效率的 92% 为合理。本书附录给出了部分离心泵这一范围参数值。

各类离心泵的特性曲线可以从泵样本上查到。泵的制造厂家通常在泵的说明书中附有其特性曲线。

（2）影响离心泵特性的因素

离心泵的特性曲线都是在一定的转速下以常温清水测定的。当所输送的液体性质与水相差较大时，必须考虑液体的粘度和密度对特性曲线的影响；若所用的转速和叶轮直径不同时，则泵的特性曲线也会改变。

① 液体密度的影响　在一定的转速下，液体所受到的离心力与其密度成正比，而泵的进出口的压力差与离心力成正比，即这个压力差与液体的密度成正比，那么泵的扬程计算式（2 - 2）右边第三项也就与液体密度无关了，故离心泵的扬程与液体密度无关；液体密度对泵的流量和效率也基本上没有影响；但是泵的轴功率随液体密度的不同而变化。因此，当被输送的液体密度与水不同时，$H-Q$、$\eta-Q$ 曲线保持不变，而必须按式（2 - 6）对原来的 $N-Q$ 曲线进行换算。

② 液体粘度的影响　所输液体的粘度越大，则液体在泵内的能量损失越大，使泵的扬程、流量减小，效率下降，而轴功率增加，所以离心泵的特性曲线会发生变化。当液体的运动粘度 $\nu < 20$cSt（即 2×10^{-5}m²/s）时，如汽油、煤油、轻柴油等，影响较小，离心泵的特性曲线可不必换算；否则，在选用离心泵时，需要对其特性曲线进行换算，具体的换算方法参考有关资料。

③ 转速的影响　当改变泵的转速时，其流量、扬程及功率也随之变化。如液体的黏度不大，且泵的效率不变时，离心泵的流量、扬程和轴功率与转速的近似关系为：

$$\frac{Q'}{Q} = \frac{n'}{n}, \frac{H'}{H} = \left(\frac{n'}{n}\right)^2, \frac{N'}{N} = \left(\frac{n'}{n}\right)^3 \qquad (2-8)$$

式（2 - 8）称为离心泵的比例定律。只有在转速变化幅度小于 20% 时，可认为效率不变，比例定律才大体上正确。否则，将导致很大的误差，此时离心泵的特性曲线应通过实验重新测定。

④ 叶轮直径的影响　前已述及，离心泵的流量、扬程与叶轮的直径 D_2 有关。当叶轮直径由 D_2 切割为 D_2' 时，在同一转速下，如叶轮直径的切割幅度不大时，泵的效率不变，则泵的流量、扬程和轴功率与叶轮直径的近似关系为：

$$\frac{Q'}{Q} = \frac{D_2'}{D_2}, \frac{H'}{H} = \left(\frac{D_2'}{D_2}\right)^2, \frac{N'}{N} = \left(\frac{D_2'}{D_2}\right)^3 \qquad (2-9)$$

式（2 -9）称为离心泵的切割定律。应用上式可以在转速不变的条件下，将叶轮直径为

D_2 的特性曲线换算成叶轮直径切割为 D'_2 的特性曲线. 叶轮直径的切割量不能超过 20%，否则泵的效率将会有较大的降低。

2.2.1.5 离心泵的汽蚀现象和安装高度

（1）汽蚀现象

由离心泵的工作原理可知，叶片间的液体从高速旋转的叶轮中心甩出之后，在叶轮入口处便形成真空，贮液槽中的液体就是靠贮液槽液面上的压力与叶轮入口处的真空之间的压力之差推动进入泵内。显然，叶轮入口处的压力越低，促使液体进入泵内的推动力就越大。但如果叶轮入口附近的最低压力等于或低于操作温度下液体的饱和蒸气压力 p_v 时，该处的液体就会汽化并产生气泡。这些气泡流到叶轮内高压处时，气泡受压而迅速凝结或破裂，瞬时内周围的液体以极高的速度冲向原来气泡所占据的空间，液体质点互相撞击，产生极大的冲击压力，且冲击频率每秒高达几万次之多。叶轮在连续冲击下金属表面出现斑痕和裂缝，逐渐因疲劳而破坏，这种现象称为汽蚀现象。

当汽蚀现象发生时，因冲击使泵体振动，发生噪音；因大量气泡的产生与破裂，导致泵的流量、扬程及效率明显下降，严重时，使泵抽空，破坏了正常工作。为了保证离心泵的使用寿命和正常运转，应避免汽蚀现象的发生。为此，应使叶轮入口附近的最低压力大于操作温度下液体的饱和蒸气压。

（2）离心泵的安装高度

离心泵的安装高度是指离心泵的入口与贮槽液面之间的垂直距离 H_g，如图 2–12 所示，在贮槽液面 0–0′ 截面与离心泵入口 1–1′ 截面列柏努利方程可得到离心泵的安装高度计算式：

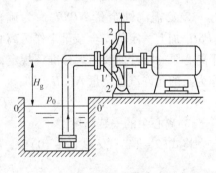

$$H_g = \frac{p_0 - p_1}{\rho g} - \frac{u_1^2}{2g} - \sum H_{f,0-1} \qquad (2-10)$$

式中　H_g——离心泵的允许安装度，m；

　　　p_0——贮槽液面上压力，Pa；

　　　p_1——泵入口处的压力，Pa；

图 2–12　离心泵的安装高度示意图

　　　u_1——泵入口截面处液体流速，m/s；

　　$\sum H_{f,0-1}$——吸入管路总压头损失，m。

① 临界汽蚀余量 $NPSH_c$。为防止发生汽蚀现象，泵入口压力 p_1 有一最低值，其值的大小与叶轮入口处压力 p_2 密切相关。当 p_2 等于或小于被输送液体的饱和蒸气压 p_v 时，便发生汽蚀现象，此时 p_1 达到允许的最小值 $p_{1,\min}$。如图 2–12 所示，列泵入口 1–1′ 截面与叶轮入口 2–2′ 截面间的柏努利方程：

$$\frac{p_1}{\rho g} + \frac{u_1^2}{2g} = \frac{p_2}{\rho g} + \frac{u_2^2}{2g} + \sum H_{f,1-2} \qquad (2-11)$$

当发生汽蚀现象时，式(2–11)可改写为：

$$\frac{p_{1,\min}}{\rho g} + \frac{u_1^2}{2g} = \frac{p_v}{\rho g} + \frac{u_2^2}{2g} + \sum H_{f,1-2}$$

或

$$\frac{p_{1,\min}}{\rho g} + \frac{u_1^2}{2g} - \frac{p_v}{\rho g} = \frac{u_2^2}{2g} + \sum H_{f,1-2} \qquad (2-12)$$

式(2–12)表明，当离心泵内刚发生汽蚀时的临界条件下，泵入口处的静压头与动压头

之和 $\left(\dfrac{p_{1,\min}}{\rho g} + \dfrac{u_1^2}{2g}\right)$ 比被输送液体的饱和蒸气压头 $\left(\dfrac{p_v}{\rho g}\right)$ 超出叶轮入口动压头与泵入口处到叶轮入口处的压头损失之和 $\left(\dfrac{u_2^2}{2g} + \sum H_{f,1-2}\right)$，此超出值称为离心泵的临界汽蚀余量，以符号 $NPSH_c$ 表示，即：

$$NPSH_c = \frac{p_{1,\min}}{\rho g} + \frac{u_1^2}{2g} - \frac{p_v}{\rho g} = \frac{u_2^2}{2g} + \sum H_{f,1-2} \qquad (2-13)$$

为保证离心泵不发生汽蚀现象，离心泵入口压力 p_1 必须大于 $p_{1,\min}$，此时，泵入口处的静压头与动压头之和 $\left(\dfrac{p_1}{\rho g} + \dfrac{u_1^2}{2g}\right)$ 必须大于被输送液体的饱和蒸气压头 $\left(\dfrac{p_v}{\rho g}\right)$ 一定的数值，此数值称为离心泵的允许汽蚀余量，以符号 $NPSH$ 表示，单位为 m，可用下式表示：

$$NPSH = \frac{p_1}{\rho g} + \frac{u_1^2}{2g} - \frac{p_v}{\rho g} \qquad (2-14)$$

从式(2-13)、式(2-14)可以看出，离心泵的允许汽蚀余量 $NPSH$ 必须大于临界汽蚀余量 $NPSH_c$。

当流体流量一定且在阻力平方区时，临界汽蚀余量 $NPSH_c$ 只与离心泵的结构有关。$NPSH_c$ 作为离心泵的特性参数之一，由泵制造商测定，并列在离心泵产品样本中。

② 必需汽蚀余量 $NPSH_r$ 为确保离心泵操作正常，根据有关标准，将实验测得的 $NPSH_c$ 加上一定的安全余量来作为离心泵的必须汽蚀余量 $NPSH_r$，列于泵产品样本中或标绘于离心泵的特性曲线上。标准还规定，将必须汽蚀余量 $NPSH_r$ 再加上 0.5m 以上的安全余量作为泵的允许汽蚀余量 $NPSH$，即：

$$NPSH = NPSH_r + 0.5 \qquad (2-15)$$

③ 离心泵的安装高度

将式(2-14)代入式(2-10)中，得到离心泵的允许安装高度：

$$H_g = \frac{p_0 - p_v}{\rho g} - NPSH - \sum H_{f,0-1} \qquad (2-16)$$

将式(2-15)代入式(2-16)中，有：

$$H_g = \frac{p_0 - p_v}{\rho g} - [NPSH_r + 0.5] - \sum H_{f,0-1} \qquad (2-17)$$

离心泵的实际安装高度应该比允许安装高度降低 0.5~1.0m。

应当指出，$NPSH_r$ 与流量有关，且随流量的增加而增加。所以，在计算离心泵的实际安装高度时，必须以离心泵使用过程中的最大流量进行计算。

【例 2-2】用 IS100-80-125 型离心泵将 40℃ 的水以 100m³/h 的流量从敞口水槽送至高位槽。泵的吸入管规格为 $\phi108mm \times 4mm$，吸入管路的总压头损失为 1.5m。当地大气压力为 98kPa。试计算该泵的安装高度。

解： 由泵的性能图查得，该泵在 100m³/h 的流量时，$NPSH_r = 4.5m$。40℃ 水的饱和蒸气压 $p_v = 7.376kPa$，密度 $\rho = 992.2kg/m^3$。

根据式(2-17)，有：

$$H_g = \frac{p_0 - p_v}{\rho g} - [NPSH_r + 0.5] - \sum H_{f,0-1}$$

$$= \frac{98 \times 10^3 - 7.376 \times 10^3}{992.2 \times 9.81} - [4.5 + 0.5] - 1.5 = 2.8m$$

实际安装高度为：$2.8 - 1.0 = 1.8m$。

【例 2 - 3】用一台 65Y60 型离心油泵从贮槽向反应器输送液态异丁烷，由泵的性能表中查得在输送流量下该泵的必需汽蚀余量 $NPSH_r = 3.5m$。在输送温度下异丁烷的饱和蒸气压为 $6.38 \times 10^5 Pa$，其密度为 $530kg/m^3$，贮槽液面上方的压力为 $6.52 \times 10^5 Pa$（绝压）。吸入管路的压头损失为 $1.2m$。试问，当泵的入口处位于贮槽液面以下 $1.5m$ 时，泵能否正常操作。

解： 首先根据式（2 - 17）计算出允许安装高度，与已知的实际安装高度进行比较，以判断该泵是否能正常工作。

根据题设条件，由式（2 - 17）计算允许安装高度：

$$H_g = \frac{p_0 - p_v}{\rho g} - [(NPSH)_r + 0.5] - \sum H_{f,0-1}$$

$$= \frac{6.52 \times 10^5 - 6.38 \times 10^5}{530 \times 9.81} - [3.5 + 0.5] - 1.2 = -2.51m$$

已知泵的实际安装高度为 $-1.5m$，大于允许安装高度值。说明该泵将发生汽蚀现象，不能正常工作。必须将泵的安装位置降低到 $-2.51 - 0.5 = -3.01m$，即在贮槽内液面以下 $3.01m$，才能正常工作。

2.2.1.6 离心泵的工作点和流量调节

（1）管路特性曲线与泵的工作点

当离心泵在某一定的管路系统中工作时，其压头和流量不仅与离心泵本身的性能有关，而且还与管路的特性（指流量、管径、管长和管件、端点条件等）有关。

① 管路特性曲线

如图 2 - 13 所示，当离心泵安装在特定的管路中工作时，在一定的流量 Q_e 下，管路需要泵提供的压头 H_e 可通过列截面 1 - 1′与截面 2 - 2′间的柏努利方程式求得，即：

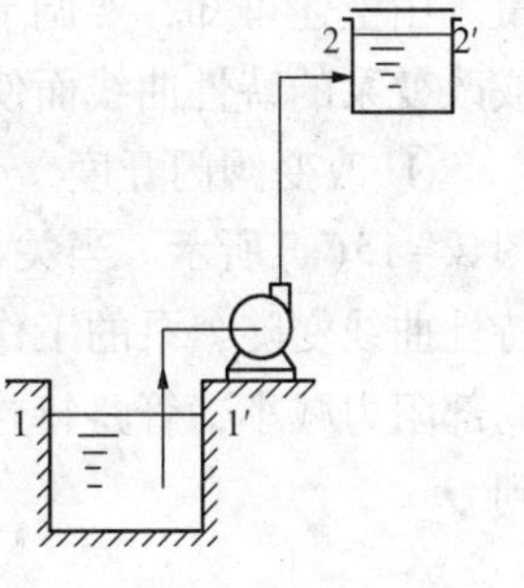

$$H_e = (z_1 - z_2) + \frac{p_2 - p_1}{\rho g} + \frac{u_2^2 - u_1^2}{2g} + \sum H_{fl-2}$$

一般 $\frac{u_2^2 - u_1^2}{2g} \approx 0$，取 $z_1 - z_2 = \Delta z$，$p_2 - p_1 = \Delta p$

又 $\sum H_{fl-2} = \lambda \frac{\sum l}{d} \frac{u^2}{2g} = \lambda \frac{\sum l}{d} \frac{1}{2g} \left(\frac{4Q_e}{3600 \pi d^2} \right)^2$

图 2 - 13 泵送管路示意图

$$= \frac{6.377 \times 10^{-9} \lambda \sum l}{d^5} Q_e^2$$

则有 $\qquad H_e = \Delta z + \frac{\Delta p}{\rho g} + \frac{6.377 \times 10^{-9} \lambda \sum l}{d^5} Q_e^2 \qquad (2 - 18)$

令 $\quad A = \Delta z + \frac{\Delta p}{\rho g}$，当管路端点条件和液体一定时，$A$ 为定值，与流量无关。

$B = \frac{6.377 \times 10^{-9} \lambda \sum l}{d^5}$，当管路情况一定，湍流时摩擦系数变化很小，可视为常数，则 B 也为定值，与流量无关。

则式(2－18)可简化为：

$$H_e = A + BQ_e^2 \qquad (2-19)$$

式中　Q_e——离心泵输送管路中液体的流量，m^3/h。

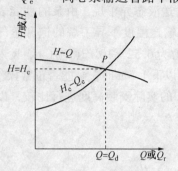

图 2－14　管路特性曲线与泵的工作点

式(2－19)表示了离心泵在特定的管路中，于固定操作条件下输送液体时管路所需的压头与液体流量之间的关系，即在特定的管路中输送液体时，管路所需的压头 H_e 随液体流量 Q_e 的平方而变化。如把这一关系标绘在压头与流量的坐标图上，就得到一条曲线，如图 2－14 中曲线(H_e-Q_e)所示。因为这一曲线仅与管路特性（即管路铺设情况和操作条件）有关，而与泵的性能无关，故称为管路特性曲线，式(2－19)称为管路特性曲线方程式。

② 离心泵的工作点

在特定的输送管路中，对一定的流量，只有当管路所需的压头 H_e 与泵在同样的流量下所提供的压头 H 相等时，才能稳定而连续地完成所要求的输送液体任务。如果把泵的特性曲线中 H　Q 曲线也标绘在图 2－14 上，与管路特性曲线 H_e-Q_e 的交点为 P，只有在 P 点，泵和管路的供需才能一致，即 $Q = Q_e$，$H = H_e$。因此，把 P 点称为离心泵在该管路上的工作点。对所选择的离心泵，以一定的转速在一定的管路中工作时，只能在此点工作。当工作点 P 正好落在泵的高效区时，说明对该管路系统所选择的离心泵是适宜的。

（2）流量调节

在实际生产中，为了适应生产任务的变化和产品质量的控制，常常需要调节液体的流量。由上述可知，要调节流量，就必须改变泵的工作点位置。为此，只要改变管路特性曲线或改变泵的特性曲线而使泵的工作点位置发生变化，就可以达到调节流量的目的。

① 改变阀门开度　改变泵的排出管路上的阀门开度，实质上是改变管路特性曲线，如图 2－15(a)所示。当关小阀门时，管路局部阻力增大，即式(2－19)中的 B 值增加，管路特性曲线变陡，泵的工作点由 P 移至 P_1，则流量由 Q 减为 Q_1；反之，当开大阀门时，管路局部阻力减小，管路特性曲线变得平坦一些，则泵的工作点由 P 移至 P_2，流量由 Q 增加到 Q_2。

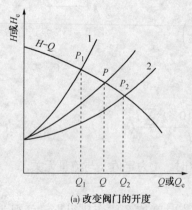
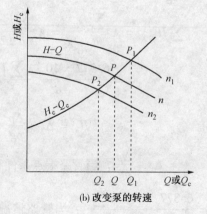

(a) 改变阀门的开度　　　　　　　　(b) 改变泵的转速

图 2－15　流量调节

②改变泵的转速　改变泵的转速实质上是改变泵的特性曲线，如图2-15(b)所示。当把转速 n 提高到 n_1 时，泵的工作点由 P 移至 P_1，则流量由 Q 增加到 Q_1；反之，当把转速由 n 降到 n_2 时，泵的工作点由 P 移至 P_2，则流量由 Q 减小到 Q_2。

③改变叶轮直径　通过改变叶轮直径来调节流量的方法和结果与改变转速相同。通常一个基本型号的离心泵配有几个直径大小不同的叶轮，或者在车床上把基本叶轮直径车小，均可达到调节流量的目的。这时，流量、压头和轴功率与叶轮直径的关系，可按式(2-9)确定。

以上列举的调节流量方法中，改变泵的转速的方法比较经济，因为无额外的能量损耗。但需要变速装置或价格昂贵的变速原动机，且难以达到流量连续调节的目的。改变叶轮直径的方法也比较经济，但调节范围不大，否则会降低泵的效率。改变排出管上阀门开度的方法，与上面两个方法相比，虽然会使一部分能量额外消耗在阀门的局部阻力上，不太经济，但由于这个方法简单易行，且便于连续调节，故被广泛采用。

【例2-4】如图2-13所示，将20℃的清水从贮水池输送到高位槽。已知高位槽内水面高于贮水池水面13m。高位槽及贮水池中水面恒定不变，且均与大气连通。输送管为 $\phi140mm \times 4.5mm$ 的钢管，总长度(包括局部阻力的当量长度)为200m。现拟选用4B20型水泵，当转速为2900r/min时，其特性曲线如图2-16所示。试分别求泵在运转时的流量、轴功率及效率。在本题情况下，摩擦系数 λ 可取0.02。

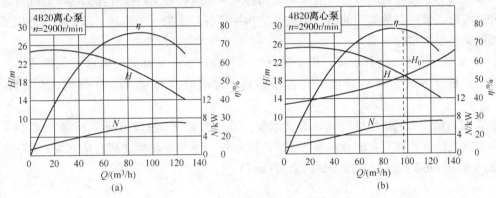

图2-16　例2-4图

解：求泵在运转时的流量、轴功率和效率，实质上是要找到4B20型水泵在该管路中的工作点。泵的工作点为其特性曲线与管路特性曲线所决定，因泵的特性曲线已知(如图2-16所示)，故根据题中给出的条件求出管路特性曲线方程式，并在图2-16上标绘出管路特性曲线。

依据式(2-19)，其中：

$$A = \Delta z + \frac{\Delta p}{\rho g} = 13$$

$$B = \frac{6.377 \times 10^{-9} \lambda \sum l}{d^5} = \frac{6.377 \times 10^{-9} \times 0.02 \times 200}{(0.131)^5} = 5.69 \times 10^{-4}$$

则管路特性曲线方程式为：

$$H_e = 13 + 5.69 \times 10^{-4} Q_e^2$$

表 2 – 1　例 2 – 4 附表

$Q_e/(\mathrm{m^3/h})$	0	20	40	60	80	100	120	140
H_e/m	13	13.23	13.91	15.05	16.64	18.69	21.19	24.15

泵的流量　$Q = 98\mathrm{m^3/h}$

泵的轴功率　$N = 6.7\mathrm{kW}$

泵的效率　$\eta = 76.7\%$

根据管路特性曲线方程式，可以计算出管路系统在不同的流量下所需要的压头数值，计算结果列于表 2 – 1。注意，管路特性曲线中 Q_e 的单位要与泵特性曲线中 Q 的单位保持一致。

由表 2 – 1 中的数据，可在图 2 – 16 上标绘出管路特性曲线 H_e – Q_e，与泵的特性曲线 H – Q 的交点 P 即为泵的工作点，该点所对应的各数值即为 4B20 型水泵在操作条件下的流量、轴功率和效率。

2.2.1.7　离心泵的类型、选用和操作

（1）离心泵的类型

石油化工厂中使用的离心泵种类较多，按所输送的液体性质可分为清水泵、耐腐蚀泵、油泵、杂质泵等；按叶轮的数目可分为单级离心泵和多级离心泵；按叶轮的吸入方式可分为单吸和双吸离心泵。各种类型的离心泵按其结构特点各自成为一个系列。以下对石油化工厂中常用的离心泵类型作一简介。

① 清水泵　清水泵简称水泵，用于输送清水和物理、化学性质与清水类似的液体。使用温度一般低于 80℃。离心清水泵有若干系列，常用的有 IS 系列、D 系列、S 或 Sh 系列等。

IS 系列为最简单的单级单吸式离心清水泵，其结构如图 2 – 17 所示。IS 系列离心泵的型号和规格表达方式如下：IS100 – 80 – 125，其中 IS 表示单级单吸式离心清水泵；100 为泵吸入口的直径(mm)；80 为泵排出口的直径(mm)。

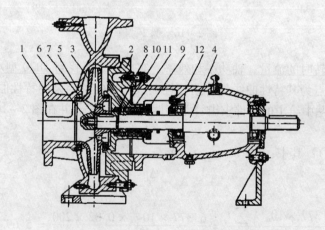

图 2 – 17　IS 型离心水泵结构

1—泵体；2—泵盖；3—叶轮；4—轴；5—密封环；

6—叶轮螺母；7—止动垫圈；8—轴盖；9—填料压盖；

10—填料环；11—填料；12—悬架轴承部件

D 型水泵 系指多级离心水泵。一般由 2 级到 9 级，最多达 12 级。扬程范围为 14 ~ 351mH$_2$O，流量范围为 10.8 ~ 850m^3/h。多级水泵多用于流量不太大，而扬程较高的场合。D 型水泵的结构如图 2-18 所示。

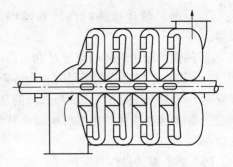

图 2-18 多级离心泵示意图

D 型水泵符号的意义同 IS 型水泵类似，如 100D45×4，其中 100 表示泵吸入口直径为 100mm；D 为多级水泵的系列代号；45 为每级在设计点的扬程数值，m；4 表示叶轮的数目，也叫级数，即 4 级。

SH 型水泵系指双吸离心水泵。扬程范围为 9 ~ 140mH$_2$O，流量范围可达 120 ~ 12500m^3/h。双吸离心水泵用于流量较大而扬程不高的场合。Sh 为双吸单级水泵的系列代号。

② 耐腐蚀泵（F 型泵） 是单级单吸悬臂式耐腐蚀离心泵，用于输送酸、碱等腐蚀性液体，耐腐蚀泵的主要特点是与液体相接触的部件采用耐腐蚀材料制造，各种耐腐蚀材料代号见表 2-2。F 型泵的另一个特点是密封要求高，为此 F 型泵多采用机械密封装置。F 型泵的扬程范围为 15 ~ 195mH$_2$O，流量范围为 2 ~ 400m^3/h。

F 型泵型号代号的编制同 IS 型泵类似。如 40FM1-26 泵，40 表示泵的吸入口直径为 40mm，F 为单级单吸悬臂式耐腐蚀离心泵的系列代号；M 表示与液体接触部件的材料代号，即铬镍钼钛合金钢；l 表示轴封型式代号，1 代表单端面密封；26 代表该泵设计点的扬程 26m。

表 2-2 F 型泵中与液体接触部件材料代号

材料	1Cr18Ni9	C28	一号耐酸硅铸铁	高硅铁	HT20-40	耐碱铝铸铁	1Cr13	Cr18Ni12Mo2Ti	硬铅	铝铁青铜9-4	工程塑料（聚三氟氯乙烯）
代号	B	E	IG	GIS	H	J	L	M	Q	U	S

③ 油泵（Y 型泵） 用于输送不含固体颗粒的石油及其产品。其特点是密封要求高，故多采用机械密封装置。Y 型泵的扬程范围为 60 ~ 603mH$_2$O，流量范围为 6.25 ~ 500m^3/h，温度范围较大，为 -45 ~ 400℃。如 80Y-100×2 泵，其中 80 表示泵吸入口直径为 80mm；Y 代表单吸离心油泵（双吸式为 YS）；100 代表泵的单级扬程；2 表示为 2 级。

④ 杂质泵 用于输送含有固体颗粒的悬浮液、黏稠的浆液等，故称为杂质泵。其系列代号为 P，又细分为砂泵（PS）、泥浆泵（PN）和污水泵（PW）等。为了适应不易堵塞、耐磨和便于拆洗的要求，这类泵的结构特点为叶轮流道宽、叶片数目少、敞式或半蔽式叶轮。有的泵壳内还衬有耐磨的铸钢护板。

除了以上介绍的几种离心泵之外，还有液下泵、屏蔽泵、管道泵和低温用泵等。这些泵只在特殊场合使用，故此处不再详述。

（2）离心泵的选择

选择离心泵的基本原则，是在满足液体输送工艺要求的前提下，力求作到经济合理。一般，可按下列方法步骤进行。

① 根据所输送液体的性质和操作条件，确定泵的类型，如 IS 型泵、F 型泵、Y 型泵等。

② 根据所输送液体的流量 Q 和所需压头 H 的大小从泵样本上或产品目录中选择合适的型号，若没有正好合适的型号时，为适应澡作条件的变化和留有余地的要求，在保证泵在较高效率下工作的前提下，应使所选择的泵的压头和流量均稍大一些。

③ 如果输送液体的密度与水相差很大，则应按式 (2-6) 核算泵的轴功率和所配电动机的功率。

（3）离心泵的操作

正确地操作离心泵是泵正常运转的重要保证。现将离心泵操作的步骤简述如下：

① 灌泵　启动前，必须使泵内充满被输送的液体，以保证泵体和吸入管内没有气体存在，以防止"气缚"。

② 关出口阀　启动启动时，应先将出口阀关闭，使泵在流量为零的情况下启动。这样泵所需要的功率最小，以免电动机过载而烧坏。当泵启动，并达正常转速，压力表和真空表有正常稳定的指示后，就应逐渐打开出口阀，直至达到所要求的流量为止。在关出口阀的情况下，泵运转的时间一般不要超过 3min，否则将引起泵体发热。

③ 检查　在泵运转过程中，要经常检查压力表和真空表读数是否正确，轴承的润滑情况是否良好，以及泄漏、机器振动、声响等情况，如发现异常现象，应查明原因，并及时处理。

④ 停泵　停泵前，应先关闭出口阀再断电停泵。否则，突然停泵，会使排出管路中的高压液体倒流回泵体内，导致叶轮倒转，其至于打坏叶轮。如属长期停泵，还应将泵体及管路中的液体放净，以免锈蚀和冬季结冰冻裂。

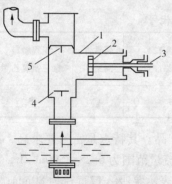

图 2-19　往复泵装置简图
1—泵缸；2—活塞；3—活塞杆；
4—吸入阀；5—排出阀

2.2.2　其他类型的泵

2.2.2.1　往复泵

（1）往复泵的结构和工作原理

如图 2-19 所示，为往复泵装置简图，主要有泵缸、活塞、活塞杆、吸入阀和排出阀。吸入阀和排出阀均为单向阀，因此也叫单向活门。活塞在泵缸内左右移动所达到的顶点称为左、右"死点"，如泵缸中的虚线所示，活塞在两死点间的行程，称为冲程。泵缸内活塞与阀门之间的空间称为工作室。

往复泵是一个典型的容积式泵，其工作原理与离心泵不同，它是靠活塞在泵缸内往复运动，使工作室容积的变化来输送液体的。当活塞自左向右移动时，工作室容积增大，形成低压，这样，排出阀受排出管中的液体压力而关闭，而吸入阀便被泵外的液体的压力推开，将液体吸入泵内，这就是吸液过程。当活塞移至右死点时，吸液过程即结束。当活塞自右向左移动时，由于活塞的挤压使泵内液体压力增大，吸入阀受压而关闭，排出阀则被推开，将液体排出泵外，这就是排液过程。当活塞移至左死点时，排液过程即告结束。因此活塞不断地往复运动，工作室就交替地吸液和排液。可见，往复泵是通过活塞将机械能以静压能的形式传递给液体的。

活塞往复一次，即活塞移动双冲程（双冲程是一个工作循环），只吸液和排液各一次，可见排液是不连续的，这种往复泵称为单动泵（或称单作用泵），且由于活塞的往复运动是变速的，因而排液量随活塞的不等速运动而相应的起伏，如图 2-20 所示。

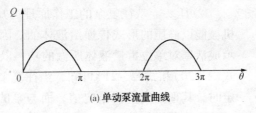

(a) 单动泵流量曲线

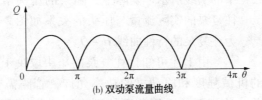

(b) 双动泵流量曲线

图 2-20　往复泵的排液曲线图

为了改善单动泵排液的不均匀性，可采用双动泵或多动泵。如图 2-21 所示，为双动（即双作用）往复泵的示意图及工作原理图。

双动往复泵有四个单向活门，泵缸的左端和右端各有一个吸入活门和排出活门。所以当活塞向右移动时，活塞右边的工作室排液，而活塞以左的工作室吸液；与此相反，当活塞向左移动时，则活塞以左的工作室排液，而活塞以右的工作室吸液。这样活塞两侧的工作室都在工作。因此，只要活塞移动，均有吸液和排液，故双动泵的排液是连续的。但由于活塞的变速运动，其流量曲线仍有起伏，如图 2-21 所示。

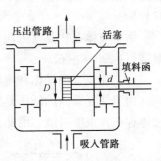

图 2-21　双动往复泵示意图

（2）往复泵的主要性能

① 流量　往复泵的理论流量 Q_T（不考虑漏损）取决于活塞扫过泵缸的全部体积。对单动泵，其理论流量为：

$$Q_T = FSn = \frac{\pi}{4}D^2Sn \qquad (2-20)$$

式中　Q_T——理论流量，m^3/min；

　　　D——活塞直径，m；

　　　S——活塞的冲程，m；

　　　n——活塞每分钟往复次数（即冲程数），1/min。

对双动泵，需要考虑活塞杆所占的截面积 f，故其理论流量为：

$$Q_T = (2F-f)Sn = \frac{\pi}{4}(2D^2-d^2)Sn \qquad (2-21)$$

式中　d——活塞杆直径，m。

实际上，由于填料函、阀门、活塞等密封不严，吸入阀和排出阀启闭不及时等原因，往复泵的实际流量 Q 小于理论流量 Q_T，即：

$$Q = \eta_Q Q_T \tag{2-22}$$

式中 η_Q ——容积效率，其值由实验测定。一般对大型泵，$\eta_Q = 0.95 \sim 0.97$；对 $Q = 20 \sim 200 \text{m}^3/\text{h}$ 的中型泵，$\eta_Q = 0.9 \sim 0.95$；对 $Q < 20\text{m}^3/\text{h}$ 的小型泵，$\eta_Q = 0.8 \sim 0.9$。

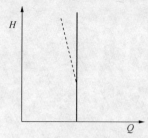

图 2 - 22 往复泵的特性曲线

② 压头 从往复泵的工作原理可知，往复泵是依靠活塞将机械能以静压的形式传递给液体的。因此，往复泵的压头可表示成活塞对单位重量液体所做的功，以 H 表示，单位为 m。由式（2 - 20）和式（2 - 21）可知，当往复泵的结构尺寸和冲程数一定时，其理论流量就是定值，而与泵的压头无关，如图 2 - 22 中的实线所示。实际上，随泵的压头增加，容积效率下降，故往复泵的实际流量与压头的关系如图 2 - 22 中的虚线所示，即为往复泵的特性曲线 $H - Q$。

由上述可知，往复泵的压头取决于管路的需要，即由管路特性曲线决定。只要泵的机械强度和原动机的功率允许，管路需要多高的压头，往复泵即可提供多高压头。因此，往复泵的适用范围特别广泛，尤其适用于小流量、高压头的管路，输送高黏度液体时的效果也比离心泵好。但不能输送腐蚀性液体和有固体粒子的悬浮液。

由于液体在往复泵内流动情况较离心泵简单，因而其效率 η 较高，一般在 70% 以上，最高可达 90% 左右。

（3）往复泵的操作和流量调节

由于往复泵内的低压是靠泵缸内活塞的移动使其工作空间扩大而造成的，即使泵内没有液体存在，也能吸液。因此，往复泵有自吸能力。它在启动前不必灌泵。

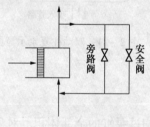

图 2 - 23 旁路调节流量示意图

上已述及，往复泵的流量只与泵本身的几何尺寸和泵的冲程数有关，基本上与泵的压头无关。无论在什么压头下工作，只要活塞往复运动，就会有一定体积的液体被排出。所以往复泵不能关闭出口阀启动，否则泵内的压力因液体排不出去，又不可压缩而急剧升高，甚至高到可能损坏泵体或烧毁电机。同时，往复泵也不能像离心泵那样，用改变出口阀门开度的方法来调节流量。通常是用如图 2 - 23 所示的旁路回注法调节流量，即通过改变旁路上调节阀的开度，以达到调节流量的目的。由于这种调节方法简便易行，所以广泛采用。当排出管压力超过一定限度后，图中的安全阀便自动开启，以保证输送系统安全运转。

旁路调节流量的方法虽然简便，但会造成额外的能量损失，使泵的效率降低。经济合理的方法是通过改变原动机转速来调节活塞的冲程数或改变活塞的冲程，但需要安装变速装置或调整冲程的机构。

2.2.2.2 旋转泵

旋转泵的主要部件是泵壳和其内的转子。它的工作原理与往复泵类似，是通过转子旋转使工作室容积的变化来吸入和排出液体的，又称转子泵。因此，它也属于容积式泵。旋转泵的形式很多，下面介绍化工厂常见的旋转泵，即齿轮泵和螺杆泵。

（1）齿轮泵

齿轮泵的结构示意图如图 2 - 24 所示，其主要部件为泵体和两个啮合的齿轮，其中一个为主动轮，固定在与电动机直接相联的泵轴上，另一个为从动轮，安装在另一个轴上，两齿轮把泵体内分成吸入空间 A 和排出空间 B。当泵启动后，两齿轮按图中箭头方向反向旋转，在吸入空间，由于两轮啮合的齿互相分开，空间增大，形成低压，将液体吸入。吸入的液体在齿缝间被齿轮推着，分两路沿泵体内壁推送到排出空间。在排出空间，两齿轮的齿互相合拢，空间缩小，挤压液体，形成高压，将液体排出。如此连续进行，以达到输送液体的目的。它的流量调节和操作与往复泵相同。

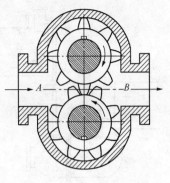

图 2 - 24　齿轮泵示意图

齿轮泵的压头高、流量小、成本低、工作可靠、有自吸能力、维修方便。但与其他类型泵相比。效率较低，操作时振动、噪音较大。石油加工和石油化工厂常用来输送粘度较大的液体(如润滑油、燃料油、甘油等)和膏状物料。但不宜用于输送含有固体颗粒的悬浮液。

国产的齿轮泵有 Ch 与 CY 型，其流量范围为 $1.08 \sim 38m^3/h$，压头约25m。KCB 型，流量范围为 $1.1 \sim 5m^3/h$，压头为 $33 \sim 145m$。目前，国内合成纤维工业中广泛使用的熔融纺丝泵，也属于齿轮泵，其输送物料的黏度可 $1 \times 10^5 \sim 8 \times 10^5 cP$。

(2) 螺杆泵

螺杆泵主要由泵壳和一个或一个以上的螺杆所组成。有单螺杆泵、双螺杆泵和三螺杆泵，如图 2 - 25 所示，为单螺杆泵(a)和双螺杆泵(b)的简图。单螺杆泵的工作原理是靠螺杆在具有内螺旋的泵壳中偏心转动，将液体沿轴向前推进，挤压到排出口排出。双螺杆泵与齿轮泵十分相似，它是利用两根相互啮合、反向转动的主动螺杆和从动螺杆来挤压、排送液体的。当所需要的压头很高时，还可采用多螺杆泵。

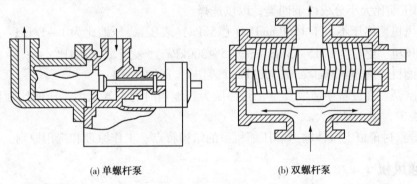

(a) 单螺杆泵　　　　　　　　　　　(b) 双螺杆泵

图 2 - 25　螺杆泵

螺杆泵的转速在 $3000r/min$ 以下，最大出口压力可达 $1.72 \times 10^7 Pa$，流量范围为 $1.5 \sim 500m^3/h$。与齿轮泵相比，螺杆泵效率高，无噪音，无振动，流量均匀。特别适用于在高压下输送黏稠性液体。

2.2.2.3　流体作用泵

流体作用泵是利用流体流动中的机械能转换原理，产生压力或造成真空，而达到输送另一种液体的目的如图 2 - 26 所示，就是此类泵的一种，是利用压缩空气的压力来输送液体。其结构为一可承受 $3 \sim 4$ 大气压的容器，配以必要的管件、阀件，如料液进出管和压缩空气

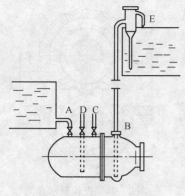

图 2-26　流体作用泵

管、放空阀门等组成。因常用它来输送酸液故俗称酸蛋。它为间歇操作，操作时首先将料液经加料阀门 A 注入容器内，然后关闭阀门 A，将压缩空气经阀门 D 通入容器，迫使料液从出料管 B 排出，待料液排完之后，关闭压缩空气管的阀门 D，打开放空阀门 C，使容器与大气相通以降低压力，然后再重新加料，如此间歇地循环操作。

如所输送的液体与空气接触可能会引起燃烧或爆炸时，则可采用其他惰性气体(如氮或二氧化碳等)代替空气。除了酸蛋之外，喷射泵、空气升液器等也属于流体作用泵。流体作用泵结构简单，没有活动部件，但效率较低。

以上介绍了石油加工和化工中常用的几种类型的泵。此外，还有计量泵，旋涡泵，隔膜泵，屏蔽泵等。因它们适用于某些特定场合，故此处不进行讨论。

2.3　气体输送和压缩机械

石油加工和化工中所用到的气体输送和压缩机械的基本型式和工作原理，与液体输送机械类似，也可以分为离心式、往复式、旋转式和流体作用式。但气体具有可压缩性，在输送过程中，当压力发生变化时，其体积和温度也随之发生变化。气体的压力变化程度常用压缩比来表示。压缩比指气体排出绝对压力与吸入绝对压力的比值。不同生产过程和条件，对气体的压缩比要求不一样，而不同的压缩比、对气体输送和压缩机械的结构、形状等有很大的影响。因此，气体输送和压缩机械除了按其结构和操作原理分类外，还可按照其终压(即出口压力)和压缩比大小分成以下四类，以供选择。

① 通风机　终压不大于 1500mmH$_2$O (15kPa)(表压)，压缩比为 1~1.15；

② 鼓风机　终压为 0.15~3kgf/cm^2(15~300kPa)(表压)，压缩比 <4；

③ 压缩机　终压 >3kgf/cm^2(300kPa)(表压)，压缩比 >4；

④ 真空泵　在设备中造成真空，其终压为当地当时的大气压力，压缩比则根据所造成的真空度决定，但一般较大。

本节着重讨论以上气体输送和压缩机械的结构特点、工作原理和选用原则。

2.3.1　通风机

常用的通风机有离心式和轴流式两种类型。轴流式通风机排风量大、但所产生的风压很小，只作通风换气之用，下面着重讨论离心式通风机。

2.3.1.1　离心通风机的基本结构和工作原理

如图 2-27 所示，离心通风机与离心泵一样，在蜗形机壳 3 内装有高速旋转的叶轮 2，1 为靠近机壳中心处的进风口，4 为与机壳周边相切的出风口。叶轮上的叶片比离心泵多而短，而且其形状可以是后弯叶片，也可以是径向和前弯叶片，而高压通风机则多采用后弯叶片。当叶轮高速旋转时，处在叶片间通道中的气体在离心力的作用下，从叶轮周边甩出，获得能量，汇集于叶轮周围的通道中，沿蜗形通道流向出风口。由于在蜗形通道中流动时，流通面积逐渐增大，使得气体的一部分动能转化为静压能，形成一定的风压而排出。当叶轮中的气体甩向叶轮周边时，在进风口处产生一定程度的真空，使气体吸入叶轮中心。因而，气体就会连续不断地被吸入和被排出。

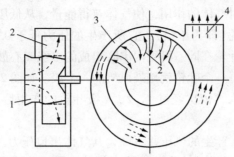

图 2 - 27　离心通风机工作原理图
1—进风口；2—叶轮；3—机壳；4—排风口

按照离心通风机所产生的风压大小，又可将其分为：

① 低压离心通风机　风压≤100mmH₂O（1 kPa）（表压）；

② 中压离心通风机　风压为 100 ~ 300mmH₂O（1 ~ 3kPa）（表压）；

③ 高压离心通风机　风压为 300 ~ 1500mmH₂O（3 ~ 15kPa）（表压）。

2.3.1.2　离心通风机的性能参数

与离心泵相类似，离心通风机的性能也是由其性能参数表示的。它的性能参数主要有：

（1）风量

风量是指在单位时间内从风机出口排出的气体的体积，并以风机入口处气体的状态计，以 Q 表示，单位为 m³/h，或 m³/s、m³/min。

（2）风压

风机的风压是指单位体积气体流过风机时所获得的能量，以 P_t 表示，单位为 J/m³ 或 N/m²。通风机的风压可分为静风压与动风压，而 P_t 是二者之和，因此称为全风压。通风机性能表中所列的风压指全风压，全风压 P_t 与气体密度成正比。

（3）轴功率和效率

与离心泵类似，离心通风机的轴功率可以用有效功率与效率的比值来计算。

在计算离心通风机轴功率时，如 Q 用实际风量，P_t 也要用实际风压，若 P_t 用规定状态（20℃，760mmHg）下的全风压，则 Q 也应校正为规定状态下的风量。

2.3.1.3　离心通风机的型号与选择

我国目前生产的输送常温空气或一般气体的离心通风机有 4 - 72 型、4 - 79 型和 8 - 18 型、9 - 27 型。前两种属于中、低压通风机，后两种属于高压通风机。本书附录中列出了部分离心通风机的型号和性能参数。通风机型号用一组数字表示，如 4 - 72 - 11No.8C，其中 4 表示通风机的全压系数 H 乘 10 后再按四舍五入取一位整数；72 表示离心式通风机的比转速 n_s；1 表示单侧吸风（0 表示双侧吸风，2 表示两级串联吸入）；1 表示第一次设计的产品。No. 8 表示机号为 8，其叶轮直径为 800mm；C 表示传动方式。

2.3.2　鼓风机

在炼油和石油化工生产中常用的鼓风机有离心鼓风机和旋转鼓风机。

2.3.2.1 离心鼓风机

离心鼓风机又称涡轮鼓风机或透平鼓风机。其基本结构和工作原理与离心通风机类似，也是通过高速旋转的叶轮对气体的作用，使气体获得能量，从低压气体变为高压气体。由于离心通风机内只有一个叶轮（即为单级），它所产生的压力低于 0.15kgf/cm^2（表压）。为此，离心鼓风机一般是由几个叶轮在同一机壳内串联组成的多级离心鼓风机。这样，不仅使结构紧凑，而且提高了效率。每一个叶轮就是鼓风机的一个级。如图 2-28 为一台三级离心鼓风机简图。气体由进风口进入，依次经过 1、2、3 级叶轮的作用后，使气体达到所要求的风压，最后经出口排出机外。

离心鼓风机的风量大，产生的风压并不高，其气体出口压力一般小于 3kgf/cm^2（表压），压缩比小于 4，因而气体的温度升高和体积缩小都不显著，不需要装中间冷却器，各级叶轮大小也大体上相等。

国产离心鼓风机的型号代号是以拼音字母和数字组成，如 D1200-22 型，其中 D 表示鼓风机进风为单吸式（用 S 表示双吸式）；1200 表示鼓风机进口风量为 $1200\text{m}^3/\text{min}$；2 表示鼓风机的叶轮数，即级数；2 表示为第二次设计的产品。

离心鼓风机的选择方法与离心通风机相同。

2.3.2.2 罗茨鼓风机

旋转式鼓风机的类型很多，罗茨鼓风机是一种石油化工生产中应用最广泛的旋转式鼓风机，它的作用原理与齿轮泵相似。如图 2-29 所示，罗茨鼓风机机壳内有两个装在平行轴上的"8"字形转子，一个是主动转子，另一个是从动转子。两个转子由装在轴的末端的一对齿轮带动，相向旋转。由于转子不断旋转，使机壳内形成两个密闭的空间，即吸入空间和排出空间。当气体由排出空间排入排出管路中时，气体的压力升高。升压的大小取决于排出管阻力的大小，所以，罗茨鼓风机中的气体是在等容的状况下升压的。当气体由吸入空间进入排出空间后，使吸入空间压力降低，而吸入气体。由于两个转子之间、转子与机壳之间的间隙很小，可使转子既能自由旋转，而又没有很多的泄漏。如果改变转子的旋转方向，可将吸入口与排出口互换。

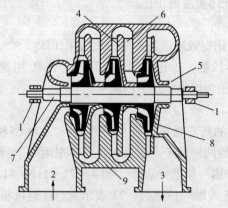

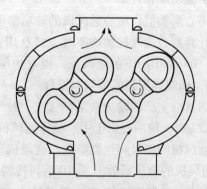

图 2-28　三级离心式鼓风机简图　　　　图 2-29　罗茨鼓风机示意图

1—轴承；2—进风口；3—出风口；4—回流
器叶片；5—轴封；6—回流器；7—轴；
8—第三级叶轮；9—机壳

罗茨鼓风机属于容积式输送机械，其风量与转速成正比，而与出口压力无关。罗茨鼓风机的风量为 $2 \sim 500 m^3/min$，出口压力不超过 $0.5 kgf/cm^2$（表压），在 $0.4 kgf/cm^2$（表压）附近其效率最高。因为如出口压力太高，泄漏增加，故其效率降低。

罗茨鼓风机的出口应安装稳压罐和安全阀，流量用旁路调节，出口阀门不能完全关闭，操作时，温度不能超过85℃，否则转子受热膨胀易发生碰撞。

罗茨鼓风机的优点是结构比较简单，无吸入和排出活门，排气连续而均匀，其缺点是制造技术复杂，安装不易，效率较低。因此，一般适用于压力不高而流量较大的场合。国产罗茨鼓风机的型号是以拼音字母和数字组成。如 LGA40 – 5000 – 1 型，其中 LG 代表系列代号，取自罗（茨）鼓（风机）的两个拼音字母的字首，A 表示卧式（B 代表立式）；40 代表流量，单位：m^3/min，5000 为出口静压强，单位：mmH_2O；l 表示第一次设计。

2.3.3　压缩机

在炼油和石油化工生产中所用的压缩机主要有往复式和离心式两大类。

2.3.3.1　往复压缩机

往复压缩机的基本结构和工作原理与往复泵类似。其主要部件有气缸、活塞、连杆、吸气阀和排气阀。但因为气体密度小、可压缩，因此往复压缩机的吸入阀门和排出阀门必须更加轻便灵活、易于启闭。如压缩比较大，气体温度升高，则必须装设冷却装置，移除气体压缩放出的热量以降低气体的温度。为了防止活塞杆受热膨胀后，活塞与汽缸端盖发生碰撞，活塞的终点与汽缸端盖之间要留有一定的容积，称为余隙。

（1）工作过程

由于气体为可压缩性流体，往复压缩机工作过程与往复泵有所不同。以图 2 – 30 所示的单动往复压缩机的工作过程为例，分析往复压缩机的工作原理。

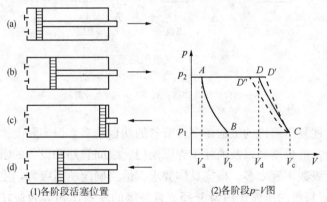

(1)各阶段活塞位置　　　(2)各阶段 p–V 图

图 2 – 30　往复压缩机的工作过程

当活塞运动至汽缸左端终点时，即图(1)中(a)所示，由于余隙的存在，在气体从汽缸中排出之后，汽缸内还残存一部分压力为 p_2 的高压气体，其状态如图(2)中的 A 点所示。当活塞从左端向右运动时，余隙中高压气体膨胀，压力降低，直至 p_1 为止，活塞位置如图(1)中(b)，气体状态如图(2)中 B 点，这一阶段称为高压气体膨胀过程，当活塞再继续向右运动时，吸入阀门开启，压力为 p_1 的气体被吸入缸内，p_1 基本保持不变，直到活塞移至右端终点为止，其位置如图(1)中(c)，气体状态如图(2)中 C 点，这一阶段称为吸气阶段。此后，活塞改向左运动，缸内压力为 p_1 的气体被压缩而升压，吸入阀门受压关闭，气体继续被压缩，直至活塞到达图(1)中(a)的位置，气体压力升至 p_2，其状态如图(2)中 D 点，这一阶段称为压缩过程。当缸内气体的压力稍高于 p_2，排出阀门开启，气体在压力 p_2 下从汽缸内排出，直至活塞运动到图(1)中(a)的位置，其状态又回到了图(2)中的 A 点。这一阶段称为排气过程。

由上述可知，活塞往复运动一次，便完成了一个工作循环。每一个工作循环均由上述的膨胀、吸气、压缩、排气四个过程组成，在图 2 – 30(2)的 $p – V$ 图上由 AB、BC、CD、DA 组成的一封闭曲线 $ABCDA$ 表示。只要活塞不断地作往复运动，汽缸就不断交替地吸入低压气体和排出高压气体，这就是往复压缩机的基本工作原理。

(2) 多级压缩

由往复压缩机的工作原理可知，当压缩比增大时，余隙容积内的气体在汽缸内的膨胀和压缩的体积就要增大，那么吸入的气体量就要减少。同时，压缩比太高时，动力消耗显著增加，气体温升很大，甚至导致润滑油变质，机件损坏等。当气体温度高于汽缸内润滑油的闪点(一般为 200 ~ 240℃)时，将会使润滑油着火而引起爆炸，故气体温度必须低于润滑油闪点 20 ~ 40℃。因此，当生产上的气体压缩比大于 8 时，应采用多级压缩。

如图 2 – 31 所示，为三级压缩机流程图。被压缩的气体首先进入Ⅰ级汽缸压缩，从Ⅰ级汽缸出来的气体，经过中间冷却器降低温度，再经过油水分离器将气体中夹带的润滑油及冷凝水分离出来，依次再进入Ⅱ级、Ⅲ级压缩，最终排出的气体达到所需的压力。

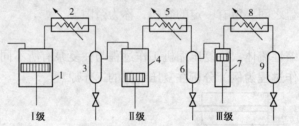

图 2 – 31　三级压缩流程图

1、4、7—汽缸；2、5—中间冷却器；

8—出口气体冷却器；3、6、9—油水分离器

从理论上讲，往复压缩机的级数越多，节省的功也越多。但实际上，级数过多，使整个压缩系统结构复杂，造价增高以及消耗于克服阀门、级间管路和设备的阻力损失的能量也增加。因此，实际上级数不宜太多，根据具体要求，恰当确定所需级数。生产上常用的往复压缩机多为 2 ~ 6 级，每级的压缩比约为 3 ~ 5，且各级的压缩比相等为最好，这样，消耗的总功最小。

(3) 往复压缩机排气量的调节

通常，压缩机是根据最大的排气量选用的。因此，生产过程中，常根据生产过程的要求、需要调节其排气量，常用的调节方法如下：

① 改变转速调节法　此法同往复泵。

② 旁路调节法　通过旁路上的调节阀的开度大小来进行调节。此法简单易行，比较可靠，又可连续调节，一般压缩机多用此法。但是，功率消耗却不会因为排气量减少而降低，故此法很不经济。

③ 改变汽缸余隙调节法　增加余隙，余隙内残存的气体膨胀后所占的体积将增大，吸入的气体量便减少，排气量也随之减少。反之，减小余隙，排气量增加。这种调节方法既可靠又比较经济，只是由于改变余隙的方法比较复杂，因此多适用于大型往复压缩机的排气量调节。

（4）往复压缩机的选用

首先根据所输送气体的性质，选定压缩机的种类，然后再根据生产能力和排气压（或压缩比），在往复压缩机产品样本中选择合适的型号。往复压缩机样本中的生产能力通常指在20℃、760mmHg下的排气体积（m^3/min），排气压力（或称终压）是以 kgf/cm^2（表压）表示的。

2.3.3.2　离心式压缩机

如图2-32所示，为离心式压缩机又称透平压缩机，其作用原理，与离心鼓风机相同。离心压缩机所以能产生较高的风压，除级数较多（可达10级以上）外，更重要的是采取高转速。当用电动机驱动时，常常用齿轮增速器来提高转速。转速往往在5000r/min以上，甚至高达10000r/min以上。

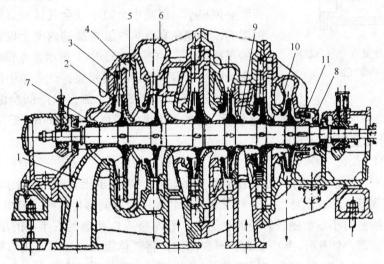

图2-32　多级离心压缩机

1—吸气室；2——级叶轮；3—扩压器；4—弯道；5—回流器；6—蜗壳；

7—前轴封；8—后轴封；9—轴封；10—气封；11—平衡盘

国产的离心式压缩机的型号代号，是以拼音字母和数字组成，如DA350-61型空气离心压缩机，DA表示该机为单吸式，风量为350m^3/min；6个叶轮，第一次设计产品。

离心压缩机的流量调节方法有：

① 排气阀开度调节法　关小排气阀门，气体流量减小，但因阻力增加，使得压缩比增加，动力消耗也增加。此法简单易行，但不经济，很少采用。

② 吸气阀开度调节法　这个调节法也很简单，并保持了压缩比不变，而降低了气体出口的压力，动力消耗比上法小，因此是经常采用的调节方法。

③ 改变转速调节法　这是最经济的调节方法。但用此法时，必须改变原动机的转速。当采用电动机带动时，就要增加变速装置，所以设备比较复杂。离心压缩机与往复压缩机相比，其主要优点是体积小、重量轻、操作平稳、排气量大而均匀、调节性能好、维修方便、

压缩气体与油不接触，故适合于处理那些不宜与油接触的气体。其主要缺点是制造精度要求高，不易加工，当流量偏离额定点时效率较低。但总的来说，离心压缩机比往复压缩机投资少，操作费用低。因此，近年来在石油化工生产中，除了要求终压特别高的情况外，离心压缩机已越来越多地用来代替往复压缩机。

2.3.4　真空泵

真空泵是从负压下抽气、并加压向大气排气的输送机械，其目的是造成并维持工艺系统所要求的真空度。

炼油厂和石油化工厂常用的真空泵有往复真空泵、水环真空泵和喷射真空泵。

2.3.4.1　往复真空泵

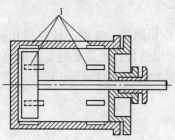

图2-33　往复真空泵汽缸的
内平衡气道

往复真空泵构造和工作原理与往复压缩机基本相同，只是真空泵在低压下操作，汽缸内外压差很小，但压缩比很大（如对于95%的真空度，压缩比约为20）。因此，往复真空泵的吸入和排出阀门必须轻巧灵活、启闭方便；其余隙必须很小，以减小余隙中残余气体对真空泵抽气速率的影响，为此在真空泵汽缸两端的内壁上设置连通活塞两侧的平衡气道，如图2-33中1所示。在排气终了时，能使余隙同活塞另一侧短时间相通，让余隙中的残存气体通过平衡气道流到活塞的另一侧，以降低余隙中气体的压力，从而提高容积系数λ。往复真空泵所产生的真空度一般可达700mmHg(93.3kPa)。

2.3.4.2　水环真空泵

如图2-34所示，为水环真空泵。在圆柱形泵壳内有一偏心安装的带有叶片的转子。工作时在泵内装有一定量的清水，水面浸到转子的轴心。当转子旋转时，由于离心力的作用，将水甩至泵壳周壁，形成水环，由于转子偏心安装，所以不同部位的叶片与水环之间形成了许多大小不等的密封小室，随着转子旋转方向，在与吸入口相通的右半部的小密室（图2-35中以1′，2′，3′，4′表示）由小变大，形成真空，将气体吸入；而与排出口相通的左半部的小密室（图2-35中以5′，6′，7′，8′表示）由大变小，气体受压面排出。

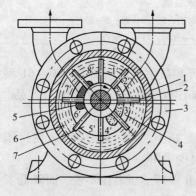

图2-34　水环真空泵
1—泵壳；2—叶片；3—法兰；4—吸气口；
5—排气口；6—水环；7—小密室

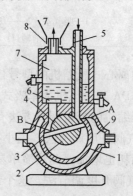

图2-35　油封式刮板真空泵
1—汽缸；2—转子；3—刮板；4—弹簧；
5—吸气口；6—排气阀；7—油箱；
8—排气口；9—冷却水套

水环真空泵在吸气中可允许夹带少量水，属于湿式真空泵。水环真空泵构造简单而紧凑，没有活门，工作安全可靠。但它所能产生的真空度不高，最高达85%的真空度，且因转子在水中转，引起额外的摩擦阻力损失，因而效率较低，约为30%～50%。水环真空泵运转时，要不断地补充清水，以维持泵内液封，也为了冷却泵体。

国产的水环真空泵的系列代号为SZ，常用于抽吸设备中的空气或其他无腐蚀性、不溶于水和不含固体颗粒的气体。如SZB-4型水环真空泵，其中S表示水环式，Z表示真空泵，B表示悬臂，4表示真空度为520mmHg时的排气量，单位为L/s。

如把水环泵的进口接大气，出口接设备时，可作鼓风机用，所产生的风压不超过1kgf/cm²（表压）。

2.3.4.3 刮板真空泵

欲得到720～745mmHg的真空度时，宜用如图2-35所示的刮板真空泵。在圆柱形的汽缸中偏心地安装有转子。转子上有槽，槽中插有活动的两块刮板。当转子旋转时，由于离心力及弹簧的作用，使刮板沿着汽缸内壁刮过，刮板与汽缸之间形成的空间A、B的容积在转子旋转过程中不断变化。空间A不断扩大，而空间B逐渐缩小。因而气体从吸气口吸入，在空间中受到压缩。当气体的压力大于排气阀的阻力时，则排气阀开启，气体经排气阀由排气口排出。排气阀浸在油箱中，可以防止气体回流到汽缸内。汽缸外面有冷却水套，以冷却汽缸壁。

2.3.4.4 喷射真空泵

喷射真空泵属于流体作用式机械，它是利用流体流动时动能与静压能的相互转换原理来吸送流体的，既可用来吸送气体，也可用来吸送液体。喷射泵的工作流体如是水蒸气，则为蒸汽喷射泵；工作流体如是水（或其他液体），则称为水（或液体）喷射泵。

如图2-36所示为一单级蒸汽喷射泵。工作蒸汽在高压下以1000～1400m/s的高速度从喷咀喷出，在喷射过程中，蒸汽的静压能转变为动能，产生低压，将气体吸入。吸入的气体与蒸汽混合后进入扩散管，速度逐渐降低，压力随之升高，而后从压出口排出。

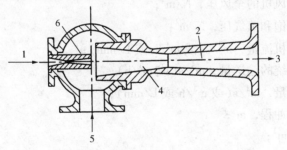

图2-36　单级蒸汽喷射泵
1—工作蒸汽；2—扩大管；3—压出口；
4—混合室；5—气体吸入口；6—喷咀

喷射泵的优点是抽气量大、工作压强范围广、结构简单、制造方便、没有活动部件；主要缺点是蒸汽消耗量大、效率很低，一般只有10%～25%。因此，喷射泵一般不用作输送气体，而用于产生较高的真空度时，却比较经济。故在炼油和石油化工生产中，喷射泵最常用于抽真空，常称为喷射真空泵。此外，蒸汽喷射泵还常作为小型锅炉的注水器，这样既能用锅炉本身的蒸汽来注水，又能回收蒸汽的热能，是节能的有效措施。

本章符号说明

英文字母：

d——管径或活塞杆直径，m；

D——叶轮或活塞直径，m；

f——活塞杆截面积，m^2；

F——活塞截面积，m^2；

g——重力加速度，m/s^2；

H——泵的扬程（压头），m；

H_e——管路系统所需的压头，m；

H_f——管路系统的压头损失，m；

H_g——离心泵的安装高度，m；

$NPSH_c$——离心泵的临界汽蚀余量，m；

$NPSH_r$——离心泵的必需汽蚀余量，m；

$NPSH$——离心泵的允许汽蚀余量，m；

n——转速，$1/s$（或 r/min）；

　　活塞的往复次数，1/min；

N——泵或压缩机的轴功率，W；

N_e——泵的有效功率，W；

p——压力（压强），N/m^2；

p_a——当地大气压力，N/m^2；

p_k——离心通风机的动风压，N/m^2；

p_s——离心通风机的静风压，N/m^2；

p_t——离心通风机的全风压，N/m^2；

p_v——液体的饱和蒸气压，N/m^2；

Q——泵及风机流量，m^3/s（或 m^3/h 或 L/min）；

Q_e——管路系统的输送量，m^3/s（或 m^3/h）；

Q_T——理论流量，m^3/s（或 m^3/h 或 L/min）；

S——活塞的冲程，m；

V——体积，m^3；

V_a——余隙体积，m^3。

希腊字母：

ε——余隙系数；

η——效率；

λ_d——排气系数。

习题

2-1　用 15℃ 的水进行某离心泵的性能实验，水的体积流量为 13.5m^3/h，泵入口真空表读数为 180mmHg，泵出口压力表读数为 2.8kgf/cm^2，轴功率为 1.77kW。真空表与压力表

— 80 —

间垂直距离为400mm，吸入管与排出管的直径分别为 $\phi 60 \times 3.5mm$ 和 $\phi 48 \times 3.5\ mm$。试求该流量下离心泵的压头和效率。

2-2 原来用于抽送水的离心泵现改为抽送密度为 $1400kg/m^3$ 的水溶液，水溶液的其他性质可视为与水相同。若管路状况不变，泵前后两个敞口容器的液面间的高度不变，试问：

(1) 泵的压头有无变化；

(2) 泵的出口压力表读数有无变化；

(3) 泵的轴功率有无变化。

2-3 某台离心泵在转速为2950r/min 时，输水量为18m³/h，压头为20mH₂O。现因马达损坏，用一转速为2900r/min 的电动机代用，问此时泵的流量、压头和轴功率将为多少？（泵的效率取60%）。

2-4 用油泵从贮罐向反应器输送液态异丁烷。贮罐内异丁烷液面恒定，其上方的压力为 $6.65kgf/cm^2$（绝压）。泵位于贮罐液面以下 1.5m 处，吸入管路的全部压头损失为1.6m。异丁烷在输送条件下的密度为530kg/m³，饱和蒸气压为6.5kgf/cm²。在泵的性能表上查得，在输送流量下泵的允许汽蚀余量为3.5m。试确定该泵能否正常操作。

2-5 在某一车间，要求用离心泵将冷却水由凉水塔下的水池经换热器返回凉水塔，入凉水塔的管口比水池液面高10m，管口通大气，管路总长（包括当量长度）为400m，管子直径均为 $\phi 76 \times 3mm$，换热器的压头损失为32u²/2g，在上述条件下摩擦系数取0.03，离心泵的特性参数如下表所示。

试求：

(1) 管路特性曲线；

(2) 泵的工作点及其相应流量和压头。

$Q/(m^3/s)$	0	0.001	0.002	0.003	0.004	0.005	0.006	0.007	0.008
H/m	26	25.5	24.5	23	21	18.5	15.5	12	8.5

2-6 有下列输送任务，试分别提出合适类型的泵：

(1) 往空气压缩机的汽缸中注润滑油；

(2) 输送番茄浓汁至装罐机；

(3) 输送带有粒状结晶的饱和盐溶液至过滤机；

(4) 将水送到冷却塔顶（塔高30m，水流量为5000m³/h）；

(5) 将洗衣粉浆液送到喷雾干燥器的喷头中（喷头内压力为100atm，流量为5m³/h）；

(6) 配合 pH 控制器，将碱液按控制的流量加进参与化学反应的物流中。

2-7 从水池向高位槽供水，要求供水量为 $3 \times 10^4 kg/h$，高位槽内压力为 $0.3kgf/m^2$（表压），槽内水面与水池中的水面间的垂直距离为16m，吸入管和排出管中的压头损失分别为1m和2m。管路中的动压头可忽略不计。水温为25℃，当地大气压力为750mmHg。试选择合适的离心泵，并确定其安装高度。

2-8 某常压贮槽内盛有石油产品，其密度为760kg/m³，黏度小于20cSt，在贮存条件下的饱和蒸气压为600mmHg。现将该油品以 1.14×10^4 kg/h 的流量送往表压 1.5 kgf/cm² 的设备内。输送管尺寸为 $\phi 57 \times 2$ mm 的钢管。贮槽内液面维持恒定，从贮槽液面到设备入口处的高度为5m。吸入管与排出管的压头损失分别为1m和4m。试选择一台合适的泵，并确定其安装高度。当地大气压为760mmHg。

2-9　将密度为 $1500kg/m^3$ 的硝酸从贮酸槽输送到反应釜，流量为 $8m^3/h$，贮酸槽内液面至反应釜入口之间的垂直距离为 $8m$。反应釜内压为为 $4.08kgf/cm^2$（表压），贮酸槽通大气，管路的压头损失为 $20m$。试选择一台合适型号的离心泵，并估算泵的轴功率。

2-10　某单动往复泵活塞的直径为 $160mm$，冲程为 $200mm$，现拟用该泵将密度为 $930kg/m^3$ 的某种液体从敞口贮槽输送到某设备中，要求的流量为 $25.8m^3/h$，设备的液体入口处较贮槽液面高 $19.5m$，设备内压力为 $3.2\ kgf/cm^2$（表压），外界大气压力为 $736mmHg$，管路的总压头损失为 $10.3m$。当有 15% 的液体漏损和泵的总效率为 72% 时。试分别计算该泵的活塞每分钟往复次数与轴功率（忽略速度头）。

第 3 章 沉降与过滤

3.1 沉降

在工业生产中，常使用沉降法及过滤法实现非均相物系的分离。例如从含尘气体中除去尘粒、从原油中除去水，润滑油白土精制过程中润滑油与白土的分离等等。本章仅介绍沉降和过滤的基本操作原理及其设备。

沉降操作是使悬浮在气体或液体中的固体颗粒或不互溶的液滴受重力或离心力的作用而沉降分离的过程。依靠重力作用的分离过程称为重力沉降，借助于离心力作用的分离过程称为离心沉降。

3.1.1 重力沉降

1. 球形颗粒的自由沉降

单个颗粒在流体中沉降，或者颗粒群在流体中足够分散、颗粒之间互不接触和互不碰撞的条件下沉降，称为自由沉降。

如图 3-1 所示，当把一个球形颗粒置于静止的流体中，如果颗粒的密度 ρ_s 大于流体的密度 ρ 时，则颗粒所受到的重力 F_g 大于所受到流体的浮力 F_b，颗粒便作沉降运动。与此同时颗粒还受到流体对其作用的阻力 F_d。重力向下，浮力向上，阻力是阻碍颗粒运动的力，与颗粒运动方向相反，因而也是向上的作用力。

图 3-1 作用于沉降粒子的力

当颗粒直径为 d 时，其质量为 $m = \frac{\pi}{6}d^3\rho_s$，则

$$F_g = \frac{\pi}{6}d^3\rho_s g \tag{3-1}$$

$$F_b = \frac{\pi}{6}d^3\rho g \tag{3-2}$$

因颗粒与流体间做相对运动产生摩擦，因此它还受到一个与下降方向相反的阻力，这个阻力随运动速度的增大而增大。令 u 为颗粒与流体间的相对速度，则颗粒沉降时的阻力可采用流体沿管内壁面相对运动的阻力公式来表示，令 ζ 为阻力系数，A 为颗粒垂直于沉降方向的平面上的投影面积，即为 $A = \pi d^2/4$，则

$$F_d = \zeta \frac{\pi}{4}d^2 \frac{\rho u^2}{2} \tag{3-3}$$

根据牛顿第二定律可知，颗粒在静止的流体中作重力沉降时，上述三力的代数和应等于颗粒的质量 m 与加速度 $a = du/d\tau$ 的乘积，即

$$F_g - F_b - F_d = m\frac{du}{d\tau} \tag{3-4}$$

将 F_g，F_b，F_d，m 代入上式，经整理得

$$\frac{\mathrm{d}u}{\mathrm{d}\tau} = \left(\frac{\rho_s - \rho}{\rho_s}\right)g - \frac{3\zeta\rho}{4d\rho_s}u^2 \tag{3-5}$$

由上式可知随着颗粒向下沉降，u 逐渐增大，而加速度逐渐减小。当 u 增大到某一数值时，加速度 $\mathrm{d}u/\mathrm{d}\tau = 0$，于是颗粒开始作匀速沉降运动。可见，颗粒的沉降过程分为两个阶段，初期为加速阶段，尔后为匀速阶段。一般，颗粒很小，加速阶段很短；可以忽略不计，整个沉降过程可视为匀速沉降，把颗粒匀速沉降的速度，以 u_t 表示。由式(3-5)可得

$$\left(\frac{\rho_s - \rho}{\rho_s}\right)g - \frac{3\zeta\rho}{4d\rho_s}u_t^2 = 0$$

经整理得

$$u_t = \sqrt{\frac{4d(\rho_s - \rho)g}{3\rho\zeta}} \tag{3-6}$$

式中　u_t——颗粒匀速沉降的速度，m/s；

　　　d——颗粒直径，m；

可见，欲求得沉降速度 u_t 之值，先应求出颗粒与流体相对运动的阻力系数 ζ。

2. 阻力系数 ζ

实验证明，阻力系数 ζ 与雷诺准数 Re_p 有关：$\zeta = f(Re_p)$。

综合实验数据，得到球形颗粒的阻力系数 ζ 与雷诺准数 Re_p 间的关系曲线如图 3-2 所示。

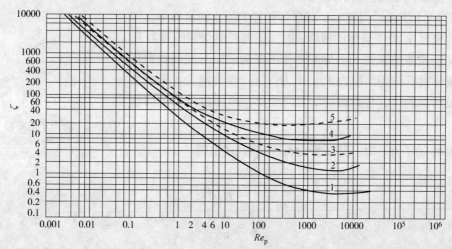

图 3-2　ζ 与 Re_p 之间的关系

1—$\varphi = 1$；2—$\varphi = 0.806$；3—$\varphi = 0.6$；4—$\varphi = 0.220$；5—$\varphi = 0.125$

图 3-2 中的曲线可按 Re_p 值大致分为三个区域，各区域的曲线可分别用相应的公式表示，即

层流区（$10-4 < Re_p < 1$）　　　　　$\zeta = \dfrac{24}{Re_p}$ 　　　　　　　　　(3-7)

过渡区（$1 < Re_p < 1000$）　　　　　$\zeta = \dfrac{18.5}{Re_p^{0.6}}$ 　　　　　　　　(3-8)

湍流区（$10^3 < Re_p < 2 \times 10^5$）　　　$\zeta = 0.44$ 　　　　　　　　　　(3-9)

将这三式分别代入式(3-6)，则可得到各区域的球形颗粒沉降速度的计算公式，即

层流区
$$u_t = \frac{d^2(\rho_s - \rho)g}{18\mu} \qquad\qquad (3-10)$$

过渡区
$$u_t = 0.27\sqrt{\frac{gd(\rho_s - \rho)Re^{0.6}}{\rho}} \qquad\qquad (3-11)$$

湍流区
$$u_t = 1.74\sqrt{\frac{d(\rho_s - \rho)g}{\rho}} \qquad\qquad (3-12)$$

式(3-10)称为斯托克斯(Stokes)公式，沉降操作中的颗粒直径一般很小，沉降过程多处于层流，故此式很常用；式(3-11)为阿仑(Allen)公式；式(3-12)为牛顿(Newton)公式。

已知球形颗粒直径，要计算沉降速度时，需要根据 Re_p 值从式(3-10)~式(3-12)中选择一个计算公式。但由于 u_t 为所求，所以 Re_p 值是未知量，这就需要进行试差计算。当已知沉降速度求颗粒直径时，同样也需要进行试差计算。

3. 非球形颗粒的自由沉降

颗粒与流体相对运动时所受到的阻力，与颗粒的形状有很大的关系。颗粒的形状越偏离球形，其所受的阻力就越大。实际上颗粒的形状很复杂，目前还没有较确切的方法来表示非球形颗粒的形状。实际中，常通过实验测定非球形颗粒的沉降速度，用沉降速度公式计算出粒径，作为非球形颗粒的当量直径。这种处理方法对于沉降过程的设计是足够的。

4. 干扰沉降

当非均相物系的颗粒较多，颗粒之间相距很近时，颗粒沉降时会受到周围其他颗粒的影响，互相干扰，这种沉降称为干扰沉降。干扰沉降的速度比自由沉降时小。必要时可用某些经验方法加以校正。

3.1.2 沉降设备

降尘室又称除尘室，是利用重力沉降分离含尘气体中尘粒的沉降分离器。最常用的是气体水平流动性的除尘室，如图3-3所示。因这种除尘室具有很大的截面积和一定长度，当含尘气体进入降尘室后，流动截面积增大，流速降低，使得尘粒在气体离开降尘室之前，有足够的时间沉降到底部，离开降尘室的气体得到净化。这是一种最原始的分离方法，通常可分离出直径在 $50\mu m$ 以上的粗尘粒，作为预除尘用。

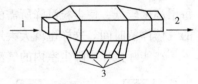

图3-3 降尘室
1—气体入口；2—气体出口；3—集尘斗

假设尘粒运动的水平速度与气体的流速 u 相同，降尘室的长、宽、高分别以 L、W、H 表示，则气体通过降尘室的时间 τ 和尘粒降到降尘室底部所需要的时间 τ_t 分别为

$$\tau = \frac{L}{u} \qquad\qquad (3-13)$$

$$\tau_t = \frac{H}{u_t} \qquad\qquad (3-14)$$

显然，尘粒被分离出来的条件为：$\tau \geqslant \tau_t$

即

$$\frac{L}{u} \geq \frac{H}{u_t}$$ (3-15)

当含尘气体的体积流量为 V_s，单位为 m^3/s 时，则有

$$u = \frac{V_s}{HW}$$ (3-16)

将式(3-16)代入式(3-15)，经整理可得

$$u_t \geq \frac{V_s}{WL}$$ (3-17)

或

$$V_s \leq WLu_t$$ (3-18)

若气体中含有各种不同粒径的尘粒，则由式(3-17)取等号所求得的 u_t 即为能够100%（即全部）分离出来的最小尘粒的沉降速度，把求出的 u_t 代入式(3-10)或式(3-11)或式(3-12)中就可求得相应的粒径，称为临界直径，即能被分离下来的最小颗粒的直径，用 d_c 表示。若流型属于层流，则由式(3-10)可得临界直径为：

$$d_c = \sqrt{\frac{18\mu}{(\rho_s - \rho)g}u_t} = \sqrt{\frac{18\mu V_s}{(\rho_s - \rho)WL}}$$

应该注意的是在满足式(3-15)时，理论上可以保证颗粒直径大于或等于 d_c 的尘粒完全能够沉降下来。但实际上，由于气体在降尘室中流动的复杂性，气流会有湍动，颗粒之间也会有干扰，使有些粒径比 d_c 大的颗粒也会不能沉降下来，造成分离效果不那么理想。另外，还有一部分粒径小于 d_c 的颗粒，随气流进入降尘室时，不是在室的顶部，而是靠近底部，这部分颗粒的沉降速度虽小，但因其沉降距离短，也会被部分的分离出来。

由式(3-18)可见，降尘室的处理能力 V_s 仅与降尘室的宽度 W 和长度 L（即沉降面积 WL）及尘粒的沉降速度成正比，而与降尘室的高度 H 无关。当沉降速度不变时，欲要提高处理能力，就必须增加沉降面积 WL，但这样会使降尘室庞大。因此，为了既保证一定的处理能力，又使降尘室紧凑，可将降尘室作成多层，是为多层降尘室。室内用水平隔板均匀地分成若干层，每层高度为 $40 \sim 100mm$。实际上多层降尘室等于若干个降尘室并联使用，由于每层高度较低，使尘粒沉降所需的时间大大缩短，因而就大大地缩短了为保证尘粒沉降所需的气体停留时间。这样也就大大地缩短了降尘室的长度，使沉降设备紧凑。

在实际操作中降尘室内的气流速度 u 不能太大，以免使已沉降的尘粒重新飞扬。因此，气体的水平流动速度一般可取 $u < 3m/s$，对含有易扬起的尘粒（如炭黑、淀粉等）的气流速度可取 $u < 1.5m/s$。一般，由于尘粒的粒径很小，其沉降通常处于层流区，因此一般用斯托克斯公式计算沉降速度。

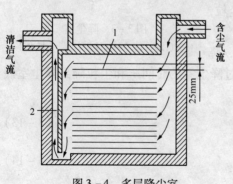

图 3-4　多层降尘室
1—隔板；2—挡板

降尘室结构简单，阻力小，但体积庞大，分离效率低，只适用于分离粒径在 $75\mu m$ 以上的粗粒，一般作预除尘使用。多层降尘室虽结构比较紧凑，占地面积小，可分离 $20\mu m$ 以上的尘粒，但结构比较复杂，出灰不方便。工程上如要求除

去更小粒径的尘粒，常用离心沉降。

3.1.3 离心沉降

依靠离心力的作用，使流体中的颗粒产生沉降运动，称为离心沉降。

当颗粒作圆周运动时，便形成了离心力场，颗粒在离心力场中所受到的离心力为：

$$F_c = ma_c = \frac{mu_T^2}{r} = mr\omega^2 \tag{3-19}$$

式中 m——颗粒质量，kg；

　　　　a_c——离心加速度，m/s^2；

　　　　u_T——颗粒的切线速度，m/s；

　　　　r——旋转半径，m；

　　　　ω——角速度，rad/s。

颗粒旋转速度愈大，则所受离心力也愈大。因此利用离心力比利用重力可使沉降速度增大很多。

颗粒在离心力场中沉降时，仍可采用重力沉降的计算公式，只需将式中的重力加速度 g 改为离心加速度 a_c，由式可知

$$u_r = \sqrt{\frac{4d(\rho_s - \rho)}{3\zeta\rho} \frac{u_T^2}{r}} \tag{3-20}$$

在一定条件下，重力沉降速度 g 是一定的，而离心沉降速度也随着颗粒在半径方向上的位置不同而变化，且 u_r 并不是颗粒的绝对速度，而是绝对速度 u 在径向上的分量，颗粒在旋转流体中的运动，实际上是沿着半径逐渐增大的螺旋形轨道运动的。

在离心沉降时，由于颗粒直径很小，一般处于层流区，其阻力系数 ζ 也可用式(3-7)计算，将此式代入式(3-20)，经整理即得

$$u_r = \frac{d^2(\rho_s - \rho)}{18\mu} \frac{u_T^2}{r} \tag{3-21}$$

将式(3-21)与式(3-10)比较，可得

$$\frac{u_r}{u_t} = \frac{u_T^2}{gr} = K_c \tag{3-22}$$

其中比值 K_c 称为离心分离因数，它是颗粒在离心力场中所受的力与在重力场中所受的力之比，是离心分离设备的重要性能指标。在机械驱动的离心机中 K_c 值可达数千以上，在流体旋转的分离器(如旋风分离器及旋液分离器)中，K_c 值虽没有那么大，但一般仍可达几十甚至于数百。

结果表明，同一颗粒于同样的流体介质中的离心沉降速度比重力沉降速度大得多。因此，离心分离设备不仅可以分离很细微的颗粒，设备体积亦可以缩小。

3.1.4 离心分离设备

离心分离设备分为无运动部件的旋风分离器、旋液分离器和机械驱动的离心机。

1. 旋风分离器

旋风分离器是工业生产中使用很广的分离设备，它利用离心沉降原理从气流中分离固体颗粒。石油工业催化裂化工艺中固体催化剂与油气的分离设备就是旋风分离器。

（1）工作原理及结构尺寸

结构：主体上部为圆筒，下部为圆锥形。含尘粒的气体以 15~25m/s 的速度，从圆筒上部的矩形切线入口管进入旋风分离器里，向下作螺旋运动，悬浮的尘粒在离心力作用下，被甩向周边，碰壁后失去动能，并沿器壁落下，从除尘管排出，汇集于集灰斗中，净化后的气体达到锥体下部后，转折向上形成内层上旋气流，然后从顶部的中央排气管排出。如图 3-5 所示。

（2）旋风分离器的性能指标

评价旋风分离器性能主要有两个指标，即分离效率及压降。

分离效率可以直接反映含尘气体经过旋风分离器后的分离效果。旋风分离器的分离效率有两种表示方法，即总效率 η_t 和分效率即粒级效率 η_i。

总效率是指被分离下来的尘粒占进入旋风分离器的全部尘粒的质量分率，即

$$\eta_t = \frac{C_1 - C_2}{C_1} \qquad (3-23)$$

式中　C_1——旋风分离器进口气体的尘粒浓度，kg/m^3；

　　　C_2——旋风分离器出口气体的尘粒浓度，kg/m^3。

在工程中总效率通过实验测定，但总效率不能表明旋风分离器对气体中各种尘粒的分离效果。粒级效率是指各种粒径的尘粒通过旋风分离器被分离下来的质量分率，即

$$\eta_i = \frac{C_{1i} - C_{2i}}{C_{1i}} \qquad (3-24)$$

式中　C_{1i}——旋风分离器进口气体中粒径为 d_i 的尘粒浓度，kg/m^3；

　　　C_{2i}——旋风分离器出口气体中粒径为 d_i 的尘粒浓度，kg/m^3。

不同粒径 d_i 的粒级效率不同，η_i 与 d_i 的对应关系可用曲线表示，称为粒级效率曲线，如图 3-6 所示，为某旋风分离器的实测粒级效率曲线。总效率与粒级效率的关系为：

$$\eta_t = \sum \eta_i a_i$$

式中　a_i——旋风分离器进口气体中粒径为 d_i 的尘粒的质量分率。

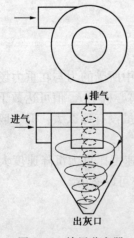

图 3-5　旋风分离器

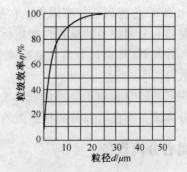

图 3-6　粒级效率曲线

分离效率是评价旋风分离器性能的一个重要指标。通常将经过旋风分离器后能被分离出 50% 的颗粒直径称为分割直径，以 d_c 表示。某些高效旋风分离器的分割直径 d_c 可小至 $3~10\mu m$。

（3）旋风分离器的压力降

旋风分离器的压力降大小是评价其性能的重要指标。旋风分离器压力降的大小不但影响动力消耗，而且也受工艺条件的限制。气体通过旋风分离器的压力降可表示成进口气体动能的某一倍数，即

$$\Delta p = \zeta_c \frac{\rho u_i^2}{2} \qquad\qquad (3-25)$$

式中　u_i——气体在旋风分离器入口管中的流速，m/s；

　　　ζ_c——阻力系数，对同一型式及尺寸比例的旋风分离器，ζ_c 为常数。

阻力系数 ζ_c 对不同型号的设备各不相同，要通过试验测定。旋风分离器的压力降一般为 300~2000Pa。

旋风分离器结构简单，没有运动部件，制造方便，分离效率高，可用于高温高压的含尘气体的分离。其缺点是颗粒对器壁的机械磨损较严重，阻力损失较大，且不宜用于含粘性尘粒和湿含量高的尘粒的分离。通常，用旋风分离器来分离气体中粒径为 5~200μm 的尘粒，若气体中含有粒径大小不同的尘粒时，先用沉降法除去较大的颗粒后，再进入旋风分离器进行分离，以减少对器壁的磨损。

3.2　过滤

3.2.1　基本概念

过滤是一种分离悬浮于液体或气体中固体微粒的单元操作。不过通常所说的过滤多是指悬浮于液体中的固体微粒的分离操作，即悬浮液的过滤。本节将讨论悬浮液过滤的基本理论、基本计算及其设备。

在工业上经常用过滤分离悬浮液以获得液体产品或固体产品。例如石油工业中从润滑油中脱除石蜡，润滑油白土精制过程中白土与润滑油的分离等常用到过滤操作；在化学工业中过滤被广泛用来分离结晶产品与母液等。过滤操作可以迅速的使固体颗粒与液体得以比较完全的分离，特别是固体微粒很小的悬浮液，分离效果更加明显。所以过滤操作是分离悬浮液的最普遍和行之有效的单元操作之一。

过滤是利用多孔介质（称之为过滤介质），使液体通过而截留固体微粒，从而使悬浮液中的固、液得到分离的过程。原始的悬浮液称为滤浆或料浆，通过多孔介质的液体称为滤液，被截留的固体颗粒堆积层称为滤饼或滤渣。

常用的过滤介质有：

（1）织物介质。如用棉、麻、丝、毛及合种合成纤维织成的滤布；还有用铜、不锈钢等金属丝编织成的滤网。

（2）粒状介质。如用细砂、石、木炭、硅藻土等堆积成较厚的床层。

（3）多孔固体介质。是用多孔陶瓷、塑料、金属等粉末烧结成型而制得的多孔性板状或管状介质。此类介质适用于处理含有少量细小微粒的腐蚀性悬浮液及其他特殊场合。

当悬浮液中固体微粒很细，特别是胶状颗粒时，过滤中很容易堵塞过滤介质的孔隙，或者所形成的滤饼在两侧压力差的作用下，发生变形使孔隙变小，导致过滤阻力很大。为此，可将某种性质坚硬而又能形成疏松床层的另一种固体颗粒加入悬浮液中以便形成疏松的滤

饼，使滤液得以畅流。这种预混的、性质坚硬的粒状物质称为助滤剂。

常用的助滤剂有硅藻土、珍珠岩粉、炭粉、纤维粉末、石棉粉与硅藻土混合物等。使用最广泛的是硅藻土。若过滤的目的是回收滤饼，就不能把助滤剂预混于悬浮液中。

过滤速率系指单位过滤时间内所获得的滤液体积，单位为 m^3/s。

过滤速度系指单位过滤时间、单位过滤面积上通过的滤液体积，单位为 $m^3/(m^2 \cdot s)$（即 m/s）。若以 A、$d\tau$ 及 dV 分别表示过滤面积、过滤时间及所获得的滤液体积，则过滤速率和过滤速度分别为 $\dfrac{dV}{d\tau}$ 和 $\dfrac{dV}{Ad\tau}$。

3.2.2　基本方程式

过滤过程实际上是滤液通过滤饼和过滤介质的细小孔道的流动过程，由于滤饼的微粒很小，滤液流动孔道就很小，且滤液流动的流速也很小，因此滤液的流动一般属于层流状态，则流动速度可用第 1 章中的哈根 – 泊谡叶（Hagen – Poiseuille）方程得到：

即
$$\Delta p_{\mathrm{f}} = \frac{64}{Re} \frac{l}{d} \frac{\rho u^2}{2} = \frac{32\mu l u}{d^2}$$

$$u = \frac{d^2 \Delta p_{\mathrm{f}}}{32\mu l} = \frac{\Delta p_{\mathrm{f}}}{32\mu l/d^2} \tag{3-26}$$

式中，u 为滤液通过滤饼层细小孔道的真实流速，Δp_{f} 为滤液通过滤饼层的压力降，μ 为滤液的黏度，d 与 l 分别为滤饼中细小孔道的平均直径和平均长度。

由于流速 u 乘以滤饼截面上全部细小孔道的截面积，即为滤液的体积流量，因此 u 与过滤速度 $dV/Ad\tau$ 成正比，又因为 l 无法测定，但 l 与滤饼厚度 L 成正比；对于一定条件下的滤饼，d 应为定值，也无法测定，故把 d 也并入比例系数 r 内，故式（3-26）可改写为：

$$\frac{dV}{Ad\tau} = au = \frac{a\Delta p_{\mathrm{f}}}{32\mu l/d^2} = \frac{a\Delta p_{\mathrm{f}}}{32\mu bL/d^2} = \frac{\Delta p_{\mathrm{f}}}{r\mu L} \tag{3-27}$$

比例系数 $r = 32b/d^2 a$，因 a，b，d 均与滤饼的性质有关，因此 r 主要受滤饼性质的影响，或者反过来说，r 值的大小反映了滤饼的性质，其值的大小可通过实验测定。

系数 r 的单位可由式（3-27）导得：

$$[r] = \left[\frac{\Delta p}{\dfrac{dV}{Ad\tau} \mu L} \right] = \frac{[N/m^2]}{\left[\dfrac{m^3}{m^2 \cdot s} \right] \cdot \left[\dfrac{N \cdot s}{m^2} \right] \cdot [m]} = \frac{1}{[m^2]}$$

r 的物理意义是黏度为 $1 Pa \cdot s$ 的滤液，以 $1 m^3/(m^2 \cdot s)$ 的过滤速度通过厚度为 $1 m$ 的滤饼层的压力损失。因此，又称 r 为滤饼的比阻。

比阻 r 反映了滤饼的特性，表示了滤饼结构特性对过滤速率的影响，其值大小标志了过滤操作的难易程度。若滤饼是不可压缩的，则比阻 r 仅取决于滤饼的结构特性。否则，比阻 r 除了与滤饼的结构特性有关外，还随操作压力差的增加而增大。一般，r 与操作压力差的关系可用下面的经验公式表示，即

$$r = r_0 \Delta p^s \tag{3-28}$$

式中　r_0——单位压力差下的滤饼比阻，$1/m^2$；

s——滤饼的压缩性指数，其值由实验测定。

滤饼的压缩性愈大，其 s 值愈大，对不可缩的滤饼，其 s 等于零。

根据过程速率与其推动力、阻力的关系，则有

$$过滤速率 = \frac{过滤推动力}{过滤阻力} \tag{3-29}$$

过滤推动力就是压力差 $\Delta p = \Delta p_1 + \Delta p_2$，其中 Δp_1 为滤饼两侧的压力差；Δp_2 为过滤介质两侧的压力差。过滤阻力也包括滤饼阻力和过滤介质阻力。由式(3-27)可知，滤饼阻力为 $r\mu L/A$。通常把过滤介质阻力折合成厚度为 L_e 的滤饼阻力，L_e 称为过滤介质的当量滤饼厚度(或虚拟滤饼厚度)，则过滤介质阻力可表示成 $r\mu L_e/A$。显然，过滤阻力即为 $r\mu(L + L_e)/A$。式(3-29)可写成：

$$\frac{\mathrm{d}V}{\mathrm{d}\tau} = \frac{\Delta p}{r\mu(L + L_e)/A}$$

考虑滤饼的可压缩性，把式(3-28)代入上式，经整理得：

$$\frac{\mathrm{d}V}{\mathrm{d}\tau} = \frac{A^2 \Delta p^{(1-s)}}{r_0 \mu (L + L_e) A} \tag{3-30}$$

设 C 为获得单位体积滤液所形成的滤饼体积，称为饼液比，单位为 m^3 滤饼/m^3 滤液，则 C 乘以滤液体积 V 必等于所形成的滤饼体积，即 $CV = AL$，对滤介质同样有 $CV_e = AL_e$，其中 V_e 为与 L_e 对应的过滤介质的当量(或虚拟)滤液体积。将此关系代入式(3-30)可得：

$$\frac{\mathrm{d}V}{\mathrm{d}\tau} = \frac{A^2 \Delta p^{(1-s)}}{r_0 \mu C (V + V_e)} \tag{3-31}$$

式(3-31)称为过滤的基本方程式，它表示了某一瞬时的过滤速率与物系性质、压力差、过滤面积及累计滤液量、过滤介质的当量滤液量之间的关系。因式(3-31)是微分式，因此要进行过滤计算，还需要根据具体过滤操作条件进行积分。

过滤操作的特点是随着过滤操作的进行，滤饼厚度逐渐增大，过滤阻力亦相应增大。如果在恒定压力差下操作，过滤速率必逐渐减小；如果要保持恒定的过滤速率，则压力差需要逐渐增大。因此，过滤操作常有恒压过滤、恒速过滤以及先恒速后恒压过滤。

3.2.3　恒压过滤

恒压过滤时，Δp 为常数。对一定的悬浮液，μ、r_0、s 及 C 均为常数，令

$$k = \frac{1}{r_0 \mu C} \tag{3-32}$$

k 表示了悬浮液物性的常数。将式(3-32)代入式(3-31)，得：

$$\frac{\mathrm{d}V}{\mathrm{d}\tau} = \frac{kA^2 \Delta p^{(1-s)}}{V + V_e} \tag{3-33}$$

或

$$(V + V_e)\mathrm{d}V = kA^2 \Delta p^{(1-s)} \mathrm{d}\tau \tag{3-34}$$

由于 V_e 为过滤介质的虚拟滤液体积，那么要获得 V_e 所需要的时间即为虚拟过滤时间，记为 τ_e，对一定的过滤介质，V_e 与 τ_e 均为常数。将式(3-34)以 $V_e \sim V + V_e$ 及 $\tau_e \sim \tau + \tau_e$ 进行积分，可得到实际过滤操作时累计滤液体积 V 与过滤时间 τ 之间的关系，即

$$\int_0^V (V + V_e)\mathrm{d}V = kA^2 \Delta p^{(1-s)} \int_0^\tau \mathrm{d}\tau$$

$$\int_{V_e}^{V+V_e} (V + V_e)\mathrm{d}(V + V_e) = kA^2 \Delta p^{(1-s)} \int_{\tau_e}^{\tau+\tau_e} \mathrm{d}(\tau + \tau_e)$$

得

$$\frac{(V + V_e)^2 - V_e^2}{2} = kA^2 \Delta p^{(1-s)} \tau$$

经整理得
$$\dot{V}^2 + 2VV_e = 2kA^2\Delta p^{(1-s)}\tau$$

令
$$K = 2k\Delta p^{1-s} = \frac{2\Delta p^{1-s}}{r_0\mu C}$$

则
$$V^2 + 2VV_e = KA^2\tau \qquad (3-35)$$

令
$$q = V/A, q_e = V_e/A$$

则得
$$q^2 + 2qq_e = K\tau \qquad (3-36)$$

以上两式称为恒压过滤方程式，是恒压过滤计算的重要方程式。

如果将式(3-34)从 $0 \sim V_e$ 及 $0 \sim \tau_e$ 进行积分，则可得到过滤介质的虚拟滤液体积 V_e 与虚拟过滤时间 τ_e 的关系，即

$$V_e^2 = KA^2\tau_e \qquad (3-37)$$

或
$$q_e^2 = K\tau_e \qquad (3-38)$$

由式(3-35)及式(3-37)得
$$(V + V_e)^2 = KA^2(\tau + \tau_e) \qquad (3-39)$$

或
$$(q + q_e)^2 = K(\tau + \tau_e) \qquad (3-40)$$

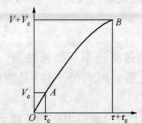

图 3-7 恒压过滤时滤液体积与
过滤时间之间的关系

恒压过滤操作时滤液体积与过滤时间 τ 之间的关系，为一抛物线方程，如图3-7所示。图中曲线 AB 表示实际过滤操作时 V 与 τ 的关系，而曲线 OA 表示过滤介质的 V_e 与 τ_e 的关系。

上述的恒压过滤方程式表示了同时包括滤饼和过滤介质阻力在内时的滤液体积与过滤时间的关系。当过滤介质阻力相对于滤饼的阻力很小时，过滤介质阻力可以忽略不计，即 $V_e = 0$，$q_e = 0$。此时，恒压过滤方程式可简化为：

$$V^2 = KA^2\tau \qquad (3-41)$$

或
$$q^2 = K\tau \qquad (3-42)$$

此时，图 3-7 中的曲线 OB 就表示了实际过滤操作时 V 与 τ 的关系。

当悬浮液、过滤压力差、过滤介质一定时，恒压过滤方程式中的 K 与 q_e 均为常数，称为过滤常数。

【例3-1】在实验室中用一片过滤面积为 $0.1m^2$ 的滤叶对某种颗粒在水中的悬浮液进行试验，过滤压差为67kPa，过滤5min后得滤液1L，又过滤5min得滤液0.6L，若再过滤5min，可再得滤液多少？

解：根据恒压过滤方程 $V^2 + 2VV_e = KA^2\tau$，可得

$$\begin{cases}(10^{-3})^2 + 2 \times 1 \times 10^{-3}V_e = K \times 0.1^2 \times 5 \times 60 \\ (1.6 \times 10^{-3})^2 + 2 \times 1.6 \times 10^{-3}V_e = K \times 0.1^2 \times 10 \times 60\end{cases}$$

解得
$$\begin{cases}V_e = 7 \times 10^{-4}m^3 \\ K = 8 \times 10^{-7}m^2/s\end{cases}$$

设过滤15min后所的滤液量为 V，根据恒压过滤方程式，可得

$$V^2 + 2V \times 7 \times 10^{-4} = 8 \times 10^{-7} \times 0.1^2 \times 15 \times 60$$

解得　$V = 2.07 \times 10^{-3} \mathrm{m}^3 = 2.07 \mathrm{L}$

所以，若再过滤 5min，可再得滤液 2.07 − 1 − 0.6 = 0.47L

3.2.4　恒速过滤

恒速过滤时过滤速率 $\mathrm{d}V/\mathrm{d}\tau$ 为一常数。当滤浆用正位移式泵向过滤机供料时，过滤速率近似于恒定。显然在恒速过滤操作中，滤饼阻力不断提高，要保持过滤速率恒定则必须不断提高过滤的压差。

由于过滤速率为常数，故式(3−33)可写成

$$\frac{\mathrm{d}V}{\mathrm{d}\tau} = \frac{V}{\tau} = \frac{A^2 \Delta p^{(1-s)}}{r_0 \mu C(V + V_e)}$$

若仍采用 $K = \dfrac{2\Delta p^{1-s}}{r_0 \mu C}$ 的形式代入上式，则有

$$V^2 + V \cdot V_e = \frac{K}{2} A^2 \tau \qquad\qquad (3-43)$$

或

$$q^2 + q \cdot q_e = \frac{K}{2} \tau \qquad\qquad (3-44)$$

式(3−43)和式(3−44)为恒速过滤方程。

在恒速过滤方程中，K 仍称为过滤常数，但实际上它是随压差而变化的。

3.2.5　先升压后恒压过滤

恒压过滤比恒速过滤操作简便，但由于一开始用较高的压强操作使最初形成的滤饼压得过于紧密，增大了过滤阻力；或使较细的颗粒通过过滤介质而使滤液混浊，并堵塞介质的孔隙而增大介质阻力。恒速过滤则可避免上述缺点，但在操作过程中需不断调节压强，比较麻烦。先升压后恒压过程则综合了两种过滤方法的优点。升压的过程常常是在接近恒速的情况下进行的。

3.2.6　过滤常数的测定

应用恒压过滤方程式进行过滤计算时，需要知道过滤常数 K 和 q_e。当悬浮液、过滤压力差或过滤介质不同时，过滤常数会有很大差别。因此过滤常数一般由与恒压过滤条件相同的实验测定或采用已有的生产实际数据。

为了测定过滤常数，将式(3−36)改写成

$$\frac{\tau}{q} = \frac{1}{K} q + \frac{2}{K} q_e \qquad\qquad (3-45)$$

式(3−45)表示，恒压过滤时，τ/q 与 q 之间为一直线关系，直线的斜率为 $1/K$、截距为 $2q_e/K$。实验时，测定不同过滤时间 τ 所获得单位过滤面积的滤液体积 q 的数据，以 τ/q 为纵坐标，以 q 为横坐标进行标绘，可得一条直线，由此直线的斜率和截距可求得 K 与 q_e 值。

【例 3−2】在恒定压差 $\Delta p = 1.12 \times 10^5 \mathrm{Pa}$ 及 25℃下进行过滤实验，已知 $CaCO_3$ 粉末与水的悬浮液中单位体积清液所带的固体量 $C = 23.5 \mathrm{kg/m}^3$。过滤时所取得的过滤时间与单位面积滤液量 q 的数据列于附表。试求过滤常数 K 及 q_e。

单位面积滤液量 $q/\text{m}^3 \cdot \text{m}^{-2}$	过滤时间 τ/s	τ/q
0.01	17.5	1750
0.02	40.1	2005
0.03	69.2	2307
0.04	103.7	2592
0.05	144.2	2884
0.06	186.2	3105

解：按式（3-45）

$$\frac{\tau}{q} = \frac{1}{K}q + \frac{2}{K}q$$

用附表 q, τ 数据计算 τ/q 并列于附表。

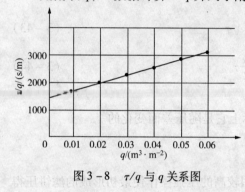

图 3-8 τ/q 与 q 关系图

将 τ/q 与 q 值标绘于图 3-8，得一直线，取直线的斜率（$1/K$）和截距（$2q_e/K$），如下：

$$\frac{1}{K} = 27700 \text{ s/m}^2$$

$$K = 3.61 \times 10^{-5} \text{ m}^2/\text{s}$$

$$\frac{2}{K}q_e = 1470 \text{ s/m}$$

$$q_e = 1470 \times \frac{K}{2} = 1470 \times \frac{3.61 \times 10^{-5}}{2} = 0.0265 \text{m}^3/\text{m}^2$$

3.3 过滤设备

工业上使用的过滤设备，称为过滤机。按其推动力来源可分为重力过滤机、加压过滤机、真空过滤机和离心过滤机；按其操作特点可分为间歇式过滤机和连续式过滤机。现就石油工业和石油化学工业中常用的板框压滤机（间歇式）及转筒真空过滤机（连续式）分述如下。

3.3.1 板框压滤机

1. 板框压滤机的结构

板框压滤机是由若干块滤板和滤框交替地排列组装在支架上，并通过压紧装置压紧，如图 3-9 所示。滤板与滤框之间夹有滤布，滤板与滤框数目须由过滤的生产任务及悬浮液的性质而定。压紧方式有手动、电动螺旋压紧及液压压紧三种。

滤板与滤框的结构如图 3-10 所示。滤板具有棱状表面，凸部用来支撑滤布，凹槽是滤液的流道。板框压紧后，空滤框与其两侧的滤板就构成了过滤的操作空间。滤板与滤框左上角和右上角设有圆孔，当板框叠合后即形成洗液通道和滤浆通道。滤板有两种，一种是左上角的洗液通道与其两侧表面的凹槽相通，使洗液进入凹槽，这种滤板称为洗涤板；另一种洗液通道与其两侧凹槽不相通，称为非洗涤板。为了避免这两种板与框的组装次序有错，铸造时，在非洗涤板外侧铸一个钮，在滤框外侧铸两个钮，在洗涤板外侧铸三个钮，分别称为 1 钮板、2 钮板和 3 钮板，组装时，按照 1-2-3-2-1-2-3 的顺序排列。

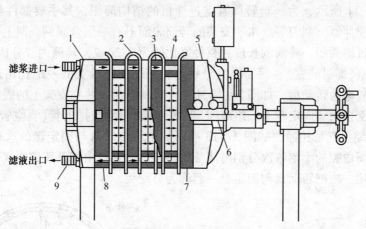

图 3-9　板框压滤机简图

1—固定机头；2—滤布；3—滤板；4—滤框；5—滑动机头；
6—机架；7—滑动机头板；8—固定机头板；9—机头连接机构

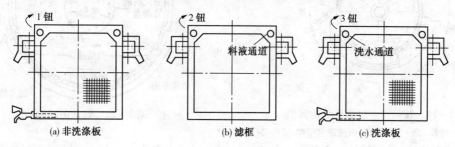

图 3-10　滤板与滤框的结构

2. 板框压滤机的操作

板框压滤机是间歇式过滤机，每个操作循环由过滤、洗涤、卸饼、清洗组装等四个阶段组成。进行过滤时，滤浆在压力下进入右上角的滤浆通道，由通道分别走入每个滤框里。滤液分别穿过两侧的滤布，沿滤板面上的凹槽流至滤板下角的排出口经阀门排出。悬浮液中的固体颗粒被截留于框内，待框内空间充满滤饼后，即停止过滤。

如果滤饼需要洗涤，则由过滤阶段转入洗涤阶段。关闭洗涤板下的阀门，洗液在压力下由左上角的入口经通道进入洗涤板两侧的凹槽里，分别穿过一层滤布及滤框中的滤饼，然后再穿过一层滤布，最后沿非洗涤板面上的凹槽流至下角的排出口经阀门排出。

这种洗涤方式称为横穿洗涤法，其优点是可提高洗涤效果，防止洗液将滤饼冲击出裂缝而造成短路。

板框压滤机的板与框可用铸铁、碳钢、不锈钢、铝、铜等金属制造，也可用塑料、木材等制造。操作压力一般为 300 ~ 800kPa。板与框多为正方形，边长为 320 ~ 1000mm，框厚度为 25 ~ 75mm。

板框压滤机结构简单，占地面积小，过滤面积大，过滤推动力大，对悬浮液适应性大，其缺点是间歇操作，生产能力小，设备笨重，劳动强度大。

3.3.2　转筒真空过滤机

1. 转筒真空过滤机的结构

转筒真空过滤机是一种连续生产和机械化程度较高的过滤设备，早已广泛应用于工业生产中。如图 3-11 所示，为一台转筒真空过滤机的结构简图，其主要部件包括转筒、分配头、滤浆槽、搅拌器、刮刀等。水平安装的转筒表面上有一层金属网，网上覆以滤布，即形成了过滤机的过滤面积。转筒的长度和直径之比约为 1/2 ~ 2，转筒内腔分成 10 ~ 30 个彼此隔开的扇形小室（即过滤室），每个小室分别与转筒端面圆盘上的一个孔相连通，此圆盘随着转筒旋转，故称为转动盘，如图 3-12 所示。转动盘与安装在支架上的固定盘之间的端面借助弹簧力紧密接触。固定盘上三组缝隙（凹槽）分别与滤液排出管（真空管）、洗液排出管（真空管）及压缩空气管相通，如图 3-13 所示。由于转动盘与固定盘的这种配合，当转筒转动时，使转筒内腔的小室依次分别与滤液排出管、洗液排出管及压缩空气管相通，即起到了分配接通作用，故把转动盘与固定盘一起称为分配头。

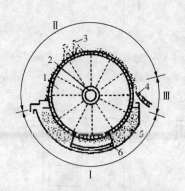

图 3-11 转筒真空过滤机结构简图
1—转鼓；2—分配头；3—洗涤水喷嘴；
4—刮刀；5—悬浮液槽；6—搅拌器
Ⅰ—过滤区；Ⅱ—洗涤脱水区；Ⅲ—卸渣区

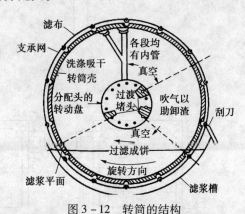

图 3-12 转筒的结构

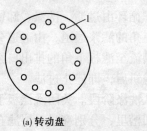
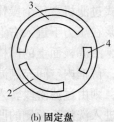

(a) 转动盘　　　　　(b) 固定盘

图 3-13 转筒分配头的结构
1—与筒壁各段相通的孔；2，3—与真空管路相通的凹槽；4—与吹气管路相通的凹槽

2. 转筒真空过滤机的操作

转筒旋转时，转筒表面大致可分为过滤区、洗涤和吸干区、卸渣区、滤布再生区。因此，转筒每旋转一周，任何一部分转筒表面积都依次经历了过滤、洗涤和吸干、卸饼、滤布再生诸阶段的一个操作循环；而任何时刻总有一部分表面浸没在滤浆中进行过滤。转筒的表面积一般为 5 ~ 50m²，浸入滤浆中的面积通常为总表面积的 30% ~ 40%。转筒的转速通常为 0.1 ~ 3r/min，滤饼厚度在 40mm 左右，对难过滤的悬浮液，厚度可小至 5 ~ 10mm。

转筒真空过滤机的优点是连续自动操作，生产能力大，改变其转速可调节滤饼的厚度。其缺点是过滤面积小，设备投资高，过滤推动力小（最大只有 1atm），滤饼中含液量大。因此，转筒真空过滤机适用于生产能力大、固体微粒含量较多的悬浮液的过滤。

3.4 过滤计算

过滤计算的主要内容是计算过滤机的生产能力，或为完成规定的过滤任务所需要的过滤机的大小。进行计算的基本工具是过滤方程式。

由于各种类型过滤机在结构与操作方式上各有其特点，因此过滤计算要结合过滤设备的特点进行。

3.4.1 板框压滤机的计算

1. 生产能力

生产能力系指过滤机单位时间所获得的滤液量（或滤饼量），以 Q 表示，单位为 m^3/s。对间歇式过滤机，在每一循环操作中，虽然全部面积只有在部分时间（即过滤时间）内进行过滤，但在计算其生产能力时，还应把洗涤时间 τ_w 和卸饼、清理、组装等辅助操作时间 τ_d 计入。因此，在一个循环操作中，板框压滤机的生产能力为

$$Q = \frac{V}{\sum \tau} = \frac{V}{\tau + \tau_w + \tau_d}$$

式中　V—— 一个操作循环内所获得的滤液体积，m^3；

　　$\sum \tau$—— 一个操作循环的时间，即操作周期，s；

　　τ—— 一个操作循环内的过滤时间，s；

　　τ_w—— 一个操作循环内的洗涤时间，s；

　　τ_d—— 一个操作循环的卸饼、清理、组装等辅助操作时间，s。

过滤时间 τ 可由恒压过滤方程式计算

$$V^2 + 2VV_e = KA^2\tau$$

$$\tau = \frac{1}{KA^2}V^2 + \frac{2V_e}{KA^2}V = C_1V^2 + C_2V$$

式中 $C_1 = \frac{1}{KA^2}$，$C_2 = \frac{2V_e}{KA^2}$，当操作情况及设备均一定时，C_1 和 C_2 为常数。

辅助时间 τ_d 要视过滤机和过滤操作情况而定，以下讨论洗涤时间 τ_w 的计算。

2. 洗涤速率和洗涤时间

当过滤结束后，有一部分滤液保留在滤饼中的微粒之间，通过洗涤滤饼可以回收其中有价值的滤液，或除去滤饼中的杂质。由于洗液里不含固体颗粒，故洗涤过程中滤饼厚度不变。同时，在恒压下洗涤时，洗液的体积流量，即洗涤速率 $[(dV/d\tau)_w$ 不变 $]$。

（1）置换洗涤速率

置换洗涤中，洗液所走的路线与滤液所走的路线完全一样，所穿过的滤饼厚度等于过滤终了时滤液所穿过的滤饼厚度，当洗涤压力和洗液黏度与过滤压力和滤液黏度相同时，由过滤速率方程式 $\frac{dV}{d\tau} = \frac{A\Delta p}{r\mu(L + L_e)}$ 可知，洗涤速率与最终的过滤速率相同，即

$$\left(\frac{dV}{d\tau}\right)_w = \left(\frac{dV}{d\tau}\right)_E = \frac{KA^2}{2(V + V_e)}$$

如果介质阻力可以忽略，则

$$\left(\frac{dV}{d\tau}\right)_W = \left(\frac{dV}{d\tau}\right)_E = \frac{KA^2}{2V}$$

当洗液体积为 V_W 时，令 $V_W = aV$

洗涤时间：

$$\tau_W = \frac{V_W}{\left(\frac{dV}{d\tau}\right)_W} = \frac{V_W}{\frac{KA^2}{2(V+V_e)}} = \frac{aV}{\frac{KA^2}{2(V+V_e)}} = \frac{2a(V^2+VV_e)}{KA^2} = 2aC_1V^2 + aC_2V$$

置换洗涤易造成洗液走短路，洗涤效果不好，为了提高洗涤效果，可采用横穿洗涤。

（2）横穿洗涤速率

进行横穿洗涤时，洗液穿过两层滤布及整个滤框厚度的滤饼，因此其流经长度约为过滤终了时滤液流经长度的两倍，而洗涤液通过的面积才仅为过滤面积的一半。如果洗涤时的压力差与过滤终了时相同，并假定洗液黏度与滤液黏度相近，则由式 $\frac{dV}{d\tau} = \frac{A\Delta p}{r\mu(L+L_e)}$ 可知，洗涤速率约为过滤终了时过滤速率的 $1/4$，即

$$\left(\frac{dV}{d\tau}\right)_W = \frac{1}{4}\left(\frac{dV}{d\tau}\right)_E = \frac{KA^2}{8(V+V_e)} \tag{3-46}$$

当洗液体积为 V_W 时，令 $V_W = aV$

洗涤时间：

$$\tau_W = \frac{V_W}{\left(\frac{dV}{d\tau}\right)_W} = \frac{V_W}{\frac{KA^2}{8(V+V_e)}} = \frac{aV}{\frac{KA^2}{8(V+V_e)}} = \frac{8a(V^2+VV_e)}{KA^2} = 8aC_1V^2 + 4aC_2V$$

如果洗液的黏度、洗涤时的压力差与滤液的黏度、过滤终了时的压力差不同时，应根据洗涤时间与洗液黏度及压力差的关系，对上述计算的洗涤时间接下式进行校正。即

$$\tau'_W = \tau_W\left(\frac{\mu_W}{\mu}\right)\left(\frac{\Delta p}{\Delta p_W}\right) \tag{3-47}$$

式中　τ'_W——校正后的洗涤时间，s；

　　　μ_W——洗液黏度，$N \cdot s/m^2$；

　　　Δp_W——洗涤时的压力差，N/m^2。

由以上讨论可知，一个操作循环中的过滤时间、洗涤时间以及辅助时间的长短都会影响过滤机的生产能力。但对一定的过滤机和过滤情况，其辅助时间基本上是固定的，与所获得的滤液量无关；而过滤时间和洗涤时间却都因滤液量的增加而增加。对恒压过滤，在一个操作循环中，如过滤时间过长，则形成的滤饼很厚，过滤的平均速率必然变小，生产能力就会因过滤时间过长而下降；相反，如过滤时间太短，形成的滤饼薄，过滤的平均速率大，但非生产时间（即辅助时间）相对较长而影响生产能力的提高。显然，在一个操作循环中必有一个最佳的过滤时间值，使过滤机的生产能力最大。

分析表明，对间歇过滤机，在忽略过滤介质阻力的情况下，过滤时间 τ 和洗涤时间 τ_W 之和与辅助时间 τ_d 相等时，其生产能力最大；当滤饼不洗涤时，过滤时间 τ 与辅助时间 τ_d 相等时，其生产能力最大；实际上，因考虑到过滤介质阻力及滤饼洗涤的影响，一般过滤时间与洗涤时间之和略大于辅助时间时，其生产能力较大。

【例3-3】炼油厂润滑油白土精制车间，用板框压滤机分离润滑油与白土，滤框的空间尺寸为 $800mm \times 800mm \times 40mm$，有22块滤框。过滤压力差为 $1.96 \times 10^5 Pa$，过滤操作温度

为 80℃，滤液的黏度为 $1.5 \times 10^{-3} \mathrm{Pa \cdot s}$，滤饼的比阻为 $1.4 \times 10^{14} \mathrm{m}^{-2}$。实验测得悬浮液经同样条件过滤后，滤饼与滤液体积之比为 $0.075 \mathrm{m}^3/\mathrm{m}^3$。忽略过滤介质阻力，滤饼不可压缩，且不进行洗涤。设清理和组装每对框和板需要 2min 的时间。试求

（1）过滤机的生产能力？

（2）若达到最大生产能力，滤框厚度应为多少毫米？

解：（1）过滤常数

$$K = \frac{2\Delta p^{1-s}}{r_0 \mu C} = \frac{2 \times 1.96 \times 10^5}{1.4 \times 10^{14} \times 1.5 \times 10^{-3} \times 0.075} = 2.49 \times 10^{-5} \mathrm{m}^2/\mathrm{s}$$

过滤面积 $A = 0.8^2 \times 22 \times 2 = 28.2 \mathrm{m}^2$

滤框完全充满滤饼的体积

$$V_{饼} = 0.8^2 \times 0.04 \times 22 = 0.563 \mathrm{m}^3$$

一个操作循环所获得的滤液量为

$$V = \frac{V_{饼}}{C} = \frac{0.563}{0.075} = 7.51 \mathrm{m}^3$$

$$\tau = \frac{V^2}{KA^2} = \frac{7.51^2}{2.49 \times 10^{-5} \times 28.2^2} = 2848\mathrm{s} = 47.5 \ \mathrm{min}$$

$$Q = \frac{V}{\tau + \tau_d} = \frac{7.51}{47.5 + 2 \times 22} = 0.082\mathrm{m}^3/\mathrm{min} = 4.92 \ \mathrm{m}^3/\mathrm{h}$$

（2）若达到最大生产能力，则有

$$\tau = \tau_d = 2 \times 22 = 44\mathrm{min}$$

一个工作循环得到的滤液量

$$V = \sqrt{KA^2\tau} = \sqrt{2.49 \times 10^{-5} \times 28.2^2 \times 44 \times 60} = 7.23 \ \mathrm{m}^3$$

$$V_{饼} = VC = 7.23 \times 0.075 = 0.542 \ \mathrm{m}^3$$

$$L = \frac{V_{饼}}{0.8^2 \times 22} = \frac{0.542}{0.8^2 \times 22} = 0.0385\mathrm{m} = 38.5 \ \mathrm{mm}$$

【例3-4】某工厂以板框压滤机在恒压下过滤一种悬浮液，滤框为方形，边长 1m，厚 25mm，过滤机总的过滤面积为 $30\mathrm{m}^2$，在目前操作情况下，当滤框充满滤饼时，每平方米过滤面积得滤液 $1.4\mathrm{m}^3$，需要时间 3h，且滤饼未加洗涤。装卸滤框等辅助时间为 0.67h，设过滤介质的阻力可以忽略，试求：

（1）此机的生产能力。

（2）若以 1/3 滤液体积的洗涤水洗涤滤饼，洗涤水的黏度与滤液相同，此机的生产能力将降低多少？

（3）今有人建议将现用滤框厚度减半，其他情况不变，滤饼的洗涤仍以 1/3 滤液体积的洗涤水进行，改装以后此机生产能力有何变化。

解：（1）过滤机的生产能力为

$$Q = \frac{V}{\Sigma\tau} = \frac{1.4 \times 30}{3 + 0.67} = 11.44 \ \mathrm{m}^3/\mathrm{h}$$

（2）

$$\tau_W = 8a\tau = 8 \times \frac{1}{3} \times 3 = 8 \ \mathrm{h}$$

$$Q = \frac{V}{\Sigma\tau} = \frac{1.4 \times 30}{3 + 0.67 + 8} = 3.6 \ \mathrm{m}^3/\mathrm{h}$$

或
$$\left(\frac{\mathrm{d}V}{\mathrm{d}\tau}\right)_{\mathrm{W}} = \frac{1}{4}\left(\frac{\mathrm{d}V}{\mathrm{d}\tau}\right)_{\mathrm{E}} = \frac{KA^2}{8V}$$

$$\tau_{\mathrm{W}} = \frac{V_{\mathrm{W}}}{\left(\dfrac{\mathrm{d}V}{\mathrm{d}\tau}\right)_{\mathrm{W}}} = \frac{V_{\mathrm{W}}}{\dfrac{KA^2}{8V}} = \frac{\dfrac{1}{3}V}{\dfrac{KA^2}{8V}} = \frac{\dfrac{8}{3}V^2}{KA^2} = \frac{8}{3}\tau = 8 \text{ h}$$

$$Q = \frac{V}{\Sigma\tau} = \frac{1.4 \times 30}{3 + 0.67 + 8} = 3.6 \text{ m}^3/\text{h}$$

生产能力降低的百分数为

$$\frac{11.44 - 3.6}{11.44} \times 100\% = 68.5\%$$

（3）滤框厚度减半时，滤饼的体积减半，因此滤液的体积也减半，由恒压过滤方程式：

$$\tau' = \frac{V'^2}{KA^2} = \frac{\left(\dfrac{1}{2}V\right)^2}{KA^2} = \frac{1}{4}\tau = \frac{1}{4} \times 3 = 0.75 \text{ h}$$

$$\tau'_{\mathrm{W}} = 8a\tau' = 8 \times \frac{1}{3} \times 0.75 = 2 \text{ h}$$

$$Q' = \frac{V'}{\tau' + \tau'_{\mathrm{W}} + \tau_{\mathrm{d}}} = \frac{\dfrac{1}{2} \times 1.4 \times 30}{0.75 + 2 + 0.67} = 6.14 \text{ m}^3/\text{h}$$

生产能力提高的百分数为

$$\frac{6.14 - 3.6}{3.6} \times 100\% = 70.6\%$$

3.4.2 转筒真空过滤机的计算

转筒真空过滤机是在恒定压差下连续操作的，当转筒的转速为 n 时，则转筒旋转一周所经历的时间，即一个操作周期的时间为

$$T = \frac{1}{n} \tag{3-48}$$

式中 　T—— 转筒旋转一周所经历的时间，s；

　　　n——转筒的转速，1/s。

上已述及，对转筒真空过滤机，任何时刻总有一部分转筒表面积浸没在滤浆中进行过滤，把转筒表面浸入滤浆中的表面积占转筒总表面的分率，称为浸没度，以 ϕ 表示。因此，在转筒旋转一周的过程中，任何一部分表面积从开始浸没在滤浆中到离开滤浆所经历的时间（即过滤时间）为

$$\tau = T\phi = \frac{\phi}{n} \tag{3-49}$$

给出如式（3-49）所示的过滤时间后，就可以把转筒过滤机只有部分表面积在整个操作周期进行过滤，转换为全部表面积只在一个操作周期中的过滤时间 τ 进行过滤，这就与间歇式板框压滤机取得了一致的计算基准，使恒压过滤方程式仍然适用。

将式（3-36）作如下变换，即

$$(q + q_e)^2 - q_e^2 = K\tau$$

则
$$q = \sqrt{q_e^2 + K\tau} - q_e = \sqrt{q_e^2 + \frac{\phi}{n}K} - q_e$$

设转筒的表面积为 A，则转筒旋转一周所得的滤液体积为

$$V = qA = \sqrt{V_e^2 + (\frac{\phi}{n})KA^2} - V_e \tag{3-50}$$

转筒真空过滤机的生产能力(即单位时间所获得的滤液体积)为

$$Q = \frac{V}{T} = n\sqrt{V_e^2 + (\frac{\phi}{n})KA^2} - V_e \tag{3-51}$$

若过滤介质阻力可以忽略不计时，则生产能力为

$$Q = A\sqrt{K\phi n} \tag{3-52}$$

以上两式表达了转筒真空过滤机各参数对其生产能力的影响。转筒真空过滤机的转速愈高，其生产能力愈大。但若转速过快，每一操作周期中的过滤时间很短，使所形成的滤饼太薄，给卸饼造成困难，且功率消耗也大。因此，要根据具体情况确定适宜的转速。

【例 3-5】某转筒真空过滤机的过滤面积为 $2m^2$，转速为 $1r/min$，转筒的浸没角度为 $90°$(如图 3-14 所示)，实验测得滤饼与滤液体积之比为 $0.08m^3/m^3$。滤饼的比阻为 $1.6 \times 10^{14}m^{-2}$，滤饼不可压缩，滤布的阻力可以忽略，滤液为水，过滤在 20℃ 及 13kPa 残压下进行，试计算：

（1）过滤机在此转速下的生产能力。

（2）转速增加一倍时，过滤机生产能力增加的百分数。

（3）转筒浸没深度增加一倍时，过滤机生产能力增加的百分数。

解：（1）转筒旋转一周的过滤时间为

$$\Delta p = 101325 - 13 \times 10^3 = 88325 \, Pa$$

由附表查得 20℃ 时水的黏度

$$\mu = 1 \times 10^{-3} \, Pa \cdot s$$

$$K = \frac{2\Delta p^{1-s}}{r_0\mu C} = \frac{2 \times 88325}{1.6 \times 10^{14} \times 1.0 \times 10^{-3} \times 0.08} = 1.38 \times 10^{-5} \, m^2/s$$

$$Q = A\sqrt{K\phi n} = 2 \times \sqrt{1.38 \times 10^{-5} \times 0.25 \times \frac{1}{60}} = 4.8 \times 10^{-4} (m^3/s) = 1.73 \, m^3/h$$

（2）转速加快一倍后，由式 $Q = A\sqrt{K\phi n}$ 可得：

$$\frac{Q'}{Q} = \sqrt{\frac{n'}{n}} = \sqrt{2} = 1.41$$

即生产能力增加 41%。

（3）参见图 3-14，图中 R 为转筒的半径；h 为浸没深度；H 为转筒原来未被浸没部分的深度。

当浸没角度为 90° 时：$h = R - \frac{\sqrt{2}}{2}R = (1 - \frac{\sqrt{2}}{2})R$

当转筒浸没深度增加一倍达到时，未浸没深度为 h'

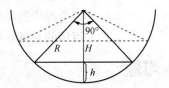

图 3-14　转筒浸没角度示意图

$$h' = R - 2h = R - 2 \times (1 - \frac{\sqrt{2}}{2})R = (\sqrt{2} - 1)R$$

设此时浸没角为 β，则 $\cos\dfrac{\beta}{2} = \dfrac{h'}{R} = \dfrac{(\sqrt{2}-1)R}{R} = 0.414$

$$\frac{\beta}{2} = 65.5°,\ \beta = 131°$$

$$\phi' = \frac{131}{360} = 0.364$$

$$\frac{Q'}{Q} = \sqrt{\frac{\phi'}{\phi}} = \sqrt{\frac{0.364}{0.25}} = 1.21$$

即过滤机生产能力将增加21%。

本章符号说明

英文字母：

A——过滤面积，m^2；

a_c——离心加速度，m/s^2；

C——饼液比，m^3/m^3；

C_1——旋风分离器进口气体的尘粒浓度，kg/m^3；

C_2——旋风分离器出口气体的尘粒浓度，kg/m^3；

d——颗粒直径，m；

d_c——临界直径，m；

m——颗粒质量，kg；

q——单位过滤面积的滤液量，m^3/m^2；

Q——过滤机的生产能力，m^3/s；

r——滤饼的比阻，$1/m^2$；

r_0——单位压力差下的滤饼比阻，$1/m^2$；

s——滤饼的压缩性指数，无因次；

u_t——颗粒匀速沉降的速度，m/s；

V——一个操作循环内所获得的滤液体积，m^3。

希腊字母：

ω——角速度，rad/s；

ζ_c——阻力系数；

τ——过滤时间，s；

τ——一个操作循环内的过滤时间，s；

τ_w——一个操作循环内的洗涤时间，s；

τ_d——一个操作循环的卸饼、清理、组装等辅助操作时间，s；

μ——流体的黏度，$Pa \cdot s$。

习题

3-1　尘粒的直径为10μm、密度为2500kg/m^3。求该尘粒在20℃空气中的沉降速度。

3-2　求直径为1mm、密度为2600kg/m^3的玻璃球在20℃水中的沉降速度。

3-3　用落球法测定液体的黏度。今将直径为6.25mm、密度为7900kg/m^3的钢球置于密度为880kg/m³的油内,并测得该钢球在6.35s的时间内下降25cm的距离。试计算此油的黏度。

3-4 密度为2650kg/m³的球形石英颗粒在20℃空气中自由沉降,试计算服从斯托克斯公式的最大颗粒直径及服从牛顿公式的最小颗粒直径。

3-5 用高2m、宽2.5m、长5m的重力降尘室分离空气中的粉尘。在操作条件下空气的密度为0.779kg/m³,黏度为2.53×10^{-5}Pa·s,流量为5×10^4m³/h。粉尘的密度为2000kg/m³。试求粉尘的临界直径。

3-6 今拟用宽4.5m、深0.8m的矩形槽从炼油厂废水中回收直径200μm以上的油滴。在槽的出口端,除油后的水可不断从下部排出,而汇聚成层的油则从槽的顶部移去。油的密度为870kg/m³,水温为20℃。若废水的处理量为1.56×10^3m³/h,求所需槽的长度L。

3-7 今拟采用如图3-4所示的多层降尘室除去某气体中的密度为2200kg/m³、直径10μm以上的球形微粒。气体在标准状态[0℃,1atm]下的体积流量为1m³/s,气体的平均温度为427℃,压力为1atm,操作条件下气体的密度及黏度分别为0.5kg/m³及0.034cP。除尘室的长度为5m,宽度为1.8m,总高度为2.8m。试计算水平隔板间的距离h和层数n。

3-8 用板框压滤机对某种悬浮液在压力差为400mmHg的条件下进行过滤实验,过滤面积为0.01m²,所得实验数据如下:

过滤时间/s	8.4	38	84	145
滤液量/mL	100	300	500	700

滤饼与滤液的体积比为0.064m³/m³,滤饼不可压缩。在过滤条件下滤液的黏度为3.4cP。试求过滤常数K与q_e及滤饼的比阻r。

3-9 对上题中的悬浮液用滤框边长为800mm的板框压滤机在相同的压力差下进行过滤,过滤1h获得滤液6m³。试求滤框的数目及其厚度。

3-10 某厂用板框压滤机在恒压条件下过滤一种胶质物料,滤框的空间尺寸为1000×1000×40mm,有20个滤框。经过2h过滤,滤框完全充满滤饼,并每平方米过滤面积得到滤液1.4m³。卸饼、清理、组装等辅助时间为1.2h,忽略过滤介质阻力,滤饼未洗涤。试计算:

(1) 该板框压滤机的生产能力;

(2) 过滤后用1/8滤液体积的洗涤水在同样压力差下进行横穿洗涤滤饼时的生产能力(洗涤水与滤液黏度相近);

(3) 若当滤框的厚度减为25mm,其他条件不变,滤液仍用1/8滤液体积的洗涤水洗涤滤饼时的生产能力。

3-11 若转筒真空过滤机的浸没度为1/3,转速为2r/min,每小时获得滤液量为15m³。已知过滤常数$K = 2.7 \times 10^{-4}$m²/s,$q_e = 0.08$m³/m²。试求该过滤机的过滤面积。

3-12 有一转筒真空过滤机的转速为2r/min,每小时可获得滤液4m³。若过滤介质的阻力可忽略不计,问每小时欲获得5m³滤液时过滤机的转速应为多少?此时转筒表面滤饼的厚度为原来的多少倍?(过滤操作中真空度维持不变)

第4章　固体流态化和气力输送

4.1　概述

利用流动流体的作用，将大量固体颗粒悬浮于运动的流体中，并使之呈现出类似于流体的某些表观特性，此种流体固体接触状态称为固体流态化，也叫流体化。而借助固体颗粒的流化状态而实现某些生产过程的操作，称为流态化技术。

1942 年美国便成功地将流态化技术应用到石油加工工业的催化裂化反应上，使催化裂化由间歇操作变为连续操作，大大提高了该装置的生产能力，以后该技术在石油化工、冶金及原子能工业等部门应用范围日益扩大，现已经广泛应用于流化床干燥器、沸腾床焙烧炉及颗粒的输送。比如在我国催化装置几乎在所有的炼油场中都是最重要的二次加工手段，而流态化技术是催化裂化的一项关键技术。流化催化裂化的反应器和再生器的操作情况、催化剂在反应器再生器之间的循环输送以及催化剂的损耗等都与气 – 固流态化问题有关。

化学工业广泛使用流态化技术以强化传热、传质，进行流体或固体的物理、化学加工，以及颗粒的输送，流态化技术用于工业操作有以下优点：

（1）流态化的固态颗粒运动犹如流体，易于在装置中或装置之间输送，通常采用气力输送的方法，且易于实现连续化和自动化。

（2）由于床层中固体颗粒的激烈运动和迅速混合，使床层各部分的温度很均匀，便于调节和维持工艺所需要的温度。

（3）由于流化床所用固体颗粒尺寸小，常为 $20 \sim 100 \mu m$ 的粒子，其比表面积大，因此在流化床中气体与固体颗粒之间的接触表面积大大增加，其传热、传质速率明显提高。又因为流化床颗粒的运动使得流化床与传热壁面之间有较高的传热速率。

（4）流态化技术为颗粒和粉末原料的加工开辟了新的途径。

然而，流态化技术在应用中还存在以下一些问题：

（1）由于气体返混和气泡的存在，使气固接触效率降低。

（2）在连续进料的情况下，由于固体颗粒在床层内迅速混合，无法保证流体与粒子间的逆流接触以及沿轴向的温度及浓度梯度，而且将导致颗粒在床层内停留时间不均，使得产品质量不均匀。这是流化床对传质、传热及化学反应不利的一面。

（3）固体颗粒的互相剧烈碰撞，导致管子和容器的壁面磨损严重，尤其是在转向处磨损十分严重。而且脆性固体颗粒易被磨成粉末被气流带走，生成的细粉被气体带走，加大了损失量，需要采用效率高的除尘设备。

（4）在流化床反应器中所要求的流体速度与固体粒子的性质有关，固体粒子的许可范围较窄，而固体床则可以再较大的范围内调节流体速度。

流态化技术上述缺点使得流化床还不能完全代替固定床和移动床技术。对上述的问题还需要在以后的时间多加研究，以便在应用时扬长避短，以获得更好的经济技术效果。由于流态化现象比较复杂，人们对它的规律性了解还很不够，无论在设计方面或操作方面，都还存在很多有待进一步研究的内容。而且，鉴于目前绝大多数工业应用都是气固流化系统，因此，本章主要讨论气－固流化系统。在气－固流态化领域，根据固体颗粒的流化状态的不同，可分为固定床、散式流化床、鼓泡流化床、湍动床、快速流化床、输送床。

4.2 固体流态化技术

4.2.1 流化床的基本概念

当流体以不同速度自下而上通过固体颗粒床层时，根据流速不同，会出现以下几种情况。

1. 固定床阶段

当流体通过床层的空截面速度 u（又称表观速度）较低，颗粒空隙中流体的实际流速 u_m 对于颗粒的沉降速度较小，所产生的向上摩擦力不足以抵消颗粒床的重力，即颗粒所受的曳力较小，仍能保持静止状态，这样流体只能穿过静止颗粒之间的空隙而流动，这种床层称为固定床，如图 4－1 所示，床层高度为 L_0 不变。

2. 流化床阶段

（1）临界流化状态

当流体通过颗粒空隙的实际流速 u_1（$u_1 = u/\varepsilon$）大于颗粒的沉降速度 u_t 时，颗粒床层开始松动，颗粒在一定区间内开始运动，床层略有膨胀，但颗粒仍不能自由运动，床层的这种情况称为初始流化或临界流化，如图 4－2 所示，此时床层高度为 L_{mf}，空塔气速称为初始流化速度或临界流化速度（指刚刚能够使固体颗粒流化起来的气体空床流化速度，也称最小流化速度），以 u_{mf} 表示。

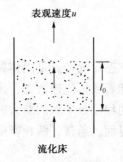

图 4－1　固定床阶段的床层

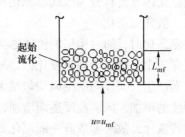

图 4－2　临界流化床阶段的床层

（2）流化床

当颗粒间流体的实际速度 u_1 等于颗粒的沉降速度 u_t 时，固体颗粒将悬浮于流体中作随机运动，床层开始膨胀、增高，空隙率也随之增大，此时颗粒与流体之间的摩擦力恰好与其净重力相平衡。此后床层高度将随流速提高而升高，但颗粒间的实际流速恒等于 u_t，这种床层具有类似于流体的性质，故称为流化床，如图 4－3 所示。从理论上，流化床应有一个明显的上界面。如果某个颗粒由于某种原因离开了床层而进入界面以上的空间，在该空间中空截面速度就是真实速度，该速度尚不足以使颗粒悬浮，于是该颗粒又返回床层。

由以上分析可见，流化床存在的基础是大量颗粒的群居。群居的大量颗粒可以通过床层的膨胀以调整空隙率，从而在一个相当宽的流体空塔气速范围内悬浮于流体之中，这就是流化床能够存在的物理基础。

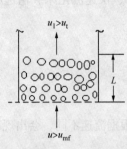

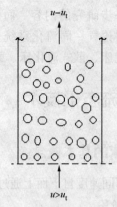

图 4-3　流化床阶段的床层　　　　　　图 4-4　颗粒输送阶段的床层

（3）颗粒输送阶段

如果床层内的流体的实际流速达到某一极限时（即 $u_1 > u_t$），则颗粒必将获得上升速度，被流体带出流化床外，此时流化床的上界面消失，颗粒分散悬浮于流体中，并不断被流体带走，这种床层称为颗粒输送床，如图 4-4 所示，颗粒开始被带出的速度称为带出速度，其数值等于颗粒在该流体中的沉降速度。据此原理，可以实现固体颗粒的气力或液力输送。

（4）狭义流化床和广义流化床

此外，狭义流化床特指上述第二阶段（即流化床阶段），广义流化床泛指非固定阶段的流固系统，其中包括流化床、载流床、气力或液力输送。

4.2.2　流化床的流化类型与不正常操作现象

1. 流化床的流化类型

流态化按其形状分为散式流态化和聚式流态化。

（1）散式流态化

在流态化时，通过床层的流体称为流化介质。散式流态化的特点是固体颗粒均匀地分散在流化介质中，接近于理想流化床，故亦称均匀流化。随着流体流速增大，床层逐渐膨胀而没有气泡产生，颗粒间的距离均匀增大，床内颗粒的扰动程度是平缓的加大的，颗粒的分散状态持续的增加，床层高度逐渐增加，并保持稳定的上界面。通常，两相密度差小的系统趋向于散式流化，故大多数液-固流化属于"散式流态化"。

（2）聚式流态化

对于密度相差较大的气-固流化系统，一般趋向于形成聚式流态化。在气-固系统的流化床中，流体流速增大到起始流态化的速度以后，床层的波动逐渐加剧，但其膨胀程度都不大。因为气体与固体的密度差别很大，气体要将固体颗粒推起来比较困难，所以只有一小部分气体在颗粒之间通过，大部分气体则汇成气泡穿过床层。气流穿过床层时造成床层波动，他们在上升过程中逐渐长大和互相合并（也有少量破碎），到达床层顶部则破裂而使该处的颗粒溅散，使得床层上界面不稳定，这些气泡内可能夹带有少量固体颗粒。床层内的颗粒则很少分散开来各自运动，往往聚结成团地运动，成团地被气泡推起或挤开。这种形式的流态化成为聚式流态化。此时床层内分为两相，一相是空隙小而固体浓度大的气固均匀混合物构成的连续相，称为乳化相；另一相则是夹带有少量固体颗粒而以气泡形式通过床层的不连续相，称为气泡相。由于气泡在床层中上升时逐渐长大、合并，至床层上界面处破裂，因此，床层极不稳定，上界面亦以某种频率上下波动，床层压降也随之相应波动。界面以上的空间也会有一定量的固体颗粒，其中一部分是由于颗粒直径过小，被气体带出；另一部分是由于气泡在界面处破裂而被抛出。流化床界面以下区域称为密相区，界面以上的区域称为稀相区。通过气体分布板、内部构件、宽分布粒度、床层振动、气流脉动等改善聚式流化质量。

2. 流化床的不正常现象

在聚式流化床中，大量的气体以气泡通过床层而与固体接触较少，气固流化床中气流的不均匀分布可能导致以下两种不正常现象。

（1）腾涌现象

如图 4-5 所示，当床层高度与床层直径的比值（长径比）过大（床层为细长形），或气速过高时床层内就会发生小气泡合并成大气泡的现象，当气泡直径长大到床层直径相等时，则气泡将床层分为几段，形成相互间隔的气泡与颗粒层，颗粒层像活塞那样被气泡向上推动，在达到上部后气泡崩裂，而颗粒则分散下落，这种现象称为腾涌现象，又称节涌现象。

腾涌有两种形式：①直径接近于床径的气泡沿床上升，颗粒从气泡边缘下降；②气泡呈柱塞状，一段段床层由气泡推动着上升，当气泡到达床界面时，气泡破裂，床层塌落，颗粒成团或分散下落。腾涌严重影响流体与颗粒的相互接触，严重降低床层的稳定性，使床层收到冲击，发生震动，损坏内部构件，加速颗粒与设备之间的磨损，是一种不正常的流化状态，应设法避免。防止腾涌现象的措施：实际操作中应采用适宜的床层高度/床层直径之比值，以及适宜的操作气速。

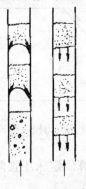

图 4-5 腾涌现象

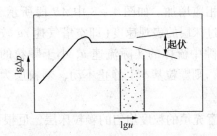

图 4-6 腾涌发生后的 $\Delta p - u$ 的关系

腾涌的形成可以由压力降的升高来判断，在出现腾涌现象时，由于颗粒层与器壁的摩擦造成压降大于理论值，随着流速的增加，压力降会继续增大，而在气泡破裂是压降又低于理论值，因而在 $\Delta p \sim u$ 图上表现为 Δp 在理论值附近作大幅度的波动，如图 4-6 所示。

影响腾涌形成的主要因素为静止床层高度、床层直径以及颗粒粒径。实验证明，随着床高的增加，在较低的流速下即能出现腾涌。随着床径的减小腾涌也较易形成。因此床层高度与床层直径之比可望作为判断腾涌能否发生的一个准数，其比值愈大腾涌点的流速愈小，但目前尚无可靠的综合关系。

（2）沟流现象

如图 4-7 所示，在大直径床层中，由于颗粒堆积不匀或气体初始分布不良，大量气体经过局部地区的沟道上升，而床层的其余部分处于固定床状态（死床）。严重地影响到流体与固体间的均匀接触。导致沟流的原因有：气体在分布板的初始分布不均匀即分布板的设计

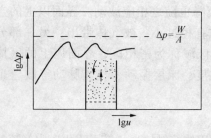

图 4-7　沟流发生后 $\Delta p - u$ 的关系图

不当，颗粒细而密度大、形状不规则，颗粒有黏附性或含湿量较大。

影响沟流程度的主要因素有：

① 粒径　细小的颗粒由于易发生内聚作用结成较大的粒团，因此沟流现象较严重。

② 粒子的形状与密度　粒子的球形度大、密度大的床层容易产生沟流。

③ 粒子的湿度　湿度愈高，粒子愈易结成团，愈易产生沟流。

④ 气体入口分布装置　气体入口分布对于沟流有重大影响，多孔性的分布板较板上钻孔的筛板为佳，锥形气体入口易造成沟流。

沟流程度可由实际床层压降与理论计算值之比来判断，产生沟流时其值小于 1。

4.2.3　流化床的主要特性

1. 流化床恒定的压降

（1）理想流化床

在理想情况下，流体通过颗粒床层时，克服流体阻力产生的压降与空塔气速之间的关系如图 4-8 所示，大致可分为以下几个阶段：

① 固定床阶段

此时气速较低，床层静止不动，气体通过床层的空隙流动，随气速的增加，气体通过床层的摩擦阻力也相应增加。如图 4-8 中 AB 段所示。此时流体通过床层的表观速度（即空塔气速）u 较低，颗粒空隙中流体的实际流速 u_1 小于颗粒的沉降速度 u_t，则颗粒基本上静止不动，颗粒层为固定床。

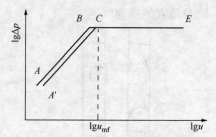

图 4-8　流化床阻力损失与流速的关系

对于随意充填的粒度均匀的颗粒床层，厄根（Ergen）得到求算固定床压强降的半经验公式，即：

$$\frac{\Delta p}{L} = 150 \frac{(1-\varepsilon)^2}{\varepsilon^3} \cdot \frac{u\mu}{(\phi_s d_p)^2} + 1.75 \frac{(1-\varepsilon)}{\varepsilon^3} \cdot \frac{\rho u^2}{\phi_s d_p} \qquad (4-1)$$

式中　$\Delta p/L$——通过单位高度床层的压强降，Pa/m；

ε——颗粒床层的空隙率；

μ——流体黏度，Pa·s；

ϕ_s——颗粒的球形度，无量纲；

d_p——球形颗粒直径或与非球形颗粒等体积的球形颗粒的直径，m。

② 流化床阶段

当流速继续增大超过 C 点时，床层开始松动，颗粒重排，床层空隙率增大，逐渐地颗粒开始悬浮在流体中自由运动，床层的高度亦随气速的提高而增高，但整个床层的压力降仍保持不变，仍然等于单位面积的床层净重力。

流态化阶段的 $\Delta p - u$ 的关系如图 4-8 中 DE 段所示。当降低流化床气速时，床层高度、空隙率也随之降低，$\Delta p - u$ 关系曲线沿 $EDCA$ 返回。这是由于从流化床阶段进入固定床阶段时，床层由于曾被吹松，其空隙率比相同气速下未被吹松的固定床要大，因此，相应的压降会小一些。与 C 点对应的流速称为临界流化速度 u_{mf}，它是最小流化速度。相应的床层空隙率称为临界空隙率 e_{mf}。

流化阶段中床层，全部颗粒处于悬浮状态，对床层做受力分析并应用动量守恒定律，可以求出流化床的床层压降为：

$$\Delta p = L_{mf}(\rho_p - \rho)(1 - \varepsilon_{mf})g \qquad (4-2)$$

式中　L_{mf}——开始流化时床层的高度，m；

　　　m——床层颗粒的总质量，kg；

　　ρ_p, ρ——分别为颗粒与流体的密度，kg/m³。

由上式可知，流化床的压降等于单位截面床内固体的表观重量(即重量减去浮力)，它与气速无关，而始终保持定值。随着流速的增大，床层高度和空隙率 ε 都增加，而 Δp 维持不变，压降不随气速改变而变化是流化床的一个重要特征。根据这一特点，可通过测定床层压降来判断流化质量优劣。整个流化床阶段的压强降为：

$$\Delta p = L(\rho_p - \rho)(1 - \varepsilon)g \qquad (4-3)$$

在气固系统中，ρ 与 ρ_p 相比较小可以忽略，Δp 约等于单位面积床层的重力。

③ 气流输送阶段

在此阶段，气流中颗粒浓度降低，由浓相变为稀相，使压强降变小，并呈现出复杂的流动情况。

(2) 实际流化床

实际流化床 $\Delta p - u$ 的关系有别于理想情况，如图 4-9 所示，实际流化床与理论流化床的 $\Delta p - u$ 关系的区别主要表现在以下几个方面：

① 出现"驼峰"，因为固定床颗粒之间相互紧靠因而需要较大的推动力才能使床层松动，直至颗粒松动到刚能悬浮时，Δp 即出现"驼峰"降到水平阶段 DE；

② $\Delta p = $净重力＋摩擦力，$u$ 增加，净重力不变，而摩擦力增加，故 Δp 增加；

③ 气泡长大时，Δp 增加，气泡破裂时，Δp 减少，Δp 围绕 DE 上下波动；

④ DA 与 DE 线交点对应的气速为 u_{mf}，相应的 ε 为 ε_{mf}。

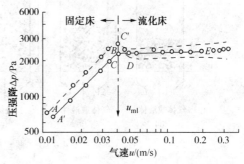

图 4-9　气体流化床的实际 $\Delta p - u$ 关系图

气泡的存在加剧了气-固两相的相对运动，是床层运动的动力。同时气泡可以造成床层内颗粒的剧烈搅拌，这种颗粒的剧烈运动和均匀混合使床层基本处于全混状态，整个床层的温度、组成均匀一致，这一特征使流化床中气固系统的传热大大强化，床层的操作温度也易于调控并具有等温的特性。气泡参与了流化床内的传质过程，使反应物从气泡相转为乳相，反应产物从乳相转为气泡相。虽然气泡有其优点，但是气泡的缺点也不可忽略，气泡造成的空穴会降低流化床的气-固接触效率，同时当气泡上升到床层表面破碎时，将大量的颗粒抛入床层上方，造成流化床颗粒的损失。同时，颗粒的激烈运动使颗粒间和颗粒与固体器壁间产生强烈的碰撞与摩擦，造成颗粒破碎和固体壁面磨损；同时当固体颗粒连续进出床层时会造成颗粒在床层内的停留时间不均，导致固体产品的质量不均。

2. 流化床的液体样特性

从流化床中显示的现象来看，流化床宛如沸腾着的液体并显示某些液体样的性质，因此流化床又被称为沸腾床，如图 4 - 10 所示为这些特性的情况。如具有流动性，无固定形状，随容器形状而变，可从小孔中喷出，从一个容器流入另一个容器；具有上界面，当容器倾斜时，床层上界面将保持水平，当两个床层联通时，它们的上界面自动调整至同一水平面；比床层密度小的物体被推入床层后会浮在床层表面上。

因流化床呈现流体的某些性质，所以在一定的状态下，它具有一定的密度、热导率、比热容、黏度等。而且，利用类似于流体的流动性，可以实现固体颗粒在设备内或设备间的流动，能够实现固体的连续加料和卸料，易于实现生产过程的连续化和自动化。

3. 固体的混合

流化床内颗粒处于悬浮状态并不停地运动，从而造成床内颗粒的混合。特别是气—固系统，空穴的上升推动着固体的上升运动，而另一些地方必有等量的固体作下降运动，从而造成床内固体颗粒宏观上的均匀混合。如果在流化床内进行一个放热的操作，由于固体颗粒的强烈混合，很容易获得均匀的温度，这是流化床的主要优点。但颗粒的激烈运动使颗粒间和颗粒与固体器壁间产生强烈的碰撞与摩擦，造成颗粒破碎和固体壁面磨损；同时当固体颗粒连续进出床层时会造成颗粒在床层内的停留时间不均，导致固体产品的质量不均。

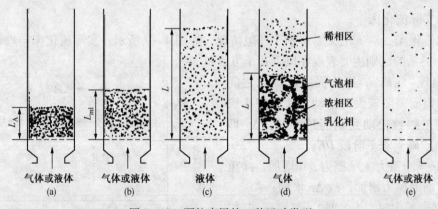

图 4 - 10　颗粒床层的三种运动类型

4.2.4　流化床的操作范围

流化床的操作范围一般应在临界流化速度之上，而又不能大于带出速度。对于某一流化床操作，确定临界速度和带出速度便十分重要。

1. 临界流化速度 u_{mf}

临界流化速度可以通过实测和计算两种方法进行确定，其中，实测法不受计算公式精确程度和使用条件的限制，是得到临界流化速度的既准确又可靠的一种方法。在该方法中，测取固体颗粒床层从固定状态到流化状态的一系列压降与气体流速的对应值，将这些数据标在对数坐标上，得到 $\lg\Delta p_m - \lg u$ 的关系曲线。若在床层达到流化状态后，再继续降低气速，则床层高度下降，直到固体颗粒互相接触而成为静止的固定床。

均匀颗粒的起始流化速度为

$$u_{mf} = \varepsilon \cdot u_t \tag{4-4}$$

非均匀颗粒的起始流化速度可以根据床层的压力降来求出

$$\Delta p = m(\rho_P - \rho)g/A\rho_P = L(\rho_P - \rho)(1 - \rho)g \tag{4-5}$$

对于小颗粒($Re_p < 20$)，固定床压力降用欧根方程计算：

$$\Delta p = 150\frac{(1 - \varepsilon)^2}{\varepsilon^3} \times \frac{\mu L}{\psi^2 d_e^2}u \tag{4-6}$$

其中 d_e 为当量直径，床层高度 L_{mf}，空隙率 ε_{mf}，起始流化速度 u_{mf} 为：

$$\Delta p = 150\frac{(1 - \varepsilon)^2}{\varepsilon^3} \times \frac{\mu L}{\psi^2 d_e^2}u = L(1 - \varepsilon)(\rho_p - \rho)g \tag{4-7}$$

$$u_{mf} = \frac{\psi^2 \varepsilon_{mf}^3}{150(1 - \varepsilon_{mf})} \times \frac{d_e^2(\rho_p - \rho)}{\mu} \tag{4-8}$$

由于 ε_{mf} 和 ψ 难以测量，实验发现，对于工业上常见的颗粒，有：

$$\frac{1 - \varepsilon_{mf}}{\psi^2 \varepsilon_{mf}^3} \approx 11 \tag{4-9}$$

2. 带出速度

当床层的表观速度达到颗粒的沉降速度时，大量颗粒将被流体带出器外，故流化床中颗粒的带出速度为单个颗粒的沉降速度 u_t。

流化床的操作范围，为空塔速度的上下极限，用比值 u_t/u_{mf} 的大小来衡量，称为流化数，对于细颗粒，流化数等于 91.7，对于大颗粒，流化数等于 8.62。故细颗粒流化床较之粗颗粒可以在更宽的流速范围内操作。

4.2.5 流化质量以及改善流化质量的措施

流化质量是指流化床内流体分布及两相接触的均匀程度。在液-固流化床内，液体分布和两相接触是比较均匀的，但是在气-固流化床内，气体沿着床层横截面的分布及气-固两相的接触总是存在相当程度的不均匀性，即流化质量不高。这对流化床中的传热、传质及反应过程都是不利的。

1. 床层的内生不稳定性

假设某一正常操作的流化床，由于存在外界干扰使床层内某局部区域出现空穴，如果外界干扰消失，空穴也跟着消失，床层恢复原状，这样的操作是稳定的，液体的床层一般都是这样的性能。然而，气-固流化床并非如此，当床层内某局部出现空穴，该处床层密度即流体阻力必然减小，附近的气体优先取道此空穴通过。结果是该空穴处的气体量迅速增加，将空穴顶部的颗粒推开，使空穴变大，流体阻力进一步减小，气体量再增加，形成恶性循环，这种恶性循环称为流化床层的内生不稳定性。这样内生不稳定性是导致流体质量不高的根源，严重时产生沟流和死床。

2. 改善流化质量措施

为了抑制流化床不稳定因素，一般采用以下几种措施。

（1）增加分布板的阻力

气体通过流化床的压降 Δp 由分布板的压降 Δp_D 和床层压降 Δp_B 两部分组成，在不同的径向位置，流化床的总压降 Δp 是相同的。假设床内某处出现空穴，该处局部床层压降减小，而位于此空穴下方分布板的局部压降 Δp_D 必然升高。因为流体通过分布板的压降与流速平方成正比，即流速的较小变化要引起 Δp_D 的较大变化，因此，对气流分布的均匀性而言，分布板压降是一个有利因素。

如果分布板的阻力 Δp_D 远大于 Δp_B，则由空穴造成的床层压降 Δp_B 的局部变化对于气流分布的影响就很小。也就是说，分布板阻力越大，抑制床层内生不稳定性的能力就越大，气流分布也就越均匀。

分布板的压降主要取决于开孔率（即开孔面积和空床截面积之比）。大开孔率低压降的分布板流化稳定性差，而低开孔率、高压降的分布板有利于建立良好的流化条件，但动力消耗大。因此开孔率须大小适当，既满足流化质量的要求，又较经济合理。一般分布板的设计使 Δp_D 约占床层压降 Δp_B 的 10%，且至少不低于 3.4kPa。多数工业流化床分布板的开孔率约在 0.4% ~ 1.4% 之间。

（2）采用内部构件

流化床内部构件可分为水平挡板和垂直构件两类。在流化床的不同高度上设置若干块水平挡板或挡网，对床层作横向分割，可打破上升的空穴，使空穴的直径变小，气 – 固接触较为均匀。

床内设置水平挡板后阻碍了气体的轴向混合，这是有利的。但也同时限制了固体颗粒的混合，造成明显的轴向温度梯度，这是不利的。

各种垂直的传热管，旋风分离器的料腿都构成了流化床内的垂直构件。均匀地布置这些垂直构件相当于纵向分割床层，既可限制大尺寸的空穴，又不致形成明显的轴向温度梯度。

（3）采用小直径、宽分布的颗粒

均匀而较大的颗粒未必能获得良好的的流化质量，加入少量细粉可起"润滑剂"的作用，常可使床层流化更为均匀。因此，宽分布、细颗粒的流化床可在气速变动幅度较大的范围内良好流化。

（4）采用细颗粒、高气速流化床

当气速超过大多数颗粒的沉降速度时，细小颗粒的床层内已不能形成稳定的空穴，颗粒聚成许多线状或带状粒子簇。这些粒子簇迅速地上下漂移，可看作为浓相。气体呈许多流舌状高速穿过床层，以稀相状态带着部分颗粒离开设备。从总体上看，气 – 固两相的接触较通常的鼓泡床均匀。由于大量颗粒的带出使浓相区界面变得模糊。为维持稳定操作，必须加入与带出量相等的新鲜颗粒或用旋风分离器回收带出颗粒重新送回床层。

细颗粒、高气速流化床不仅提供了气 – 固两相间较多的接触界面，而且增进了两相接触的均匀性。气体的高速流动（基本上是单向的活塞流）有利于提高反应转化率，而大量的固体返混可使床内温度更为均匀。此外，高气速操作还可以使得设备的直径减小。这些优点使细颗粒高气速流化床日益广泛地获得人们的重视和应用。自然，由于大量颗粒的带出和循环，对气 – 固分离设备及细粉的流动和控制问题提出了新的要求。

4.3 气力输送

4.3.1 概述

所谓气力输送就是在管道中使气体保持一定的速度，此速度足以使加入管道中的固体颗粒随同气流一起运动输送至指定地点。空气是最常用的输送介质，但在输送易燃、易爆的粉料时，应采用其他惰性气体。

气流输送方法早期应用于船舱、码头的谷物装卸。由于它与其他机械输送方法相比具有许多优点，加之流化技术被广泛采用，故在石油化工生产上的应用也日益增多。

1. 气力输送的优点

（1）系统密闭，可避免物料飞扬，减少物料损失，改善劳动条件；

（2）输送管线不受地形限制，在无法铺设道路或安装输送机械的地方使用气力输送尤为适宜；

（3）设备紧凑，易于实现连续化、自动化操作，便于同连续的化工过程相衔接；

（4）在气力输送过程中可同时进行粉料的干燥、粉碎、冷却、加热等操作。

2. 气力输送的缺点

（1）动力消耗大，颗粒尺寸限制，输送过程中颗粒易破碎，输送管壁也易磨损；

（2）含水量多、有粘附性或易产生静电的物料不宜用气力输送。

3. 气力输送的指标

（1）松密度 ρ'

单位管道容积含有的颗粒质量，与颗粒真实密度 ρ_p 之间的关系为

$$\rho' = \rho_p(1 - \varepsilon) \tag{4-10}$$

式中 ε——孔隙率。

（2）固气比 R

在气力输送中，常用固气比(或称混合比) R 表示气流中固相浓度。所谓固气比，即单位质量气体所输送的固体质量。

4.3.2 密相输送

固气比大于 25 的气力输送称为密相输送。在密相输送中，固体颗粒呈集团状态。图 4-11 为脉冲式密相输送流程。

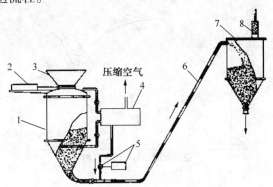

图 4-11 脉冲式密相输送装置图

1—发送罐；2—气相密封插板；3—料斗；4—气体分配器；
5—脉冲发生器和电磁阀；6—输送管道；7—受槽；8—袋滤器

一股压缩空气通过发送罐 1 内的喷气环将粉料吹松，另一股表压强为 150~300kPa 的气流通过脉冲发生器 5 以 20~40r/min 的频率间断地吹入输料管入口处，将流出的粉料切割成料栓与气栓相间的流动系统，凭借空气的压强推动料栓在输送管道中向前移动。

从流动形式来分，密相输送可分为柱塞式气力输送及非柱塞式气力输送两种。非柱塞式密相气力输送主要是密相动压输送，物料在管道内非均匀分布，成密集状态，但管道并未被物料堵塞因而仍然是靠空气动能来输送，一般气流输送速度为 8～15m/s，固气比范围一般在 30～70 之间。柱塞式气流输送一般是密相静压输送，是指物料在输送管道内堆积成料栓，料栓之间充满了空气，完全靠两端的静压差推动前进。这种输送方式气流速度在 8m/s 以下，输送压力一般为 0.2MPa 左右，固气比 25～250 之间。

密相输送的特点是低风量和高混合比，物料在管内呈流态化或柱塞状运动。此类装置的输送能力大，输送距离可长达 100～1000m，尾部所需的气固分离设备简单。由于物料或多或少呈集团状低速运动，物料的破碎及管道磨损较轻。目前密相输送已广泛应用于水泥、塑料粉、纯碱、催化剂等粉状物料的输送。

4.3.3　稀相输送

固气比在 25 以下（通常 $R=0.1～5$）的气力输送称为稀相输送。在稀相输送中，固体颗粒呈悬浮状态。目前在我国稀相输送的应用较多。

1. 输送的气流速度

设颗粒在流体中的自由沉降速度为 u_t，在向上速度为 u 的均匀气流中，颗粒运动的绝对速度 u_p 称为颗粒滑动速度，则：

$$u_p = u - u_t \tag{4-11}$$

要实现气力输送，u_p 应为正值，亦即气流速度 u 必须大于自由沉降速度。如果颗粒是由粒度大小不等的粒子所组成，u 必须大于最大颗粒的自由沉降速度。

图 4-12 表示垂直输送特性，纵坐标表示每米高床柱压降的对数，横坐标表示管道空截面气流速度 u 的对数。图中 W 表示管道单位截面上颗粒物料的质量流速，单位为 kg/（m² · s），如加料速度为 G_s（kg/s），管道截面积为 A（m²），则：

$$W = G_s/A \tag{4-12}$$

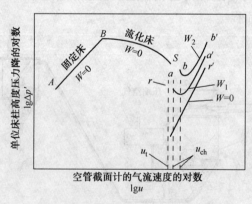

图 4-12　垂直输送特性的示意图

由图 4-12 可以看出，不连续加料时，随着气速 u 的增大，$\Delta p'$ 沿着先是固定床阶段 AB，接着是流化床阶段 BS 变化。在流化床阶段，由于床层膨胀，空隙率增加，L 增大，故单位床高的压降 $\Delta p'$ 值逐渐下降，到达 S 点时，出现腾涌，床层波动很大，床层高度的数值很不稳定，这个区域相应于图中的 Sr，此区域对气速的变化非常敏感，气速略微增加，床层颗粒即有大量带出。由于颗粒的大量带出，床层由密相变为稀相，因而 $\Delta p'$ 陡降，在 t 点，管内开始了单一颗粒的输送，空隙率几乎接近于 1，这时的气速等于颗粒的自由沉降速度的数值，再增大气速，$\Delta p'$ 沿 t' 上升，相当于空管中气体单相流动的情况。

如果再 t' 点相应的气速下，向管道底部连续加入颗粒物料，由于 $u > u_t$，颗粒将悬浮于管内而以 W_1 的速度输送，这时管内加入了固体颗粒，系统的静压头增加，同时由于颗粒之间和颗粒与壁面的摩擦，系统的阻力增大，压降上升至 a'，若此时保持加料速度 G_s 不变，把气速沿 $a'a$ 曲线逐渐减小，由于 u 减小，但颗粒的 u_t 不变，这时颗粒的滑动速度 u_p 将因而减小，管道内固体颗粒的持料量则因加料速率恒定而增加，管内空隙率也因而减小。在这种情况下，一方面由于 u 和 u_p 的减小，而使摩擦阻力减小，另一方面系统的静压头却因空隙率的减小而增加，开始时，静压头的增大还不能平衡摩擦阻力的减小值，故总的效果仍是 $\Delta p'$ 减小，而从 a' 沿曲线下降。但气速减小至某一数值时，静压头的增大等于摩擦阻力的减小，这时总压降 $\Delta p'$ 出现最小值，在此之后，气速如继续减小，则静压头的增加大于摩擦阻力的减小，$\Delta p'$ 即随气速的减小而增大，到了 a 点，如再减小气速，管内即出现腾涌，这个 a 点是输料速度为 W_1 时，气力输送的起始点，称为噎塞点，相应于 a 点的气速，称为噎塞速度，以 u_{ch} 表示。

噎塞速度是输料速度 W 的函数，图中所示 W_1 的噎塞点是 a，W_2 是 b。显然噎塞速度是气力输送的最小气速。噎塞速度是气力输送中的一个重要参数。但如何确定其数值，日前的研究还不很充分，实际应用时，常以实测来确定。

在水平输送管路中，与噎塞速度相对应的称为沉积速度，以 u_{cs} 表示。

2. 气力输送的压力降

气力输送总的压力损失由以下几部分组成：

（1）气管的压力损失 Δp_1

压气机至加料器之间（吸引式则为气体入口至加料器之间），只有气体单相流动，设管长为 L_1，气流速度为 u，则管路的压力损失为：

$$\Delta p_1 = \lambda_a \frac{L_1}{D} \frac{u^2}{2} \rho \qquad (4-13)$$

式中　λ_a——摩擦系数。

（2）加料损失 Δp_2

物料有加料器进入管道输送，颗粒的初速一般为零，要靠气流将它加速到 $u_p = u - u_t$，所以会产生压力损失

$$\Delta p_2 = (C + R) \frac{u^2}{2} \rho \qquad (4-14)$$

式中　C——加料方式系数，其值为 1~10 之间，如为回转式定量加料，可取小值，如为不连续供料或吸引加料可取大值；

　　　R——固气比，kg 固/kg 气。

（3）稳定输送物料时，输送管压力损失 Δp_a

指物料以 u_p 的绝对速度稳定输送时的压力损失，它在总压力降中占了很大比例。

稳定段的压力损失包括两个部分，一部分是纯气流流动时的压力损失 Δp_a，另一部分是气流与颗粒之间的摩擦及颗粒与管壁的摩擦的附加压力损失。在管路中有直管和弯管部分，应分别加以考虑。

a. 直管部分 $\Delta p'_3$ 可表示为

$$\Delta p'_3 = a\Delta p_a$$

$$\Delta p_a = \lambda_a \frac{L}{D} \cdot \frac{\rho u^2}{2}$$

式中　α——压损比，即气力输送稳定段的压损与纯气流流动时压损比值，其是由实验确定的系数。

b. 弯管部分 $\Delta p''_2$

$$\Delta p''_2 = \xi R \cdot \frac{\rho u^2}{2}$$

式中　ζ——气力输送时弯管局部阻力系数。

整个管路的压力降总和为

$$\Delta p = \Delta p_1 + \Delta p_2 + \Delta p'_1 + \Delta p''_2$$

4.4　流态化的工业应用

4.4.1　气力输送

气力输送装置由供料装置、管道、分离器、气源机械和控制元件五部分组成。

1. 稀相输送

主要有真空吸引式和压送式。

输送管中的压力低于常压的输送称为吸引式气力输送。气源真空度不超过 10kPa 的称为低真空式，主要用于近距离，小输送量的细粉尘的除尘清扫；气源真空度在 10～50kPa 之间的称为高真空式，主要用在粒度不大、密度介于 1000～1500kg/m³ 之间的颗粒输送。吸引式输送的输送量一般都不大，输送距离也不超过 50～100m。吸引式气力输送装置是利用管系中的真空度来吸送物料的。由于受气源真空度的限制，其输送距离和输送能力均受一定的限制。它主要用于料气比较低的车、船、库场上的卸料作业以及将分散的物料集中起来的厂内工艺输送。在使用时首要的问题是保证整个系统的连接气密性。由于泄漏，外部空气的调入将使起始接料部接料能力下降。

输送管中的压力高于常压的输送称为压送式气力输送。按照气源的表压强可分为低压和高压两种。气源表压力不超过 50kPa 的为低压式。这种输送方式在一般化工厂中用得最多，适用于小量粉粒状物料的近距离输送。高压式输送的起源表压力可高达 700kPa，用于大量粉粒状物料的输送，输送距离可长达 600～700m。低压压送式气力输送装置主要用在工厂内部加工工序间物料的输送或者槽车卸载。输送的物料可以是干粉状、颗粒状或纤维状的。它的输送距离不长，输送量和料气比都较低。为了防止在输送过程中产生扬尘污染，空气旋转给料器可直接安装在料斗出口下部。这样，即使出现由输送管通过给料器向上泄漏的少量空气及其所含的粉尘，也能将其限制在料斗内部。

2. 密相输送

常见有充气罐式密相输送和脉冲式密相输送。

充气罐式密相输送是一种间歇式密相输送流程，将料粉加入罐内，打开压缩空气阀，用空气将物料吹松、充气，待管内压力上升到指定值后，打开放料阀将粉料吹入输送罐中输送。

脉冲式密相输送是用压缩空气通过罐内的喷气环管将粉料吹松、充气；另一股压力为150~300kPa 的气流通过脉冲发生器以 20~40 次/min 的频率间断吹入输料管入口部，交替形成小段柱塞物流和气柱，借空气的压强推到物料柱向前移动。

密相输送的特点是低风量高风压，物料在管内呈流态化或柱塞状运动，输送能力大，输送距离可长达 100~1000m，尾部所需的气固分离设备简单。由于物料或多或少呈集团状低速运动，物料的破碎及管道的磨损较轻，但操作较困难。目前密相输送广泛应用于水泥、塑料粉、纯碱、催化剂等粉料物料的输送。

气力输送可在水平、垂直或倾斜管道中进行，所采用的气速和混合比都可在较大范围内变化，从而使管内气固两相流动的特性有较大的差异，再加上固体颗粒在形状、粒度分布等方面的多样性，使得气力输送装置的计算目前尚处于经验阶段。

4.4.2　干燥

流化床干燥器又称为沸腾床干燥器，是流态化技术在干燥工业上的应用，常见的有单层圆筒形流化床干燥器、多层圆筒形流化床干燥器和卧式多室流化床干燥器。在单层圆筒形流化床干燥器中，散粒状湿物料从加料口进入，热气体穿过流化床底部的多孔气体分布板，形成许多小气流射入物料层，当控制操作气速在一定范围内，颗粒物料即悬浮在上升的气流中，但又不被带走，料层呈现流化沸腾状态，料层内颗粒物料上下翻滚，彼此间相互碰撞，剧烈混合，从而大大强化了气固两相间的传热传质过程，使物料得以干燥。连续操作的单层流化床干燥器可用于初步干燥大量的物料，特别适用于表面水分的干燥。然而，为了获得均匀的干燥产品，则需延长物料在床层内的停留时间，与此相应的是提高床层高度从而造成较大的压强降。

4.4.3　反应

对采用固体催化剂的气相合成反应，通常可供选择的反应器床型为固定床或流化床。选择的依据为热效应大小、催化剂再生的需要以及对操作温度的控制要求。流化床反应器可适用于强放热或要求控温严格的化学反应，特别适用于必须严格控制温度以防止发生爆炸的反应，或目的产物为热敏性物料的反应。流化床反应器还适用于催化剂迅速失活，需要随时再生的反应。流化床所具备的良好流动性能和大热容量，能很好地满足上述要求，并为催化剂的频繁再生提供条件。

4.4.4　锅炉

流化床锅炉的优点在于热容量大，易控温，传热系数高，约为 200~600W/(m² · ℃)，热效率高于普通锅炉，因而可用于燃烧发热值低的矿物燃料、劣质煤、油页岩等。在燃烧过程中加入石灰石可与含硫组分生成硫酸钙，达到燃气脱硫的目的，符合环境保护的需要。环境保护的另一个要求是要严格控制各种硫化氮的排放。在这方面，循环流化床锅炉有着明显的优势，所以近年来得到了长足发展。

我国人多地广，用煤量多，目前拥有的流化床锅炉数量居世界第一位，但不少锅炉设备陈旧，污染严重，因而提高锅炉效率和蒸汽产量以及脱硫问题是有关流化燃烧的研究热点课题。

本章符号说明

A——管道截面积，m^2；

d——颗粒直径，m；

d_p——球形直径或与非球形颗粒等体积球形颗粒直径，m；

D_b——流化床直径，m；

g——重力加速度，m/s^2；

G——气体质量流速，$kg/(m^2 \cdot s)$；

G_s——加料速度，kg/s；

L——床层高度，m；

L_{mf}——临界流化床层高度，m；

u——操作速度，m/s；

u_{mf}——临界流化速度，m/s；

u_t——带出速度，m/s；

R——固气比，kg 固/kg 气；

Re——雷诺数；

Re_{mf}——临界条件下颗粒雷诺数；

ε——颗粒床层空隙率；

μ——流体黏度，$Pa \cdot s$；

ϕ_s——颗粒球形度，无量纲；

m——床层颗粒总质量，kg；

ρ_p——颗粒密度，kg/m^3；

ρ——流体密度，kg/m^3；

ε——堆积密度，kg/m^3；

Δp——床层压降，Pa；

ρ'——松密度，kg/m^3；

λ_a——摩擦系数，无量纲；

Δp_a——输送管压力损失，Pa；

ζ——气力输送时弯管局部阻力系数，无量纲。

习题

4-1 在内径为 1.2m 的丙烯腈流化床反应器中，堆放了 3.62t 磷钼酸铋催化剂，其颗粒密度为 $1100kg/m^3$，堆积高度为 5m，流化后床层高度为 10m，试求：

(1) 固定床空隙率；

(2) 流化床空隙率；

(3) 流化床压降。

4-2 流化床干燥器中待干燥物的颗粒直径为 0.5mm，相对密度为 1.4，静床高为 0.3m。热空气在床中的平均温度为 200℃，试求流化床的压降(mmH_2O)，并求起始流化速度。为了简化计算，空气可假设为常压下干空气，待干燥物的颗粒可视为球形，ε 可取为 0.4。

4-3 相对密度为 0.9,黏度为 3×10^{-3}Pa·s 的油品由下往上通过催化剂床层,床层由直径为 0.1mm,相对密度为 2.6 的均匀球形颗粒所组成,流化点的空隙率为 0.436,试求:

(1) 流化点的临界速度;

(2) 流化床能够存在的油品流速的上限。

4-4 平均直径为 0.2mm 的催化剂颗粒,在 200℃的气流中流化,气体的物理性质可近似地视为与空气相同。颗粒的特性如下:

密度 $\rho_p = 1500$kg/m^3;

球形度 $\phi = 0.8$;

固定床空隙率 $\varepsilon = 0.45$;

开始流化时空隙率 $\varepsilon_{mf} = 0.48$。

操作气速取为 0.15mm 颗粒带出速度的 0.4 倍,已估计出此时流化床的空隙率 $\varepsilon_f = 0.65$,试求:

(1) 起始流化速度;

(2) 操作气流速度;

(3) 流化数;

(4) 操作气速下每米流化床的压降;

(5) 膨胀比。

4-5 固体颗粒在内径为 0.1m 的管内作水平输送,在 10m 长的距离上,两端颗粒随气流运动均悬浮良好,求此 10m 长管路的压降。已知数据如下:

固体颗粒:$d_p = 0.2$mm(视为球形颗粒),$\rho_p = 2000$kg/m^3;

气体:$u = 20$m/s,$\rho = 1$kg/m^3,$\mu = 2 \times 10^{-5}$Pa·s

固气比:$R = 10$。

第5章 传热及换热设备

5.1 概述

5.1.1 传热过程在石油加工和石油化工中的应用

传热就是热量传递过程。石油加工和几乎所有的化工过程都是在一定的温度和压力下进行的，不论是原料、中间产品，还是产品，都要根据生产工艺要求，进行加热和冷却。如原油在 365℃ 左右进行常压蒸馏、重油在 405℃ 左右进行减压蒸馏（其真空度为 720mmHg 左右），经过蒸馏所得到的汽油、煤油、柴油等产品又要冷却到 25 ~ 40℃ 左右；再如氮肥生产中，氮气与氢气的混合气体要在一定压力和 500℃ 左右的高温才能在催化剂的作用下合成氨，而氨与未反应的氮气、氢气的分离，则需要经过冷却与冷凝把混合气中的氨以液体形式分离出来。可见，传热过程在石油加工和化工过程中的应用十分广泛。除了生产中原料和产品的加热和冷却外，还常常将生产中排出的高温气体或液体中的热量通过换热加以回收利用；再有一些高温设备和管道的保温以及低温设备和管道的隔热，目的是消弱和抑制热量的传递。这些都是为了节约能源和维持操作稳定进行。因此，传热过程在石油加工和化工生产中占有很重要的地位。此外，人们日常生活也与传热过程密切相关。

5.1.2 传热的基本方式

热的传递是由于物体内部或物体之间的温度不同而引起的。温度差是传热的必要条件，也是传热过程的推动力。根据传热机理的不同，传热的基本方式有传导、对流和辐射。

1. 传导

传导又称热传导，简称导热。其机理是当物体内部或直接接触的物体之间存在温度差异时，物体中温度较高部分的分子因振动而与相邻分子碰撞，并传递能量，结果热量就从物体温度较高的部分传给温度较低的部分，这种传热方式称为传导，其特点是物体中的分子或质点不发生宏观的位移。

2. 对流

对流又称对流传热。对流传热仅发生在流体中，即当流体中质点发生相对位移和混合时，将热量由一处传递到另一处的传热方式。依据流体质点相对移动的原因不同，对流传热又分为自然对流和强制对流。前者系指流体质点的相对位移是由于流体内部各处冷、热流体的密度差异所致；后者系指借助外加机械能使流体发生运动所致。工程上常将流体和固体壁面之间的传热称为对流传热。

3. 辐射

辐射又称热辐射，是一种通过电磁波传递热量的过程。任何物体，温度只要在绝对零度以上，都会把其热能以电磁波的形式向周围空间发射辐射热，当遇到另一物体，部分或全部地被接收后，又重新转变为热能，这种传热方式称为热辐射。热辐射的特点是不需要任何物质作媒介，且不仅传递热量，还伴随着能量形式的转移。热辐射只有在高温下的物体之间温差很大时才能成为主要的传热方式。

实际上，上述三种传热方式，很少单独存在，往往是两种或三种方式同时出现。本章着重讨论以对流和导热方式进行的传热（或称换热）及换热设备，而热辐射的基础知识将在第六节中进行简要介绍。

5.1.3　工程上常用的换热方法

在工程中所遇到的换热大多为冷、热两股流体之间的换热。尽管各自的换热目的不同，具体换热的流体种类、温度和压力也不一样，但就其工作原理和所用的换热设备的类型来说通常可分为以下三种。

1. 混合式换热

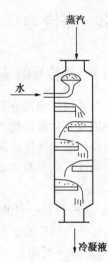

混合式换热是冷、热两流体在直接接触和混合中进行的。例如，乙醇水溶液的精馏塔，塔釜中液体可以采取间接蒸汽加热，也可采用直接蒸汽加热。当采用直接蒸汽加热时，即把蒸汽直接通入釜内液体中，用蒸汽冷凝放出的热量来加热液体。生产中常用的混合式换热器有凉水塔、湿式混合冷凝器等，图5-1所示为一湿式混合冷凝器。混合式换热方法仅适用于无须回收的蒸汽冷凝，或其凝液不要求很纯的物料，允许冷热两种流体直接接触混合的场合。混合式换热具有传热速度快、效率高、设备简单等优点。

2. 蓄热式换热

又称蓄热器。蓄热式换热就是在蓄热器中进行，如图5-2所示。蓄热器内装有耐火砖之类的蓄热介质（填充物），通常有两个蓄热器交替使用，即切换操作。当热流体通过蓄热器时，是加热期，热量被蓄热介质吸收，其温度升高，即储蓄了热量；当冷流体流过

图5-1　湿式混合冷凝器

时，为冷却期，蓄热介质把所储蓄的热量又传给冷流体。这样反复交替进行，利用蓄热介质蓄热和放热来达到冷、热两流体交换热量的目的。这种换热方式在冶金工业和石油裂解中多见，而在石油化工生产中用的并不多，因为在石油化工生产中多数情况下不允许换热的两流体在换热过程中有混合现象发生。

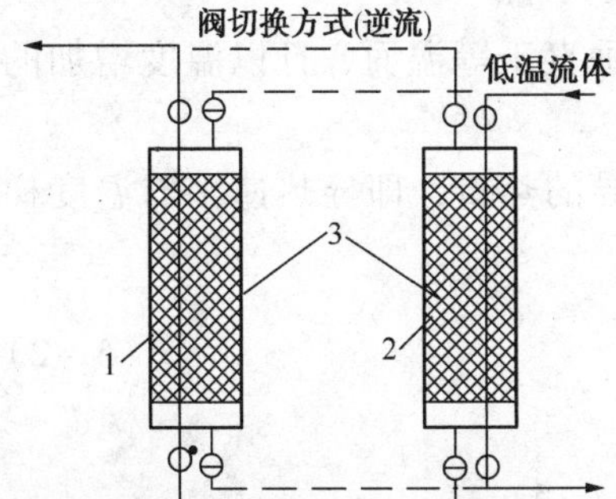

图5-2　蓄热式换热器
1、2—蓄热器；3—蓄热介质

3. 间壁式换热

间壁式换热就是冷、热两流体被一个固体壁（多用金属）隔开，当两流体在壁面两侧流动时，热量由热流体的一侧通过壁面传给另一侧的冷流体，这样既可避免两种流体混合，又能达到冷、热流体换热的目的。实现这种换热方式的设备，称为间壁式换热器。间壁换热器类型很多，如图5-3所示的套管式换热器是一种间壁式换热器，它是由两根直径不同的管子套在一起组成的，两流体分别流经内管和内、外管形成的环隙空间，通过管壁进行换热。间壁式换热器在石油加工和石油化工工业中的应用极为广泛，各种间壁式换热器的结构和特点将在第五节介绍。

— 121 —

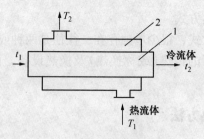

图 5 - 3　套管换热器示意图

1—内管；2—外管

5.2　热传导

5.2.1　热传导的基本定律——傅立叶定律

只要物体内部有温差存在，就有热量从高温部分向低温部分传导。所以，热传导与物体内部的温度分布密切相关。

任一瞬间物体内部或空间中各点温度的分布，称为温度场。温度场与时间、空间位置有关，可用下列函数关系表示，即

$$t = f(x,y,z,\tau) \tag{5-1}$$

式中　t——任一点的温度；

x，y，z——该点的空间坐标；

τ——时间。

如果温度场内各点温度随时间而改变，则称为不稳定的温度场；若温度不随时间而改变，则称为稳定温度场。

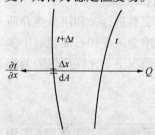

图 5 - 4　等温面、温度梯度及导热速率

将温度场中同一时刻相同温度的各点联接起来形成的面，称为等温面。因为空间同一点不能同时具有两个不同的温度，所以不同的等温面彼此不能相交。温度差 Δt 与两等温面间距离 Δx 比值的极限称为温度梯度，即

$$\lim_{\Delta x \to 0} \frac{\Delta t}{\Delta x} = \frac{\partial t}{\partial x}$$

温度梯度是向量，其方向垂直于等温面，且以温度增加的方向为正，如图 5 - 4 所示。

实验证明，单位时间内传导的热量，即导热速率与温度梯度及垂直于热流方向的截面积成正比，即

$$dQ = -\lambda dA \frac{\partial t}{\partial x} \tag{5-2}$$

式中　Q——导热速率，W；

A——垂直于热流方向的表面积，即导热面积，m^2；

λ——比例系数，称为物质的导热系数，W/(m·K)，或 W/(m·℃)。

式（5 - 2）中的负号是指热流方向与温度梯度方向相反。如图 5 - 4 所示，热量是从高温向低温传递。

式(5-2)为导热速率方程，也称傅立叶定律。

5.2.2 导热系数

导热系数是衡量物质导热能力的一个物理量，其定义表达式可由式(5-2)得

$$\lambda = -\frac{dQ}{dA \cdot \frac{\partial t}{\partial x}} \tag{5-2a}$$

由上式可见，导热系数在数值上等于一个厚度为 $1m$、表面积为 $1m^2$ 的平壁两侧表面温差为 $1℃$ 时，单位时间传导的热量。导热系数是表征物质导热能力的一个参数，为物质的一种物理性质，其值与物质的组成、结构、密度、温度和压力等因素有关。各物质的导热系数值，可用实验测定。一般来说，金属的导热系数最大，非金属的固体次之，液体的较小，而气体的导热系数最小。

1. 固体的导热系数

常用的固体导热系数见附录6。在所有的固体中，金属是最好的导热体。纯金属的导热系数一般随温度的升高而降低。金属的导热系数大都随其纯度的增加而增大，如含碳为1%的普通碳钢的导热系数为45W/(m·K)，而不锈钢(即合金钢)的导热系数约为16W/(m·K)。

非金属建筑材料或绝热材料的导热系数与温度、组成和结构的紧密程度有关。通常其 λ 值随密度的增加而增大，也随温度的升高而增大。

对大多数均质固体材料，其导热系数与温度近似成直线关系，即

$$\lambda = \lambda_0(1 + at) \tag{5-3}$$

式中 λ ——固体在温度为 $t℃$ 时的导热系数，W/(m·K)；

λ_0 ——固体在 $0℃$ 时的导热系数，W/(m·K)；

a ——温度系数，$1/℃$。对大多数金属材料为负值，而对大多数非金属材料为正值。

在工程计算中，对于各处温度不同的固体，其导热系可以取固体两侧面温度的 λ 的算术平均值，即 $\lambda = (\lambda_1 + \lambda_2)/2$，这在导热系数随温度呈线性关系时，可得到足够正确的结果。此外，导热系数也可由物体温度 t 的算术平均值从有关图和表中查得。在工程计算中，一般都采用平均导热系数。

2. 液体的导热系数

液体分金属液体和非金属液体两类，前者导热系数较高，后者较小。在非金属液体中，水的导热系数最高。除水和甘油外，绝大多数液体的导热系数均随温度的升高而略有减小。一般说来，溶液的导热系数低于纯液体的导热系数。表5-1和图5-5列举了某些液体的导热系数。

3. 气体的导热系数

气体的导热系数随温度的升高而增大，在通常的压力范围内，气体的导热系数随压力的增减变化很小，可忽略不计。只有在压力大于 $1.96 \times 10^5 kPa$ 或小于 $2.67kPa$ 时，才考虑压力对导热系数的影响，此时导热系数随压力的增高而增大。气体的导热系数很小，对导热不利，但对保温有利。在工程上可利用气体的这一特点进行保温和绝热，如玻璃棉等，就是因其空隙中有气体，所以其导热系数较小，是良好的保温材料。常见气体的导热系数列于表5-2和图5-6中。

表 5-1 液体的导热系数

| 液 体 | 温度/℃ | 导热系数 λ | | 液 体 | 温度/℃ | 导热系数 λ | |
		W/(m·℃)	kcal[①]/(h·m·℃)			W/(m·℃)	kcal[①]/(h·m·℃)
50%的醋酸	20	0.35	0.3	40%的甘油	20	0.45	0.387
丙酮	30	0.17	0.146	正庚烷	30	0.14	0.12
苯胺	0~20	0.17	0.146	水银	28	8.36	7.19
苯	30	0.16	0.1375	90%的硫酸	30	0.36	0.314
30%的氧化钙盐水	30	0.55	0.478	60%的硫酸	30	0.43	0.37
80%的乙醇	20	0.24	0.206	水	30	0.62	0.533
60%的甘油	20	0.38	0.326	水	60	0.66	0.568

① 1kcal = 4.18kJ。

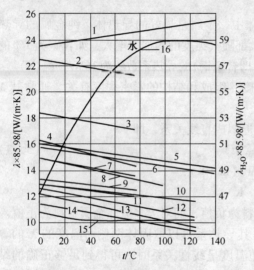

图 5-5 液体的导热系数

1—无水甘油；2—蚁酸；3—甲醇；4—乙醇；5—蓖麻油；6—苯氨；7—醋酸；8—丙酮；9—丁醇；10—硝酸苯；11—异丙醇；12—苯；13—甲苯；14—二甲苯；15—凡士林；16—水(用右边的比例尺)

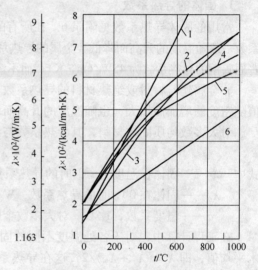

图 5-6 几种气体的导热系数

1—水蒸气；2—O_2；3—CO_2；4—空气；5—N_2；6—Ar

表 5-2 几种气体的导热系数

| 气 体 | 温度/℃ | 导热系数 λ | | 气 体 | 温度/℃ | 导热系数 λ | |
		W/(m·℃)	kcal[①]/(h·m·℃)			W/(m·℃)	kcal[①]/(h·m·℃)
氢	0	0.17	0.146	水蒸气	100	0.025	0.0215
二氧化碳	0	0.015	0.0129	氮	0	0.024	0.0206
空气	0	0.024	0.0206	乙烯	0	0.017	0.0146
空气	100	0.031	0.0266	氧	0	0.024	0.0206
甲烷	0	0.029	0.025	乙烷	0	0.018	0.0155

① 1kcal = 4.18kJ。

5.2.3　稳定导热的计算

所谓稳定导热，是指在导热的过程中导热面上的温度不随时间而变化的情况，其特点是导热速率是一个常量；相反，若在导热的过程中，导热面上的温度随时间而变化，这就是不稳定导热。显然，不稳定导热的导热速率也是随时间变化的。在石油加工和石油化工生产过程中的导热多属稳定导热，故下面只讨论稳定导热计算。

在工程上的导热通常是以平壁和圆筒壁的导热进行的，现分述如下。

5.2.3.1　平壁的稳定导热计算

1. 单层平壁的导热

如图 5-7 所示，为一壁厚为 b、壁的面积为 A 的由均质材料构成的平壁，其材料的导热系数 λ 不随温度变化，视为常数；平壁的温度只沿着垂直于壁面的 x 轴方向变化，平壁两侧表面上的温度恒定为 t_1 和 t_2，且 $t_1 > t_2$。假定平壁面与厚度相比是很大的，故可忽略从平壁边缘上的热损失。对于这种稳定的一维平壁热传导，Q 及 A 均为常数，故根据傅立叶定律，平壁的导热速率为

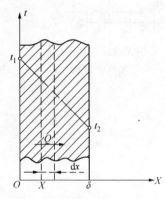

图 5-7　单层平壁稳定传热

$$Q = -\lambda A \frac{\mathrm{d}t}{\mathrm{d}x}$$

当 $x = 0$ 时，$t = t_1$；当 $x = b$ 时，$t = t_2$。对上式分离变量进行积分，则得

$$\int_{t_1}^{t_2} \mathrm{d}t = -\frac{Q}{\lambda A}\int_0^b \mathrm{d}x$$

积分得

$$Q = \lambda A \frac{t_1 - t_2}{b} = \frac{t_1 - t_2}{\dfrac{b}{\lambda A}} = \frac{\Delta t}{R} \tag{5-4}$$

或

$$q = \frac{Q}{A} = \frac{t_1 - t_2}{\dfrac{b}{\lambda}} = \frac{\Delta t}{R'} \tag{5-4a}$$

式(5-4)为单层平壁稳定导热速率方程式。式中 $\Delta t = t_1 - t_2$ 为导热推动力，单位为 K（或℃）；$R = b/\lambda A$ 为导热阻力，称导热热阻，单位为 K/W（或℃/W）。

因为对稳定导热，导热速率 Q 为常量，因此导热推动力与导热热阻成正比关系。故对导热系数又为常数的单层平壁稳定导热，平壁内的温度随壁厚变化为直线；如导热系数不是常数，随温度变化，那么壁内的温度变化关系就不是直线。

【**例 5-1**】现有一厚度为 240mm 的砖壁，内、外壁温度分别为 550℃和 200℃。已知在该温度范围内砖壁的平均导热系数为 0.814W/(m·K)，试求通过每平方米砖壁的导热速率。

解：由式(5-4)可得

$$q = \frac{Q}{A} = \frac{t_1 - t_2}{\dfrac{b}{\lambda}} = \frac{0.814}{0.24} \times (550 - 200) = 1.19 \times 10^3 \text{ W/m}^2$$

2. 多层平壁的导热

工程上常见的是两层和两层以上的多层平壁。如图 5-8 所示，为一个三层平壁。各层

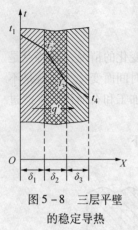

图 5 - 8 三层平壁
的稳定导热

壁厚分别为 b_1、b_2、b_3，各层材质均匀，其导热系数分别为 λ_1、λ_2、λ_3，皆视为常数。层与层之间接触良好，相互接触处温度相等，各层表面温度分别为 t_1、t_2、t_3、t_4，且各面温度只沿 x 轴方向变化，设 $t_1 > t_2 > t_3 > t_4$。平壁的面积为 A。

根据傅立叶定律，参照单层平壁导热速率的方程式，各层平壁的导热速率方程式分别为

$$Q_1 = \lambda_1 A \frac{t_1 - t_2}{b_1}$$

或

$$Q_1 \frac{b_1}{\lambda_1 A} = t_1 - t_2 = \Delta t_1 \tag{a}$$

$$Q_2 = \lambda_2 A \frac{t_2 - t_3}{b_2}$$

或

$$Q_2 \frac{b_2}{\lambda_2 A} = t_2 - t_3 = \Delta t_2 \tag{b}$$

$$Q_3 = \lambda_3 A \frac{t_3 - t_4}{b_3}$$

或

$$Q_3 \frac{b_3}{\lambda_3 A} = t_3 - t_4 = \Delta t_3 \tag{c}$$

对稳定导热，即 $Q_1 = Q_2 = Q_3 = Q$，将以上三式相加，经过整理，则

$$Q = \frac{\Delta t_1 + \Delta t_2 + \Delta t_3}{\dfrac{b_1}{\lambda_1 A} + \dfrac{b_2}{\lambda_2 A} + \dfrac{b_3}{\lambda_3 A}} = \frac{t_1 - t_4}{\dfrac{b_1}{\lambda_1 A} + \dfrac{b_2}{\lambda_2 A} + \dfrac{b_3}{\lambda_3 A}} \tag{5-5}$$

或

$$Q = \frac{\Delta t_1 + \Delta t_2 + \Delta t_3}{R_1 + R_2 + R_3} = \frac{t_1 - t_4}{R_1 + R_2 + R_3} \tag{5-6}$$

式(5-5)和式(5-6)为三层平壁稳定导热速率方程式，表明总热阻等于各层热阻之和，总推动力为各层推动力之和或等于三层平壁两侧总的温度之差，这与电学中若干个电阻串联时的导电现象类似。

同样，由于温度差与热阻成正比，所以热阻越大，分配于该层的温度差也就越大。故尽管各层的温度分布为直线，但由于各层的热阻一般不相等，所以整个壁内温度分布为一折线，如图 5-8 所示。

同理，对具有 n 层的平壁，其导热速率方程式为

$$Q = \frac{\Delta t_1 + \Delta t_2 + \cdots\cdots + \Delta t_n}{\dfrac{b_1}{\lambda_1 A} + \dfrac{b_2}{\lambda_2 A} + \cdots\cdots + \dfrac{b_n}{\lambda_n A}} = \frac{t_1 - t_{n+1}}{\sum\limits_{i=1}^{n} R} \tag{5-7}$$

【例 5 -2】某平壁加热炉的炉壁由一层耐火砖和一层普通砖砌成，两层均为 100mm 厚，其导热系数分别为 $1.05W/(m \cdot ℃)$ 和 $0.9W/(m \cdot ℃)$。待操作稳定之后，测得炉壁的内表面和外表面温度分别为 700℃ 和 130℃。为减少加热炉的热损失，在普通砖的外表面附加一层厚度为 40mm、导热系数为 $0.06W/(m \cdot ℃)$ 的保温层。待操作稳定之后，又测得炉壁的内、外表面温度分别为 740℃ 和 90℃，设原来两层的导热系数不变，试计算加上保温层之后炉壁的热损失比原来的减少百分之几？

解：根据式(5-7)，原来两层平壁的单位炉壁面积的热损失为

$$q = \frac{Q}{A} = \frac{t_1 - t_3}{\dfrac{b_1}{\lambda_1} + \dfrac{b_2}{\lambda_2}} = \frac{700 - 130}{\dfrac{0.1}{1.05} + \dfrac{0.1}{0.9}} = 2.762 \times 10^3 \text{ W/m}^2$$

加保温层后，为三层平壁，其单位炉壁面积的热损失为

$$q' = \frac{Q'}{A} = \frac{t'_1 - t'_4}{\dfrac{b_1}{\lambda_1} + \dfrac{b_2}{\lambda_2} + \dfrac{b_3}{\lambda_3}} = \frac{740 - 90}{\dfrac{0.1}{1.05} + \dfrac{0.1}{0.9} + \dfrac{0.04}{0.06}} = 744.6 \text{ W/m}^2$$

故增加保温层后，热损失比原来减少的百分数为：$\dfrac{q - q'}{q} = \dfrac{2762 - 744.6}{2762} = 73\%$

5.2.3.2 圆筒壁的稳定导热计算

在石油加工和石油化工中，所用的设备、管道及换热器多为圆筒形，因此常常遇到圆筒壁的导热问题。圆筒壁的导热与平壁的导热所不同的是圆筒壁的导热面积不是常数，而是随半径变化的，同时温度也随半径而变。圆筒壁同样分单层圆筒壁和多层圆筒壁，以下分别讨论它们的稳定导热计算问题。

1. 单层圆筒壁的导热

如图5-9所示，为一单层圆筒壁的导热示意图。设其长度为L，内、外半径分别为r_1、r_2，内、外壁面温度分别为t_1、t_2，且$t_1 > t_2$。若在半径r处沿半径方向取微分厚度为dr的薄壁圆筒，此处的导热面积$A = 2\pi r L$，可视为定值。通过该薄层圆筒的温度变化为dt。根据傅立叶定律，并仿照平壁导热速率方程式，则通过该薄圆筒壁的导热速率为

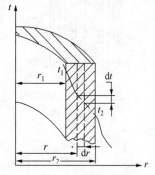

$$Q = -\lambda A \frac{dt}{dr} = -\lambda(2\pi r L)\frac{dt}{dr} \qquad (5-8)$$

式中的负号表示热流的方向和温度增加的方向相反，即热量是从温度较高的内壁向温度较低的外壁传递，而温度增加的方向是从外壁到内壁。

对一定长度的圆筒壁的稳定导热，L和Q是常数，壁面材料的导热系数λ取平均值，可视为常数，则式(5-8)中只有两个变量，即r、t。故可将式(5-8)分离变量进行积分，则得

图5-9 单层圆筒壁导热

$$\int_{t_1}^{t_2} dt = \int_{r_1}^{r_2} -\frac{Q}{2\pi L\lambda} \cdot \frac{dr}{r}$$

整理得

$$Q = \frac{2\pi \lambda L(t_1 - t_2)}{\ln \dfrac{r_2}{r_1}} \qquad (5-9)$$

式(5-9)为单层圆筒壁导热速率方程式。为了便于理解，经过转换，将式(5-9)可改写成式(5-4)的形式，即

$$Q = \frac{2\pi(r_2 - r_1)\lambda L(t_1 - t_2)}{(r_2 - r_1)\ln \dfrac{r_2}{r_1}} = \frac{2\pi r_m L\lambda(t_1 - t_2)}{b} = \frac{A_m \lambda}{b}(t_1 - t_2) = \frac{t_1 - t_2}{\dfrac{b}{\lambda A_m}} = \frac{\Delta t}{R}$$

$$(5-10)$$

式中 b——圆筒壁的厚度，$b = r_2 - r_1$，m；

r_m——圆筒壁的对数平均半径，$r_m = \dfrac{r_2 - r_1}{\ln \dfrac{r_2}{r_1}}$，m；

A_m——圆筒壁的内、外表面的对数平均面积，m^2。

若圆筒壁的厚度较薄，如。$r_2/r_1 < 2$，r_m 也可用 r_1 和 r_2 的算术平均值 $r_m = (r_1 + r_2)/2$ 近似计算。此时，使用算术平均值的误差小于 4%，此误差在工程计算中是允许的。

2. 多层圆筒壁的导热

工程上，在圆筒形设备或管道外包有保温层，或者在设备内表面有污垢层，这样就形成了多层圆筒壁的导热。如图 5 - 10 所示，是长度为 L 的三层圆筒壁，假定各层壁厚分别为 $b_1 = r_2 - r_1$，$b_2 = r_3 - r_2$，$b_3 = r_4 - r_3$，各层材料的导热系数分别为 λ_1、λ_2 和 λ_3，均视为常数。层与层之间接触良好，相互接触的表面温度相等，各等温面皆为同心圆筒面。

因为热由多层圆筒壁的最内壁传导到最外壁时，要依次经过各层，所以多层圆筒壁的导热过程可视为各单层圆筒壁串联进行的导热过程，则每层的导热速率分别为：

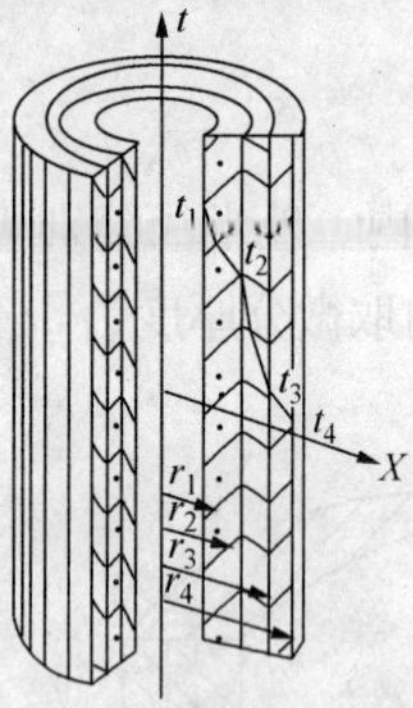

图 5 - 10　三层圆筒
　　　　壁的导热

第一层　　$Q_1 = \dfrac{2\pi L \lambda_1 (t_1 - t_2)}{\ln \dfrac{r_2}{r_1}}$

即　　$\dfrac{Q_1}{2\pi L \lambda_1} \ln \dfrac{r_2}{r_1} = t_1 - t_2$

第二层　　$Q_2 = \dfrac{2\pi L \lambda_2 (t_2 - t_3)}{\ln \dfrac{r_3}{r_2}}$

即　　$\dfrac{Q_2}{2\pi L \lambda_2} \ln \dfrac{r_3}{r_2} = t_2 - t_3$

第三层　　$Q_3 = \dfrac{2\pi L \lambda_3 (t_3 - t_4)}{\ln \dfrac{r_4}{r_3}}$

即　　$\dfrac{Q_3}{2\pi L \lambda_3} \ln \dfrac{r_4}{r_3} = t_3 - t_4$

对稳定导热过程，多层圆筒壁的导热速率亦即各层单层圆筒壁的导热速率，即 $Q_1 = Q_2 = Q_3 = Q$。所以将以上三式相加，并经过整理可得

$$Q = \frac{2\pi L (t_1 - t_4)}{\dfrac{1}{\lambda_1} \ln \dfrac{r_2}{r_1} + \dfrac{1}{\lambda_2} \ln \dfrac{r_3}{r_2} + \dfrac{1}{\lambda_3} \ln \dfrac{r_4}{r_3}} \tag{5 - 11}$$

式（5 - 11）即为三层圆筒壁的导热速率方程式。

同理，对于 n 层圆筒壁，其导热速率可以表示为

$$Q = \frac{2\pi L (t_1 - t_{n+1})}{\dfrac{1}{\lambda_1} \ln \dfrac{r_2}{r_1} + \dfrac{1}{\lambda_2} \ln \dfrac{r_3}{r_2} + \cdots\cdots + \dfrac{1}{\lambda_n} \ln \dfrac{r_{n+1}}{r_n}} = \frac{t_1 - t_{n+1}}{R_1 + R_2 + \cdots\cdots + R_n} = \frac{t_1 - t_{n+1}}{\sum\limits_{i=1}^{n} R_i}$$

$$\tag{5 - 12}$$

由式（5 - 11）和式（5 - 12）可见，多层圆筒壁导热推动力为总温度差，其总热阻等于串联的各层热阻之和。

【例 5 - 3】 现有一直径为 $\phi 170 \times 5mm$ 的蒸汽管道，管内壁温度为 169℃，钢管管壁的导热系数为 45W/(m·℃)。为了减少热损失，在管外壁先包一层 40mm 厚的氧化镁粉，其平均导热系数为 0.7W/(m·℃)，再包一层 20mm 厚的石棉灰，其平均导热系数为 0.17W/(m·℃)，测得石棉灰层外表面温度为 40℃。

试求：(1) 每米蒸汽管长的热损失；
(2) 氧化镁粉层与石棉灰层之间的温度 t_3；
(3) 管外壁与氧化镁粉层之间的温度 t_2。

解：(1) 已知

$$r_1 = \frac{170 - 5 \times 2}{2} = 80mm = 0.08m \qquad r_2 = \frac{170}{2} = 85mm = 0.085m$$

$$r_3 = 85 + 40 = 125mm = 0.125m \qquad r_4 = 125 + 20 = 145mm = 0.145m$$

$$\lambda_1 = 45W/(m \cdot K) \qquad \lambda_2 = 0.07W/(m \cdot K) \qquad \lambda_3 = 0.17W/(m \cdot K)$$

$$t_1 = 169℃ \qquad t_2 = 40℃$$

由式(5-11)可得每米管长的热损失为

$$q_L = \frac{Q}{L} = \frac{2\pi(t_1 - t_4)}{\frac{1}{\lambda_1}\ln\frac{r_2}{r_1} + \frac{1}{\lambda_2}\ln\frac{r_3}{r_2} + \frac{1}{\lambda_3}\ln\frac{r_4}{r_3}}$$

$$= \frac{2\pi(169 - 40)}{\frac{1}{45}\ln\frac{0.085}{0.08} + \frac{1}{0.07}\ln\frac{0.125}{0.085} + \frac{1}{0.17}\ln\frac{0.145}{0.125}} = 127W/m$$

(2) 根据式(5-9)，石棉灰层的导热速率为

$$q_L = \frac{2\pi\lambda_3(t_3 - t_4)}{\ln\frac{r_4}{r_3}} = \frac{2\pi \times 0.17 \times (t_3 - 40)}{\ln\frac{0.145}{0.125}} = 7.2(t_3 - 40)$$

则

$$t_3 = \frac{q_L}{7.2} + 40 = 57.6℃$$

(3) 同理，根据式(5-9)，钢管管壁的导热速率为

$$q_L = \frac{2\pi\lambda_1(t_1 - t_2)}{\ln\frac{r_2}{r_1}} = \frac{2\pi \times 45 \times (169 - t_2)}{\ln\frac{0.085}{0.08}} = 4664(169 - t_2)$$

则

$$t_2 = 169 - \frac{q_L}{4664} = 168.97℃$$

由以上计算结果可知，因管壁的热阻很小，故管内外壁温度基本相同。经 40mm 厚的氧化镁粉层的温降为 168.97 - 57.6 = 111.4℃，经 20mm 厚的石棉层的温降为 57.6 - 40 = 17.6℃。

5.3 对流传热

5.3.1 对流传热过程分析

对流传热是指流体与固体壁面间的传热过程，即由热流体将热传给壁面，或由壁面将热传给冷流体。这种对流传热多是在流体流动的过程中发生的热量传递过程，所以与流体的流

动状况密切相关。工程上常用的间壁式换热器中的传热，除了在壁面内以导热方式传递热量外，流体与壁面之间的热交换，就是对流传热

在第一章流体流动中已指出，流体流动类型有两种——层流和湍流，而且当流体为湍流时，无论湍流程度多大，紧邻壁面处总有一薄层的层流底层存在，只是流体湍流程度越大，其层流底层越薄罢了。当流体作层流时，由于各层流体质点平行流动，在垂直于流体流动方

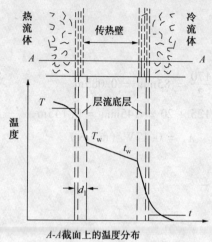

图 5 – 11　流体流动情况和对流传热时的温度分布情况

向上的热量传递，主要以导热(也有较弱的自然对流)的方式进行，对于层流底层内的热量传递也是这样。由于大多数流体的导热系数较小，致使层流底层中的导热热阻就很大，因此温差也较大。在湍流主体中，由于流体质点的剧烈混合，使湍流主体中的温度基本上相同，而在湍流主体与层流底层之间的缓冲层内的热量传递是导热和对流均起作用，使该层内温度变化比较缓慢。图 5 – 11 表示流体在壁面两侧的流动情况及与流体流动方向垂直的某一截面 $A - A$ 上的温度分布情况。

从图 5 – 11 由及上述分析可见，对流传热的热阻主要集中在层流底层，因此该层所需要的传热推动力(即温度差)就比较大，故减薄层流底层的厚度，是强化对流传热的重要途径。

5.3.2　对流传热速率方程式——牛顿冷却定律

对流传热是一个复杂的过程，其影响因素很多，对流传热的纯理论计算是相当困难的。为了计算方便起见，目前采用了一种简化处理的方法，即将对流传热时流体的全部热阻集中在厚度为 δ_t 的有效膜内，如图 5 – 11 所示。这样，就可以用比较简单的有效膜内的导热来近似表示流体与壁面间的复杂对流传热。因此，仿照式(5 – 2)，对流传热速率可表示为

$$Q = \lambda A \frac{\Delta t}{\delta_t}$$

由于有效膜的厚度难以测定，所以通常以 α 代替上式中的 λ/δ_t，则上式变为

$$Q = \alpha A \Delta t \qquad (5 - 13)$$

式中　Q——对流传热速率，W；

　　　A——传热面积，m^2；

　　　Δt——对流传热温度差，即流体与壁面间温度差($T - T_w$)或($t_w - t$)，其中 T 为热流体的平均温度，T_w 为热流体侧壁面的平均温度，t 为冷流体的平均温度，t_w 为冷流体侧壁面的平均温度，℃；

　　　α——对流传热系数，$W/(m^2 \cdot K)$ 或 $W/(m^2 \cdot ℃)$。

式(5 – 13)是对流传热速率方程式，又称牛顿冷却定律。同样，式(5 – 13)可表示成

$$Q = \frac{\Delta t}{\frac{1}{\alpha A}} = \frac{\Delta t}{R} \qquad (5 - 14)$$

R 为对流传热热阻。上式表明了对流传热速率等于对流传热推动力与对流传热热阻之比。

牛顿冷却定律并非理论推导的结果，而是一种推论，即对流传热速率与对流传热面积大小、流体与壁面之间的平均温度差成正比。大量实践证明，这一推论是正确的。但该定律本身并未揭示对流传热过程的机理和本质，只是把影响对流传热的复杂因素都集中在对流传热系数 α 中了。因此，如何确定各种具体情况下的对流传热系数值，是对流传热计算的关键。

5.3.3 对流传热系数的主要影响因素

上已述及，把影响对流传热的因素都集中在对流传热系数 α 中，而影响对流传热系数的因素很多。实验证明，主要的影响因素有：

（1）流体的状态：液体、气体、蒸汽的对流传热系数 α 值不同；流体在传热过程中是否有相变，其对流传热系数 α 值也不同，有相变化时的对流传热系数比无相变化时大得多；

（2）流体的物理性质：影响较大的物理性质有比热容 c_p、导热系数 λ、密度 ρ 和黏度 μ；

（3）流体的流动状态：层流、过渡流或湍流；

（4）流体对流的状况：自然对流或强制对流；

（5）传热表面的形状、位置及大小：如管、板、管束、管径、管长、管子排列方式、垂直放置或水平放置等。

综上所述，影响对流传热系数的因素很多，故对流传热系数的确定是一个极其复杂的问题。下面进一步讨论对流传热系数与诸影响因素间的具体关系式。

5.3.4 对流传热系数的一般关联式

综合以上影响因素，影响对流传热系数的主要因素可用下式表示

$$\alpha = f(u,l,c_p,\lambda,\rho,\mu,\beta,\Delta t) \tag{5-15}$$

由于影响 α 的因素很多，要建立一个通式来计算各种情况下的 α 是很困难的；同时，目前尚不能推导出计算 α 的理论公式，而只能通过实验测定。为了减少实验工作量，先将这些影响因素经过分析组成若干准数，然后再用实验的方法确定这些准数之间的关系，从而得到适合于某一情况下计算 α 的具体准数关联式。

如对流体无相变化时的对流传热，得到的准数关联为

$$Nu = F(Re,Pr,Gr) \tag{5-16}$$

或

$$Nu = CRe^m Pr^n Gr^i \tag{5-16a}$$

式(5-16)和式(5-16a)为流体无相变化时的对流传热系数的一般准数关联式，式中 C 和 m、n、i 为待定系数和指数，式中各准数的名称和涵义列于表5-3。

表5-3 准数的名称和涵义

准数名称	符号	准数式	涵　义
努赛尔准数	Nu	$\dfrac{\alpha l}{\lambda}$	表示对流传热系数的准数，亦名对流传热准数或给热准数
雷诺准数	Re	$\dfrac{lu\rho}{\mu}$	确定流体流动型态的准数，亦名流型准数
普兰特准数	Pr	$\dfrac{c_p\mu}{\lambda}$	表示物理性质影响的准数，亦名物性准数
格拉斯霍夫准数	Gr	$\dfrac{\beta g\Delta t l^3 \rho^2}{\mu^2}$	表示自然对流影响的准数，亦名升力准数

各准数中物理量的意义为：

α——对流传热系数，$W/(m^2 \cdot K)$ 或 $W/(m^2 \cdot ℃)$；

u——流体的流速，m/s；

l——传热面的特征尺寸，m；

c_p——流体的定压比热容，$J/(kg \cdot ℃)$；

λ——流体的导热系数，$W/(m \cdot ℃)$；

ρ——流体的密度，kg/m^3；

μ——流体的黏度，$Pa \cdot s$；

β——流体的体积膨胀系数，$1/℃$；

Δt——壁温 t_w 与流体温度 t 之差，即 $\Delta t = t_w - t$，℃；

$\beta g \Delta t$——单位质量流体的上升力，m/s^2，是表征自然对流强弱的一个物理量。

如对自然对流，式（5-16）可简化为

$$Nu = f(Pr, Gr) \tag{5-17}$$

或

$$Nu = CPr^n Gr^i \tag{5-17a}$$

显然，在自然对流时，上升力的影响较大，而表示流体流型和强制流动程度的 Re 的影响可以忽略。

对强制对流，式（5-16）可简化为

$$Nu = f(Re, Pr) \tag{5-18}$$

或

$$Nu = CRe^m Pr^n \tag{5-18a}$$

此时，代表流体强制流动程度的 Re 准数对 α 影响较大，而代表自然对流影响的 Gr 准数可以忽略。

5.3.5 对流传热系数的经验关联式

对各种不同情况下的对流传热，只要通过实验方法确定了一般准数关联式（5-16a）中的系数 C 和指数 m、n 和 i 值，即可得到计算各种不同情况下的对流传热系数的具体经验关联式。由于实验是在一定的条件下进行的，因此由实验所得到的经验关联式必然受到实验条件的制约，那么在应用经验关联式时应注意以下三点：

（1）应用范围 主要指 Re、Pr 和 Gr 等准数的范围。

（2）特征尺寸 关联式中各准数 Nu、Re 和 Gr 中所规定的尺寸，即其中的 l 如何取。

（3）定性温度 指确定准数中流体的物理性质如 c_p、λ、μ、ρ 等所依据的温度。

5.3.5.1 流体无相变时的对流传热系数

1. 流体在管内强制对流时的对流传热系数

（1）流体在圆形直管内强制湍流时的对流传热系数

① 低黏度（$\mu \leqslant 2\mu_w$）流体的对流传热系数

当流体的黏度小于 2 倍的常温水的黏度时，其对流传热系数的经验关联式为

$$Nu = 0.023 Re^{0.8} Pr^n \tag{5-19}$$

或

$$\alpha = 0.023 \frac{\lambda}{d} \left(\frac{du\rho}{\mu}\right)^{0.8} \left(\frac{c_p\mu}{\lambda}\right)^n \tag{5-19a}$$

上式使用范围：$Re > 10^4$；$0.7 < Pr < 160$；管长与管内径比 $l/d > 50$，若 $l/d < 50$ 时，由于管子入口处扰动较大，使 α 增加，故此时可将由上式算出的 α 乘以校正系数 $[1 + (d/l)^{0.7}]$。

特征尺寸为管内径 d。

定性温度为流体进、出口温度的算术平均值，即 $t = (t_1 + t_2)/2$。

式中准数 Pr 的指数 n 的数值与热流的方向有关，它反映了热流方向对对流传热系数 α 的影响。当流体被加热时，$n = 0.4$；当流体被冷却时，$n = 0.3$。这是由于层流底层的温度及厚度都因热流方向不同而异的缘故。如液体被加热时，层流底层的温度高于液体进出口主流温度的平均值，由于流体的黏度随温度的升高而降低，所以层流底层液体的黏度降低，且厚度减薄，致使对流传热系数增大；如液体被冷却时，情况相反，即层流底层液体的黏度增加且厚度增大，致使对流传热系数减小。对大多数液体，Pr 值大于 1，所以 $Pr^{0.4} > Pr^{0.3}$，这样就校正了液体被加热或冷却时的对流传热系数。对于气体，由于其黏度随温度的升高而增大，因此气体被加热或冷却时对对流传热系数的影响与液体正好相反。但大多数气体的 Pr 值小于 1，则 $Pr^{0.4} < Pr^{0.3}$，故气体被加热时，n 值仍取 0.4，被冷却时 n 仍取 0.3。

② 高黏度流体的对流传热系数

对高黏度液体，因邻近管壁处的液体黏度与管中心处的液体黏度相差较大，所以在计算对流传热系数时，要考虑壁温的影响。此时，对流传热系数的经验关联式为

$$Nu = 0.027 \, Re^{0.8} \, Pr^{0.33} \left(\frac{\mu}{\mu_{\mathrm{w}}}\right)^{0.14} \tag{5-20}$$

式中除 μ_{w} 取壁温下的液体黏度外，其他物理量的定性温度以及特征尺寸同式(5-19)。

式中 $(\mu/\mu_{\mathrm{w}})^{0.14}$ 也是考虑了热流方向的影响。由于壁温通常较难确定，在壁温未知的情况下，工程计算中，可取如下近似值，即

当液体被加热时 $\qquad \left(\dfrac{\mu}{\mu_{\mathrm{w}}}\right)^{0.14} \approx 1.05$

当液体被冷却时 $\qquad \left(\dfrac{\mu}{\mu_{\mathrm{w}}}\right)^{0.14} \approx 0.95$

【例5-4】常压下，空气以 15m/s 的流速在长为 4m、直径为 $\phi 60 \times 3.5$mm 的钢管中流动，温度由 150℃ 升高到 250℃。试求空气与管壁间的对流传热系数。

解：此题为空气低黏度流体在圆形直管内作强制对流

定性温度 $\qquad\qquad t = \dfrac{150 + 250}{2} = 200℃$

由本书附录查得 200℃ 时空气的物理性质为

$\qquad\qquad \rho = 0.746 \mathrm{kg/m^3} \qquad\qquad \lambda = 0.03928 \mathrm{W/(m \cdot ℃)}$

$\qquad\qquad \mu = 2.6 \times 10^{-5} \mathrm{N \cdot s/m^2} \qquad c_{\mathrm{p}} = 1.026 \times 10^{3} \mathrm{J/(kg \cdot ℃)}$

特征尺寸 $\qquad d = 60 - 3.5 \times 2 = 53\mathrm{mm} = 0.053\mathrm{m}$

$$Re = \frac{du\rho}{\mu} = \frac{0.053 \times 15 \times 0.746}{2.6 \times 10^{-5}} = 2.28 \times 10^4 > 10^4 \text{(湍流)}$$

$$Pr = \frac{C_{\mathrm{p}}\mu}{\lambda} = \frac{1.026 \times 10^3 \times 2.6 \times 10^{-5}}{0.03928} = 0.68$$

$$l/d = 4/0.053 = 75.5 > 50$$

由于空气被加热，$n = 0.4$

则由式(5-19)计算 α，即

$$\alpha = 0.023 \frac{\lambda}{d} Re^{0.8} Pr^n = 0.023 \times \frac{0.03928}{0.53} \times (22800)^{0.8}(0.68)^{0.4}$$

$$= 0.01705 \times 3064.4 \times 0.857 = 44.8 \mathrm{W/(m^2 \cdot ℃)}$$

（2）流体在圆形直管内过渡流时的对流传热系数

流体在过渡流时，即 $Re = 2000 \sim 10000$ 时，其对流传热系数 α 先用式（5-19）或式（5-20）计算，然后把计算的结果，乘以小于1的校正系数 f。f 可按下式计算

$$f = 1 - \frac{6 \times 10^5}{Re^{1.8}} \qquad (5-21)$$

（3）流体在圆形直管内层流时的对流传热系数

流体在管内作强制层流时，应考虑自然对流的影响，而且热流方向对 α 的影响也更加显著，因而影响对流传热的因素更为复杂，所以计算 α 的经验关联式的误差比湍流时大。

当管径较小、流体与壁面间的温度差较小及流体的 μ/ρ 值较大时，自然对流对强制层流的对流传热的影响可以忽略。此时，对流传热系数可用下式计算，即

$$Nu = 1.86 \, Re^{1/3} \, Pr^{1/3} \left(\frac{\mu}{\mu_W} \right)^{0.14} \qquad (5-22)$$

上式的应用范围为 $Re < 2300$，$l/d > 60$，$Re \cdot Pr \cdot l/d > 10$（即不适用于管子很长的情况）。

特征尺寸为管内径 d。

定性温度：除 μ_W 按壁温计算外，其他物性均按流体的进、出口温度的算术平均值计算。当自然对流的影响不能忽略时，自然对流的影响又因管子水平或垂直放置以及流体向上或向下流动方向不同而异。

当管子较短，即 $l/d < 60$ 时，由式（5-22）计算所得的 α 应乘以校正系数 ε，其值可由表5-4查得。

表5-4　校正系数 ε 的数值

l/d	40	30	20	15	10
ε	1.02	1.05	1.13	1.18	1.28

对于水平管，α 可用下式计算，即

$$Nu = 0.74 \, Re^{0.2} \, (Gr \cdot Pr)^{0.1} \, Pr^{0.2} \qquad (5-23)$$

或

$$\alpha = 0.74 \frac{\lambda}{d} \left(\frac{du\rho}{\mu} \right)^{0.2} \left(\frac{\beta g \Delta t \rho^2 d^3}{\mu^2} \cdot \frac{c_p \mu}{\lambda} \right)^{0.1} \left(\frac{c_p \mu}{\lambda} \right)^{0.2} \qquad (5-23a)$$

对于垂直管，仍可用式（5-23a）计算 α，但应考虑流体流动方向对 α 的影响。当流体强制对流方向与自然对流方向相同时，流体的扰动程度减弱，此时的对流传热系数比水平管的 α 值约小15%，如流体向下流动时被冷却或向上流动时被加热的情况就是如此。反之，当流体强制对流方向与自然对流方向相反时，流体的扰动程度增强，此时的对流传热系数比水平管的 α 值约大15%，如流体向下流动时被加热或向上流动时被冷却的情况即属如此。

（4）流体在非圆形管内强制对流时的对流传热系数

此时，仍可采用以上各经验关联式计算其对流传热系数，只要将管内径改为当量直径即可。当量直径按以下方法计算，即

$$d_e = 4 \times \frac{流体流动截面积}{润湿周边} \qquad (5-24)$$

计算非圆形管内的对流传热系数时，公式中的流速要用实际流动截面积计算，不能用当量直径计算。

（5）流体在弯管内强制对流时的对流传热系数

流体在弯管内流动时，由于离心力的作用，扰动加剧，其对流传热系数比直管内大。如图5−12所示，为管内径为 d、弯管的曲率半径为 R 的弯管。弯管中的对流传热系数了可按下式计算，即

图5−12 弯管

$$\alpha' = \alpha\left(1 + 1.77\frac{d}{R}\right) \qquad (5-25)$$

式中 α——与弯管内径相同的直管内的对流传热系数，$W/(m^2 \cdot ℃)$。

2. 流体在管外强制对流时的对流传热系数

流体垂直流过管外对流传热时，可分为垂直流过单根管和垂直流过管束两种情况。工业上所用换热器多为流体垂直流过管束，故此处仅讨论后一种情况的对流传热系数的经验关联式。管子排列分为直列与错列两种，错列中又有正三角形和正方形排列，如图5−13所示。

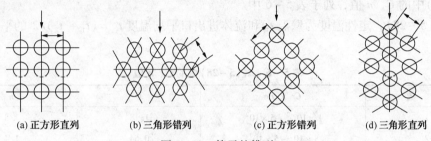

(a) 正方形直列　　(b) 三角形错列　　(c) 正方形错列　　(d) 三角形直列

图5−13 管子的排列

流体在管束外垂直流过时的对流传热系数可用下面的经验关联式计算，即

$$Nu = C\varepsilon Re^n Pr^{0.4} \qquad (5-26)$$

式中 C、ε、n 均由实验确定。其值见表5−5，C 为排列系数，ε、n 视管束中管子的排列方式不同而异。

表5−5 流体垂直流过管束时的 C、ε 和 n 值

列　数	直　列		错　列		C
	n	ε	n	ε	
1	0.6	0.171	0.6	0.171	$\dfrac{x_1}{d_o}=1.2\sim3$ 时
2	0.65	0.151	0.6	0.228	$C=1+0.1\dfrac{x_1}{d_o}$
3	0.65	0.151	0.6	0.290	$\dfrac{x_1}{d_o}>3$ 时
4	0.65	0.151	0.6	0.290	$C=1.3$

在其他条件相同情况下，错列管束的对流传热系数大于直列时的对流传热系数。

式（5−26）的应用范围为：$Re = 5000\sim70000$，$x_1/d_0 = 1.2\sim5.0$，$x_2/d_0 = 1.2\sim5.0$。

特征尺寸为管外径 d_0。

定性温度为流体进、出口温度的算术平均值。

流体的流速应取每排管子中最窄通道处的流速。

由于各排管子的对流传热系数不同，所以应按下式计算管束的平均对流传热系数，即

$$\alpha_m = \frac{\alpha_1 A_1 + \alpha_2 A_2 + \alpha_3 A_3 + \cdots}{A_1 + A_2 + A_3 + \cdots} = \frac{\sum \alpha_i A_i}{\sum A_i} \qquad (5-27)$$

式中　α_m——管束的平均对流传热系数，$W/(m^2 \cdot \mathrm{^\circ\!C})$；

　　　α_i——为第 i 列流体的对流传热系数，$W/(m^2 \cdot \mathrm{^\circ\!C})$；

　　　A_i——为第 i 列的管子对流传热管外表面积，m^2。

3. 自然对流的对流传热系数

流体自然对流是由于流体各部分温度不同而引起密度不同所产生的对流，此时，对流传热系数仅与反映自然对流的 Gr 准数和表示物性的 Pr 准数有关。其一般经验关联式为

$$Nu = C(Gr \cdot Pr)^n \qquad (5-28)$$

或

$$\alpha = C\frac{\lambda}{l}\left(\frac{\beta g \Delta t l^3 \rho^2}{\mu^2} \cdot \frac{c_p \mu}{\lambda}\right)^n \qquad (5-28a)$$

式（5-28）中的 C、n 值，列于表 5-6 中。

对式（5-28），定性温度为壁温 t_w 和流体进出口平均温度 $t_m = (t_1 + t_2)/2$ 的平均值，称为膜温。

表 5-6　式（5-28）中的 C、n 值

段　　数	$Gr \times Pr$	C	n
1	$1 \times 10^{-3} \sim 5 \times 10^2$	1.18	1/8
2	$5 \times 10^2 \sim 5 \times 10^7$	0.54	1/4
3	$2 \times 10^7 \sim 1 \times 10^{17}$	0.135	1/3

5.3.5.2　流体有相变时的对流传热系数

1. 蒸汽冷凝时的对流传热系数

当饱和蒸汽与低于其饱和温度的壁面相接触时，即放出相变焓而凝结成液体。按照冷凝液能否润湿壁面，可将蒸汽冷凝分为膜状冷凝和滴状冷凝。

若冷凝液能够润湿壁面，则冷凝液在壁面上形成一层薄膜，并随着冷凝的进行，液膜逐渐变厚，壁面与蒸汽之间的对流传热必须通过液膜，这种冷凝过程称为膜状冷凝。由于液膜中的流动多为层流，传热阻力较大，故其对流传热系数较小。

若壁面上有油脂类物质，或蒸汽中混有油脂类物质时，凝液不能全部润湿壁面，故凝液不能在壁面上形成一个完整的膜，而成滴状。当液滴长至一定大小后会从壁面自动脱落，又露出新的壁面，便会生成新的液滴，这种冷凝过程称为滴状冷凝，很显然，由于滴状冷凝时不必通过液膜传热，而是直接在壁面上冷凝，故其对流传热系数比膜状冷凝时大，往往可大几倍至十几倍。

在生产中所遇到的大多是膜状冷凝，所以下面仅就纯净饱和蒸汽的膜状冷凝时对流传热系数的计算作一简要介绍。

（1）蒸汽在水平管束外的冷凝

此时，对流传热系数可用下式计算，即

$$\alpha = 0.725\left(\frac{r\rho^2 g\lambda^3}{n^{2/3}\mu d_o \Delta t}\right)^{\frac{1}{4}} \qquad (5-29)$$

式中　r——蒸汽冷凝相变焓，取蒸汽饱和温度 t_s 下的数值，J/kg；

ρ——冷凝液的密度，kg/m^3；

λ——冷凝液的导热系数，$W/(m \cdot ℃)$；

μ——冷凝液的黏度，$Pa \cdot s$；

Δt——蒸汽饱和温度与壁温之差，$(t_s - t_W)$，$℃$；

n——水平管束在垂直列上的管子数，若为单根水平管，则 $n = l$；

d_o——管外径，m。

定性温度为液膜平均温度，即 $t_m = \dfrac{t_s + t_W}{2}$。

（2）蒸汽在垂直管外或垂直平板侧的冷凝

此时，在沿壁面液膜中的流动多为层流。沿壁向下，液膜加厚，对流传热系数减小。当壁足够高，且冷凝液量较大时，则壁的下部液膜中会出现湍流流动，此时对流传热系数反而有所增大，如图 5 – 14 所示。

当液膜流动为层流，即 $Re < 2100$ 时，对流传热系数可用下式计算，即

$$\alpha = 1.13\left(\frac{r\rho^2 g\lambda^3}{\mu l\Delta t}\right)^{1/4} \qquad (5-30)$$

当液膜流动为湍流，即 $Re > 2100$ 时，对流传热系数可用下式计算，即

$$\alpha = 0.0077\left(\frac{\rho^2 g\lambda^3}{\mu^2}\right)^{\frac{1}{3}} Re^{0.4} \qquad (5-31)$$

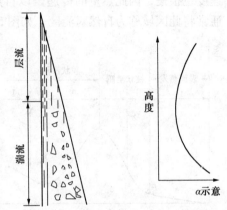

图 5 – 14　垂直管外或垂直平板侧的膜状冷凝

特征尺寸　　式中的 l 取垂直管或平板的高度。

定性温度　　除蒸汽冷凝相变焓 r 取饱和温度 t_s 下的数值外，其余物性取液膜温度、即 $t_m = (t_1 + t_2)/2$ 下的数值。

用来表示液膜流动状态的 Re 准数常表示成冷凝负荷的函数。冷凝负荷是指在单位长度润湿周边上单位时间内流动的冷凝液量，以 M 表示，单位为 $kg/(m \cdot s)$，即 $M = W/b$，其中 W 为冷凝液的质量流量，kg/s；b 为润湿周边长度，m。若冷凝液的流动截面积为 A，则当量直径 $d_e = 4A/b$，故 Re 准数为

$$Re = \frac{d_e u\rho}{\mu} = \frac{\dfrac{4A}{b} \cdot \dfrac{W}{A}}{\mu} = \frac{4M}{\mu} \qquad (5-32)$$

由于气体导热系数很小，如果蒸汽中混入了少量不凝气体，壁面附近会逐步形成一层气膜，使传热阻力加大，冷凝对流传热系数急剧降低。当蒸汽中的不凝气含量达 1% 时，则冷凝对流传热系数可降低 60% 左右。因此，在换热设备的操作中，定时排除不凝气体十分重要。

2. 液体沸腾时的对流传热系数

对液体进行加热，使液体内部产生气泡的现象称为沸腾。目前，工业上液体沸腾的方法有两种：一种是液体在管内流动时受热沸腾，称为管内沸腾；另一种是将加热面浸没在液体中，液体在壁面处受热沸腾，称为大容器沸腾。液体沸腾是生产中常见的一种对流传热，如精馏塔底的再沸器中就是沸腾产生蒸汽的过程。下面仅简单介绍大容器沸腾时的对流传热。

实验证明，液体(如水)被加热面加热沸腾时，气泡只是在加热面上某些粗糙不平的点上发生，这些产生气泡的点，通常称为汽化中心。由于不断加热，使产生的气泡逐渐扩大并向上运动，从而引起加热面附近液体的剧烈搅拌，所以液体沸腾时的对流传热系数比无相变时的对流传热系数要大得多。另外，液体沸腾时，随着加热面壁温 t_w 与操作压力下液体的饱和温度 t_s 之差 Δt(即 $\Delta t = t_w - t_s$)的增大，其对流传热系数和热通量(单位时间单位加热面积的传热量)不是直线变化，而是曲线变化。如图 5 – 15 所示，为水的沸腾曲线。

当温差 Δt 较小($\Delta t \leqslant 5℃$)时，加热面上的液体稍微过热，产生的气泡很少，气泡的长大速度也很慢，因此热量的传递是以自然对流为主。对流传热系数随温差 Δt 的增加而增大，通常将此区域称为自然对流区，如图 5 – 15 中 AB 段。

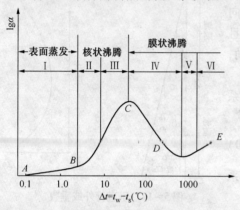

图 5 – 15 水的沸腾曲线

当温差 Δt 逐渐升高($\Delta t = 5 \sim 25℃$)，加热面上产生的气泡显著增加。由于气泡的大量产生、长大和上升，使液体受到了强烈地搅动。因此，对流传热系数 α 随 Δt 的上升而急剧增大，通常将此段称为核状沸腾或泡状沸腾，如图 5 – 15 中 BC 段。

当温差再继续增大($\Delta t > 25℃$)时，使加热面上的气泡形成过快以致气泡生成的速度大于气泡脱离加热面的速度，在加热面上形成了一层不稳定的蒸汽薄膜，使液体不能和加热面直接接触，由于蒸汽的导热性能很差，使对流传热系数和热通量都急剧下降，通常将此段称为膜状沸腾，如图 5 – 15 中 CD 段。当达到 D 点时，传热面几乎全部被气膜所覆盖，开始形成稳定的气膜，此后随着温差 Δt 的增大，对流传热系数 α 基本上保持不变，如图 5 – 15 中 DE 段，但由于壁温的升高，此时辐射传热的影响显著增加，所以在此阶段热通量 q 随温差 Δt 的增加而上升。

由泡状沸腾向膜状沸腾转变的转折点 C 称为临界点，对应于临界点的温差、对流传热系数和热通量分别称为临界温差 Δt_c、临界对流传热系数 α_c 和临界热通量 q_c。对图 5 – 15 所示的常压下水的沸腾，其 $\Delta t_c \approx 25℃$，$\alpha_c \approx 5.5 \times 10^4 W/(m^2 \cdot K)$，$q_c \approx 1.46 \times 10^6 W/m^2$。

工业上的液体沸腾装置一般总是维持在泡状沸腾状态下操作，否则一旦变为膜状沸腾，将导致沸腾对流传热系数急剧下降，传热过程恶化。因此，确定不同液体在临界点下的有关参数数值，对控制沸腾传热操作具有实际意义。

液体沸腾对流传热是一个非常复杂的过程，至今还没有可靠的一般的经验关联式，沸腾对流传热系数 α 值可取经验值，各种液体的沸腾对流传热系数的经验计算式可参考有关资料，此处不再一一介绍。

5.3.5.3 对流传热系数小结

由以上讨论可知，对流传热过程是一个较复杂的过程，影响因素很多，以上仅介绍了一部分较为常见和典型的情况，其他情况的对流传热系数经验公式可查阅有关传热书籍和手册。工程上，常见的各种类型的对流传热系数 α 值的大致范围，列表 5 – 7 中，以供应各种传热计算时的参考。

表 5 - 7   对流传热系数 α 值的范围

流体的加热或冷却	$\alpha/[\,\mathrm{W}/(\mathrm{m}^2 \cdot \mathrm{K})\,]$
空气的加热或冷却	
自然对流	5 ~ 25
强制对流	10 ~ 60
过热蒸汽的加热或冷却	20 ~ 120
空气垂直流过管束	
自然对流	5 ~ 10
强制对流	20 ~ 50
水的加热或冷却	
自然对流	200 ~ 1000
强制对流	250 ~ 15000
轻质油类的加热或冷却	500 左右
重质油类的加热或冷却	100 左右
水蒸气冷凝	
膜状冷凝	4500 ~ 17000
滴状冷凝	46000 ~ 140000
有机蒸气冷凝	6000 ~ 23000
水的沸腾	4600 ~ 5000

5.4   两流体通过间壁的传热计算

　　工程上冷、热两流体之间的热量交换通常是通过间壁式换热器(简称换热器)来实现的，如图 5 - 3 所示的套管换热器示意图。假定冷流体在内管中流动，热流体在内管与外管之间的环隙中流动。冷、热流体在换热器中经过换热，热流体放出热量，其温度由 T_1 降至 T_2；冷流体吸收热量，其温度由 t_1 升至 t_2。

　　在传热过程中，如两流体在传热面任一处的温度不随时间变化时，称为稳定传热；否则，为不稳定传热。工业上大多为稳定传热，故下面着重讨论稳定传热过程的分析和计算。

5.4.1   传热速率方程式

　　传热速率系指单位时间内通过换热器传热面所传递的热量，以 Q 表示，单位为 W。如图 5 - 3 所示的换热器，由于热流体与冷流体之间有温度差，则通过热流体与管壁一侧的对流传热、管壁的导热及管壁另一侧与冷流体的对流传热，热量通过管壁从热流体传给冷流体。一般，两流体的温度不是太高，辐射传热可以忽略不计。大量实践证明，在这一传热过程中，传热速率与换热器的传热面积和两流体的平均温度差成正比，其数学表达式为

$$Q = KA\Delta t_{\mathrm{m}} \qquad\qquad (5-33)$$

式中　Q——传热速率，W；

　　　A——换热器的传热面积，m^2；

　　　Δt_{m}——冷、热两流体间的平均温度差，K 或℃；

　　　K——比例系数，称为传热系数，$\mathrm{W}/(\mathrm{m}^2 \cdot \mathrm{K})$ 或 $\mathrm{W}/(\mathrm{m}^2 \cdot ℃)$。

式(5-33)称为传热速率方程式或传热基本方程式,是换热器设计计算的最重要方程式,该式也可以改写为

$$Q = \frac{\Delta t_m}{\frac{1}{KA}} = \frac{\Delta t_m}{R} \qquad (5-33a)$$

式中 $R = 1/KA$ 称为传热总热阻。式(5-33a)表示传热速率等于总传热推动力与总传热热阻之比。

当传热速率 Q、平均温度差 Δt_m 及传热系数 K 已知时,可通过传热速率方程式求得所需的换热器的面积 A。下面分别讨论传热速率方程式中的 Q、Δt_m 及 K 的计算。

5.4.2 换热器的热负荷及热量衡算方程式

1. 热负荷

在换热器中单位时间内,冷、热两流体之间所交换的热量,称为换热器的热负荷,以 Q 表示,单位为 W。很显然,在不计换热器的热损失时,换热器的热负荷等于单位时间内热流体放出的热量或冷流体吸收的热量。

当流体无相变化时,流体只因其温度变化而进行放热或吸热。此时,热负荷可以用比热容法或热焓法进行计算,即

热流体放出的热量为

$$Q_1 = W_1 c_{p1} (T_1 - T_2) \qquad (5-34)$$

或

$$Q_1 = W_1 (H_1 - H_2) \qquad (5-34a)$$

冷流体吸收的热量为

$$Q_2 = W_2 c_{p2} (t_2 - t_1) \qquad (5-35)$$

或

$$Q_2 = W_2 (h_2 - h_1) \qquad (5-35a)$$

式中 Q_1、Q_2——分别为热流体放出的热量和冷流体吸收的热量,W;

W_1、W_2——分别为热流体和冷流体的质量流量,kg/s;

c_{p1}、c_{p2}——分别为热流体和冷流体的定压比热容,J/(kg·K)或 J/(kg·℃);

T_1、T_2——分别为热流体的进、出口温度,℃;

t_1、t_2——分别为冷流体的进、出口温度,℃;

H_1、H_2——分别为热流体在进、出口温度下的焓,J/kg;

h_1、h_2——分别为冷流体在进、出口温度下的焓,J/kg。

当流体有相变化时,流体仅因发生相变化而放出或吸收热量,此时,流体的温度不变,换热器的热负荷要用相变焓法计算,即

热流体放出的热量为

$$Q_1 = W_1 r_1 \qquad (5-36)$$

冷流体吸收的热量为

$$Q_2 = W_2 r_2 \qquad (5-37)$$

式中 r_1、r_2——分别为热流体的冷凝相变焓和冷流体的汽化相变焓,J/kg。

究竟换热器的热负荷取 Q_1 还是 Q_2,要视是否考虑换热器的热损失和两流体的流程而定,如果考虑换热器的热损失 $Q_损$ 时,要以流经管程(即内管)的流体计算换热器的热负荷;如果不考虑换热器的热损失时,热负荷取 Q_1 或 Q_2 均可。

因为传热速率是换热器所能够完成的传热任务，反映了在一定操作条件下换热器的传热能力，而热负荷是指需要换热器所完成的传热任务，反映了生产上的要求。故一个设计合理能满足生产上要求的换热器，其传热速率应等于或略大于热负荷。

2. 热量衡算方程式

换热器中冷、热流体进行热交换时，根据能量守恒原理，则有

$$Q_1 = Q_2 + Q_损 \tag{5-38}$$

如忽略热损失，则有 $Q_1 = Q_2$

或

$$W_1 c_{p1}(T_1 - T_2) = W_2 c_{p2}(t_2 - t_1) \tag{5-39}$$

式(5-38)或式(5-39)称为热量衡算方程式。当然，根据流体是否有相变化，热衡算方程式也可用流体的焓差或汽化(或冷凝)相变焓计算。

5.4.3 平均温度差的计算

5.4.3.1 恒温传热时的平均温度差

在整个传热过程中，当传热面两侧的冷、热流体的温度均保持不变时，则两流体间的温度差亦保持不变，即

$$\Delta t_m = T - t \tag{5-40}$$

例如，换热器内间壁一侧为液体沸腾，另一侧为蒸汽冷凝时，属于恒温传热。

5.4.3.2 变温传热时的平均温度差

变温传热又可分为仅间壁一侧流体变温与两侧流体均变温两种情况。

1. 仅间壁一侧流体变温时的平均温度差

此时两流体间的温度差沿换热器的传热面是变化的。如图5-16所示，其中(a)中热流体为蒸汽冷凝，有温变的为冷流体；(b)中有温变的为热流体，放出显热供给在较低温度下沸腾的液体(冷流体)。

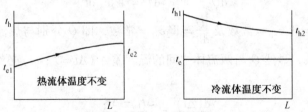

图5-16 仅一侧流体变温时的温度差变化

2. 间壁两侧流体均变温时的平均温度差

此时，间壁两侧流体之间的温度差不仅沿传热面而变化，而且还与两流体的流动方向有关。因此，在整个传热过程中的平均传热温度差也因流动方式不同而异。工程上，换热器内的流体流动方向通常有四种情况，即

逆流——如图5-17(a)所示，传热面两侧的两种流体以相反的方向流动。

并流——如图5-17(b)所示，传热面两侧的两种流体以相同的方向流动。

错流——如图5-18(a)所示，传热面两侧的两种流体互为垂直方向流动。

折流——如图5-18(b)所示，传热面两侧的两种流体，其中一种流体只沿一个方向流动，而另一种流体先是以相同方向流动，然后折回以相反方向流动，如此反复地多次折流，即传热面两侧的流体交替进行着并流与逆流，此种情况称为简单折流。如两种流体均作折

流，或既有折流又有错流，这种情况称为复杂折流。如将要在第五节讨论的多管程列管式换热器的壳程有折流板时，两流体的流动方向为复杂折流。

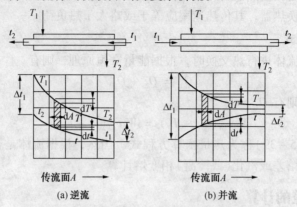

(a)逆流　　　　　　　　(b)并流

图 5 – 17　间壁两侧流体变温时的温度差变化

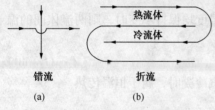

错流　　　　　　　折流

(a)　　　　　　　　(b)

图 5 – 18　错流和折流示意图

（1）逆流和并流时的平均温度计算

如图 5 – 17(a)所示为纯逆流换热器，其传热面积为 A，两流体的进、出温度如图中所示。在稳定传热条件下，两流体的质量流量 W_1 和 W_2 为常数，定压比热容取流体平均温度下的数值，也可视为常数。

由于传热面两侧流体的温度及其温度差沿传热面是变化的，因此现取换热器中一微元段（如图 5 – 17(a)所示）进行研究。微元段的传热面积为 dA，在 dA 内热流体因放出热量其温度下降为 dT，冷流体因吸收热量其温升为 dt，传热量为 dQ。如忽略换热器的热损失，则 dA 内热量平衡方程式为

$$dQ = W_1 c_{p1} dT = W_2 c_{p2} dt \tag{5–41}$$

由上式可得 $\dfrac{dQ}{dT} = W_1 c_{p1} =$ 常数及 $\dfrac{dQ}{dt} = W_2 c_{p2} =$ 常数，即 Q 分别与热流体的温度和冷流体的温度均成直线关系，显然 Q 与两流体之间的温度差 $\Delta t(\Delta t = T - t)$ 必然也呈直线关系，该直线的斜率为

$$\frac{d(\Delta t)}{dQ} = \frac{\Delta t_1 - \Delta t_2}{Q}$$

式中：Δt_1、Δt_2 分别为换热器两端冷、热流体的温度差，在此即为 $\Delta t_1 = T_1 - t_2$，$\Delta t_2 = T_2 - t_1$。

在 dA 内的微分传热速率方程式为

$$dQ = K\Delta t dA$$

将该式代入上式，则得

$$\frac{d(\Delta t)}{K\Delta t dA} = \frac{\Delta t_1 - \Delta t_2}{Q}$$

或

$$\frac{d(\Delta t)}{K\Delta t} = \frac{\Delta t_1 - \Delta t_2}{Q} dA$$

如将传热系数 K 值视为常数，在 $0 \sim A$ 范围内将上式进行积分，即

$$\frac{1}{K} \int_{\Delta t_2}^{\Delta t_1} \frac{d(\Delta t)}{\Delta t} = \frac{\Delta t_1 - \Delta t_2}{Q} \int_0^A dA$$

得

$$\frac{1}{K}\ln\frac{\Delta t_1}{\Delta t_2} = \frac{\Delta t_1 - \Delta t_2}{Q}A$$

经整理得

$$Q = KA\frac{\Delta t_1 - \Delta t_2}{\ln\dfrac{\Delta t_1}{\Delta t_2}}$$

将上式与传热速率方程式(5-33)比较，则有

$$\Delta t_m = \frac{\Delta t_1 - \Delta t_2}{\ln\dfrac{\Delta t_1}{\Delta t_2}} \tag{5-42}$$

上式中 Δt_m 为换热器两端冷、热流体间温度差的对数平均值，称为对数平均温度差。

用类似的方法也可推导出并流或仅间壁一侧流体变温时的对数平均温度差 Δt_m 的计算式，其形式同式(5-42)完全相同，只是对并流常取 $\Delta t_1 = T_1 - t_1$，$\Delta t_2 = T_2 - t_2$。对逆流或仅间壁一侧流体变温的换热器，则常取换热器两端的冷、热流体间温度差中较大者作为 Δt_1，较小者作 Δt_2，这样可使式(5-42)中的分子和分母都是正数，便于计算。

在工程计算中，当 $\Delta t_1/\Delta t_2 < 2$ 时，可用 Δt_1 和 Δt_2 的算术平均值代替对数平均值，即

$$\Delta t_m = \frac{\Delta t_1 + \Delta t_2}{2} \tag{5-43}$$

此时所造成的误差，在工程计算中是允许的。

【例5-5】在一间壁式换热器内，用4kgf/cm²(表压)的饱和水蒸气加热空气，空气的进、出口温度分别为30℃和110℃。试求该传热过程的平均温度差。

解：恒压下用饱和水蒸气为热源加热空气时，蒸汽冷凝放出相变熵，故蒸汽侧的温度是恒定的。饱和水蒸气的压力为5kgf/cm²(绝压)时，由本书附录查得其温度为151.1℃，则

$$\Delta t_1 = 151.1 - 30 = 121.1℃$$
$$\Delta t_2 = 151.1 - 110 = 41.1℃$$

由于 $\Delta t_1/\Delta t_2 = 121.1/41.1 = 2.95 > 2$，则用式(5-42)可得

$$\Delta t_m = \frac{\Delta t_1 - \Delta t_2}{\ln\dfrac{\Delta t_1}{\Delta t_2}} = \frac{121.1 - 41.1}{\ln\dfrac{121.1}{41.1}} = 74℃$$

对传热面一侧流体恒温，另一侧流体变温的传热过程，并流与逆流时平均温度差 Δt_m 相同，即 Δt_m 值与流体流动方向无关。

【例5-6】在一单管程列管式换热器内，原油与重柴油换热，原油在管外流动，其进、出口温度分别为100℃和160℃；重柴油的进、出口温度分别为250℃和180℃。试分别计算并流与逆流时的平均温度差。

解：并流与逆流的温度变化见附图5-19。

并流　$\Delta t_1 = T_1 - t_1 = 250 - 100 = 150℃$

　　　$\Delta t_2 = T_2 - t_2 = 180 - 160 = 20℃$

$$\Delta t_m = \frac{\Delta t_1 - \Delta t_2}{\ln\dfrac{\Delta t_1}{\Delta t_2}} = \frac{150 - 20}{\ln\dfrac{150}{20}} = 64.5℃$$

逆流　$\Delta t_1 = T_1 - t_2 = 250 - 160 = 90℃$

　　　$\Delta t_2 = T_2 - t_1 = 180 - 100 = 80℃$

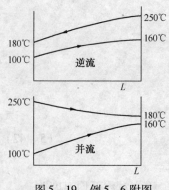

因为 $\Delta t_1/\Delta t_2 = 90/80 = 1.125 < 2$，则由式（5-43）得

$$\Delta t_{\mathrm{m}} = \frac{\Delta t_1 + \Delta t_2}{2} = \frac{90 + 80}{2} = 85\text{℃}$$

由此题可见，对传热面两侧流体均有温变的传热过程，当两流体的进、出口温度确定时，逆流时的平均温度差比并流时大，即传热推动力大，对传热有利。

（2）折流或错流时的平均温度差计算

生产上所用的折流（包括简单折流和复杂折流）或错流的换热器，这种流向的传热平均温度差的计算较纯并流或纯逆流

图 5-19   例 5-6 附图

要复杂。通常采用的方法是先按纯逆流的情况求得对数平均温度差 Δt_{m}，然后再乘以校正系数 $\varepsilon_{\Delta t}$，即

$$\Delta t_{\mathrm{m}} = \varepsilon_{\Delta t} \cdot \Delta t_{\mathrm{m逆}} \tag{5-44}$$

校正系数 $\varepsilon_{\Delta t}$ 与冷、热两种流体的温度变化有关，其函数关系为

$$\varepsilon_{\Delta t} = f(R, P) \tag{5-45}$$

式中

$$R = \frac{T_1 - T_2}{t_2 - t_1} = \frac{热流体的温度降低值}{冷流体的温度升高值}$$

根据两流体的进、出口温度，算出 R 和 P 值之后，可由图 5-20 和图 5-21 查得折流和错流时的校正系数 $\varepsilon_{\Delta t}$ 值。其他流向时的 $\varepsilon_{\Delta t}$ 值可参考有关传热学书籍和手册。

由图可见，校正系数 $\varepsilon_{\Delta t}$ 值恒小于 1，这是由于并流、逆流及错流同时存在的原因。因此，折流或错流时的平均温度差 Δt_{m} 小于逆流。一般 $\varepsilon_{\Delta t}$ 值不宜小于 0.8，否则不但由于 Δt_{m} 小，使传热面积 A 大，经济上不合理，而且如果操作温度稍有变化，$\varepsilon_{\Delta t}$ 值便急剧变化、将影响传热操作的稳定性。所以，如 $\varepsilon_{\Delta t} < 0.8$，则应改变流动方式（如增加壳程数等），重新进行计算。采用折流或错流，尽管 Δt_{m} 小于逆流，但可使换热器结构紧凑合理。

【例 5-7】在一单壳程、双管程的列管式换热器［如图 5-20（a）所示］内，用水冷却油品。油品流经管程，进、出口温度分别为 110℃ 和 70℃；水流经壳程，进、出口温度分别为 30℃ 和 65℃。试求其传热平均温度差。

解：逆流 $\Delta t_1 = T_1 - t_2 = 110 - 65 = 45\text{℃}$，$\Delta t_2 = T_2 - t_1 = 70 - 30 = 40\text{℃}$

因为 $\Delta t_1/\Delta t_2 = 45/40 = 1.125 < 2$，则由式（5-42）得

$$\Delta t_{\mathrm{m}} = \frac{\Delta t_1 + \Delta t_2}{2} = \frac{45 + 40}{2} = 42.5\text{℃}$$

$$R = \frac{T_1 - T_2}{t_2 - t_1} = \frac{110 - 70}{65 - 30} = 1.143$$

$$P = \frac{t_2 - t_1}{T_1 - t_1} = \frac{60 - 30}{110 - 30} = 0.438$$

由图 5-20（Ⅰ）查得 $\varepsilon_{\Delta t} = 0.86$，则

$$\Delta t_{\mathrm{m}} = \varepsilon_{\Delta t} \cdot \Delta t_{\mathrm{m逆}} = 0.86 \times 42.5 = 36.6\text{℃}$$

5.4.4   总传热系数

由上述可知，传热任务 Q 的值由生产上需要的传热任务（即热负荷）决定，平均温度差 Δt_{m} 的值由工艺上要求的两流体进、出口温度决定，那么传热面积 A 的大小与传热系数 K 值

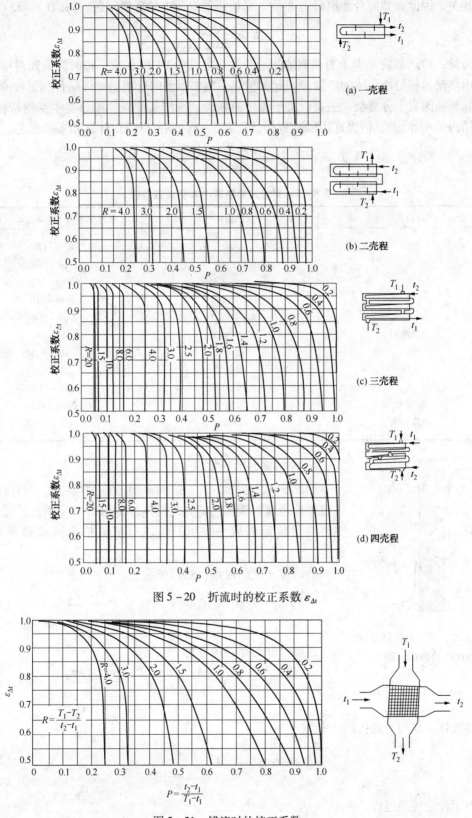

图 5−20　折流时的校正系数 $\varepsilon_{\Delta t}$

图 5−21　错流时的校正系数 $\varepsilon_{\Delta t}$

密切相关。因此，如何合理地确定 K 值，是换热器设计中的重要问题。由式（5 –33）可得

$$K = \frac{Q}{A\Delta t_{m}} \qquad (5-46)$$

可见，传热系数 K 即为当两流体间的平均温度差为1℃时，在单位时间内通过单位传热面积由热流体传给冷流体的热量。因此，传热系数表示了间壁两侧流体间传热过程的强弱程度，其影响因素十分复杂，主要取决于流体的物性、操作条件以及换热器本身的特性（如类型、结构尺寸等）。其值可选用经验数据，见表 5 –8，也可以进行计算和实验测定。

$$P = \frac{t_{2} - t_{1}}{T_{1} - t_{1}} = \frac{冷流体的温度升高值}{两流体的最初温度差值}$$

表 5 – 8　列管式换热器中 K 值大致范围

冷流体	热流体	总传热系数 K/$[W/(m^2 \cdot K)]$
水	水	850 ~ 1700
水	气体	17 ~ 280
水	有机溶剂	280 ~ 850
水	轻油	340 ~ 910
水	重油	60 ~ 280
有机溶剂	有机溶剂	115 ~ 340
水	水蒸气	1420 ~ 4250
气体	水蒸气	30 ~ 300
水	低沸点烃类	455 ~ 1140
沸腾水	水蒸气	2000 ~ 4250
沸腾轻油	水蒸气	455 ~ 1020

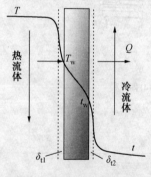

图 5 – 22　冷、热流体通过
间壁的传热过程

1. 传热系数的计算

如图 5 – 22 所示，冷、过间壁的传热过程包括：热流体由于温度差而通过对流传热的方式将热量传给管壁一侧；通过管壁导热将热量传给管壁另一侧；再以对流传热方式将热量传给冷流体。

热流体一侧的对流传热速率为

$$Q_{1} = \alpha_{1}A_{1}(T - T_{w}) = \frac{T - T_{w}}{\dfrac{1}{\alpha_{1}A_{1}}} \qquad (5-47)$$

通过管壁的导热速率为

$$Q_{3} = \frac{\lambda A_{m}}{b}(T_{w} - t_{w}) = \frac{T_{w} - t_{w}}{\dfrac{b}{\lambda A_{m}}} \qquad (5-48)$$

冷流体一侧的对流传热速率为

$$Q_{2} = \alpha_{2}A_{2}(t_{w} - t) = \frac{t_{w} - t}{\dfrac{1}{\alpha_{2}A_{2}}} \qquad (5-49)$$

对于稳定传热过程，则 $Q_{1} = Q_{3} = Q_{2} = Q$

$$Q = \frac{T - T_W}{\dfrac{1}{\alpha_1 A_1}} = \frac{T_W - t_W}{\dfrac{b}{\lambda A_m}} = \frac{t_W - t}{\dfrac{1}{\alpha_2 A_2}}$$

则
$$Q = \frac{T - t}{\dfrac{1}{\alpha_1 A_1} + \dfrac{b}{\lambda A_m} + \dfrac{1}{\alpha_2 A_2}} \qquad (5-50)$$

式中　α_1、α_2——分别为热、冷流体的对流传热系数，$W/(m^2 \cdot K)$ 或 $W/(m^2 \cdot ℃)$；

T、t——分别为热、冷流体的温度，$℃$；

T_W、t_W——分别为热、冷流体侧的壁面温度，$℃$；

A_1、A_2——分别为热、冷流体侧的传热面积，m^2；

A_m——管壁的平均传热面积，m^2；

λ——管壁的导热系数，$W/(m \cdot K)$ 或 $W/(m \cdot ℃)$；

b——管壁的厚度，m。

将式(5-50)与式(5-33a)比较，则($T - t$)可视为两流体间平均温度差 Δt_m，且有

$$\frac{1}{KA} = \frac{1}{\alpha_1 A_1} + \frac{b}{\lambda A_m} + \frac{1}{\alpha_2 A_2} \qquad (5-51)$$

对于管壁，由于 $A_o \neq A_i \neq A_m$，因此传热系数 K 值随所取的传热面不同而异，即

若取 $A = A_o$，则式(5-51)可写为

$$\frac{1}{K_o} = \frac{1}{\alpha_o} + \frac{b A_o}{\lambda A_m} + \frac{A_o}{\alpha_i A_i} \qquad (5-52)$$

式中 K_o 则为以传热面 A_o 为基准的传热系数。此时，传热速率方程式应为 $Q = K_o A_o \Delta t_m$。

同理，若取 $A = A_i$ 或 $A = A_m$，则式(5-51)可写为

$$\frac{1}{K_i} = \frac{A_i}{\alpha_o A_o} + \frac{b A_i}{\lambda A_m} + \frac{1}{\alpha_i} \qquad (5-53)$$

或
$$\frac{1}{K_m} = \frac{A_m}{\alpha_o A_o} + \frac{b}{\lambda} + \frac{A_m}{\alpha_i A_i} \qquad (5-54)$$

式中，K_i 或 K_m 为以传热面 A_i 或 A_m 为基准的传热系数。此时，传热速率方程式应为 $Q = K_i A_i \Delta t_m$ 或 $Q = K_m A_m \Delta t_m$。

由上可见，对通过圆形管壁的传热，因所选取的传热面积不同，其传热系数 K 值也不同。

当传热面为平壁时，$A_o = A_i = A_m = A$，则式(5-51)为

$$\frac{1}{K} = \frac{1}{\alpha_o} + \frac{b}{\lambda} + \frac{1}{\alpha_i} \qquad (5-55)$$

或
$$K = \frac{1}{\dfrac{1}{\alpha_o} + \dfrac{b}{\lambda} + \dfrac{1}{\alpha_i}} \qquad (5-55a)$$

当壁阻 $\dfrac{b}{\lambda}$ 较 $\dfrac{1}{\alpha_o}$、$\dfrac{1}{\alpha_i}$ 小得多时，则 $\dfrac{b}{\lambda}$ 可忽略，上式可写为

$$K = \frac{1}{\dfrac{1}{\alpha_o} + \dfrac{1}{\alpha_i}} = \frac{\alpha_o \alpha_i}{\alpha_o + \alpha_i} \qquad (5-56)$$

当管壁较薄或管径较大，如 $d_o/d_i < 2$ 时，可近似取 $A_o \approx A_i \approx A_m$，则管壁传热可近似当成平壁计算。

控制热阻的概念 一般金属壁热阻很小，可以忽略不计。则由式(5-51)或式(5-55)可以看出：

当 $\alpha_o \ll \alpha_i$，即 $\dfrac{1}{\alpha_o} \gg \dfrac{1}{\alpha_i}$ 时，$\dfrac{1}{\alpha_i}$ 可以忽略，则 $\dfrac{1}{K} \approx \dfrac{1}{\alpha_o}$，即 $K \approx \alpha_o$；反之，当 $\alpha_i \ll \alpha_o$ 时，$\dfrac{1}{K} \approx \dfrac{1}{\alpha_i}$，即 $K \approx \alpha_i$。

显然，如 α_o 与 α_i 相差很大，总热阻绝大部分集中在 α 小的一侧，即 α 小的一侧热阻对总热阻起控制性作用，故称其为控制性热阻。例如蒸汽冷凝与加热气体之间的传热，因气体的对流传热系数远小于蒸汽冷凝时的对流传热系数，所以以气体一侧的热阻为控制性热阻，欲要减小总热阻，就应着力减小控制性热阻，即采取措施提高控制性热阻一侧的对流传热系数。

2. 污垢热阻

换热器在实际操作中，在传热面上常会出现有污垢积存。虽然污垢层一般很薄，但因其导热系数很小，则其热阻很大，致使传热系数和传热速率减小。因此，在设计和选用换热器时，总热阻中应考虑污垢热阻。当 $A_o = A_i = A_m = A$ 时有：

$$\frac{1}{K} = \frac{1}{\alpha_o} + R_{ao} + \frac{b}{\lambda} + R_{ai} + \frac{1}{\alpha_i} \tag{5-57}$$

或

$$K = \frac{1}{\dfrac{1}{\alpha_o} + R_{ao} + \dfrac{b}{\lambda} + R_{ai} + \dfrac{1}{\alpha_i}} \tag{5-57a}$$

式中，R_{ao} 和 R_{ai} 分别为热、冷流体侧的污垢热阻，单位为 $m^2 \cdot K/W$ 或 $m^2 \cdot \text{℃}/W$。污垢热阻一般由实验测定，常见流体的污垢热阻值的大致范围见表5-9。

对于圆筒壁，$A_o \neq A_i \neq A_m$，若以管的外表面积为基准，则有：

$$K_o = \frac{1}{\dfrac{1}{\alpha_o} + R_{ao} + \dfrac{b d_o}{\lambda d_m} + \left(R_{ai} + \dfrac{1}{\alpha_i} \right)\dfrac{d_o}{d_i}} \tag{5-58}$$

同理，若以管的内表面积 A_i 或管的平均面积 A_m 为基准，则分别有：

$$K_i = \frac{1}{\left(\dfrac{1}{\alpha_o} + R_{ao} \right)\dfrac{d_i}{d_o} + \dfrac{b d_i}{\lambda d_m} + R_{ai} + \dfrac{1}{\alpha_i}} \tag{5-59}$$

$$K_m = \frac{1}{\left(\dfrac{1}{\alpha_o} + R_{ao} \right)\dfrac{d_m}{d_o} + \dfrac{b}{\lambda} + \left(R_{ai} + \dfrac{1}{\alpha_i} \right)\dfrac{d_m}{d_i}} \tag{5-60}$$

对易结垢的流体，或长时间操作的换热器，应定期检查并清洗除垢。

3. 实验测定传热系数

当传热系数 K 缺乏可靠的经验数据时，可通过现场操作的换热器或实验室使用的换热器进行测定。

表 5 -9　污垢热阻的大致数值范围

流　　体	污垢热阻 （$m^2 \cdot K/kW$）	流　　体	污垢热阻 （$m^2 \cdot K/kW$）
水（$u<1m/s$，$t<50℃$）		劣质，含油	0.09
蒸馏水	0.09	往复机排出	0.176
海水	0.09	液体	
清净的河水	0.21	处理过的盐水	0.264
未处理的凉水塔用水	0.58	有机物	0.176
经处理的凉水塔用水	0.26	燃料油	1.06
经处理的锅炉用水	0.26	焦油	1.76
硬水、井水	0.58	气体	
水蒸气		空气	0.26 ~ 0.53
优质，不含油	0.052	溶剂蒸气	0.14

【例 5 - 8】现有一传热面积为 2.5m² 的单管程列管式换热器，为了测定其传热系数，用热水与冷水进行换热，热水走管程，冷水走壳程，逆流流动。现场测得热水的流量为 2500kg/h，其进、出口温度分别为 80℃和 50℃；冷水的进、出口温度分别为 15℃和 35℃。

解：热水的进、出口温度的平均值为

$$T = \frac{T_1 + T_2}{2} = \frac{80 + 50}{2} = 65℃$$

由附录查得 65℃时水的比热容为 $C_{pl} = 4.178 \times 10^3 J/(kg \cdot K)$

换热器的热负荷为

$$Q = W_1 c_{pl}(T_1 - T_2) = \frac{2500}{3600} \times 4.178 \times 10^3 \times (80 - 50) = 8.0704 \times 10^4 W$$

由于 $\dfrac{\Delta t_1}{\Delta t_2} = \dfrac{45}{35} = 1.286 < 2$，则平均温度差为

$$\Delta t_m = \frac{\Delta t_1 + \Delta t_2}{2} = \frac{45 + 35}{2} = 40℃$$

$$K = \frac{Q}{A\Delta t_m} = \frac{8.704 \times 10^4}{2.5 \times 40} = 870W/(m^2 \cdot K)$$

【例 5 - 9】有一套管换热器，内管直径为 $\phi33.5 \times 4mm$ 的钢管，内管走冷却水，其对流传热系数为 2330W/（$m^2 \cdot K$），污垢热阻为 0.0043$m^2 \cdot K/W$；套管环隙走乙醇，其对流传热系数为 2100W/（$m^2 \cdot K$），污垢热阻为 0.000172$m^2 \cdot K/W$。试计算以管外表面积为基准的传热系数。

解：查附录 6，钢的导热系数 $\lambda = 45W/(m^2 \cdot K)$

管子的内、外径分别为

$$d_i = 33.5 - 2 \times 4 = 25.5mm = 0.0255m$$

$$d_o = 33.5mm = 0.0335m$$

由于 $\dfrac{d_o}{d_i} = \dfrac{33.5}{25.5} = 1.31 < 2$，则平均直径可用算术平均值，即

$$d_m = \frac{33.5 + 25.5}{2} = 29.5mm = 0.0295m$$

管子壁厚 $b = 4\text{mm} = 0.004\text{m}$。

由于热流体(乙醇)流经套管环隙，则以管外表面 A_o 为基准的传热系数 K_o 为

$$K_o = \cfrac{1}{\cfrac{1}{\alpha_o} + R_{ao} + \cfrac{bA_o}{\lambda A_m} + R_{ai} \cdot \cfrac{A_o}{A_i} + \cfrac{A_o}{\alpha_i A_i}} = \cfrac{1}{\cfrac{1}{\alpha_o} + R_{ao} + \cfrac{bd_o}{\lambda d_m} + R_{ai} \cdot \cfrac{d_o}{d_i} + \cfrac{d_o}{\alpha_i d_i}}$$

$$= \cfrac{1}{\cfrac{1}{2100} + 0.000172 + \cfrac{0.004 \times 33.5}{45 \times 29.5} + 0.00043 \times \cfrac{33.5}{25.5} + \cfrac{33.5}{2330 \times 25.5}}$$

$$= 532.51\text{W}/(\text{m}^2 \cdot \text{K})$$

5.4.5 壁温的估算

在自然对流、强制对流的层流以及蒸汽冷凝、液体沸腾等情况下计算对流传热系数时，都要用到壁温，且在选用换热器类型和管子材料时也要知道壁温，因此壁温的计算对换热器的设计及选用也是必要的。

根据导热速率方程式和对流传热速率方程式都可以计算壁温。对照图 5 - 22，则有以下计算壁温的公式，即

$$T_W = T - \frac{Q}{A_1}\left(\frac{1}{\alpha_1} + R_{a1}\right) \tag{5-61}$$

$$t_W = T_W - \frac{bQ}{\lambda A_m} \tag{5-62}$$

$$t_W = t + \frac{Q}{A_2}\left(\frac{1}{\alpha_2} + R_{a2}\right) \tag{5-63}$$

上式中的 T、t 及 T_W、t_W 是指换热器中热、冷流体的平均温度及热、冷流体一侧管壁的平均温度。

若预先知道热流体和冷流体对流传热系数 α_1 和 α_2 之值，即可应用上式求得管壁温度 T_W 和 t_W。否则，要用试差法确定壁温。首先在 t 与 T 之间假设一壁温值，以便计算 α_1、α_2 以及传热系数 K；然后用计算壁温的公式(5 - 61)或式(5 - 63)验证所假设的壁温是否正确。

【例 5 - 10】在一由 $\phi 25 \times 2.5\text{mm}$ 钢管组成的废热锅炉中，管内通入高温气体，其进、出口温度分别为印 500℃ 和 380℃，对流传热系数为 250W/($\text{m}^2 \cdot \text{K}$)；管外为 15kgf/$\text{cm}^2$（表压）压力的水沸腾，其对流传热系数为 10000W/($\text{m}^2 \cdot \text{K}$)。忽略污垢热阻，试估算管壁平均温度 T_W 和 t_W。

解：由附录 6 查得钢的导热系数 $\lambda = 45\text{W}/(\text{m}^2 \cdot \text{K})$

由于管外与管内径之比 $25/20 = 1.25 < 2$，故用平壁公式(5 - 55a)计算传热系数 K，即

$$K = \cfrac{1}{\cfrac{1}{\alpha_i} + \cfrac{b}{\lambda} + \cfrac{1}{\alpha_o}} = \cfrac{1}{\cfrac{1}{250} + \cfrac{0.0025}{45} + \cfrac{1}{10000}} = 241\text{W}/(\text{m}^2 \cdot \text{K})$$

由本书附录查得水在 16kgf/cm^2 压力下的饱和温度为 200.4℃，则

$$\Delta t_1 = T_1 - t = 500 - 200.4 = 299.6℃$$

$$\Delta t_2 = T_2 - t = 380 - 200.4 = 179.6℃$$

由于 $\Delta t_1/\Delta t_2 = 299.6/179.6 = 1.67 < 2$，则

$$\Delta t_m = \frac{\Delta t_1 + \Delta t_2}{2} = \frac{299.6 + 179.6}{2} = 239.6℃$$

由于 $\alpha_i < \alpha_o$，则单位内表面 A_i 的传热量为

$$\frac{Q}{A_i} = K\Delta t_m = 241 \times 239.6 = 5.77 \times 10^4 \text{ W/m}^2$$

热流体的平均温度为

$$T = \frac{T_1 + T_2}{2} = \frac{500 + 380}{2} = 440\text{℃}$$

可由式(5-61)求得 T_W，即

$$T_W = T - \frac{Q}{\alpha_i A_i} = 440 - \frac{5.77 \times 10^4}{250} = 209\text{℃}$$

由式(5-62)可求得 t_W，即 $t_W = T_W - \dfrac{bQ}{\lambda A_m}$

其中

$$\frac{Q}{A_m} = \frac{Q}{A_i} \times \frac{A_i}{A_m} = 5.77 \times 10^4 \times \frac{20}{22.5} = 5.129 \times 10^4 \text{ W/m}^2$$

则

$$t_W = 209 - \frac{0.0025}{45}/(5.129 \times 10^4) = 206.2\text{℃}$$

由计算结果可知，壁温总是接近对流传热系数大的一侧流体的温度，这是由于该侧热阻小的缘故。而且，两流体的对流传热系数相差越大，壁温越接近于 α 大的一侧流体的温度。

5.5 换热设备

换热器是石油化工生产中重要的设备之一，它可用作加热器、冷却器、冷凝器、蒸发器和再沸器等，应用十分广泛。换热器有多种形式，但就冷、热两流体间热交换的方式而言，换热器基本上可分为如第一节所述的混合式、蓄热式和间壁式换热设备三类。由于生产中大多数情况下不允许冷、热两流体在换热的过程中混合，故以间壁式换热器最为普遍。本节主要讨论间壁式换热器。

5.5.1 间壁式换热器种类

5.5.1.1 夹套式换热器

如图 5-23 所示，为一夹套式换热器。这种换热器结构简单，即在反应器(或容器)的外部筒体部分焊接或安装一夹套层，在夹套与器壁之间形成密闭的空间，成为一种流体的通道。

夹套式换热器主要用于反应器的加热或冷却。当蒸汽进行加热时，蒸汽由上部接管进入夹套，冷凝水由下部接管排出。如用冷却水进行冷却时，则由夹套下部接管进入，而由上部接管流出。由于夹套内部清洗比较困难，故一般用不易产生垢层的水蒸汽、冷却水等作为载热体。

夹套式换热器的传热系数较小，传热面又受到容器的限制，因此适用于传热量不大的场合。为了提高其传热性能，可在容器内安装搅拌器，使容器内液体作强制对流。为了弥补传热面积的不足，还可在容器内加设蛇管等。当夹套内通冷却水时，可在夹套内加设挡板，这样既可使冷

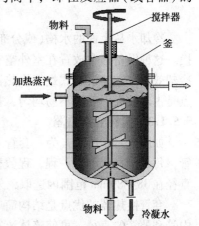

图 5-23 夹套式换热器

却水流向一定，又可使流速增大，以提高对流传热系数。

5.5.1.2 蛇管式换热器

1. 沉浸式蛇管换热器

如图 5 - 24 所示，为一沉浸式蛇管换热器。蛇管多以金属管弯绕成盘管的形状，沉浸在容器中的液体内。两种流体分别在管内、外流动而进行热交换。

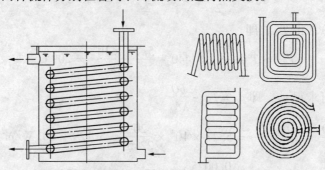

图 5 - 24　沉浸式蛇管换热器

这种换热器的优点是结构简单，价格低廉，便于防腐，能承受高压。其主要缺点是管外流体对流传热系数较小，因而 K 值也较小，如在容器内加设搅拌器，则可提高传热系数。

2. 喷淋式蛇管换热器

如图 5 - 25 所示，该换热器是用水作为喷淋冷却剂，以冷却管内的热流体，故常称为水冷器。

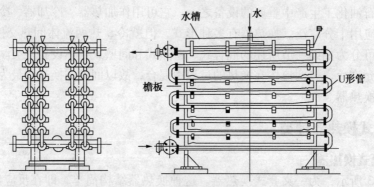

图 5 - 25　喷淋式蛇管换热器

冷却水从上面的水槽（或分布管）中淋下，沿蛇管表面下流，与管内的热流体进行热交换。这种设备通常放置在室外空气流通处，冷却水在外部汽化时，可带走部分热量，以提高冷却效果。它与沉浸式蛇管换热器相比，具有便于检修、清洗和传热效果较好等优点；其缺点是占地较大，喷淋不易均匀，耗水量大。

5.5.1.3 套管式换热器

如图 5 - 26 所示，为一套管式换热器。这种换热器是由两种不同直径的管子装成同心套管，每一段直管称为一程，程数根据换热任务和要求确定。每程的有效长度为 4 ~ 6m，内管直径在 38 ~ 89mm 范围内选取，外管直径在 60 ~ 114mm 范围内选取，一般均选标准管。

套管换热器的优点是结构简单，能耐高压，传热面积可根据需要易于增减，恰当地选择内管和外管的直径，可使流体流速增大，且呈湍流状态，故一般具有较高的传热系数，同时也可减少垢层的形成，两种流体可始终保持逆流流动，传热效果较好。其缺点是单位传热面

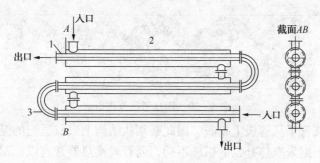

图 5－26　套管式换热器
1—内管；2—外管；3—连接弯头

积的金属消耗量大，占地较大。故一般适用于流量不大、所需传热面积较小及高压的场合。

5.5.1.4　列管式换热器

列管式换热器又称管壳式换热器，是目前石油化工生产中应用最广泛的一种换热器。与其他换热器相比，主要优点是单位体积所具有的传热面积大，传热效果好，结构比较简单，处理能力大，适应性强，操作弹性大，尤其在高温、高压和大型装置中应用更为普遍。

1. 列管换热器的结构

如图 5-27 所示，列管换热器主要由壳体、管束（换热管）、管板（又称花板）、顶盖（又称封头）和连接管等部件组成。壳体内装有管束，管束两端固定在管板上，固定的方法可用胀接法，也可用焊接法。一种流体通过管内流动，其行程称为管程，另一种流体在壳体与管束间的空隙流动，其行程称为壳程．管束的表面积即为传热面积。

流体一次通过管程的称为单管程列管换热器。当换热器的传热面积较大时，管子数目较多，为提高管程的流体流速，常将管子平均分成若干组，使流体在管内依次往返多次通过，称为多管程。增加管程数虽然可以提高流速使对流传热系数增大，但随着管程数增加，流体流动阻力增大，动力费用增加，结构也变得复杂，故管程数不宜过多，通常多为 2 程、4 程、6 程。

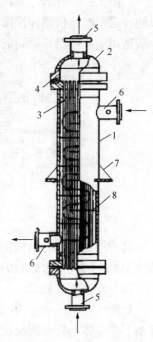

图 5-27　列管式换热器
1—壳体；2—顶盖；3—管束；
4—管板；5—流体进出口；6—连接管口；7—支架；8—折流板

当管子数很多时，管外壳程的截面积必定很大，致使壳程流体流速较小，壳程的对流传热系数就较小，对传热不利。为此，常在壳程安装折流挡板，以提高壳程的流体流速。常见的折流挡板有圆缺形（或称弓形）和圆盘形两种，如图 5-28和图 5-29 所示。前者应用较为广泛。

2. 列管式换热器的基本型式

列管式换热器操作时，由于冷、热两流体温度不同，使壳体和管束的温度也不同，其膨胀程度就不同。如果两流体的温度相差较大（如 50℃以上）时，就可能由于热应力而引起设备的变形，

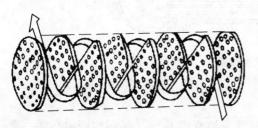

图 5-28　圆缺形折流挡板

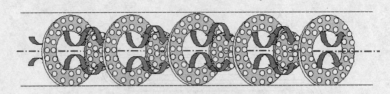

图 5 - 29　圆盘形折流挡板

甚至弯曲和断裂，或管子从管板上松脱，因此必须从结构上采取适当的温差补偿措施，以消除或减小热应力。根据采取热补偿的措施不同，列管式换热器常有以下三种基本形式。

（1）固定管板式换热器

如图 5 - 30 所示，为具有补偿圈（或称膨胀节）的固定管板式列管换热器，当壳体与管束间有温差时，依靠补偿圈的弹性变形，来适应壳体与管束间的不同热膨胀。这种补偿结构一般适用于壳体与管束间的温度差低于 60～70℃，壳程压力小于 6kgf/cm² 的情况。

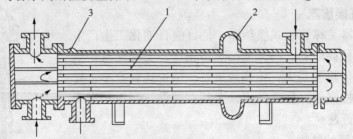

图 5 - 30　具有补偿圈的固定管板式换热器
1—折流挡板；2—补偿圈；3—放气嘴

这种换热器具有结构比较简单、造价低廉的优点；但其缺点是因管束不能抽出而使壳程清洗困难，因此要求壳程的流体应是较清洁且不易结垢的物料。

（2）浮头式换热器

如图 5 - 31 所示，为一浮头式换热器，两端管板中有一端不与壳体固定相连，该端称为浮头。当壳体与管束因温度不同而引起热膨胀时，管束连同浮头就可在壳体内自由伸缩，而与壳体无关，从而解决热补偿问题。另外，由于固定端的管板是以法兰与壳体相连接的，因此管束可以从壳体中抽出，便于清洗和检修，所以浮头式换热器应用较为普遍，其缺点是结构比较复杂，金属消耗量多，造价较高。

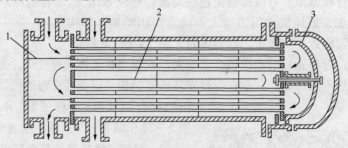

图 5 - 31　浮头式换热器
1—管程隔板；2—壳程隔板；3—浮头

（3）U 形管式换热器

如图 5 - 32 所示，为一 U 形管式换热器，每根管子都弯成 U 形，两端均固定在同一管板上，因此管子可以自由伸缩，从而解决热补偿问题。这种型式的换热器结构较简单，重量轻，适用于高温和高压的情况。其主要缺点是管程清洗比较困难，因此管程流体必须清洁，且因管子有一定弯曲半径，管板利用率较低。

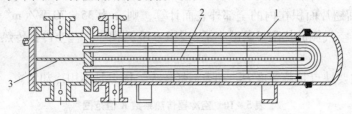

图 5 – 32　U 形管式换热器

1—U 形管；2—壳程隔板；3—管程隔板

5.5.1.5　其他类型换热器

1. 翅片式换热器

为了增加传热面积，提高传热效果，在换热管表面上加上纵向(轴向)或横向(径向)翅片，称为翅片换热器，常见的几种翅片形式如图 5 – 33 所示。

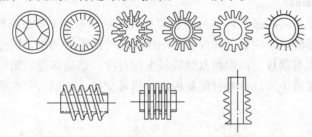

图 5 – 33　翅片形式

当相互换热的两流体的对流传热系数相差较大时，如用水蒸汽加热空气或黏性大的液体、用空气冷却热的液体时，则空气或黏性大的液体一侧的热阻为控制性热阻。此时，如在换热管的气体或黏性大的液体一侧增设翅片，既可增大了该侧流体的对流传热面积(翅片的面积为光滑管面积的 2~9 倍)，又可增强流体流动的湍动程度，从而提高了换热器的传热效果。一般来说，当两流体的对流传热系数之比等于或大于 3 时，为强化传热，宜采用翅片式换热器。

翅片的种类很多，按其高度可分为高翅片和低翅片两种。高翅片适用于冷、热流体的对流传热系数相差大的场合，如气体的加热或冷却。低翅片多为螺纹管，适用于冷、热流体的对流传热系数相差不太大的场合，如黏度较大流体的加热或冷却等。

目前，在炼油和石油化工中，翅片式换热器较为重要的应用是空气冷却器(简称空冷器)，由翅片管束、风机和支架组成。如图 5 – 34 所示。热流体进入各管束中，经冷却后汇集于排出管排出，冷空气由轴流式通风机吹过管束，通风机装在管束下方者称为强制式空冷器；通风机装在管束上方者称为引风式空冷器。

由于管外增设了翅片，这样既增大了传热面积，同时又增强了管外空气的湍流程度，因而就减

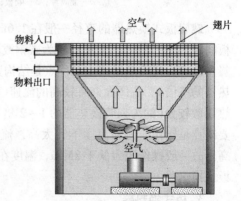

图 5 – 34　空冷器简图

少了管子内、外对流传热系数过于悬殊的影响，从而提高了换热器的传热效果。例如当空气流速为 1.5 ~ 4m/s 时，空气侧的对流传热系数 α（以光管外表面计）约为 550 ~ 1100 W/(m² · K)，如果以包括翅片面积在内的全部外表面计算，则 α 为 35 ~ 70 W/(m² · K)。与没有翅片的光管相比，空气侧的热阻显著减小了。表 5 - 10 列出了一些空冷器传热系数 K 值的大致范围。

空冷器的主要缺点是装置庞大，动力消耗较大。优点是不用冷却水。

表 5 - 10　空冷器传热系数 K 值范围

物　料	传热系致 $K/[W/(m^2 \cdot K)]$	物　料	传热系数 $K/[W/(m^2 \cdot K)]$
轻质油	300 ~ 400	烃类气体	180 ~ 520
重质油	60 ~ 180	低压水蒸气冷凝	750 ~ 800
空气或烟道气	60 ~ 180	氨冷凝	600 ~ 700
合成氮反应气体	460 ~ 520	有机蒸气冷凝	350 ~ 470

2. 螺旋板式换热器

螺旋板式换热器是由两张平行的薄钢板焊接在一块分隔板（中心隔板）上，并卷制成一对互相隔开的螺旋形流道。两板之间焊有定距柱以维持流道的间距，同时也增强螺旋板的刚度。螺旋板的两端焊有盖板，两端面及螺旋板上设有冷、热流体进、出口接管。冷、热流体分别在两个螺旋形流道中流动，通过螺旋板进行热量交换，如图 5 - 35 所示。

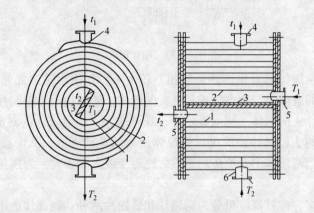

图 5 - 35　螺旋板式热交换器
1、2—金属片；3—隔板；4、5—冷流体连接管；6—热流体连接管

螺旋板式换热器的直径一般在 1.6m 以内，板宽为 200 ~ 1200mm，板厚为 2 ~ 4mm，两板间距为 5 ~ 25mm，常用材料为碳钢或不锈钢。

螺旋板式换热器的主要优点是结构紧凑，单位体积所提供的传热面积大（约为列管式换热器的三倍）；流体允许有较高的流速（液体可达 2m/s，气体可达 20m/s），湍流程度大，传热系数较大（约为列管换热器的 1 ~ 2 倍）；可实现纯逆流操作；不易结垢，不易堵塞。其主要缺点是操作压力和温度不宜太高，流体流动阻力较大，不易检修，且对焊接质量要求很高。故一般操作压力低于 2MPa，温度在 300 ~ 400℃ 以下。目前，国内已有系列标准的螺旋板式换热器。

3. 板式换热器

板式换热器是由一组矩形金属薄板平行排列、相邻板之间衬以垫片并用框架夹紧组装而成。板片四角开有圆孔，形成流体通道，冷、热流体分别在同一板片两侧流过，通过板片进行换热，如图5-36所示，为其组装流体流向示意图。板片厚度为0.5~3mm，通常压制成各种波纹形状。如图5-37所示，为一水平波纹板（也有人字形波纹板），这样可以增加板的刚度，板片尺寸常见的宽度为200~1000mm，高度最大可达2m，板间距通常为4~6mm。常用的材料为碳钢和不锈钢。

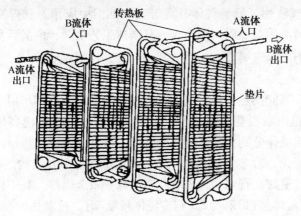
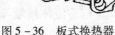

图5-36 板式换热器

图5-37 水平波纹板

板式换热器的主要优点是：结构紧凑，单位体积设备提供的传热面积大，约为250~1000m²/m³，而列管式换热器只有40~150m²/m³；传热系数高，对低黏度液体传热，传热系数可达1500~4700W/(m²·K)，最高可达7000W/(m²·K)；操作灵活，适应性大，可以根据需要增减板数以调整传热面积；加工制造容易、检修清洗方便、热损失少。其主要缺点是：因受到板片刚度、垫片种类及沟槽结构的限制，允许的操作压力较低，一般不超过1.5MPa，最高不超过2.0MPa；因受垫片材质的限制，操作温度不能太高，对合成橡胶垫片，操作温度不超过130℃，对压缩石棉垫片也应低于250℃；因板间距小，流道截面小，流速不能过大，所以处理量较小，不易密封，易泄漏，易于堵塞。

4. 板翅式换热器

板翅式换热器是一种轻巧、紧凑、高效换热器。如图5-38所示，为板翅式换热器的板束，是由平隔板和各种型式的翅片束组装而成。板束的基本元件为平隔板、侧封条和翅片，如图5-39所示。将各基本元件进行不同的叠积和适当排列，并用钎焊固定，即可制成逆流式或错流式板束，再将板束放入带有流体进、出口的集流箱内焊接固定，即为板翅式换热器。

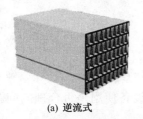

(a) 逆流式　　　　　(b) 错流式

图5-38 板翅式换热器的板束

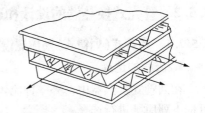

图5-39 板束的单元体

板翅式换热器的翅片材质有铝合金、铜合金、铜、不锈钢和钛等，我国一般用铝合金制造。由于铝的导热系数大，密度小，在同样传热面积下，板翅式换热器的重量仅为列管式换热器的十分之一左右。单位体积的传热面积一般为2500m²，最高可达4000m²。因翅片既是传热面，又是隔板之间的支撑，因而板翅式换热器具有较高的强度，允许操作压力可达 5.0MPa 左右。所用翅片形状可促进流体湍动，故其传热系数大。例如，空气作强制湍流时的传热系数为 35～350W/(m² · K)，油类的为 120～1750W/(m² · K)。由于铝合金的导热系数高，且在零度以下操作时，其延伸性和抗拉强度都可提高，故操作范围广，可在 200℃至接近绝对零度范围内使用，适用于低温和超低温场合。由于板翅式换热器具有以上这些优点，故现已逐渐在石油化工、天然气液化、低温气体分离等工业部门中应用，获得良好效果。其缺点是流道狭小，易堵塞，清洗困难、阻力损失大，且制造工艺复杂，内漏后很难修复，因而要求换热介质洁净，并对铝不发生腐蚀。

5. 热管换热器

热管换热器是一种新型、高效、节能换热器，广泛使用于航天航空业，并逐步用于加热炉对流室上面烟气余热回收中。它是由数根热管组成的，热管外部装有翅片以提高传热效果。热管管束中间装有隔板，冷、热流体分别在隔板的两侧流动，通过热管进行热量传递。

如图 5 - 40 所示，热管一般由管壳、管芯（一种能起到毛细管作用的多孔结构层）以及工作介质——液体组成。工作介质被密封在管内，外表看起来就像一根金属棒。其工作原理为：当热管的两端分别被加热（与热流体接触）和冷却（与冷流体接触）时，被加热的一端（称为蒸发段）管中的液体吸热蒸发成为蒸汽，蒸汽沿管中心通道向另一端（称为冷凝段）并在此冷凝放出热量，由于多孔管芯毛细作用，冷凝下来的液体又会自动地沿管芯流回蒸发段。如此循环往复，通过工作介质的蒸发、冷凝，将热量由热流体传递至冷流体。热管换热器具有传热效率高、结构紧凑、操作简单、使用寿命长等优点。

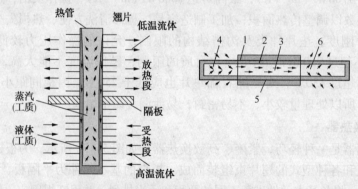

图 5 - 40　热管的结构及工作原理
1—导管；2—吸液芯；3—蒸汽；4—吸热蒸发端；5—保温层；6—放热冷凝端

5.5.2　管壳式换热器的设计和选用

5.5.2.1　管壳式（列管式）换热器设计与选用时应考虑的问题

1. 流程的选择

在列管式换热器中，哪一种流体流经管程或壳程，是关系到设备使用是否合理的问题。可依下列原则进行选择：

（1）不洁净或易结垢的流体应流经易清洗的一侧。对于固定管板式换热器上述物料应流经管程，而对于 U 形管式换热器应流经壳程，对浮头式换热器，流经管程或壳程均可。

（2）需要提高流速以增大其对流传热系数的流体应流经管程。

（3）具有腐蚀性的流体应流经管程，以免壳体和管束同时被腐蚀。

（4）压力高的流体宜流经管程，以免壳体受压。

（5）饱和蒸汽或沸腾液体应走壳程。因有相变化时对流传热系数很大，不需要用提高流速的方法来强化传热过程，同时也便于排出冷凝液。

（6）黏度大或流量较小的流体宜走壳程，因流体在设有折流挡板的壳程中流动时，可在较低的雷诺数（$Re > 100$）下即可达湍流，以利于提高壳程的对流传热系数。

（7）需要冷却的流体一般流经壳程，便于散热。

以上各点往往不能同时兼顾，应视具体问题，首先考虑流体的压力、防腐蚀及清洗等要求，综合、权衡考虑，以便作出较恰当的选择。

2. 流体流速的选择

流体在管程或壳程的流速大小，不仅影响传热效果，而且也影响流体阻力、动力消耗。增大流速可以提高对流传热系数，减少污垢，降低污垢热阻，防止流体中的杂质沉积。但是流速增大，会使流体阻力增大，动力消耗增多。因此，选择适宜的流速十分重要。工程上常用的流体流速范围列于表5-11、表5-12和表5-13中，以供参考。

表5-11　列管换热器中常用的流速范围

液体种类	流速/（m/s）	
	管程	壳程
一般液体	0.5~3	0.2~1.5
易结垢液体	>1	<0.5
气体	5~30	3~15

表5-12　不同黏度液体在列管换热器中的流速

液体黏度/cP	最大流速/（m/s）
>1500	0.6
1000~500	0.75
500~100	1.1
100~35	1.5
35~1	1.8
<1	2.4

表5-13　列管换热器中易燃、易爆液体的安全允许流速

液体名称	安全允许速度/（m/s）
乙醚、二硫化碳、苯	<1
甲醇、乙醇、汽油	<2~3
丙酮	<10

3. 管子的规格及其在管板上的排列方法

管子直径越小，单位体积换热器的传热面积越大，但流体流动阻力增大，且不易清洗。因此，对于清洁的流体管径可取得小些，而对黏度较大或易结垢的流体管径可取的大些，便于清洗和避免管子堵塞。我国目前试行的列管换热器系列标准中仅采用 $\phi 19 \times 2mm$ 和 $\phi 25 \times 2.5mm$ 两种规格的管子。

管长的选择是以便于清洗和合理使用管材为原则。因出厂的标准钢管长度一般为6m，所以在换热器系列标准中推荐的换热管长度为1.5m、2m、3m或6m，而以3m或6m最为普遍。在选择管长时，应使管长L与壳径D相适应，一般取$L/D = 4 \sim 6$。

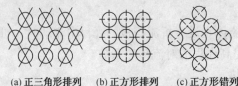

(a) 正三角形排列　(b) 正方形排列　(c) 正方形错列

图 5 - 41　管子在管板上的排列

管子在管板上的排列方法常有等边三角形（即正方形）、正方形直列和正方形错列，如图 5 - 41 所示。

正三角形排列比较紧凑，对相同的管径可排列较多的管子，传热效果较好，但管外清洗较困难；正方形排列则管外易清洗，适用于壳程流体易结垢的情况，但其对流传热系数小于正三角形排列，若将管束位置斜转45°，即正方形错列时，则可适当改善传热效果。

管心距t(即相邻两根管子的中心距)随管子与管板的连接方法不同而异。对胀接法取$t = (1.3 \sim 1.5)d_o$，且相邻两管外壁间距应不小于6mm，对焊接法取$t = 1.25d_o$。

4. 折流挡板

前已述及，安装折流挡板可以提高壳程流体的流速，使湍流程度加剧，以提高壳程流体的对流传热系数。下面就常用的横向圆缺形折流挡板作一简要介绍。

圆缺形折流挡板切去的弓形高度约为外壳直径的10% ~ 40%，一般取20% ~ 25%。因弓形缺口太大或太小都会产生"死角"，不利于传热。两相邻折流挡板间的距离(板间距)B约为外壳直径的0.2 ~ 1.0倍。系列标准中采用的B值，对固定管板式的有150mm、300mm和600mm三种；对浮头式的有150mm、200mm、300mm、480mm和600mm五种。板间距过大时，不能保证流体垂直地流过管束，使壳程对流传热系数下降；板间距过小时，不仅制造、检修困难，且阻力损失也大。

5. 壳程对流传热系数的计算

一般壳程因设有折流挡板，所以流体在壳程流动时，不但有流体横过管束的流动，而且还有顺着管子的流动。因此，流体的流向和流速不断变化，湍流程度加剧，一般当$Re > 100$时，即达湍流状态。当$Re = 2 \times 10^3 \sim 10^6$时，可用下式进行计算，即

$$Nu = 0.36 Re^{0.55} Pr^{1/3} \left(\frac{\mu}{\mu_W}\right)^{0.14} \qquad (5 - 64)$$

或

$$\alpha = 0.36 \frac{\lambda}{d_e} \left(\frac{d_e u_o \rho}{\mu}\right)^{0.55} \left(\frac{c_p \mu}{\lambda}\right)^{1/3} \left(\frac{\mu}{\mu_W}\right)^{0.14} \qquad (5 - 64a)$$

在式(5 - 64)中，除μ_W为壁温t_W下流体的黏度外，其他物性的定性温度为流体进、出口温度的算术平均值。其中当量直径d_e要根据管子的排列情况决定。

当管子为正方形排列时，则

$$d_e = \frac{4\left(t^2 - \frac{\pi}{4}d_o^2\right)}{\pi d_o} \qquad (5 - 65)$$

当管子为正三角形排列时，则

$$d_e = \frac{4\left(\frac{\sqrt{3}}{2}t^2 - \frac{\pi}{4}d_o^2\right)}{\pi d_o} \qquad (5 - 66)$$

式中　t——相邻两管的中心距，m；

d_o——管子外径，m。

式（5-64a）中的流速 u_o 根据流体流过管间最大流动截面积 S_o 计算。S_o 由下式计算，即

$$S_o = BD\left(1 - \frac{d_o}{t}\right) \qquad (5-67)$$

式中　B——相邻折流挡板间的距离，m；

　　　D——换热器壳体内径，m。

如果换热器的管间没有折流挡板，管外流体则沿管束平行流动。此时，壳程的对流传热系数可用管内强制对流时的公式进行计算，但需将公式中的管内径改为管间的当量直径。

【例 5-11】 在一列管式换热器内，用水冷却油品，油品流经管程，水流经壳程。水的质量流量为 $1 \times 10^6 \text{kg/h}$；进、出口温度分别为 32℃ 和 45℃。换热器壳体内径为 2m，列管的直径为 $\phi 25 \times 2.5\text{mm}$，有效长度为 6m，管子按正三角形排列，管心距 $t = 1.25 d_o$。管间装有 25% 的圆缺折流板，折流板间距 $B = 0.25D$，求壳程冷却水的对流传热系数.

解：因壳程装的折流板，所以对流传热系数按式（5-64）计算。

定性温度 $\qquad\qquad t = \frac{32+45}{2} = 38.5℃$

由附录查得 38.5℃ 下水的有关物性为

$$\rho = 992.7 \text{kg/m}^3 \qquad\qquad \mu = 6.75 \times 10^{-4} \text{N} \cdot \text{s/m}^2$$

$$\lambda = 0.632 \text{W/(m} \cdot \text{K)} \qquad\qquad c_p = 4.174 \times 10^3 \text{J/(kg} \cdot ℃)$$

冷却水流过的最大截面积和流速分别为

$$S_o = BD\left(1 - \frac{d_o}{t}\right) = 0.25 \times 2 \times 2 \times \left(1 - \frac{25}{1.25 \times 25}\right) = 0.2 \text{m}^2$$

$$u_o = \frac{W}{3600 S_o \rho} = \frac{1 \times 10^6}{3600 \times 0.2 \times 992.7} = 1.4 \text{m/s}$$

已知　$t = 1.25 d_o = 1.25 \times 0.025 = 0.03125\text{m}$，则管间当量直径为

$$d_o = \frac{4\left(\frac{\sqrt{3}}{2}t^2 - \frac{\pi}{4}d_o^2\right)}{\pi d_o} = \frac{\left(\frac{\sqrt{3}}{2} \times 0.03125^2 - 0.785 \times 0.025^2\right)}{0.785 \times 0.025}$$

$$= 0.0181\text{m}$$

则 $\qquad\qquad Re = \frac{d_e u_o \rho}{\mu} = \frac{0.0181 \times 1.4 \times 992.7}{6.75 \times 10^{-4}} = 3.73 \times 10^4$

$$Pr = \frac{c_p \mu}{\lambda} = \frac{4.174 \times 10^3 \times 6.75 \times 10^{-4}}{0.632} = 4.458$$

由于水被加热，取 $\left(\frac{\mu}{\mu_W}\right) \approx 1.05$

故冷却水在壳程的对流传热系数为

$$\alpha = 0.36 \frac{\lambda}{d_e} Re^{0.55} Pr^{\frac{1}{3}} \left(\frac{\mu}{\mu_W}\right)^{0.14} = 0.36 \times \frac{0.632}{0.0181} \times (3.73 \times 10^4)^{0.55} \times (4.458)^{\frac{1}{3}} \times 1.05$$

$$= 7097 \text{W/(m}^2 \cdot \text{K)}$$

6. 流体流动阻力的计算

（1）管程流体流动阻力

管程流体流动阻力可按一般摩擦阻力公式计算。对多管程列管式换热器，其管程流体流

动阻力所引起的压力降 Δp_t 为

$$\Delta p_t = (\Delta p_f + \Delta p'_f) F_t N_p N_s \qquad (5-68)$$

式中　Δp_f——每管程直管阻力所引起的压力降，N/m^2，按第 1 章范宁公式计算；

　　　$\Delta p'_f$——每管程局部阻力(回弯管及进、出口)所引起的压力降，N/m^2，局部阻力系数 ξ 取 3；

　　　F_t——结垢校正系数，无单位，对于 $\phi 25 \times 2.5mm$ 的管子取 1.4，对 $\phi 19 \times 2mm$ 的管子取 1.5；

　　　N_p——每壳程的管程数；

　　　N_s——串联的壳程数。

(2) 壳程流体流动阻力

对于壳程压力降的计算，现已提出了不少计算公式，但由于流体流动状态比较复杂，所以用不同公式计算的结果相差较大。下面推荐一个常用的计算公式，即

$$\Delta p_s = \lambda_s \frac{D(N_B + 1)}{d_e} \cdot \frac{\rho u_o^2}{2} \qquad (5-69)$$

式中　λ_s——壳程流体摩擦系数，$\lambda_s = 1.72 Re_o^{-0.19}$；

　　　Re_o——雷诺数，$Re_o = \dfrac{d_e u_o \rho}{\mu}$；

　　　u_o——壳程流体流速，按式(5-67)求得的 S_o 所计算的流速，m/s；

　　　D——壳体内径，m；

　　　N_B——折流挡板数目；

　　　d_e——按式(5-65)或式(5-66)计算的当量直径，m。

流体流经列管式换热器的压力降不能太大。一般，液体流经换热器时，其压力降常在 10.13 ~ 101.3kPa；气体流经换热器时，其压力降常为 1.013 ~ 10.13kP。设计时，换热器的结构尺寸要同时满足传热面积和压力降的要求，即既能满足工艺要求，又要经济合理。

5.5.2.2　列管换热器的选用和设计计算步骤

1. 试算并初选换热器的型式和规格

(1) 确定流体的流程。

(2) 根据传热任务计算热负荷。

(3) 计算平均温度差，并根据温差校正系数 $\varepsilon_{\Delta t}$ 不应小于 0.8 的原则，决定壳程数。

(4) 根据传热系数的经验值范围(参见表 5-8 或查有关手册)或生产实际情况，选取传热系数 K 值，并由传热速率方程式估算传热面积。

(5) 根据两流体间的温度差值选择列管式换热器的型式，并根据估算的传热面积在换热器系列标准中初选适当的换热器型号。

2. 计算管、壳程的压力降

根据初步选定的换热器型号规格，计算管、壳程的流速和压力降，以检验初选换热器是否合理。如压力降不符合要求，可调整有关参数(如管程数或壳程折流挡板间距等)或另选换热器的型号，重新计算压力降直至符合要求为止。

3. 核算传热系数 K

分别计算换热器管、壳程的对流传热系数，确定污垢热阻，计算传热系数，并与估算时所选取的传热系数进行比较。如两者相差较多，则应重新估算传热面积和选择合适型号的换热器，直至前后的传热系数相近为止。

4. 计算传热面积

根据核算的 K 值，由 $Q = KA\Delta t_m$ 计算传热面积。一般应选定换热器的实际传热面积比计算值大 10% ~ 20% 为宜。

由上可见，换热器的选型计算是一个反复试算过程，带有试差的性质。应当指出，上述的换热器选型计算步骤为一般原则，设计计算时，视具体情况可以灵活变动。通过下面的例题具体说明换热器的设计计算步骤。

【例 5 – 12】 某炼油装置需要一台列管式换热器，用煤油预热原油。煤油的质量流量为 $2.2 \times 10^4 \, kg/h$，进、出口温度分别为 230℃ 和 130℃；原油的质量流量为 $4.8 \times 10^4 \, kg/h$，进口温度为 40℃。在煤油和原油的平均温度下，有关物理性质如下：

煤油 $\rho = 710 \, kg/m^3$ $c_p = 2.6 \times 10^3 \, J/(kg \cdot ℃)$ $\lambda = 0.131 \, W/(m \cdot ℃)$ $\mu = 0.36 \times 10^{-3} \, N \cdot s/m^2$；

原油 $\rho = 825 \, kg/m^3$ $c_p = 2.26 \times 10^3 \, J/(kg \cdot ℃)$ $\lambda = 0.134 \, W/(m \cdot ℃)$ $\mu = 2.15 \times 10^{-3} \, N \cdot s/m^2$；

管、壳程的允许压力降均为 40kPa，换热器的热损失约为原油吸收热量的 5%。试选择一台适当型号的列管式换热器。

解：1. 初选换热器的型号

（1）选择流体的流程

煤油温度高，走管程可以减少热损失；原油黏度大，走壳程可在较低的雷诺数下达湍流，有利于提高其对流传热系数。

（2）计算热负荷 Q

因为热流体（煤油）走管程，所以换热器的热负荷为煤油放出的热量，即

$$Q = W_1 c_{p1}(T_1 - T_2)$$
$$= \frac{22000}{3600} \times 2.6 \times 10^3 \times (230 - 130) = 1.59 \times 10^6 \, W$$

（3）计算平均温度差 Δt_m

由热平衡方程计算原油的出口温度 t_2，即

$$Q_1 = Q_2 + Q_{损} = 1.05 Q_2$$

即
$$Q = 1.05 W_2 c_{p2}(t_2 - t_1)$$

解得
$$t_2 = \frac{Q}{1.05 W_2 c_{p2}} + t_1 = \frac{1.59 \times 10^6}{1.05 \times \frac{48000}{3600} \times 2.26 \times 10^3} + 40 = 90.8℃$$

计算逆流平均温度差

$$\Delta t_1 = T_1 - t_2 = 230 - 90.8 = 139.8℃$$
$$\Delta t_2 = T_2 - t_1 = 130 - 40 = 90℃$$

因为 $\dfrac{\Delta t_1}{\Delta t_2} = 1.55 < 2$，则

$$\Delta t_{m逆} = \frac{\Delta t_1 + \Delta t_2}{2} = \frac{138.8 + 90}{2} = 114.9℃$$

$$R = \frac{T_1 - T_2}{t_2 - t_1} = \frac{230 - 130}{90.8 - 40} = 1.97$$

$$P = \frac{t_2 - t_1}{T_1 - t_1} = \frac{90.8 - 40}{230 - 40} = 0.267$$

暂按一壳程、偶数管程的列管换热器计算，则由图 5-20 查得校正系数 $\varepsilon_{\Delta t} = 0.93$。因为 $\varepsilon_{\Delta t} > 0.8$，所以单壳程列管式换热器是可行的，则

$$\Delta t_m = \varepsilon_{\Delta t} \cdot \Delta t_{m逆} = 0.93 \times 114.9 = 106.9℃$$

（4）估算传热面积 A

根据流体性质，由表 5-8 初选 $K = 250 W/(m^2 \cdot ℃)$，则传热面积可由传热速率方程式计算，即

$$A = \frac{Q}{K\Delta t_m} = \frac{1.59 \times 10^6}{250 \times 106.9} = 59.5 m^2$$

（5）初估管、壳程流通面积 S_i、S_o

对煤油取 $u = 1 m/s$，则

$$S_i = \frac{W_1}{\rho_1 u_i} = \frac{22000}{3600 \times 710 \times 1} = 0.00861 m^2$$

选原油壳程流速 $u_o = 0.5 m/s$，则

$$S_o = \frac{W_2}{\rho_2 u_o} = \frac{48000}{3600 \times 825 \times 0.5} = 0.0323 m^2$$

（6）初选换热器型号

煤油的进、出口平均温度 $T_m = \dfrac{T_1 + T_2}{2} = \dfrac{230 + 130}{2} = 180℃$

原油的进、出口平均温度 $t_m = \dfrac{t_1 + t_2}{2} = \dfrac{40 + 90.8}{2} = 65.4℃$

由于 $T_m - t_m = 180 - 65.4 = 114.6℃ > 50℃$，则需要考虑热补偿。同时考虑到原油走壳程，为了便于壳程的清洗污垢，采用浮头式 AET 系列管壳式换热器为宜。根据初估的传热面积及管、壳程流通面积，在附录中选取 $AET - 500 - 1.6 - 67.6 - \dfrac{6}{19} - 4$ 换热器，其结构尺寸如下：

型　　号		$AET - 500 - 1.6 - 67.6 - \dfrac{6}{19} - 4$	
公称传热面积	67.6m²	管程流通面积	0.0085m²
壳体直径	500mm	管心距	25mm
管子总数	192	壳中心管排管子根数	10
有效管长	6m	管子排列方式	正方形斜转45°
管子规格	$\phi19 \times 2mm$	折流板间距	300mm
管程数	4	折流板总数	19

注：取管心距 $t = 1.3 d_o = 25mm$。

取折流挡板间距 $B = 300\text{mm}$，则 $N_B = \dfrac{6}{B} - 1 = \dfrac{6}{0.3} - 1 = 19$

2. 核算压力降

（1）管程压力降

$$S_i = \frac{N}{N_p} \cdot \frac{\pi}{4} d_i^2 = \frac{192}{4} \times 0.785 \times 0.015^2 = 0.00848\text{m}^2$$

$$u_i = \frac{W_1}{\rho_1 S_i} = \frac{22000}{3600 \times 710 \times 0.00848} = 1.015\text{m/s}$$

$$Re_i = \frac{d_i u_i \rho}{\mu} = \frac{0.015 \times 1.015 \times 710}{0.36 \times 10^{-3}} = 30027$$

取管壁粗糙度 $\varepsilon = 0.15\text{mm}$，$\varepsilon/d_i = 0.15/15 = 0.01$，由图查得 $\lambda = 0.037$，代入范宁公式得

$$\Delta p_f = \lambda \frac{l}{d_i} \frac{\rho u_i^2}{2} = 0.037 \times \frac{6}{0.015} \times \frac{710 \times 1.015^2}{2} = 5.41 \times 10^3 \text{Pa}$$

局部阻力

$$\Delta p'_f = \xi \frac{\rho u_i^2}{2} = 3 \times \frac{710 \times 1.015^2}{2} = 1097\text{Pa}$$

$F_t = 1.5$，$N_p = 4$，$N_s = 1$，则由式（5-68）可得

$$\Delta p_t = (\Delta p_f + \Delta p'_f) F_t N_p N_s = (5410 + 1097) \times 1.5 \times 4 \times 1 = 3.90 \times 10^4 \text{Pa} = 39.0\text{kPa}$$

（2）壳程压力降

由式（5-67）可得

$$S_o = BD \left(1 - \frac{d_o}{t}\right) = 0.3 \times 0.5 \times \left(1 - \frac{19}{25}\right) = 0.36\text{m}^2$$

$$u_o = \frac{W_2}{\rho_2 S_o} = \frac{48000}{3600 \times 825 \times 0.036} = 0.449\text{m/s}$$

因管子按正方形排列，则由式（5-65）得

$$d_e = \frac{4 \times \left(t^2 - \frac{\pi}{4} d_o^2\right)}{\pi d_o} = \frac{4 \times (0.025^2 - 0.785 \times 0.019^2)}{\pi \times 0.019} = 0.0229\text{m}$$

$$Re_o = \frac{d_e u_o \rho}{\mu} = \frac{0.0229 \times 0.449 \times 825}{2.15 \times 10^{-3}} = 3945$$

$$\lambda_s = 1.72 Re_o^{-0.19} = \frac{1.72}{3945^{0.19}} = 0.357$$

由式（5-69）得

$$\Delta p_s = \lambda_s \frac{D(N_B + 1)}{d_e} \cdot \frac{\rho u_o^2}{2} = 0.357 \times \frac{0.5 \times (19 + 1)}{0.0229} \times \frac{825 \times 0.449^2}{2}$$

$$= 1.30 \times 10^4 \text{Pa} = 13.0\text{kPa}$$

换热器管程和壳程流体的压力降均未超过允许值40kPa，故初选的列管式换热器的管程数和折流挡板间距可行。

3. 核算传热系数 K

（1）管程对流传热系数 α_i

由式（5-19）可得

$$\alpha_i = 0.023 \times \frac{\lambda}{d_i} Re_i^{0.8} Pr^n$$

$$Re_i = 36100$$

$$Rr_i = \frac{C_p \mu}{\lambda} = \frac{2.6 \times 10^3 \times 0.36 \times 10^{-3}}{0.131} = 7.15$$

$$n = 0.3 (煤油被冷却)$$

则
$$\alpha_i = 0.023 \times \frac{0.131}{0.015} \times 30027^{0.8} \times 7.15^{0.3} = 1384 W/(m^2 \cdot K)$$

（2）壳程对流传热系数 α_o

$$Re_o = 3945$$

$$Pr_o = \frac{C_p \mu}{\lambda} = \frac{2.26 \times 10^3 \times 2.15 \times 10^{-3}}{0.134} = 36.3$$

因壳程原油被加热，取 $\left(\dfrac{\mu}{\mu_W}\right)^{0.14} \approx 1.05$

则或由式（5-64）得

$$\alpha_o = 0.36 \times \frac{\lambda}{d_e} Re^{0.55} Pr^{1/3} \left(\frac{\mu}{\mu_W}\right)^{0.14} = 0.36 \times \frac{0.134}{0.0229} \times 3945^{0.55} \times 36.3^{1/3} \times 1.05$$

$$= 695.9 W/(m^2 \cdot K)$$

（3）传热系数 K

管壁导热系数 $\lambda = 45 W/(m \cdot K)$

取煤油一侧（管程）的污垢热阻 $R_{ai} = 0.0002 (m^2 \cdot K)/W$

取原油一侧（壳程）的污垢热阻 $R_{a0} = 0.0005 (m^2 \cdot K)/W$

因为 $d_o/d_i = 25/20 = 1.25 < 2$，则由式（5-57a）得

$$K = \frac{1}{\frac{1}{\alpha_o} + R_{ao} + \frac{b}{\lambda} + R_{ai} + \frac{1}{\alpha_i}} = \frac{1}{\frac{1}{1384} + 0.0002 + \frac{0.002}{45} + 0.0005 + \frac{1}{695.9}}$$

$$= \frac{1}{0.002904} = 344.4 W/(m^2 \cdot K)$$

4. 计算传热面积 A

由传热速率方程可得

$$A_{计} = \frac{Q}{K\Delta t_m} = \frac{1.59 \times 10^6}{344.4 \times 106.9} = 43.2 m^2$$

换热器 AET-500-1.6-67.6-$\frac{6}{19}$-4 的实际传热面积为

$$A_{实} = N\pi d_o L = 192 \times \pi \times 0.019 \times 6 = 68.76 m^2$$

$$\frac{A_{实} - A_{计}}{A_{计}} = \frac{68.76 - 43.2}{68.76} \times 100\% = 37.2\%$$

由核算结果表明，所选择的换热器 AET-500-1.6-67.6-$\frac{6}{19}$-4 是合适的。

5.5.3　换热器传热过程的强化

所谓强化传热过程，就是指提高换热器的传热速率。从传热速率方程式 $Q = KA\Delta t_m$ 中可

以看出，增大传热系数 K、传热面积 A 和平均温度差 Δt_m 中的任何一项的值，都可提高传热速率。因此，在换热器的设计和操作中，应从以下三个方面来考虑强化传热过程。

1. 增大传热面积 A

此处指的增大换热器的传热面积，不是靠加大换热器的尺寸来实现，而是应从改进传热面结构和提高单位体积换热器的传热面积来考虑。如在对流传热系数小的一侧设置各种形状的翅片，或者采用螺旋板式换热器、板翅式换热器、板式换热器等。这样既可使设备紧凑、结构合理，又可增大单位体积换热器的传热面积和增加流体湍流程度，从而提高传热速率。

2. 增大传热平均温度差 Δt_m

实际生产中换热器两侧流体的温度是由工艺条件决定的，一般不能随便变动。此时，在设计换热器时，尽可能采取逆流操作，若为折流操作时，从换热器的壳程数上应保证校正系数 $\varepsilon_{\Delta t} > 0.8$ 以上，使换热器尽量在接近逆流下操作，以便得到较大的 Δt_m 值，同时也可保证换热器的操作稳定。当选择加热剂或冷却剂时，其温度高低不仅影响平均温度差 Δt_m 的大小，而且还影响换热器的设备费用和操作费用。如用饱和水蒸汽作加热剂时，可通过提高蒸汽温度来增大平均温度差 Δt_m 值，但提高蒸汽温度意味着提高其压力，换热器就要具有更高的耐压能力，因此加热蒸汽的温度一般不宜超过180℃，此时蒸汽压力为10.0MPa(绝压)。如温度超过180℃，可采用其他加热剂，如矿物油(高温45号机油和60号机油)、有机载热体(萘、联苯、二苯醚等)、烟道气和电加热等。若用水作冷却剂时，降低其温度可以增大平均温度差 Δt_m 值，但冷却水温度的降低不但要受到大气温度的限制，而且对凉水装置提出了更高的要求；而冷却水的终温与水的用量有关，增加水量虽然可以降低其终温，使平均温度差 Δt_m 值增大，但又使操作费用增加了。因此，饱和水蒸汽或冷却水温度的选择，要同时考虑到技术上的可能性和经济上的合理性。

3. 增大传热系数 K

从式(5-58)可以看出。要提高 K 值，必须设法减少各项热阻，即提高 α_i、α_o，降低 R_{ai}、R_{ao} 值。常用的方法有两个方面，一方面是在保证流体的压力降不超过允许值的前提下，提高流体流，增强湍流程度，以提高对流传热系数，尤其是设法提高较小的对流传热系数值(何故?)，如增加列管换热器的管程数和壳程中折流挡板数目、采用新型换热器等；另一方面是提高流速防止结垢、及时清除污垢层等。

综上所述，强化传热的途径是多方面的，但各有利弊。因此，要视具体传热过程，综合权衡设备结构、动力消耗、清洗难易等因素，抓主要矛盾，采取技术上可行、经济上合理的强化传热措施。

5.6 热辐射基础理论

管式加热炉是炼油厂的重要加热设备，也是主要能耗设备。炼油过程中60%~70%的操作费用都消耗在管式加热炉内。在炼油厂，管式加热炉是炼油厂达到高质量、高效率、低能耗及长周期安全运转的关键。管式加热炉也是一种换热设备，与前面所讲换热器不同的是传热方式主要以辐射方式进行，因而有必要对热辐射的理论和概念作进一步了解。

5.6.1 热辐射的基本概念

5.6.1.1 热辐射的特性

辐射是用电磁波传递热量的过程，所传递的能量叫作辐射能。

热辐射特点：

①在传递过程中不需要任何介质；

②热辐射过程中不仅有热量的转移，而且还有能量形式的转换；

③任何物质，只要 $T > 0K$，均可辐射热量。

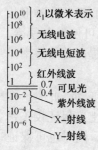

图 5－42　电磁辐射波谱

性质：辐射具有微粒性（光子）和波动性（电磁波）两种性质。当射线从物体发射或被物体吸收时，其微粒性比较突出；而当辐射线在传播时，其波动性比较显著。光子的微粒性可以用光子的能量 E 表征，而电磁波的波动性则可用它的波长 λ 或频率 ν 表征。

如图 5－42 所示，给出了电磁波的名称及波长范围。其中波长范围为 $0.38 \sim 1000\mu m$ 的射线，投射到一个物体上的结果将使物体加热，这类辐射叫热辐射。波长范围为 $0.4 \sim 0.8\mu m$ 的射线，可刺激人们的视神经，这个波段就是可见光，其他热射线由于居于可见光中红光的外侧，所以也称为红外线。

固体和液体可以辐射各种波长的热射线，所以光谱是连续的；而气体只能辐射具有某些特定频率的热射线，所以光谱是不连续的。

5.6.1.2 热辐射的吸收、反射和透过

热射线和可见光一样，同样具有反射、折射和吸收的特性，服从光的反射和折射定律，在均一介质中作直线传播，在真空和透明气体中可以完全透过。如图 5－43 所示，投射到物体表面上的总辐射能为 Q，其中有一部分能量 Q_α 被吸收，一部分能量 Q_ρ 被反射，另一部分能量 Q_τ 穿透过物体，由总能量平衡得：

$$Q = Q_\alpha + Q_\rho + Q_\tau \tag{5-70}$$

或：

$$\frac{Q_\alpha}{Q} + \frac{Q_\rho}{Q} + \frac{Q_\tau}{Q} = 1$$

定义：　$\alpha = Q_\alpha / Q$，称为物体的吸收率

　　　　$\rho = Q_\rho / Q$，称为物体的反射率

　　　　$\tau = Q_\tau / Q$，称为物体的透过率

故：　　　　　　　　$\alpha + \rho + \tau = 1 \tag{5-71}$

将 $\alpha = 1$ 即 $\rho + \tau = 0$ 的物体（即能全部吸收辐射能的物体）称为绝对黑体，简称黑体。自然界中并不存在黑体，但自然界中也有比较接近黑体的物体，如没有光泽的黑漆表面，其吸收率为 $0.96 \sim 0.98$，刷白漆的壁面对红外辐射的吸收近似于黑体（$\alpha = 0.9 \sim 0.95$），但是它不吸收可见光范围的热辐射。

$\rho = 1$ 的物体称为全反射体（绝对白体或镜体）。实际上绝对白体也是不存在的，只是有些物体比较接近于全反射体，如表面磨光的最理想的金属表面的反射率为 $0.95 \sim 0.97$。

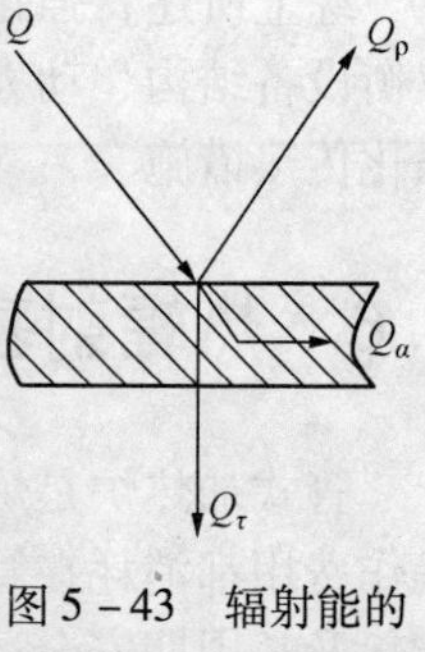

$\tau = 1$ 的物体称为透明体。透明体能够全部透过辐射能。例如单原子或由对称双原子构成的气体（如 H_2，O_2，N_2 和 N_e 等），一般可看作透明体，而多原子或由不对称双原子构成的气体，则要有选择地吸收或发射某些频率的辐射能，这些气体不能看成透明体。气体的反射率 ρ 一般均可看成 0；$\tau = 0$ 的物体（$\alpha + \rho = 1$）为不透明体，从热辐射的角度来讲，所有固体均可看成不透明体。

图 5－43　辐射能的吸收、反射和穿透

α、ρ、τ 并不完全由物体本身的性质所决定，不但和物体温度、表面状况有关，而且与投入来的辐射射线的波长有关，例如玻璃，对投入来的波长在 $0.4 \sim 0.8\mu m$ 的可见光，$\tau = 0.9$ 左右，可近似看成透明体；而对投入射线为 $0.8 \sim 1000\mu m$ 的红外线，$\alpha = 0.9$ 左右，基本上不透过。

以上讨论了极端情况下的一些特例，自然界中既没有 $\alpha = 1$ 的绝对黑体，也没有 $\rho = 1$ 的全反射体，如后文所描述的那样，一般的物体多为灰体。

5.6.1.3 黑体的定义

一个无光泽的黑色表面能全部吸收投射到它表面的可见光。依此类比，一个能全部吸收投射到它表面上的热辐射的表面，叫作黑表面。具有黑表面的物体，叫作绝对黑体或简称黑体。今后，凡是绝对黑体的一切物理量，都用下标"0"表示，以示区别。

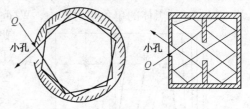

可以用人工的方法制造出十分接近于黑体的模型，如图 5-44 所示。黑体模型为一开有小孔的空腔，腔的内壁涂有一层吸收率很高的炭黑，或者内壁构造多个隔板。当热射线经小孔进入空腔时，在空腔内要经历多次地吸收和反射，每吸收一次，辐射能量就能减弱一次，最终离开小孔的能量就能微乎其微了。就辐射特点而言，小孔

图 5-44 黑体模型示意图

就好像一个黑表面一样。小孔的面积与空腔内壁的总面积之比越小，模型就越接近于黑体。上述的人工黑体模型，在热辐射的实验研究和标准温度计的校正方面都非常有用。

5.6.1.4 物体的辐射能力、辐射强度

1. 物体的辐射能力 E

为了表示一个物体向外界发射辐射能的大小，可以定义物体的单位表面积、单位时间内向半球空间所有方向发射的全部波长($\lambda = 0 \sim \infty$)的总辐射能，叫作物体的辐射能力或半球辐射能力、或自身辐射。用 E 表示，单位为 W/m^2，即：

$$E = d^2 Q/dAd\tau \tag{5-72}$$

E 只与物体表面性质和温度有关，温度越高，物体的辐射能力越大。在相同的温度下，黑体的辐射能力最大。

2. 单色辐射能力 E_λ

物体在 λ 至 $\lambda + \Delta\lambda$ 的波段内的辐射能力，叫作单色辐射能力，单位 $W/(m^2 \cdot \mu m)$ 或 W/m^3。即

$$E_\lambda = \lim_{\Delta\lambda \to 0} \frac{\Delta E}{\Delta \lambda} = \frac{dE}{d\lambda} \tag{5-73}$$

E_λ 反映了物体的辐射能力随 $\lambda(0 \sim \infty)$ 的分布情况，它与物体的辐射能力 E 的积分关系式为：

$$E = \int_0^\infty E_\lambda d\lambda \tag{5-74}$$

一般物体的单色辐射能力 E_λ 与黑体的单色辐射能力 $E_{0\lambda}$ 并不相同。E_λ 不但与波长有关，而且与温度有关。

5.6.2 黑体辐射的基本理论

5.6.2.1 普朗克(Planck)定律

1900年普朗克推导出黑体在不同温度下向真空辐射的能量按波长分布的规律，即黑体的单色辐射能力与波长及温度的定量关系：

$$E_{0\lambda} = \frac{C_1 \lambda^{-5}}{e^{C_2/(\lambda T)} - 1} \qquad (5-75)$$

式中　λ——黑体辐射的波长，m；

　　　T——黑体的绝对温度，K；

C_1、C_2——普朗克常数，$C_1 = 3.743 \times 10^{-16} \mathrm{W \cdot m^2}$；$C_2 = 1.4387 \times 10^{-2} \mathrm{m \cdot K}$；

　　　$E_{0\lambda}$——黑体的单色辐射能力，$\mathrm{W/m^2}$。

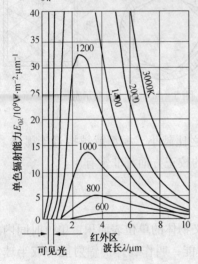

图5-45　黑体的单色辐射能力
与温度和波长的关系

普朗克定律可用图5-45表示，如图可见：

① 黑体的 $E_{0\lambda}$ 与表面形状无关，$E_{0\lambda} = f(\lambda, T)$；

② 无论温度为多少，$\lambda \to 0$ 或 $\lambda \to \infty$ 时，$E_{0\lambda} \to 0$；同一波长下，温度越高，$E_{0\lambda}$ 值越大；

③ 某　给定温度下，都可以绘出一条辐射能量分布曲线。首先，$E_{0\lambda}$ 随着 λ 的增加而增加，在某一波长 λ_m 时，$E_{0\lambda}$ 达到最大值，然后又随着 λ 的增加而减少，到 $\lambda = \infty$ 时，重新降为0。如将上式进行微分，并令 $\mathrm{d}E_{0\lambda}/\mathrm{d}\lambda = 0$，则可得到单色辐射能力为最大值时 T 和 λ_m 之间的关系式，这就是维恩(Wien)位移定律：

$$\lambda_m \cdot T = 2.897 \times 10^{-3} \mathrm{m \cdot K} \qquad (5-76)$$

该定律说明黑体的单色辐射能力的最大值随着其温度的升高向波长较短的一边移动。

一个熟练的加热炉操作工人，经常利用这个原理来判断炉腔内火焰温度的高低：温度 $>1400^\circ\mathrm{C}$ 以上，此时已有相当能量在可见光范围内发射。太阳的表面温度大约为6000K，它的单色辐射能力的最大值位于可见光的范围内，故对太阳辐射而言，可见光的辐射在总的热辐射中占有很大比重。在一般工业中应用的温度(约2000K)内，热辐射能量主要集中在 $\lambda = 0.8 \sim 10\mu m$ 的红外线波段内，分布在可见光 $\lambda = 0.38 \sim 0.8\mu m$ 的能量很少，可忽略不计。

表5-14　火焰温度与颜色对照表

温度/℃	700	900	1100	>1400
火焰颜色	暗红	樱桃红	橙黄	白色炽热体

5.6.2.2 斯蒂芬-波尔兹曼(Stefan-Boltzman)定律

在工程应用中，经常遇到涉及整个波长范围内的辐射能力，将普朗克定律积分，则可得到黑体的辐射能力

$$E_0 = \int_0^\infty E_{0\lambda} \mathrm{d}\lambda = \int_0^\infty \frac{C_1 \lambda^{-5}}{e^{C_2/(\lambda T)} - 1} \mathrm{d}\lambda$$

得到黑体的辐射能力与温度 T 之间的关系

$$E_0 = \sigma_0 T^4 = C_0 \left(\frac{T}{100}\right)^4 \qquad (5-77)$$

这就是斯蒂芬用实验方法确定,而由波尔兹曼从理论上得出的定律,称斯蒂芬 - 波尔兹曼定律。其中 σ_0 为黑体的辐射常数,$\sigma_0 = 5.67 \times 10^{-8}\text{W}/(\text{m}^2 \cdot \text{K}^4)$,$C_0 = 5.67$。这个定律说明,黑体单位时间、单位表面积向外辐射的能量与绝对温度的 4 次方成正比($E_0 \propto T^4$),因此在高温时,就不能向低温时那样忽略辐射传热了。

5.6.3 两黑体表面间的辐射传热

5.6.3.1 基本概念

物体的黑度(发射率)ε:实际物体的辐射能力 E 与同温度下黑体的辐射能力 E_0 之比值,又称半球总辐射黑度,即:

$$\varepsilon = E/E_0 \qquad (5-78)$$

ε 与物体温度和表面性质(表面温度、表面状况等)有关。ε 恒小于 1。

物体的单色黑度(单色发射率)ε_λ:物体的单色辐射能力 E_λ 与同温度下黑体的单色辐射能力 $E_{0\lambda}$ 的比值,即

$$\varepsilon_\lambda = E_\lambda/E_{0\lambda} \qquad (5-79)$$

ε_λ 与物体温度、表面性质和辐射波长有关。ε_λ 恒小于 1,即在所有物体中以黑体单色辐射能力为最大。

物体的单色吸收能力(单色吸收率)α_λ:物体吸收的波长为 λ 的辐射能与投入到物体表面的波长为 λ 的辐射能之比。物体的单色单色吸收能力 α_λ 可由下式描述。

$$\alpha_\lambda = \frac{Q_{\lambda被吸收}}{Q_{\lambda投入}} \qquad (5-80)$$

α、ε、ε_λ、α_λ 均介于 0 至 1 之间,但其含义完全不同。实验表明,ε、ε_λ、α_λ 均为发射物体本身的性质,只与表面本身有关而与投入辐射能无关;而吸收率 α 不是物体本身的性质,它除与吸收表面的性质和温度有关外,还与投入辐射的物体发射的能量按波长的分布及投入的角度有关。

5.6.3.2 角系数

如果两物体皆为黑体,则换热情况要简单的多,因为此时没有反射热量。如图 5 - 46 所示,A_1 与 A_2 为任意放置的两个黑表面。

表面温度分别为 T_1 和 T_2,表面之间的介质对热辐射是透明的。因为表面都不是无限大,所以每个表面所辐射的能量都只有一部分可达到另一个表面,其余部分则落到体系以外的空间去了。定义黑表面 A_1 在空间所有的方向上发射的总能量,直接到达另一黑表面 A_2 的分率,叫做表面 1 对表面 2 的角系数,用符号 φ_{12} 表示。如图 5 - 46 所示,经过严格的数学推导,角系数可表示为:

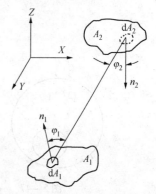

图 5 - 46 角系数的推导

$$\varphi_{12} = \frac{1}{A_1} \int_{A1} \int_{A2} \frac{\cos\varphi_1 \cos\varphi_2}{\pi r^2} dA_1 dA_2 \qquad (5-81)$$

角系数是能量分率,无单位;角系数为几何性质,与表面的大小、相对位置及形状有关,与表面的 T 及 ε 无关。角系数具有以下性质:

性质1(归一性):

如果由 n 个表面组成一个封闭体系，则其中任意表面 i 对其他表面的角系数之和为1。即

$$\varphi_{i1} + \varphi_{i2} + \cdots\cdots + \varphi_{in} = 1 \quad 或 \quad \Sigma\varphi_{ij} = 1 \tag{5-82}$$

性质2(互换性):

对任意两表面 i，j(面积分别为 A_i，A_j)，均有:

$$A_i\varphi_{ij} = A_j\varphi_{ji} \tag{5-83}$$

证明:如图 5-46 所示，两黑表面间相互交换的热量可由以下的分析得到:

表面1向外发射的总辐射能力为: $A_1 E_{01}$;

表面1发射的投入到表面2并被表面2吸收的能量为:

$$Q_{1\rightarrow2} = A_1 E_{01}\varphi_{12}$$

同理:表面2发射的投入到表面1并被表面1吸收的能量为:

$$Q_{2\rightarrow1} = A_2 E_{02}\varphi_{21}$$

故两表面间交换的热量为: $\quad Q_{12} = A_1 E_{01}\varphi_{12} - A_2 E_{02}\varphi_{21}$

显然，如果两黑表面温度相等(热平衡)，$T_1 = T_2$，则 $E_{01} = E_{02}$，$Q_{12} = 0$

则有: $\qquad A_1\varphi_{12} = A_2\varphi_{21}$

这一结论虽然是在温度相等的条件下得到的，但由于角系数是几何性质，与温度无关，因而在任何情况下都会有上式的存在。

几种简单情况下的角系数:

1. 两无限接近平面

$$\varphi_{11} = \varphi_{22} = 0 \qquad \varphi_{12} = \varphi_{21} = 1 \tag{5-84}$$

2. 一物包一物

如图 5-47 所示，可以得到

$$\varphi_{11} = 0, \varphi_{12} = 1$$

$$\varphi_{12}A_1 = \varphi_{21}A_2 \Rightarrow \varphi_{21} = \frac{A_1}{A_2} \tag{5-85}$$

3. 形成密闭系统的三凸面

如图 5-48 所示，由角系数的性质可以推出:

$$\varphi_{12} = (A_1 + A_2 - A_3)/2A_1$$
$$\varphi_{23} = (A_2 + A_3 - A_1)/2A_2 \tag{5-86}$$
$$\varphi_{31} = (A_1 + A_3 - A_2)/2A_3$$

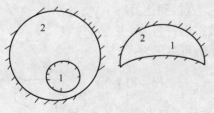

图 5-47　一物包一物

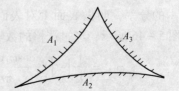

图 5-48　形成密闭系统的三个凸形物体之间的辐射换热

4. 两无限延伸表面(拉线法)

根据以上得出的计算公式很容易地借助拉线法则计算出在一个方向上无限延伸的两凸表面之间的角系数。如图 5 - 49 所示，A_1 与 A_2 两个凸表面，在垂直于图面的方向上无限延伸，欲求其辐射换热的角系数可先作辅助线 CF、DG、CG、$DF'F$（F' 为切点），根据角系数的完整性有：$\varphi_{1,2} = 1 - \varphi_{CD,DG} - \varphi_{CD,CF}$，由 $\varphi_{1,2} = \dfrac{A_1 + A_2 - A_3}{2A_1}$ 得

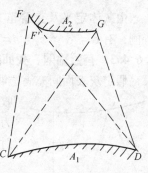

图 5 - 49　决定两物体间辐射换热角系数

$$\varphi_{CD,DG} = \frac{CD + DG - CG}{2CD}$$

$$\varphi_{CD,CF} = \frac{CD + CF - DF'F}{2CD}$$

$$\varphi_{1,2} = \frac{CG + DF'F - DG - CG}{2CD}$$

(5 - 87)

5.6.3.3　黑体间的辐射换热

在叙述角系数互换性时已推出，任意放置两黑体间的净辐射换热量为：

$$Q_{12} = A_1 E_{01}\varphi_{12} - A_2 E_{02}\varphi_{21} = \sigma_0 A_1 \varphi_{12} T_1^4 - \sigma_0 A \varphi_{21} T_2^4 = 5.67 A_{ef}\left[\left(\frac{T_1}{100} \right)^4 - \left(\frac{T_2}{100} \right)^4 \right]$$

(5 - 88)

式中 $A_{ef} = A_1\varphi_{12} = A_2\varphi_{21}$，称为有效辐射面积或辐射交换面积。

5.6.4　灰表面间的辐射传热

5.6.4.1　灰体

与黑体一样，灰体也是一个物理模型，它是指 $\alpha = \alpha_\lambda$ 的那一类物体。实验表明，在工业温度（ < 2000K）范围内，除气体外的任何物体都可以看做灰体。灰体的概念给辐射传热计算带来了很多方便。

5.6.4.2　克希霍夫(Kirchhoff)定律

假设一个温度为 T_1 的物体，在一个温度为 T_2 的黑体包壳内。克希霍夫定律可以描述如下：无论 T_1 和 T_2 是否相等，该物体表面的单色黑度等于它的单色吸收率。

证明如下：

由该物体发射的辐射为：$q_e = \int \varepsilon_\lambda E_{0\lambda 1}\mathrm{d}\lambda$

被该物体吸收的辐射为：$q_\alpha = \int \alpha_\lambda E_{0\lambda 2}\mathrm{d}\lambda$

假定该物体和包壳处于热平衡状态，则：$q_e = q_\alpha$

或　　　　　　　　　　　$\int \varepsilon_\lambda E_{0\lambda 1}\mathrm{d}\lambda = \int \alpha_\lambda E_{0\lambda 2}\mathrm{d}\lambda$

因为 $T_1 = T_2$，则有 $E_{0\lambda,1} = E_{0\lambda,2}$，带入上式有：$\varepsilon_\lambda = \alpha_\lambda$

以上结论是在热平衡情况下得出的，但对于许多物质，人们发现 α_λ（或 ε_λ）与投射辐射的情况无关，即与投射温度 T_2 无关。从而，无论 T_1 和 T_2 是否相等，这个定律都是正确的（由于 ε_λ、α_λ 是物体本身性质，与 T_1、T_2 无关，故无论 T_1、T_2 是否相等，$\varepsilon_\lambda = \alpha_\lambda$ 均成立）。

由灰体定义及克希霍夫定律，对灰表面，有：$\alpha = \alpha_\lambda = \varepsilon_\lambda = \varepsilon =$ 常数。而黑体是灰体的特例，有 $\alpha = \alpha_\lambda = \varepsilon_\lambda = \varepsilon = 1$。

5.6.4.3 有效辐射、灰体间的辐射换热

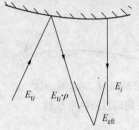

图 5-50 有效辐射示意图

假定灰表面间充满透明介质，由于灰表面能吸收辐射能量，又能反射辐射能量，而且吸收和反射是无穷多次，情况十分复杂，需采用无穷级数进行求解。为了避免表面间多次反射所引起的麻烦，简化计算，提出了有效辐射的概念。

如图 5-50 所示，作如下定义：

自身辐射：由于本身温度而引起的辐射，用 E_i 表示：

$$E_i = \varepsilon_i E_{0i} \qquad (5-89)$$

投入辐射：单位时间投入到 i 表面单位面积上的辐射能，用 E_{ti} 表示

反射辐射：表面反射率 ρ_i 与投入辐射 E_{ti} 的乘积，$\rho_i E_{ti}$

有效辐射：物体的自身辐射与反射辐射的总和，用 E_{ef} 表示，且

$$E_{efi} = E_i + \rho_i E_{ti} = \varepsilon_i E_{0i} + \rho_i E_{ti} \qquad (5-90)$$

净辐射：有效辐射与投入辐射的差值，用 q_i 表示：

$$q_i = E_{efi} - E_{ti} = \varepsilon_i E_{0i} + \rho_i E_{ti} = \varepsilon_i(E_{0i} - E_{ti}) \qquad (5-91)$$

$$= E_{efi} - (E_{efi} - \varepsilon_i E_{0i})/\rho_i = \frac{\varepsilon_i}{\rho_i}(E_{0i} - E_{efi})$$

对包含 n 个表面的封闭系统，如图 5-51 所示。

对每一个表面 i 可写出

$$E_{efi} = \varepsilon_i E_{0i} + \rho_i E_{ti}$$

同时，每一个表面 A_j 发射的有效辐射是 $A_j E_{efj}$，其中投射到表面 i 的能量是 $A_j E_{efj} \varphi_{ji}$，故表面 i 的投入辐射总计为

$$A_i E_{ti} = A_1 E_{ef1} \varphi_{1i} + A_2 E_{ef2} \varphi_{2i} + \cdots\cdots + A_n E_{efn} \varphi_{ni}$$

因为 $A_1 \varphi_{ij} = A_j \varphi_{ji}$

故：

$$E_{ti} = E_{ef1} \varphi_{i1} + E_{ef2} \varphi_{i2} + \cdots\cdots + E_{efn} \varphi_{in} = \sum_{j=1}^{n} E_{efj} \varphi_{ij} \qquad (5-92)$$

将式(5-92)代入式(5-90)，则：

$$E_{efi} = \varepsilon_i E_{0i} + \rho_i \sum_{j=1}^{n} E_{efj} \varphi_{ij} \qquad i = 1,2\cdots\cdots n \qquad (5-93)$$

对于黑体，由于不存在反射的问题，$E_{efi} = E_{0i}$。

几种简单情况下灰表面间辐射换热量的计算：

1. 两个无限接近平面

$$q_{12} = \frac{\varepsilon_1}{\rho_1}(E_{01} - E_{ef1})$$

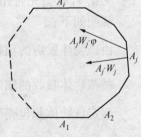

图 5-51 包含 n 个表面的封闭系统

其中：

$$E_{ef1} = E_1 + \rho_1 E_{ef2} = \varepsilon_1 E_{01} + \rho_1 E_{ef2}$$

$$E_{ef2} = E_2 + \rho_2 E_{ef1} = \varepsilon_2 E_{02} + \rho_2 E_{ef1}$$

由于 $\varphi_{12} = \varphi_{21} = 1$，灰体：$\varepsilon_1 = \alpha_1 = 1 - \rho_1$，$\varepsilon_2 = \alpha_2 = 1 - \rho_2$

联立求解，则：

$$q_{12} = (E_{01} - E_{02}) / \left(\frac{1}{\varepsilon_1} + \frac{1}{\varepsilon_2} - 1 \right) \qquad (5-94)$$

2. 一物包一物

$$Q_{12} = q_{12} \cdot A = q_1 \cdot A_1$$

其中：

$$q_1 = \frac{\varepsilon_1}{\rho_1} (E_{01} - E_{ef1})$$

$$E_{ef1} = \varepsilon_1 E_{01} + \rho_1 (E_{ef2} \varphi_{11} + E_{ef2} \varphi_{12})$$

$$E_{ef2} = \varepsilon_2 E_{02} + \rho_2 (E_{ef1} \varphi_{21} + E_{ef2} \varphi_{22})$$

而 $\varphi_{11} = 0$，$\varphi_{12} = 1$

联立求解：

$$Q_{12} = \frac{A_1 (E_{01} - E_{02})}{\frac{1}{\varepsilon_1} + \frac{A_1}{A_2} \left(\frac{1}{\varepsilon_2} - 1 \right)} \qquad (5-95)$$

5.6.5　气体的辐射与吸收

前面讨论了固体表面的辐射与吸收，其实，气体亦具有辐射与吸收能力。例如，大气的温室效应，臭氧层对紫外线的吸收等都表明气体具有辐射与吸收能力。那么与固体相比，气体辐射与吸收有哪些特点呢？

（1）不同气体具有不同的辐射能力，并不是所有的气体都具有辐射能力。

气体的辐射是由原子中自由电子激发所引起的，不同的气体发射能力不同。在一般工业用的温度范围内，单原子和分子结构对称的双原子气体，如惰性气体和氢、氮、氧等，它们的辐射能力和吸收热射线的能力都微不足道，可看作透明体。而三原子、多原子气体以及结构不对称的双原子分子，如 CO_2、H_2O、SO_2、CO、CH_4、烃类和醇类等，则有相当大的辐射能力和吸收能力，在高温情况下，存在后一类气体时，就要考虑气体和固体壁之间的辐射传热问题。

（2）气体辐射对波长有选择性。

固体能发射和吸收全部波长范围的辐射能，而气体只在某些特定的波段内具有吸收能力，相应地也只有在同样的波段范围内具有发射辐射的能力，这些波长范围叫光带。对于光带以外的辐射线，气体不辐射也不吸收热射线。烟气中的 CO_2 和 H_2O 主要光带分布均位于可见光范围之外，所以即使在高温下 CO_2 和 H_2O 也不能被人眼看见。

（3）气体的辐射和吸收是在整个容积中进行的。

前已述及，固体和液体的辐射和吸收都在表面进行，而气体则不同。气体的辐射和吸收与气体的形状和体积有关。因为当射线通过吸收性气体层时，沿路径被气体吸收而逐渐减弱。这种减弱的程度取决于中途所碰到的气体分子数目，而分子数目又决定于热射线经过的气层厚度和气体的密度，气体的密度与气体的温度和分压有关。所以，气体的辐射和吸收取决于气层厚度、气体的温度和分压。

（4）气体是典型的非灰体物质，对于气体，以前所讲述的所有辐射理论都不适用。

只有当气体温度和固体壁温度相同时气体的黑度和吸收率才会相等，若温度不相等，就不存在这种关系。同样普朗克定律和斯蒂芬 – 玻尔兹曼定律也不能成立。

综上所述，严格计算气体间的辐射传热是十分复杂的。

5.6.6 设备热损失的计算

在任何设备与外界空间接触的外壳通过气体(空气)与周围进行传热的过程中，一方面壁面由于自身具有一定的温度和黑度向外界以热辐射的方式传热，同时壁面与气体间也会以对流的方式进行传热。这种对流－辐射联合传热的方式可见于所有设备的热损失问题。所以在计算设备热损失时其损失热量应为对流传热和辐射传热两部分之和。

由对流而散失的热量为

$$Q_{\rm C} = \alpha_{\rm C} \cdot A_{\rm w} (T_{\rm w} - T) \qquad (5-96)$$

由于设备整个包容在空气中，所以 $\varphi_{\rm w,g} = 1$，所以由辐射而散失的热量为

$$Q_{\rm R} = \varepsilon_{\rm w} \cdot \sigma_{\rm o} \cdot (T_{\rm w}^4 - T^4) \qquad (5-97)$$

也可以根据对流传热的形式写为

$$Q_{\rm R} = \alpha_{\rm R} \cdot A_{\rm w} (T_{\rm w} - T) \qquad (5-98)$$

其中：

$$\alpha_{\rm R} = \frac{\varepsilon_{\rm w} \cdot \sigma_{\rm o} (T_{\rm w}^4 - T^4)}{T_{\rm w} - T}$$

总热损失：

$$Q = Q_{\rm n} + Q_{\rm G} = (\alpha_{\rm R} + \alpha_{\rm R}) \cdot A_{\rm w} (T_{\rm w} - T) = \alpha_{\rm T} \cdot A_{\rm w} (T_{\rm w} - T) \qquad (5-99)$$

其中：$\alpha_{\rm T} = (\alpha_{\rm R} + \alpha_{\rm R})$，称为对流—辐射联合传热系数。

对于具有保温的设备、管道等，外壁对周围环境散热的对流—辐射联合传热系数可由以下近似公式进行计算：

① 空气作自然对流时

在平壁保温层外：
$$\alpha_{\rm T} = 9.8 + 0.07(T_{\rm w} - T) \qquad (5-100)$$

在圆筒壁或管道保温层外：
$$\alpha_{\rm T} = 9.4 + 0.052(T_{\rm w} - T) \qquad (5-101)$$

② 空气沿粗糙壁面作强制对流时

当空气流速 $u < 5{\rm m/s}$ 时
$$\alpha_{\rm T} = 6.2 + 4.2u \qquad (5-102)$$

当空气流速 $u > 5{\rm m/s}$ 时
$$\alpha_{\rm T} = 7.8u^{0.78} \qquad (5-103)$$

本章符号说明

英文字母：

a——温度系数，$1/{\rm K}$(或 $1/{℃}$)；

A，$A_{\rm ef}$——传热面积，有效辐射交换面积，${\rm m}^2$；

b——厚度，${\rm m}$；

B——挡板间距，${\rm m}$；

C——常数；

C_0——黑体辐射常数，${\rm W/(m^2 \cdot K^4)}$；

$c_{\rm p}$——流体定压比热容，${\rm J/(kg \cdot K)}$ 或 ${\rm J/(kg \cdot ℃)}$；

d——管径，${\rm m}$；

D——壳体内径，${\rm m}$；

$d_{\rm e}$——当量直径，${\rm m}$；

e——汽化分率(质量)；

E，E_0——辐射能力，黑体辐射能力，${\rm W/m}^2$；

E_λ，$E_{0\lambda}$——单色辐射能力，黑体单色辐射能力，W/m^2；

E_{ef}，E_t——有效辐射，投入辐射；

f——校正系数；

g——重力加速度，m/s^2；

Gr——格拉斯霍夫准数，无因次；

h——冷流体的焓，J/kg；

H——热流体的焓，J/kg；

K——传热系数，$W/(m^2 \cdot K)$或$W/(m^2 \cdot ℃)$；

l——长度，m；

L——长度，m；

M——冷凝负荷，$kg/(m \cdot s)$；

N_B——折流挡板数；

p——压力，N/m^2（或Pa）；

Pr——普兰特准数，无因次；

Q——传热速率，热负荷，J/s（或W）；

r——半径，m；

r——汽化（或冷凝）相变焓，kJ/kg；

R——半径，m；

Re——雷诺准数，无因次；

t——管心距，m；

t——冷流体温度，K（或$℃$）；

T——热流体温度，K（或$℃$）；

u——流速，m/s；

W——质量流量，kg/s。

希腊字母：

α——对流传热系数，$W/(m^2 \cdot K)$或$W/(m^2 \cdot ℃)$；

α——吸收率；

α_c，α_R，α_T——对流，辐射，综合传热系数，$kW/(m^2 \cdot K)$；

β——体积膨胀系数，$1/K$（或$1/℃$）；

ε——系数；

ε，ε_λ——黑度，单色黑度；

θ——时间，s；

λ——导热系数，$W/(m \cdot K)$或$W/(m \cdot ℃)$；

λ——波长，m；

μ——黏度，$N \cdot s/m$（或$Pa \cdot s$）；

ν——运动黏度，m^2/s；

ρ——密度，kg/m^3；

ρ——反射率；

σ——黑体辐射常数，$W/(m^2 \cdot K^4)$；

τ——透过率。

习题

5-1 燃烧炉的平壁由两层组成，内层为105mm厚的耐火砖[导热系数1.05W/(m·K)]，外层为215mm的普通砖[导热系数0.93W/(m·K)]。内、外壁温度分别为760℃和155℃。试计算通过每平方米炉壁的热损失及两层间的界面温度。

5-2 某平壁炉的炉壁是用内层为120mm厚的某耐火材料和外层为230mm厚的普通建筑材料砌成的，两种材料的导热系数未知。已测得炉内壁温度为800℃，外侧壁面温度为113℃。为了减少热损失，在普通建筑材料外面又包一层厚度为50mm的石棉层[导热系数为0.15W/(m·K)]，包扎后测得炉内壁温度为800℃，耐火材料与建筑材料交界面温度为686℃，建筑材料与石棉交界面温度为405℃，石棉外侧面温度为77℃。试问包扎石棉后热损失比原来减少了多少？

5-3 燃烧炉的平壁由下列三种材料构成：

耐火砖　导热系数$\lambda = 1.05$ W/(m·K)，厚度$b = 230$mm

绝热砖　导热系数$\lambda = 0.151$ W/(m·K)

普通砖　导热系数$\lambda = 0.93$ W/(m·K)，厚度$b = 240$mm

若耐火砖内侧温度为1000℃，耐火砖与绝热砖接触而最高温度为940℃，绝热砖与普通砖间的最高温度不超过138℃(假设每两种砖之间接触良好，界面上的温度相等)。

试求：(1) 绝热砖的厚度(绝热砖的尺寸为65mm×113mm×230mm)；

(2) 普通砖外侧的温度。

5-4 某工厂用一$\phi170 \times 5$mm的无缝钢管输送水蒸汽。为了减少热报失，在管外包两层绝热材料：第一层为厚30mm的矿渣棉，其导热系数为0.065 W/(m·K)；第二层为厚30mm的石棉灰，其导热系数为0.21 W/(m·K)。管内壁温度为300℃，管道长50m。试求该管道的散热量。保温层外表面温度为40℃。

5-5 有一蒸汽管外径为25mm，为了减少热损失拟在管外包两层绝热材料，每层厚度均为25mm，两种材料的导热系数之比$\lambda_2 / \lambda_1 = 5$。试问哪一种材料包在内层更有效？(忽略金属热阻)

5-6 外径为100mm的蒸汽管，先包上一层50mm厚的绝热材料[导热系数为0.06 W/(m·K)]，其外再包上一层20mm厚的绝热材料[导热系数为0.075W/(m·K)]，若第一绝热层的内表面温度为170℃，第二绝热层的外表面温度为38℃。试求每米管长的热损失和两绝热层界面的温度。

5-7 水在$\phi38 \times 1.5$mm的管内流动，流速为1m/s，水的进、出口温度分别为15℃及80℃。试求水与管壁间的对流传热系数。

5-8 空气以4m/s的流速通过直径为$\phi75.5 \times 3.75$mm的钢管，管长20m。空气的入口及出口温度分别为32℃及68℃。试计算空气与管内壁间的对流传热系数。如空气流速增加一倍，其他条件不变，对流传热系数为多少？

5-9 一列管换热器，其蒸汽在管间冷凝，冷却水在管内流动，其流速为0.25m/s，进出口温度分别为15℃及45℃，列管直径为$\phi25 \times 2.5$mm。试求水对管壁的对流传热系数。

5-10 有一套管换热器，内管为$\phi25 \times 1$mm，外管为$\phi38 \times 1.5$mm。冷却水在环隙流动，以冷却管内的高温气体。水的进、出口温度分别为20℃及40℃。试求环隙内水的对流传热系数。(水的流量为1700kg/h)

5-11 有一管式加热炉，对流室的管束由直径为 $\phi127 \times 6mm$、长度为 11.5m 的钢管组成，管子排列为直列。烟道气垂直流过管束，沿流动方向有 21 排管子，每排有 4 根管子，管心距为 215mm。烟道气流过管束最窄处的速度为 5m/s。已知在烟道气的进、出口平均温度下其运动黏度 $\nu = 8.93 \times 10^{-5} m^2/s$，导热系数 $\lambda = 0.07272 W/(m \cdot K)$，普兰特准数 $Pr = 0.623$。试求烟道气管束的平均对流传热系数。

5-12 油罐中装有蒸汽管以加热罐中的重油，重油的平均温度为 20℃，蒸汽管外壁的温度为 120℃，蒸汽管外径为 60mm。在平均温度下重油的密度为 $900kg/m^3$，比热容为 $1.88kJ/(kg \cdot K)$，导热系数为 $0.175W/(m \cdot K)$，运动黏度为 $2 \times 10^{-3} m^2/s$，体积膨胀系数为 $3 \times 10^{-4} 1/℃$。试求每小时每平方米蒸汽管对重油的传热量。

5-13 饱和温度为 100℃ 的水蒸汽在长为 2m、外径为 0.04m 的单根直立圆管表面上冷凝。管外壁的平均温度为 94℃。求每小时蒸汽的冷凝量。又若将管子水平放置时，每小时蒸汽的冷凝量为多少？

5-14 在冷凝器中水蒸气在水平管束外面冷凝，水蒸气的饱和压力为 4.41kPa(绝)，管子外径为 16mm，管长 1m，管数为 10，管子是错列的，每排有 5 根管子，即排成两排。管子外壁温度为 15℃。试计算每小时水蒸气冷凝量。

5-15 用冷水将油品从 138℃ 冷却至 93℃，油的流量为 $1 \times 10^5 kg/h$，水的进、出口温度为 25℃ 及 50℃，试求冷却水量。如将冷却水流量增加到 $120m^3/h$，求冷却水的出口温度。[油品比热容取 $2.48kJ/(kg \cdot K)$]。

5-16 在单管程和单壳程换热器中，用 $2.94 \times 10^5 Pa$(绝压)的饱和水蒸汽将对二甲苯由 80℃ 加热到 110℃。对二甲苯流经管程，水蒸汽在壳程冷凝。已知对二甲苯的流量为 $80m^3/h$，密度为 $860kg/m^3$。若设备的热损失为冷流体吸收热量的 5%，试求该换热器的热负荷及蒸汽用量。

5-17 炼油厂在一间壁式换热器内利用渣油废热加热原油。若渣油进、出口温度分别为 300℃ 及 200℃，原油进、出口温度分别为 25℃ 和 175℃。试分别计算两流体作并流流动、逆流流动及折流(单壳程和双管程)流动时的平均温差，并讨论计算结果。

5-18 在间壁式换热器中，用水将某有机溶剂由 80℃ 冷却到 35℃，冷却水的进口温度为 30℃，出口温度不能低于 35℃。试确定两种流体应该采用的流向(即并流还是逆流)，并计算其平均温差。

5-19 甲苯和水通过套管换热器进行换热，甲苯在内管中流动，水在环隙中流动，两流体呈逆流流动。甲苯流量 5000kg/h，进、出口温度分别为 80℃ 及 50℃；水的进、出口温度分别为 15℃ 及 30℃。换热面积为 $2.5m^2$。试问传热系数为多少？

5-20 在列管式换热器中，用冷却水冷却煤油。水在直径为 $\phi19 \times 2mm$ 的钢管内流动。已知水的对流传热系数为 $3490W/(m^2 \cdot K)$，煤油的对流传热系数为 $258 W/(m^2 \cdot K)$。换热器使用一段时间后，间壁两侧均有污垢生成。水侧污垢热阻为 $0.00026 m^2 \cdot K/W$，油侧污垢热阻为 $0.000176 m^2 \cdot K/W$。管壁的导热系数为 $45W/(m \cdot K)$。试求：

(1) 以管子外表面积为基准的传热系数。

(2) 产生污垢后热阻增加的百分数。

5-21 一套管换热器，管内流体的对流传热系数为 $210W/(m^2 \cdot K)$，环隙流体的对流传热系数为 $480W/(m^2 \cdot K)$。已知两流体均在湍流情况下进行传热。试问：(1)当管内流体流速增加一倍；(2)当管外流体流速增加一倍，其他条件不变时，上述两种情况下的传热系数分别增加多少?(忽略管壁热阻和污垢热阻)。

5-22　在一套管换热器中,用饱和水蒸汽将在管内作湍流流动的空气加热,此时的传热系数近似等于空气的对流传热系数。当空气流量增加一倍,而空气的进、出口温度仍然不变,问该套管换热器的长度应增加百分之几?

5-23　在间壁换热器中,用初温为30℃的原油来冷却重油,使重油的温度从180℃降至120℃。重油和原油的流量分别为1×10^4kg/h及1.4×10^4kg/h,重油和原油的比热容分别为2.174kJ/(kg·K)及1.923kJ/(kg·K)。两流体呈逆流流动。传热系数为116.3 W/(m^2·K)。求原油的最终温度和传热面积。若两流体呈并流流动,传热系数不变,试问传热面积为多少?

5-24　拟用196.2kPa的饱和水蒸汽,将流量为3000m^3/h(标准状态)的空气由20℃加热到90℃。现有一台单程列管式换热器,内有$\phi 25 \times 2.5$mm的钢管271根,管长1.5m。蒸汽在管外冷凝〔其对流传热系数可取10000 W/(m^2·K)〕,空气在管内流动,两侧污垢热阻及管壁热阻可忽略不计,试核算该换热器能否完成上述传热任务。

5-25　某工厂需要一台列管式换热器,将苯精馏塔顶蒸汽经冷凝后的液体苯从80.1℃冷却到35℃,苯的流量为5.27×10^4kg/h,冷却剂为水,其进口温度为30℃,出口温度取38℃。试选择一台适宜型号的列管式换热器。

5-26　两块相互平行的黑体正方形平板,其尺寸为1m×2m。间距为1m,如两平板的表面温度分别为727℃及227℃。试计算两平板间的辐射换热量。

5-27　两极大平行平面进行辐射传热,已知黑度分别为0.3、0.8,若在两平面间放置一极大的剖光遮热板(黑度为0.04),试计算传热量减少的百分数。

5-28　两块平行放置的灰表面平板1,2,温度分别为527℃及27℃,板的黑度均为0.8,板间距离远小于板的宽度和高度,试求:(1)各板的本身辐射;(2)各板的有效辐射,投入辐射,反射辐射;(3)两板间单位面积上的辐射换热量。

5-29　用热电偶测量管道中热空气流的温度,热电偶的读数为200℃,管道内壁温度为100℃,热电偶热端的黑度为0.8。已知由空气至热电偶热端的对流传热系数为46.52 W/(m^2·K),试求由于热电偶与管壁之间的辐射传热而引起的测量误差及空气流的真实温度,并讨论减少误差的途径。

5-30　平均温度为150℃的油品在$\phi 108 \times 6$mm的钢管中流动,大气温度为10℃。设油品对管壁的对流传热系数为350 W/(m^2·K),管壁热阻和污垢热阻可忽略不计,试求此时每米管长的热损失。又若管外包一层厚20mm,导热系数为0.058 W/(m·K)的玻璃布,热损失将减少多少?

第6章 气体吸收

6.1 概述

6.1.1 石油化工生产中的传质过程

在生活和生产过程中经常遇到混合物。混合物是由两种或多种物质混合而成的体系。混合物没有化学式，无固定组成和性质。组成混合物的各种物质之间不发生化学反应，它们保持着各自原来的性质。如：含有氧气、氮气、稀有气体、二氧化碳及其他气体及杂质等多种气体组成的空气；含有多种组分的石油（原油）等都是混合物。

混合物有很多种，通常按混合物存在的状态来分类，将混合物分为液体混合物（浊液，溶液，胶体）、固体混合物（钢铁，铝合金）和气体混合物（空气）三种。或是按混合物中所有组分是否存在于同一相中，将混合物分为均相和非均相混合物。

化工生产的产品也常混有少量的杂质。为了满足不同需要，常要把混合物里的杂质去除，得到较为纯净的物质，该过程称为混合物的分离。混合物的种类不同所用到的分离方法也不同。对非均相混合物的分离用到的主要是机械分离的方法，如筛分、沉降和过滤；对均相混合物的分离，由于其所有组分均存在于同一相中，所以其分离要比非均相混合物复杂一些，必须将混合物中的某些组分转移到另一相中才能使混合物得到分离。物质在相际的转移属于物质传递的过程（简称传质过程），这类以相际传质为特征的单元操作过程在石油化工中应用十分广泛，例如：在油品蒸馏过程中，液体油品通过部分汽化使其中较易挥发的组分优先汽化传入汽相，汽态油品通过部分冷凝使其中较难挥发的组分优先冷凝传入液相，从而使不同的组分得到一定程度的分离。各种传质过程若按照相互接触的两相的相态来分，可分为气（汽）－液、气－固、液－液和液－固四种过程。

和传热速率一样，传质速率也可写成

$$传质速率 = \frac{传质推动力}{传质阻力}$$

常见的传质过程都是由浓度差而引起的，因此传质的推动力为浓度差。传质阻力则需视具体情况而定。传质阻力的倒数称为传质系数，则传质速率 = 传质系数 × 浓度差。传质过程可以在一个相内进行，更多的是指在两个相或更多相之间的物质传递。为了确定传质过程的推动力，必须了解各流体相中相组成（或浓度）的表示方法。

6.1.2 相组成的表示方法

对于混合物，某一相的组成可以用多种形式表示，常见的有：质量分率、摩尔分率、质量比、摩尔比、质量浓度和摩尔浓度。现在分述如下。

6.1.2.1 质量分率和摩尔分率

质量分率　质量分率为混合物中某组分的质量占混合物总质量的分率。则

$$a_A = \frac{m_A}{m}, a_B = \frac{m_B}{m}, a_C = \frac{m_C}{m}, \cdots\cdots \tag{6-1}$$

式中　a_A、a_B、a_C——组分 A、B、C 的质量分率；

　　　m_A、m_B、m_C——组分 A、B、C 的质量，kg；

　　　m——总质量，kg。

可知

$$a_A + a_B + a_C + \cdots\cdots = 1$$

对双组分物系，则

$$a_A + a_B = 1$$

也可以将其中任一组分的质量分率以 a 表示，另一组分的质量分率则为 $(1-a)$，可省去下标。

摩尔分率　指混合物中某组分的物质的量占混合物总物质的量的分率。

$$x_A = \frac{n_A}{n}, x_B = \frac{n_B}{n}, x_C = \frac{n_C}{n}, \cdots \tag{6-2}$$

式中　x_A、x_B、x_C——组分 A、B、C 的摩尔分率；

　　　n_A、n_B、n_G——组分 A、B、C 的摩尔数；

　　　n——总摩尔数。

各组分的摩尔分率之和亦为 1，即

$$x_A + x_B + x_C + \cdots = 1$$

本书中将液相组成用 x 表示，气(汽)相中的组成习惯上用 y 表示。

质量分率与摩尔分率的换算　若 A、B、……组分的摩尔质量为 M_A、$M_B\cdots$，则有

$$n_A = \frac{m_A}{M_A} = \frac{a_A m}{M_A}, n_B = \frac{m_B}{M_B} = \frac{a_B m}{M_B}, \cdots\cdots$$

而　　　$n = n_A + n_B + \cdots\cdots = \frac{a_A m}{M_A} + \frac{a_B m}{M_B} + \cdots\cdots = m\sum \frac{a_i}{M_i} \quad (i = A, B\cdots\cdots)$

$$x_A = \frac{\dfrac{a_A m}{M_A}}{m\sum \dfrac{a_i}{M_i}} = \frac{\dfrac{a_A}{M_A}}{\sum \dfrac{a_i}{M_i}} \tag{6-3}$$

又　　　$m_A = n_A M_A = x_A n M_A, m_B = n_B M_B = x_B n M_B, \cdots$

$$m = m_A + m_B + \cdots = n\sum x_i M_i \quad (i = A, B\cdots)$$

$$a_A = \frac{x_A n M_A}{n\sum x_i M_i}$$

6.1.2.2　质量比和摩尔比

有时也用一个组分对另一个组分的质量比或摩尔比表示其组成，较常见于双组分物系。若双组分物系由 A、B 两组分组成，则

质量比　　　　　　　　　　　　　$\bar{a} = \frac{m_A}{m_B}$ 　　　　　　　　　　　　(6-4)

摩尔比　　　　　　　　　　　　　$X = \frac{n_A}{n_B}$ 　　　　　　　　　　　　(6-5)

质量比和质量分率的换算关系如下

$$\bar{a} = \frac{a}{1-a}$$

摩尔比和摩尔分率的换算关系如下

$$X = \frac{x}{1-x}$$

本书中用 X 表示液相组成，Y 表示气相组成。

6.1.2.3 浓度

混合物组成除上述形式表达以外，还可以用浓度来表示。

摩尔浓度，指单位体积内某个组分的物质的量。

对 A 组分
$$C_A = \frac{n_A}{V} \text{ kmol/m}^3 \qquad (6-6)$$

式中 V——均相混合物的体积，m^3。

对于气体混合物（在总压不太高时），若其中组分 A 的分压为 p_A，则可由理想气体定律计算其摩尔浓度：

$$C_A = \frac{n_A}{V} = \frac{p_A}{RT}$$

式中 V——气体混合物的体积，m^3；

T——气体混合物的温度，K；

p_A——组分 A 的分压，kPa；

R——通用气体常数，$R = 8.314 \text{J/mol} \cdot \text{K}$。

质量浓度，指单位体积内的某个组分的质量。

对 A 组分
$$c_A = \frac{m_A}{V} \text{ kg/m}^3 \qquad (6-7)$$

对气体混合物（在总压不太高时）中 A 组分的质量浓度为

$$c_A = \frac{m_A}{V} = \frac{M_A n_A}{V} = \frac{M_A p_A}{RT}$$

【例6-1】实验测得在总压1atm及温度20℃下，100g水中含氨1g时，液面上氨的平衡分压为6mmHg。求气、液相组成均以摩尔浓度表示时的相平衡关系。

解：氨在气相中的摩尔浓度可以按式6-4计算：

$$C_{AG} = \frac{n_A}{V} = \frac{p_A}{RT} = \frac{6 \times 133.32}{8.314 \times 293} = 0.3284 \text{ mol/m}^3$$

氨在液相中的摩尔浓度可以按以下思路计算：100kg水中含有氨1g，由于氨气浓度很小，可以假设其密度与水相同；液相体积为 $(100+1)/998.2 = 0.1012 m^3$；1kg 氨的物质的量为 $1/17 = 0.05882$kmol，故：

$$C_{AL} = \frac{n_A}{V_L} = \frac{0.05882}{0.1012} = 0.5814 \text{ kmol/m}^3$$

所以气液两相摩尔浓度之间关系为：

$$C_{AG} = \frac{0.3284 \times 10^{-3}}{0.5814} C_{AL} = 5.648 \times 10^{-4} C_{AL}$$

6.1.3 吸收过程

吸收过程常在吸收塔中进行，其中填料塔用得较普遍。现以焦炉煤气中回收粗苯为例说明其操作流程（图6-1）。焦炉煤气在常温下由塔底进入吸收塔，作为溶剂的洗油从塔顶喷淋入塔，塔内装有木格栅等填充物。在煤气与洗油的接触过程中，煤气中的粗苯蒸汽溶于洗油，使出塔的煤气中粗苯含量降低。富含溶质的洗油（富油）由吸收塔底排出。为了回收富油中的粗苯并使洗油能够重复使用（溶剂的再生），必须使富油在解吸塔中进行吸收的逆过程——解吸。为此，将富油预热至170℃左右，从解吸塔顶淋下，塔底通入过热水蒸气。洗油中的粗苯在高温下，由于溶解度减小从洗油中逸出而被水蒸气带出塔顶。经冷却冷凝后的水和粗苯液体，在分层器中分层后分别引出。所回收的粗苯送去进一步加工，脱除粗苯的洗油（贫油）经冷却后作为吸收剂送入吸收塔循环使用。由上述可知，一个完整的吸收分离过程，一般包括吸收和溶剂再生两个组成部分（制取某些气体溶液的情况除外）。

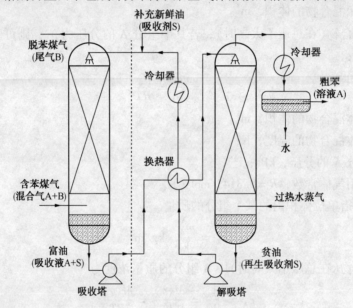

图6-1 吸收与解吸流程示意图

6.1.4 吸收过程的分类

若吸收过程中，溶质和溶剂之间不发生明显的化学反应，可以当作气体单纯地溶解于液相的物理过程，称物理吸收；若溶质与溶剂发生明显的化学反应，则称化学吸收。前面提到的用洗油吸收粗苯，用水吸收二氧化碳及用烃类吸收乙烯、丙烯等过程都属于物理吸收；用碱液吸收二氧化碳的过程则属于化学吸收。

如果气体混合物中只有一个组分溶于溶剂，其余组分在溶剂中的溶解度极低可忽略不计，这样的吸收过程称为单组分吸收；如果气体混合物中有两个或两个以上的组分溶于溶剂则称为多组分吸收。用水吸收合成氨原料气（其中含有 N_2、H_2、CO、CO_2 等组分）时，其中只有 CO_2 在水中有较大的溶解度，其余组分在水中的溶解度极低可视为惰性组分，这种吸收过程属于单组分吸收；用洗油吸收焦炉煤气时，其中苯、甲苯、二甲苯等组分都在洗油中有显著的溶解度，这种吸收过程称为多组分吸收。

气体溶解于液体时，常常伴随着热效应，对于化学吸收还会有反应热，其结果是液相温度逐渐升高，这样的吸收过程称为非等温吸收。但若热效应很小，或气相中溶质浓度很低而吸收剂用量相对很大，温度升高并不明显时，可认为是等温吸收。如果吸收过程中能及时引出热量而维持液相温度基本不变，这时也按等温吸收处理。本章重点讨论单组分、等温、物理吸收的原理与计算。

6.1.5 吸收剂的选择

吸收剂的性能往往决定吸收操作的成败，故选择适宜的吸收剂是吸收操作的关键之一。选择吸收剂通常从以下几方面去考虑：

（1）吸收剂应具有良好的选择性，即对被分离组分（溶质）有良好的溶解能力，而对其他组分不溶或微溶。

（2）吸收剂应对被分离组分具有尽可能大的溶解度。这样可以提高吸收速率、减小吸收剂的用量，从而减小设备的尺寸及节约能量。

（3）若吸收剂要循环使用，则对于化学吸收，化学反应必须是可逆的；对于物理吸收，吸收剂对溶质的溶解度应随操作条件改变而有显著的差异。

（4）操作温度下吸收剂的蒸气压要低，以减小吸收及再生过程中吸收剂的挥发损失。

（5）操作温度下吸收剂的黏度要低，这样可以改善吸收塔内的流动状况以利于传质，且有助于降低泵的能耗。

（6）吸收剂应尽可能无毒、无腐蚀、不易燃、不易发泡、价廉易得、并具有化学稳定性。

6.1.6 吸收过程在石油化工生产中的应用

气体吸收是利用气体混合物中各组分在某种溶剂中溶解度的差异，而将气体混合物中组分加以分离的单元操作。气体混合物中能溶解的组分称为溶质，以 A 表示；不溶或微溶组分称为惰性组分或载体，以 B 表示；吸收过程所用的溶剂称为吸收剂，以 S 表示；所得的溶液称为吸收液。在石油化工生产过程中，气体吸收主要用来达到以下几种目的：

（1）回收气体中的有用组分。例如用洗油（煤焦油的精制品）作吸收剂回收焦炉煤气中的粗苯（包括苯、甲苯等）；用水作吸收剂回收合成氨厂排放气体中的氨；用烃类作吸收剂回收石油裂解气中的乙烯、丙烯，用粗汽油作吸收剂回收炼厂气中的 C_3、C_4 组分等。

（2）制取某种气体溶液。例如用水吸收氯化氢制取盐酸；用水吸收二氧化氮制取硝酸；用水吸收甲醛制备福尔马林溶液等。

（3）除去工艺气体中的有害组分以净化气体，或除去工业放空尾气中的有害组分以免污染大气。例如用水或碱液脱除合成氨原料气中的 CO_2；用丙酮脱除裂解气中的乙炔；用水吸收工业废气中的 SO_2、NO_x 等。

实际的吸收过程常常同时兼有净化气体与回收有用组分的双重目的。

6.2 吸收过程的相平衡关系

6.2.1 气体在液体中的溶解度

在恒定的温度与压力下，使气体混合物与一定量的溶剂接触，溶质便向液相中传递，液相中溶质的浓度逐渐增加，溶质自气相向液相的传质速率逐渐减慢。当气液两相接触足够充分之后，液相中溶质的浓度就不再增加。此时，任何瞬间内从气相传入液相的溶质分子数恰好与从液相逸出至气相的溶质分子数相等，即传质速率为零，这时称气液两相达到了相平衡。达到了相平衡状态时气相中溶质的分压，称为平衡分压；液相中溶质的浓度称为平衡浓度（或溶解度）。

在一定的温度和总压下，溶解度只取决于溶质在气相中的组成（或分压）。见图 6 - 2、图 6 - 3。

物系的气液相平衡关系，一般需通过实验来测定。图 6 - 2 表示了总压不太高时，氨在水中的溶解度（以摩尔分率 x 表示）与其在气相中的平衡分压 p_e 之间的关系（以温度为参数）。图中表示相平衡关系的曲线，也称溶解度曲线。由图 6 - 2 可以看出，温度升高，气体的溶解度降低。分压升高则气体溶解度增加。

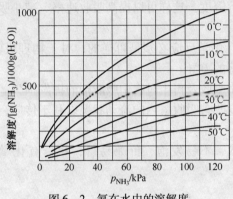

图 6 - 2　氨在水中的溶解度

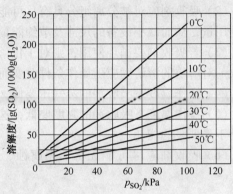

图 6 - 3　SO_2 在水中的溶解度

气体在液体中的溶解度，表明在一定条件下气体溶质溶解于液体溶剂中可能达到的极限程度。从溶解度曲线所表现出来的规律可以得知，加大压力或降低温度可以提高溶解度，对吸收操作有利。反之，升温或减小压力则降低溶解度，对吸收操作不利。溶解度是分析吸收过程的基础，关于气体在液体中的溶解度实测数据载于有关手册之中以供查用。

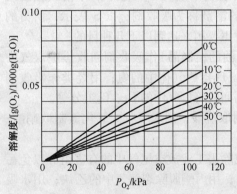

图 6 - 4　氧在水中的溶解度

6.2.2　亨利定律

6.2.2.1　亨利定律

在一定温度，总压不很高（<500kPa）时，稀溶液上方溶质的平衡分压与该溶质在液相中的摩尔分率关系曲线可近似用通过原点的直线表示（图 6 - 4），即成正比，其表达式如下

$$p_e = Ex \tag{6-8}$$

式中　p_e——溶质在气相中的平衡分压，kPa；

　　　x——溶质在液相中的摩尔分率；

　　　E——亨利系数，kPa。

式（6 - 8）称为亨利（Henry）定律。亨利系数 E 值由实验测定，常见物系的 E 值可由有关手册查出。表 6 - 1 中列出了几种常见气体在水中的 E 值。

表 6-1　一些气体水溶液的亨利系数

气体	温度/℃															
	0	5	10	15	20	25	30	35	40	45	50	60	70	80	90	100
	$E \times 10^{-6}$ kPa															
H_2	5.87	6.16	6.44	6.70	6.92	7.16	7.39	7.52	7.61	7.70	7.75	7.75	7.71	7.65	7.61	7.55
N_2	5.35	6.05	6.77	7.48	8.15	8.76	9.36	9.98	10.5	11.0	11.4	12.2		12.8	12.8	12.8
空气	4.38	4.94	5.56	6.15	6.73	7.30	7.81	8.34	8.82	9.23	9.59	10.2	10.6	10.8	10.9	10.8
CO	3.57	4.01	4.48	4.95	5.43	5.88	6.28	6.68	7.05	7.39	7.71	8.32	8.57	8.57	8.57	8.57
O_2	2.58	2.95	3.31	3.69	4.06	4.44	4.81	5.14	5.42	5.70	5.96	6.37	6.72	6.96	7.08	7.10
CH_4	2.27	2.62	3.01	3.41	3.81	4.18	4.55	4.92	5.27	5.58	5.85	6.34	6.75	6.91	7.01	7.10
NO	1.71	1.96	2.21	2.45	2.67	2.91	3.14	3.35	3.57	3.77	3.95	4.24	4.44	4.54	4.58	4.60
C_2H_6	1.28	1.57	1.92	2.90	2.66	3.06	3.47	3.88	4.29	4.69	5.07	5.72	6.31	6.70	6.96	7.01
	$E \times 10^{-5}$ kPa															
C_2H_4	5.59	6.62	7.78	9.07	10.3	11.6	12.9	—	—	—	—	—	—	—	—	—
N_2O	—	1.19	1.43	1.68	2.01	2.28	2.62	3.6								
CO_2	0.738	0.888	1.05	1.24	1.44	1.66	1.88	2.12	2.36	2.60	2.87	3.46	—	—	—	—
C_2H_2	0.73	0.85	0.97	1.09	1.23	1.35	1.48									
Cl_2	0.272	0.004	0.399	0.461	0.537	0.604	0.669	0.74	0.80	0.86	0.90	0.97	0.99	0.97	0.96	—
H_2S	0.272	0.319	0.372	0.418	0.489	0.552	0.617	0.686	0.755	0.825	0.689	1.04	1.21	1.37	1.46	1.50
	$E \times 10^{-4}$ kPa															
SO_2	0.167	0.203	0.215	0.294	0.355	0.413	0.485	0.567	0.661	0.763	0.871	1.11	0.39	1.70	2.01	—

当物系一定时，亨利系数随温度而变化。一般说来，E 值随温度升高而增大，这说明气体的溶解度随温度升高而减小，易溶气体 E 值小，难溶气体的 E 值大。

6.2.2.2　用溶解度系数表示的亨利定律

若将亨利定律表示成溶质在液相中的摩尔浓度 C 与其在气相中的平衡分压之间的关系，则可写成如下形式：

$$p_e = \frac{C}{H} \tag{6-9}$$

式中　C——液相中溶质的摩尔浓度，$kmol/m^3$；

　　　H——溶解度系数，$kmol/(m^3 \cdot kPa)$。

溶液中溶质的摩尔浓度 C 和摩尔分率 x 及溶液的总摩尔浓度 C_M 之间的关系为：

$$C = C_M \cdot x$$

把上式代入式(6-9)可得：

$$p_e = \frac{C_M}{H}x \tag{6-10}$$

将上式与式(6-8)比较，可得：

$$H = \frac{C_M}{E} \tag{6-11}$$

溶液的总摩尔浓度 C_M 可用 $1m^3$ 溶液为基准来计算，即：

$$C_{\text{M}} = \frac{\rho_{\text{m}}}{M_{\text{m}}} \tag{6-12}$$

式中　ρ_{m}——溶液的密度（kg/m^3）；

　　　M_{m}——溶液的摩尔质量。

对于稀溶液式(6-12)可近似为 $C_{\text{M}} \approx \rho_{\text{s}}/M_{\text{s}}$，其中 ρ_{s}、M_{s} 分别为溶剂的密度和摩尔质量。将此式代入式(6-11)可得：

$$H = \frac{\rho_{\text{s}}}{EM_{\text{s}}}$$

溶解度系数 H 当然也随物系和温度而变化。对于一定的溶质和溶剂，H 值随温度升高而减小。易溶气体 H 值大，难溶气体 H 值小。

最常用的形式是将式(6-9)左边的气相组成也用摩尔分率表示。为此，可对式(6-8)两边同除以总压 p。

$$\frac{p_{\text{e}}}{p} = \frac{E}{p}x$$

令　　　　　　　　　　$$m = \frac{E}{p} \tag{6-13}$$

则得　　　　　　　　　$$y_{\text{e}} = mx \tag{6-14}$$

式中　x——液相中溶质的摩尔分率；

　　　y_{e}——与该液相成平衡的气相中溶质的摩尔分率；

　　　m——相平衡常数，无因次。

由式(6-13)可知，对于一定的物系，相平衡常数 m 是温度及总压的函数。m 值愈小，表明该气体的溶解度愈大。温度降低、总压升高则 m 值变小，有利于吸收操作。在吸收过程中，由于在塔的任意截面上，气相中惰性组分 B 的摩尔流量和液相中溶剂 S 的摩尔流量是不变的，因此以 B 和 S 的量作为基准分别表示溶质 A 在气、液两相中的浓度，对吸收的计算会带来一些方便。为此，常采用摩尔比 Y 和 X 分别表示气、液两相的组成。其定义如下：

$$Y = \frac{\text{气相中溶质的摩尔数}}{\text{气相中惰性组分的摩尔数}} = \frac{y}{1-y} \tag{6-15}$$

$$X = \frac{\text{液相中溶质的摩尔数}}{\text{液相中溶剂的摩尔数}} = \frac{x}{1-x} \tag{6-16}$$

将式(6-15)及式(6-16)变形后代入式(6-14)可得：

$$\frac{Y_{\text{e}}}{1+Y_{\text{e}}} = m\frac{X}{1+X}$$

当溶液浓度很低时，可简化为：

$$Y_{\text{e}} = mX \tag{6-17}$$

上式是亨利定律的又一种表达形式，它表明当液相中溶质浓度足够低时，平衡关系在 Y-X 图中也可近似表示成一条通过原点的直线、其斜率为 m。

【例 6-2】已知在 760mmHg，20℃时氨在水中的溶解度数据为：

液相	$15g\ NH_3/1000g\ H_2O$
气相	NH_3 的平衡分压为 17mmHg

求此时的溶解度系数 H、亨利系数 E 和相平衡常数 m。

解：首先将气液组成换算为 y 与 x_e。NH_4 的相对分子质量为 17，H_2O 的相对分子质量为 18，溶液的量为 15g 与 1000g 水的和。故：

$$x = \frac{n_A}{n} = \frac{n_A}{n_A + n_B} = \frac{15/17}{15/17 + 1000/18} = 0.0156$$

$$y = \frac{p}{P} = \frac{17}{760} = 0.0224 \quad m = y/x = 0.0224/0.0156 = 1.44$$

$$E = P \cdot m = 760 \times 1.44 = 1094.4 \text{mmHg} = 145.9 \text{kPa}$$

由于氨水浓度很小，可取氨水的密度为水的密度 $\rho_L = 1000 \text{kg/m}^3$，

$$C = \frac{15/17}{1015/1000} = 0.869 \text{kmol/m}^3$$

$$p = 17 \times \frac{101.33}{760} = 2.27 \text{kPa}$$

所以 $H = \dfrac{C}{p} = 0.869/2.27 = 0.383 \text{kmol/(kPa} \cdot \text{m}^3)$

6.2.3 吸收过程的方向及极限

不平衡的气液两相接触后所发生的传质过程是吸收还是解吸，要看溶质在气相中的分压与其液相的平衡分压相对大小关系而定。若将一含溶质摩尔分率为 x 的溶液与溶质分压为 p 的气体相接触，可以用图 6-5 中 A 点来表示。溶质在气相中的分压，亦即 A 点在相平衡曲线的上方，就会发生溶质被吸收的过程。反之，当溶质在气相的分压小于与液相平衡的分压时（如图 6-5 中 B 点所示），溶液中的溶质就会解吸出来。平衡是过程的极限，实际分压（或浓度）与平衡分压（或平衡浓度）的偏离程度表示吸收过程或解吸过程的推动力，偏离程度越大，过程的推动力越大。图 6-5 中 A 点表示在开始进行吸收时，以气相分压之差表示的吸收过程推动力为 $(p - p_e)$，以液相浓度差表示的吸收过程推动力为 $(x_e - x)$。如图 6-5 中之 B 点，则 $(p_e - p)$ 和 $(x - x_e)$ 为解吸推动力。

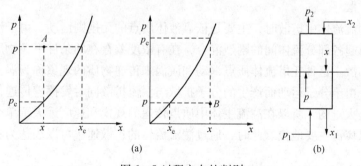

(a)　　　　　　　(b)

图 6-5 过程方向的判别

6.3 吸收过程的机理及传质速率

6.3.1 分子扩散和对流传质

吸收是溶质从气相转移至液相的传质过程，其中包括溶质由气相主体向气液界面的传

递，界面溶质的溶解，以及由界面向液相主体的传递，溶质在气相或液相内转移的方式有分子扩散和对流传质两种。

6.3.1.1　分子扩散

分子扩散是物质在同一相内部有浓度差异的条件下，由流体分子的无规则热运动而引起的物质传递现象。这种扩散发生在静止流体或滞流流体中相邻流体层之间。

分子扩散的速率主要取决于扩散物质和流体的温度以及某些物理性质。根据菲克定律，当溶质 A 在介质 B 中发生分子扩散时，分子扩散速率与其在扩散方向上的浓度梯度成正比。参照图 6 – 6 所示。这一关系可表达为：

$$J_A = -D_{AB}\frac{dC_A}{dZ} \tag{6-18}$$

式中　J_A——组分 A 在 Z 方向的分子扩散通量，$kmol/(m^2 \cdot s)$；

$\dfrac{dC_A}{dZ}$——组分 A 在扩散方向 Z 上的浓度梯度；

D_{AB}——组分 A 在 A、B 双组分混合物中的扩散系数，m^2/s。

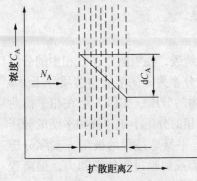

图 6 – 6　分子扩散示意图

式中负号表示扩散是沿着物质 A 浓度降低的方向进行。

分子扩散系数 D 是物质的物理性质之一，扩散系数大，表示分子扩散快，对不太大的分子而言，在气相中的扩散系数值约为 $0.1 \sim 1 cm^2/s$ 的量级；在液体中约为 $10^{-5} \sim 10^{-4}$ 分之一。这主要是因为液体的密度比气体的密度大得多，其分子间距小，故分子在液体中扩散速率要慢得多。扩散系数之值须由实验测定求取。有时也可以由物质本身的基础特性数据及状态参数猜算，部分气体及液体扩散系数请参看附录。

6.3.1.2　对流传质

（1）涡流扩散

当物质在湍流流体中扩散时，主要是依靠液体质点的无规则运动。由于流体质点在湍流中产生涡动，引起各部分流体间的剧烈混合，在有浓度差存在的条件下，物质便朝浓度降低的方向上进行扩散。这种凭借流体质点涡动和漩涡来传递物质的现象称为涡流扩散。实际上在湍流流体中，由于分子运动而产生的分子扩散与涡流扩散同时发挥着传递作用，但由于构成流体的质点是大量的，所以在湍流主体中质点传递的规模和速度远大于单个分子的。因此涡流扩散的效果应占主要地位。此时，通过湍流流体的扩散速率可以表达为：

$$J_A = -(D + D_E)\frac{dC_A}{dZ} \tag{6-19}$$

式中　J_A——组分 A 在 Z 方向的分子扩散通量，$kmol/(m^2 \cdot s)$；

$\dfrac{dC_A}{dZ}$——组分 A 在扩散方向 Z 上的浓度梯度；

D_E——涡流扩散系数，m^2/s。

涡流扩散系数 D_E 不是物性常数，它与流体的湍动程度有关，且随位置（离稳定界面的距离）等条件而变。曾对流体在管道中具有非常高的雷诺数的情况下，用实验测定其涡流扩散系数。结果表明，对于多数气体而言，其值比分子扩散系数高过100倍；对于液体则比分子扩散系数高过10^5倍甚至更多。但由于涡流扩散系数难于测定和计算。常将分子扩散与涡流扩散两种传质作用结合起来予以考虑。

（2）对流传质

对流传质就是湍流主体与相界面之间的涡流扩散与分子扩散这两种作用的总称。它与传热过程中的对流传热相类似。由于对流传质过程极为复杂，影响因素很多，所以对流传质速率，一般难以用解析的方法求出，而是采用类似解决对流流热的处理方法，依靠实验测定。

6.3.2 吸收过程的机理——双膜理论

上面叙述的是在一相内进行的单相传质，而吸收的过程则是两相间的传质过程。关于吸收这样的相际传质过程的机理曾提出过多种不同的理论，其中应用最广泛的是刘易斯和惠特曼在20世纪20年代提出的双膜理论。

双膜理论的基本论点如下：

（1）相接触的气、液两流体间存在着稳定的相界面，界面两侧附近各有一很薄的稳定的气膜或液膜，溶质以分子扩散方式通过此两膜层。

（2）界面上的气、液两相呈平衡。相界面上没有传质阻力。

（3）在膜层以外的气、液两相主体区无传质阻力，即浓度梯度（或分压梯度）为零。

双膜理论把整个相际传质过程简化为溶质通过两层有效膜的分子扩散过程。图6-7即为双膜理论的示意图。

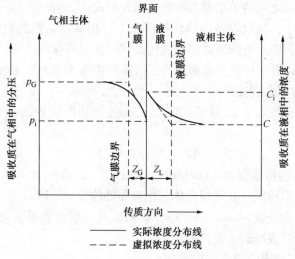

图6-7　双膜理论假设模型示意图

图中p_G、p_i代表吸收设备的某处（如填料吸收塔的某一截面上）气相主体及界面处的溶质分压；而C_i、C代表该处液相界面及主体的溶质浓度。双膜理论认为相界面上气、液呈平衡，即图6-7中p_i与C_i符合平衡关系。也就是说溶质穿过相界面的传质阻力为零。这样整个相际传质过程的阻力便全部集中在界面处的两个有效膜层里。

通过以上假设，就把整个吸收过程的相际传质的复杂过程，简化为溶质只是经由气、液两膜层的分子扩散过程。因而两膜层也就成为吸收过程的两个基本阻力。在两相主体浓度一定的情况下，两膜层的阻力便决定了传质速率的大小。

双膜理论的假想模型，如图 6 - 7 所示，图中横坐标表示扩散方向，左部纵坐标表示溶质在气相中的浓度，以分压表示。p 表示气相主体中的分压，p_i 表示在相界面上与液相浓度成平衡的分压。右部纵坐标表示溶质在液相中的浓度，以摩尔浓度表示，C 表示液相主体中的浓度；C_i 表示在相界面上与气相分压 p_i 成平衡的浓度。当气相主体中溶质分压 p 高于相界面上平衡分压 p_i 时，溶质即通过气相主体以 $p - p_i$ 的分压差作为推动克服气膜的阻力，从气相主体以分子扩散的方式通过气膜扩散到相界面上来。相界面上溶质在液相中与 p_i 相平衡的浓度为 C_i；溶质又以 $C_i - C$ 的浓度差为推动力克服液膜的阻力，以分子扩散的方式穿过液膜，从相界面扩散到液相主体中去，完成整个吸收过程。

对于固定相界面的系统以及流动速度不高的两流体间的传质，双膜理论与实际情况是比较符合实际情况的，根据这一理论的基本概念所确定的吸收过程的传质速率关系，至今仍是吸收设备设计的主要工具，这一理论对于生产实际具有重要的指导意义。但是对于具有自由界面的系统，尤其是高度湍动的两流体间的传质，双膜理论则表现出其局限性。

针对双膜理论的局限性，后来相继提出了一些新的理论，如溶质渗透理论、表面更新理论、界面动力状态理论等。这些理论对于相际传质过程中的相界面状况及流体力学因素的影响等方面的研究和描述都有所前进，但目前尚不能根据这些研究结果进行传质设备的计算或解决其他实际问题。

6.3.3　传质速率方程式

在吸收过程中，每单位相际传质面积上，单位时间内吸收的溶质量称为吸收速率。表明吸收速率与吸收推动力之间的关系即为吸收速率方程式。

在稳定吸收操作中，吸收设备内的任一部位上，相界面两侧的对流传质速率应是相等的。由此其中任何一侧的对流传质速率都能代表该部位上的吸收速率。根据双膜理论，吸收速率方程式可用溶质以分子扩散方式通过气、液膜的扩散速率方程来表示。

6.3.3.1　气膜吸收速率方程式

依据双膜理论，吸收质 A 以分子扩散方式通过气相滞流膜层的扩散速率方程式，可写成

$$N_A = k_G(p_G - p_i) \qquad (6-20)$$

式中　N_A——组分 A 的传质速率，$kmol/(m^2 \cdot s)$；

　　p、p_i——分别为溶质组分在气相主体与相界面处的分压，kPa；

　　k_G——气相传质系数，$kmol/(m^2 \cdot s \cdot kPa)$。此气膜吸收系数须由实验测定、按经验公式计算或准数关联式确定。

式(6 - 20)称为气膜吸收速率方程式。

式中气膜吸收系数的倒数即为溶质通过气膜的扩散阻力，这个阻力表达形式是与气膜推动力 $p - p_i$ 相对应的。气膜吸收系数值反映了所有影响这一扩散过程的因素对过程影响的结果，如扩散系数、操作压力、温度、气膜厚度和惰性组分的分压等。

6.3.3.2　液膜吸收速率方程式

同样由双膜理论，溶质 A 以分子扩散方式穿过液相滞流膜层的扩散速率方程式可写成

$$N_A = k_L(C_i - C) \qquad (6-21)$$

式中　N_A——组分 A 的传质速率，$kmol/(m^2 \cdot s)$；

　　C_i、C——分别为溶质组分在液相相界面与主体处的浓度，$kmol/m^3$；

k_L——液相传质系数，$kmol/[m^2 \cdot s \cdot (kmol/m^3)]$ 或 m/s。此液膜吸收系数须由实验测定、按经验公式计算或准数关联式确定。

式(6-21)称为液膜吸收速率方程式。

式中液膜吸收系数的倒数即为溶质通过液膜的扩散阻力，这个阻力的表达形式是与液膜推动力 $C_i - C$ 相对应的。液膜吸收系数值反映了所有影响这一扩散过程的因素对过程影响的结果，如扩散系数、溶液的总浓度、液膜厚度和吸收剂的浓度等。

6.3.3.3 总传质系数和总吸收速率方程式

由于相界面上的组成 p_i 及 C_i 难以直接测定，因而在吸收计算中很少应用气、液膜的吸收速率方程式，而采用包括气液相的总吸收速率方程式。

1. 以 $p - p_e$ 表示总推动力的吸收速率方程式

如在图 6-8 中 D 点是气、液两相的实际状况，则 p_e 即为该点溶质在气相主体中与液相主体中浓度 C 成平衡的分压，p 为该点溶质在气相主体中的分压。若吸收系数服从亨利定律，则 $p_e = C/H$。

根据双膜理论，相界面上两相互成平衡，则 $C_i = Hp_i$。

将上两式分别代入液膜吸收速率方程式 $N_A = k_L(C_i - C)$ 中，得

$$N_A = k_L H(p_i - p_e) \quad \text{或} \quad \frac{N_A}{k_L H} = p_i - p_e$$

又气膜吸收速率方程式 $N_A = k_G(p - p_i)$ 改写为 $N_A/k_G = p - p_i$。将上两式相加得

$$N_A\left(\frac{1}{k_G} + \frac{1}{k_L H}\right) = p - p_e$$

令：
$$\frac{1}{K_G} = \frac{1}{k_G} + \frac{1}{k_L H} \qquad (6-22)$$

则
$$N_A = K_G(p - p_e) \qquad (6-23)$$

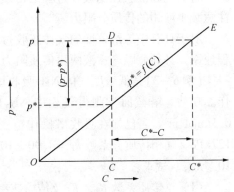

图 6-8 吸收的推动力表示法

式(6-23)即为以 $(p - p_e)$ 为总推动力的传质速率方程式，也称为气相总吸收速率方程式。式中 K_G 为此种推动力下的气相总传质系数，其单位与 k_G 相同。K_G 的倒数则为此种推动力下的传质总阻力，由式(6-22)可知它是气相分阻力 $1/k_G$ 与液相分阻力 $1/Hk_L$ 之和。

对于易溶气体，溶解度系数 H 的值很大，在 k_G 与 k_L 数量级相同或接近的情况下，则：

$$\frac{1}{k_G} \gg \frac{1}{Hk_L}$$

此时液相分阻力和气相分阻力相比可以忽略，传质过程的总阻力几乎集中于气相中式(6-23)可简化为：

$$\frac{1}{K_G} \approx \frac{1}{k_G} \quad \text{或} \quad K_G \approx k_G$$

上式意味着气相传质分阻力控制着整个吸收过程的传质速率，称为气膜控制。用水吸收 NH_3、HCl 气体及用浓 H_2SO_4 吸收气相中的水蒸气等过程，可视为气膜控制的吸收过程。

由上述可知，若要提高气膜控制吸收过程的传质速率，在选择吸收设备型式及确定操作

条件时应特别注意减小气相的传质分阻力。

同理，可以推导出以$(C_e - C_i)$为总推动力的传质速率方程式

$$令 \qquad \frac{1}{K_L} = \frac{H}{k_G} + \frac{1}{k_L} \qquad\qquad (6-24)$$

$$则 \qquad N_A = K_L(C_e - C_L) \qquad\qquad (6-25)$$

式（6-25）即为以$(C_e - C_i)$为总推动力的传质速率方程式。式中K_L为此种推动力下的液相总传质系数，其单位与k_L相同。k_L的倒数则为此种推动力下的传质总阻力，由式（6-24）可知它是气相分阻力H/k_G与液相分阻力$1/k_L$两部分组成的。

将式（6-22）与式（6-24）进行比较，可得K_G与K_L之间的关系如下：

$$K_G = HK_L \qquad\qquad (6-26)$$

由式（6-24）可知，对于难溶气体，H值很小，在k_G与k_L数量级相同或相近的情况下，则

$$\frac{1}{k_L} \gg \frac{H}{k_G}$$

此时气相分阻力H/k_G和液相分阻力$1/k_L$相比可以忽略，传质过程的总阻力几乎集中于液相中，因而式（6-24）可简化为：

$$\frac{1}{K_L} \approx \frac{1}{k_L} \quad 或 \quad K_L \approx k_L$$

上式意味着液相传质分阻力控制着整个吸收过程的传质速率，称为液膜控制。用水吸收O_2、H_2或CO_2等气体的过程，都是液膜控制的吸收过程。

若要提高液膜控制吸收过程的传质速率，在选择吸收设备型式及确定操作条件时应特别注意减小液相的传质分阻力。

对于具有中等溶解度的气体吸收过程，气膜阻力与液膜阻力均不可忽略。要提高吸收过程速率，必须兼顾气、液两膜传质阻力的降低，方能得到满意的效果。

【例6-3】某低浓度气体NH_3吸收塔，用水作吸收剂，在总压100kPa、温度303K下操作。在某一塔截面上测得气相中NH_3的分压p_G为4.1kPa，液相中NH_3的摩尔浓度C_L为0.5kmol/m^3。若已知在吸收塔操作范围内，气、液平衡关系服从亨利定律，亨利系数$E = 127$kPa。气相传质分系数$k_G = 4.90 \times 10^{-6}$kmol/（$m^2 \cdot s \cdot kPa$），液相传质分系数$k_L = 1.4 \times 10^{-4}$m/s。试求：

（1）总传质系数K_G、K_L及传质速率；

（2）分析该吸收过程的控制因素。

解：（1）计算溶解度系数H

$$H \approx \frac{\rho_s}{EM_s} = \frac{995.7}{127 \times 18} = 0.436\text{kmol/}(m^3 \cdot kPa)$$

$$\frac{1}{K_G} = \frac{1}{k_G} + \frac{1}{k_L H}$$

代入数据 $\qquad \dfrac{1}{K_G} = \dfrac{1}{4.9 \times 10^{-6}} + \dfrac{1}{0.436 \times 1.4 \times 10^{-4}}$

解得 $\qquad K_G = 4.54 \times 10^{-6}\text{kmol/}(m^2 \cdot s \cdot kPa)$

$$K_L = \frac{K_G}{H} = \frac{4.54 \times 10^{-6}}{0.436} = 1.04 \times 10^{-5}(\text{m/s})$$

传质速率 $N_A = K_G(p_G - p_e) = 4.54 \times 10^{-6} \times \left(4.1 - \dfrac{0.5}{0.436}\right) = 1.34 \times 10^{-5} \text{kmol}/(\text{m}^2 \cdot \text{s})$

（2）
$$\frac{\dfrac{1}{k_G}}{\dfrac{1}{K_G}} = \frac{\dfrac{1}{4.9 \times 10^{-6}}}{\dfrac{1}{4.54 \times 10^{-6}}} = 92.7\%$$

因此，该吸收过程的主要控制因素是气相传质阻力。

依照此种思路，还可以推导出以$(Y - Y_e)$或$(X_e - X)$为总推动力的吸收传质速率方程。特别是在低浓度气体吸收计算中，用摩尔比表示组成更为方便，故常用到。

$$N_A = K_Y(Y - Y_e) \tag{6-27}$$

式中 K_Y——以$(Y - Y_e)$为总推动力的气相总传质系数，$\text{kmol}/(\text{m}^2 \cdot \text{s})$。此值须由实验测定或依经验式计算。

$$K_Y = \frac{K_y}{(1 + Y)(1 + Y_e)} = \frac{K_G p}{(1 + Y)(1 + Y_e)} \tag{6-28}$$

当溶质在气相中的浓度很小时，Y和Y_e值都很小，式（6-29）右端分母接近于1，于是

$$K_Y = K_y = K_G p$$

或
$$N_A = K_X(X_e - X) \tag{6-29}$$

式中 K_X——以$(X_e - X)$为总推动力的液相总传质系数，$\text{kmol}/(\text{m}^2 \cdot \text{s})$。此值须由实验测定或依经验式计算。

$$K_X = \frac{K_x}{(1 + X)(1 + X_e)} = \frac{K_L c_M}{(1 + X)(1 + X_e)} \tag{6-30}$$

当溶质在液相中的浓度很小时，X和X_e值都很小，式（6-31）右端分母接近于1，于是

$$K_X = K_x = K_L c_M$$

式（6-27）~式（6-30）中其他符号的意义为：

Y——溶质在气相主体中的浓度，kmol 溶质/kmol 惰性气体；

Y_e——与液相主体浓度X成平衡的气相主体中的浓度，kmol 溶质/kmol 惰性气体；

X——溶质在液相主体中的浓度，kmol 溶质/kmol 吸收剂；

X_e——与气相主体浓度Y成平衡的液相主体中的浓度，kmol 溶质/kmol 吸收剂；

C_M——液相总浓度，kmol/m^3；

p——系统操作压力，kPa。

上面所介绍的吸收速率方程式，都是以气、液相浓度不变为前提的，因此只适用于描述稳定操作的吸收塔内任一截面上的速率关系，而不能直接用来描述全塔的吸收速率。在塔内不同截面上的气、液相浓度各不相同。所以吸收速率也不相同。

此外，在使用总传质系数对应的吸收速率方程式时，在整个吸收过程所涉及浓度范围内，平衡关系须为直线。因为在推导总传质系数时，都引用了亨利定律。

【例6-4】已知某低浓度气体溶质被吸收时，气膜吸收系数$k_G = 0.1 \text{kmol}/(\text{m}^2 \cdot \text{h} \cdot \text{atm})$，液膜吸收系数$k_L = 0.25 \text{m/h}$，溶解度系数$H = 0.2 \text{kmol}/(\text{m}^2 \cdot \text{mmHg})$，平衡关系服从亨利定律。试求气相吸收总系数$K_G$，并分析该吸收过程的控制因素。

解：先将已知数据的单位换算成 SI 单位

$$k_G = 0.1 \text{kmol}/(\text{m}^2 \cdot \text{h} \cdot \text{atm}) = 2.74 \times 10^{-7} \text{ kmol}/(\text{m}^2 \cdot \text{s} \cdot \text{kPa})$$

$$k_L = 0.25 \text{m/h} = 6.94 \times 10^{-5} \text{m/s}$$

$$H = 0.2 \text{kmol}/(\text{m}^2 \cdot \text{mmHg}) = 1.5 \text{ kmol}/(\text{m}^2 \cdot \text{kPa})$$

因该系统符合亨利定律，故可按式(6-23)计算气相吸收总系数 K_G。

$$\frac{1}{K_G} = \frac{1}{k_G} + \frac{1}{k_L H} = \frac{1}{2.74 \times 10^{-7}} + \frac{1}{1.5 \times 6.94 \times 10^{-5}} = 3.66 \times 10^6 \text{m}^2 \cdot \text{s} \cdot \text{kPa/kmol}$$

$$K_G = 2.73 \times 10^{-7} \text{ kmol}/(\text{m}^2 \cdot \text{s} \cdot \text{kPa})$$

由计算过程可知，气膜阻力 $\dfrac{1}{k_G} = 3.65 \times 10^6 \text{m}^2 \cdot \text{s} \cdot \text{kPa/kmol}$

而液膜阻力 $\dfrac{1}{Hk_L} = 9.6 \times 10^3 \text{m}^2 \cdot \text{s} \cdot \text{kPa/kmol}$

$$K_L = \frac{K_G}{H} = \frac{4.54 \times 10^{-6}}{0.436} = 1.04 \times 10^{-5} (\text{m/s})，$$液膜阻力远远小于气膜阻力，所以该过程为气膜控制过程。

6.3.4　吸收系数的实验测定

吸收速率方程式中的吸收系数与传热速率方程式中的传热系数相当，表6-2中列出两者对比情况。

表6-2　吸收系数与传热系数的对比

项　　目	吸　　收	传　　热
膜速率方程式	$N_A = k_G(p - p_i) = k_L(C_i - C)$	$\dfrac{Q}{A} = \alpha_1(T - T_W) = \alpha_1(t_W - t)$
总速率方程式	$N_A = K_G(p - p_e) = K_L(C_e - C)$	$\dfrac{Q}{A} = K(T - t)$
膜系数	$k_G，k_L$	$\alpha_1，\alpha_2$
总系数	$K_G，K_L$	K

由此可知，吸收系数对于吸收计算正如传热系数对于传热计算一样，具有十分重要的意义。若没有准确可靠的吸收系数数据，则前面所有涉及吸收速率问题的计算方法与公式都将失去其实际价值。

传质过程的影响因素十分复杂，对于不同的物系、不同的设备(或填料)类型和尺寸以及不同的流动状况与操作条件，吸收系数各不相同，迄今为止尚无通用的计算方法和计算公式。目前，在进行吸收塔设计时，获得吸收系数的途径有三条：一是实验测定；二是选用适当的经验公式进行计算；三是选用适当的准数关联式进行计算。

实验测定是获得可靠的吸收系数的根本途径，但限于种种原因，实际上不可能对每一具体设计条件下的吸收系数都进行直接实验测定。不少研究者针对某些典型的或有重要实际意义的系统和条件，获得比较充分的实验数据，在此基础上提出了特定条件下的吸收系数公式。这种经验公式只在规定条件范围内使用时才能得到可靠的计算结果。也有人根据较为广泛的物系、设备类型及操作条件下取得的实验数据，整理出若干无因次数群之间的关联式，用以描述各种影响因素与膜吸收系数之间的函数关系。这种准数关联式具有较好的概括性。据此计算膜系数时，适用范围要比经验公式的更广泛一些，但计算结果的准确性往往较差。

在中间试验设备上或在条件相近的生产装置上测得的吸收总系数，用作设计计算的依据或参考值具有一定的可靠性。这种测定可根据整段塔内的吸收速率方程式来进行。例如，当过程涉及的浓度范围内平衡关系为直线时，填料层高度计算式为

$$Z = \frac{V}{K_Y a\Omega} \cdot \frac{Y_1 - Y_2}{\Delta Y_m}$$

故体积吸收总系数为

$$K_Y a = \frac{V}{Z\Omega} \cdot \frac{Y_1 - Y_2}{\Delta Y_m} \tag{6-31}$$

式中　$V(Y_1 - Y_2)$——塔的吸收负荷，即单位时间在塔内吸收的溶质量，kmol/s；

　　　　$Z\Omega$——填料层体积，m^3；

　　　　ΔY_m——塔内平均气相做的推动力。

在稳定操作状况下测得进、出口处气、液流量及浓度后，可根据物料衡算及相平衡关系算出吸收负荷及平均推动力 ΔY_m，再根据具体设备的尺寸算出填料层体积后，便可按上式计算体积吸收系数 $K_Y a$。

测定工作可对全塔进行，也可对任一塔段进行，测定值代表所测范围内的平均体积吸收总系数。

测定气膜或液膜吸收系数时，总是设法在另一相的阻力可被忽略或可以推算的条件下进行实验，例如，有人采用如下方法求得用水吸收低浓度氨气时的气膜体积吸收系数 $k_G a$；首先直接测定体积吸收总系数 $K_G a$，然后由式(6-22)导出 $k_G a$ 的数值，即

$$\frac{1}{K_G a} = \frac{1}{k_G a} + \frac{1}{H k_L a}$$

要由上式计算 $k_G a$，除了测定 $K_G a$ 外，尚需知道 $k_L a$，液膜体积吸收系数 $k_L a$ 可由相同条件下用水吸收氨气时的液膜体积吸收系数来推算。

$$(k_L a)_{NH_3} = (k_L a)_{O_2} \left[\frac{D'_{NH_3}}{D'_{O_2}} \right]^{0.5} \tag{6-32}$$

式中 D'_{NH_3} 和 D'_{O_2} 分别为氨和氧在水中的分子扩散系数，m^2/s。可以从有关手册中查得。$(k_L a)_{O_2}$ 的测定较为简便，因氧气在水中溶解度甚微，当用水吸收氧气时，气膜阻力可以忽略不计，所测得的 $K_L a$ 就等于 $k_L a$。

6.4　吸收塔的计算

工业上对于使气、液充分接触以实现吸收过程的设备，既可以采用板式塔，也可以采用填料塔。吸收塔的计算主要是根据给定的吸收任务确定吸收剂用量、塔底排出液的浓度、填料塔的填料层高度或板式塔的塔板层数以及塔径等。

6.4.1　物料衡算和操作线方程

由于通过吸收塔的惰性气体量和溶剂量不变化，因此在进行吸收塔的计算时气、液组成采用摩尔比就显得十分方便。

溶质在气相中浓度沿塔高不断地变化，入塔气体中溶质的含量高，经吸收后出塔气体浓度降低。吸收剂入塔时溶质含量通常为零或很低，离塔时因溶质的加入而浓度增高。所以吸收塔顶常被称为稀端，塔底常被称为浓端。

图 6-9 所示的塔内任取 $m-n$ 截面，在此截面与塔底之间（图示的虚线范围）作溶质的物料衡算可得：

$$LX + VY_1 = LX_1 + VY$$
$$V(Y_1 - Y) = L(X_1 - X)$$

上式也可以写成

$$Y = \frac{L}{V}X + \left(Y_1 - \frac{L}{V}X_1\right) \tag{6-33}$$

式中　V——惰性组分气体的摩尔流量，kmol/s；

　　　　L——溶剂的摩尔流量，kmol/s；

　Y_1、Y_2——进塔及出塔气体中溶质组分的摩尔比；

　X_1、X_2——出塔及进塔液体中溶质组分的摩尔比；

　Y、X——通过塔任一截面的气、液相中溶质组分的摩尔比，kmol 溶质/kmol 惰性气体或溶剂。

式(6-33)称为逆流吸收操作线方程式。在稳定吸收的条件下，L、V、X_1、Y_1 均为定值，故吸收操作线是直线，其斜率为 L/V，在 $Y-X$ 图上的截距为 $(Y_1 - LX_1/V)$，吸收操作线方程描述了塔的任意截面上气液两相浓度之间的关系。

式(6-33)中的 X 和 Y 如果用塔顶截面的浓度 X_2 和 Y_2 代替，便可得到全塔物料衡算式。

$$V(Y_b - Y_a) = L(X_b - X_a) \tag{6-34}$$

在图 6-10 所示的 $Y-X$ 坐标图上，操作线通过点 $A(X_2、Y_2)$ 和点 $B(X_1、Y_1)$。点 A 代表塔顶的状态，点 B 代表塔底的状态。AB 就是操作线。操作线上任意一点代表塔内某一截面上气液浓度的大小。

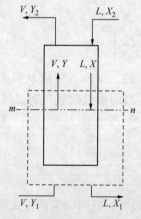

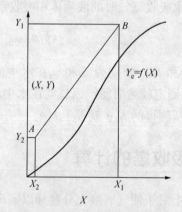

　　图 6-9　吸收塔的操作示意图　　　　图 6-10　吸收过程的操作线

由于吸收过程气相中的溶质分压总是大于液相中溶质的平衡分压，所以吸收操作线 AB 总是在平衡线的上方。

若所处理的气体浓度较低（低于 5%），所形成的溶液浓度也较低，此时，可认为 $Y \approx y$，$X \approx x$，而且通过任一截面上混合气体量近似等于惰性气体量，通过任一截面上的溶液量近似等于纯吸收剂量，气液浓度可用摩尔分率 y 和 x 表示，式(6-33)可以写成：

$$y = \frac{L}{V}x + \left(y_1 - \frac{L}{V}x_1\right) \tag{6-35}$$

式(6-35)表示出对于低浓度气体的吸收，在 $y-x$ 坐标上绘出的操作线基本上呈直线，

其斜率为 L/V。

式(6-33)应用的唯一必要条件是稳定状态下连续逆流操作,该式仅与气液两相流量 L、V 以及塔内某截面上的气液浓度有关,而与相平衡、塔的类型、相际接触情况等无关。

6.4.2 吸收剂用量的决定和最小液气比

在吸收塔的设计计算中,气体的处理量、进塔气体溶质的浓度 Y_1、吸收剂 X_1 以及分离要求都是作为设计的已知条件给定了的,吸收剂的用量则有待于确定。

分离要求常用两种方式表示。当吸收的目的是吸收有用物质,通常规定溶质的回收率 η,其定义为:

$$\eta = \frac{\text{被吸收的溶质量}}{\text{进塔气体的溶质量}} = \frac{Y_1 - Y_2}{Y_1} = 1 - \frac{Y_2}{Y_1} \tag{6-36}$$

当吸收的目的是除去气体中的有害物质,一般直接规定气体中有害物质的残余浓度 Y_2。

由式(6-33)可知,在 V、Y_1、Y_2 及 X_2 已知的情况下,吸收塔操作线的一个端点 B 已经固定(见图 6-11),而另一端点在 $Y=Y_1$ 的水平线上移动。点 A 的横坐标 X_1 将取决于操作线的斜率 L/V。

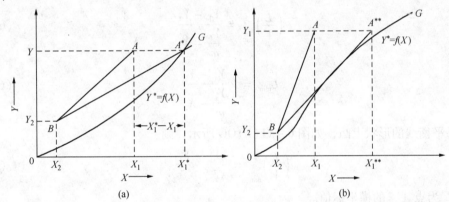

图 6-11 吸收塔的最小液气比

操作线的斜率 L/V 称为液气比,即在吸收操作中吸收剂与惰性气体摩尔流量的比值,亦称吸收剂的单位消耗量。

由于 V 值已经由生产任务确定,若减少吸收剂用量 L,则操作线的斜率将变小,图 6-11(a)中点 A 便沿 $Y=Y_1$ 向右移动,其结果则使出塔溶液浓度 X_1 增大,而吸收推动力 $(X_1^* - X_1)$ 相应减小,以致使设备费用增大。若吸收剂用量减小到恰使点 A 移到水平线 $Y=Y_1$ 与相平衡线 OG 的交点 A^* 时,则 $(X_1^* - X_e)$,即塔底流出的溶液与刚进入塔内的混合气体中的吸收质浓度是平衡的,这也是理论上在操作条件下溶液所能达到的最高浓度。但此时的推动力为零,是一种极限状况,实际生产上是不能实现的,在理论上要达到这种这种状况,需要无穷高的塔。此时的操作线 A^*B 的斜率称为最小液气比,以 $(L/V)_{\min}$ 表示,相应的吸收剂用量称为最小吸收剂用量,以 $L_{\min}$ 表示。

反之,若增大吸收剂用量,则点 A 将沿水平线向左移动,使操作线远离平衡线,从而增大了过程推动力,这对吸收是有利的。但超过了一定限度后,效果不再明显,还将会使吸收剂的消耗量、输送量及回收等项操作费用急剧增大。

由以上分析可见,吸收剂用量不同,将从设备费和操作费两方面影响到生产过程的经济效果。因此应选择适宜的液气比，以使两种费用之和最小。根据生产实践经验认为，一般情况下吸收剂用量为最小吸收剂用量的 1.1～2.0 倍是比较适宜的，即

$$\frac{L}{V} = (1.1 \sim 2.0)\left(\frac{L}{V}\right)_{\min} \tag{6-37}$$

或

$$L = (1.1 \sim 2.0)L_{\min} \tag{6-37a}$$

除了上述经济方面的考虑之外，还应考虑吸收剂用量要能满足充分润湿填料的基本要求。如按式(6-37)算出的吸收剂用量不能满足此要求，则应采用更大的吸收剂用量。

如图 6-11(a)所示相平衡线上凹（操作线与平衡线在点 A^* 相遇）的情况，最小液气比按下式计算

$$\left(\frac{L}{V}\right)_{\min} = \frac{Y_1 - Y_2}{X_1^* - X_2} \tag{6-38}$$

$$L_{\min} = V\frac{Y_1 - Y_2}{X_1^* - X_2} \tag{6-38a}$$

式中 X_1^* 为与气相组成 Y_1 成平衡的液相中溶质的摩尔分率。若稀溶液范围内平衡关系符合亨利定律，可用 $Y_e = mX$ 表示，则可用下式计算最小液气比：

$$\left(\frac{L}{V}\right)_{\min} = \frac{Y_1 - Y_2}{\dfrac{Y_1}{m} - X_2} \tag{6-38b}$$

或

$$L_{\min} = V\frac{Y_1 - Y_2}{\dfrac{Y_1}{m} - X_2} \tag{6-38c}$$

如果平衡线的形状上凸，如图 6-11(b)OG 所示，则

$$\left(\frac{L}{V}\right)_{\min} = \frac{Y_1 - Y_2}{X_1^{**} - X_2} \tag{6-39}$$

式中 X_1^{**} 为点 A^{**} 的横坐标值。

最小液气比是与分离要求相关的。对于现场操作的吸收塔，填料层高度已定，若在最小液气比或低于最小液气比下操作，将不能达到规定的分离要求。

【例 6-5】用油吸收混合气体中的苯，已知 $y_1 = 0.04$（摩尔分率），吸收率为 80%，平衡关系式为 $Y = 0.126X$，混合气体流量为 1000kmol/h，油用量为最小用量的 1.5 倍，试求油的实际用量。

解：先求出进塔气体中溶质的摩尔比

$$Y_1 = y_1/(1 - y_1) = 0.04/(1 - 0.04) = 0.0417\text{kmol 苯}/\text{kmol 惰性气体}$$

由式(6-37) $Y_2 = Y_1/(1 - h) = 0.0417/(1 - 0.8) = 0.00834\text{kmol 苯}/\text{kmol 惰性气体}$

由式(6-39)

$$L_{\min} = V\frac{Y_1 - Y_2}{Y_1/m - X_2} = 1000 \times 0.96\frac{0.0417 - 0.00834}{0.0417/0.126 - 0} = 96.9\text{kmol/h}$$

吸收油的实际用量为：$L = 1.5L_{\min} = 1.5 \times 96.9 = 145\text{kmol/h}$

【例 6-6】用洗油吸收焦炉气中的芳烃，吸收塔内温度为 27℃，压力为 800mmHg。焦炉气流量为 850m³/h，其中含芳烃的摩尔分率为 0.02，要求芳烃的吸收率不低于 95%。进入吸收塔顶的洗油中所含芳烃的摩尔分率为 0.005。若取洗油用量为最小理论用量的 1.5 倍。

求每小时送入吸收塔顶的洗油量及塔底流出的溶液浓度。

操作条件下的相平衡关系可用下式表达：

$$Y_e = \frac{0.125X}{1 + 0.875X}$$

解：进入吸收塔的惰性气体摩尔流量为

$V = 850/22.4 \times 273/(273 + 27) \times 800/760 \times (1 - 0.02) = 35.6\text{kmol/h}$

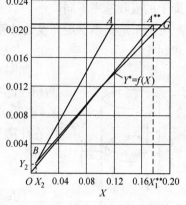

进塔气体中芳烃的浓度为：$Y_1 = 0.02/(1 - 0.02) =$ 0.0204kmol 芳烃/kmol 惰性气体

出塔气体中芳烃的浓度为：$Y_2 = 0.02204/(1 - 0.95) =$ 0.00102kmol 芳烃/kmol 惰性气体

进塔洗油的芳烃浓度为：$X_2 = 0.05/(1 - 0.05) =$ 0.00503kmol 芳烃/kmol 洗油

按照已知的相平衡关系 $Y_e = \frac{0.125X}{1 + 0.875X}$，在 $X - Y$ 直角坐标系中标绘出平衡线 OG，见本题附图（图 6 – 12）。X_2、Y_2 之值在图上确定操作线的端点 B。过点 B 作相平衡线 OG 的切线，交水平线 $Y = 0.0204$ 于点 A^{**}。读出该点的横坐标值为 $X_1^{**} = 0.175$。由式（6 – 38）得

图 6 – 12 例 6 – 6 附图

$$L_{\min} = V \frac{Y_1 - Y_2}{X_1^{**} - X_2} = \frac{35.6 \times (0.0204 - 0.00102)}{0.176 - 0.00503} = 4.059\text{kmol/h}$$

$$L = 1.5 L_{\min} = 1.5 \times 4.059 = 6.089\text{kmol/h}$$

由此可以计算得到每小时送入吸收塔顶的洗油量为：$6.089 \times \dfrac{1}{1 - 0.05} = 6.409\text{kmol/h}$

出塔吸收液可由全塔物料衡算求出：

$$X_1 = X_2 + \frac{V(Y_1 - Y_2)}{L} = 0.0503 + \frac{35.6(0.0204 - 0.00102)}{6.409} = 0.1579\text{kmol 芳烃/kmol 洗油}$$

6.4.3 低浓度气体吸收塔填料层高度的计算

6.4.3.1 填料层高度的计算公式

为了达到规定的分离要求，就需要在填料塔内填装一定高度的填料层，以提供足够的气、液两相接触面积。填料层高度等于所需填料层的体积除以塔横截面积。塔的横截面积由塔径确定。有关填料塔塔径的计算将在本书气液传质设备一章中介绍。填料层体积取决于完成分离任务所需的总传质面积和单位体积填料所提供的气、液传质面积。其关系可表达为：

$$Z = \frac{V_P}{\Omega} = \frac{F}{a\Omega} \tag{6 – 40}$$

式中　Z——填料高度，m；

V_P——填料层体积。m^3；

F——需要的传质面积，m^2；

Ω——塔的横截面积，m^2；

a——单位体积填料层所提供的有效接触面积，m^2/m^3。

上式中总传质面积等于塔的吸收负荷(单位时间内的传质量,kmol/s)与塔内传质速率[单位时间内、单位气、液接触面积上的传质量,kmol/(m²·s)]的比值。计算塔的吸收负荷要依据物料衡算关系,计算传质速率要依据传质速率方程式。而吸收速率方程式中的推动力总是实际浓度与平衡浓度之差。所以,填料层高度的计算要涉及到物料衡算、传质速率与相平衡这三种关系式。在6.3节中介绍的所有吸收速率方程式,都只是适用于塔内的任一横截面,而不能直接用于全塔。就整个填料层而言,气、液浓度沿塔高不断变化,塔内各横截面上的吸收速率不同。

为了解决填料层高度的计算问题,在填料吸收塔中任意取一段高度为 dZ 的微元填料层来讨论。

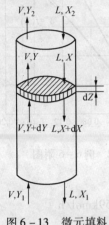

图6-13 微元填料层的物料衡算

如图6-13所示,在微元高度 dZ 内有气液传质面积 dF。气、液两相在此接触后,气相浓度从 $Y+dY$ 降低到 Y,液相浓度从 X 增浓到 $X+dX$。若在单位时间内,从气相转移到液相取的溶质量为 dG_A kmol/s,则在此微元高度内的传质速率为

$$N_A = \frac{dG_A}{dF} \quad kmol/(m^2 \cdot s)$$

于是吸收速率方程式可写成

$$N_A = \frac{dG_A}{dF} = K_Y(Y - Y_e) \qquad (6-41)$$

或

$$dG_A = K_Y(Y - Y_e)dF$$

对此微元填料层作溶质A的物料衡算可得

$$dG = VdY = LdX \qquad (6-42)$$

由式(6-41)和式(6-42)可导出 $VdY = K_Y(Y - Y_e)a\Omega dZ$

分离变量,并假定 K_Y 沿填料层高度不变,将式(6-40)代入式(6-42),可得

$$\int_{Y_2}^{Y_1} \frac{dY}{Y - Y_e} = K_Y \int_0^Z \frac{a\Omega}{V}dZ$$

当吸收塔稳定操作时,塔横截面积 Ω、填料层有效比表面积 a、液相中吸收剂组分摩尔流量 L 和气相中惰性组分摩尔流量 V 均不沿塔高和时间的变化而变化,则上式可简化为

$$\int_{Y_2}^{Y_1} \frac{dY}{Y - Y_e} = \frac{K_Y a\Omega}{V} \int_0^Z dZ$$

积分可得

$$Z = \frac{V}{K_Y a\Omega} \int_{Y_2}^{Y_1} \frac{dY}{Y - Y_e} \qquad (6-43)$$

采用与上面相同的方法,而以 $(X_e - X)$ 表示总推动力,可导出如下填料层高度的计算式

$$Z = \frac{L}{K_X a\Omega} \int_{X_2}^{X_1} \frac{dX}{X_e - X} \qquad (6-44)$$

在式(6-43)和式(6-44)中,当溶质在气、液相中的浓度不高时,K_Y 及 K_X 通常可视为常数(气体溶解度中等且相平衡关系不符合亨利定律的除外);单位体积填料层内的有效传质面积 a,称为有效比表面积,其值总小于单位填料层中的固体填料的表面积(称为比表面积)。这是因为,只有那些被流动的液体膜层所覆盖的填料表面,才能提供气液接触的有效面积。所以有效比表面积不仅与填料的形状、尺寸及充填状况有关,还与流体的物性及流动状况有关。其数值很难直接测定,为此常将它与传质系数的乘积视为一体,这个乘积称为体积传质系数。例如 $K_Y a$ 及 $K_X a$,分别称为以 $(Y - Y_e)$ 为推动力的气相总体积传质系数及以

$(X_e - X)$ 为推动力的液相总体积传质系数，其单位均为 kmol/(m³·s)。其物理意义是：在相应推动力为一个单位的情况下，单位时间单位体积填料层内传递的溶质量。

6.4.3.2 传质单元高度与传质单元数

以式(6-43)为例，若令

$$H_{OG} = \frac{V}{K_Y a \Omega} \tag{6-45}$$

$$N_{OG} = \int_{Y_2}^{Y_1} \frac{dY}{Y - Y_e} \tag{6-46}$$

则式(6-43)可写成

$$Z = H_{OG} N_{OG} \tag{6-47}$$

H_{OG} 具有长度因次、单位为 m。因此可将 H_{OG} 理解为完成单位过程推动力的浓度变化所需要的填料层高度，此高度称为气相总传质单元高度；N_{OG} 是一无因次量：所需填料层高度 Z 相当于气相总传质单元高度 H_{OG} 的倍数，此倍数称为气相总传质单元数。

同样式(6-44)可写成：

$$Z = H_{OL} N_{OL} \tag{6-48}$$

式中　H_{OL}——液相总传质单元高度，m；

　　　N_{OL}——液相总传质单元数，无因次。

H_{OL} 及 N_{OL} 的计算式分别为

$$H_{OL} = \frac{L}{K_X a \Omega} \tag{6-49}$$

$$N_{OL} = \int_{X_2}^{X_1} \frac{dX}{X_e - X} \tag{6-50}$$

由此可写出填料层高度 Z 的计算通式：Z = 传质单元高度 × 传质单元数

把填料层高度写成传质单元高度与传质单元数的乘积，从数学的角度上只是变量的分离与合并，并无实质性的变化。但是这样的处理有助于分析和理解填料层高度的计算公式。传质单元数中所含的变量只与物系的相平衡及进、出塔气体的浓度有关，而与吸收设备的类型无关。传质单元数反映了分离操作的难易，操作所要求的气体浓度变化越大，过程的平均推动力越小则意味着分离的难度越大、此时所需的传质单元数也就越大。传质单元高度的大小却是由过程条件所决定的。它反映了传质阻力的大小、填料性能的优劣及润湿情况的好坏。吸收过程的传质阻力越大、填料层有效比表面积 a 越小，则传质单元高度就越大。传质单元高度它表示了每个传质单元所相当的填料层高度，是吸收设备效能高低的反映。通常体积传质系数随单位塔截面上气体的摩尔流量的增加而增加，变化幅度较大，而对每一种填料而言传质单元高度的数值变化幅度并不大。常用的吸收设备，传质单元高度的数值一般约在0.15～1.5m，具体数值可由实验测定、从有关资料中查得或根据公式算出。

6.4.3.3 传质单元数的计算方法

从式(6-46)和式(6-48)可以看出，要计算传质单元数，就是要积分，也就是要确定积分变量 Y(或 X)和积分函数之间的关系。以下介绍三种求解传质单元数的方法，计算时可按相平衡关系的不同情况选择使用。

1. 对数平均推动力法

若在吸收过程所涉及的浓度范围内相平衡线为直线，且可用直线方程 $Y_e = mX + b$ 表示，

又因在 $Y-X$ 坐标图中操作线也是直线，所以此两直线间的垂直距离亦必随 Y 呈线性变化，即气相传质总推动力 $\Delta Y = Y - Y_e$ 对 Y 呈直线变化，即

$$\frac{d(Y - Y_e)}{dY} = \frac{d(\Delta Y)}{dY} = \frac{\Delta Y_1 - \Delta Y_2}{Y_1 - Y_2}$$

或
$$dY = \frac{Y_1 - Y_2}{\Delta Y_1 - \Delta Y_2} d(\Delta Y) \tag{6-51}$$

式中　　$\Delta Y_2 = (Y - Y_e)_2$——填料层上端面处气相传质总推动力；

　　　　$\Delta Y_1 = (Y - Y_e)_1$——填料层下端面处气相传质总推动力。

把式(6-51)代入 N_{OG} 的定义式(6-46)中，积分可得

$$N_{OG} = \frac{Y_1 - Y_2}{\dfrac{\Delta Y_1 - \Delta Y_2}{\ln \dfrac{\Delta Y_1}{\Delta Y_2}}} = \frac{Y_1 - Y_2}{\Delta Y_m} \tag{6-52}$$

式中
$$\Delta Y_m = \frac{\Delta Y_1 - \Delta Y_2}{\ln \dfrac{\Delta Y_1}{\Delta Y_2}} = \frac{(Y_1 - Y_{1e}) - (Y_2 - Y_{2e})}{\ln \dfrac{Y_1 - Y_{1e}}{Y_2 - Y_{2e}}} \tag{6-53}$$

代表塔顶、底气相传质总推动力$(Y - Y_e)$的对数平均值，称气相对数平均推动力。

所以，填料层高度计算式为

$$Z = \frac{V}{K_Y a \Omega} \cdot \frac{Y_1 - Y_2}{\Delta Y_m} \tag{6-54}$$

同理，也可写出液相总传质单元数的计算式为

$$N_{OL} = \int_{X_2}^{X_1} \frac{dX}{X_e - X} = \frac{X_1 - X_2}{\Delta X_m}$$

式中 ΔX_m 为填料层上、下两端面处液相传质总推动力$(X_e - X)$的对数平均值，称液相对数平均推动力。可用下式计算

$$\Delta X_m = \frac{\Delta X_1 - \Delta X_2}{\ln \dfrac{\Delta X_1}{\Delta X_2}} = \frac{(X_{1e} - X_1) - (X_{2e} - X_2)}{\ln \dfrac{X_{1e} - X_1}{X_{2e} - X_2}} \tag{6-55}$$

$$Z = \frac{L}{K_X a \Omega} \cdot \frac{X_1 - X_2}{\Delta X_m} \tag{6-56}$$

当 $\dfrac{\Delta Y_大}{\Delta Y_小} \leqslant 2$ 或 $\dfrac{\Delta X_大}{\Delta X_小} \leqslant 2$ 时，对数平均值也可用算术平均值代替，而不致带来大的误差。其中下标"大、小"分别表示该物理量中较大者和较小者。

2. 解析法

对于低浓度气体吸收，若相平衡关系服从亨利定律，可用 $Y_e = mX$ 表示时，则总传质单元数可还有一种更为简单的计算方法，即解析法。以求气相总传质单元数 N_{OG} 为例

因为
$$N_{OG} = \int_{Y_2}^{Y_1} \frac{dY}{Y - Y_e} = \int_{Y_2}^{Y_1} \frac{dY}{Y - mX}$$

又可将式(6-33)改写成 $X = X_2 + \dfrac{V}{L}(Y - Y_2)$

代入上式得

$$N_{OG} = \int_{Y_2}^{Y_1} \frac{dY}{Y - m\left[X_2 + \dfrac{V}{L}(Y - Y_2) \right]} = \int_{Y_2}^{Y_1} \frac{dY}{Y - \dfrac{mV}{L}(Y - Y_2) - mX_2}$$

令 $S = \dfrac{mV}{L}$

则
$$N_{OG} = \int_{Y_2}^{Y_1} \frac{dY}{Y(1 - S) + (SY_2 - mX_2)}$$

当 $S = 1$ 时，上式积分可得：

$$N_{OG} = \frac{Y_1 - Y_2}{Y_2 - X_2}$$

当 $S \neq 1$ 时对上式积分整理可得：

$$N_{OG} = \frac{1}{1 - S} \ln\left[(1 - S)\frac{Y_1 - mX_2}{Y_2 - mX_2} + S \right] \tag{6-57}$$

式中 $S = mV/L$ 称为解吸因数，是平衡线斜率 m 与操作线斜率 L/V 之比值，无因次。

由式(6-57)可以看出，N_{OG} 的数值取决于 S 与 $\dfrac{Y_1 - mX_2}{Y_2 - mX_2}$ ($= \eta_r$)这两个因素，当 S 值一定时，N_{OG} 仅与 η_r 值有关。为了使用方便在半对数坐标纸上以 S 为参变数按式(6-57)标绘出 N_{OG} 和 η_r 之间的函数关系，得到如图 6-14 所示的一组曲线。利用此图由 S 值可方便查得 N_{OG} 的数值。

在图 6-14 中，横坐标 η_r 值的大小反映了溶质吸收率的高低。在气、液进口浓度一定的情况下，要求的吸收率愈高则 Y_2 愈小，η_r 的数值便愈大，对应于同一 S 值的 N_{OG} 值也就愈大。

参数 S 反映吸收推动力的大小，在气、液进口浓度及溶质的吸收率已知的条件下，横坐标 η_r 之值便已确定。此时增大 S 值就意味着减小液气比。其结果是溶液出口浓度提高而塔内推动力变小，所以 N_{OG} 值增大。反之，若参数 S 的值减小，则 N_{OG} 变小。在实际吸收操作中，V/L 的值通常认为取 $0.7 \sim 0.8$ 是经济适宜的。

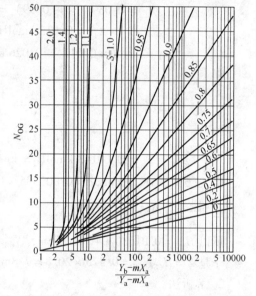

图 6-14 N_{OG} 对 $\dfrac{Y_1 - mX_2}{Y_2 - mX_2}$ 关系图

图 6-14 用于 N_{OG} 的求解及其他有关吸收过程的分析估测十分方便。但须指出的是只有在 $\eta_r > 20$ 及 $S \leqslant 0.75$ 的范围内使用该图时，读数才比较准确。否则误差会较大。必要时可由式(6-57)直接计算。

同理，当 $Y_e = mX$ 时，由 $N_{OL} = \int_{X_2}^{X_1} \dfrac{dX}{X_e - X}$ 出发用类似的方法可推导出液相总传质单元数 N_{OG} 的计算式如下

$$N_{OL} = \frac{1}{1 - A} \ln\left[(1 - A)\frac{Y_1 - mX_2}{Y_1 - mX_1} + A \right] \tag{6-58}$$

式中 $A = \dfrac{L}{mV}$ 是操作线斜率 L/V 与平衡线斜率 m 之比值，称为吸收因数，它是解吸因数的倒

数。式(6-58)多用于解吸操作的计算。

将式(6-57)与式(6-58)比较可以看出,二者具有同样的函数形式。用于表示 η_r 的关系(以 A 为参数)将完全适用。

【例6-7】某气体中含有2.91%(体积)的 H_2S,其余为碳氢化合物。在一逆流操作的吸收塔中用三乙醇胺水溶液吸收 H_2S,要求吸收率不低于99%。操作温度为27℃,压力为101.3kPa,相平衡关系为 $Y_e = 2X$。进塔吸收剂三乙醇胺水溶液中不含 H_2S,出塔液相中的 H_2S 浓度为 0.013kmol H_2S/kmol 吸收剂。已知单位塔截面上单位时间流过的惰性气体摩尔数为 0.015kmol/($m^2 \cdot s$),气相体积吸收总系数为 0.000395kmol/($m^2 \cdot s \cdot kPa$)。求所需填料层高度。

解:1. 对数平均推动力法

由式(6-54)
$$Z = \frac{V}{K_Y a\Omega} \cdot \frac{Y_1 - Y_2}{\Delta Y_m}$$

已知: $Y_1 = 0.0291/(1 - 0.0291) = 0.03$ kmolH_2S/kmol 惰性气体

$Y_2 = 0.03 \times (1 - 0.99) = 0.0003$ kmolH_2S/kmol 惰性气体

$X_1 = 0.013$ kmolH_2S/kmol 吸收剂,$X_2 = 0$

$Y_1^* = 2 \times 0.013 = 0.026$ kmolH_2S/kmol 惰性气体,$Y_2^* = 0$

则
$$\Delta Y_m = \frac{(Y_1 - Y_1^*) - (Y_2 - Y_2^*)}{\ln \dfrac{Y_1 - Y_1^*}{Y_2 - Y_2^*}} = \frac{(0.03 - 0.026) - (0.0003 - 0)}{\ln \dfrac{0.03 - 0.026}{0.0003 - 0}}$$

$= 0.00143$ kmolH_2S/kmol 惰性气体

由式(6-29)$K_Y a = p K_G a = 0.000395 \times 101.3 = 0.04$ kmolH_2S/($m^3 \cdot s$)

已知 $\dfrac{V}{\Omega} = 0.015$ kmol/($m^2 \cdot s$)

所以 $H_{OG} = 0.015/0.04 = 0.375$m,$N_{OG} = (0.03 - 0.0003)/0.00143 = 20.80$

于是 $Z = H_{OG}N_{OG} = 0.375 \times 20.8 = 7.8$m

2. 解析法
$$\frac{mV}{L} = m\frac{Y - Y_2}{X_1 - X_2} = 2 \times \frac{0.013 - 0}{0.0003} = 0.875,\ \frac{Y_1 - mX_2}{Y_2 - mX_2} = \frac{Y_1}{Y_2} = \frac{0.03}{0.0003} = 100$$

查图6-14得:$N_{OG} = 21$,于是:$Z = H_{OG}N_{OG} = 0.375 \times 21 = 7.88$m

两种计算方法结果很接近。

3. 图解积分法

图解积分法是直接根据定积分的几何意义而引出的一种计算传质单元数的方法,它普遍适用于各种相平衡关系情况。特别是当平衡线不为直线时,常用图解积分法计算传质单元数。具体计算过程在这儿不做介绍。

6.4.4 板式吸收塔理论板数的计算

板式塔与上述填料塔的区别在于气液两相的接触只在塔板上进行,故组成沿着塔高呈阶跃式而不是连续式变化的。为了计算板式塔完成吸收任务所需的塔板数,要应用物料衡算和气液相平衡关系,常用方法是图解法。

6.4.4.1 图解法求理论板数

理论塔板数的计算方法如下：

图 6-15 表示一个气液逆流操作的板式塔，板式塔的塔板数由上向下数，共有 N 层，离开各层塔板的气液两相组成分别以 y 和 x 表示并用板序号作为下标加以区别。

为了便于计算，假设板式塔内的塔板为理论板。所谓的理论板就是如果在一层塔板上气液两相接触良好，传质充分，以致气液两相在离开该塔板时达到平衡，则称此塔板为理论板。

入塔气体组成 $Y_b = Y_{N+1}$，出塔液体组成 $X_b = X_N$，出塔气体组成 $Y_a = Y_1$，入塔液体组成 $X_a = X_0$。操作线在 $Y-X$ 坐标图上为一直线，它的两个端点为 $A(X_a, Y_a)$ 及 $B(X_b, Y_b)$，如图 6-16 中 AB 所示。代表塔内相邻两板间下降液体和上升气体组成的点 (X_1, Y_2)、(X_2, Y_3)……等必落在操作线 AB 上。图中 OE 为平衡线，代表离开各同一理论板的液气两相的组成点 (X_1, Y_2)、(X_2, Y_3)……等都应落在平衡线 OE 上。

根据以上两关系，就可用图解法逐板求出离开各层理论板的气、液组成和达到规定分离要求所需的理论板数。如图 6-16 中所示，从点 A 出发，作水平线与平衡线 OE 交于点 E_1，则点 E_1 示出离开第一层理论板的液、气组成 X_1、Y_1；再从点 E_1 作垂线交 AB 于点 p_1(X_1，Y_2)，则点 p_1 的纵坐标 Y_2 代表离开第二层理论板的上升气体组成；依此，在 AB 与 OE 线之间作梯级，直至达到或越过 B 点为止。由于一个梯级或梯级在平衡线上的一个端点（如 E_1，E_2，……，E_n）即代表一层理论板，所以所画的梯级落在相平衡线上的顶点个数即为达到规定分离要求所需的理论板数 N。在梯级图解法求理论板数时，气液组成的表示方法既可采用摩尔比 Y、X，也可用摩尔分率 y、x 或气相分压 p 与液相摩尔浓度 C，而且此法既可用于低浓度气体吸收，也可用于高浓度气体吸收及解吸过程。

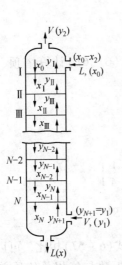

图 6-15　板式塔中离开各层
塔板气液组成的编号

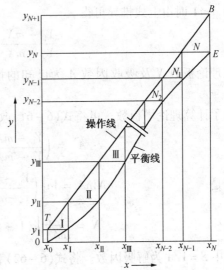

图 6-16　在 $Y-X$ 图上求解
理论板数的示意图

当平衡关系符合 $Y_e = mX$，即平衡线为通过原点的直线时，可用解析的方法求理论板数。

6.4.4.2 解析法求理论板数

由于离开任一层理论板的气、液两相组成呈平衡，故有

$$Y_1 = mX_1, \cdots\cdots, Y_N = mX_N \tag{6-59}$$

图 6-16 中 Y_2 和 X_1 之间的关系符合操作线方程, 故有

$$V(Y_2 - Y_a) = L(X_1 - X_a)$$

整理得

$$Y_2 = Y_a + \frac{L}{V}(X_1 - X_a)$$

将式(6-59)中 $X_1 = \dfrac{Y_1}{m}$ 代入上式; 且对塔顶有 $Y_1 = Y_a$, 故

$$Y_2 = Y_a + \frac{L}{V}\left(\frac{Y_a}{m} - X_a\right) = Y_a + \frac{L}{mV}Y_a - \frac{L}{mV}mX_a = (A+1)Y_a - AmX_a$$

式中 $A = \dfrac{L}{mV}$ 为吸收因数, 与以前的意义相同。

同样, Y_3 和 X_2 的关系也符合操作线方程, 并应用相平衡方程 $X_2 = \dfrac{Y_2}{m}$, 可得

$$Y_3 = Y_a + \frac{L}{V}(X_2 - X_a) = Y_a + AY_2 - AmX_a = Y_a + A[(A+1)Y_a - AmX_a] - AmX_a$$

$$= (A^2 + A + 1)Y_a - (A^2 + A)mX_a$$

同理可推得

$$Y_{N+1} = (A^N + A^{N-1} + \cdots + A + 1)Y_a - (A^N + A^{N-1} + \cdots + A)mX_a$$

即

$$Y_b = (A^N + A^{N-1} + \cdots + A + 1)Y_a - (A^N + A^{N-1} + \cdots + A)mX_a$$

当 $A = 1$ 时由上式推导可得

$$N + 1 = \frac{Y_b - mX_a}{Y_a - mX_a} \tag{6-60}$$

当 $A \neq 1$ 时由上式推导可得

$$\frac{Y_b - mX_a}{Y_a - mX_a} = \frac{A^{N+1} - 1}{A - 1} \tag{6-61}$$

在理论板数 N 及吸收因数 A 为已知的情况下, 可用式(6-61)计算塔顶、底的组成之一。

为了计算理论塔板数, 可将式(6-61)改写成

$$A^N = \left(\frac{Y_b - mX_a}{Y_a - mX_a}\right)\left(1 - \frac{1}{A}\right) + \frac{1}{A}$$

于是

$$N\ln A = \ln\left[\left(\frac{Y_b - mX_a}{Y_a - mX_a}\right)\left(1 - \frac{1}{A}\right) + \frac{1}{A}\right]$$

$$N = \frac{1}{\ln A}\ln\left[(1 - S)\left(\frac{Y_b - mX_a}{Y_a - mX_a}\right) + S\right] \tag{6-62}$$

式中 $S = 1/A$ 为解吸因数。将式(6-62)和 N_{OG} 的计算公式(6-57)相比, 可以得出在操作线与平衡线都是直线(后者为通过原点的直线)时, 理论板数与气相总传质单元数的关系为

$$\frac{N}{N_{OG}} = \frac{1 - S}{\ln A} = \frac{S - 1}{\ln S} \tag{6-63}$$

通过计算可知: 当 $S < 1$ 时 $N < N_{OG}$, $S > 1$ 时则 $N > N_{OG}$。还可以证明[对式(6-63)求极限]。当 $S = 1$ 时理论板数 N 和气相总传质单元数 N_{OG} 相等。

本章符号说明

英文字母：

a——填料层的有效比表面积，m^2/m^3；

C——组分的摩尔浓度，$kmol/m^3$；

d——直径，m；

d_e——填料层的当量直径，m；

D——分子扩散吸收，m^2/s；

D_e——涡流扩散系数，m^2/s；

E——亨利系数，kPa；

F——总吸收面积，m^2；

g——重力加速度，$9.807\ m/s^2$；

G——气相空塔质量流速，$kg/(m^2 \cdot s)$；

Ga——伽利略数，无因次；

G_A——吸收负荷，单位时间内吸收的 A 物质的量，$kmol/s$；

H——溶解度系数，$kmol/(m^3 \cdot kPa)$；

H_{OG}——气相总传质单元高度，m；

H_{OL}——液相总传质单元高度，m；

k_G——气膜吸收系数，$kmol/(m^2 \cdot h \cdot kPa)$；

k_L——液膜吸收系数，$kmol/[m^2 \cdot s \cdot (kmol/m^3)]$ 或 m/s；

K_G——气相吸收总系数，$kmol/(m^2 \cdot h \cdot kPa)$；

K_L——液相吸收总系数，$kmol/[m^2 \cdot s \cdot (kmol/m^3)]$ 或 m/s；

K_X——液相总传质系数，$kmol/(m^2 \cdot s)$；

K_Y——气相总传质系数，$kmol/(m^2 \cdot s)$；

l——特征尺寸，m；

L——溶剂的摩尔流量，$kmol/s$；

m——质量，kg，相平衡常数；

M——相对分子质量；

n——摩尔数；

N——实际塔板层数；

N_A——组分 A 的吸收速率，$kmol/(m^2 \cdot s)$；

N_{OG}——气相总传质单元数；

N_{OL}——液相总传质单元数；

N_T——理论塔板层数；

p_i——溶质组分在气相分压，kPa；

P——体系总压力，kPa；

Re——雷诺数，无因次；

T——热力学温度，K；

u——空塔气速，m/s；

u_o——气体通过填料空隙的速度，m/s；

U——液体喷淋密度，$kg/(m^2 \cdot h)$；

V——惰性组分气体的摩尔流量，kmol/s；

V'——气体混合物的体积，m^3；

V_F——填料层体积，m^3；

W——液相空塔质量流速，$kg/(m^2 \cdot h)$；

x——液相中溶质的摩尔分率；

X——溶质在液相主体中的浓度，kmol 溶质/kmol 吸收剂；

y——气相中溶质的摩尔分率；

Y——溶质在气相主体中的浓度，kmol 溶质/kmol 惰性气体；

z——扩散距离，m；

Z——填料层高度，m。

希腊字母：

α、β、γ——常数；

ε——填料层空隙率；

μ——黏度，$N \cdot s/m^2$；

ρ——密度，kg/m^3；

Ω——塔横截面积，m^2；

σ——填料比表面积，m^2/m^3。

下标：

A——溶质组分的；

B——惰性组分的；

d——分子扩散的；

e——当量的或涡流扩散的或相平衡的；

G——气相的；

L——液相的；

m——对数平均的；

N——第 N 层板的；

P——填料的；

max——最大的；

min——最小的；

1——塔底的或截面 1 的；

2——塔顶的或截面 2 的。

习题

6-1　100g 纯水中含有 2g SO_2，试以摩尔比表示该水溶液中 SO_2 的组成。

6-2　含 NH_3 3%（体积）的混合气体，在填料塔中为水所吸收，试求氨溶液的最大浓度。塔内绝对压力为 202.6kPa。在操作条件下，气液相平衡关系为 $p = 267x$。式中 p 为气相中氨的分压，单位 kPa；x 为液相中氨的摩尔分率。

6-3　于 101.3kPa，27℃下用水吸收混于空气中的甲醇蒸气。甲醇在气液两相中的浓度很低，平衡关系服从亨利定律。已知溶解度系数 $H = 1.955 kmol/(m^2 \cdot kPa)$，气膜吸收系数 $k_G = 1.55 kmol/(m^2 \cdot s \cdot kPa)$，液膜吸收系数 $k_L = 2.08 \times 10^{-5} kmol/[m^2 \cdot (kmol/m^2)]$。试求吸收总系数 K_G 和气膜阻力在总阻力中所占得分率。

6-4 20℃的水与氮气逆流接触以脱除水中溶解的氧气。塔底入口的的氮气中含氧 0.1%（体积），设气液两相在塔底达到平衡，平衡关系服从亨利定律。求下列两种情况下水离开塔底时的最低含氧量，以 mg 氧气/m^3 水表示。

（1）操作压力为 101.3kPa（绝对压力）；

（2）操作压力为 40.5kPa（绝对压力）。

6-5 某逆流操作的吸收塔塔底排出液中含溶质 $x = 2 \times 10^{-4}$（摩尔分率），进口气体中含溶质 2.5%（体积），操作压力为 101.3kPa。气液相平衡关系为 $y = 50x$。

先将操作压力由 101.3kPa 提高至 202.6kPa，试问塔底推动力 $(y - y_e)$ 及 $(x_e - x)$ 各增加至原来的多少倍？

6-6 在逆流操作的吸收塔中，101.3kPa、24℃下用清水吸收混合气体中的 H_2S，将其浓度由 2% 降至 0.1%（体积）。该体系符合亨利定律，亨利系数 $E = 5.5 \times 10^3 kPa$。若取吸收剂用量为理论最小用量的 1.2 倍，试计算操作液气比 L/V 及出口液相组成 X_1。

6-7 在 101.3kPa、20℃下，用清水分离氨和空气的混合气体。混合气体中氨的分压为 1.33kPa，经处理后氨的分压降至 $6.8 \times 10^{-3} kPa$。混合气体的处理量为 1020kg/h。操作条件下的相平衡关系为 $Y = 0.755X$。若适宜吸收剂用量为最小用量的 5 倍，求操作条件下吸收剂用量。

6-8 在某填料吸收塔中用清水处理含 SO_2 的混合气体。进塔气体中含 SO_2 18%（质量），其余为惰性气体。混合气体的平均分子质量可取 28。吸收剂用量比最小用量大 65%。若每小时从混合气体中吸收 2000kg 的 SO_2。在操作条件下气液相平衡关系为 $Y = 26.7X$。试计算每小时吸收剂用量为多少 m^3？

6-9 在常压填料吸收塔中，以清水吸收焦炉气中的氨气。标准状况下，焦炉气中的氨的浓度为 0.01kg/m^3，流量为 5000m^3/h。要求回收率不低于 99%，若吸收剂用量为最小用量的 1.5 倍。混合气进塔的温度为 30℃，空塔速度为 1.1m/s。操作条件下平衡关系为 $Y = 1.2X$。气体体积吸收总系数 $K_Y a = 200 kmol/(m^3 \cdot h)$。试分别用对数平均推动力法及解析法求总传质单元数及填料层高度。

6-10 用煤油从苯蒸汽与空气的混合物中吸收苯，要求回收率为 99%。入塔的混合气体中含苯 2%，入塔的煤油中含苯 0.02%。溶剂用量为最小用量的 1.5 倍。操作温度 50℃，压力 101.3kPa。相平衡关系为 $Y = 0.36X$，气相体积吸收总系数 $K_Y a = 0.015 kmol/(m^3 \cdot s)$，入塔气体的摩尔流率为 0.015kmol/$(m^2 \cdot s)$。求填料层高度。

第7章 液体蒸馏

7.1 概述

蒸馏是石油加工和石油化工工业中的龙头装置。所有过程对其原料都有一定的要求，为了能够得到合适的原料多用蒸馏的方法。例如：催化裂化的原料是由减压塔提供的。另外，蒸馏过程还广泛地应用于原料的初加工，产品的精细加工，分离提纯等过程。蒸馏塔作为最常见的装置之一，在石油加工和石油化工工业中有着极其广泛的应用，归纳起来可以分为以下三大类：

（1）原料的初分离，中间产品的提取，最终产品的提纯。

（2）吸收过程中溶剂的回收、再生，如：丙酮－糠醛精制过程中溶剂的回收。

（3）常温下气体混合物的分离。

蒸馏是利用均相混合物中各组分在相同温度下饱和蒸气压的差异，或常压沸点的差异，使各组分得以分离的单元操作。例如，加热苯和甲苯的混合液体，使其部分汽化，由于苯的沸点比甲苯的沸点低，则苯比甲苯易挥发，在所得的蒸气中苯组分浓度高于原液体混合物中苯组分的浓度，而且高于部分汽化后所剩液体中苯的组成。也就是说经过部分汽化后可以得到含苯不同的气相产品和液相产品，使苯和甲苯得到了初步分离。在蒸馏计算中通常称沸点低、易挥发的组分为轻组分；沸点高、难挥发的组分为重组分。

由于混合物中各组分挥发度的差别有大有小，要求分离的程度也有高有低，而且形成气液两相体系的温度、压力等条件也各不相同，所以蒸馏的方法也多种多样。蒸馏可以按不同的方法分类。按操作方式不同可以分为简单蒸馏、平衡蒸馏、精馏和特殊蒸馏等。按所处理原料组分的多少可分为二元蒸馏、多元蒸馏和复杂蒸馏。按操作压力高低可分为常压蒸馏、减压蒸馏和加压蒸馏。按操作过程是否连续又可分为间歇蒸馏和连续蒸馏。此外，还有用于高沸点、热敏性物质分离的水蒸气蒸馏和分子蒸馏等。工业生产中多见的是多元连续蒸馏。多元蒸馏和二元蒸馏的基本原理、计算方法在本质上是一样的。因此本章着重介绍二元连续蒸馏的原理及计算方法，并以此为基础简要介绍多元蒸馏的特点。

7.2 二元物系的气液相平衡

前已述及，部分汽化可以使液体混合物得以分离，实质上这种分离的过程就是被分离的组分在气、液两相间的质量传递过程。气、液两相的组成达到平衡状态则是传质过程的极限。气、液两相的组成与平衡状态的偏离程度则是进行传质的推动力。因此，气、液相平衡关系是分析蒸馏过程和进行蒸馏设备计算的基础。在讨论蒸馏原理之前，先来讨论气、液相平衡关系。

7.2.1 理想溶液及拉乌尔定律

根据溶液中相同分子与相异分子间作用力的不同，可将溶液分为理想溶液和非理想溶液。所谓理想溶液是指溶液中各分子之间的作用力均相同、分子体积相等或相似的溶液。实验表明，理想溶液的气、液相平衡关系符合拉乌尔定律（Raoult's Law），即

$$p_i = p_i^0 x_i \tag{7-1}$$

对于二元物系

$$p_A = p_A^0 x_A \tag{7-1a}$$

$$p_B = p_B^0 x_B = p_B^0 (1 - x_A) \tag{7-1b}$$

式中　p_A，p_B——同温度下溶液上方纯组分 A 及 B 的平衡分压，kPa；

x_A，x_B——溶液中组分 A 及 B 的摩尔分率。

拉乌尔定律表明，在一定温度下，溶液上方蒸气中任意一组分的蒸气分压，等于此纯组分在该温度下的饱和蒸气压乘以其在液相中的摩尔分率。

在工业生产中，所遇到的物系都不是理想物系。但对由性质相近、分子结构相似的组分所组成的溶液可近似认为是理想物系。如苯 – 甲苯，甲醇 – 乙醇、烃类同系物等物系可近似为理想溶液。

7.2.2 二元理想溶液的气液相平衡关系

所谓气液相平衡关系，是指气、液两相达到平衡状态时，系统的状态参数 P（压力）、T（温度）、x（液相组成）和 y（气相组成）之间的关系。这种关系可以用图表的形式也可以用公式的形式表达出来。

7.2.2.1 温度 – 组成($t-x-y$)图

蒸馏操作通常是在一定外压的条件下进行的，而且恒压下气、液两相达到平衡状态时的温度和组成有关。因此，讨论恒压下的温度 – 组成($t-x$、$t-y$)关系对学习蒸馏原理具有重要意义。

如图 7 – 1 所示，以 101.3kPa 下苯 – 甲苯的 $t-x$、$t-y$ 关系为例，说明温度 – 组成图的意义。其气、液平衡数据如表 7 – 1 所示。图中横坐标表示轻组分（苯）的组成（x 或 y），纵

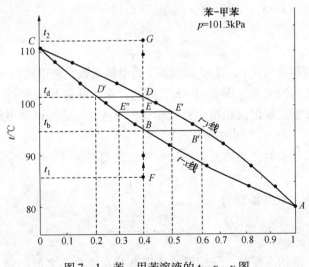

图 7 – 1　苯 – 甲苯溶液的 $t-x-y$ 图

坐标表示系统的温度 t。组成为 x 的液相（F 点）被加热升温至 B 点，则出现组成为 y_1 的第一个气泡（B' 点），此时所对应的系统的温度为组成为 x 的液相的泡点，称曲线 ABC 为泡点线。组成为 y 的气相（G 点）冷却至 D 点，则出现组成为 x_1 的第一个液滴（D' 点），此时所对应的系统温度称为组成为 y 的气相的露点。称曲线 ADC 为露点线。泡点线和露点线将温度 – 组成图分割为三个区域：泡点线以下的区域表示尚未沸腾的液体，称为液相区（又称过冷液相区）；露点线以上的区域表示过热蒸气，称过热蒸气区；两线之间的区域表示气、液两相同时存在，称为气、液两相共存区。当总组成为 x 的物系温度位于泡点和露点之间时（如图 7 – 1 中 E 点），则形成相互平衡的气、液两相（如图中的 E' 点和 E'' 点），相应的组成分别为 y' 和 x'。

表 7 – 1　苯 – 甲苯物系的气、液相平衡数据（101.3kPa）

温度/℃	苯(A)蒸气压 p_A/kPa	甲苯(B)蒸气压 p_B/kPa	液相组成 x_A	气相组成 y_A
80.1	101.33	39.33	1.000	1.000
85.0	116.9	45.98	0.781	0.901
90.0	134.6	53.98	0.587	0.770
100.0	179.2	74.26	0.258	0.456
105.0	204.3	86.0	0.130	0.262
110.0	233	99	0.0168	0.039
110.6	236.0	101.33	0	0

上图示泡点线及露点线的关系又可以用方程式的形式表达，分别是泡点方程及露点方程。

（1）泡点方程（$p – x – y$ 间的关系式）

含 A、B 组分的二元物系，当达到气、液相平衡状态时，溶液上方的总压力 p 应为两组分平衡分压 p_A 与 p_B 之和（假设符合道尔顿分压定律），即

$$p = p_A + p_B \tag{7-2}$$

对于理想溶液，应用拉乌尔定律，上式可改写为 $p = p_A^0 x_A + p_B^0 x_B$

对于二元溶液 $x_B = 1 - x_A$，所以有 $p = p_A^0 x_A + p_B^0 (1 - x_A)$

上式整理得

$$x_A = \frac{p - p_B}{p_A^0 - p_B^0} \tag{7-3}$$

由于纯组分的饱和蒸气压 p_A 与 p_B 是温度 t 的单值函数，所以式（7-3）表达了液相组成与泡点及系统总压之间的关系，即 $p – t – x$ 之间的关系，并称其为泡点方程。利用此式，已知泡点及系统总压可直接解出液相组成；已知总压及液相组成经试差可解出泡点温度等。

（2）露点方程（$p – x – y$ 之间的关系式）

与泡点方程的推导类似，当二元物系达到气、液相平衡时，气相中 A 组分的分压为

$$p_A = p_A^0 x_A = p y_A$$

将式（7-3）代入上式并整理得

$$y_A = \frac{p_A^0}{p} \cdot \frac{p - p_B}{p_A^0 - p_B^0} \tag{7-4}$$

上式表达了气、液相平衡时，气相组成与露点及系统总压之间的定量关系，即 $p – t – y$ 之间的关系，并称为露点方程。利用此式，已知其中的两个参数，可以直接或用试差法求出

另外一个参数。

【例7-1】已知纯正庚烷(A)和纯正辛烷(B)的蒸气压与温度之间的关系数据如下表。

温度/℃	p_A^0/kPa	p_B^0/kPa	温度/℃	p_A^0/kPa	p_B^0/kPa	温度/℃	p_A^0/kPa	p_B^0/kPa
98.4	101.3	44.4	110	140.0	64.5	120	180.0	86.6
105	125.3	55.6	115	160.0	74.8	125.6	205.3	101.3

根据上表数据可作出101.3kPa的 $t-x-y$ 图
（图7-2），此系统可以认为是理想系统。

解：依据上表数据可以算出101.3kPa下正庚
烷在液相中和在气相中的组成 x 及 y，从而可以作
出 $t-x-y$ 图。

因为系统是理想物系，所以可以应用式(7-3)及
式(7-4)所示的泡点方程及露点方程计算出 x_A 及
y_A。以110℃时为例，计算如下

$$x_A = \frac{p - p_B}{p_A^0 - p_B^0} = \frac{101.3 - 64.5}{140.0 - 64.5} = 0.4874$$

$$y_A = \frac{p_A^0}{p} \cdot \frac{p - p_B}{p_A^0 - p_B^0} = \frac{140.0}{101.3} \cdot \frac{101.3 - 64.5}{140.0 - 64.5} = 0.6736$$

其他温度下的计算结果列于下表。

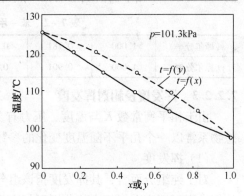

图7-2 正庚烷与正辛烷 $t-x-y$ 相图

温度/℃	x_A	y_A	温度/℃	x_A	y_A	温度/℃	x_A	y_A
98.4	1.0	1.0	110	0.4874	0.6736	120	0.1574	0.2797
105	0.6557	0.8110	115	0.3110	0.4913	125.6	0	0

根据计算结果，可标绘出相应的 t、x、y 值，即得如图7-2所示的 $p-t-x-y$ 关系图。

7.2.2.2 相平衡方程($x-y$ 关系)

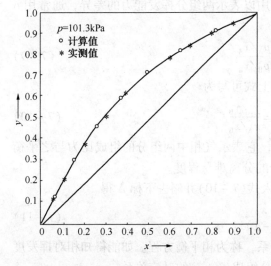

图7-3 苯-甲苯 $x-y$ 相图

恒压下两组分混合物的气、液相平衡系统
中只有一个独立变量。由图7-1，指定一个液
相组成 x 便可找出一个气相组成 y 与之相对
应，将它们标绘在一张图上，就得到 x 与 y 的关系
图，如图7-3所示，此图又称为 $x-y$ 相图。
这种对应关系又可以用列表的方式直观地表示
出来，如表7-2所示。

这种表示方法虽然直观明了，但在进行计
算机计算时，却十分不方便。因此，又可以用
公式的方法表示气、液两相达到平衡状态时的
x 与 y 的关系，称为相平衡方程，对于理想系
统，应用拉乌尔定律及道尔顿分压定律可以
得到：

$$y_A = \frac{p_A^0}{p} x_A \tag{7-5}$$

令
$$K_A = \frac{p_A^0}{p} \qquad (7-6)$$

则式(7-5)可改写为更一般的形式

$$y_A = K_A x_A \text{ 或 } y_i = K_i x_i \qquad (7-6a)$$

K_A 称为 A 组分的相平衡常数，显而易见，K_A 与温度和压力有关，同时也可以看出图 7-3 中 $x-y$ 相平衡曲线上的任一点都代表一组确定的相平衡关系。

表7-2　苯-甲苯相平衡数据表(101.3kPa)

x(摩尔分率)	1.000	0.781	0.587	0.258	0.130	0.0168	0.000
y(摩尔分率)	1.000	0.901	0.770	0.456	0.262	0.039	0.000

7.2.2.3　挥发度及相对挥发度

由于相平衡常数 K 与温度、压力有关，是一个变数，所以在使用中不方便。为此对理想物系常以一个几乎不随温度变化的参数来表达相平衡关系，这一参数称为相对挥发度。

(1) 挥发度

对于纯组分而言，其挥发度指该组分在一定温度下的饱和蒸气压，而在混合液中各组分的挥发度可用它在气相中的分压和与之相平衡的液相中的摩尔分率之比表示。即

$$v_A = p_A / x_A \qquad (7-7)$$
$$v_B = p_B / x_B \qquad (7-7a)$$

上式写为更一般的式子为 　　　$v_i = p_i / x_i \qquad (7-7b)$

式中　v_i——混合液中 i 组分的挥发度，kPa；

p_i——气相中 i 组分的平衡分压，kPa；

x_i——混合液中 i 组分的摩尔分率。

对于理想物系，由拉乌尔定律结合式(7-7b)可以得出

$$v_i = p_i^0 = f_i(t) \qquad (7-8)$$

即理想溶液中各组分的挥发度等于该组分的饱和蒸气压。

(2) 相对挥发度

相对挥发度是混合液中两组分挥发度之比，用以表示两组分挥发能力的差异，通常用 α 表示

$$\alpha_{AB} = \frac{v_A}{v_B} = \frac{p_A / x_A}{p_B / x_B} \qquad (7-9)$$

当气相服从道尔顿分压定律时，$p_i = y_i p$，则上式可写为

$$\alpha_{AB} = \frac{y_A / x_A}{y_B / x_B} = \frac{y_A / y_B}{x_A / x_B} \qquad (7-10)$$

式(7-10)也往往作为相对挥发度的定义式，它表示气相中两组分的组成比为与之平衡的液相中两组分的组成比的 α 倍。反映了两组分的分离难易程度。

对于二元物系，$x_B = 1 - x_A$，$y_B = 1 - y_A$，代入式(7-10)并略去下标 A 得

$$y = \frac{\alpha \cdot x}{1 + (\alpha - 1)x} \qquad (7-11)$$

此式表示互成平衡的气、液两相组成间的关系，称为相平衡方程。如能得知相对挥发度 α 的数值。则可得到气、液两相平衡时易挥发组分组成($y-x$)的对应关系。

对于理想溶液，将拉乌尔定律代入式(7-10)可得

$$\alpha = \frac{p_A^0}{p_B^0} \qquad\qquad (7-12)$$

上式表明，理想溶液的相对挥发度仅依赖于各纯组分的性质。纯组分的饱和蒸气压 p_A^0、p_B^0 均系温度的函数，且随温度变化很大。温度对 α 的影响远小于对 p_A^0、p_B^0 的影响，因此可在操作范围内取某一平均相对挥发度 α_m 并视其为常数。

由式 $(7-11)$ 可知，当 $\alpha = 1$ 时，$y = x$，某一组分在气、液两相中的组成相同，该过程无分离能力。当 α 偏离 1 较多，则同一液相组成 x 所对应的成平衡的气相组成 y 愈大，亦即轻、重组分间愈容易分离。故 α 可以表明混合液分离的难易程度。

7.2.3 高压下的气液相平衡关系

在石油化工生产中，经常在高压条件下分离常温下的气体混合物，如轻烃的分离及裂解气的分离（其压力一般在 $0.5 \sim 4MPa$ 之间）。在高压下，气相不能看做理想气体。前述的气、液相平衡已不适用，否则会造成较大的误差。

高压下，气、液相平衡系统的状态参数 p、t、x、y 之间的关系仍为相平衡常数表达的泡点方程、露点方程和相平衡方程。只是各式中的相平衡常数应采用高压下的相平衡常数来计算。表 $7-3$ 中列出了几种组分的高压下气、液相平衡常数。

表 7-3　高压下气、液相平衡常数的比较（$t = 38℃$）

组分	$p = 3444.2kPa$		$p = 6888.4kPa$	
	按式(7-7a)计算值	实验值	按式(7-7a)计算值	实验值
甲烷	10.6	4.86	5.29	2.31
乙烷	2.40	1.726	1.20	1.098
异丁烷	0.145	0.281	0.0727	0.286

7.2.3.1 高压下的相平衡常数计算

在较高压力下，为了反映真实情况，通常采用逸度 f 来代替压力 p 及饱和蒸气压 p_i^0。在气、液相处于平衡状态时

i 组分的气相逸度 f_i^V 可表示为 $\qquad f_i^V = \phi_i^V y_i p$

i 组分的液相的逸度 f_i^L 可表示为 $f_i^L = \gamma_i x_i f_i^0$

在相平衡时 $\qquad\qquad \phi_i^V y_i p = \gamma_i x_i f_i^0 \qquad\qquad (7-13)$

式中　ϕ_i——组分 i 的逸度系数；

γ_i——组分 i 在液相中的活度系数；

f_i^0——纯组分 i 在系统温度 t 和饱和蒸气压 p_i^0 下的逸度，kPa；

p——系统的总压力，kPa。

逸度系数是对压力的校正系数，逸度则是校正后的压力；而活度系数是对液相组成的校正。对理想气体 $\phi = 1$，对于理想溶液 $\gamma = 1$。在实际生产过程中，高压下的气相为非理想气体，而液相仍可近似地看作理想液体。式 $(7-13)$ 可写成

$$f_i^V, \; p y_i = f_i^0 x_i \qquad\qquad (7-14)$$

式中　f_i^V，p——气相中纯组分 i 在系统压力 P 下的逸度，kPa；

f_i^0——纯组分 i 在系统温度 t 和饱和蒸气压 p_i^0 下的逸度，kPa。

式(7－14)可写成

$$y_i = \frac{f_i^0 x_i}{f_{i,p}^N} = K_i x_i \qquad (7-15)$$

则高压下的气、液相平衡常数 K，可写为

$$K_i = \frac{y_i}{x_i} = \frac{f_i^0}{f_{i,p}^N} \qquad (7-16)$$

高压下相平衡常数的计算通常可以采用经验法和状态方程法。这里我们只介绍石油石化过程中常用到的经验法中的 $p-T-K$ 图法。

由上面计算可知要求出较高压力下的相平衡常数 K 是比较麻烦的。而在设计计算中，经常求相平衡常数。为方便起见，在广泛的温度和压力范围内对烷烃和烯烃等碳氢化合物进行实验的基础上，并与计算相配合得出的相平衡常数、温度和压力之间的关系图，以供查取。如图7－4和图7－5是目前广泛应用于求烷烃和烯烃等化合物相平衡常数的 $p-T-K$ 列线图。该列线图使用时只需要根据系统的压力温度数值，在左、右两个相应的标尺上，定出代表此压力和温度的两个点。连接这两点的直线段与中间某一化合物的 K 值刻度列线的交点对应的数值即为该化合物的 K 值。应当指出，在系统压力较高时，烃类物质的 K 值除与压力及温度有关外，还受其他物质存在的影响。上述 $p-T-K$ 图没有考虑系统中其他物质存在的影响，因此由图查得的 K 值与实际值会有一些偏差。

7.2.3.2　高压下的泡点方程($p-t-x$ 关系)

由相平衡关系式 $y_i = K_i x_i$ 很容易导出高压的泡点方程。对组分为 A，B 的二元混合物可写出 $y_A = K_A x_A$，$y_B = K_B x_B$

将两式相加，考虑到 $y_A + y_B = 1$，则 $K_A x_A + K_B x_B = 1$

写成一般形式 $\qquad\qquad \sum K_i x_i = 1 \qquad (7-17)$

7.2.3.3　露点方程

用与推导泡点方法相似的方法可以导出露点方程。将组分 A，B 的相平衡方程写成

$$x_A = \frac{y_A}{K_A} \quad 及 \quad x_B = \frac{y_B}{K_B}$$

将两式相加，考虑到 $x_A + x_B = 1$，可得 $\dfrac{y_A}{K_A} + \dfrac{y_B}{K_B} = 1$

写成一般形式 $\qquad\qquad \sum \dfrac{y_i}{K_i} = 1 \qquad (7-18)$

式(7－17)和式(7－18)即泡点方程和露点方程的一般形式。既可适用于低压，也可适用于高压；即可适用于二元混合物，亦可适用于多元混合物。

【例7－2】某乙烯精馏塔塔顶气相温度为 $-22\,℃$，其中含乙烯 0.992(摩尔分率)，试确定塔顶的操作压力为多少？

解：依据题意，已知体系的气相组成及平衡系统的温度，求的是压力，使用露点方程并进行试差求解。

设压力为 2127.3kPa(21atm)，查图7－5得乙烯的相平衡常数 $K_{C_2^=} = 1.01$，乙烷的相平衡常数 $K_{C_2^0} = 0.69$。代入露点方程得：

$$\sum \frac{y_i}{K_i} = \frac{0.992}{1.01} + \frac{0.008}{0.69} = 0.9938$$

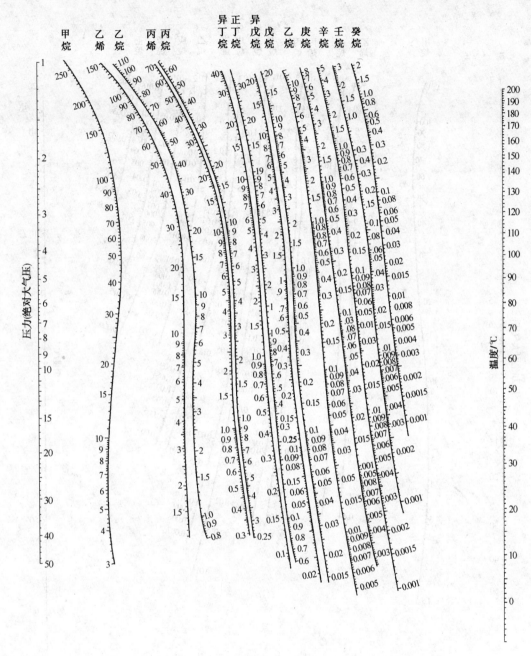

图 7 - 4　高温下烃类的 $p - T - K$ 图

与 $\sum y_i / K_i = 1$ 的误差小于 1%，因此可以认为所设塔顶压力为 2127.3kPa 是正确的。

【例 7 - 3】在例 7 - 2 所示的精馏塔操作压力下，试求当塔釜液组成为含乙烯 0.043（摩尔分率）时，釜液的温度是多少？

解：依据题意，已知相平衡的压力及液相组成，求的是釜液的温度，应使用泡点方程并进行试差求解。

设 $t = -5℃$，查 $p - T - K$ 图得乙烯及乙烷的相平衡常数分别为 $K_{C_2^=} = 1.45$，$K_{C_2^0} = 0.98$。

代入泡点方程得：

$$\sum K_i x_i = 0.043 \times 1.45 + 0.957 \times 0.98 = 1.002$$

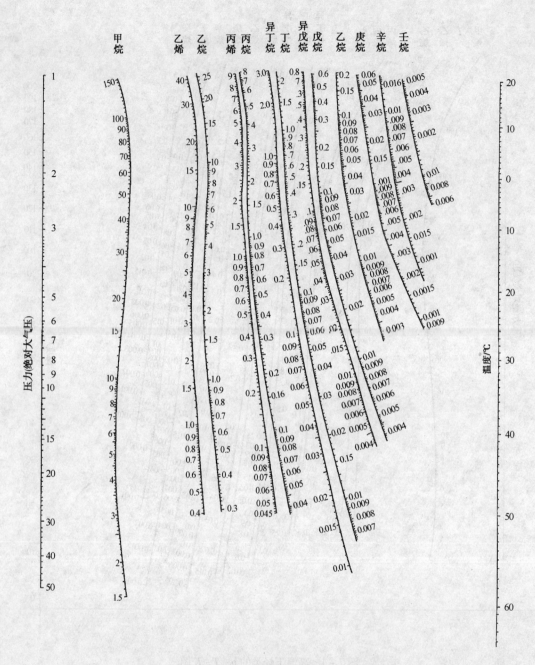

图 7 – 5 低温下烃类的 $p - T - K$ 图

与 $\sum K_i x_i = 1$ 的相对误差小于 1%，所以可以认为塔底釜液温度为 $-5\,℃$。

应当指出，以上仅是示例，具体计算试差求解往往要循环进行多次。

7.3 蒸馏方式

气、液两相平衡共存时，气相中易挥发组分含量比液相中要多（即 $y > x$），利用此原理可以将混合物分离。实施这一分离可采用不同的方式，最基本的方式有简单蒸馏、平衡蒸馏和精馏。本节主要介绍简单蒸馏和平衡蒸馏。现代工业上常用的精馏将在下一节中详细介绍。

7.3.1 简单蒸馏

7.3.1.1 简单蒸馏的操作及流程

最早的蒸馏方式是如图 7 – 6 所示的简单蒸馏。一次把待分离的混合液加入蒸馏釜 1 中并加热使其逐渐汽化，产生的蒸气随即进入冷凝器 2 不断得到馏出液，按其组成高低不同分别导入容器 3 中。由于轻组分易挥发，所以馏出液的轻组分含量较釜液的为高。从而达到分离混合液的目的。同时，因馏出液中轻组分含量较高，使得釜液中轻组分的含量 x 随时间而降低。这样又使得与 x 成平衡的蒸气的组成 y（即馏出液的组成）也随时间降低，而釜内液体的泡点温度也逐渐升高。可见，这一蒸馏方式是一种不稳定的过程，需对物料进行分批（间歇）处理。

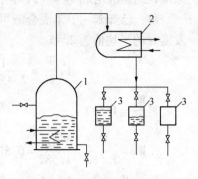

图 7 – 6 简单蒸馏装置
1—蒸馏釜；2—冷凝冷却器；
3—馏出液容器

这种蒸馏方式用于小批量的生产和分离，特别是挥发度差别较大的混合液分离颇有效。实验中用来测一油品中各沸点范围内馏分含量的恩氏蒸馏就是简单蒸馏的实例之一。另外对于不集中处理的原油也可进行简单蒸馏处理。

7.3.1.2 简单蒸馏的计算

在简单蒸馏计算中，生产能力根据热负荷和传热能力计算；馏出液、残液的浓度与馏出量（或残留量）之间的关系，可由下述的物料衡算求出。令：

W_1、W_2——釜内原料液量和最终釜液量，kmol；

x_1，x_2——釜内原料液和最终釜液的组成，摩尔分率；

W——某一瞬间釜内溶液量，kmol；

x，y——任一瞬间的液、气相组成，摩尔分率。

设经过微分时间 $d\tau$ 后，釜液的汽化量为 dW，则釜液量减少到 $(W - dW)$、组成降到 $(x - dx)$、气相组成为 y。则轻组分在 $d\tau$ 时间内的物料平衡为

$$Wx = (W - dW)(x - dx) + ydW \quad 或 \quad (y - x)dW - Wdx + dWdx = 0$$

略去二阶微分量，并积分得 $\int_{W_1}^{W_2} \frac{dW}{W} = \int_{x_1}^{x_2} \frac{dx}{y - x}$

即
$$\ln \frac{W_1}{W_2} = \int_{x_1}^{x_2} \frac{dx}{y - x} \tag{7 – 19}$$

对于理想溶液可将式（7 – 11）代入式（7 – 19），其中 α 取常数，积分得

$$\ln \frac{W_1}{W_2} = \frac{1}{\alpha - 1}\ln\left[\frac{x_1(1 - x_2)}{x_2(1 - x_1)}\right] + \ln \frac{1 - x_2}{1 - x_1} \tag{7 – 19a}$$

如果 $y - x$ 的平衡关系不能用简单数学模型表达，则需进行数值积分计算，这里从略。

以上的物料衡算式通常用以计算釜液量 W_2 或其组成 x_2。而馏出液量 W_D 或其组成 x_D 也可用下述的物料衡算式确定。

总物料衡算 $\qquad\qquad\qquad\qquad\qquad W_1 = W_D + W_2 \tag{7 – 20}$

轻组分物料衡算 $\qquad\qquad\qquad W_1 x_1 = W_D x_D + W_2 x_2 \tag{7 – 20a}$

若原料、釜液和馏出液量用质量表示，其组成用质量分率表示，则上述各物料衡算式同样成立。

【例 7-4】含苯 $x_1 = 0.4$（摩尔分率）的苯-甲苯混合液 10kmol，在 101.3kPa 下进行简单蒸馏，到釜液组成 $x_2 = 0.3$（摩尔分率）为止。试计算馏出液的组成及釜内溶液泡点的变化。

解：已知苯-甲苯混合液可以作为理想溶液处理，在组成 $x = 0.3 \sim 0.4$ 之间，取相对挥发度 α 的平均值为 2.45。

$$\ln \frac{W_1}{W_2} = \frac{1}{2.45 - 1} \ln \left[\frac{0.4(1 - 0.3)}{0.3(1 - 0.4)} \right] + \ln \frac{1 - 0.3}{1 - 0.4} = 0.459$$

得 $\dfrac{W_1}{W_2} = 1.582$

$$\therefore \quad W_2 = \frac{W_1}{1.582} = \frac{10}{1.582} = 6.32 \text{kmol}$$

$$W_D = W_1 - W_2 = 10 - 6.32 = 3.68 \text{kmol}$$

$$x_D = \frac{W_1 x_1 - W_2 x_2}{W_D} = \frac{10 \times 0.4 + 6.32 \times 0.3}{3.68} = 0.572$$

釜内液体泡点的变化可由图 7-1 可知，起始温度为 $t_1 = 95℃$，逐渐上升至 $t_2 = 98.5℃$。

7.3.2　平衡蒸馏

7.3.2.1　平衡蒸馏的操作及流程

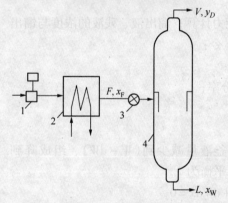

图 7-7　部分汽化或冷凝过程的物料衡算

1—泵；2—加热器；
3—减压阀；4—分离器（闪蒸塔）

平衡蒸馏的流程如图 7-7 所示。原料液经泵 1 输送及加压后，进入加热器（或加热炉）2 被加热，使液体的温度高于分离器内压力下的泡点。通过减压阀 3 减压后进入分离器 4。由于液体处于过热状态，随即有一部分液体汽化，成为气、液两相共存并达到平衡状态，此过程称为闪蒸。成平衡的气、液两相经分离器分离后，分别从分离器的顶、底排出。这一分离器又称为闪蒸塔。如原油经过加热炉进入常压塔的汽化段，就是一个典型的闪蒸过程，汽化后的汽油、柴油等轻组分进入塔上部的精馏段，剩余的重组分进入下部的气提段。

7.3.2.2　平衡蒸馏的计算

平衡蒸馏的计算通常是已知原料液的流量 F 及其组成 x_F，以及闪蒸后的气相流量 V（或液相流量 L），计算气、液两相的组成 y 及 x。所应用的关系为物料衡算及气、液相平衡关系式。

（1）物料衡算

总物料衡算　　　　　　　　　　　$F = V + L$

轻组分物料衡算　　　　　　　　　$F x_F = V y + L x$

式中　F——原料液的流量，kmol/h；

　　　V——气相产物流量，kmol/h；

　　　L——液相产物流量，kmol/h；

　　　x_F——原料液组成，摩尔分率；

y——气相产物组成，摩尔分率；

x——液相产物组成，摩尔分率。

以上两式联立得

$$\frac{V}{F} = e = \frac{x_F - x}{y - x}$$

设液相产物量占加料量 F 的分率为 q，汽化分率为 $\frac{V}{F} = 1 - q$，带入上式并整理得

$$y = \frac{q}{q-1}x - \frac{x_F}{q-1} \qquad (7-21)$$

显然，将组成为 x_F 的原料液分为任意两部分时必满足此物料衡算式。

（2）相平衡方程

在平衡蒸馏中气、液两相处于平衡状态，即两相的温度相同、组成互为平衡。所以 y 及 x 应满足相平衡方程。平衡时的温度还满足泡点方程及露点方程。

（3）平衡蒸馏的计算

联立物料衡算方程式及相平衡方程式，即可求得所需的两相组成 y 及 x。

除直接联立相平衡方程和物料衡算式，解方程组获得闪蒸塔塔顶、塔底产品组成外，还可以采用图解法来进行上述计算，特别是对非理想溶液，难以用简单数学表达式描述其相平衡关系时，图解法就显得更具优点。图解法的过程如图 7-8 所示。由液相分率 q 可求出物料衡算方程(7-21)的斜率 $q/(q-1)$，由 $x = x_F$ 定出一点 f 为 (x_F, y)，其中 $y = x_F$，即 f 点位于对角线上，过点 f，作斜率为 $q/(q-1)$ 的直线，与相平衡线的交点为 e，则 e 点所对应的 x 与 y 就是液相组成 x 及气相组成 y。

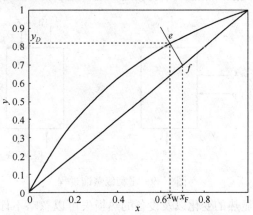

图 7-8 平衡蒸馏的图解

【例 7-5】将含苯 0.70（摩尔分率）的苯-甲苯混合液加热汽化，汽化率为 1/3。已知物系的相对挥发度为 2.47。试求：

（1）平衡蒸馏时，气相及液相产物的组成；

（2）简单蒸馏时，气相产物的平均组成及釜内残液的组成。

解：（1）平衡蒸馏时

由汽化分率求得液体分率为 $q = 2/3$，代入物料衡算式得

$$y = \frac{q}{q-1}x - \frac{x_F}{q-1} = \frac{2/3}{2/3-1}x - \frac{0.70}{2/3-1} = -2x + 2.10$$

相平衡方程式：$y = \frac{\alpha x}{1 + (\alpha - 1)x} = \frac{2.47x}{1 + (2.47 - 1)x} = \frac{2.47x}{1 + 1.47x}$

联立两式解得 $y = 0.816$；$x = 0.642$

（2）简单蒸馏时

$$\frac{W_1}{W_2} = \frac{1}{2/3} = 1.5$$

$$\ln\frac{W_1}{W_2} = \frac{1}{\alpha - 1}\ln\left[\frac{x_1(1-x_2)}{x_2(1-x_1)}\right] + \ln\frac{1-x_2}{1-x_1}$$

$$\ln 1.5 = \frac{1}{2.47 - 1} \ln \left[\frac{0.7 \times (1 - x_2)}{x_2 (1 - 0.7)} \right] + \ln \frac{1 - x_2}{1 - 0.7}$$

因不能直接解出 x_2，需用试差法求解，整理得

$$\ln x_2 = 2.0211042 + 2.47 \ln (1 - x_2)$$

经过试差计算得到 $x_2 = 0.6332$。

由轻组分物料衡算式得 $x_D = \dfrac{W_1 x_1 - W_2 x_2}{W_D} = \dfrac{0.7 + 0.6332 \times 2/3}{1/3} = 0.8338$

即塔顶气相产品平均组成为 $x_D = 0.8338$，塔釜残液组成 $x = 0.6332$。

由以上计算结果可知：在其他条件相同的前提下，简单蒸馏可以获得较平衡蒸馏更好的分离效果。

7.3.3 平衡级

使原来未达到平衡的气、液两相接触，两相将向平衡趋近，若接触时间足够长，离开时气液两相达到平衡，则称这种设备为一个平衡接触级，简称平衡级。平衡级蒸馏示意图如图

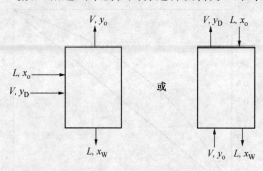

图 7 - 9 平衡级蒸馏过程

7 - 9 所示。它与上述的平衡蒸馏有相似之处。在蒸馏过程中，气相通过平衡级后气相中轻组分的组成将提高，则液相中轻组分将下降。气相中轻组分的组成提高，是由于轻组分从液相中汽化，或重组分从气相中冷凝。实际上，这两个过程是同时进行的，因为轻组分的汽化需要汽化相变焓，而重组分的冷凝则放出冷凝相变焓，二者正好可互为补偿。如果两组分的摩尔汽化相变焓可以认为相等，两相组成改变时显热的变化以及设备的热损失可以忽略不计，则在组成趋向于平衡的上述过程中，气、液两相的量将保持不变。

对上述平衡级蒸馏过程的计算，已知气、液两相的流量 V、L 及其初始组成 y_0、x_0，求出达到平衡后的组成 y、x。如图 7 - 9 所示。很显然 y、x 符合相平衡关系及物料衡算关系式。物料衡算式为 $Vy + Lx = Vy_0 + Lx_0$，其计算与平衡蒸馏相似。

应当指出，虽然平衡蒸馏过程与平衡级蒸馏在计算方法上基本相同，但过程的实质却有着重要的区别。平衡蒸馏是基于部分汽化或部分冷凝，需从外界传入或向外界传出热量，或改变压力，系单向传质过程；而在平衡级蒸馏中，则无需外界供热，气、液两相组成的变化受传质过程的控制，系双向传质过程。这一问题将在下一节精馏原理中进一步阐述。

7.4 精馏原理

利用简单蒸馏及平衡蒸馏可以使混合液体得到一度程度的分离，但其分离程度只能使液体混合物得到有限的分离，不能满足工业生产过程获得较纯产品的要求。所以，现在石油加工及石油化工生产中往往采用精馏的方法，使混合液分离成较纯的产品。如何利用两组分挥发度的差异实现连续的分离，获得高纯度产品？是我们在本节要讨论的基本内容。

7.4.1 一次部分汽化与多次部分冷凝(平衡蒸馏)

通过上节的讨论，平衡蒸馏实质上是一个部分冷凝或部分汽化的过程，其分离过程的分离程度是有限的。如图 7-8 所示，组成为 x_F 的混合液经过部分汽化后，其气相中轻组分的组成为 y，液相中轻组分的组成为 x。从图中可以看出，$y > x_F > x$，远不能得到较纯的产品。显然，要使混合液中的组分得到近乎纯组分的分离，必须要另辟蹊径。

7.4.2 多次部分汽化与多次部分冷凝

基于上述设想构造了如图 7-11 所示的多次部分冷凝和多次部分汽化的流程图。其气、液相组成的变化如图 7-10 所示。组成为 x_F(轻组分，以下的组成均为轻组分)的混合液，加入分离器中经过加热器的加热部分汽化，气、液相组成分别为 y_1 和 x_1 得到一次分离，将气相引入冷凝器中部分冷凝，得到组成分别为 y_2 和 x_2 的气、液两相，使组成为 y_1 的气相又得到了一次分离。

在实际生产中往往需要一些高纯度的产品，所以在多数情况下一次部分冷凝或一次部分汽化不能满足生产需求。既然一次部分汽化或一次部分冷凝都有一定的分离能力。如果将多个一次部分汽化或一次部分冷凝设备串联起来是否就可以达到这个要求呢？

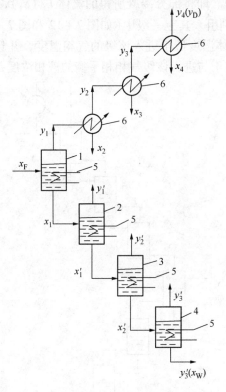

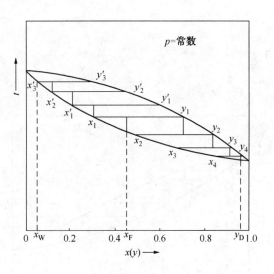

图 7-10　多次部分汽化及多次部分冷凝示意图　　　　图 7-11　部分汽化的 $t-x-y$ 图

1、2、3、4—分离器；5—加热器；6—冷凝器

将气相依次进行部分冷凝，最终得到组成为 y_D 的气相产品。将组成为 x_1 的液相引入下一个分离器中，经过加热器加热部分汽化，得到组成分别为 y_1' 和 x_1' 的气、液两相，使组成为 x_1 的液相得到了分离。依次将液相进行部分汽化，最终得到组成为 x_W 的液相产品。如果进行足够多的部分汽化和部分冷凝，便会得到几乎为纯组分的气相产品和几乎为重组分的

液相产品。但同时也存在如下的缺陷：

① 轻重组分收率很低。是由于此过程有大量的中间产物(图 7 – 11 所示的流程中组成为 x_2、x_3、x_4 等液相产品及组成为 y'_1、y'_2、y'_3 的气相产品)产生，最后得到产品的浓度可能很高(在顶部是轻组分的浓度，在底部是重组分的浓度)，但流量很少，产品收率很低。

② 能耗高。由于有中间产品存在，使生产单位产品所需要的原料量增大，使设备操作费用增大；另一方面在每一个一次部分汽化或部分冷凝前为使物料得到分离都需要加热或冷却，消耗了大量的能量。

③ 设备投资大。在这套设备中不仅需要多个平衡蒸馏装置，而且大量的冷却器和加热器，使设备投资增加。

7.4.3 多级平衡级蒸馏

由于此过程存在以上缺点，在工业中的实用价值不大。为使蒸馏能在工业提纯中得到广泛的应用，必须克服以上缺陷。为此考虑将中间产品引入上一级中对进入上一级的液相 L_i 进行加热或对进入上一级的气相 V_i 进行冷却。这样既可以消除中间产品、提高产品收率又可以减少加热、冷却所增加的设备投资费用和操作费用。

鉴于此种想法设计如图 7 – 13 所示的设备流程。即将部分冷凝所得的流体 L'_1 (x_1)，L'_2 (x_2) 和部分汽化所得的蒸气 V'_1 (y'_1)，V'_2 (y'_2) 分别引入其上一级中(如图 7 – 12 和图 7 – 13 所示)，为了达到上述目的，就必须使得返回的液体温度低于进入该级的气相温度，并且为了达到传质的目的必须使返回液相轻组分的浓度高于与进入该级气相相平衡的液相浓度，只

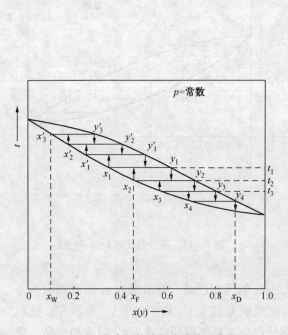

图 7 – 12　多次部分冷凝或汽化示意图

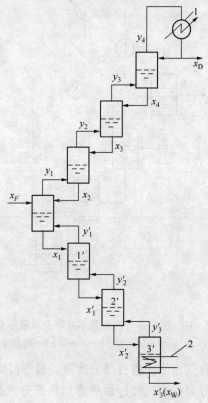

图 7 – 13　无中间产品的多次部分冷凝或汽化示意图

有液体能完成这两方面的任务才能使上述设想得以实现。下面我们就以气相侧第二级为例来分析一下：返回第二级的液相 $L_3'(x_3)$，进入第二级的气相 $V_1(y_1)$。从相图上可以看出 $T_3 <$ T_1，这样 L_1' 就可以对 V_1 部分冷却；同时 V_1 也可以将 L_3' 部分汽化，且 $x_3' > x^*$（与 y_1 相平衡的液相浓度）。由以上分析可知传质过程也可以按照设想的方向进行。

7.4.4 精馏原理（以板式塔为例）

在工业上通常以若干块板来取代中间各级。在最上一级和最后一级要分别加冷凝器（称塔顶冷凝器）和加热器（称塔底再沸器）。这样就得到如图 7－14 所示工业生产中所使用的精馏塔模型，称为板式精馏塔。

为使最上一级和最后一级分别能有液相和气相返回其上一级中，分别在其前加部分冷凝器和部分加热器，使每一级都相当于一个平衡级操作。这样，对任一分离器有来自下一级的蒸气和来自上一级的液体，气、液两相在平衡级中接触。使蒸气得到部分冷凝的同时液体得到部分汽化，又产生新的气液两相。在整个装置中蒸气逐级上升、液体逐级返回下一级中。

在塔内的塔板上进行多次部分冷凝和多次部分汽化过程，以便在塔顶、塔底获得高纯度的产品。

被分离的原料自塔的中部某一位置进入，接受进料的这一块塔板称为进料板。进料板以上的塔段称为精馏段，进料板（含进料板）以下的塔段称为提馏段。塔顶安装有冷凝器，将塔顶蒸气冷凝下来，其中一部分作为产品送出，另一部分作为塔顶液相回流返回塔顶。塔底安装有再沸器，将来自塔底的液体加热部分汽化，汽化的蒸气返回塔底作为气相回流，未汽化的液体则作为塔底产品送出。温度沿塔高是变化的，塔顶温度最低，塔底温度最高，自下而上温度逐渐降低。

图 7－15 表示精馏塔的上段－精馏段。由提馏段来的蒸气 V' 及进料中的气相 $(1-q)F$ 汇合在一起进入精馏段最底层一块塔板。在向上流动的过程中，依次和各层塔板上的液体进行接触，发生多次的部分汽化和多次的部分冷凝，使气相中轻组分的浓度逐渐提高，气相温度降低。如果塔顶不打入液相回流，塔板上就没有与气相接触的液相，也就不会有部分汽化和部分冷凝的发生。进而不可能在塔顶获得高纯度的气相，使精馏过程无法进行。如果在塔顶打入的是浓度较低的液相，由前述的相平衡关系，则离开塔板上升的气相中含有的轻组分浓度也不会太高，也就不可能在塔顶获得高浓度的气相。因此在塔顶打入高浓度的液相回流是精馏过程得以正常进行的必要条件。液相经过各层塔板与气相依次接触进行物质交换，达到塔底的再沸器后，一部分经过加热汽化返回塔内，称为气相回流，回流量的多少直接影响塔中气、液流量的多少，但与塔顶及塔底的产品量无关。

图 7－16 表示精馏塔的提馏段。由精馏段下来的液相量 L 与进料中的液相量 qF 汇在一起进入提馏段顶部的第一块塔板（此板又称为进料板）。在向下流动的过程中，依次在每一层塔板上与上升的气相接触，进行部分汽化，使其中的轻组分传递至气相之中，液相中轻组分的浓度愈来愈低，最终在塔底得到重组分浓度较高的塔底液相产品。为使部分汽化正常进行，必须有一个向上流动的高温低浓度的气相。这部分气相是由塔底再沸器提供的。因此，为使精馏得以正常进行，塔底气相上升是精馏进行的又一个必要条件。

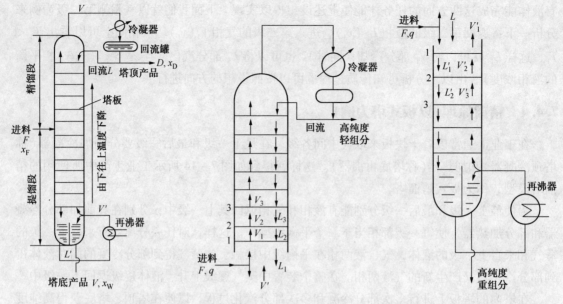

图 7 – 14　板式精馏塔模型　　　　图 7 – 15　精馏段的作用　　　　图 7 – 16　提馏段的作用

综上所述，精馏段的作用是将上升气相中的轻组分浓度逐渐提高，最终在塔顶得到合乎要求的产品。而提馏段的作用是将下降的液相中的轻组分传递至气相中，最终在塔底得到合乎要求的产品。

此过程与上面的过程比较：在能达到同样分离效果的同时，它是既可以提高产品收率，又可以使设备的复杂程度降低；由于取消了各级中间的换热器使设备投资和操作费用大大降低。

综上所述，精馏过程的原理可以叙述如下：

从塔顶冷凝器而来的低温高浓度的液体，由于重力作用从塔顶流向塔底。从塔底再沸器而来的高温低浓度的蒸气在压差的推动下从塔底流向塔顶。同时到达同一塔板的气、液两相在塔板上接触，气相中较易冷凝的重组分被冷凝到液相混合物中，同时其汽化相变焓又使液相中较易被汽化的轻组分汽化到气相混合物中(即气液两相在理论塔板上进行了一次平衡级蒸馏)。这样经过一次塔板接触就等同于气相进行了一次部分冷凝，而同时液相进行了一次部分汽化的过程。经过多次塔板接触就相当于对气相和液相分别进行了多次部分汽化和多次部分冷凝过程。于是在塔顶得到纯净或较纯净的轻组分，在塔底得到纯净或较纯净的重组分。

7.5　二元连续精馏塔的计算和分析

本节主要讨论二元连续精馏塔的计算及分析。通常给定生产任务，如：进料量 F、进料组成 x_F、进料状态及塔顶产品组成 x_D、塔底产品组成 x_W，通过计算确定：(1)操作压力 p、温度 t、塔内气液相流量 L、V 以及产品量 D、W，所需的理论板数 N_T、实际塔板数 N 及适宜的进料位置；(2)完成分离任务所需的塔顶冷凝器负荷和完成分离任务所需的塔底再沸器负荷；(3)塔径 D、塔高 H 及塔板形式、结构等(此部分将在第 9 章中介绍)。

7.5.1 理论塔板

前已述及，部分汽化与部分冷凝的次数直接影响到产品的组成，而这一过程是在塔板上完成的。因此，要计算完成一定分离任务所需的塔板数，就应先了解各层塔板上气、液相组成的变化规律，为便于计算通常引入理论塔板的概念。所谓的理论塔板是指相当于一个平衡级分离能力的塔板(最直观的特点就是离开理论塔板的气、液两相达到相平衡)。前述的平衡蒸馏和平衡级蒸馏，它们的作用也就是一块理论塔板的分离效能。实际上，由于塔板上气、液两相间的接触面积和接触时间都是有限的，使得离开塔板的气液两相难以达到相平衡状态。但是它可以作为衡量实际塔板分离效果的标准。在精馏塔的设计中，常常是先求得过程所需的理论塔板数，然后用塔板效率对实际传质过程进行校正，求出精馏过程所需的实际塔板数。

如图 7–17 所示，若已知其体系的气、液相的平衡关系，则离开第 n 层理论塔板的气、液相组成 y_n、x_n 为已知，如再能得知该板下降液体的组成 x_n 与下层理论塔板上升的气相组成 y_{n+1} 之间的关系，则塔内各塔板上的气、液相组成就可以通过物料衡算和相平衡关系确定下来，最终可计算出达到指定分离精度所需的理论塔板数。

以下以精馏塔设计计算为例介绍精馏塔的计算。

7.5.2 全塔物料衡算

设计计算任务首要的便是要确定塔顶、塔底产品的量及组成。既然涉及物料流量问题，首先考虑到的就是物料衡算。

在如图 7–18 中，F、D、W 为原料、塔顶产品(馏出液)和塔底产品(釜液)流量，kmol/h 或 kg/h；x_F、x_D、x_W 为精馏塔原料、塔顶、塔底产品中易挥发组分的摩尔分率或质量分率。

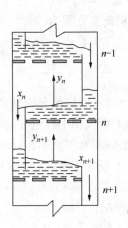

图 7–17　理论塔板的两相组成示意图

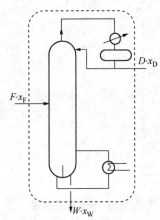

图 7–18　全塔物料衡算

对全塔进行总的物料衡算和组分物料衡算方程，得如下方程

$$F = D + W \tag{7-22}$$

$$F \cdot x_F = D \cdot x_D + W \cdot x_W \tag{7-23}$$

由以上两个物料衡算方程，可以确定塔顶及塔底产品量。

【例 7–6】每小时将 15000kg 的含苯 40% 和甲苯 60% 的溶液，在精馏塔中进行分离，要求釜液中含苯不高于2%（以上均为质量分率），塔顶馏出液中苯的回收率为97.1%。操作压力为101.3kPa。试求馏出液和釜液的流量及组成，以摩尔分率表示。

解：苯的相对分子质量为78，甲苯的相对分子质量为92。

进料组成 $x_F = \dfrac{40}{78} / \left(\dfrac{40}{78} + \dfrac{60}{92} \right) = 0.44$

釜液组成 $x_W = \dfrac{2}{78} / \left(\dfrac{2}{78} + \dfrac{98}{92} \right) = 0.0235$

原料的摩尔流量 $x_F = 15000 \left(\dfrac{0.40}{78} + \dfrac{0.60}{92} \right) = 174.75 \text{kmol/h}$

由题意要求得 $\dfrac{Dx_D}{Fx_F} = 0.971$

所以 $Dx_D = 0.971 \times 174.75 \times 0.44 = 74.66 \text{kmol/h}$

全塔物料衡算式为 $D + W = 174.75$

苯的物料衡算方程式为 $Dx_D + 0.0235 = 174.75 \times 0.44 \text{kmol/h}$

以上三式联立求得 $W = 95.0 \text{kmol/h}$，$D = 79.75 \text{kmol/h}$，$x_D = 0.9362$

7.5.3　理论板数的确定

7.5.3.1　精馏段的物料衡算——精馏段的操作线方程

1. 精馏段物料衡算

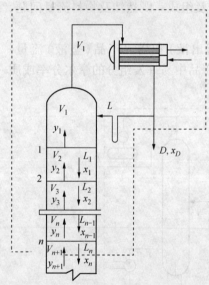

图 7 – 19　精馏段操作线方程的推导

相邻两层板间气液两流组成间（相遇两流）的关系，可通过对塔顶至精馏段任意两层板间截面所作的物料衡算导出。

对图 7 – 19 中的虚线图作总物料衡算，可得

$$V_{n+1} = L_n + D$$

易挥发组分的物料衡算方程为

$$V_{n+1} y_{n+1} = L_n x_n + Dx_D$$

整理得 $\qquad y_{n+1} = \dfrac{L_n}{V_{n+1}} x_n + \dfrac{D}{V_{n+1}} x_D$

式中　x_n——离开 n 板液相中轻组分的摩尔分率；

　　　y_{n+1}——离开 $n+1$ 板气相中轻组分的摩尔分率；

　　　L_n——离开 n 板液相摩尔流率，kmol/h；

　　　V_{n+1}——离开 $n+1$ 板气相摩尔流率，kmol/h，

　　　D——塔顶产品（馏出液）的流量，kmol/h。

联立以上两式，消去 V_{n+1} 得：

$$y_{n+1} = \dfrac{L_n}{L_n + D} x_n + \dfrac{D}{L_n + D} x_D$$

上式关联了精馏段自第 n 板下降的液相组成 x_n 和与之相邻的下一层塔板（第 $n+1$ 层塔板）上升的气相组成 y_{n+1} 之间的关系。因此称这一方程为精馏段操作线方程式。

2. 恒摩尔流假定

（1）恒摩尔流假定的内容

通过全塔进行物料衡算可以计算出物料在塔顶、塔底的流量，但由于物料衡算式中的气

相和液相流量与塔板有关，亦即沿塔高变化，所以在使用过程中很不方便。各个塔板上的气、液相流体的流量可以通过热量衡算来确定。而对于塔内各板的核算的主要目的是为了计算得到各板上的气、液两相浓度，以确定各板上的温度、压力。所以要寻求一种简化方法，以便能利用上述两个方程计算得到气、液两相浓度。这个简化方法就是恒摩尔流假定：这个假定包括两个方面，即：恒摩尔汽化和恒摩尔溢流。

① 摩尔汽化

精馏操作时，在精馏塔内的精馏段，每层板上升蒸气摩尔流量都是相等的，在提馏段内也是一样的。但是两段内上升蒸气的摩尔流量却不一定相等，即：

精馏段

$$V_1 = V_2 = \cdots\cdots = V_n = V_{n+1} = V \tag{7-24}$$

提馏段

$$V'_1 = V'_2 = \cdots\cdots = V'_n = V'_{n+1} = V' \tag{7-25}$$

式中　V——精馏段每板的气相摩尔流率，kmol/h；

　　　V'——提馏段每板的气相摩尔流率，kmol/h。

下标表示塔板序号。

② 恒摩尔溢流

精馏塔操作时，在塔内精馏段，每层塔板下降的液体的摩尔流量都是相等的，在提流段内也是如此。但全塔内每层塔板下降的液体的摩尔流量却不一定相等，即：

$$L_1 = L_2 = \cdots\cdots = L_n = L_{n+1} = L \tag{7-26}$$

$$L'_1 = L'_2 = \cdots\cdots = L'_n = L'_{n+1} = L' \tag{7-27}$$

式中　L——精馏段内液体的摩尔流量，kmol/h；

　　　L'——提馏段内液体的摩尔流量，kmol/h。

即：在精馏塔操作时，精馏段内（或提馏段内）气相负荷及液相负荷相等。

（2）恒摩尔流假定成立的条件

因为在塔内气、液两相要进行传质，即：轻组分向气相中富集的同时，重组分也在向液相中富集。要使恒摩尔流假定成立，必须使在液相中有 1mol 的轻组分汽化的同时，气相中肯定有 1mol 的重组分冷凝。为此必须满足以下条件：①各组分的摩尔汽化相变熔相等或相近；②气、液接触时因温度不同而交换的显热可以忽略不计；③塔设备保温良好，热损失可以忽略不计。严格地说，恒摩尔流假定只能适用于两组分沸点和汽化相变熔都相等的情况下。实际上因为相邻两板间温度与组成一般相差不大，因而恒摩尔流假定可以广泛应用于理想或近似理想物系。

3. 精馏段操作线方程

在恒摩尔流假定下，精馏段操作线方程式可以写成

$$y_{n+1} = \frac{L}{L+D}x_n + \frac{D}{L+D}x_D \tag{7-28}$$

而

$$V = L + D \tag{7-29}$$

将式（7-29）代入式（7-28）并令 $R = L/D$，则可得

$$y_{n+1} = \frac{R}{R+1}x_n + \frac{1}{R+1}x_D \tag{7-30}$$

式（7-30）中 R 为回流比。它是精馏操作的重要参数。此式也称为精馏段操作线方程。根据恒摩尔流假定，式中的 L 和 D 均为定值，x_D 也是常数，所以 R 也是常数，其值一般由设计者选定。显然，该式是一直线方程，如将该式绘制在直角坐标系中应为一条直线，如

图 7 − 20 中 ac 直线，其斜率为 $\dfrac{R}{R+1}$，截距为 $\dfrac{x_{\mathrm{D}}}{R+1}$。

7.5.3.2 提馏段的操作线方程—提馏段的物料衡算

对图 7 − 21 所示的提馏段由塔底至第 m 与第 $m+1$ 层板间截面分别作总物料衡算和轻组分物料衡算，并应用恒摩尔流假定可得：

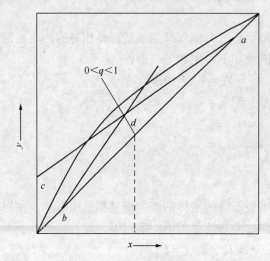

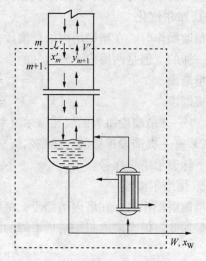

图 7 − 20　精馏段操作线　　　　　　图 7 − 21　提馏段操作线方程的推导

总物料衡算：
$$L' = V' + W \tag{7−31}$$

易挥发组分的物料衡算方程为　$L'x'_m = V'y'_{m+1} + Wx_{\mathrm{W}}$ 　　　　(7 − 32)

式中　L'——提馏段各板的液相流率，kmol/h；

V'——提馏段各板的气相流率，kmol/h；。

x'_m——第 m 层板下降液相中轻组分的摩尔分率；

y'_{m+1}——第 $m+1$ 层板上升气相中轻组分的摩尔分率。

将式(7 − 31)代入式(7 − 32)，消去 V'，可得

$$y_{m+1}' = \frac{L'}{L'-W}x'_m - \frac{W}{L'-W}x_{\mathrm{W}} \tag{7−33}$$

式(7 − 33)称为提馏段操作线方程。它表达了在一定操作条件下提馏段内自第 m 层板下降的液相组成 x'_m 与其相邻的下层板上升的气相组成 y'_{m+1} 的关系。若恒摩尔流假定成立，L'、W 和 x_{W} 在稳定操作时均为定值，所以提馏段操作线方程式为直线方程。在直角坐标系中应为一条直线，如图 7 − 20 中直线 bd 所示。其斜率为 $\dfrac{L'}{L'-W}$，截距为 $-\dfrac{W}{L'-W}x_{\mathrm{W}}$。

要应用提馏段操作线方程式，必须先计算出 L'，它除了与精馏段回流量 L 有关外，还与进料流率及进料状况有关。可以通过进料段的物料衡算和热量衡算获得。

7.5.3.3 进料段的物料衡算和进料热状态参数

精馏段与提馏段的气相和液相流量是通过进料段联系在一起的。对进料段进行衡算可以将精馏塔的两段联系起来。

假设进料中液相分率为 q，进入塔中后，进料中的气相随提馏段上升的气相一起进入精馏段形成精馏段的气相负荷；而进料中的液相则与精馏段的液相汇合在一起，形成提馏段的液相负荷。即

$$V = V' + V_F = V' + (1 - q)F \qquad (7-34)$$

$$L' = L + L_F = L + qF \qquad (7-35)$$

V_F、L_F——进料中的气相和液相摩尔流量，kmol/h。

由上述两个方程可知，要想解出两段气、液相负荷间的关系，必需要先得出 q 值，要知道 q 值，必需通过进料段的热量衡算。对图 7-22 所示的进料段作进料段的热量衡算得

$$FI_F = L_F I_L + V_F I_V = qFI_L + (1 - q)FI_V$$

整理得：
$$q = \frac{I_V - I_F}{I_V - I_L} \approx \frac{\text{每摩尔进料汽化为饱和蒸汽所需热量}}{\text{进料的摩尔汽化热}} \qquad (7-36)$$

式中　I_F——原料的焓值，kJ/mol；

$\qquad I_V$——进料中饱和气相的焓值，kJ/mol；

$\qquad I_L$——进料中的饱和液相的焓值，kJ/mol。

在实际生产过程中，进料的状况一般有五种。分别是饱和液体进料、饱和蒸气进料、两相进料、过冷液体进料和过热气体进料。由于不同进料状态的影响，使精馏段与提馏段的气、液相流量发生变化。图 7-23 定性地描述了不同进料热状况时，进料塔板上下的气、液相流量的变化关系。下面分别讨论五种进料状态情况下两段气液相负荷之间关系的具体形式。

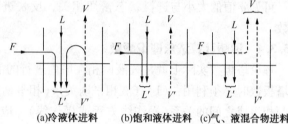

(a)冷液体进料　(b)饱和液体进料　(c)气、液混合物进料

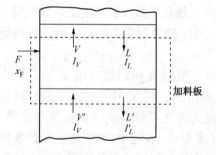

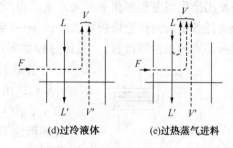

(d)过冷液体　　(e)过热蒸气进料

图 7-22　进料板上的物料衡算及热量衡算　　图 7-23　进料热状况参数对进料板上、下各流股的影响

1. 饱和液体进料

当进料为饱和液体时，料液温度等于该组成下的泡点温度，进料的焓值等于饱和液体焓值，即 $I_F = I_L$，代入式(7-36)得 $q = \dfrac{I_V - I_F}{I_V - I_L} = 1$

$$L' = L + qF = L + F, \quad V = V' + (1 - q)F = V'$$

2. 饱和蒸气进料

当进料为饱和蒸气时，进料温度等于该组成下的露点温度，进料的焓值等于饱和蒸气焓值，即 $I_F = I_V$，代入式(7-36)得 $q = \dfrac{I_V - I_F}{I_V - I_L} = 0$

$$L' = L + qF = L, \quad V = V' + (1-q)F = V' + F$$

3. 气液混合物进料

当进料为两相进料时，进料温度介于泡点温度和露点温度之间，进料的焓值介于饱和液体焓值和饱和蒸气焓值之间，即 $I_L < I_F < I_V$，代入式(7-36)得 $0 < q = \dfrac{I_V - I_F}{I_V - I_L} < 1$

$$L' = L + qF, \quad V = V' + (1-q)F$$

4. 过冷液体进料

当进料为过冷液体时，进料温度低于该组成下的泡点温度，进料的焓值小于饱和液体焓值，即 $I_F < I_L$，代入式(7-36)得 $q = \dfrac{I_V - I_F}{I_V - I_L} > 1$

$$L' = L + qF > L + F, \quad V = V' + (1-q)F < V'$$

5. 过热蒸气

当进料为过热蒸气时，进料温度大于该组成下的露点温度，进料的焓值高于饱和蒸气焓值，即 $I_F > I_V$，代入式(7-36)得 $q = \dfrac{I_V - I_F}{I_V - I_L} < 0$

$$L' = L + qF < L, \quad V = V' + (1-q)F > V' + F$$

可见 q 值的大小与进料状态密切相关，反映进料的热状况，所以 q 值称为进料热状况参数。

7.5.3.4 逐板计算法求理论板数

理论塔板数实际上就是气液两相在塔内进行的部分冷凝和部分汽化的次数。因此确定理论塔板数时必须利用：(1)气液相平衡关系(相平衡方程或相平衡曲线)；(2)相邻两板间气液两相组成之间的关系(操作线方程或操作线)。应用这两个关系求取理论塔板数时，可以交替使用操作线方程和相平衡关系来求得所需的理论板数。每利用依次相平衡关系就说明完成分离任务所需的理论塔板数就应该加一(或计算过程中使用相平衡关系的次数就是该精馏过程所需要的理论塔板数)。具体过程如下：

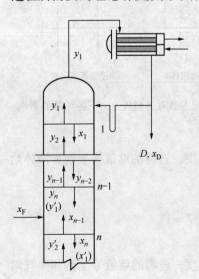

图 7-24 逐板计算法示意图

若塔顶装设全凝器，饱和液相回流，则图 7-24 中 $y_1 = x_D$，由相平衡关系解出 x_1，将 x_1 代入式(7-30)可算出 y_2，由 y_2 通过相平衡关系又可算出 x_2，如此重复计算，直到组成不大于进料组成为止。对于饱和液相进料，如果算得 $x_n \leqslant x_F < x_{n-1}$，则说明第 n 层理论板是加料板，上述精馏段的计算过程中共使用过 $n-1$ 次相平衡关系，因此精馏段需要 $n-1$ 层理论板。此后，改用提馏段操作线，假设进入提馏段顶层板的液相组成近似为 x_{n-1}，由式(7-33)可算得 y'_1，再利用相平衡关系求出 x'_1，由 x'_1 利用式(7-33)求出 y'_2，如此重复计算，直到 $x'_m < x_W$ 为止。由于一般再沸器的分离能力相当于一层理论板，故提馏段所需的理论板层数应为 $(m-1)$。

逐板计算法是求理论板层数的基本方法之一，计算结果较准确，概念清晰，而且可以同时求出各层理论塔板上的气、液相组成。但该法比较繁琐，特别是精馏过程所需的理论塔板数数较多，相平衡关系复杂时，计算量很大。故一般在二元理想物系精馏塔的计算中较少采用。常常采用简便的图解法（Mccabe – Thiele 法）。

7.5.3.5　简化假定下的二元图解法（M – T 法）求理论板数

M – T 图解法求理论塔板数，虽然其精确性稍微差了一些，但因其简便，所以在二元精馏塔设计计算中常采用此法。图解法以在 $y – x$ 直角坐标系中直角梯级图解法最为常用。

与逐板计算法并无实质性区别，其基本方法也是交替运用操作线方程和相平衡关系。只是不用解析的方法计算，而是在 $y – x$ 图上以绘图的形式表达出来。由图解法同样可以求得精馏段及提馏段的理论塔板数和适宜进料板的位置。下面介绍图解法的过程。

1. 精馏段操作线的作法

由精馏段操作线 $y_{n+1} = \dfrac{R}{R+1} x_n + \dfrac{1}{R+1} x_D$ 略去下标，

则得 $y = \dfrac{R}{R+1} x + \dfrac{1}{R+1} x_D$。

此式为一条直线方程，将其标绘在直角坐标系中，应为一条斜率为 $\dfrac{R}{R+1}$，截距为 $\dfrac{x_D}{R+1}$ 直线。如图 7 – 25 中直线段 ac 所示。

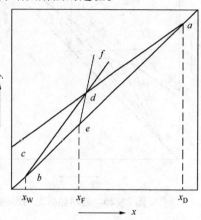

图 7 – 25　操作线的作法

虽然已知直线段斜率和纵轴的截距可以绘制出精馏段操作线，但是一般采用更简单的作图方法，即在 $y – x$ 图中定出纵轴上的截距和操作线与对角线的交点，过此两点获得的 ac 之间的线段就是精馏段操作线。其中 $a(x_D,\ x_D) c(0,\ x_D/R+1)$。由于一般计算时塔顶产品组成已知，很容易在对角线上确定交点 a，在纵轴上确定交点 c。

2. 提馏段操作线的作法

由式 $y_{m+1}{}' = \dfrac{L'}{V'} x'_m - \dfrac{W}{V'} x_W$ 略去气、液相组成的上标和下标，得 $y = \dfrac{L'}{V'} x - \dfrac{W}{V'} x_W$。其斜率为 $\dfrac{L'}{V'}$，截距为 $-\dfrac{W}{V'} x_W$。

绘制时，往往也可以借鉴精馏段操作线的作法。其中第一点 b（提馏段操作线与对角线的交点）坐标为 $(x_W,\ x_W)$，第二点 d（纵轴上的截距）坐标为 $\left(0,\ -\dfrac{W}{V'} x_W\right)$。

但由于纵轴坐标为负值，且数值一般都很小，若仍然用此两点，不仅会造成坐标系绘制精度降低且作图既不方便，通常绘制提馏段操作线时要确定的两点除了 b 点外，另外一点采用的是图 7 – 25 中精馏段操作线与提馏段操作线的交点 d。该交点可由精馏段底部的物料衡算和提馏段顶部的物料衡算方程式联立求得。

$$\begin{cases} Vy = Lx + Dx_D \\ V'y = L'x - Wx_W \end{cases}$$

将上两式相减，得

$$(V - V')y = (L - L')x + Dx_D + Wx_W$$

由式（7 – 34）、式（7 – 35）、式（7 – 22）可得

$$V - V' = -(q-1)F$$
$$L - L' = -qF$$
$$Dx_D + Wx_W = Fx_F$$

代入上式整理可得:
$$y = \frac{q}{q-1}x - \frac{1}{q-1}x_F$$

上式称为 q 线(进料)方程,在 $y-x$ 图上代表两段操作线交点的轨迹。其实质是进料的

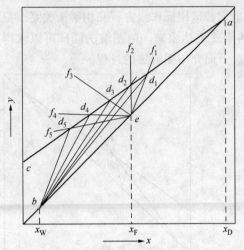

图 7 - 26　进料热状况的影响

物料平衡关系,在 $y-x$ 图上是斜率为 $\frac{q}{q-1}$、截距为 $-\frac{1}{q-1}x_F$ 的直线。同样 q 线与对角线的交点坐标 (x_F, x_F)。当精馏段操作线已在 $y-x$ 图上作出后,过 e 点作斜率为 $\frac{q}{q-1}$ 的直线(图 7 - 26 中的 ef),与精馏段操作线交于 d 点,联 bd,bd 即为提馏段操作线。

3. 不同进料热状况的 q 线

当进料组成 x_F、塔顶产品组成 x_D 及回流比 R 一定时,进料热状况参数对 q 线及操作线的影响如图 7 - 26 所示。进料状况不同,q 值和 q 线的斜率也就不同。故 q 线与精馏段操作线的交点也随着进料热状况参数而变动,进而提馏段操作线的位置也将随之发生变化,但精馏段操作线的位置不变。表 7 - 4 中列出了不同进料热状况对 q 值及 q 线的影响。

表 7 - 4　进料热状况对 q 值及 q 线的影响

进料热状况	进料的焓值 I_F	$q = \dfrac{I_V - I_F}{I_V - I_L}$	q 线的斜率 $\dfrac{q}{q-1}$	q 线在 $x-y$ 图中的位置
过冷液体	$I_F < I_b$	>1	$+$	$ef(\nearrow)$
饱和液体	$I_F = I_b$	$=1$	∞	$ef(\uparrow)$
气液混合物	$I_b < I_F < I_V$	$0 < q < 1$	$-$	$ef(\nwarrow)$
饱和蒸气	$I_F = I_V$	$=0$	0	$ef(\leftarrow)$
过热蒸气	$I_F > I_V$	<0	$-$	$ef(\swarrow)$

由表 7 - 4 可以看出,各种不同进料热状况的 q 值及 q 线的斜率是不同的。因此 q 线与操作线的交点也是变化的。

4. 由 M - T 图解法求理论板数可按如下步骤进行

下面结合图 7 - 27 说明图解法的步骤。

(1)在直角坐标纸上绘出操作条件下的平衡曲线和对角线。

(2)确定 $a(x_D, x_D)$ 和 $c\left(0, \dfrac{x_D}{R+1}\right)$ 两点,连结 a、c 两点即为精馏段操作线。

(3)过点 $e(x_F, x_F)$ 点作斜率为 $\dfrac{q}{q-1}$ 的直线段,即为作 q 线。与精馏段操作线交于 d 点。

（4）连结 $b(x_W, x_W)$ 点和 d 点即为作提馏段操作线。

（5）在平衡线与操作线之间作梯级。

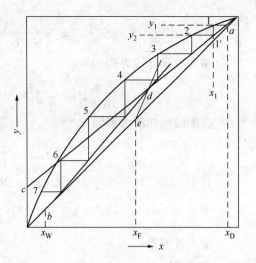

图 7 - 27　理论塔板数的求解

从 a 点开始，在精馏段操作线与相平衡曲线之间作梯级，当梯级跨过两段操作线的交点 d 时，改在相平衡曲线和提馏段操作线之间作梯级，直到梯级垂直线达到或跨过 b 点为止。如果塔顶冷凝器采用全凝器，塔底采用再沸器，则梯级的总数减 1 即为塔内所需的理论塔板数。

现以图 7 - 27 中的第一梯级 $a - 1 - 1'$ 为例说明一个梯级相当于一块理论塔板的原因。水平线段 $\overline{1a}$ 表示经过一块理论板后液相组成由 x_D 降为 x_1，垂直线段 $\overline{11'}$ 表示经过第一块塔板后气相组成由 y_2 增大为 y_1。坐标为 (x_1, y_1) 的点落在相平衡曲线上，分别表示离开第一块理论塔板成平衡的气、液两相组成。坐标为 (x_1, y_2) 的点落在精馏段操作线上，分别代表处于第一块和第二块塔板之间的气、液相组成（又称相遇两流）。所以梯级 $a - 1 - 1'$ 代表一块理论塔板。

依此类推每个梯级或它在相平衡曲线的顶点代表一块理论塔板。或梯级在相平衡曲线上的顶点数表示利用相平衡关系的次数，利用相平衡关系的次数就是理论塔板数，这与逐板计算法是一致的。图 7 - 27 中，梯级总数为 6.8，表示该分离过程共需要 6.8 块理论塔板。第 3.4 层处正好跨过 d 点，即第 4.4 块理论塔板为加料板，则精馏段有 3.4 块理论塔板，提馏段有 3.4 块理论塔板。除去再沸器相当的一层理论塔板，则提馏段内的理论塔板数为 3.4 - 1 = 2.4 块。

如果塔顶采用分凝器，冷凝液全部作为塔顶回流，则气相产品与塔顶回流处于相平衡状态，离开塔顶第一层塔板的气相经过分凝器后轻组分得到提浓，故分凝器相当于一块理论塔板。如塔底采用再沸器，在塔内所需理论塔板数应为总梯级数减 2。进料板相当于跨过两段操作线交点的梯级。

图解法也可以从图 7 - 27 中的 b 点开始作梯级，一直到最上面一个梯级的水平线与对角线的交点达到或超过 a 点为止。

每个梯级在平衡线上的顶点代表一层理论板，该点的纵坐标和横坐标代表离开该板的平衡气、液相组成。由代表理论板的相平衡线上的点向下作垂线，其与操作线的交点代表相邻两层板间气液两流的组成。两段操作线的交点并不代表塔内某处的组成。

【例 7 - 7】在常压下将含苯 0.25（摩尔分率，下同）的苯 - 甲苯混合液连续精馏，要求馏出液中含苯 0.98，釜液中含苯 0.085。回流比为 5，泡点进料。塔顶采用全凝器。试用逐板计算法求所需的理论塔板数。常压下苯 - 甲苯混合物可视为理想物系，相对挥发度为 2.47。

解：相平衡方程为

$$y = \frac{\alpha \cdot x}{1 + (\alpha - 1)x}$$

为使用方便改写成下式形式并加上下标，即

$$x_n = \frac{y_n}{\alpha - (\alpha - 1)y_n} = \frac{y_n}{2.47 - 1.47y_n} \tag{1}$$

精馏段操作线方程

$$y_{n+1} = \frac{R}{R+1}x_n + \frac{1}{R+1}x_D = \frac{5}{6}x_n + \frac{1}{6} \times 0.98 = 0.8333x_n + 0.1633 \tag{2}$$

提馏段操作线方程为：

$$y_{m+1}' = \frac{L'}{L'-W}x_m' - \frac{W}{L'-W}x_W$$

其中：

$$L' = L + qF = DR + F = 5D + F, \quad W = F - D$$

由于

$$F = \frac{x_D - x_W}{x_F - x_W}D = \frac{0.98 - 0.085}{0.25 - 0.085}D = 5.42D$$

带入数据得：

$$y_{m+1}' = 1.737x_m' - 0.0626 \tag{3}$$

泡点进料 $\qquad q = 1, \quad x_d = x_F = 0.25$

从第一层塔板上升的气相： $\qquad y_1 = x_D = 0.98$

第一层塔板下降的液相组成： $x_1 = \dfrac{y_1}{2.47 - 1.47y_1} = \dfrac{0.98}{2.47 - 1.47 \times 0.98} = 0.9520$

从第二层塔板上升的气相组成：

$$y_2 = 0.8333x_1 + 0.1633 = 0.8333 \times 0.9520 + 0.1633 = 0.9567$$

第二层塔板下降的液相组成：

$$x_2 = \frac{y_2}{2.47 - 1.47y_2} = \frac{0.9567}{2.47 - 1.47 \times 0.9567} = 0.8994$$

第三层塔板上升的气相组成：

$$y_3 = 0.8333x_2 + 0.1633 = 0.8333 \times 0.8994 + 0.1633 = 0.9128$$

第三层下降液相组成：

$$x_3 = \frac{y_3}{2.47 - 1.47y_3} = \frac{0.9128}{2.47 - 1.47 \times 0.9128} = 0.8091$$

由此反复进行计算可得：

$y_4 = 0.8376$	$y_5 = 0.7268$	$y_6 = 0.5955$	$y_7 = 0.4745$	$y_8 = 0.3864$
$x_4 = 0.6762$	$x_5 = 0.5186$	$x_6 = 0.3734$	$x_7 = 0.2677$	$x_8 = 0.2032 < 0.25$

因 $x_8 < x_F$，所以第 9 层塔板上升的气相组成由提馏段操作线方程（3）

$$y_{m+1}' = 1.737x_m' - 0.0626 = 1.737 \times 0.2032 - 0.0626 = 0.2903$$

第 9 层塔板下降液相组成：

$$x_9 = \frac{y_9}{2.47 - 1.47y_9} = \frac{0.2903}{2.47 - 1.47 \times 0.2903} = 0.0.1421$$

依次有： $y_{10} = 0.0.1842 \quad x_{10} = 0.08376 < x_W = 0.085$。

所以全塔所需的理论塔板数为 10 层，第 8 层为加料板，精馏段内有 7 块理论板。

【例 7 - 8】用一连续精馏塔，在常压下分离含苯 0.44（摩尔分率，下同）的苯 - 甲苯溶液。塔顶产品中苯的组成不低于 0.975，塔底产品中苯的组成不高于 0.0235。原料进塔温度为 293K（20℃），回流比 R 为 1.62。试用图解法求所需的理论塔板数及适宜进料位置。

苯在液相中的摩尔分率 x	苯在气相中的摩尔分率 y	苯在液相中的摩尔分率 x	苯在气相中的摩尔分率 y	苯在液相中的摩尔分率 x	苯在气相中的摩尔分率 y	苯在液相中的摩尔分率 x	苯在气相中的摩尔分率 y
1.0	1.0	0.7	0.857	0.4	0.619	0.2	0.208
0.9	0.959	0.6	0.791	0.3	0.507	0.1	0.112
0.8	0.912	0.5	0.713	0.3	0.372	0.0	0.0

解：由苯 - 甲苯的相平衡数据作出 $y - x$ 相平衡曲线。由 $x_D = 0.975$，$x_F = 0.44$，$x_W = 0.023$ 分别作垂线交对角线于 a、c、b 三点（见图 7 - 28）。

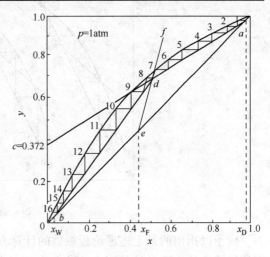

图 7 - 28　例 7 - 8 附图

精馏段操作线的纵轴截距为

$$\frac{x_D}{R+1} = \frac{0.975}{1.62+1} = 0.372$$

在 y 轴上定出 c 点，连结 ac 得到精馏段操作线。

由图 7 - 1 得进料组成 $x_F = 0.44$ 时，液体的泡点为 366K（93℃），查得此温度下苯的汽化相变焓为 30400kJ/kmol，甲苯的汽化相变焓为 12326kJ/kmol，所以原料的汽化相变焓为 $30400 \times 0.44 + 12326 \times 0.56 = 20300(kJ/kmol)$。

进料液温度为 20℃，泡点温度 93℃，则平均温度为：$(20+93)/2 = 56.5$℃。由手册查得该温度下苯的比热容为 144.4kJ/(kmol·K)，甲苯的比热容为 166.8kJ/(kmol·K)，所以原料液在平均温度下的千摩尔比热容为

$$144.4 \times 0.44 + 166.8 \times 0.56 = 156.9 kJ/(kmol·K)$$

故 $q = 1 + \dfrac{(366 - 293) \times 156.9}{20300} = 1.56$

q 线的斜率 $= \dfrac{q}{q-1} = \dfrac{1.56}{1.56 - 1} = 2.79$

由 q 线斜率自 e 点作 ef 线与 ac 线交于 d 点，连结 bd 即得提馏段操作线。

从 a 点起在相平衡曲线与精馏段操作线之间作梯级，第 7.2 梯级处跨过 d 点，此后在提馏段操作线与相平衡曲线之间作梯级，直到第 15.7 个梯级处跨越 b 点。故总共需要 15.7 块理论塔板，精馏段有 7.2 块，提馏段由 8.5 块（包括再沸器），加料板为塔顶数起的第 8.2 块处。

由图解法求理论塔板数时，若塔顶或塔底产品纯度要求很高，而在 x_D 及 x_W 附近的相平衡曲线与操作线很接近，以致于作梯级不够准确。此时可作局部放大后作梯级。

5. 适宜的进料位置

如前所述，无论是图解过程中，还是在逐板计算过程中，当达到一定的位置（操作线的交点）就要换操作线，换操作线的位置就是进料点。进料位置选择得适宜与否将直接影响对完成一定分离任务所需的理论塔板数。我们以图解法为例简单说明。如图 7 - 29 所示，若梯级已跨过操作线交点 F，而仍在精馏段操作线和平衡线之间画梯级，如图 7 - 29（a），由于在交点 F 以后，精馏段操作线与平衡线间距离较提馏段操作线与平衡线间距离来说要近一

些(即推动力要小),故所需理论板数较多。反之,如果还没有跨过交点,而过早地更换操作线[如图 7 - 29(c)],也同样会使理论板数增加。由此可见,当梯级跨过两操作线交点后便更换操作线作图[如图 7 - 29(b)],所定出的加料板位置为适宜位置,完成一定分离任务所需要的理论塔板数最少。

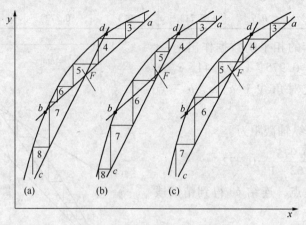

图 7 - 29 适宜的加料位置

应予以指出的是上述理论板板数的计算方法都是基于恒摩尔流假定的基础之上,这个假定能够成立的主要条件是混合物中的各组分的摩尔汽化相变焓相等或相近,即分子大小相近,结构相似),对偏离这个条件较远的物系就不能采用上述方法,而应用焓浓图等其他方法计算理论板数(其他方法的具体计算过程在本课程中不作介绍)。

7.5.4 回流比对精馏操作总费用的影响及适宜回流比的选择

在精馏原理中提到,液体回流与上升蒸气是保证精馏塔连续稳定操作的必要条件。同时回流比也是精馏过程中的重要操作参数,它对精馏塔的设计和操作都有着重要的影响。

当分离精度一定时,增大回流比,既增大了精馏段的液气比 $\dfrac{L}{V}\left(\dfrac{R}{R+1}\right)$,截距减小。这说明操作线越远离相平衡曲线,每个梯级的跨度越大,标志着每层塔板的分离能力越高,为完成一定的分离任务所需要的理论塔板数越少,单从塔板数来看,设备投资减少;但另一方面,随着回流比的增大,塔内液相和气相流量均上升,导致了塔顶冷凝器和塔底再沸器热负荷上升,又使得操作费用上升;同时气、液相流量的上升使塔径增大,塔设备费上升。因此,要综合考虑操作费用和设备费用,选择合适的回流比,使总费用最低。

从回流比的定义来看,$R = L/D$,其取值可在 $0 \sim \infty$ 之间变化,前者对应于无回流的情况,而后者对应于全回流的情况(无产品)。但对于某一约定的分离要求来看,回流比不能小于某一个数值,否则既使有无穷多块理论板也无法达到约定的分离要求。这个回流比称之为最小回流比,用 $R_{\min}$ 表示,所以实际操作过程中回流比的数值范围应在 $R_{\min} \sim \infty$ 之间的某个数值。$R_{\min}$ 数值是受物系相平衡关系、进料状态、分离要求的制约。

7.5.4.1 全回流和最小理论塔板数

(1)全回流

若塔顶第一块理论板上升的气相经冷凝后,全部回流至塔内,这种操作方式称为全回流操作。全回流操作时,既不出产品($D = W = 0$)也不进料($F = 0$)。此时,就无所谓精馏段和提馏段了，全塔原来的精馏段操作线和提馏段操作线就合二为一。全回流操作时，回流比趋于无穷大，即 $R = \dfrac{L}{D} \to \infty$；操作线斜率 $\dfrac{L}{V}\left(\dfrac{R}{R+1}\right) = 1$，其截距为 $\dfrac{x_{\mathrm{D}}}{R+1} = 0$。即全回流操作时，操作线和对角线重合。

（2）全回流条件下的操作线方程

由前面的分析，全回流情况下，回流比 $R = \dfrac{L}{D} = \dfrac{L}{0} \Rightarrow \infty$

所以精馏段操作线方程：

$$y = \frac{R}{R+1}x + \frac{D \cdot x_{\mathrm{D}}}{R+1} = x$$

对精馏段进行总物平：　　$V = L + D\,(D = 0) \therefore V = L$

由于进料板　　　　　　　$F = 0 \quad \therefore L = L' \quad V = V'$

提馏段操作线　　　　　　$y = \dfrac{L}{V}x - \dfrac{W}{L}x_{\mathrm{W}} = \dfrac{L}{V}x = x$

所以在全回流条件下，精馏段与提馏段的操作线合二为一，为 $y_{n+1} = x_n$ 在 $x - y$ 相图上表示出来就是图中的对角线在塔顶、塔底组成之间的线段。

（3）全回流条件下理论板数的计算

显然，此时操作线离相平衡曲线最远，传质推动力也是最大的。在操作线与相平衡曲线之间所作的梯级，其跨度最大，这表示每块理论塔板的分离能力达到最高。为达到一定的分离要求时，所需要的理论塔板数最少，称为最小理论塔板数，以 $N_{\min}$ 表示。最小理论塔板数可由图解法或逐板计算法求得。当为理想溶液时，还可以用解析法计算。解析公式的推导过程如下（以塔顶为全凝器为例，示意图如图 7 - 30 所示）。

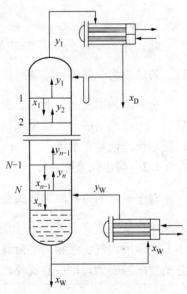

图 7 - 30　芬斯克（Fendke）公式的推导示意图

应用工具：

① 相平衡关系：$y = \dfrac{\alpha x}{1 + (\alpha - 1)x} \Rightarrow \dfrac{y}{1-y} = \alpha \dfrac{x}{1-x}$，对于二元物系：$\left(\dfrac{y_{\mathrm{A}}}{y_{\mathrm{B}}}\right)_n = \alpha_n\left(\dfrac{x_{\mathrm{A}}}{x_{\mathrm{B}}}\right)_n$

② 操作线方程：$y_{n+1} = x_n \Rightarrow \left(\dfrac{y_{\mathrm{A}}}{y_{\mathrm{B}}}\right)_{n+1} = \left(\dfrac{x_{\mathrm{A}}}{x_{\mathrm{B}}}\right)_n$

推导思路：在塔顶，$y_1 = x_{\mathrm{D}}$

对于离开第一块板的气、液平衡关系：

$$\left(\frac{y_{\mathrm{A}}}{y_{\mathrm{B}}}\right)_1 = \alpha_1\left(\frac{x_{\mathrm{A}}}{x_{\mathrm{B}}}\right)_1 = \left(\frac{x_{\mathrm{A}}}{x_{\mathrm{B}}}\right)_{\mathrm{D}}$$

1、2 板间物平（操作线）：$\left(\dfrac{y_{\mathrm{A}}}{y_{\mathrm{B}}}\right)_2 = \left(\dfrac{x_{\mathrm{A}}}{x_{\mathrm{B}}}\right)_1 = \dfrac{1}{\alpha_1}\left(\dfrac{x_{\mathrm{A}}}{x_{\mathrm{B}}}\right)_{\mathrm{D}}$

同理，对于离开第二板气、液相平衡关系：

$$\left(\frac{y_{\mathrm{A}}}{y_{\mathrm{B}}}\right)_2 = \alpha_2\left(\frac{x_{\mathrm{A}}}{x_{\mathrm{B}}}\right)_2$$

即：
$$\left(\frac{x_A}{x_B}\right)_2 = \frac{1}{\alpha_2}\left(\frac{y_A}{y_B}\right)_2 = \frac{1}{\alpha_1\alpha_2}\left(\frac{x_A}{x_B}\right)_D$$

若将再沸器视为第 $N+1$ 板，重复上述过程可得：
$$\left(\frac{x_A}{x_B}\right)_{N+1} = \left(\frac{x_A}{x_B}\right)_W = \frac{1}{\alpha_1\alpha_2\cdots\alpha_{N+1}}\left(\frac{x_A}{x_B}\right)_D$$

对于理想物系，我们在全塔可以取 α 的平均值 α_m：
$$\alpha_m = \sqrt[N+1]{\alpha_1\alpha_2\alpha_3\cdots\alpha_{N+1}}$$

通常只取塔顶 α_D、进料 α_F、塔底 α_W 的平均值
$$\alpha_m = \sqrt[3]{\alpha_D\alpha_F\alpha_W}$$

因为在全回流条件下 $N = N_{\min}$，所以上式可改写为：
$$\left(\frac{x_A}{x_B}\right)_W = \frac{1}{\alpha_m^{N_{\min}+1}}\left(\frac{x_A}{x_B}\right)_D$$

上式两边取对数：
$$N_{\min} + 1 = \frac{\ln\left[\left(\dfrac{x_A}{x_B}\right)_D\left(\dfrac{x_B}{x_A}\right)_W\right]}{\ln(\alpha_{AB})} \tag{7-37}$$

此式称 Fenske 公式。式中 $N_{\min}$ 只有塔内最小理论板数，不包括再沸器所相当的理论板数。若塔顶为分凝器，塔顶组成项改为 $\left(\dfrac{y}{1-y}\right)_D$。

全回流是回流比的上限，由于这种情况下得不到精馏产品，是没有实际意义的。全回流只适用于精馏塔的开工阶段或科学实验，有时当操作不正常时，也可临时改为全回流操作，以便尽快地恢复正常操作。

7.5.4.2 最小回流比

对于一定的原料液和分离要求，减小回流比，对精馏段操作线 $y = \dfrac{R}{R+1}x + \dfrac{x_D}{R+1}$，其斜率减小，截距变大，其 $x-y$ 相图上表现为远离对角线方向移动。操作线与平衡线间距离减小，表示塔内气、液相离平衡线的距离减小，两相间传质的推动力减小了，所以对于同样的分离要求需要的理论板数就要增加。当回流比 R 减小到某一数值时，两操作线的交点 d_1 落

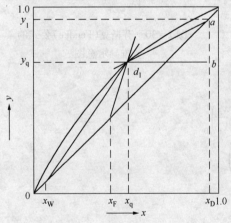

图 7-31　最小回流比的确定

在平衡线上时(如图 7-31 所示)，无论画多少梯级都不能跨越交点 d_1，这意味着分离所需的板数为无穷多，此时回流比称最小回流比，以 $R_{\min}$ 表示。对一定的原料和分离要求它是回流比的最小极限。此时操作线与平衡线的交点 d_1 称为夹点，其附近称夹紧区。d_1 点上下区域各板气、液相组成不变化，称为恒浓区。

显然，最小回流比 $R_{\min}$ 是对于一定料液、为了达到一定分离要求所需回流比的最小值，分离要求不同，最小回流比的数值也不同；进料状态不同，最小回流比也不同。

最小回流比的确定根据平衡线情况与分离要

求的不同分为两种情况：

（1）平衡线上凸，无拐点（曲线中上凸与下凹的交点）

在这种情况下，当 $R=R_{min}$ 时，相平衡线、精馏段操作线、提馏段操作线，q 线方程有相同的交点，此种情况回流比为最小时。

根据式（7-30）及图 7-31 可知，当回流比最小时，精馏段操作线的斜率为

$$\left(\frac{R}{R+1}\right)_{min}=\frac{ah}{d_1 h}=\frac{x_D-y_q}{x_D-x_q}$$

上式整理得
$$R_{min}=\frac{x_D-y_q}{y_q-x_q} \tag{7-38}$$

式中　x_q、y_q——q 线与相平衡线的交点坐标。

在实际过程中可以通过 q 线方程和平衡线中任两条线的交点计算 d_1 点的坐标值（x_q，y_q）。

（2）平衡线下凹，有拐点

此种情况下夹点可能在两操作线交点与平衡线共点之前就出现。此时就不能按图 7-31 的情况计算。如图 7-32 所示，出现了两种可能情况，图 a 中的夹点首先出现在精馏段操作线与相平衡线相切的位置，而图 b 中的夹点出现在提馏段和相平衡线之间，这两种情况下应根据夹点条件下精馏段操作线的斜率来计算 R_{min}。

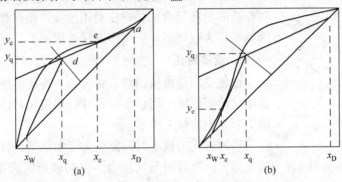

图 7-32　特殊相平衡曲线时的最小回流比的确定

最小回流比一方面受物系的相平衡关系的影响，同时也受到分离要求和进料组成和进料状况的影响。当指定物系、进料组成及进料热状况时，最小回流比只取决于混合物的分离要看，所以最小回流比只是设计型计算中特有的问题，离开了分离要求就不存在最小回流比的问题。

【例 7-9】一个理想二元体系，其相对挥发度为 2.45，进料组成为 $x_F=0.4$（摩尔分率），$q=0.5$，试求：

（1）分离要求 $x_D=0.95$ 时的 R_{min}；

（2）当 $x_D=0.8$ 时的 R_{min}。

解：（1）$y=\dfrac{2.45x}{1+1.45x}$

$y=\dfrac{q}{q-1}x-\dfrac{x_F}{q-1}=-x+0.8 \Rightarrow y=0.8-x$

$x_q=0.2944$，$y_q=0.5056$

$$\frac{R_{min}}{R_{min}+1} = \frac{x_D - y_q}{x_D - x_q} = 0.6780, \quad R_{min} = 2.1053$$

(2) $\frac{R_{min}}{R_{min}+1} = \frac{x_D - y_q}{x_D - x_q} = \frac{0.8 - 0.3346}{0.8 - 0.1703} = 0.5823$

$$R_{min} = 1.3934 < R_{min}(x_D = 0.95)$$

所以，分离要求不同，最小回流比不同，分离要求低(主要是 x_D 的影响)，R_{min} 小。

7.5.4.3 适宜回流比的选择

最小回流比情况下操作时，由于其达到分离要求所需的理论板数为无穷大，所以在最小回流比下的精馏过程在实际生产中是无法实现的。它与全回流情况下操作一样是回流比的两个极限，实际回流比应介于二者之间。适宜回流比应通过经济衡算来决定，即操作费用和设备费用之和为最低时的回流比又称适宜回流比。

1. 操作费用

精馏过程的操作费用主要为再沸器中的加热蒸气(或其他加热介质，比如加热炉中的火焰)的消耗量和冷凝器中冷却水(或其他冷却介质)的消耗量。在进料量和产品量一定的情况下，再沸器蒸出的蒸气量 V' 和冷凝器中所需冷凝的蒸气量 V 均取决于回流比 R。

$$V = L + D = (R+1)D, \quad V' = V + (q-1)F = (R+1)D + (q-1)F$$

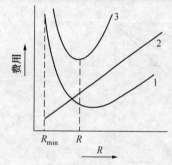

图 7-33   适宜回流比的选择

随着回流比 R 的增加，V 和 V' 均增大，因此加热蒸气和冷却介质的消耗量增加，操作费用增大。操作费用和回流比 R 之间的关系大致如图 7-33 中曲线 2 所示。

2. 设备费用

设备费用是指精馏塔、再沸器、冷凝器等设备的投资。这其中又主要取决于塔设备的尺寸。回流比对设备费用的影响如图 7-33 中曲线 1 所示。

当回流比为最小时，需要无穷多块理论板，设备费用投资为无穷大。随着回流比增大，最初使所需理论板数急剧下降，所需的塔高急剧降低，其使设备费用减小的速率远远大于因增大回流比而使再沸器和冷凝器型号变大而增大的速率，所以设备费用降低的很快；随着回流比的进一步增加，所需理论板数减小的趋势减慢，而同时由于回流比 R 的增大上升蒸气 V 和 V' 增大，精馏塔的塔径必须增加，再沸器和冷凝器的热负荷增大，所需的传热面积迅速增加，由于这几部分设备费用的增加使得设备费用减小的趋势减慢。当回流比增大到某个数值后，再沸器和冷凝器换热面积的增大和精馏塔塔径的增加的因素超过了理论板数减少等使设备费用降低的因素，使设备费用又随 R 的增大而增加。

3. 总费用和最佳回流比的选择

总费用为操作费用和设备费用之和，它与回流比 R 之间的关系大致可用图 7-33 中曲线 3 表示。曲线 3 上最低点所对应的回流比为最佳回流比或适宜操作回流比，R_{opt}，这就是我们所要选用的适宜回流比。

最佳回流比的数值与很多因素有关，根据生产数据统计，一般最佳回流比的范围为：$R_{opt} = (1.1 \sim 2)R_{min}$。

应当指出，上述原则只是一般情况，实际操作回流比还应视具体情况，例如对于难分离的混合物，应选用较大的回流比。但随着能源的日趋紧张，设计者更倾向于选用小一些的回流比。

上述分析是基于一定的生产任务来讨论回流比对装置经济性的影响，选定适宜的回流比进行设计。另外生产设备一定，则回流比会对产品的质量有所影响（将在后面的章节讨论）。

7.5.5 理论塔板数的简捷计算法

前面讨论了回流比与理论塔板数之间的关系。精馏塔的正常操作回流比是在回流比上限（全回流）和回流比下限（最小回流比）之间的某个值进行操作的。回流比为最小时，理论塔板数为最多；全回流时，理论塔板数为最少。在这两种极限情况之间，回流比越大，完成分离任务所需的理论塔板数越少。在实际操作过程中 $R_{min} < R < \infty$，所以其需要的理论板数 N_T 应为 $N_{min} < N < \infty$。为此，人们对 R_{min}、R、N_{min} 及 N 四个变量之间的关系进行了广泛的研究，总结规律，得出表示上述四个参数的相互关系图，如图 7-34，此图称为吉利兰图。图中 N 与 N_{min} 均为不包括再沸器的理论板数。

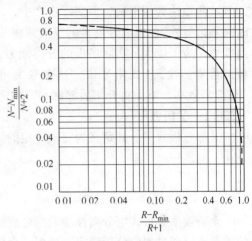

图 7-34　吉利兰关联图

7.5.5.1 吉利兰关联图

吉利兰（Gilliland）关联图是八种物系在下面的精馏条件范围内由逐板计算法计算得出的结果绘制而成的，这些条件分别是：①组分数 2~11；②5 种进料状态（泡点、过冷、露点、两相，过热）；③$R_{min} \in [0.53，7.0]$；④$\alpha \in [1.26，4.05]$；⑤$N \in [2.4，43.1]$。

吉利兰（Gilliland）关联图中的图线的两端延长线分别表示两种极限情况：右端延长表示全回流操作的情况，左端延长则表示最小回流比的情况。应用吉利兰图可以简便地算出精馏所需的理论板数，这种方法称为简捷法。

此图既适用于双组份精馏理论塔板数的计算，也适用于多组分精馏理论塔板数的计算。简捷计算法虽然比逐板计算法误差较大（据称当物系符合其应用条件时的平均误差约为 7%，有文献称超过 10%），但当理论塔板数较多时，因 $y-x$ 图解法较多的时间，所以简捷计算法就成为一种切实可行的快速估算法。此方法特别适用于方案的比较。

在利用简捷法计算过程所需的理论塔板数时，只需先计算出最小回流比 R_{min} 及最少理论塔板数 N_{min}，并选定合适的操作回流比 R，就可以从图 7-34 查得并计算理论塔板数。

7.5.5.2 简捷法求理论板数和加料位置确定的步骤

（1）R_{min} 及 R 的确定

根据物系性质及分离要求求出 R_{min}，并选择适宜的回流比 R；

（2）N_{min} 的确定

求出全回流条件下的最小理论板数 N_{min}，对于理想物系可以应用芬斯克（Fenske）公式（式 7-37）计算。

（3）理论板数 N 的确定

根据 $\dfrac{R - R_{min}}{R + 1}$ 由曲线查出 $\dfrac{N - N_{min}}{N + 2}$ 即可求出所需理论板数。

（4）进料板位置的确定

以进料板组成代替釜液组成重复上述（2）、（3）两步求出的理论板数即为精馏段的理论板数 N_1；进而确定适宜进料位置。

7.5.6 实际塔板数和塔板效率

我们在前几部分计算过程中对精馏塔板数的计算所得的板数为理论塔板数，即离开塔板的气液两相达到相平衡，但实际生产中，由于种种原因（如接触不充分、混合不均匀、接触时间不足等），使得离开塔板的气液两相并不能达到相平衡，也就是说不能达到理论板的分离能力。为了能表征实际塔板的分离能力，引入"板效率"这个概念来表示实际板偏离理论板的程度，对于板式塔来说，这个效率可以有三种定义形式：（1）点效率；（2）板效率；（3）全塔效率。下面将介绍后面两种常用定义。

7.5.6.1 全塔效率

又称总板效率。其定义为完成一定的分离任务所需的理论板数 N_T 与实际所需塔板数 N_P 之比。即：

$$E_T = \frac{N_T}{N_P} \tag{7-39}$$

全塔效率是板式塔分离性能的综合度量。它的影响因素很多，并且这些因素与全塔效率的关系难以通过理论分析确定。所以，全塔效率的可靠数据只能通过实验测定。在工程计算中通常用 $N_P = N_T / E_T$ 来确定实际塔板数。

7.5.6.2 默弗里（Murphree）板效率

默弗里塔板效率又称单板效率，是最常用的塔板效率表示方法。它表示实际板偏离理论板的程度。其一般是以气（液）相经过实际板的组成变化值与经过理论板的组成变化值之比来表示。如图所示：对任意的第 n 层塔板，单板效率可分别以气相组成的变化和液相组成的变化来表示：

$$E_{MV} = \frac{y_n - y_{n+1}}{y_n^{\cdot} - y_{n+1}} \tag{7-40}$$

$$E_{ML} = \frac{x_{n-1} - x_n}{x_{n-1} - x_n^{\cdot}} \tag{7-41}$$

式中　E_{MV}、E_{ML}——以气、液相组成表示的默弗里板效率；

　　　y_n、x_n——离开第 n 板的气、液相组成；

　　　y_n^*、x_n^*——与离开第 n 板的液、气相相平衡的气、液相组成。

在有溢流的塔板上，第 n 板上的液相组成是从塔板入口处的 x_{n+1} 渐次与由下一板上升的蒸气接触进行传质，沿液体流道长度渐渐变化，最后由塔板出口以组成 x_n 进入下一层塔板。所以默弗里板效率是在液体流道上经过各点依次传质的结果。

一般来说，同一层塔板的 E_{MV} 与 E_{ML} 数值并不相同。

7.5.6.3 影响塔板效率的因素

根据以上分析，可以了解到塔板效率是一个重要又复杂的问题，板效率的计算一直是塔板设计中的难题。多年来，国内外对塔板效率的研究一直都很重视，但至今却无突破性进展。其主要原因就是因为影响板效率的因素很多，归纳起来可以分为以下三个方面：

（1）塔的操作情况，主要包括气、液相在塔内的流速及气液相流量比和温度、压力等。具体操作条件对精馏操作的影响及合适的操作条件将在第 9 章中详细讨论；

（2）塔板结构，在塔板上气液两相能充分接触，使传质过程能最大限度地趋于平衡状态，不同的结构形式、使气液接触程度不同，具体的塔板形式将在本书后续章节中介绍。包括板型、塔径、板间距(气相混合的均匀程度)、堰高(液体沿纵向的浓度差)、开孔率等；

（3）系统物性，影响塔板效率的物性主要有黏度、扩散系数、表面张力和相对挥发度等。

这些因素彼此联系，相互影响，实际上板效率是板结构、操作条件、物性等多种因素综合影响的结果，所以计算就十分复杂。目前只有一些特定条件下使用效果较好的经验关联式和经验数据可供设计者参考。

7.5.6.4 塔板效率的实测方法及全塔板效率的经验关联式

1. 塔板效率的实测方法

由于塔板效率的影响因素很多，而且关系复杂，迄今尚未有较好的理论关联式。在设计过程中常采用由实验装置测得的数据或由经验关联式进行预测。全塔效率的测定，一般是在全回流条件下进行测定：

在全回流情况下操作线方程为 $y_{n+1} = x_n$，只要测定连续两块板的液相组成 x_{n-1}、x_n，则相当于已知 y_n、y_{n+1}，若已知相平衡关系，也可以得到 $y_n^* = \dfrac{\alpha x_n}{1 + (\alpha - 1)x_n}$，

则其板效率可以写成：

$$E_{MV} = \frac{y_n - y_{n+1}}{y_n^* - y_{n+1}} = \frac{x_{n-1} - x_n}{x_{n-1} - x_n^*}$$

2. 全塔板效率的经验关联式

经验证明：对于泡罩错流型塔板，只要设计合理，气液两相在正常范围之内，影响板效率最显著的是物系的物性。因此对于泡罩塔板效率的经验关联式常表示为重要物性的函数。不少研究者对全塔效率的实验数据进行了关联，获得了经验关联式。其中最常用的是奥康奈尔(O'connell)关联图或关联式。如图 7 - 35 所示。

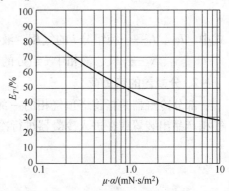

图 7 - 35　精馏塔全塔效率关联图

图中的横坐标 $\alpha \cdot \mu_L$　　$\mu_L = \sum x_i \mu_i$

式中　α——定性温度下的相对挥发度，对多组分系统，应取关键组分间的相对挥发度；

μ_L——为定性温度下的原料液相的黏度，cP(mPa·s)；

x_i——分别为原料中 i 组分的摩尔分率(相当于 x_{Fi})；

μ_i——为原料中的 i 组分的黏度，cP(mPa·s)；

上述物性系数的定性温度是塔顶和塔底算术平均温度 $\left(T = \dfrac{T_D + T_W}{2} \text{。} \right)$

该曲线也可以用下式进行表示：

$$E_T = 0.49(\alpha \cdot \mu_{av})^{-0.245} \tag{7-42}$$

对于大多数的碳氢混合物系统，图 7 - 35 可给出相当满意的结果。但对于非碳氢化合物系统，其结果是不可靠的。

奥康奈尔关联图是在研究泡罩塔的情况下得出的，如果对于其他类型的塔板要进行校正，其校正值列在表 7 - 5 中。

表7-5　不同塔板型式全塔效率的修正值

塔　　型	泡罩塔	筛板塔	浮阀塔	穿流筛孔板塔(无降液管)
总板效率相对值	1.0	1.1	1.1~1.2	0.8

当流径 $Z > 1$m 时，由奥康奈尔图计算得到的全塔效率也需进行校正，具体校正系数计算方法由有关文献查寻。对两组分轻烃混合物全塔板效率通常在在 $0.5 \sim 0.7$ 之间。

7.5.7　精馏塔的热量平衡

在设计一精馏塔时，我们不仅要确定塔器本身的操作条件，而且还要提供设计塔顶冷凝器和塔底再沸器所需的数据。其中最主要的一项便是它们的热负荷。冷凝及再沸器的热负荷的大小对精馏塔的操作费用有很大的影响。

7.5.7.1　冷凝器的热量衡算、冷却介质用量

1. 全凝器的热负荷

对图 7-36 中冷却器作热衡算：

$$V_1 I_{V1} = Q_D + L I_{L_D} + D I_{L_D}$$

由虚线圈的总物料衡算可得 $V_1 = L_D + D$

∴ 冷却器热负荷为

$$Q_D = (L + D)(I_{V1} - I_{L_D}) = (R + 1)D(I_{V1} - I_{L_D}) \qquad (7-43)$$

$$I_V = \sum y_i I_{V_i}$$

$$I_L = \sum x_i I_{L_i}$$

式中　I_{V1}、I_L——纯组分 i 的气相、液相的焓值，kJ/kmol。其值由有关手册查得；

　　　y_i、x_i——气、液相中 i 组分的摩尔分率。

2. 分凝器的热负荷

部分冷凝器是指将塔顶气相的一部分冷凝下来(通常作为塔顶回流)，其余的气相作为气相产品出装置或在进入冷凝器进行冷凝。对图 7-37 中的部分冷凝器作热量衡算可得

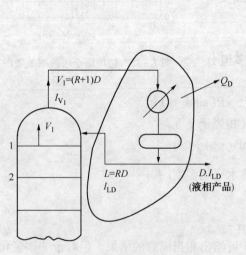
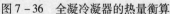

图 7-36　全凝冷凝器的热量衡算

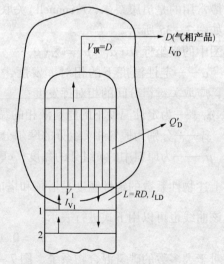

图 7-37　部分冷凝器的热量衡算

$$Q_D' = V_1 I_{V1} - (L I_{L_D} + D I_{V_D}) = (R + 1)D I_{V1} - (R D I_{L_D} + D I_{L_V}) \qquad (7-44)$$

式中　Q_D'——部分冷凝器的热负荷，kJ/h；

V_1——由精馏塔顶层塔板上升的气相摩尔流率，kmol/h；

I_{V_D}——离开部分冷凝器的气相产品的摩尔热焓，kJ/kmol；

I_{L_D}——由部分冷凝器流下的液相回流的摩尔热焓，kJ/kmol。

由上式可以看出，回流比的大小对冷凝器的热负荷有很大影响。R 的增加会导致塔内的气相量 V_1 增加，因此冷凝器的热负荷将上上升。

3. 冷却介质用量 W_D

$$W_D = \frac{Q_D}{c_{p,D}(t_2 - t_2)} \tag{7-45}$$

式中　W_D——塔顶冷凝器中冷却介质的用量，kg/h。

$C_{p,D}$——冷却介质的平均比热容 kJ/(kg·K)；

t_1、t_2——冷却介质的冷凝器进、出口处的温度，℃。

7.5.7.2　再沸器的热量衡算、再沸器的热负荷

对图 7-38 中的圈定的范围作热量衡算，可以求出为产生生产要求的上升蒸气量、再沸器中必须加入的热量，即再沸器的热负荷 Q_W：

$$Q_W = V_W' I_{V_{W'}} + W I_{L_W} - L_N' I_{L'_N} \tag{7-46}$$

式中　Q_W——再沸器的热负荷，kJ/h；

V_W'——由再沸器上升的气相摩尔流率，在恒摩尔流假定下即提馏段气相量 V'，kmol/h；

$I_{V_{W'}}$——气相 V_W' 的摩尔热焓，kJ/kmol；

L'_N——由提馏段底层塔板流下的液相摩尔流率，kmol/h；

$I_{L'_N}$——液相 L'_N 的摩尔热焓，kJ/kmol；

I_{L_W}——塔底产品的摩尔热焓，kJ/kmol。

若近似取 $I_{L_W} \approx I_{L'_N}$，则式(7-46)可简化为

$$Q_W = V_W'(I_{V_W'} - I_{L_W}) \tag{7-47}$$

7.5.7.3　全塔热量衡算

当冷凝器的热负荷 Q_D 已知时，再沸器的热负荷 Q_W 也可以由全塔热量衡算求出。

对图 7-39 中的精馏塔作全塔热量衡算可得

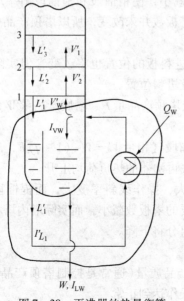

图 7-38　再沸器的热量衡算

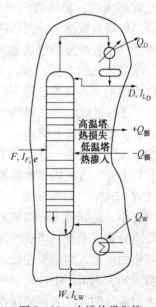

图 7-39　全塔热量衡算

$$FI_F + Q_W = DI_{LD} + WI_{LW} + Q_D + Q_L$$

式中 I_F——进料的摩尔热焓，kJ/kmol；

当进料为气、液两相时，汽化分率为 e，进料的热焓应按下式计算

$$I_F = eI_{V_F} + (1 - e)I_{L_F}$$

式中 I_{V_F}、I_{L_F}——进料中气相、液相的热焓，kJ/kmol。

热损失 Q_L，kJ/h。当精馏塔温度高于环境温度操作时，应为正值；当精馏塔温度低于环境温度操作时，应为负值（或称为冷量损失）。热损失或冷量损失通常由塔的操作温度和保温情况估算。

由式（7-43）及式（7-46）不难看出，在设计一个精馏塔时，因 FI_F、DI_{LD} 及 WI_{LW} 已定，Q_L 近似为常数，所以当回流比 R 增大时，不仅精馏塔顶冷凝器热负荷增加，塔底再沸器热负荷也应相应地增加。

7.6 二元连续精馏塔的操作分析

在设计精馏塔时，有些操作参数是由生产要求规定的，例如进料的流量和组成. 塔顶塔底产品的组成. 但是有些操作参数则可在设计中选定，例如回流比 R，操作压力 p. 进料热状况等。要对这些参数作出合理的选择，就必须知道它们对精馏塔操作的影响。

7.6.1 回流比对操作的影响

上节中讨论了在设计时，回流比的改变对操作费用和设备费用的影响，现在针对操作中的精馏塔，分析回流比对产品质量的影响。

当进料量 F、进料组成 x_F、进料热状况参数 q 及上升气相量 V（即再沸器热负荷）均不变时，增大回流比 R，会有以下的结果：

（1）因为气相量 V 不变，塔顶产品量 $D = V/(R+1)$，所以 R 增大时，塔顶产品量 D 会相应地减小。由全塔物料衡算 $F = D + W$ 可知，塔底产品量 W 相应地增加。

（2）回流比 R 增大后，精馏塔内气、液比减小，使精馏段和提馏段斜率增大，达到原来的分离要求所需的塔板数减小，而塔内实际塔板数并未改变，所以塔顶产品中轻组分必将提高；同时塔底产品中轻组分的组成必将下降。

应当指出，改变回流比 R 后，相应地适宜进料板的位置也将改变，但实际上进料位置并未改变，所以实际的进料位置已经不再是适宜进料位置。

当进料量 F、进料组成 x_F、进料热状况 q 及塔顶产品量 D、塔底产品量 W 均不发生改变时，增大回流比 R，会产生如下结果：

（1）因为精馏段气相量 $V = (R+1)D$，提馏段气相量 $V' = V - (1-q)F$，所以回流比 R 增大后，V 及 V' 均上升，造成塔顶冷凝器和塔底再沸器的热负荷均上升。

（2）回流比 R 增大后，精馏段液、气比增大，操作线斜率变大，而提馏段液、气比变小，操作线斜率变小，达到原来分离要求所需要的塔板数减小，而实际塔内塔板数不变，所以塔顶产品中轻组分组成上升，塔底产品中轻组分将下降。

反之，若减小回流比，则结果相反。

从以上分析可知，当工厂中操作的精馏塔产品质量（通常是控制塔顶产品质量）不合格时，可采用增大回流比的方法来调整操作，使操作达到正常。

应该注意到，在塔顶产品馏出率 D/F 一定的条件下，单靠增加回流比 R 来提高塔顶产品组成 x_D 的方法并非总是奏效的。这是因为：

① 塔底产品纯度的提高受精馏段塔板数的限制，对一定的塔板数，即使采用全回流时，塔顶产品组成 x_D 也有确定的最高极限值。当然在实际操作中，无论如何增大回流比，x_D 也不可能超过此极限值。

② 塔顶产品组成 x_D 的提高受到全塔物料衡算的限制，增大回流比虽可提高 x_D，但由物料衡算可得到其极限值为 $x_D = Fx_F/D$，对有限的塔板数，即使采用全回流，x_D 也只能趋于这一极限值。

7.6.2 进料组成改变的影响

在精馏塔操作中，若进料组成改变则塔顶及塔底产品组成也将发生变化。如图 7-40 所示，进料组成由 x_F 下降至 x'_F，则在相同回流比 R 及塔板数时，塔顶产品将由 x_D 下降至 x'_D，塔底产品组成将由 x_W 下降至 x'_W。组成 x'_D 及 x'_W 可通过试差法求定。此时，若要维持原来的塔顶产品组成 x_D 不变，一般是采用增加回流比 R 的方法或改变进料口位置。

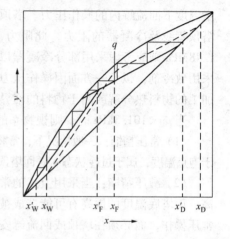

图 7-40 进料组成降低对
精馏操作的影响

7.6.3 精馏塔操作温度及压力的确定

精馏塔的操作温度和操作压力时精馏塔操作中十分重要的两个操作参数。工业生产中通常依据精馏塔的操作压力，将精馏塔分为减压塔、常压塔和加压塔。在确定精馏塔的操作温度和操作压力时，必须考虑工艺上和经济上两方面的因素。下面先说明操作温度及操作压力的确定对经济上的影响，然后结合应考虑的工艺方面的因素，介绍精馏塔操作温度及操作压力的确定方法。

在经济上，随压力的升高，塔壁厚度增加，而且还要考虑到压力较高时，造成相对挥发度下降，使所需的塔板数增加，所以设备费用上升。反之，随着压力降低，气相密度减小，塔径将有所增加。此外，随着压力降低，塔顶冷凝器温度也将降低，必须使用较低温度的冷剂，从而增加了操作费用。如在轻烃分离装置中的甲烷脱除塔，若在 3545.5kPa 下操作，则回流液温度为 -90 ～ -95℃，此时，可以用 -103.9℃ 的乙烯作制冷剂。若在 182.34 ～ 253.25kPa 下操作。则回流液温度为 -135 ～ -140℃，此时需要采用 -150℃ 的甲烷作制冷剂。但在一些工厂中，为节约制冷设备的投资，在塔顶冷凝器中常常采用水(或其他介质)作冷剂。此时，温度较高，为使塔顶气相能冷凝下来，可适当提高操作压力，以使精馏得以正常进行。

在确定精馏操作温度及操作压力时，除考虑其经济上的合理性外，还要考虑在工艺上的可行性，特别是被分离物质的热稳定性。许多有机物在低于其常压沸点时的某一温度就发生分解、聚合、缩合或相互之间发生化学反应，为使塔底釜液低于这一温度，则必须采用减压操作。如常压重油的减压蒸馏及苯乙烯精制中的减压精馏，塔底操作压力的确定就是依据上述原则的。下面介绍确定精馏塔操作温度及操作压力的方法。

根据相律可知，在塔顶产品组成 x_D 被指定以后，塔顶的温度和压力只能选定一项，另一项则被唯一确定。一般是选定温度，由泡点方程或露点方程计算出压力。通常，首先考虑在塔顶冷凝中用水或空气作为冷却剂，这样凝液的温度可以冷却到 40～45℃（塔顶产品与冷却剂之间必须保持有 10～20℃ 的传热温差）。根据选定的冷凝液的温度及塔顶产品组成，就可以由泡点方程式求出冷凝液的泡点压力 P_b。

对低压（一般 $p \leqslant 303.9$kPa）下的二元理想溶液可按式（7－2）计算

$$p = p_A^0 x_A + p_B^0 (1 - x_A)$$

对于高压下的多元系统可按式（7－17）$\sum K_i x_i = 1$ 计算

根据以上计算出的泡点压力 P_b 的数据值，分为以下几种情况来考虑：

当 $p_b > 101.3$kPa 时，表示精馏需要在一定压力下进行操作。所计算出的 p_b 即表示在选定温度下回流罐内的操作压力。塔顶的压力应略高于回流罐内的压力，以克服塔顶气相通过塔顶管线及冷凝器的阻力，此阻力一般为 10.13～20.26kP。如果计算出的泡点压力高于 1.48MPa 则应考虑采用部分冷凝器以降低操作压力。如果泡点压力高于 2.52MPa 则应考虑采用致冷剂，以免一方面因操作压力过高而提高设备和操作费用，另一方面因温度过高而被加工的物料热分解或高于物料的临界压力。

当 $p_b < 101.3$kPa 时，则视物系的性质可采用常压或减压精馏两种形式。

（1）常压精馏：一般情况下，常将回流罐与大气相通，即为常压操作。此时，冷凝液温度低于泡点温度，属于过冷状态。送回塔顶的回流液是低于泡点温度的过冷液，此回流称冷回流。

（2）减压精馏：当采用上述的常压操作时，由于压力的升高，会使塔内各处温度相应提高，而塔底温度的提高有可能造成被分离组分发生结焦、分解等化学反应。此时，不能采用常压操作，而必须在塔顶或回流罐安装抽真空设备以维持塔内的减压操作，保证塔底的温度不高于规定的温度。炼油厂的常压重油在减压下进行蒸馏以及石油化工厂糠醛、酚、高级醇、醚的减压精馏再生均属于此类。

在确定了塔顶压力后，可由露点方程计算出塔顶气相的温度。

以上是使用水或空气作冷却剂的情况，对于一些挥发性（或饱和蒸气压）很大的组分，在 30～40℃ 下冷凝需要很高的压力，或此温度已超过组分的临界温度，使精馏无法进行。这时，就需要采用其他冷却剂制冷，以降低塔顶冷凝液的泡点温度，常用的制冷剂由液氨、液态乙烯、液态丙烯等。

7.6.4 热回流与冷回流

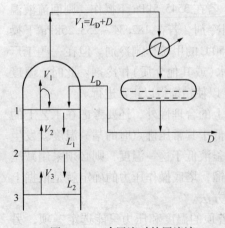

图 7－41 冷回流时的回流液

7.6.4.1 热回流

所谓热回流是指回流液温度等于泡点温度，即回流液是泡点饱和液体的回流。当塔顶采用分凝器，冷凝液作为回流液时，即为热回流。当恒摩尔流假定成立时，塔内精馏段各板下降的液相与塔顶回流量相等。

7.6.4.2 冷回流

当塔顶回流液的温度低于泡点温度时，则称为冷回流。冷回流时的回流液进入塔顶第一层塔板上时，将与第二层塔板上升的气相接触。达到气、液两相平衡。因要将冷回流液加热至泡点温度（即饱和液体），所以有一部分上升的气相冷凝下来，与回流液混合，一起进入第二块塔板，如图 7－41 所示。当恒摩尔流

假定成立时，第一层塔板下降的液相量才是塔内精馏段的回流量。其回流比为

$$R = \frac{L_1}{D}$$

式中　L_1——第一层塔板下降的液相量，kmol/h；

　　　D——塔顶产品量，kmol/h。

L_1 可由热量衡算求定。在图 7-41 中作第一层塔板上、下的物料衡算有

$$V_2 + L_D = V_1 + L_1，\quad V_2 I_{V_2} + L_D I_{L_D} = V_1 I_{V_1} + L_1 I_{L_1}$$

另外有：$V_1 = L_D + D$，因为 V_1 与 V_2 的组成及温度相差不多，可近似地认为 $I_{V_2} \approx I_{V_1}$。经过推导得到下式

$$\frac{L_1}{L_D} = \frac{I_{V_1} - I_{L_D}}{I_{V_2} - I_{L_1}} \tag{7-48}$$

式中　L_D——冷回流液相流量，kmol/h；

　I_{V_1}、I_{V_2}——离开第一层、第二层塔板上升的气相焓值，kJ/kmol；

　　　I_{L_1}——离开第一层塔板下降液相的焓值，kJ/kmol。

本章符号说明

英文字母：

A——组分 A 的量，kmol；

B——组分 B 的量，kmol；

c_p——摩尔恒压比热容，kJ/(kmol·K)；

D——塔顶产品(馏出液)流量，kmol/h；

e——汽化分率；

E_{ML}——液相默弗里板效率；

E_{MV}——气相默弗里板效率；

E_T——全塔板效率(总板效率)；

f——气相的逸度，kPa；

F——原料流量，kmol/h；

G——进料的质量流量，kg/h；

I——物质的热焓值，kJ/kmol；

K——相平衡常数；

L——塔内下降的液相流量，kmol/h；

M——相对分子量，kg/kmol；

N——实际塔板数或物系的组分数；

N_T——理论塔板数；

P——系统的总压，kPa；

p——组分分压，kPa；

p^0——纯组分的饱和蒸气压，kPa；

Q——传热速率(热负荷)，W；

q——进料中液相所占分率(进料热状况参数)；

R——回流比；

r——摩尔汽化相变焓，kJ/kmol；

t——温度，K 或℃；

V——塔内上升气相流量，kmol/h；

v——组分挥发度，kPa；

W——塔底产品(釜液)流量，kmol/h；

W——蒸馏釜内液体量，kmol；

x——液相中组分的摩尔分率；

y——气相中组分的摩尔分率。

希腊字母：

α——相对挥发度；

γ——活度系数；

ϕ——物系的相数；

θ——恩德伍德方程式的根；

φ——逸度系数；

μ——黏度，cP。

下标：

A——A 组分(二元物系中的易挥发组分)；

B——B 组分(二元物系中的难挥发组分)；

b——液相的泡点；

C——临界状态；

D——塔顶产品(馏出液)；

d——气相的露点；

e——平衡状态；

F——进料；

h——重关键组分；

i——某一组分；

j——基准组分；

L——液相；

l——轻关键组分；

m——提馏段或提馏段塔板序号；

$\min$——最少或最小；

n——精馏段或精馏段塔板序号；

V——气相；

W——塔底产品(釜液)。

上标：

0——纯态或饱和状态；

$*$——平衡状态；

$'$——提馏段。

习题

7-1　试根据表7-1所列出的苯-甲苯的饱和蒸气压与温度的数据，作出总压为101.3kPa下苯-甲苯混合溶液的 $t-x-y$ 相图及 $x-y$ 相图。设此溶液服从拉乌尔定律。

7-2　试根据上题的 $t-x-y$ 图，对含苯的摩尔分率为0.40的苯-甲苯混合气体，计算：

(1) 气体开始冷凝的温度及此时冷凝液的组成；

(2) 若将气相冷凝，冷却至100℃，物系的相态及各相组成；

(3) 将全部气相刚好冷凝下来的温度及此时液相及气相的瞬间组成。

7-3　已知某精馏塔塔顶气相的温度为82℃，使用全凝器时，其馏出液的摩尔组成为含苯0.95及甲苯0.05，试求该塔塔顶的操作压力。苯及甲苯的饱和蒸气压可按下述安托万公式计算，即：$\lg p^\circ = A - \dfrac{B}{t+C}$

式中　t—系统的温度,℃；　　p°—饱和蒸气压，mmHg(133.32Pa)；

A、B、C—物系的安托万常数，无因次。苯及甲苯的安托万常数如下表：

组分	A	B	C
苯	6.89740	1206.350	220.237
甲苯	6.95334	1343.943	219.377

7-4　在总压为13.33kPa时，乙苯-苯乙烯物系的相平衡数据(摩尔分率)如下表：

t/℃	80.72	80.15	79.33	78.64	77.86	76.98	76.19	75.05	74.25
x	0.091	0.141	0.235	0.319	0.412	0.522	0.619	0.764	0.887
y	0.144	0.211	0.324	0.415	0.511	0.611	0.699	0.814	0.914

试计算各温度下的相对挥发度及在题中给定温度范围的平均相对挥发度，并写出以相对挥发度表示的相平衡关系式。

7-5　甲醇(A)-水(B)的蒸气压数据及101.3kPa下的气液相平衡数据列表如下，试分析这一混合溶液是否可以看作理想溶液。

t/℃	64.5	70	75	80	90	100
p_A°/kPa	101.3	123.3	149.6	180.4	252.6	349.8
p_B°/kPa	24	31.2	38.5	47.3	70.1	101.3

x	0	0.02	0.06	0.1	0.2	0.3	0.4
y	0	0.134	0.304	0.418	0.578	0.665	0.729
x	0.5	0.6	0.7	0.8	0.9	0.95	1
y	0.779	0.825	0.87	0.915	0.958	0.979	1

7-6　在101.3kPa下对含苯 $x_1 = 0.4$(摩尔分率)的苯-甲苯溶液进行简单蒸馏，求馏出总量的1/3时的釜液及馏出液组成为多少？又如将上述溶液以闪蒸的方式汽化总量的1/3时，其气、液相组成各是多少？并作比较。

7-7　在101.3kPa下，使含苯 $y = 0.7$(摩尔分率)的苯-甲苯混合气相，在一部分冷凝器中将气相量的 1/3 冷凝为饱和液相。试求气、液相的组成是多少？定性说明若冷凝量增加时，气、液相组成将如何变化？

7-8 在常压下，经连续精馏塔分离含甲醇 0.4（摩尔分率，下同）的甲醇 – 水溶液。若原料流量为 200kmol/h，塔顶产品组成为 0.95，塔底产品组成为 0.04，回流比为 2.5。试求塔顶产品、塔底产品的流量及精馏段内液相、气相流量。认为塔内气、液相符合恒摩尔流假设。

7-9 每小时将 15000kg 含苯 40% 的苯 – 甲苯溶液，在连续精馏塔中进行分离。操作压力为 101.3kPa，要求馏出液回收原料中 97.1% 的苯，釜液中含苯不超过 2%（以上均为质量%）。苯的相对分子质量为 78，甲苯的相对分子质量为 92。

(1) 试求馏出液和釜液的流量及组成，用 kmol/h 及摩尔分率表示；

(2) 若回流比为 2.12，试求精馏段操作线方程，并指出斜率及截距各为多少？

(3) 若进料为泡点液体，试求提馏段操作线，并写出斜率及截距各为多少？

7-10 在一连续精馏塔中，已知精馏段操作线方程为 $y = 0.75x + 0.2075$，q 线方程为：$y = -0.5x + 1.5x_F$。试求：

(1) 回流比；

(2) 馏出液组成 x_D；

(3) 当进料组成 $x_F = 0.44$ 时，适宜进料板上液相组成为多少？

(4) 进料热状况 q 值为多少？（组成均为摩尔分率）

7-11 拟设计一连续精馏塔处理某二元混合物。原料为气液相摩尔数相等的气液两相混合物，进料组成为 0.500（轻组分摩尔分率，下同），相对挥发度为 2。试计算以下两种情况下的最小回流比。

(1) 馏出液组成为 0.930；

(2) 馏出液组成为 0.758。

7-12 用常压连续精馏塔分离含苯为 0.4 的苯 – 甲苯混合物。进料为气相量占 1/3（摩尔分率）的气液两相混合物。要求塔顶馏出液中含苯为 0.95（以上均为质量分率）。相对挥发度为 2.5。试求：

(1) 原料中气相及液相的组成；

(2) 最小回流比。

7-13 若例 7-6 的精馏塔在常压下操作，在题示范围内，可取平均相对挥发度为 $\alpha = 2.5$，泡点液体进料，回流比 $R = 4$。试求精馏段和提馏段各需要多少块理论塔板？

7-14 以简捷计算法解上题。

7-15 为测定塔内某种塔板的效率，在常压下对苯 – 甲苯物系进行全回流精馏。待操作稳定后，测得相邻三层塔板的液体组成分别为：$x_n = 0.430$，$x_{n+1} = 0.285$，$x_{n+2} = 0.173$。从这三个数据可以得到什么结果？

7-16 在常压下，用有 8 块塔板的泡罩塔对含甲醇 0.4（摩尔分率，下同）的甲醇 – 水混合物进行连续精馏。塔顶产品及塔釜残液中甲醇组成分别为：0.93 和 0.01。若回流比为 2，进料为泡点液体。试求全塔效率。甲醇 – 水的相平衡数据见题 7-5。

7-17 在常压连续精馏塔中分离苯 – 甲苯混合物。原料中含苯 0.40（质量分率，下同），要求塔顶产品中含苯 0.97，塔底产品中含苯 0.02。原料流量为 1500kg/h。回流比为 3.5。试求：

（1）塔顶及塔底产品的流量 kmol/h；

（2）求下列各进料状态下所需的理论塔板数及适宜进料位置。

① 泡点液体进料；

② 20℃的过冷液体进料；

③ 进料中气体量占 2/3（摩尔比）的气液两相进料。

7-18 正庚烷-乙苯混合物中所含有正庚烷为 0.42（摩尔分率，下同）。在 101.3kPa 下进行连续精馏，要求塔顶产品中含正庚烷 0.97，塔底产品中含乙苯 0.99。进料量为 5000kg/h，回流比为 2.5。试计算饱和液体进料时：

（1）所需的理论塔板数；

（2）冷凝器及再沸器的热负荷。

题 7-18 附表 101.3kPa 下正庚烷-乙苯的气-液相平衡关系

t/℃	x	y	t/℃	x	y
136.2	0	0	110.8	0.487	0.729
129.5	0.08	0.233	106.2	0.651	0.834
122.9	0.185	0.428	103.0	0.778	0.904
119.7	0.251	0.514	100.2	0.914	0.963
116.0	0.335	0.608	98.5	1.000	1.000

塔顶条件下各组分的摩尔汽化相变焓分别为：正庚烷 31717kJ/kmol；乙苯 36008kJ/kmol。

操作条件下各组分的液相平均摩尔比热容分别为：正庚烷 217.3kJ/(kmol·K)；乙苯 181.7kJ/(kmol·K)。

7-19 在精馏塔的操作中，若进料量及塔底再沸器热负荷不变，而进料组成 x_F 因故降低，试分析塔顶产品组成 x_D 如何变化？可采取什么措施使 x_D 不变？

第8章 气、液传质设备

8.1 概述

塔设备是能够实现蒸馏和吸收两种分离操作的气液传质设备，其广泛应用于石油化学工业中。这类设备的基本功能在于：提供气液两相充分接触的机会，使传质传热过程能有效地进行，在接触之后使气液两相及时分开的同时，尽量减少互相夹带。

8.1.1 塔设备类型

根据塔内气液接触部件的结构型式，可将塔设备分为两大类：板式塔与填料塔。按塔内气液接触方式，有逐级接触式和微分(连续)接触式之分。

板式塔：在塔内装有若干层塔板，气液以塔板为接触部件，进行传质、传热过程。在正常操作条件下，气相为分散相，液相为连续相，气相组成呈阶梯变化，属逐级接触操作过程。

填料塔：以各种形式的填料为塔内固体填充物。气液以填料为接触部件进行传质与传热过程。在正常操作条件下，气相为连续相，液相为分散相，气相组成呈连续性变化，属微分逆流操作过程。

8.1.2 塔的结构

塔设备的构件，除了种类繁多的各种塔内件外，其余塔构件则大致相同，主要由塔体、塔体支座、除沫器、接管、人孔和手孔、吊耳及吊柱等构成。

1. 塔体

塔体是塔设备的外壳。常见的塔体是由等直径、等壁厚的圆筒和作为头盖和底盖的椭圆形封头所组成，其直径随处理量和操作条件而异。随着化工装置的大型化，渐有采用不等直径、不等壁厚的塔体。

2. 塔内件

塔内件是完成工艺过程、保证产品质量的主要部件之一。板式塔内件包括塔盘、溢流装置、紧固件等。填料塔内件包括填料、液体分布及再分布装置、填料支承装置等。

3. 塔体支座

塔体支座是塔体安放到基础上的连接部分，它必须保证塔体坐落在确定的位置上进行正常的工作。为此，它应当具有足够的弧度和刚度. 能承受各种操作情况下的全塔重量，以及风力、地震等引起的载荷。最常用的塔体支座是裙式支座(简称为"裙座")。

4. 除沫器

除沫器用于捕集夹带在气流中的液滴。使用高效的除沫器，对于回收贵重物料、提高分离效率、改善塔后设备的操作状况，以及减少对坏境的污染等，都是非常必要的。

5. 接管

塔设备的接管用于连接工艺管路,其将塔设备与相关设备连成系统。按接管的用途,分为进液管、解液管、进气管、出气管、回流管、侧线抽出管和仪表接管等。

6. 人孔和手孔

人孔和手孔一般都是为了安装、抢修检查和装填填料的需要而设置的,在板式塔和填料塔中,各有不同的设置要求。

8.1.3 塔设备基本性能指标

评价塔设备的基本性能指标主要包括以下几项:

(1)生产能力,即单位塔截面上单位时间的物料处理量。

(2)分离效率,对板式塔是指每层塔板所能达到的分离程度;对填料塔是指单位高度填料层所达到的分离程度。

(3)适应能力及操作弹性,指对各种物料性质的适应性以及在负荷波动时维持操作稳定而保持较高分离效率的能力。

(4)流动阻力,即气相通过每层塔板或单位高度填料层的压强降,这对减压塔是一项非常重要的指标。

除上述几项主要性能指标外,塔的造价高低、安装及维修的难易以及长期运转的可靠性等因素,也是必须考虑的实际问题。

8.2 板式塔

如图8-1所示,板式塔为逐级接触式气液传质设备,它主要由圆柱形壳体、上下两端封头、物料进出口接管、塔板、降液管及受液盘、人孔与裙座等部件构成。其中,塔内按一定间距水平安装的若干塔板是气液两相接触的基本部件。

8.2.1 塔板结构

塔板是板式塔的核心部件,它决定了一个板式塔的基本性能,相邻塔板必须保持一定距离,称为板间距。塔板由下述部分构成。

1. 气体通道

塔板上均匀地开有一定数量供气体自下而上流动的通道。气体通道的形式很多,各种型式的塔板主要区别就在于气体通道的形式不同。

2. 溢流装置

(1)溢流形式

溢流形式亦即板上液体流动的途径,是由降液管的布置所决定的。一般有如图8-2所示的几种型式,即(a)U形溢流、(b)单溢流、(c)双溢流及(d)阶梯流。

U形流亦称回转流,降液和受液装置安排在塔的同一侧。弓形的一

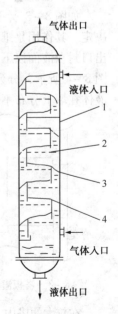

图8-1 板式塔
结构简图

1—壳体;2—塔板;
3—降液管;4—溢流堰

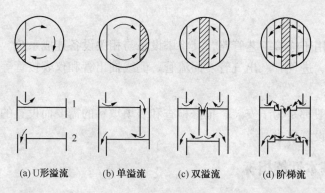

图 8-2　塔板液流形式

(a)U形溢流　　(b)单溢流　　(c)双溢流　　(d)阶梯流

半作受液盘,另一半作降液管。沿直径以挡板将板面隔成 U 形流道。U 形流的液体流径最长,塔板面积利用率也最高,但液面落差大,仅用于小塔及液体流量小的情况下。

单溢流又称直径流,液体横过整个塔板,自受液盘流向溢流堰。液体流径长,塔板效率较高。同时,单溢流塔板结构简单,广泛应用于石油化工厂中直径 2.2m 以下的塔中。

双溢流又称半径流,来自上一塔板的液体分别从左、右两侧的降液管进入塔板,横过半个塔板进入中间的降液管,在下一塔板上液体则分别流向两侧的降液管。这种溢流型式可减小液面落差及出口堰的液流强度。但塔板结构复杂,且降液管所占塔板面积较多。一般用于直径 2m 以上的塔中。

阶梯流,塔板做成阶梯型式,目的在于减小液面落差而不缩短液体流径。每一阶梯均有溢流堰。这种塔板结构最复杂,只宜用于塔径很大,液量很大的特殊场合。

(2)溢流堰

如图 8-3 所示,在每层塔板的出口端通常装有溢流堰,板上的液层高度主要由溢流堰决定。其作用是维持塔板上有一定的液面高度,以确保传质过程的顺利进行,再者将降液管出口封在液面以下,以免汽体短路从降液管中上升,影响传质过程的进行。溢流堰的形式如图 8-4 所示,分为平形和齿形两种。一般建议采用平堰。但若堰上液层高度太小时会造成液体在堰上分布不均,则需采用齿形堰。

图 8-3　塔板溢流装置示意图　　　　　图 8-4　溢流堰型式

(a)平形　　　　　(b)齿形

在较大的塔中,有时在液体进入塔板处设有进口堰,以保证降液管的液封,并减少进入处液体水平冲出,使液体在塔板上分布比较均匀。但对于弓形降液管,液体在塔板上的分布一般较均匀,而进口堰需占用较多板面,还容易发生沉淀物淤积而造成阻塞,故多不设进口堰。

(3)降液管

降液管是液体自上层塔板流到下层塔板的通道。如图 8-5 所示,降液管有圆形和弓形之分。图 8-5(a)为圆形降液管,其是在堰外装圆管作为降液管。圆形降液管的流通截面小,没有足够的空间分离液体中气泡,气相夹带(气泡被液体带到下层塔板的现象)较严重,从而降低了塔板效率。同时,溢流周边的利用也不充分,影响塔的生产能力。所以,除小塔及实验室装置外,一般不采用圆形降液管。

图 8-5(b)为弓形降液管,其将堰与塔壁之间的全部截面区域均作为降液区。弓形降液管能充分利用塔板面积,一般用于较大的塔中,石油加工工业中常用此种降液管。

（4）受液盘

受液盘接受由降液管下来的液体,起到了缓冲液体流下时的冲击作用,同时可稳定塔上液体的流动状态,确保传质过程的稳定进行。如图 8-6 所示,受液盘型式有平形及凹形两种。

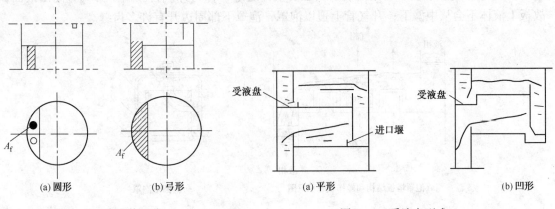

| (a) 圆形 | (b) 弓形 | | (a) 平形 | (b) 凹形 |

图 8-5　降液管型式　　　　　　　　图 8-6　受液盘型式

平受液盘适用于各种物料,但液体从受液盘流向塔板时不够平稳;凹受液盘便于液体从侧线抽出,在液体流量低时仍能保证良好的液封,且对液体有缓冲作用,使得液体流动平稳,有利于液体入口区更好的鼓泡。对于易聚合的物料,为避免在塔板上形成死角,应采用平受液盘;一般情况下,可采用凹受液盘。凹受液盘的深度一般不小于 50mm,但不能超过板间距的 1/3,否则应加大板间距。

8.2.2　塔板类型

塔板的分类方法很多,一般根据板上气液流动方式的不同,可将塔板分为错流式塔板（也称有降液管式塔板或溢流式塔板）及逆流塔板（也称无降液管式塔板或穿流式塔板）两类。

8.2.2.1　逆流塔板

逆流式塔板是一种简易塔板,它实际上只是一块均匀开有一定缝隙或筛孔的圆形平板。这种塔板在正常工作时,板上液体随机地经某些开孔流下,而气体则经另一些开孔上升。该塔板板间不设降液管,气、液同时由板上孔道逆向穿流而过,故又称穿流塔板。栅板、淋降筛板等都属于这类塔板。

如图 8-7 所示为穿流栅板塔板,这种塔板结构简单,板上无液面落差,气体分布均

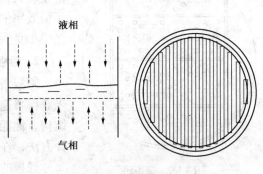

图 8-7　穿流栅板塔板

匀，塔板面积利用充分，可增大处理量及减小压强降。但逆流式塔板需要较高的气速才能维持板上液层，同时其操作弹性差且效率较低，这都限制了其应用。目前，在蒸馏、吸收等传质操作中应用的塔板主要还是错流式塔板。

8.2.2.2 错流塔板

错流塔板广泛用于工业生产中，错流塔板操作时，塔内气液两相成错流流动，即液体横向流过塔板，而气体垂直穿过液层，但对整个塔来说，两相基本上成逆流流动。错流塔板根据鼓泡元件的不同又可分为泡罩塔、筛板塔、浮阀塔及喷射塔板等几类。

1. 泡罩塔板

泡罩塔板是很早就为工业蒸馏操作所采用的一种塔板型式。泡罩塔板的基本结构如图8-8所示。塔板上装有若干短管作为上升气体通道，称为升气管。由于升气管高出液面，故板上液体不会从中漏下；升气管上覆以泡罩，泡罩下部周边开有许多齿缝。

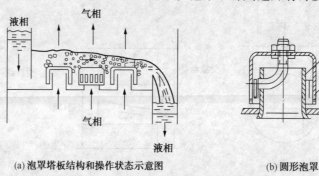

(a) 泡罩塔板结构和操作状态示意图　　　　　(b) 圆形泡罩

图8-8　泡罩塔板
1—升气管；2—泡罩；3—塔板

操作状况下，齿缝浸没于板上液层之中，形成液封。上升气体通过齿缝被分散成许多细小的气泡或流股进入液层。板上的鼓泡液层或充气的泡沫体为气、液两相提供了大量的传质界面。液体通过降液管流下，并依靠溢流堰以保证塔板上存有一定厚度的液层。

泡罩在塔板上按正三角形排列，泡罩中心距为泡罩直径的1.25～1.5倍，泡罩外缘间的距离一般在25～75mm之间，以保持良好的鼓泡效果。

泡罩塔操作稳定，操作弹性（正常操作时最大负荷与最小负荷比）大，塔板不易堵塞。但其结构复杂、金属耗量大、造价高、安装维修不便、气相流道曲折，塔板上液层较厚，气体流动阻力大；同时，液体流过泡罩塔板阻力较大，液面落差较大，板上液层深浅不同，致使气量分布不均，影响了板效率的提高。目前，在新建的石油化工厂中，泡罩塔已很少见到。

2. 筛板塔板

筛板塔板也是一种出现很早的塔板型式，但过去一直未获得普遍的采用，直到20世纪50年代初，对筛板塔的结构、性能作了较为充分的研究，并形成了相当完善的设计方法，在国内外应用才日趋广泛。

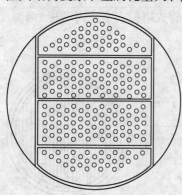

图8-9　筛板塔

筛板的结构如图8-9所示。筛板塔直接在塔板上开很多小直径孔，即筛孔。筛孔在塔板上按正三角形排列，其直径一般为3~8mm，推荐采用4~5mm，孔心距与孔径之比常在2.5~5.0范围内。塔板上设置溢流堰，以使板上维持一定高度的液层。

操作时，上升气流通过筛孔分散成细小的流股，在板上液层中鼓泡而出，与液体密切接触进行传热和传质。在正常操作范围内，通过筛孔上升的气流，应能阻止液体经筛孔向下泄漏。上升气流通过筛孔分散成细小的流股，在板上液层中鼓泡而出，气液间密切接触而进行传质。

筛板塔板的主要优点是结构简单，金属耗量小，造价低廉；同时塔板压强降小，板上液面落差也较小，而生产能力及板效率比泡罩塔高。主要缺点是筛板的操作气体与液体流量变化范围不如泡罩塔板大，也就是操作弹性较小；小孔筛板容易堵塞。此外筛板塔板的安装水平要求较严格，所处理的物料应较洁净以防筛孔被堵塞。近年来有采用大孔径（直径10~25mm）筛孔的塔板，不易堵塞，而且由于气速的提高，生产能力增大。

3. 浮阀塔板

浮阀塔板于20世纪50年代开始在工业上开始推广使用，由于它兼有泡罩塔板和筛板的优点，目前已成为国内应用最广泛的塔型。特别是在石油化工行业中使用最普遍，对其性能研究也较充分。

浮阀塔板的结构特点是在塔板上开有若干孔，每个孔上装有一个可以上下浮动的阀片。浮阀的形式很多，国内最早用于工业应用的是F系列浮阀。目前国内已采用的F系列浮阀有5种。其中最常用的浮阀形式为F1型和F-4型。F1型浮阀（国外称为V-1型）如图8-10(a)所示。阀片本身有三条"腿"，插入阀孔后将各腿底脚扳转90°角，用以限制操作时阀片在板上升起的最大高度；阀片周边又冲出略向下弯的定距片，当气速很低时，靠这三个定距片使阀片与塔板呈点接触而坐落在阀孔上，阀片与塔板间始终保持2.5mm的开度供气体均匀地流过，避免了阀片启闭不匀的脉动现象。阀片与塔板的点接触也可防止停工后阀片与板面粘结。

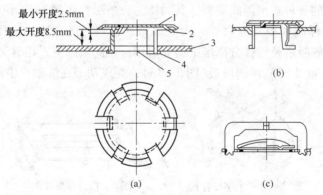

图8-10 几种浮阀型式

1—阀片；2—定距片；3—塔板；4—阀脚；5—阀孔

F1型浮阀又分轻阀与重阀两种：重阀采用厚度为2mm的薄板冲制，每阀质量约为33g，轻阀采用厚度1.5mm的薄板冲制，每阀质量约为25克。阀的质量直接影响塔内气体的压强降，轻阀压强降虽小，但操作稳定性较差，低气速时易漏液。因此，一般情况下应采用重阀。只在处理量大并且要求塔板压降很低的系统（如减压塔）中才用轻阀。另外，为避免阀片生锈，浮阀多采用不锈钢制造。

F-4 型浮阀如图 8-10(b)所示。其特点是阀孔冲成向下弯曲的文丘里形,以减小气体通过塔板时的压强降。阀片除腿部相应加长外,其余结构尺寸与 F1 型轻阀相同。T 型浮阀如图 8-10(c)所示,拱形阀片的活动范围由固定于塔板上的支架来限制。其性能与 F1 型浮阀相近,但结构较复杂,适于处理含颗粒或易聚合的物料。

操作时,由阀孔上升的气流,经过阀片与塔板间的间隙而与板上横流的液体接触。浮阀开度随气体负荷而变,在高气量时,阀片自动浮起,开度增大,使气速不致过大,同时阀腿可以限制阀片升起的最大高度,并防止阀片被气体吹走;在低气量时,开度较小.气体仍能以足够的气速通过缝隙,避免过多的漏液。总的来说,浮阀塔具有以下优点:

① 生产能力大。由于浮阀安排比较紧凑,塔板的开孔面积大于泡罩塔板,故其生产能力约比圆形泡罩塔板大 20% ~40%,而与筛板塔相近;

② 操作弹性大。由于阀片可以自由升降以适应气量的变化,故其维持正常操作所允许的负荷波动范围比泡罩塔及筛板塔都宽;

③ 塔板效率高。由于上升气体以水平方向吹入液层,故气、液接触时间较长而雾沫夹带量较小,因此塔板效率较高,比泡罩塔板效率高 15% 左右;

④ 气体压强降及液面落差较小。因为气、液流过浮阀塔极时所遇到的阻力较小,故气体的压强降及板上的液面落差都比泡罩塔板的小;

⑤ 塔的造价低。浮阀塔的造价约为具有同等生产能力的泡罩塔的 60% ~80%,而为筛板塔的 120% ~130%。

浮阀塔板的主要缺点是处理胶粘性和含固体颗粒物料时,易导致阀片与塔板粘结或被架起,同时在操作过程中可能会发生阀片脱落或卡死等现象,使塔板效率和操作弹性下降。

浮阀的型式还有很多,例如,十字架型浮阀见图 8-11,它的阀片本身只是一个带有三个凸部的盘式阀片,凸部可保持阀的最小开度,而借助于固定在塔板上的十字架来导向浮阀的上下浮动和限制它的最大开度。图 8-12 为条形浮阀示意图。HTV 船型浮阀塔板是中国石油大学开发成功的一种新型浮阀塔板,其阀体为长条形,底部为半圆形,阀体上部两侧带有翻边。HTV 船型浮阀塔板具有高效、大处理量的优点,已在原油常压塔、催化分馏塔、稳定塔、吸收塔、解吸塔及气体分离塔中得到应用。在此基础上,相继又开发出了性能更加优良的 BVT 浮阀塔板及 SFV 浮阀塔板(图 8-13),并成功地在炼油厂中进行了推广使用。

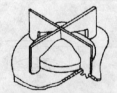

图 8-11 十字形浮阀

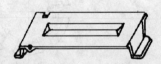

图 8-12 条形浮阀

(a)HTV船型浮阀

(b)BVT浮阀

(c)SFV浮阀

图 8-13 浮阀塔板系列

4. 喷射型塔板

上述泡罩、筛孔及浮阀塔板都属于气体分散型塔板，在这类塔板上，气体分散于板上液层之中，在鼓泡状态或泡沫状态下进行气液接触。这类塔板的操作气速不可能很高，生产能力受到局限，且因板上有液面落差，引起气体分布不均匀，对提高效率不利，同时，这类塔板压强降比较大。鉴于气体分散型塔板的这些弱点，发展出若干种喷射型塔板。在这类塔板上，气体喷出的方向与液相流动的方向一致，充分利用气体的动能来促进两相间的接触，提高了传质效果。气体不必再通过较深的液层，因而压强降显著减小，且因雾沫夹带量较小，可采用较大的气速。现介绍其中的舌形及浮舌形塔板。

（1）舌形塔板

舌形塔板是 20 世纪 60 年代初期提出的一种喷射型塔板，其结构如图 8 - 14（a）所示。塔板上冲出许多舌形孔，舌叶与板面成一角度，向塔板的溢流出口侧张开。图中示出了舌形孔的典型尺寸，即 $\varphi = 20°$，$R = 25\text{mm}$，$A = 25\text{mm}$。舌孔通常在塔板上按正三角形排列。

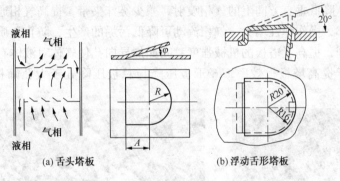

图 8 - 14　舌形及浮动舌形塔板

操作时，上升气流穿过舌孔沿舌叶的张角向斜上方以较高速度（20 ~ 30m/s）喷出。从上层塔板降液管流出的液体，流过每排舌孔时，即为喷出的气流强烈扰动而形成泡沫体，并有部分液滴被斜向喷射到液层上方。最后，在塔板的出口侧，被喷射的液流高速冲至降液管上方的塔壁，流入降液管。舌形塔板的液流出口侧不设溢流堰，降液管要比一般塔板设计得大些。

舌形塔板开孔率较大，故可采用较大空塔气速，生产能力比泡罩、筛板等塔型的都大。气体由舌孔斜向喷出时，与板上液流方向一致，使液流受到推动，避免了板上液体的逆向混合及液面落差问题，板上滞留液量也较小，故操作灵敏且压强降小。但由于舌形塔板上供气流通过的截面积是固定的，当塔内气体流量较小，即气体经舌孔喷出的速度较小时，就不能阻止液体经舌孔泄漏。所以舌形塔板存在对负荷波动的适应能力较差的缺点。此外，板上液流被气体喷射后，冲至塔壁而落入降液管时，仍带有大量的泡沫，易将气泡带到下层塔板，尤其在液体流量很大时，这种气相夹带的现象更严重，将使塔板效率明显下降。针对这些缺点人们又提出了浮动喷射塔板和浮舌塔板。

（2）浮舌塔板

浮舌塔板是综合浮阀和固定舌形塔板的优点而提出的又一种塔板。其结构如图 8 - 14（b）所示。仅将固定舌形板的舌片改成浮动舌片。其特点为：操作弹性大，负荷变动范围甚至可超过浮阀塔；压强降小，特别适宜于减压蒸馏；结构简单，制造方便；效率也较高，介于浮阀塔板与固定舌形塔板之间。

（3）新型喷射塔板

近年来喷射型塔板开发推广较为成功的新型垂直筛板（N – VST）是以气相为连续相，液相为分散相的新型高效喷射型塔板，其是由日本三井株式会社于 1968 年前后开发成功（图 8 – 15）。我国于 20 世纪 80 年代初期开始对其性能与结构进行研究，如河北工业大学开发的梯形气体喷射塔板。

5. 固定阀塔板

固定阀塔板是介于浮阀和筛板之间的一种塔板，固定阀是在塔板上直接冲压而成，与塔板系一个整体，阀体的阀面可以根据场合的需要制作成不同形式如矩形、梯形等。

操作时气体从阀体的侧缝中喷出，其流动方向与塔板上液体的主流动方向构成一定角度，这样气体在一定程度上推动了液体向前流动，降低了液体落差，可使气体均匀分布；同时减少液相返混和雾沫夹带，有利于提高塔板效率。图 8 – 16 为中国石油大学发明的半椭圆固定阀塔板。固定阀塔板主要特点为：①塔板上两相接触均匀，流体流动接近平推流，有利于提高塔板效率，降低垂直方向上的气相喷射，减少雾沫夹带，提高气相通过能力；②塔板上液体流动阻力小，操作弹性增大，气相流动可降低污垢的产生，防止杂质堵塞；③传质元件为塔板自身冲制，提高了塔板的机械强度；④如加导向孔使气体对液体有推动作用，液相返混减少，有利于提高塔板板效率；⑤干板压降与总板压降处于大孔筛板和 FI 浮阀塔板之间。

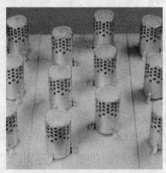 

图 8 – 15　新垂直筛板塔板　　　　　图 8 – 16　半椭圆固定阀塔板

由上述分析可知，板式塔因塔板结构型式的不同而具有不同的特点，工业上研究开发和应用的塔板型式还有很多，往往都是针对现有塔板在某些方面的缺点或结合不同型式塔板的优点或针对某些特殊场合的应用而进行，而各种结构形式的塔板各有自身的优缺点和适宜的生产条件及应用范围，在具体选择塔板型式时，应根据实际工艺要求及塔板的特点而确定。

8.2.3　板式塔的流体力学特性

尽管因进气元件型式的不同，各种错流型塔板工作时的某些流体力学参数的计算公式有所不同，但其气液两相流动状况与流体力学特性有许多共同之处。现以浮阀塔为例加以讨论。

8.2.3.1　塔内气、液两相的接触状态和流动

1. 塔内气、液两相接触状态

塔内，气体通过阀孔的速度不同，两相在塔板上的接触状态亦不同。如图 8 – 17 所示，气液两相在塔板上的接触情况可大致分为三种状态。

(a) 鼓泡接触状态   (b) 泡沫接触状态   (c) 喷射接触状态

图 8 - 17　塔内汽液两相接触状态

（1）鼓泡接触状态

当阀孔气速很低时，通过筛孔的气流断裂成气泡在板上液层中浮升，塔板上两相呈鼓泡接触状态。此时，塔板上存在着大量的清液，气泡数量不多，板上液层表面十分清晰。由于气泡数量较少，在液层内部气泡之间很少相互合并，只有在液层表面附近气泡才相互合并成较大气泡并随之破裂。在鼓泡接触状态，两相接触面积为气泡表面。由于气泡数量较少，气泡表面的湍动程度亦低，鼓泡接触状态的传质阻力较大。

（2）泡沫接触状态

随着孔速的增加，气泡数量急剧增加，气泡表面连成一片并且不断发生合并与破裂。此时，板上液体大部分是以液膜的形式存在于气泡之间，仅在靠近塔板表面处才能看到少许清液。这种接触状况称为泡沫接触状态。和鼓泡接触状态不同，泡沫接触状态下的两相传质表面不是为数不多的气泡表面，而是面积很大的液膜，这种液膜高度湍动而且不断合并和破裂，为两相传质创造良好的流体力学条件。在泡沫接触状态，液体为连续相，气体为分散相。

（3）喷射接触状态

当阀孔气速继续增加，动能很大的气体从阀孔以射流形式穿过掖层，将板上的液体破碎成许多大小不等的液滴而抛于塔板上方空间。被喷射出去的液滴落下以后，在塔板上汇聚成很薄的液层并再次被破碎成液滴抛出。气液两相的这种接触状况称为喷射接触状态。在喷射状态下，两相传质面积是液滴的外表面积。液滴的多次形成与合并使传质表面不断更新，也为两相传质创造了良好的流体力学条件。在喷射接触状态，液体为分散相而气体为连续相，这是喷射状态与泡沫状态的根本区别。由泡沫状态转为喷射状态的临界点称为转相点。转相点气速与阀孔直径、塔板开孔率以及板上滞液量等许多因素有关。

在工业上实际应用的筛板塔中，两相接触不是泡沫状态就是喷射状态，很少有采用鼓泡接触状态的。

2. 塔内气、液两相的流动

如图 8 - 18 所示，液体从上一层塔板经降液管流到下一层塔板，由于液体首先经过不装浮阀的破沫区，所以液体不再鼓泡，希望它到溢流堰前能成清液。实际上不能完全变成清液，往往夹带一些泡沫越过溢流堰顶而流入降液管中。液体在下降的过程中，所含的气体必须分离出来，上升返回到原来的塔板板面以上空间，否则便有一部分该层板上面的气体被带到下层板上去，这种现象称为气泡夹带。显然气泡夹带是与气体主流方向相反的流动，是不利于传质的。气体从板下经浮阀的阀孔进入板面通过液层鼓泡而出，离开液层时带出一些小液滴，其中一部分可能随气流进入上一层塔板。这种现象称为雾沫夹带。显然雾沫夹带是与液体主流方向相反的流动，也是不利于传质的。液体从降液管流出而横跨塔板流动时，必须克服阻力，故进口一侧的液面将比出口这一侧的高，此高度差称为液面落差。液面落差过大，可使气体向上流动不均匀，导致板效率下降。此外，塔截面通常是圆形的，液体在流过塔板时，有多种流径，各流径的长度不等，阻力也不一样，因此，液体的流量在各流径的分配是不均匀的，液体在板上停留时间也是各不相同的。这种不均匀性倘若严重发展，会在塔板上造成液流所不及的死区，也会导致塔板效率降低。以上所述为塔板上操作的正常情况。若操作条件达到某种极限条件而使上述气泡夹带、雾沫夹带等严重到一定程度，就会破坏塔的正常操作。故塔的设计中必须使其操作条件与极限条件保持一定的距离，才能使塔保持正常的操作。

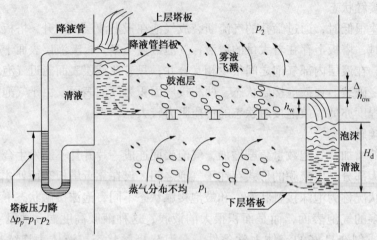

图 8 - 18　塔内气液两相流动状态

8.2.3.2　气体通过塔板压强降(压力降)

压强降是塔板的重要流体力学特性之一。气体通过塔板的压强降直接影响到塔底及进料段的操作压力，因此压强降数据是决定塔底温度及进料汽化情况的主要依据。压强降过大会使塔的操作压力改变很大，这对气、液相平衡关系的影响有时是不容忽视的，特别是真空蒸馏时，由于塔顶与塔底之间的压强降过大，塔底压力升高过多，便可能丧失真空操作的优点。此外，塔板的压强降对塔内气、液两相的正常流动也有着直接的影响，故对分析塔板的操作状况也很有用。

经浮阀塔板上升的气流，需要克服以下几种阻力：(1)塔板本身的干板阻力，即气体通过阀孔与阀片造成的局部阻力；(2)板上充气液层的静压强；(3)液体的表面张力。所以，气体通过一层浮阀塔板时的压强降为：

$$h_p = h_c + h_t + h_\sigma \tag{8-1}$$

式中　h_p——气体通过一层浮阀塔板的压强降，m 液柱；

　　　h_c——气体克服干板阻力所产生的压强降，m 液柱；

　　　h_t——气体克服板上充气液层静压所产生的压强降，m 液柱；

　　　h_σ——气体克服液体表面张力所产生的压强降，m 液柱。

以下分别介绍上述各项压强降的计算公式。

1. 干板压强降

对于 26 ~ 33g F1 型浮阀塔板，阀在全开前：

$$h_c = 0.7 \frac{G_F}{A_h} \cdot \frac{u_h^{0.175}}{\rho_L} \tag{8-2}$$

对于 33g F1 重型阀，上式可简化为：

$$h_c = 19.9 \frac{u_h^{0.175}}{\rho_L} \qquad (8-3)$$

阀全开后按下式计算：

$$h_c = 5.37 \frac{u_h^2 \rho_V}{2g\rho_L} \qquad (8-4)$$

为了判断板上的浮阀是否全开，这里要引入一个"动能因数"的名词，以 F 表示，俗称 F 因子，其定义式为：

$$F = u \sqrt{\rho_V} \qquad (8-5a)$$

因此气体通过阀孔时的动能因数为：

$$F_h = u_h \sqrt{\rho_V} \qquad (8-5b)$$

动能因数是衡量气体流动时动压大小的指标。根据工业生产装置的数据，对 F1 重型浮阀而言，当板上所有浮阀刚刚全开时，F_h 的数值常在 8~11 之间。

式(8-2)~式(8-5)中符号意义：

G_F——一个浮阀的质量，kg；

A_h——一个阀孔的面积，m^2；

g——重力加速度，9.81m/s^2；

ρ_V——气体密度，kg/m^3；

ρ_L——液体密度，kg/m^3；

u_h——阀孔气速，m/s；

h_c——干板压强降，m 液柱；

F_h——阀孔动能因数。

2. 气体通过塔板上液层的压强降

$$h_t = 0.4h_w + 2.35 \times 10^{-3} \left[\frac{3600L_s}{l_w}\right]^{\frac{2}{3}} \qquad (8-6)$$

式中　L_s——液体体积流量，m^3/s；

h_w——溢流堰高，m；

l_w——溢流堰长，m；

h_t——气体通过塔板上液层的压强降，m 液柱。

3. 气体克服液体表面张力的压强降

$$h_\sigma = \frac{2\sigma_1}{h_o \rho_L g} \qquad (8-7)$$

式中　σ_1——液体表面张力，N/m；

h_o——浮阀最大开度，m。

一般 h_σ 值很小，可以忽略。

塔板压强降可由图 8-18 所示的压差计测出。浮阀塔板的压强降一般比泡罩塔板的小，而比筛板塔板的大。在正常操作情况下，塔板的压力降以 290~490N/m^2 为宜，在减压塔中为了减少塔的真空度损失，一般约为 98~245N/m^2。通常应是在保证较高塔板效率的前提下，力求减小塔板压强降，以降低能耗及改善塔的操作性能。

8.2.3.3　出口堰上液层高度 h_{ow}

h_{ow} 与液流量和溢流堰长有关，对于平直堰(堰顶是平的)可用佛兰西斯式计算：

$$h_{ow} = \frac{2.84}{1000} E \left(\frac{L_h}{l_w}\right)^{\frac{2}{3}} \qquad (8-8)$$

式中　L_h——塔板上液体体积流量，m^3/h；

　　　E——液流收缩系数，可由图8-19查取，一般可取 E 值为1，引起的误差不大。

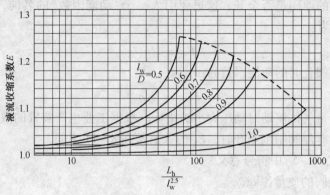

图8-19　液流收缩系数

齿形堰的齿深一般宜在15mm以下，当液层高度不超过齿顶时，可用下式计算：

$$h_{ow} = 1.17 \left(\frac{h_n L_h}{l_w}\right)^{\frac{2}{3}} \qquad (8-9)$$

当液层高度超过齿顶时：

$$L_h = 0.735 \left(\frac{l_w}{h_n}\right) \left[h_{ow}^{5/2} - (h_{ow} - h_n)^{5/2}\right] \qquad (8-10)$$

式中　h_n——齿深，m。

　　　h_{ow}——由齿根算起的堰上液层高度。由式(8-10)求 h_{ow} 时，需用试差法。

8.2.3.4　泄漏

当气相负荷减小，致使上升气体通过阀孔时的动压不足以阻止板上液体经阀孔流下时，便会产生泄漏现象。液体经阀孔向下泄漏，影响气液在塔板上的充分接触，特别是在靠近进口堰处的泄漏会使塔板效率严重降低。工业上正常操作时，泄漏量应不大于液体流量的10%。浮阀塔中的泄漏量，可依气体通过阀孔的动能因数 F_h 来确定。经验证明，对于F1重阀当阀孔动能因数 $F_h = 5 \sim 6$ 时泄漏量常接近10%，故取 $F_h = 5 \sim 6$ 作为控制泄漏量的操作负荷下限。

8.2.3.5　液泛(淹塔)

塔板正常操作时，在板上需维持一定厚度的液层以便和气体进行接触传质。如果由于某种原因，导致液体充满塔板之间的空间，使塔的正常操作受到破坏，这种现象称为液泛，亦称为淹塔。液泛是塔操作的重要极限条件之一，导致液泛的原因有以下几点。

1.　溢流液泛

降液管内液面高度如图8-18所示，由于气体穿过塔板和板上液层造成的压力降，以及液体流经降液管的压力降，使得 $p_2 > p_1$，降液管中液柱高度 H_d 高出板上液面。随气体流量的增大，塔板压力降增大；随液体流量的增大，板上液层加厚，降液管阻力增加，两者均使降液管中液面上升。当 H_d 大于 $H_T + h_w$ 时，液体不再通过降液管逐板下流，而是倒灌至上一板，产生了降液管溢流液泛。

2. 夹带液泛

在一定的液相流量条件下，随气体流量的增大，板上的泡沫层厚度增加，液沫夹带量增大，被气流带到上一层塔板的液沫使板上液层增厚，增厚的液层使液沫夹带量进一步增大，最终导致板上泡沫液积聚，产生夹带液泛。

由上述分析可知，液泛的形成与气、液两相的流量相关。对一定的液体流量，气速过大会形成液泛；反之，对一定的气体流量，液量过大也可能发生液泛. 液泛时的气速称为液泛气速，正常操作气速应控制在液泛气速之下。影响液泛的因素除气、液流量外，还与塔板的结构，如塔板间距等参数有关。

但在上述两种导致液泛的情况中，比较常遇到的是气体流量过大，故设计时均先以不发生过量的液沫夹带为原则，定出气速的上限，然后考虑到一定的余地而选定一个合适的操作气速。

设计中，可以根据悬浮液滴的沉降原理来理解求上限气速的关系式。当气速增大时，悬浮液滴受到上升气流的摩擦阻力也增大，当气速增大到液滴所受阻力恰等于其净重时，液滴便在上升气流中处于稳定的悬浮状态。若气速再增人，液滴便会被上升的气流带走。液滴悬浮在气流中的条件是液滴重力与浮力之差和悬浮液滴所受上升气流的摩擦阻力相等。

设液滴的直径为 d，则液滴在气相中的重力与浮力之差应为

$$\frac{\pi}{6}d^3(\rho_L - \rho_V)g$$

而悬浮液滴所受上升气流的摩擦阻力为

$$\zeta\frac{\pi d^2}{4}\cdot\frac{\rho_V u^2}{2}$$

于是：
$$\frac{\pi}{6}d^3(\rho_L - \rho_V)g = \zeta\frac{\pi d^2}{4}\cdot\frac{\rho_V u^2}{2} \qquad (8-11)$$

$$u = \sqrt{\frac{4gd}{3\zeta}}\cdot\sqrt{\frac{\rho_L - \rho_V}{\rho_V}} \qquad (8-12a)$$

式中　u——空塔气速，m/s；

　　ζ——阻力系数。

因为 $\sqrt{\dfrac{4gd}{3\zeta}}$ 值决定于液滴直径及阻力系数，由于流通情况的复杂性，液沫的直径大小不一，阻力系数也难以求得，故用一个经验常数 C 来代替 $\sqrt{\dfrac{4gd}{3\zeta}}$

$$u_{max} = C\cdot\sqrt{\frac{\rho_L - \rho_V}{\rho_V}} \qquad (8-12b)$$

式中　u_{max}——最大允许气速，m/s；

　　C——负荷系数。

负荷系数 C 是一个经验常数，它与气、液流量及密度，板上液滴沉降空间的高度以及液体的表面张力有关。史密斯等人汇集了若干泡罩、筛板和浮阀塔的数据，整理成负荷系数

与这些影响因素的关联曲线，常称史密斯关联图，如图 8 - 20 所示。图中横坐标 $\frac{L_s}{V_s}\left[\frac{\rho_L}{\rho_V}\right]^{\frac{1}{2}}$ 是一个无因次比值，称为液气动能参数，它反映液、气两相的流量与密度的影响。图中 $H_T - h_L$ 反映液滴沉降空间高度的影响。

图 8 - 20 是按液体表面张力 $\sigma = 0.02\text{N/m}$ 的物系绘制的、泡沫的形成与表面张力 σ 密切相关，σ 小时容易起泡，反之则不易起泡，易起泡的物系板上泡沫层高度大，减小了分离空间。此外，当气泡破裂时，会有较多小液滴飞溅，所以处理易起泡物系的最大允许气速必然较小。塔内的最大允许气速与表面张力 σ 的 0.2 次方成比例。若处理的物系表面张力为其他值时，则由图 8 - 20 查出的负荷系数应按下式校正：

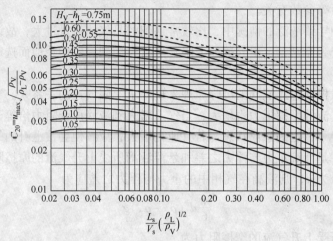

图 8 - 20　史密斯关联图

$$C = C_{20}\left[\frac{\sigma}{0.02}\right]^{0.2} \tag{8-13}$$

式中　C_{20}——由图 8 - 20 查出的负荷系数，亦即表面张力为 20dyn/cm 时的负荷系数；

　　　σ——操作物系的表面张力，N/m。

按以上方法算得的最大允许气速，是以气体流动截面为基准的，所谓气体流动截面是指塔的空塔截面减去降液管所占的截面。求出最大允许气速后应再乘以安全系数，便可得适宜的气速。

8.2.3.6　液面落差

当液体从降液管流出而横跨塔板流动时，必须克服阻力，需要一定液位差，故进口一侧的液面将比出口这一侧的高，此高度差称为液面落差，以 Δ 表示，如图 8 - 18 所示。

液面落差是影响塔的操作特性的重要影响因素，液层厚度的不均匀性将引起气流的不均匀分布，从而造成漏液，使塔板效率严重降低。因此，设计时应将液面落差控制在一定的范围内，在保证正常操作的前提下，应尽量减小液面落差。一般应使液面落差不超过干板压降的一半，即

$$\Delta = \frac{h_c}{2} \tag{8-14}$$

液面落差与塔板结构有关，泡罩塔板结构复杂，液体在板面上流动阻力大，使液面落差大；浮阀塔板液面落差较小；筛板塔板面结构简单，液面落差最小，在塔径不很大的情况

下，常可忽略。液面落差还与塔径和液体流量有关，当塔径或液体流量很大时，也会造成较大的液面落差。对于大塔径的情况可采用双溢流、阶梯流等溢流形式来减少液面落差。液面落差的计算关系式较多，读者可参阅相关专著或设计手册。

8.2.3.7 降液管内液面高度与液体停留时间

为了防止液泛现象的发生，须控制降液管中清液层和泡沫层高度不能离出上层塔板的出口堰顶，否则液体便会漫至上层塔板，从而破坏塔的操作。为此，在设计计算中，令：

$$H_d \leq \phi(H_T + h_w) \tag{8-15}$$

式中　H_d——操作中降液管内全部泡沫及液体(其总体密度小于清液层密度)所形成的静压，相当高度 H_d 的清液柱，m；

　　　ϕ——系数，它考虑到降液管内充气及操作安全两种因素，对于一般物系，ϕ 取 0.53，对于发泡严重物系，ϕ 值取 $0.3 \sim 0.4$；对于不易发泡物系，ϕ 值可取 0.6；

　　　H_T——板间距，m；

　　　h_w——出口堰高，m。

降液管中当量清液层高度 H_d 的大小，由气体通过该层浮阀塔板的阻力、板上液层高度和液体通过降液管的阻力所决定。以图 8-21 下面一层塔板为基准面，在降液管中 $1-1'$ 和下一层塔板上液面 $2-2'$ 两截面之间列柏努利方程，得到：

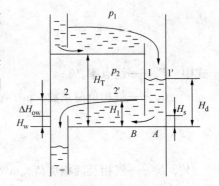

$$H_d + \frac{p_1}{\rho_L g} = h_L + \frac{p_2}{\rho_L g} + h_d \tag{8-16}$$

$$H_d = \frac{p_2 - p_1}{\rho_L g} + h_L + h_d$$

即　　　　　$H_d = h_p + h_L + h_d \tag{8-17}$

图 8-21　液体流经降液管时的能量衡算

式中　h_p——气体通过一层塔板的压强降所相当的液柱高度，m；

　　　h_L——板上液层高度，m，此处忽略了板上液面落差；

　　　h_d——液体流过降液管的压头损失，m，当不设进口堰时，可按下式计算：

$$h_d = 0.153(u'_0)^2 \tag{8-18}$$

式中　u'_0——液体通过降液管底隙时的流速，m/s。

液体在降液管内应有足够的停留时间，以分离其中夹带的气泡。若停留时间不够，就会因泡沫来不及破碎而把上一层上的气体带到下一层板上去，从而降低塔板效率。液体停留时间。可按下式计算：

$$\theta = \frac{A_f H_d}{L_s} \tag{8-19}$$

式中　A_f——弓形降液管的截面积，m^2

　　　H_d——降液管内清液层高度，m。

为保证气相夹带不超过允许的程度，降液管内液体停留时间应不小于 $3 \sim 5s$。对易起泡的物系，停留时间可取其中较高数值。

8.2.3.8 雾沫夹带

雾沫夹带常又称为液沫夹带，它是指板上液体被上升气体带入上一层塔板的现象。过多的雾沫夹带将导致塔板效率严重下降。为了保证板式塔能够维持正常的操作效果，应使每千克上升气体夹带到上一层塔板的液体量不超过 0.1kg，即控制雾沫夹带量 $e_v < 0.1kg$（液）/kg（气）。

影响雾沫夹带量的因素很多，最主要的是空塔气速和塔板间距。对于浮阀塔板上雾沫夹带量的计算，迄今尚无适用于一般工业塔的确切公式。通常是间接地用操作时的空塔气速与发生液泛时的空塔气速的比值作为估算雾沫夹带量大小的指标，此比值称为泛点百分数，或称泛点率。

在下列泛点率数值范围内，一般可保证雾沫夹带量达到规定指标，即 $e_v < 0.1kg$（液）/kg（气）

大塔，$F_1 < 80\% \sim 82\%$；减压塔，$F_1 < 75\% \sim 77\%$；直径 0.9m 以下的塔，$F_1 < 65\% \sim 75\%$。

泛点率可由下列二式求之，然后采用计算结果中较大的数值：

$$F_1 = \frac{100C_V + 136L_sZ_L}{A_bKC_F} \tag{8-20}$$

$$F_1 = \frac{100C_V}{0.78KC_FA_T} \tag{8-21}$$

式中　F_1——泛点率，%；

C_V——气相负荷系数，m^2/s；由下述公式计算：

$$C_V = V_s\sqrt{\frac{\rho_V}{\rho_L - \rho_V}} \tag{8-22}$$

V_s，L_s——气相及液相负荷，m^3/s；

Z_L——板上液体流径长度，m。对单溢流塔板，$Z_L = D - 2W_d$，其中 D 为塔径，W_D 为弓形降液管宽度；

A_b——板上液流面积，m^2。对于单溢流塔板，$A_b = A_T - 2A_f$，其中 A_T 为塔截面积，A_f 为弓形降液管截面积；

C_F——泛点负荷系数，可根据气相密度 ρ_V 及板间距 H_T 由图 8-22 查得；

K——物性系数，其值见表 8-1。

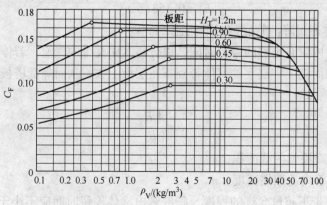

图 8-22　泛点负荷系数 C_F 表

表 8 - 1　物性系数 K

物　系	物性系数
无泡沫，正常物系	1.0
氟化物(如 BF_3，氟里昂)	0.9
中等发泡物系(如油吸收塔，胺及乙二胺再生塔)	0.85
多泡沫物系(如胶及乙二胺吸收塔)	0.73
严重发泡物系(如甲乙酮装置)	0.60
形成稳定泡沫物系(如碱再生培)	0.30

8.2.4　塔板负荷性能图

如前所述，影响板式塔操作状态和分离效果的主要因素包括物料性质、气液负荷及塔板结构尺寸等。在系统物性、塔板结构尺寸已经确定的条件下，要维持塔的正常操作，必须把气、液负荷限制在一定的范围内。若以气相负荷 V_s 作为直角坐标系的纵轴，液相负荷 L_s 为横轴，标绘各种界限条件下的 $V_s - L_s$ 关系曲线，从而得到允许的负荷波动范围图形。这个图形即称为塔板的负荷性能图。

负荷性能图对于检验塔板设计是否合理以及了解塔板的操作弹性、增产的潜力及减负荷运转的可能性，都有一定的指导意义。

浮阀塔板的负荷性能图大致如图 8 - 23 所示。图中几条边界线圈定部分表示塔的适宜操作范围。

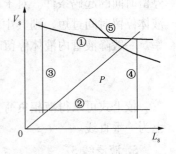

图 8 - 23　塔板负荷性能图

1. 雾沫夹带上限线①

雾沫夹带上限线表示雾沫夹带量 $e_v = 0.1 kg(液)/kg(气)$ 时的 $V_s - L_s$ 关系，塔板的适宜操作区应在此线之下，否则将会由于雾沫夹带过多而使板效率严重下降。此线可根据式(8 - 20)导出，即：

$$F_1 = \frac{100C_V + 136L_sZ_L}{A_bKC_F} = \frac{100V_s\sqrt{\dfrac{\rho_V}{\rho_L - \rho_V}} + 136L_sZ_L}{A_bKC_F}$$

对于一定的物系及一定的塔板结构尺寸，ρ_V、ρ_L、A_b、K、C_F 及 Z_L 均为已知值，相应于 $e_v = 0.1$ 的泛点率 F_1 上限值亦可确定，将各已知数代入上式，便得出一个 $V_s - L_s$ 的关系式，据此可作出图中直线①。

2. 泄漏线②

泄漏线又称为气相负荷下限线。此线表明不发生严重泄漏现象的最低气体负荷，塔板的适宜操作区应在此线的上方。

前已述及，如对于 F1 型重阀，当阀孔动能因数 F_h 为 5～6 时，泄漏量接近 10%，通常以此阀孔动能因数作为确定 F1 型重阀塔板气相负荷下限的依据。按 $F_h = u_h\sqrt{\rho_V} = 5$ 计算，则：

$$V_s = \frac{\pi}{4}d_o^2N_iu_h = \frac{\pi}{4}d_o^2N_i\frac{5}{\rho_V}$$

式中　d_o——阀孔直径，m；

N_i——每层塔板上的阀孔数。

d_o、N_i、ρ_V 均为已知数，故可由此式求出气相负荷 V_s 的下限值，据此作出水平泄漏线②，它是一条平行于横轴的直线。

3. 液相负荷下限线③

当出口堰采用平堰时(一般炼油工业中均采用平堰)，常取堰上液层高度 $h_{ow} = 0.006m$ 作为液相负荷下限条件，低于此限时，便不能保证板上液流的均匀分布，降低气液接触效果。如使用平堰，可由式(8−8)

$$h_{ow} = \frac{2.84}{1000} E \left(\frac{3600 L_s}{l_w} \right)^{\frac{2}{3}}$$

将已知的 l_w 值及 h_{ow} 的下限值(0.006m)代入上式，并取 $E = 1$，便可求得 L_s 的下限值，据此可做出液相负荷下限线③，它在负荷性能图上为一垂直线。塔板的适宜操作区应在此垂直线的右侧。

4. 液相负荷上限线④

液相负荷上限线亦称为降液管超负荷线，此线表明液体流量大小应保证液体在降液管内停留时间的起码条件。对于尺寸已经确定的降液管，若液体流量超过某一限度，使降液管内液体停留时间过短，则其中气泡来不及分离就进入下层塔板，造成气相返混，降低塔板效率。一般降液管内液体停留时间 θ 不应小于 $3 \sim 5s$，如按 $\theta = 5s$ 计算，则有：

$$L_s = \frac{A_f H_T}{5}$$

依上式可求得液相负荷上限 L_s 的数值，由式中可知，液相负荷上限线④在负荷性能图上为一垂直线。

5. 液泛线⑤

液泛线表示降液管内泡沫液层高度超过最大允许值时的 $V_s - L_s$ 关系，塔板的适宜操作区也应在此线以下，否则可能发生液泛现象，破坏塔的正常操作。

液泛线应由下式决定：

$$\phi(H_T + h_w) = h_p + h_L + h_d = h_c + h_t + h_\sigma + h_L + h_d \tag{8−23}$$

上式中的 h_σ 可以忽略，将 h_c、h_t、h_L 及 h_d 的计算公式代入上式。便可得到 V_s 与 L_s 的关系式，从而作出图中液泛线⑤。

在负荷性能图上由上述①、②、③、④及⑤所包围的区域，应是塔板用于处理指定物系时的适宜操作区。在此区内，塔板上的流体力学状况是正常的，但该区域内各点的效率并不完全相同。代表塔的气、液负荷的 P 点如能落在该区域内的适中位置，则可望获得稳定良好的操作效果。如果操作点紧靠某一条边界线，则当负荷稍有波动时便会使效率急剧下降，甚至完全破坏塔的操作。

当物系一定时，负荷性能图中各条线的位置随塔板结构尺寸而改变。比如当降液管截面积减小而板间距加大但降液管体积减小时，液相负荷上限线④将向左移而液泛线⑤将向上移，甚至可能使液泛线落到其余四条线所包围的区域之外。这是由于降液管变小，使液体负荷成为主要限制因素，而因气相负荷增大所引起的液泛(淹塔)问题则处于次要的地位了。

对于同一塔板结构和某一定物系，在不同的操作情况下，起控制作用的上、下限条件也不都相同。在某些固定回流比的蒸馏操作中，对某一固定塔板来说，V_s/L_s 为一定值，故塔内气、液负荷变化的对应关系可用通过原点的直线表示。图 8 - 23 中，P 点为设计点或实际操作点，OP 则表示气、液负荷变化的对应关系。此塔板的气、液负荷上、下限要根据此直线 OP 与适宜操作区边界线的上、下交点来确定。

通常把气相负荷上、下限之比称为塔板的操作弹性。浮阀塔的操作弹性一般为 3 ~ 4。

应当指出，对于有多层塔板而直径均一的塔来说，由于从塔底到塔顶各层塔板上的操作条件(温度、压强等)及物料组成和性质(密度等)均不相同，因而各层塔板上的气、液负荷都是不同的。因此应对最不利情况下的塔板进行验算，看其操作点是否在适宜操作区之内，并按此薄弱环节上的条件确定该塔所允许的操作负荷范围。

8.2.5 板式塔的设计计算

板式塔的类型很多，但其设计原则与步骤却大同小异，其工艺设计步骤如下：

(1) 塔的工艺尺寸计算：包括塔的有效高度、塔径、溢流装置的设计、塔板的布置、升气道(泡罩、筛板或浮阀等)的设计与排列；

(2) 进行流体力学验算；

(3) 绘制塔板的负荷性能图；

(4) 通过流体力学验算及负荷性能图的分析，发现有不合理或不理想之处，应对有关工艺尺寸进行调整，重复上述设计过程，直至满意。

现以浮阀塔的工艺设计为例，介绍板式塔的工艺设计过程。

8.2.5.1 确定溢流形式

板上液体流动的安排方式，主要根据塔径与液体流量来确定。表 8 - 2 列出溢流形式与液体负荷及塔径大小的经验关系，可供设计时参考。

表 8 - 2 液体负荷与液流形式的关系

塔径 D/ mm	液体负荷 L_h/(m^3/h)			
	U 形流	单溢流	双溢流	阶梯
1000	7 以下	45 以下		
1400	9 以下	70 以下		
2000	11 以下	90 以下	90 ~ 160	
3000	11 以下	110 以下	110 ~ 200	200 ~ 300
4000	11 以下	110 以下	110 ~ 230	230 ~ 350
5000	11 以下	110 以下	110 ~ 250	250 ~ 400
6000	11 以下	110 以下	110 ~ 250	250 ~ 450

目前，在石油加工工业中，凡直径在 2.2m 以下的浮阀塔，一般都采用单溢流。但在大塔中，由于液面落差大会造成浮阀开启不匀，使气体分布不均匀，甚至有的浮阀会出现泄漏现象，应考虑采用双溢流。设计时可在塔径尚未决定时预先选定一种液流形式，以后再核算其是否适当。

8.2.5.2 板间距及塔的有效高度

板间距的大小对塔的生产能力、操作弹性及塔板效率都有影响。采用较大的板间距，可以允许在较大的空塔气速下操作而不致产生严重的雾沫夹带现象，因而对于一定的生产任务来说，其塔径可以减小。反之，采用较小的板距，只能允许较小的空塔气速，塔径就要增大，但塔高可减低一些。可见板间距与塔径是互相关联的，两者尺寸的大小需要结合经济权衡，反复调整，才能确定。板间距的数值应按照规定选取整数，表8-3所列经验数值可供设计时作为初步的参考值。有时根据系统和条件的特点，还可选用稍高或稍低的板间距数值，例如对易发泡物料板间距应选大些。另外，在决定板间距时还应考虑安装、检修的需要。例如在塔体人孔处，应留有足够高的工作空间，其值不应小于600mm。

表8-3　浮阀塔板间距参考数值

塔径 D/m	0.3~0.5	0.5~0.8	0.8~1.6	1.6~2.0	2.0~2.4	>2.4
板间距 H_T/mm	200~300	300~350	350~450	450~600	500~800	>600

　　板式塔的有效高度是指安装塔板部分的高度。根据给定的分离任务，求出理论板层数后，就可按照下式计算塔的有效高度，即依照确定的板间距和实际板层数，可计算不包括塔底和塔顶空间高度在内的塔高，计算公式为：

$$Z = (N_T/E_T - 1)H_T \qquad (8-24)$$

式中　Z——塔高，m；

　　　N_T——实际塔板数；

　　　E_T——总板效率；

　　　H_T——板间距，m。

8.2.5.3　塔径

　　依据流量公式可计算塔径，即：

$$D = \sqrt{\frac{4V_s}{\pi u}} \qquad (8-25)$$

式中　D——塔径，m；

　　　V_s——塔内气体流量，m^3/s；

　　　u——空塔气速，即按空塔计算的气体线速度，m/s。

　　上式中，气体流量取决于生产任务的要求，而气体的空塔气速则须根据不发生严重雾沫夹带，避免导致发生液泛的要求进行计算。计算中，首先根据式（8-12b）求出最大允许气速 u_{max} 后再乘以安全系数，便可得适宜的空塔气速 u，即

$$u = (0.6~0.8)u_{max} \qquad (8-26)$$

　　对直径较大、板间距较大及加压或常压操作的塔以及不易起泡的物系，可取较高的安全系数，对直径较小及减压操作的塔以及严重起泡的物系，应取较低的安全系数。

　　由适宜的气速，根据塔径的计算公式算出的塔径，其值若在1m以内，则按100mm递增值进行圆整，若超过1m，则应按200mm递增值进行圆整。上面所算得的塔径只是初估尺寸，在进行流体力学验算后，方能作为最后确定的设计值。若塔的各段气体流量差别较大，应分别计算各段塔径，根据具体情况取其中最大塔径作为整个塔的塔径或一个塔各段采取不同的塔径。

8.2.5.4　板面布置

　　塔板有整块式与分块式两种。直径在800mm以内的小塔采用整块式塔板，直径在900mm以上的大塔，通常采用分块式塔板，以便通过人孔装拆塔板。如图8-24所示，单溢流的塔板板面可以分为四个区域：

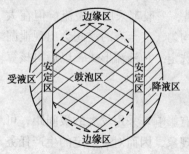

图8-24　塔板分区图

鼓泡区，这是塔板上气液接触的有效区域。在这一区域内装有鼓泡元件，如泡罩、筛孔、浮阀等，下层塔板的气体有鼓泡元件穿出进入液层，与板上的液体进行充分的接触。

溢流区，即降液管及受液盘所占的区域。其中，受液盘接受来自上层塔板的液体，并使液体在塔板上尽量均匀分布，进入鼓泡区。降液管是液体由上层塔板流至下层塔板的通道，降液管应具有足够的空间，以使夹带在液体中的气泡分离出来，否则会产生较严重的气泡夹带(气泡被带至下层塔板的现象)。

安定区，即前两个区域之间的面积。此区域内不装浮阀，主要是为了在液体进入降液管之前，有一段不鼓泡的安定地带，以免液体大量夹带泡沫进入降液管；或液体从上层降液管流出后，有一个安定区，以便液体流动比较稳定。一般情况下，其宽度 W_s 可按下述范围选取

鼓泡区与降液管之间的距离：$W_s = 70 \sim 100\text{mm}$；

受液盘与鼓泡区之间的距离：$W'_s = 50 \sim 100\text{mm}$。

小塔的安定区宽度可适当减小。

边缘区，边缘区又称无效区，因靠近塔壁的部分需要留出一圈边缘区域，其宽度为 W_c，以供支持塔板的边梁使用。对于塔径小于 2.5m 的塔，W_c 可取为 50mm，大于 2.5m 的塔则可取 60mm 或更大一些。

8.2.5.5 溢流装置的设计

1. 降液管

降液管中的液体线速度，宜选择在 0.1m/s 以下。确定降液管底部与下一层塔板的底隙高度 h_o 的原则是使液体流经此处的阻力不太大，同时要有良好的液封。一般可按下式计算：

$$h_o = \frac{L_s}{l_w u'_o} \qquad (8-27)$$

式中 u'_o——液体通过降液管底隙时的流速，m/s。根据经验，一般可取 $u'_o = 0.07 \sim 0.25\text{m/s}$。

为了简便起见，并保证有足够的液封，有时可用下式确定 h_o 的高度

$$h_o = h_w + h_{ow}$$

式中 h_w——出口堰高度，m。

降液管底隙高度一般不宜小于 20~25mm，否则易发生堵塞，或因安装偏差而使液流不畅，造成淹塔。

2. 溢流堰

（1）出口堰

出口堰有维持板上液层及使液流均匀的作用。除个别情况(例如很小的塔或用非金属制作的塔板)外，不论采用何种降液管，均应设置弓形堰。

堰长 l_w 是指弓形降液管的弦长，根据液体负荷及流动形式决定。对于单溢流，l_w 一般取为 $(0.6 \sim 0.8)D$；对于双溢流，取为 $(0.5 \sim 0.7)D$，其中 D 为塔径。按照一般经验，最大的堰上液流强度(指单位堰长度上单位时间的溢流量)，不宜超过 $100 \sim 130\text{m}^3/(\text{m}\cdot\text{h})$，可以按此选择堰长 l_w。

为了保证塔板上有一定高度的液层，降液管上端必须高出塔板板面一定高度，这一高度即为堰高，以 h_w 表示。板上液层高度为堰高与堰上液层高度之和，即：

$$h_L = h_w + h_{ow} \tag{8-28}$$

式中　h_L——板上液层高度，m；

　　　h_w——堰高，m；

　　　h_{ow}——堰上液层高度，m。

由式(8-8)求出 h_{ow} 之后，即可按下式给出的范围确定常压塔的 h_w。

$$0.1 - h_{ow} \geq h_w \geq 0.05 - h_{ow} \tag{8-29}$$

亦即保证 h_L 在 0.05~0.1m 之间。

(2) 进口堰及受液盘

进口堰的高度 h'_w 可以这样考虑：若出口堰高 h_w 大于降液管底隙高度（通常均是如此），则取 h'_w 与 h_w 相等；在个别情况下 $h_w < h_o$ 时，则应取 h'_w 大于 h_o，以保证液封，避免气体走短路经降液管而上升到上层塔板上方。

此外，为了保证液体由降液管流出时不致受到很大阻力，进口堰与降液管间的水平距离 h_1 不应小于 h_o。

对于直径为 800mm 以上的塔，一般采用凹形受液盘，这种结构可在液体流量低时仍保持良好的液封，且有改变液体流向的缓冲作用，凹形受液盘的深度一般在 50mm 以上。但凹形受液盘不适于易有聚合及有悬浮固体的情况，因其易造成死角而堵塞。

3. 弓形降液管的宽度和截面积

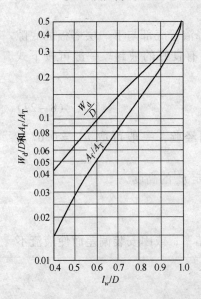

图 8-25　弓形降液管的宽度与面积

在初选塔径 D 及板间距 H_T 的基础上，确定了出口堰的长度 l_w、堰高 h_w 及降液管底隙高度 h_o 实际上已确定了弓形降液管的尺寸。弓形降液管的宽度 w_d 及截面积 A_f 可根据堰长与塔径之比 l_w/D 查图 8-25 求出。

8.2.5.6　浮阀的数目及排列

浮阀塔板的操作性能以板上所有浮阀刚刚全开时为最好。此时塔板的压强降及板上泄漏都比较小，而操作弹性大。前已述及，由气体速度与密度组成的"动能因数"作为衡量气体流动时动压的指标。根据工业生产装置的数据，对 F1 型浮阀（重阀）而言，当板上所有浮阀刚刚全开时，F_h 数值常在 8~11 之间。所以，设计时可在此范围内选择合适的 F_h 值。然后按式(8-5b)计算阀孔气速。

通过塔板的气体流量和阀孔气速有如下关系：

$$V_s = \frac{\pi}{4} d_o^2 u_h N_i$$

因此，阀孔数 N_i 即为：

$$N_i = \frac{V_s}{\frac{\pi}{4} d_o^2 u_h} \tag{8-30}$$

浮阀在塔板鼓泡区内的排列有正三角形与等腰三角形两种方式，按照阀孔中心联线与液流方向的关系，又有顺排与叉排之分，如图 8-26 所示。叉排时气液接触效果较好，故一般情况下都采用叉排方式。对于整块式塔板，多采用正三角形叉排，孔心距为 75~125mm；对于分块式塔板，宜采用等腰三角形叉排，此时常把同一横排的阀孔中心距定为 75mm，而相邻两排间的距离可取为65mm、80mm、100mm等几种尺寸。

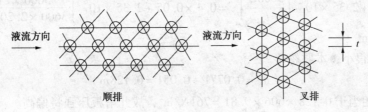

图8-26 浮阀的排列方式

根据已确定的孔距作图，即可准确得到鼓泡区内可以布置的阀孔总数。若此数与前面算得的浮阀数相近，按此阀孔数目重算阀孔气速，并校核阀孔动能因数 F_h，若 F_h 仍在 8～11 的范围之内，即可认为作图得出的阀数能够满足要求，否则应调整孔距、阀数，重新作图，反复计算。

一块塔板上的阀孔总面积与塔截面积之比称为开孔率。

$$开孔率 = \frac{\frac{\pi}{4}d_o^2 N_i}{\frac{\pi}{4}D^2} = \frac{N_i d_o^2}{D^2} \times 100\% \qquad (8-31)$$

开孔率也就是空塔气速与阀孔气速之比。对常压塔或减压塔，开孔率为 10%～13%；对加压塔，小于 10%，常见的为 6%～9%。

8.2.6 塔板流体力学验算

塔板的流体力学验算，目的在于校核上述各项工艺尺寸已经确定的塔板，在设计任务规定的气、液负荷下能否正常操作，其内容包括对塔板压强降、液泛、雾沫夹带、泄漏、液面落差等项的验算。浮阀塔板上的液面落差一般很小，可以忽略。验算中若发现有不合适的地方，应对有关工艺尺寸进行调整，直到符合要求为止。

【例8-1】某炼油厂常压分馏塔塔径为3.8m，塔板间距为 $H_T = 0.6$m，采用 F1 型浮阀塔板，开孔率为12%，降液管面积占塔截面积的10%，采用双溢流，两侧溢流堰长2.204m，出口堰高50mm，降液管底隙高度50mm。已知某层塔板气体流量为 $28.3 \times 10^3 \text{m}^3/\text{h}$，气体密度为 5.11kg/m^3，液体流量为214m³/h，液体密度为606kg/m³，液体表面张力为5.3dyn/cm，请对该塔进行流体力学验算并作出塔板负荷性能图及计算塔板操作弹性。

解：

1. 流体力学验算

（1）塔板压强降为：$h_p = h_c + h_t + h_\sigma$

在计算干板压降 h_c 时，首先判断其是否全开。

由气体通过阀孔时的动能因数：$F_h = u_h \sqrt{\rho_V}$

$$u_h = \frac{28.3 \times 10^3}{3600 \times 0.785 \times 3.8^2 \times 0.12} = 5.78 \text{m/s}$$

$F_h = 13.07 > 11$，说明阀是全开的。

所以：$h_c = 5.37 \dfrac{u_h^2 \rho_V}{2g\rho_L} = 5.37 \times \dfrac{5.78^2 \times 5.11}{2 \times 9.81 \times 606} = 0.0771$m

气体通过塔板上液层的压强降：

$$h_t = 0.4 h_w + 2.35 \times 10^{-3} \left[\frac{3600 L_s}{l_w} \right]^{\frac{2}{3}} = 0.4 \times 0.05 + 2.35 \times 10^{-3} \left[\frac{3600 \times 214}{3600 \times 2.204 \times 2} \right]^{\frac{2}{3}}$$

$$h_t = 0.051 \text{m}$$

一般 h_σ 值很小，本题忽略。

$$h_p = 0.0771 + 0.051 = 0.128 \text{m}$$

此压强降相当于 $0.128 \times 606 \times 9.81 = 761 \text{N/m}^2$，故此塔板压强将偏高。

（2）液泛：$H_d \leqslant \phi (H_T + h_w)$ 本题中取 $\phi = 0.5$

$$H_d = h_p + h_L + h_d$$

$$h_{ow} = \frac{2.84}{1000} E \left(\frac{L_h}{l_w} \right)^{\frac{2}{3}}，令 E = 1，则：$$

$$h_L = h_w + h_{ow} = 0.05 + 0.038 = 0.088 \text{m}$$

$$h_d = 0.153 u_0'^2$$

$$u_0'^2 = \frac{L_s}{l_w \cdot h_s} = \frac{214}{3600 \times 2 \times 2.204 \times 0.05} = 0.27 \text{m/s}$$

所以：$h_d = 0.011 \text{m}$；

因此：$H_d = h_p + h_L + h_d = 0.128 + 0.088 + 0.011 = 0.227 \text{m}$；

$0.5 \times (H_T + h_w) = 0.5 \times (0.6 + 0.05) = 0.325 \text{m}$；

所以：$H_d \leqslant 0.5 (H_T + h_w)$

（3）雾沫夹带

泛点率可由下求之：$F_1 = \dfrac{100 C_V + 136 L_s Z_L}{A_b K C_F}$，其中，$C_V = V_s \sqrt{\dfrac{\rho_V}{\rho_L - \rho_V}}$，

取 $K = 1$；由图 8-22 差得 $C_F = 0.14$；

$A_b = A_T - 2 A_f = 0.8 \times A_T = 9.07 \text{m}^2$；

由降液管占塔截面积 10% 查图 8-24 可得中间降液管宽度为 0.152m，两侧降液管宽度为 0.38m，因此：

$Z_L = (3.8 - 2 \times 0.38 - 0.152) = 1.44 \text{m}$；

$$所以：F_1 = \frac{100 C_V + 136 L_s Z_L}{A_b K C_F} = \frac{\dfrac{38300}{3600} \times \sqrt{\dfrac{5.11}{606 - 5.11}} \times 100 + 136 \times \dfrac{214}{3600} \times 1.44}{9.07 \times 0.14}$$

即 $F_1 = 66.3 \% < 80\%$，故 $e_v < 0.1 \text{kg（液）/kg（气）}$。

（4）泄漏

由前所述，阀孔动能因数 $F_h = 13.07 > 5 \sim 6$，故泄漏符合要求。

2. 负荷性能图

（1）雾沫夹带上限线

对于大塔，$e_v < 0.1 \text{kg（液）/kg（气）}$ 时取 $F_1 = 80\%$，将此值代入式

$$F_1 = \frac{100 V_s \sqrt{\dfrac{\rho_V}{\rho_L - \rho_V}} + 136 L s Z_L}{A_b K C_F} = \frac{V_s \times \sqrt{\dfrac{5.11}{606 - 5.11}} \times 100 + 136 \times L_s \times 1.44}{9.07 \times 0.14} = 80$$

得：$V_s = 11.0 - 21.2 L_s$

据此可作出图中直线 AA'。

（2）液泛线

$\phi(H_T + h_w) = h_c + h_t + h_\sigma + h_L + h_d$，取 $\phi = 0.5$，忽略 h_σ，则：

$$\phi(H_T + h_w) = 5.37\frac{u_h^2\rho_V}{2g\rho_L} + 0.4h_w + 2.35 \times 10^{-3} \times \left(\frac{3600L_s}{l_w}\right)^{2/3} + h_w + \frac{2.84}{1000}E\left(\frac{L_h}{l_w}\right)^{\frac{2}{3}} + 0.153$$

$$\times\frac{L_s}{l_w \cdot h_s}$$

将已知数代入并整理得：

$$V_s = 12.3 - 21.7L_s^{2/3} - 152L_s^2$$

据此，可作出图中液泛线 BB'。

（3）液相负荷上限线

降液管内液体停留时间 θ 不应小于 $3 \sim 5s$，本题按 $\theta = 5s$ 计算，则：

$$L_s = \frac{A_f H_d}{5} = \frac{0.785 \times 3.8^2 \times 0.1 \times 0.6}{5} = 0.136 \text{m}^3/\text{s}$$

在负荷性能图横坐标轴上找到液相负荷上限 $L_s = 0.136\text{m}^3/\text{s}$ 的数值点，过此点作一垂直线即为液相负荷上限线（图中 CC' 线）。

（4）泄漏线

按 $F_h = u_h\sqrt{\rho_V} = 5$ 计算，得：

$$\frac{V_s}{0.785 \times 3.8^2 \times 0.12} \times \sqrt{5.11} = 5$$

$$V_s = 3.01\text{m}^3/\text{s}$$

在负荷性能图纵坐标轴上找到气相负荷上限 $V_s = 3.01\text{m}^3/\text{s}$ 的数值点，过此点作一水平线即为泄漏线（图中 DD' 线）。

（5）液相负荷下限线

$$h_{ow} = \frac{2.84}{1000}E\left(\frac{3600L_s}{l_w}\right)^{\frac{2}{3}}$$

取 $h_{ow} = 0.006$，$E = 1$，代入上式得：

$$\frac{2.84}{1000}E\left(\frac{3600L_s}{l_w}\right)^{\frac{2}{3}} = 0.006$$

$$L_s = 0.00376\text{m}^3/\text{s}$$

在负荷性能图纵横坐标轴上找到 $L_s = 0.00376\text{m}^3/\text{s}$ 的数值点，过此点作一水平垂直线即为液相负荷下限线（图中 EE' 线）。

由以上五条线所围区域即此塔板的适宜操作区，如图 8-27 所示。

图中 P 点代表操作状态下的情况，连接 OP 并延长，交适宜操作区边界线与 G、F 两点，两点的纵坐标即代表该塔板能正常操作的最大气相负荷和最小气相负荷，两者之比即为操作弹性。所以，由图可知：

$$操作弹性 = \frac{9.5}{3.27} = 2.91$$

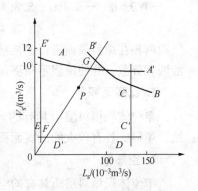

图 8-27 例题 8-1 负荷性能图

8.3　填料塔

填料塔也是一种应用很广泛的气液传质设备，它具有结
构简单、压降低、填料易用耐腐蚀材料制造等优点。早期的填料塔主要应用于实验室和小型
工厂，近年来，国内外对填料的研究与开发进展颇快，性能优良的新型填料不断涌现以及填
料塔在节能方面的突出优势，使得大型填料塔在石油加工工业中的应用已越来越广泛，目前
填料塔最大直径可达 20m。

8.3.1　填料塔结构及填料

8.3.1.1　填料塔结构

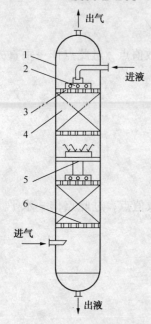

图 8-28　填料塔结构
1—壳体；2—液体分布器；
3—填料压板；4—填料；
5—再分布器；6—支承板

填料塔结构如图 8-28 所示，塔体为一圆筒，筒内堆放一定
高度的填料，其下方有支承板，上方为填料压板及液体分布装置。
操作时，液体自塔上部进入，通过液体分布器均匀喷洒于塔截面
上，在填料表面呈膜状流下。为了克服液体在下流过程中逐渐向
塔壁集中的趋势，填充高度较高的填料塔可将填料分层，各层填
料之间设液体再分布器，收集上层流下的液体，并将液体重新均
布于塔截面。气体自塔下部进入，通过填料层中的空隙由塔顶排
出。离开填料层的气体可能挟带少量液沫，必要时可在塔顶安装
除沫器。填料塔内气液两相间传质通常是在填料表面的液体与气
相间的界面上进行的，两相的组成沿塔高连续变化。

塔体除用金属材料制作以外，还可以用陶瓷、塑料等非金属
材料制作，或在金属壳体内壁衬以橡胶或搪瓷，为保证液体在整
个截面上的均匀分布，塔体应具有良好的垂直度。

填料塔不仅结构简单，而且有阻力小和便于用耐腐蚀材料制
造等优点，尤其对于直径较小的塔、处理有腐蚀性的物料或要求
压强降小的真空蒸馏系统，填料塔都表现出明显的优越性。另外，
对于某些液气比甚大的蒸馏或吸收操作，或采用板式塔降液管将
占用过多的塔截面积，此时也宜采用填料塔。

8.3.1.2　填料特性

填料塔中大部分容积为填料所充填，它是填料塔的核心部分，
气液两相在填料表面进行逆流接触，填料不仅提供了气液两相接触的传质表面，而且促使气
液两相分散，并使液膜不断更新。填料性能可由下列几方面予以评价。

1. 比表面积

单位体积填料层所具有的表面积称为填料的比表面积，以 σ 表示，单位为 m^2/m^3。显
然，填料应具有较大的比表面积，以增大塔内传质面积。

2. 空隙率

单位体积填料层所具有的空隙体积，称为填料的空隙率，以 ε 表示，单位为 m^3/m^3。填
料层有尽可能大的空隙率，以提高气、液通过能力和减小气流阻力。

3. 填料因子

由比表面积及空隙率两个填料特性组合而成的 σ/ε^3（单位为 1/m）形式，称为干填料因子，它是表示填料阻力及液泛条件的重要参数之一。但填料经液体喷淋后表面被液膜层所覆盖，其 σ 与 ε 均有所改变，故把有液体喷淋的条件下实测的 σ/ε^3 称为湿填料因子，亦称为填料因子，以 ϕ 表示之，单位亦为 1/m，它更能确切地表示填料被淋湿后的流体力学特性。故进行填料塔计算时，应采用液体喷淋条件下实测的湿填料因子。

4. 单位堆积体积内的填料数目

对于同一种填料，单位堆积体积内所含填料的个数是由填料尺寸及堆积方式所决定的。减小填料尺寸，填料数目可以增加，填料层的比表面积也增大，而空隙率减少，气流阻力亦相应增加，若填料尺寸过小，还会使填料的造价提高。反之，若填料尺寸过大，在靠近塔壁处，填料层空隙大，气体将从此短路流过。为控制这种气流分布不均的现象，填料尺寸不应大于塔径的 1/10 ~ 1/8。

8. 3. 1. 3　填料类型

填料是填料塔的主要构件，填料塔特性主要由它决定。工业上采用的填料形式多样，按结构形式可分为颗粒型填料和规整填料；按装填方式可分为散装填料和整砌填料。

1. 散装填料

散装填料是具有一定外形结构的颗粒实体，其安装方式以乱堆为主。根据其形状的不同，该类填料有许多类型，下面就常用的几种散装填料的结构特点作简单介绍。

（1）拉西环填料

拉西环填料是于上世纪初最早使用的人工填料，它是一段高度和外径相等的短管，如图 8 – 29（a）所示。拉西环填料最早采用陶瓷材料烧制而成，后来也使用金属及石墨和塑料等非金属材料制造，以适应不同介质的要求。拉西环形状简单，制造容易，曾得到极为广泛的应用。但是，由于其高长比太大，堆积时相邻环之间容易形成线接触，填料层的均匀性差。因此，拉西环填料层存在着严重的向塔壁偏流和沟流现象。目前在工业上应用日趋减少。

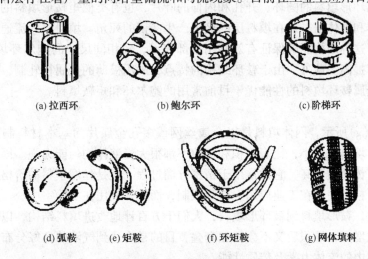

(a) 拉西环　　　　(b) 鲍尔环　　　　(c) 阶梯环

(d) 弧鞍　　(e) 矩鞍　　(f) 环矩鞍　　(g) 网体填料

图 8 – 29　几种填料的形状

（2）鲍尔环填料

鲍尔环填料是在 20 世纪 50 年代初期拉西环基础上发展起来的，是具有代表性的一种填料。其构造是在拉西环的壁上开两排长方形窗孔，被切开的环壁形成叶片，一边与壁面相连，另一端向环内弯曲，并在中心处与其他叶片相搭，如图 8 - 29(b)所示。鲍尔环在结构上的改进使得其内表面得到了充分利用，气液接触面积较拉西环大，从而提高传质的效果。气、液又可以从窗口进入，使流体阻力降低。鲍尔环的处理能力较拉西环高 50% 以上，操作弹性比拉西环大 2 倍以上。因此，自从德国 BASF 公司于 1948 年开发成功此种填料后，立即在工业中得到了应用，一直为工业所重视，并逐步取代了拉西环。

（3）阶梯环

阶梯环是在鲍尔环基础上加以改进而发展起来的一种新型填料，如图 8 - 29(c)所示。阶梯环与鲍尔环相似之处是环壁上也开有窗孔，但阶梯环的高度仅为直径的一半，环的一端制成喇叭口，其高度约为总高的 1/5。由于阶梯环填料较鲍尔环填料的高度减少一半，使得填料外壁流过的气体平均路径缩短，减少了气体通过填料层的阻力。阶梯环一端的喇叭口形状，不仅增加了填料的机械强度，而且使填料个体之间多呈点接触，增大了填料间的空隙，接触点成为液体沿填料表面流动的汇聚分散点，可便液膜不断更新，有利于填料传质效率的提高。阶梯环填料以其气体通量大、流动阻力小、传质效率高等优点成为目前使用的环形填料中性能良好的一种。

（4）弧鞍与矩鞍环填料

鞍形填料是一种敞开型填料，包括弧鞍和矩鞍，其形状如图 8 - 29 中(d)和图 8 - 29(e)所示。弧鞍形填料是两面对称结构，有时在填料层中形成局部叠合或架空现象，且强度较差，容易破碎影响传质效率。矩鞍形填料在塔内不会相互叠合而是处于相互勾联状态，因此有较好的稳定性，填充密度及液体分布都较均匀，且空隙率也有所提高，阻力较低，不易堵塞。矩鞍形填料的制造比较简单，也是实体填料中性能较好的一种。

（5）金属环矩鞍填料

金属环矩鞍填料由美国诺顿公司于 1978 年开发成功，国内常译为英特洛克斯填料，它综合了环形填料通量大及鞍形填料液体再分布性能好的优点，如图 8 - 29(f)所示。这种填料既有类似开孔环形填料的圆环、开孔和内伸的叶片，也有类似矩鞍形填料的侧面。敞开的侧壁有利于气体和液体通过，在填料层内极少产生滞留的死角。填料层内流通孔道增多，改进了液体分布，这种结构能够保证有效利用全部表面，较相同尺寸的鲍尔环填料阻力减小，通量增大，效率提高。此外，由于鞍环结构的特点，采用极薄的金属板轧制，仍能保持较好的机械强度。金属鞍环填料的性能优于目前常用的鲍尔环和矩鞍填料。

（6）网体填料

如图 8 - 29(g)所示，网体填料是以金属丝网或多孔金属片为基本材料制造而成的。其特点是网材薄、填料尺寸小，比表面积和空隙率都很大，液体均匀能力强。因此，网体填料的气体阻力小、传质效率高，它常常用于精密分馏过程。但是丝网填料的价格昂贵，制造费工，安装要求严格，使其在工业应用上受到限制，而常常应用在实验室中。

从环形填料、鞍形填料到鞍环形填料，人们千方百计地改进填料结构，以促使空隙和比表面积尽可能地增大，堆积后又不会相互套叠，目的是为达到气液的良好分布，从而不断改进流体在填料层中的流体力学及传质性能。

2. 规整填料

规整填料是一种在塔内按均匀几何形状排布、整齐堆砌的填料。它规定了气液相的流通路径，有效抑制了沟流和壁流现象，压强降小，传质、传热效率高，近年来在精细化工、炼油、石油化工、化肥等领域得到了广泛应用。

（1）板波纹填料

板波纹填料按材质可分为：金属、塑料及陶瓷等。板波纹填料（图 8 - 30）是一种通用型的规整填料，在石油化工、化肥、天然气净化等工业应用中取得了显著成效。金属板波纹填料由瑞士苏尔寿公司首创，目前我国生产的金属板波纹填料有多种规格型号。金属板波纹填料是由若干波纹平行且相互垂直排列的金属波纹片组成，采用整砌结构，阻力较乱堆时为低。又由于结构紧凑，所以具有较大的比表面积（单位体积填料所具有的表面积）。

图 8 - 30　金属波纹板填料

（2）网波纹填料

网波纹填料是由不锈钢金属或塑料等细丝编织成网，再压成波纹网片，然后平行排列成圆盘状。它的几何结构使其具有很高的比表面积，且丝网具有的毛细作用使表面积具有更高的润湿性能，由此具有很高的分离效率。波纹填料的缺点是：不适于易结焦、固体析出、聚合或液体黏度大的物系；造价较高，装卸清理困难等。

（3）格栅填料

格栅填料的几何结构以条状单元结构、大峰高板波纹结构或斜板状单元结构为主进行单元规则组合而成，因此其结构变化颇多，但基本用途相近。格栅填料的比表面积较低，因此主要用于大负荷、防堵及要求低压降的场合。最具有代表性的格栅填料是美国格里奇公司于20 世纪 60 年代开发成功的格里奇格栅填料。

8.3.2　填料塔的流体力学状况

8.3.2.1　填料塔内气液两相的流动特性

1. 填料塔内的液体分布

液体在乱堆填料层内流动所经历的路径是随机的。当液体集中在某点进入填料层并沿填料流下，液体将呈锥形逐渐散开，即乱堆填料具有一定的分散液体的能力。但在填料表面流动的液体会部分地汇集成小股，从而形成沟流，使部分填料表面未能润湿。综合这两方面的因素，液体在流经足够高的一段填料层之后，将形成一个发展了的液体分布，称为填料的特征分布。特征分布是填料的特性，规整填料的特征分布优于散装填料。在同一填料塔中，喷淋液量越大，特征分布越均匀。同时，液体在填料塔中流下时，以下原因造成较大尺度上的分布不均匀性。

（1）初始分布不均匀性。对于小塔，液体在乱堆填料层中虽有一定的自分布能力，但若液体初始分布不良，则达到填料特征分布所需的塔高增大，总体上该段填料的润湿表面积减少。对于大塔，初始分布不良很难利用填料的自分布能力达到全塔截面液体的分布均匀。因此，大塔的液体初始分布应予充分注意。

（2）填料层内液流的不均匀性沿填料流下的液流可能向内，也可能向外流至塔壁，导致较多液体沿壁流下形成壁流，减少了填料层中的液体流量。尤其当填料较大时（塔径与填料之比 $D/d > 8$），壁流现象显著。工业大型填料塔以取 D/d 在 30 以上为宜。此外，由于塔体倾斜、填充不匀及局部填料破损等均会造成填料层内的液体分布不均匀性。填充不均匀性是大型填料塔传质性能下降即放大效应的主要原因。

2. 填料塔内气液两相的流动特性

在逆流操作的填料塔内，气体自下向上与液体自上向下同时流经一定高度的填料层。当液体自塔顶向下藉重力在填料表面作膜状流动时，膜内平均流速取决于流动的阻力。而此阻力系来自于液膜与填料表面及液膜与上升气流之间的摩擦。显然上升气体的流量越大，液膜与上升气流之间的摩擦阻力就越大，于是液膜的平均流速就越低。由此可知，填料表面上的液膜厚度不仅取决于液体流量，而且与气体流量也有关。气体流量愈大，则液膜愈厚，即填料层内的持液量也愈大。不过填料塔在低气速下操作时，上升气流造成的阻力较小，液膜厚度与气体流量关系不大；而在高气速下操作时，气体流量对液膜厚度将有不可忽视的影响。

当气体自塔底向上经填料空隙穿流时，由于填料表面上有液膜存在，则填料层可供气体流动的自由截面就减小。于是在一定的气体流量下，使气体在填料空隙间的实际速度较在干填料层内的实际速度为大，相应的气体通过填料层的压力降也增大。同理，在气体流量相同的情况下，液体流量若增大，则填料表面上液膜增厚于是使气体通过填料层的压力降也增大。在逆流操作的填料塔内，如将在不同的液体喷淋量下取得的填料层压强降与空塔气速 u 的实测数据标绘在双对数坐标上，则可得如图 8-31 所示的流体力学关系。各种类型填料的这种关系图线都大致相似。

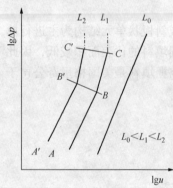

图 8-31 填料塔压降与
空塔气速关系

如图 8-31 所示，当气体通过干填料层流动时，压强降与空塔气速的关系如直线 L_0 所示，斜率约为 1.8。当有液体喷淋时，所得的关系则为一折线，如 L_1 线与 L_2 线所示，当气速较低时，线 L_1 在线 L_0 的左上方，但大体上与线 L_0 平行。这塔气速的关系表明有液体喷淋到填料表面时，因可供气体流动的自由截面缩小，在同样气体空塔速度之下，压强降上升。但此时填料层内液体向下流动几乎与气速无关，填料表面上覆盖的液体膜层厚度不变，填料表面持液量保持一定。而当气速超过 L_1 线上与 B 点相当的空塔气速后，线的斜率便增大，其值约为 2.5。这表明此时的气速已使上升气流与下降液体间摩擦力开始阻碍液体顺利下流，使填料表面持液量增多，占去更多空隙，气体实际速度与空塔气速的比值显著提高，故压强降比以前增加得快。此种现象称为载液，B 点称为载点。

气速再持续增大到与 C 点相当的数值时，压强降急剧上升到与气流速度成垂直线的关系。这表明此时上升气流与下降液体间的摩擦力已增加到足以阻止液体下流，于是液体充满填料层空隙，气体只能鼓泡上升。随之，液体被气流带出塔顶，塔的操作极不稳定，甚至被完全破坏。此种现象称为液泛，C 点称为泛点。若液体喷淋量更大，则压强降与空塔气速的关系线位置如线 L_2 所示，此时达到载液与液泛的空塔气速更为降低。

由填料塔内汽液两相流动特性的分析可知，填料塔的操作范围没有像板式塔的负荷性能图那样形成完整的概念，但对于常用填料，有关气液两相操作的经验数据还是比较充实的，目前一般认为填料塔的正常操作范围在载点与泛点之间。

8.3.2.2 填料塔的水力学性能

填料塔内气体的流速通常称为空塔速度，以体积流量与塔截面积之比表示，其单位为 $m^3/(m^2 \cdot s)$，或写成 m/s。用 u 表示。气体在填料空隙穿行的实际线速度等于 u/ε。液体的流速也以体积流量与塔截面积之比表示，用 L_V 表示，单位为 $m^3/(m^2 \cdot s)$，称为喷淋密度。

喷淋密度与填料比表面之比 L_V/a，反映液体沿表面流动的速率，称为润湿率，其单位为 $m^3/(m \cdot s)$，即 m^2/s。

填料层的压强降、液泛速度以及其他水力学性能是填料塔设计与操作都必须考虑的重要参数。

1. 压强降

压强降是填料层的重要流体力学特性之一，反映填料层阻力的压强降随填料的类型与尺寸而变化，通常需要对各种类型尺寸填料进行实测以得到压力降曲线。其计算方法很多，下面主要介绍通用关联方法。目前工程设计中应用最广的是参照埃克特的通用图而重新绘制的填料层压降和填料塔泛点的通用关联图，如图 8－32 所示。

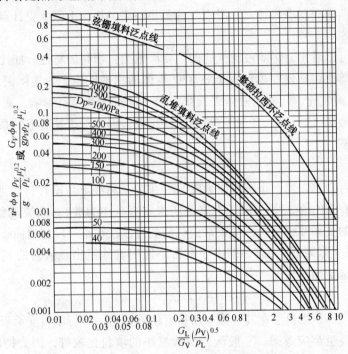

图 8－32　填料塔压降和泛点埃克特通用关联图

图中的纵坐标为：$\dfrac{u^2 \varphi \phi \rho_V}{g} \dfrac{\mu_L^{0.2}}{\rho_L}$ 或 $\dfrac{G_V^2 \varphi \phi}{g \rho_V \rho_L} \mu_L^{0.2}$

横坐标为：$\dfrac{G_V}{G_L}\left(\dfrac{\rho_V}{\rho_L}\right)^{0.5}$、$\dfrac{W_V}{W_L}\left(\dfrac{\rho_V}{\rho_L}\right)^{0.5}$ 或 $\dfrac{L_h}{V_h}\left(\dfrac{\rho_V}{\rho_L}\right)^{0.5}$

式中　u——空塔气速，m/s；

　G_V，G_L——气体和液体的质量流速，$kg/(m^2 \cdot s)$；

　ρ_V，ρ_L——气体和液体的密度，kg/m^3；

　W_V，W_L——气体和液体的质量流量，kg/s 或 kg/h；

　V_h，L_h——气体和液体的体积流量，m^3/s；

　μ_L——液体的黏度，$mPa \cdot s$；

　ϕ——填料因子，1/m；

　φ——水的密度和液体的密度之比；

g——重力加速度，$9.81\text{m}^2/\text{s}$。

图 8 – 31 中左下方的线簇是乱堆填料层的等压强降线，使用时先根据工艺条件及选定的空塔速度 u，分别算出纵、横两坐标值，其垂直线与水平线交点所在的等压强降线即为所求的压强降数值。

2. 泛点气速

泛点填料塔的极限操作条件，正确地估算泛点气速对于填料塔的设计和操作十分重要。填料塔的泛点气速亦可用图 8 – 32 求得。该图中最上方的三条线分别为弦栅、整砌拉西环及乱堆填料的泛点线。与泛点线相对应的纵坐标中的空塔气速 u 即为泛点气速的。若已知气、液两相质量流量以及各自的密度，则可算得图中横坐标值。由此点作垂线与泛点线相交，由交点的纵坐标数值求得泛点气速 u_f。泛点气速是填料塔的操作上限。设计点的气速通常取泛点气速的 50% ~ 80%。

从图 8 – 31 可以看出，影响液泛气速的主要因素为：填料的特性，如比表面积 σ、空隙率 ε 及几何形状等集中体现在填料因子 ϕ 上；流体的物理性质，如气体密度 ρ_V、液体密度 ρ_L、黏度 μ_L 等；液气比。此外，液体表面张力对于泛点气速也有影响，表面张力小的液体往往容易发泡，液泛气速较低，但此图没有反映出来，因此对于易起泡的系统，由图求得的泛点气速偏高 些。

3. 载液

液泛点可通过目测定出，也可据压力降与气速关系曲线上急剧转折的那一点而定出（两者之间有时可能有 10% 的误差，以压力降线所规定百分率为准）。载液现象不如液泛明显，从压力降与气速的关系曲线来看，从正常到载液的过渡往往是一段圆滑曲线。塔的操作以落在载液区内（或其下限附近）为宜，但由于常常不能明确地定出载液时的气速，故设计中多参照液泛气速来选定操作气速。

4. 持液量

持液量指单位体积填料层在其空隙中所持有的液体量。进行填料支承板强度计算时，填料本身重量与持液量都应考虑。一般认为持液量小的填料比较好，因为持液量小则阻力也小。但要使操作平稳，一定的持液量是必要的。持液量分静态持液量与动态持液量两部分。静态待液量指填料层停止接受喷淋液体并经过规定的喷淋时间之后，仍然滞留在填料层中的液体量，其大小决定于填料本身（类别、尺寸）及液体的性质。动态持液量指操作时流动于填料表面的量，即可以从填料上滴下的那部分，其值等于在一定喷淋条件下持于填料层中的液体总量与静态持液量之差。显然动态持液量不但与前述因素有关，还与喷淋密度有关。总持液量由填料类型、尺寸、液体性质、喷淋密度等所决定，也可通过经验公式或曲线图估计。到了载点附近以后，持液量还随气流速度的增大而增加。

5. 润湿率

所谓润湿率是喷淋密度与填料比表面积之比，即指在塔的横截面上，单位长度的填料周边上液体的体积流量。填料层的周边长度的倒数在数值上等于单位体积填料层的表面积，即干填料的比表面积，故润湿率的计算式为：

$$L_w = \frac{U}{\sigma} \tag{8 – 32}$$

为了保证充分润湿填料表面，一般规定的最小润湿率，对于直径不超过 75mm 的拉西环及其他填料，可取最小润湿率 $(L_w)_{min}$ 为 $0.08m^3/(m \cdot h)$，对于直径大于 75mm 的环形填料，应取 $0.12m^3/(m \cdot h)$。

6. 最小喷淋密度

液体喷淋密度低则填料润湿得不充分，气、液接触面积在总表面积中所占的比例也小。因此为了使塔能操作良好，应使喷淋密度足以维持最小的润湿速率。填料塔的最小喷淋密度的表达式为：

$$U_{min} = (L_w)_{min} \sigma \qquad\qquad (8-33)$$

式中　σ——填料的比表面积，m^2/m^3；

U_{min}——最小喷淋密度，$m^3/(m^2 \cdot s)$；

$(L_w)_{min}$——最小润湿率，$m^3/(m \cdot s)$。

8.3.3　填料塔的设计计算

8.3.3.1 填料的选择

无论是颗粒填料还是规整填料的制造材质均可用陶瓷、金属和塑料。陶瓷填料应用最早，其润湿性能好，但因较厚，空隙小，阻力大，气液分布不均导致效率下降，而且易破损，故仅用于高温、强腐蚀的场合。金属填料强度高，壁薄，空隙率和比表面积均较大，故性能良好，但不锈钢较贵，碳钢尽管便宜，但耐腐蚀性能差。近年来发展起来的塑料填料，价格低廉，不易破损，质轻耐蚀，加工方便，在工业上的应用日趋广泛，但其润湿性能差，设备操作温度一般不超过 100℃。

填料类型的选择首先取决于工艺要求，如所需理论级数，生产能力（气量），容许压降，物料特性（液体黏度、气相和液相中是否有悬浮物或生产过程中的聚合等）等，然后结合填料特性，使所选填料能满足工艺要求，技术经济指标先进，易安装和维修。

选择填料尺寸应由设备费与动力费权衡而定。为使液体在填料中分布均匀，填料乱堆时，每个填料的尺寸不应大于塔径的 1/8，若太大，则壁效应较严重，易使大量液体沿塔壁流下，因而使截面上液体分布严重不均匀。必要时可预先选定填料尺寸的大小，然后计算塔径，最后验算填料直径与塔径之比是否符合要求。但规整填料则无此限制。另外，对于理论板数很多或塔高受厂房限制的场合，一般用小尺寸、高比表面填料。对于易结垢或易沉淀的物料通常用大尺寸的栅板（格栅）填料，并在较高气速下操作。

8.3.3.2 塔径的计算

填料塔的直径尺寸决定于气体的体积流量与适宜的空塔气速，其计算公式同板式塔塔径计算公式。由计算式可知，在气体处理量一定的条件下，气速大则塔径小。若所选填料传质效率高，可使填料层的总体积减小，因而设备费可降低；但此时气速大则阻力大，操作费用高。前已述及，泛点气速是填料塔空塔气速的上限，操作时气速不能过于接近泛点气速。考虑到这些因素，操作气速可按下列两种方法之一确定：

（1）填料塔的适宜空塔气速，一般说来可取泛点气速的 50% ~ 80%。适宜空塔气速与泛点气速之比称为泛点率。泛点率的选择，须依具体情况而定。例如对于易起泡沫的物系，泛点率应取低些，甚至可低于 50%；对加压操作的塔，减小塔径有更多好处，故应选取较高的泛点率。一般填料塔的操作气速大致在 0.2 ~ 1.0m/s。

（2）根据生产条件，规定出可容许的压强降，由此压强降反算出可采用的气速。

依上法计算得出的塔径，应按压力容器公称直径标准进行圆整。直径 1m 以下间隔为

100mm；直径在 1m 以上时，间隔为 200mm。

另外，填料塔的传质效率高低与液体的分布及填料的润湿情况密切相关。为使填料能获得良好的润湿，应保证塔内液体的喷淋量不低于某一数值。所以，在算出塔径后，还应验算塔内液体的喷淋密度是否大于最小喷淋密度。若喷淋密度过小，则可采用增大液气比(或回流比)或在吸收操作中采用液体再循环等方法加大液体流量；或在许可范围内减小塔径；或适当增加填料层高度予以补偿。

8.3.3.3 填料层高度计算

填料塔的高度主要取决于填料层高度。计算填料层高度常采用以下两种方法。

1. 传质单元法

$$填料层高度 = 传质单元高度 \times 传质单元数$$

2. 等板高度法

$$填料层高度 = 等板高度 \times 理论板数$$

在填料中，为避免液体沿填料层下流时出现壁流的趋势，若填料层的总高度与塔径之比超过一定界限，则填料需分段装填，并在各填料段之间加装液体再分布器。每个填料段的高度 Z 与塔径之比(Z/D)的上限值列于表 8 - 4 中，对于直径在 400mm 以下的小塔，可取较大的值；对于大直径的塔，每个填料段的高度，不应超过 6m。上述限制必须遵守，否则将严重影响填料的表面利用率。

表 8 - 4　填料段的高度的最大值

填料种类	$(Z/D)_{max}$	Z
拉西环	2.5 ~ 3	<3 ~ 4.5(瓷、金属)
矩鞍	5 ~ 8	<3 ~ 6(瓷)
鲍尔环	5 ~ 10	<6(金属) <3 ~ 4.5(塑料)
阶梯环	5 ~ 15	<6(金属) <3 ~ 4.5(塑料)
环矩鞍	5 ~ 15	<6(金属) <3 ~ 4.5(塑料)
规整填料		$h = (15 ~ 20)HETP$

【例 8 - 2】 温度为 20℃，压强(表压)为 13kPa，流量为 300m³/h 的空气，拟用流量为 7500kg/h、常温下的水处理，以除去其中所含少量的 SO_2。若采用 25mm 瓷质鲍尔环，试求所需填料塔的直径及设计气速下每米填料层的压降。该塔在鲍尔环的设计气速下操作时，每米填料层的压降为多少？

解：$\rho_V = 1.29 \times \dfrac{273}{293} \times \dfrac{101.3 + 13}{101.3} = 1.36 kg/m^3$

$$W_V = 300 \times 1.36 = 408 kg/h$$

$$W_L = 7500 kg/h$$

$$\frac{W_V}{W_L}\left(\frac{\rho_V}{\rho_L}\right)^{0.5} = \frac{7500}{408}\left(\frac{1.36}{1000}\right)^{0.5} = 0.68$$

从图 8 - 32 的横坐标 0.68 处引垂直线与乱堆填料泛点线相交，由此交点的纵坐标读得：

$$\frac{u^2 \varphi \phi \rho_V}{g} \frac{\rho_V}{\rho_L} \mu_L^{0.2} = 0.27$$

已知在常温下水的黏度：$\mu_L = 1.0\text{mPa} \cdot \text{s}$，对于水，$\varphi = 1$

从表 3 - 4 查得 25mm 的瓷质鲍尔环，得填料因子 $\phi = 300$，故

$$u_f = \sqrt{\frac{0.027 g \rho_L}{\mu_L^{0.2} \phi \varphi \rho_L}} = 0.81\text{m/s}$$

设计气速取泛点气速的 70%，则设计气速：$u = u_f \times 0.7 = 0.567\text{m/s}$

气体的体积流量：$L_V = \dfrac{W_V}{3600 \rho_V} = \dfrac{408}{3600 \times 1.36} = 0.083\text{m}^3/\text{s}$

所需塔径：$D = \sqrt{\dfrac{L_V}{0.785 \times u}} = \sqrt{\dfrac{0.083}{0.785 \times 0.567}} = 0.43\text{m}$

圆整后：$D = 500\text{mm}$

设计气速：$u = \dfrac{L_V}{0.785 \times D^2} = 0.423\text{m/s}$

则：$\dfrac{u^2}{g} \dfrac{\varphi \phi \rho_V}{\rho_L} \mu_L^{0.2} = \dfrac{0.423^2 \times 300 \times 11.36}{9.81} \dfrac{1}{1000} = 0.0074$

在图 8 - 31 中，纵坐标为 0.0074，横坐标为 0.68 的点落在每米填料层压降为 $\Delta p = 100\text{Pa}$ 等压线上，即此时每米填料 100Pa。

8.3.4 填料塔附件

填料塔附件主要有液体分布装置、液体再分布装置、填料支承装置和除沫装置等。

8.3.4.1 液体分布装置

由于普通填料塔的气液接触基本上在润湿的填料表面上进行，故液体在填料塔内的分布是非常重要的，它直接影响到填料表面的有效利用率。液体分布装置的作用是使液体的原始分布尽可能的均匀，以促进气液两相的充分接触和传质，这样，可以防止塔内的壁流和沟流现象。液体分布装置的种类较多，比较常用的包括喷洒型、溢流型、冲击型等。化工系统一般较多采用溢流型液体分布装置，炼油系统较多采用喷洒型液体分布装置。

喷洒型液体分布装置又可称为多孔型布液装置，是通过孔口上方的液层静压或管路的泵送压力，迫使液体从小孔流出，注入填料层。为保证塔内液体的均匀分布，喷嘴的数量应以喷淋到全部液体覆盖面积为准。覆盖面积应有较多的重叠，液体分布才能均匀可靠。塔径越大，喷嘴的数量越多。常用的多孔喷淋装置包括莲蓬头式液体分布器、管式液体分布器等。

溢流型液体分布装置是目前广泛应用的一类分布器，特别适用于大型填料塔。其工作原理与多孔型不同，进入布液器的液体超过堰口高度后，以溢流的方式通过堰口流出，并沿着溢流管（槽）壁呈膜状流下，淋洒到填料层上。其优点是操作弹性大，不易堵塞，操作可靠和便于分块安装等。常用的结构形式有盘式和槽式两种，

8.3.4.2 液体再分布器

液体再分布器是用来改善液体在填料层内的壁流效应的。所谓壁流效应，即液体沿填料层下流时逐渐向塔壁方向汇流的现象。所以，每隔一定高度的填料层就设置一个再分布器，将沿塔壁流下的液体导向填料层内。每段填料层的高度因填料种类而异，壁流效应越严重的填料，每段高度应越小，如拉西环填料壁流效应较为严重，每段填料层高度宜小一些，可为塔径的 2.5 ~ 3 倍；而鲍尔环和鞍形填料，则取的较大，通常鲍尔环及鞍形填料可为塔径的 5 ~ 10 倍，但通常填料层高度最多不超过 6m。对于整砌填料，因液体沿竖直方向流下，不

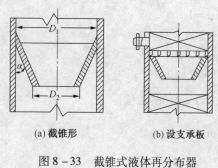

(a) 截锥形　(b) 设支承板

图 8-33　截锥式液体再分布器

存在偏流现象，填料不必分层安装，也无需设再分布装置，但对液体的初始分布要求较高。

液体再分布器的形式有截锥式、盘式及槽式等，如图 8-33 所示为截锥式液体再分布器，图 8-33(a)图的截锥内没有支承板，能全部堆放填料，不占空间。当考虑需要分段卸出填料时，则采用图 8-33(b)图形式，截锥上设有支承板，截锥下要隔一段距离再堆填料。而对于直径较大的塔可采用多孔盘式等液体再分布器。

8.3.4.3　填料支承装置及压圈

填料在塔内无论是乱堆或整砌，均应放在支承装置上。支承装置要有足够的机械强度，足以支承上面填料及操作中填料所含液体之重量。同时，支承板的自由截面积不应小于填料的自由截面积，以免增大流体阻力，否则将在气速增大时，在支承板处发生液泛，因而降低了塔的最大负荷。常用的支承板有栅板、升气管式和气体喷射式等类型。

栅板填料支承如图 8-34(a)所示。这种支承结构具有相当大的自由截面积。有时也可用扁钢组成的栅板来支承填料，扁钢条之间的距离应小于填料的外径(一般为外径的 60% ~ 70% 左右)。除上述支承结构以外，尚可采用升气管式及气体喷射式支承板。如图 8-34(b)所示，使用升气管式支承板时，气体由升气管齿缝上升，而液体则由支承板上的小孔及齿缝的底部溢流下去，气液分道而行，气体流通面积可以很大，特别适用于高空隙率填料的支承。如图 8-34(c)所示，气体喷射式支承板中气体由波形的侧面开孔射入填料层，具有气、液两相分流而行和开孔面积大的特点。

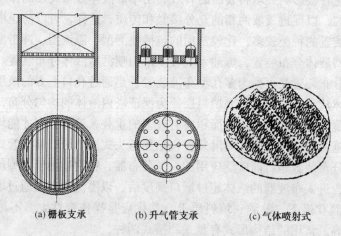

(a) 栅板支承　(b) 升气管支承　(c) 气体喷射式

图 8-34　填料的支承装置

为避免操作中因气速波动而使填料被冲动及损坏，常需在填料层顶部设置填料压紧和限位装置，用于阻止填料的流化和松动，前者为直接压在填料之上的填料压圈或压板，后者为固定于塔壁的填料限位圈。规整填料一般不会发生流化，但在大塔中，分块组装的规整填料会移动，因此也需安装由平行扁钢构造的填料限制圈，否则可能使填料层结构及塔的性能急剧恶化，破碎的填料也可能被带入气、液出口管路而造成阻塞。

8.3.4.4　除沫装置

一般情况下，若填料塔出来的气相中不含有大量雾沫夹带不须考虑除雾问题，但在有些情况下，例如塔顶的液体喷淋装置产生溅液现象较严重，操作中的空塔气速过大，或者工艺过程不允许出来的气相中夹带雾滴，此时则需考虑除雾装置。除沫装置一般设置在塔的顶部，用于收集夹在气体中的液滴。使用高效除沫装置，对回收昂贵物料，提高分离效率，改善塔后操作，减少环境污染具有重要的意义。

常用的除沫器有折流板除沫器和丝网除沫器。在分离要求不高的情况下，也可采用干填料层做除沫器。折流板除沫器结构简单，但金属耗量大，特别是对直径较大的塔，造价偏高，因而逐步被丝网除沫器所代替。丝网除沫器由多层丝网和夹持丝网的上、下栅板组成，丝网可用金属或合成纤维材料制成，以适用于不同的操作条件。丝网除沫器具有比表面积大、重量轻、孔隙率大以及使用方便等优点，尤其是它具有除沫效率高、压强降小的特点，是目前使用最广泛除沫装置。丝网除沫器适用于清洁气体，不宜用在液滴中含有析出固体物质的场合，以免液体蒸发后留下固体堵塞丝网。当雾沫中含有少量悬浮物时，应经常进行冲洗。

8.3.5　填料塔与板式塔的比较

填料塔与板式塔是广泛应用的两类传质设备，各有其特点，对于许多逆流气液接触过程，填料塔和板式塔都是可以适用的，设计者必须根据具体情况进行选用。填料塔和板式塔有许多不同点主要有以下几点。

（1）填料塔操作范围较小，特别是对于液体负荷的变化更为敏感。当液体负荷较小时，填料表面不能很好地润湿，使传质效果急剧下降；当液体负荷过大时，则容易产生液泛。设计良好的板式塔，则具有较大的操作范围。

（2）填料塔不宜于处理易聚合或含有固体悬浮物的物料，而某些类型的板式塔（如大孔径筛板、泡罩塔等）则可以有效的处理这些物系。同时，板式塔比填料塔易于清洗。

（3）当气、液接触过程中需要冷却以取走反应热或溶解热时，填料塔因涉及液体均匀分布问题而使结构复杂化。板式塔则可较容易地在塔板上安装冷却盘管。

（4）填料塔适用于生产规模较小场合，而板式塔一般不小于0.6m，否则安装困难。

（5）普通填料塔因结构简单，所以ϕ800mm以下的造价一般较板式塔造价便宜，但直径大时反而昂贵。

（6）对于易起泡物系，填料塔更为适合，因为填料对泡沫有限制和破碎作用。

（7）对热敏性系宜采用填料塔，因为填料塔内的持液量比板式塔少，物料在塔内的停留时间短。

（8）填料塔的压降比板式塔的压降小，因而对减压操作更为适宜，运用填料塔还可降低能耗。

本章符号说明

英文字母：

A_b——板上液流面积，m^2；

A_f——弓形降液管的截面积，m^2；

A_h——一个阀孔的面积，m^2；

C——负荷系数；

C_{20}——表面张力为 20dyn/cm 时的负荷系数；

C_F——泛点负荷系数；

C_V——气相负荷系数，m^2/s；

D——塔径，m；

d_0——阀孔直径，m；

E——液流收缩系数；

e_V——雾沫夹带量，kg（液）/kg（气）；

F_1——泛点率，%；

F_h——阀孔动能因数；

G_F——一个浮阀的质量，kg；

G_V，G_L——气体和液体的质量流速，$kg/(m^2 \cdot s)$；

g——重力加速度，$9.81m^2/s$；

h_c——气体克服干板阻力所产生的压降，m 液柱；

h_d——液体流过降液管的压头损失，m；

h_L——板上液层高度，m；

h_n——齿深，m；

h_0——浮阀最大开度，m；

h_{ow}——堰上液层高度，m；

h_p——气体通过一层浮阀塔板的压降，m 液柱；

h_t——气体克服板上充气液层静压所产生的压降，m 液柱；

h_w——溢流堰高，m；

h_σ——气体克服液体表面张力所产生的压降，m 液柱；

H_d——降液管内清液层高度，m；

$HETP$——等板高度；

H_{OG}——传质单元高度，m；

H_T——板间距，m；

K——物性系数；

L_h——塔板上液体体积流量，m^3/h；

L_s——液体体积流量，m^3/s；

l_w——溢流堰长，m；

L_w——润湿率，$m^3/(m \cdot s)$；

N——理论板数；

N_i——每层塔板上的阀孔数；

N_{OG}——传质单元数；

U_{min}——最小喷淋密度，$m^3/(m^2 \cdot s)$；

u——空塔气速，m/s；

u_h——阀孔气速，m/s；

u_{max}——最大允许气速，m/s；

u'_o——液体通过降液管底隙时的流速，m/s

V_s——气相负荷，m^3/s；

V_h——气体体积流量，m^3/s；

W_c——边缘区宽度，mm；

W_s——鼓泡区与降液管之间的距离，mm；

W_s'——受液盘与鼓泡区之间的距离，mm；

W_V，W_L——气体和液体的质量流量，kg/s 或 kg/h；

Z——塔高，m；

Z_L——板上液体流径长度，m。

希腊字母：

ε——空隙率，m^3/m^3；

ζ——阻力系数；

μ_L——液体的黏度，mPa·s；

ϕ——填料因子，1/m；

θ——停留时间，s；

ρ_L——液体密度，kg/m^3；

ρ_V——气体密度，kg/m^3；

σ——表面张力，N/m；

σ——填料的比表面积，m^2/m^3；

Δ——液面落差。

习题

8-1 某精馏塔分离甲醇水溶液，现拟采用浮阀塔板，其设计条件如下：(1)气相流量为300kmol/h，其中甲醇的摩尔分率为0.18；(2)液相流量为950kmol/h，其中甲醇的摩尔分率为0.029；(3)压力为101.3kPa，温度为95℃。请为此塔设计一浮阀塔板，物性数据如下：$\rho_L = 960kg/m^3$；$\mu_V = 0.0125mN·s/m^2$；$\mu_L = 0.3mN·s/m^2$；$\sigma = 0.04N/m$。

8-2 下图为某浮阀塔板的塔板负荷性能图，操作点为 A，试分析：

(1) 塔板的上下限受什么控制；

(2) 计算塔板的操作弹性；

(3) 该塔板的设计是否合理，若不合适如何改变塔板的结构参数。

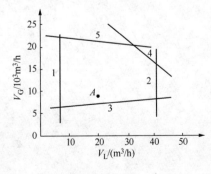

题 8-2 图

8-3 有一填料塔，内充填 40mm 陶瓷拉西环(乱堆)，当塔内上升气量达到 8000kg/h 时，便在顶部开始液泛。为了提离产量，拟将填料改换为 50mm 瓷矩鞍。试问上升气量可提高到多少才会液泛？

8-4 用水吸收废气中少量可溶气体，每小时处理废气 10^4kg。操作温度 40℃。入塔气体的表压为 500mmH$_2$O，其性质可视为与空气相同。液、气流量比按质量计为 2.5，采用充填 40mm 陶瓷拉西环填料(乱堆)的吸收塔，填料层高度估计为 5m。要求气体借其本身的压力通过填料层(塔顶为大气压)。试求该塔塔径及液泛分率。

第 9 章 蒸 发

蒸发是将非挥发性物质的溶液加热至沸腾，使溶剂部分汽化并将其移除，从而使溶液浓缩得到浓溶液的过程。蒸发是化工、轻工、食品、医药等工业生产中常用的一种单元操作。蒸发操作的目的主要有以下三种：

（1）获得浓溶液，例如果汁、糖汁、稀牛奶的蒸发浓缩；在石化行业中使用蒸发技术将稀碱液提浓便于焚烧处理。

（2）得到近饱和状态的浓缩液以便进行后续的结晶操作。蒸发通常在相对较高的温度下进行，得到的浓缩液冷却后可达到过饱和状态，从而使溶质结晶分离出来，得到纯度较高的固体产品。例如蔗糖的生产、药品的生产和食盐的精制等。再如，在丙烯腈生产过程中副产稀硫铵溶液，一般用来生产硫铵肥料，但其溶液浓度远没有达到饱和浓度，要使其析出晶体，工业上采用真空蒸发浓缩技术。

（3）回收纯溶剂。将蒸发过程分离出的溶剂冷凝，除去非挥发性杂质，可得到纯溶剂。例如用蒸发的方法淡化海水制取可饮用的淡水，润滑油糠醛精制过程中用蒸发的方法回收糠醛溶剂等。

从蒸发过程的目的来看，主要是为了使溶剂与溶质分离，为化工分离过程。但从蒸发过程的机理看，过程的实质是传热壁面一侧的蒸汽冷凝与另一侧的溶液沸腾间的传热过程，溶剂分离出来的量和速率直接取决于供热量和速率，因此蒸发属传热过程。

被蒸发的溶液可以是水溶液，也可以是其他溶剂的溶液。由于工业上被蒸发的溶液大多是水溶液，所以本章只讨论水溶液的蒸发。水溶液蒸发的基本原理和设备原则上对其他溶液的蒸发也是适用的。

9.1 概述

9.1.1 蒸发操作的基本过程

蒸发操作所用的装置主要由蒸发器和冷凝器两大部分组成，蒸发器的主要作用是加热溶液使溶剂部分汽化，冷凝器则起到冷凝蒸汽以移除蒸发器中蒸汽的作用。常见的蒸发装置流程如图 9 - 1 所示。

蒸发器主要由加热室和蒸发室两部分组成。加热室是一个类似于列管换热器的结构，所用的热源通常为饱和水蒸气。加热蒸汽在管间隙中冷凝，放出的冷凝热通过管壁传给管内的溶液使其沸腾，溶剂部分汽化，冷凝水则通过排除器排出。

管内溶液汽化产生的蒸汽进入蒸发室，在蒸

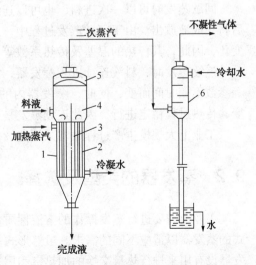

图 9 - 1 蒸发装置示意图

1—加热室；2—加热管；3—中央循环管；
4—蒸发室；5—除沫器；6—冷凝器

发室中与溶液分离后从蒸发器引出，这部分蒸汽称为二次蒸汽，以便与加热用的蒸汽(加热蒸汽，又称为生蒸汽)相区别。为了防止液滴随蒸汽带出，一般在蒸发器的顶部设有汽液分离用的除沫装置。二次蒸汽进入冷凝器，常采用直接接触法用冷却水将二次蒸汽冷凝成水。二次蒸汽中含有的少量不凝性汽体可从冷凝器顶部排出。不凝气的来源有以下两方面：料液中溶解的空气和当系统减压操作时从周围环境中漏入的空气。溶液在蒸发器管内浓缩到规定的程度后由蒸发器底部排出，即为蒸发过程的产品，称为完成液。

从蒸发器蒸出的二次蒸汽具有一定的压力和温度，也可用作热源。通常，可将二次蒸汽通入另一压力较低的蒸发器作为加热蒸汽，以降低生蒸汽的耗用量。

9.1.2　蒸发过程的分类

9.1.2.1　单效蒸发和多效蒸发

按二次蒸汽是否用来作为另一蒸发器的加热蒸汽，可将蒸发分为单效蒸发和多效蒸发。

单效蒸发：若二次蒸汽不利用，直接进入冷凝器冷凝，则称为单效蒸发。

多效蒸发：将多个蒸发器串联起来，后一级蒸发器利用前一级的二次蒸汽作热源，溶液依次在多个蒸发器中进行蒸发，此过程称为多效蒸发。

9.1.2.2　常压蒸发、加压蒸发和减压蒸发

按操作压力，蒸发操作可分为常压蒸发、加压蒸发和减压蒸发。

常压蒸发是指冷凝器和蒸发器溶液侧的操作压力为大气压或略高于大气压，此时系统中的不凝气可依靠本身的压力从冷凝器排出。

减压蒸发又称为真空蒸发，此时冷凝器和蒸发器溶液侧的操作压力低于大气压，系统中的不凝气必须用真空泵抽出。

加压蒸发可应用于高黏度物料体系，此时可采用高温热源加热进行蒸发。

9.1.2.3　间歇蒸发与连续蒸发

按蒸发操作的连续与否可分为连续蒸发和间歇蒸发。

间歇蒸发时可以一次进料，也可以连续进料，蒸发进行到溶液浓度达到要求时停止，然后将完成液放出。由于间歇蒸发过程中，加热室内溶液的浓度、黏度、沸点等参数随时间而变化，因此，其传热的温差及传热系数等参数也随时间而变，间歇蒸发是一个非稳态过程。

连续蒸发时，料液连续进入蒸发器，完成液连续放出，蒸发器内溶液浓度、黏度、沸点等参数不随时间而变，同时，蒸发器内的液位高度、各位置处的压力和温度也不随时间而变，传热过程稳定进行，因此连续蒸发是一稳态过程。

工业上大规模生产过程通常采用连续操作，小规模多品种的场合采用间歇蒸发。

9.2　蒸发器的类型及选择

工业上需要进行蒸发操作的溶液性质各异，蒸发要求也各不相同，因此开发出了多种形式的蒸发器以适应不同的需求。虽然形式多样，但蒸发器的主体结构由以下几部分组成：蒸发器设有用来进行热量交换的加热室和用来进行汽液分离的蒸发室，为减少蒸汽挟带的液沫量，使二者能够得到比较彻底的分离，一般还设有除沫器。

按溶液在蒸发器中的运动情况，目前常用的蒸发器大致可以区分为循环型和单程型两大类。

9.2.1 循环型蒸发器

溶液在蒸发器内作循环流动，根据引起溶液循环的原因可分为自然循环和强制循环。

9.2.1.1 中央循环管式蒸发器

这是目前最常见的一种蒸发器，其结构如图 9-2 所示。它的加热室实质上是一个由直立的加热管束组成的列管式换热器，管束中心是一根直径较大的管子，称为中央循环管，其余加热管称为沸腾管。中央循环管的截面积较大，可占到管束总截面积的 30%~50%。由于中央循环管的截面积大，管内单位体积溶液的传热面积比沸腾管中的小，管外通入加热蒸汽进行蒸发操作时，中央循环管内单位体积溶液吸收的热量相对沸腾管内的溶液来说较少，因而溶液汽化率相对较小，所以中央循环管中汽液混合物的密度比沸腾管中大，加之沸腾管内溶液产生的蒸汽上升时的抽吸作用，于是发生加热室内的液体由中央循环管下降、由沸腾管上升的循环流动。这种循环流动是由于不同位置处溶液的密度差引起的，所以称之为自然循环。

加热室内溶液的循环速率与密度差和管长有关。密度差越大、加热管越长则循环速率越大。但受限于蒸发器的结构，循环速率一般在 0.1~0.5m/s 范围内。这类蒸发器由于受总高限制，管束长度较短，一般为 1~2m，加热管直径为 25~75mm，长径比为 20~40。

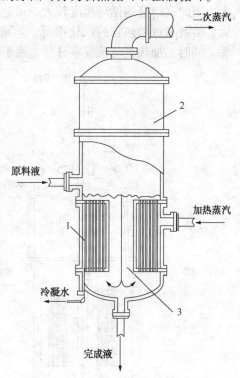

图 9-2　中央循环管式蒸发器
1—加热室；2—蒸发室；3—中央循环管

中央循环管式蒸发器结构紧凑，制造方便，传热效果较好，操作可靠，投资费用较少，因而应用广泛，被称之为"标准蒸发器"。但由于溶液的循环速度低，传热系数较小。且溶液在加热室中不断循环，溶液浓度接近完成液，故有溶液黏度大、沸点高的缺点。此外，蒸发器的加热室清洗检修比较麻烦。此类蒸发器主要用于处理结垢不严重、腐蚀性较小的溶液。

9.2.1.2 悬筐式蒸发器

悬筐式蒸发器是中央循环管式的改进，其结构如图 9-3 所示。其加热室象个篮筐悬挂在蒸发器内，因而称为悬筐式。在这种蒸发器中溶液循环的原因与标准式蒸发器相同，加热蒸汽由中央蒸汽管进入加热室内，加热沸腾管内的溶液，使其部分汽化密度减小从而使汽液混合物沿沸腾管上升，循环的液体沿加热室与壳体形成的环隙下降。环隙的截面积约为沸腾管总截面积的 100%~150%，因而溶液的循环速度较标准式蒸发器的大，约在 1~1.5m/s 之间，传热速率有一定的提高，并且改善了加热管内的结垢状况。与悬筐式蒸发器外壳接触的是温度较低的沸腾液体，所以蒸发器热损失较少。加热室还可由蒸发器的顶部取出，便于检修和更换，故适用于蒸发易结垢或有结晶析出的溶液。这种蒸发器的缺点是结构较复杂，单位传热面的金属耗量较多。

9.2.1.3 外热式蒸发器

中央循环管式和悬筐式蒸发器的管束长度受限于设备总高，导致液体循环速率慢，传热效果差。为了克服这一缺点，可将加热室与蒸发室分开，这种结构的蒸发器即为外热式蒸发器(如图 9-4 所示)。这种结构有利于降低蒸发器的总高度,所以可采用较长的加热管和较大的长径比(长径比为 50~100)。由于蒸发器内液体自然循环流动的推动力与管长成正比,采用长加热管后,循环的推动力增大。循环管又没有受到蒸汽的加热,导致溶液密度差也增大,因此,溶液的循环速度较大,可达 1.5m/s,相应的传热系数也较大。此外,循环速度大,溶液通过加热管的汽化率低,溶液在加热面附近的局部浓度增高较小,有利于减轻结垢。同时,加热室与蒸发室分开,便于清洗和更换。

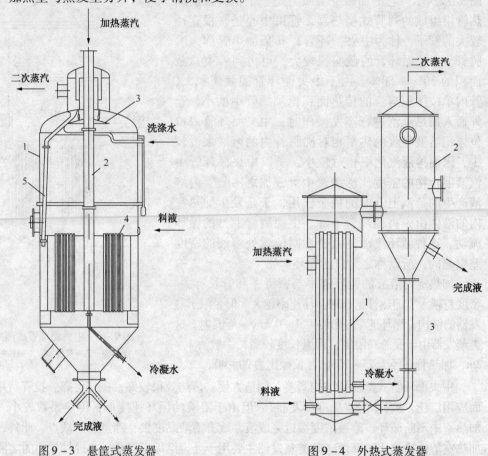

图 9-3 悬筐式蒸发器

1—外壳;2—加热蒸汽管;3—除沫器;4—加热室;5—液沫回流管

图 9-4 外热式蒸发器

1—加热室;2—蒸发室;3—循环管

9.2.1.4 强制循环蒸发器

上述几类蒸发器均属于自然循环蒸发器,主要是依靠蒸发器中沸腾液的密度差产生热虹吸作用使溶液循环,因而溶液的循环速度一般都较低,不适用于处理高黏度、易结垢以及有结晶析出的溶液。欲使循环速度进一步提高,可采用强制循环蒸发器。这种蒸发器是在外热式蒸发器的循环管上设置循环泵,在外力作用下使溶液沿一定方向以较高速度循环流动。循环速度的大小可由循环泵调节,通常为 1.5~3.5m/s。由于循环速度快,强制循环蒸发器的传热系数较自然循环蒸发器的大,但其动力消耗较大,每平方米传热面积耗费功率约为 0.4~0.8kW。

9.2.2 单程型蒸发器

循环型蒸发器加热室内存液量大,物料在高温条件下停留时间长,不适用于热敏性物料的处理。而在单程型蒸发器内,溶液通过加热管一次蒸发即达所需的浓度,不需在蒸发器内循环流动,因此溶液在蒸发器内的停留时间短,器内存液量少,特别适用于处理热敏性物质的溶液。单程型蒸发器内,溶液沿加热管内壁呈膜状流动,受热汽化,所以通常称它们为膜式蒸发器。根据器内溶液流动方向和成膜原因的不同,膜式蒸发器可分为以下几种不同型式。

9.2.2.1 升膜式蒸发器

升膜式蒸发器的结构如图9-5所示,加热室由垂直的长管束组成,管长3~15m,直径25~50mm,长径比为100~150。原料液经预热达到沸点或接近沸点后由加热室的底部进入,在加热管内受热并迅速沸腾汽化,所产生的蒸汽在管内高速上升,带动液体沿管内壁呈膜状向上流动。常压下加热管出口处的蒸汽速度为20~50m/s,不应小于10m/s,减压下蒸汽出口速度可达100~160m/s或更高。溶液在向上流动的过程中不断地汽化蒸发,蒸发形成的汽液混合物进入分离室进行分离,完成液与二次蒸汽分离,由分离室底部排出,二次蒸汽由顶部引出。

升膜式蒸发器的进料应为预热后达到沸点或接近沸点的溶液,这是因为若将常温下的液体直接引入加热室,则在加热室底部必有一部分受热面用来加热溶液使其达到沸点后才能汽化,溶液在这部分壁面上不能呈膜状流动,而在各种流动状态中,以膜状流动蒸发效果最好。

溶液在管内成膜状上升的基本条件是蒸汽必须有足够的速度,即溶液应当有较高的汽化量,因此,浓度较高的溶液不适合于用升膜式蒸发器处理。升膜式蒸发器适用于相对蒸发量较大的稀溶液、热敏性或易产生泡沫的溶液,不适用于高黏度、有晶体析出或易结垢的溶液和浓溶液。

9.2.2.2 降膜式蒸发器

结构如图9-6所示。降膜式蒸发器的原料液由加热室的顶部加入,经管端的液体分布器均匀地流入加热管内,在重力作用下沿管内壁呈膜状向下流动,在流动的过程中被蒸发增浓。汽、液混合物从管下端流出,进入分离室,汽、液分离后,完成液由分离室底部排出。为使溶液能在管壁上有效地成膜,并防止二次蒸汽由加热管顶端直接窜出,在每根加热管的顶端必须设置液体分布器。降膜式蒸发器适用于处理热敏性物料的溶液,也可以蒸发浓度较高的溶液,对于黏度较大的溶液也适用,但不适用于处理易结晶、易结垢或黏度特大的溶液。

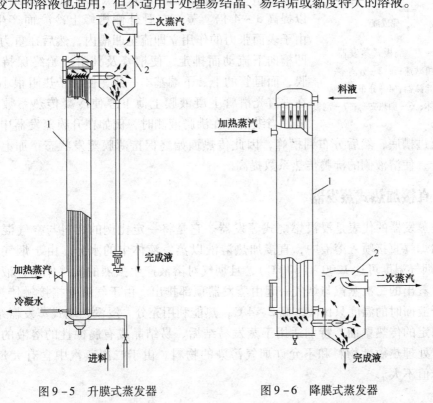

图9-5 升膜式蒸发器   图9-6 降膜式蒸发器

1—加热室;2—分离室   1—加热室;2—分离室

9.2.2.3 刮板式蒸发器

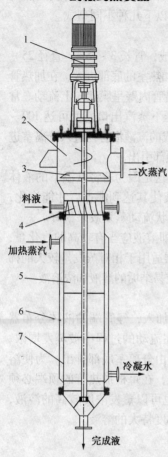

图 9－7　刮板式蒸发器
1—电机减速机；2—分离室；
3—除沫器；4—分布器；
5—蒸发筒体；6—加热夹套；7—刮板

刮板式蒸发器的结构如图 9－7 所示。这种蒸发器的加热管是一根垂直的空心圆管，圆管外有夹套，内通加热蒸汽。圆管内装有可以旋转的刮板，刮板边缘与管内壁的间隙仅有 0.25～1.5mm，原料液由蒸发器上部沿切线方向进入管内，依靠旋转刮片的拨刮作用使液体分布在管壁上，形成旋转下降的液膜，并不断被蒸发，完成液由底部排出，二次蒸汽上升至顶部经分离器后进入冷凝器。刮板蒸发器是利用外加动力成膜的单程型蒸发器。

这种蒸发器适用于处理易结晶、易结垢、高黏度的溶液或热敏性的溶液。在某些情况下可将溶液蒸干而由底部直接获得固体产物。其缺点是结构复杂，动力消耗较大。这类蒸发器的传热面不大，一般为 $3～4m^2$，最大不超过 $20m^2$，故其处理量较小。

近年来，提高蒸发器加热管束的传热系数以提高蒸发强度是新型蒸发器研制的重点。对单程型蒸发器来说，主要是采取减薄管子两侧液膜或增加膜内湍动程度的方法来实现。近些年，国内外采取了从改造管束着手以减薄液膜厚度从而提高蒸发强度的方法。例如，国内某研究所选择一种管外侧开纵槽的管子为加热管，这种管子在 $\phi22mm \times 2mm$ 的铝管外侧开出 48 条纵槽。开槽用于蒸发一侧时，总传热系数可以提高 3～4 倍。蒸汽在管外侧槽峰上冷凝而产生冷凝液，由于表面张力的作用立即流至凹槽内，然后在重力作用下沿凹槽向下流动而排走，使槽峰及其附近始终保持极薄的液膜，而且管的上、下端基本一致，使管子热阻很小，克服了在垂直光滑管上凝液膜上薄下厚使冷凝传热系数降低的缺陷。当纵槽开在沸腾液侧时，例如在升膜蒸发器中，溶液由下向上流过槽底，然后分布到槽峰，因此传热面始终保持薄膜蒸发状态，加上蒸汽高速拉膜上升，使溶液侧的沸腾传热系数提高。

9.2.3　直接加热式蒸发器

此类蒸发器的代表是浸没燃烧式蒸发器。它是将一定比例的燃料与空气混合燃烧产生的高温烟气直接喷入溶液中，直接加热溶液以蒸发液体中的水分。由于烟气与溶液间温差大（烟气温度可达 1200～1800℃），且烟气对溶液产生强烈的搅拌作用，液体迅速沸腾汽化，蒸出的二次蒸汽与烟气一起由蒸发器顶部排出。由于气液直接接触传热速率快，气体离开液面时的温度只比液体高 2～4℃，热能利用充分。浸没燃烧式蒸发器结构简单，不需要固定的传热壁面，特别适用于蒸发易结垢、易结晶或有腐蚀性的溶液的蒸发，但不适用于处理热敏性物料和不允许烟气污染的物料。由于二次蒸汽中含有大量的烟气，其利用价值不大。

9.2.4 蒸发器的辅助设备

9.2.4.1 冷凝器及真空装置

蒸发过程中产生的二次蒸气如不加以利用则需将其冷凝，这一过程在冷凝器中进行。冷凝器有间壁式冷凝器和直接接触式冷凝器两类。间壁式冷凝器可采用列管式换热器。除了二次蒸汽是有价值的产品需要回收，或者它会严重污染冷却水的情况外，通常采用直接接触式冷凝器。在常见的逆流高位混合式冷凝器中（如图9-8所示），冷却水由顶部加入，依次经过各淋水板的小孔和溢流堰流下，二次蒸汽由底部进入，上升过程中和流下的冷凝水接触而被冷凝。冷凝液和水一起沿气压管（俗称"大气腿"）流入地沟，不凝性气体则由顶部抽出，并与夹带的液沫分离后去真空装置。由于冷凝器在负压下操作，气压管必须有足够的高度（一般大于10m）才能使冷凝液借助自身的位能由低压排向大气压下的地沟。

为了维持蒸发器所需要的真空度，一般在冷凝器后设置真空装置以排出不凝气体，常用的真空装置有水环式真空泵、喷射真空泵及往复式真空泵。

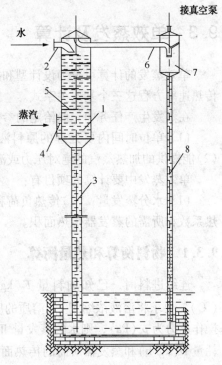

图9-8 逆流高位混合式冷凝器
1—外壳；2—进水口；3—气压管；
4—蒸汽进口；5—淋水板；6—不凝性气体管；
7—分离器；8—气压管

9.2.4.2 除沫器

离开加热室的二次蒸汽带有大量的液滴，虽然在蒸发室中大部分液滴实现了与二次蒸汽的分离，但蒸汽中还会夹带有一定量的液滴，为了防止有用产品的损失或冷凝液被污染，还需设法减少夹带的液滴量。因此在蒸发器的顶部蒸汽出口附近设置除沫器以进一步捕集蒸汽中的液滴，二次蒸汽经除沫器后从蒸发器引出。也可以在蒸发器外设置专门的除沫器。除沫器的形式有多种，其原理都是利用液体的惯性以实现气液的分离。

9.2.5 蒸发器的选用原则

蒸发器的结构型式很多，选用或设计时必须根据任务，结合不同型式蒸发器的特点，选择适宜的蒸发器型式。选型时需考虑以下因素。

（1）溶液的性质：对热敏性物质的溶液，应采用停留时间短的蒸发器，如膜式蒸发器；对蒸发时有晶体析出的溶液应采用外热式或强制循环型蒸发器；对易结垢的溶液，应考虑选择便于清洗和溶液循环速度大的蒸发器；对黏度高、流动性差的溶液，则可选择刮板式或强制循环蒸发器；对易发泡的溶液，宜采用外热式、强制循环蒸发器或升膜蒸发器。

（2）溶液的处理量：要求传热面大于$10m^2$时，不宜选用刮板式蒸发器，要求传热面在$20m^2$以上时，宜采用多效蒸发操作。

（3）其他因素：如有几种型式的蒸发器均可适应溶液的性质，此时选择蒸发器还需考虑设备的结构繁简、传热效果的好坏、是否便于制造与维修、设备费用和操作费用是否合适等。总之，应根据具体情况，选用适宜的蒸发器型式。

9.3 单效蒸发及计算

单效蒸发的计算可分为设计型和操作型两类，但计算的依据都是物料衡算、热量衡算和传热速率方程这三个基本关系式。

在蒸发生产任务中一般给定的参数有：

（1）单位时间内要处理的原料液质量及其浓度，经过蒸发后要求完成液达到的浓度；（2）能提供的加热蒸汽的绝对压力或温度；（3）冷凝器能达到的绝对压力或温度。

单效蒸发中要计算的项目有：

（1）水分蒸发量；（2）传热负荷和单位时间内消耗的加热蒸汽量；（3）传热温度差、传热系数和所需的蒸发器传热面积。

9.3.1 物料衡算和热量衡算

连续进料时，已知加料量 $F(\text{kg/h})$，加料组成 x_0（溶质的质量分数），加料温度 T_0（℃），要求将溶液浓缩到 x_1（溶质的质量分数），选定加热蒸汽的压力为 $p_0(\text{Pa})$，冷凝器的操作压力为 $p_c(\text{Pa})$，则水的蒸发量 $W(\text{kg/h})$，或完成液的量 $(F-W)(\text{kg/h})$，加热蒸汽消耗量 $D(\text{kg/h})$ 和蒸发器所需的传热面积 $A(\text{m}^2)$ 可分别由物料衡算、热量衡算和传热面计算式求出。

9.3.1.1 物料衡算及水分蒸发量计算

因溶质在蒸发过程中不挥发，故在连续稳定操作状态下，单位时间进入和离开蒸发器的溶质量应相等，对图 9-9 所示的蒸发器做溶质的物料衡算，有

$$Fx_0 = (F-W)x_1 \tag{9-1}$$

由此水分蒸发量为

$$W = F\left(1 - \frac{x_0}{x_1}\right) \tag{9-2}$$

完成液浓度为

$$x_1 = \frac{Fx_0}{F-W} \tag{9-3}$$

9.3.1.2 热量衡算及加热蒸汽消耗量计算

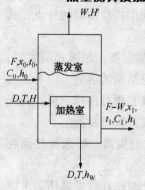

图 9-9 单效蒸发的物料衡算和热量衡算示意图

设加热蒸汽的冷凝水在饱和温度下排出，对如图 9-9 的蒸发器作热量衡算，系统输入的热量有：加热蒸汽带入的热量和原料液带入的热量；系统输出的热量有：二次蒸汽带出的热量、完成液带出的热量和冷凝水带出的热量及系统的热损失，由此可得

$$DH + Fh_0 = WH' + (F-W)h_1 + Dh_W + Q_1 \tag{9-4}$$

式中 D——加热蒸汽消耗量，kg/h；

H——加热蒸汽的焓，kJ/kg；

h_0——原料液的焓，kJ/kg；

H'——二次蒸汽的焓，kJ/kg；

h_1——完成液的焓，kJ/kg；

h_W——冷凝水的焓，kJ/kg；

Q_1——蒸发器的热损失，kJ/h。

进一步写出蒸发器的传热量 Q 为

$$Q = D(H - h_W) = WH' + (F - W)h_1 - Fh_0 + Q_1 \qquad (9-5)$$

式中 Q——蒸发器的热负荷或传热量，kJ/h。

由上式可知，只要知道各物流的焓值和热损失 Q_l，即可求出加热蒸汽用量 D。

各种溶液的焓需用实验求得，对于浓缩热（或稀释热）不可忽略的溶液，可由专用的焓浓图查得其焓值。图9-10是氢氧化钠水溶液的焓浓图，可见溶液的焓是其浓度与温度的函数。

当溶液的浓缩热可忽略不计时，其焓值可由其比热容近似计算。取0℃的溶液作为基准，则

冷凝水的焓 $\qquad h_W = c_{pW}T \qquad (9-6)$

原料液的焓 $\qquad h_0 = c_{p0}t_0 \qquad (9-7)$

完成液的焓 $\qquad h_1 = c_{p1}t_1 \qquad (9-8)$

式中 T——加热蒸汽冷凝液的饱和温度，℃；

$\quad t_0$——原料液的温度，℃；

$\quad t_1$——溶液的沸点，℃；

$\quad c_{pW}$——冷凝液的比热容，kJ/(kg·℃)；

$\quad c_{p0}$——原料液的比热容，kJ/(kg·℃)；

$\quad c_{p1}$——完成液的比热容，kJ/(kg·℃)。

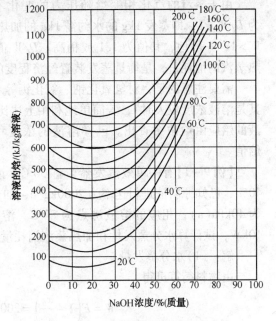

图9-10 氢氧化钠水溶液的焓浓图

代入热负荷的表达式(9-5)，得

$$Q = D(H - c_{pW}T) = WH' + (F - W)c_{p1}t_1 - Fc_{p0}t_0 + Q_1 \qquad (9-9)$$

对于溶解时热效应不大的溶液，其比热容近似地可按线性加和原则由水的比热容和溶质的比热容按以下两式计算。

$$c_{p0} = c_{pW}(1 - x_0) + c_{pb}x_0 \qquad (9-10)$$

$$c_{p1} = c_{pW}(1 - x_1) + c_{pb}x_1 \qquad (9-11)$$

式中 c_{pb}——溶质的比热容，kJ/(kg·℃)。

代入式(9-1)，消去 x_0、x_1，整理得，

$$(F - W)c_{p1} = Fc_{p0} - Wc_{pW} \qquad (9-12)$$

将式(9-12)代入式(9-9)，得

$$D(H - c_{pW}T) = (Fc_{p0} - Wc_{pW})t_1 - Fc_{p0}t_0 + WH' + Q_1 \qquad (9-13)$$

由于 $H - c_{pW}T = r$ 及 $H' - c_{pW}t_1 = r'$（r 为加热蒸汽的汽化相变焓，kJ/kg，r' 为二次蒸汽的汽化相变焓，kJ/kg）。所以由(9-13)式可得

$$Q = Dr = Fc_{p0}(t_1 - t_0) + Wr' + Q_1 \qquad (9-14)$$

或 $$D = \frac{Fc_{p0}(t_1 - t_0) + Wr' + Q_1}{r} \qquad (9-15)$$

此式表示加热蒸汽放出的热量用于以下三方面：(1)使原料液升温到沸点 t_1；(2)使水在温度 t_1 下汽化成二次蒸气；(3)热损失。

若溶液为沸点进料，则 $t_1 = t_0$，不计热损失，则上式可简化为

$$D = \frac{Wr'}{r} \qquad (9-16)$$

或

$$\frac{D}{W} = \frac{r'}{r} \qquad (9-17)$$

由于蒸汽的汽化相变焓随压力的变化不大，即 r 和 r' 相差不大，故单效蒸发时可认为 $D/W \approx 1$，即蒸发 1kg 的水约需 1kg 的加热蒸汽。实际上，$r < r'$，且存在热损失，所以 $D/W > 1$，一般地，其值为 1.1 或稍高。D/W 值又称为单位蒸汽耗量，表示蒸发 1kg 水分时加热蒸汽的消耗量，是衡量蒸发装置经济程度的指标。

需要注意的是，对氢氧化钠、氯化钙等水溶液的蒸发操作，溶液的浓缩热不能忽略(尤其是溶液浓度较大时)，若简单地利用上述比热容关系式计算会产生较大的误差。此时，溶液的焓应由焓浓图查出。已知溶液的浓度和温度，即可由图中相应的等温线查得溶液的焓值。

【例 9-1】有一单效蒸发器，将 30℃、浓度为 20%(质量分数，下同)的某溶液浓缩至 40%，已知原料液进料速率为 2000kg/h，加热用水蒸气的压力为 300kPa(a)，蒸发室内压力为 40kPa(a)，相应的溶液沸点为 80℃，溶液的比热容为 3.75kJ/(kg·℃)，热损失取为 10kW，试计算水分蒸发量和加热蒸汽消耗量。

解：(1)水分蒸发量
由物料衡算可得

$$W = F\left(1 - \frac{x_0}{x_1}\right) = 2000\left(1 - \frac{0.2}{0.4}\right) = 1000\text{kg/h}$$

(2)加热蒸汽消耗量
根据加热蒸汽压力和二次蒸汽压力，由附录查得 300kPa(a) 时：蒸汽汽化热 $r = 2168.1$kJ/kg，40kPa(a) 时：蒸汽汽化热 $r' = 2312.2$kJ/kg，由此，加热蒸汽消耗量可由式(9-15)计算，即为：

$$D = \frac{Fc_{P0}(t_1 - t_0) + Wr' + Q_l}{r}$$

$$= \frac{2000/3600 \times 3.75 \times (80 - 30) + 1000/3600 \times 2312.2 + 10}{2168.1}$$

$$= 0.332\text{kg/s} = 1195\text{kg/h}$$

9.3.2 蒸发器的传热面积

蒸发器所需的传热面积 A 根据传热速率方程计算：

$$A = \frac{Q}{K\Delta t_m} \qquad (9-18)$$

式中 A——蒸发器的传热面积，m^2；

K——传热系数，$W/(m^2 \cdot ℃)$；

Δt_m——传热平均温差，℃；

Q——蒸发器的热负荷，W。

9.3.2.1 总传热系数

基于传热管外表面积的总传热系数仍用下式计算。

$$\frac{1}{K_o} = \frac{d_o}{\alpha_i d_i} + R_{si}\frac{d_o}{d_i} + \frac{\delta d_o}{\lambda d_m} + R_{so} + \frac{1}{\alpha_o}$$ (9-19)

式中　α_i——管内溶液沸腾的对流传热系数，$W/(m^2 \cdot \text{℃})$；

α_o——管外蒸汽冷凝的对流传热系数，$W/(m^2 \cdot \text{℃})$；

d_i——管内径，m；

d_o——管外径，m；

d_m——管子的平均直径，m

R_{si}——管内垢层的热阻，$(m^2 \cdot \text{℃})/W$；

R_{so}——管外垢层的热阻，$(m^2 \cdot \text{℃})/W$；

δ——管壁厚度，m；

λ——管材的导热系数，$W/(m \cdot K)$。

管外蒸汽冷凝的对流传热系数 α_o 可按传热一章提供的膜状冷凝公式计算。一般 α_o 较大，其所形成的热阻在蒸发器加热室的总热阻中占据的比例不大，但在操作中需注意及时排除加热室中积累的不凝性气体，否则将使蒸汽冷凝侧的热阻大大增加。

管外蒸汽侧的污垢热阻 R_{so} 可按经验值选取。管壁热阻一般较小，可以忽略。管内污垢热阻 R_{si} 与溶液的性质、加热蒸汽温度以及管内液体的流动情况等因素有关。在蒸发过程中，由于在加热面处溶液中水分汽化，浓度上升，溶质很易达到过饱和状态而析出，形成污垢，所以 R_{si} 常常是构成蒸发器总热阻的主要部分。为了减少污垢热阻，可以采取以下措施：加快溶液的循环速度，在溶液中加入晶种和微量阻垢剂以阻止和减缓在壁面上形成污垢以及定期清洗污垢等。设计时污垢热阻需根据经验数据确定。

管内沸腾对流传热系数 α_i 其值受多方面因素的影响，如溶液性质、蒸发器的结构、沸腾传热形式及操作条件等，目前尚无可靠的计算方法。因此，蒸发过程的总传热系数 K 主要是通过实验测定或选用经验数值。表9-1列出了一些常见蒸发器的 K 值粗略范围，供选用时参考。

表9-1　蒸发器的总传热系数 K 值范围

蒸发器型式	总传热系数 $K/[W/(m^2 \cdot \text{℃})]$
标准式（自然循环）	600～3000
标准式（强制循环）	1200～6000
悬筐式	600～3000
外热式（自然循环）	1200～6000
外热式（强制循环）	1200～7000
升膜式	1200～6000
降膜式	1200～3500
刮板式	600～2000

9.3.2.2　蒸发器加热室的平均温度差 Δt_m

（1）溶液的沸点升高现象

当溶液中含有不挥发性溶质时，相同条件下，溶液的蒸气压比纯水的蒸汽压低，因此相同压力下溶液的沸点比纯水的要高，二者之差称为因溶液蒸压压下降而引起的沸点升高。一般说来，稀溶液和有机胶体溶液的沸点升高值不大，但无机盐溶液的沸点升高值较大，且随溶液浓度变化而变化，有时可高达六、七十摄氏度。例如，常压下20%（质量百分数，本章中所用溶液的浓度如不特别说明均为质量浓度）NaOH 水溶液的沸点为 108.5℃，而纯水的沸点为 100℃，溶液沸点升高值为 8.5℃。而 48.3% 的 NaOH 溶液的沸点则为 140℃，其沸点升高值高达 40℃。

（2）温度差损失

在蒸发器加热室内，加热管束的一侧加热蒸汽冷凝为同温度的水，其温度为 T_S，另一侧为溶液沸腾，其温度为溶液的沸点 t_1。严格说，溶液侧的温度随位置而异，但一般差别不大，可取平均值作为定值（膜式蒸发器除外）。因此，可以认为加热室两侧均为恒温，则传热温差可写为

$$\Delta t_m = T_S - t_1 \tag{9-20}$$

实际计算中，温差较上式计算值要小，这是由于存在多种因素使温度差损失，下面对引起温度差损失的原因分别加以阐述。

① 溶液蒸气压降低引起的温度差损失 Δ'

由于溶液蒸气压降低、沸点升高，会使蒸发溶液时的有效温度差下降。例如，用 120℃ 的水蒸气加热上述 20% 的 NaOH 溶液，其有效温度差为 11.5℃，而用来加热纯水，其有效温度差为 20℃，二者相差 8.5℃，这说明相同条件下蒸发溶液时的有效温度差下降了 8.5℃，这一数值即是因溶液蒸气压下降而引起的温度差损失。

溶液的沸点升高与溶质的性质、溶液浓度及操作压力等因素有关，一般可通过实验测定。设实验测得的常压下溶液的沸点为 t_A，由二次蒸汽的压力查得的饱和温度为 T'_K，则

$$\Delta' = t_A - T'_K \tag{9-21}$$

实验测得的沸点通常是常压下的数值，而蒸发操作可能在加压或减压下进行，这时需求出各种浓度的溶液在不同压力下的温度差损失。当缺乏实验数据时，可由常压下的温度差损失 Δ'_0 按下式近似计算：

$$\Delta' = f\Delta'_0 \tag{9-22}$$

式中　f——无因次的修正系数，可由下式计算

$$f = 0.0162 \frac{(T'_K + 273)^2}{r'} \tag{9-23}$$

式中　r'——实际操作压力下二次蒸汽的汽化相变焓，kJ/kg。

此外，水的沸点随压力的升高而升高，溶液的沸点也随压力的升高而升高。人们在分析大量实验数据的基础上提出了一些求算任意压力下溶液沸点的经验规律，其中最常用的为杜林规则。杜林规则认为：一定浓度的某种溶液在两种不同压力下的沸点之差 $(t_A - t_A^0)$ 与标准液体在相应压力下的沸点之差 $(t_W - t_W^0)$ 的比值为常数。因为纯水在不同压力下的沸点可以从水蒸气表中查到，所以一般以纯水作为标准液体。根据杜林规则，有

$$\frac{t_A - t_A^0}{t_W - t_W^0} = k \tag{9-24}$$

式中 k 为常数。由上式得

$$t_A = kt_W + t_A^0 - kt_W^0 = kt_W + m \tag{9-25}$$

式中截距 $m = t_A^0 - kt_W^0$

图 9-11 是 NaOH 水溶液的杜林线图，图中各条直线分别代表不同浓度下的杜林关系，就某一条直线来说，直线中任一点的横纵坐标分别代表某压强下水的沸点和相同压强下此浓度溶液的沸点。图中某一浓度溶液的杜林线与浓度为零的直线之间的垂直距离即为相应压力

下该溶液的沸点升高。根据杜林规则，只要知道某浓度溶液和水在两个不同压强下的沸点，即可求得该浓度溶液在其他压强下的沸点。

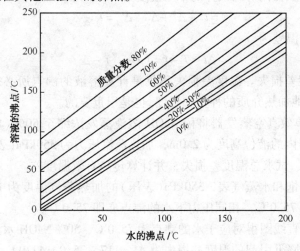

图 9 - 11   NaOH 水溶液的杜林线图

② 液柱静压头引起的温度差损失 Δ''

大多数蒸发器的加热管内积有一定高度的液层，某些具有长加热管的蒸发器，液面深度可达 3 ~ 6m。由于液柱产生的静压力随液体深度而不同，因而溶液的压力沿管长是变化的，加热管内各处离液面距离不同，各处溶液的压力不同，因此它们的沸点也不同。液面处溶液压力最低，相应的沸点也最低。为了简便，计算时一般取加热管中部溶液的沸点作为平均沸点，此处的压力作为液层内溶液的平均压力 p_m。设蒸发器加热室液面处的压力为 p（也是二次蒸汽的压力），则 p_m 可按下式计算：

$$p_m = p + \frac{1}{2}\rho g h \tag{9 - 26}$$

式中　h——液层高度，m；

ρ——溶液的平均密度，kg/m^3。

由水蒸气表查出 p_m 和 p 所对应的饱和蒸汽温度，两者之差即为 Δ''。即

$$\Delta'' = t_{A(pm)} - t_{W(p)} \tag{9 - 27}$$

式中　$t_{A(pm)}$——溶液在平均压力下的沸点（此压力下纯水的沸点），℃；

$t_{W(p)}$——蒸发室二次蒸汽的压力相应的沸点，℃。

需要注意的是，由于加热管内液体呈沸腾状态，管内液体以汽液混合物的形式存在，因此，式(9 - 26)中的密度较实际情况大，因此由(9 - 27)式计算出的结果偏大。但是，由于加热管内溶液流动存在阻力损失，尤其是流速较快的情况下，因流动阻力损失而使溶液的平均压力增大，从而 Δ'' 也要加大，可以抵消前述的部分偏差。上述计算并未考虑这些因素的影响，故计算得到的 Δ'' 仅是估算值。

③ 管路内二次蒸汽的流动阻力损失引起的温度差损失 Δ'''

二次蒸汽在管道内由蒸发室流至冷凝器（或下一效蒸发器的加热室）有阻力损失，故蒸发室内的压力 p 高于冷凝器压力 p^0，此两压力所对应的饱和温度之差以 Δ''' 表示，这就是因二次蒸汽的流动阻力损失引起的温度差损失值，此值主要与二次蒸汽在管道中的流速、物性及管道尺寸有关，二次蒸汽流速越快，管道越长，途经的管件越多，Δ''' 越大，根据经验 Δ'''

一般取为 0.5~1.5℃。

由上述原因，蒸发器内沸腾液体的平均温度为

$$t = t^0 + \Delta' + \Delta'' + \Delta''' = t^0 + \Delta \qquad (9-28)$$

于是传热过程的温差为

$$\Delta t = T - t = (T - t^0) - \Delta \qquad (9-29)$$

式中 Δ 称为温度差损失。温度差损失不仅是计算溶液的沸点所必须的，而且对选择加热蒸汽的压力(或其他加热介质的种类和温度)也是很重要的。

【例 9-2】采用单效真空蒸发器将稀 NaOH 溶液蒸发浓缩至 50%(质量分率，其密度为 1500kg/m³)。蒸发器内的液位高度为 2.0m，加热蒸汽压力为 350kPa(表压)，已知冷凝器处的绝对压力为 40kPa。试求总温度差损失，并计算传热有效温度差。

解：查附录中的饱和水蒸气表，350kPa(表压)的加热蒸汽温度为 147.7℃，40kPa 下二次蒸汽的饱和温度为 75.0℃，相同压力下水的沸点亦即 75.0℃。

由图 9-17 杜林直线图得对应于水的沸点为 75.0℃，50% NaOH 水溶液的沸点为 117℃。则由溶液蒸汽压降低引起的温度差损失为 $\Delta' = 117 - 75.0 = 42.0℃$。

设由二次蒸汽的流动阻力损失引起的温度差损失 $\Delta''' = 1.0℃$，则加热室液面上的溶液温度为 76.0℃，其对应的压力为 40.3kPa。已知蒸发器内液位高度为 2.0m，加热管液层的平均压力为

$$p_{\rm m} = p + \frac{1}{2}\rho g h = 40.3 + \frac{1}{2} \times 1500 \times 9.81 \times 2.0 \times 10^{-3} = 55.015 \text{kPa}$$

此压力下水的沸点为 83.4℃

则由于液柱静压力引起的温度差损失为 $\Delta'' = 83.4 - 76.0 = 7.4℃$

总温度差损失为 $\Delta = \Delta' + \Delta'' + \Delta''' = 42.0 + 7.4 + 1.0 = 50.4℃$

有效传热温度差为 $\Delta t = T - t = (T - t^0) - \Delta = 147.7 - 75.0 - 50.4 = 22.3℃$

9.3.3 蒸发器的生产能力和生产强度

蒸发器的生产能力用单位时间内汽化的水量，即蒸发量来表示，单位为 kg/h。如果忽略热损失和浓缩热，且料液在沸点下进料，则蒸发器生产能力的大小与传热速率成正比，因此也可以用蒸发器的传热速率来衡量其生产能力。若料液在低于沸点的温度下进料，则需要消耗部分热量用来加热料液至沸点，以传热速率表示的生产能力会有所降低。反之，若料液在高于沸点的温度下进入蒸发器，则由于部分料液的自蒸发，以传热速率表示的生产能力会有所增加。

蒸发器的生产能力笼统地表示一个蒸发器生产量的大小，没有涉及蒸发器本身的大小，因此它不能确切地表示蒸发器和蒸发过程的优劣。在此引入"生产强度"这一参数来衡量蒸发器的性能。

蒸发器的生产强度是指单位传热面积上单位时间内所蒸发出的水量，用 U 表示，单位是 kg/(m²·h)。在沸点进料和忽略热损失及浓缩热的条件下，通过传热面的热量全部用于水分蒸发，设水的汽化热为 r'，则蒸发器的生产强度可表示为：

$$U = \frac{W}{A} = \frac{Q}{Ar'} = \frac{K\Delta t}{r'} \qquad (9-30)$$

由生产强度的定义可知，在蒸发水量一定的情况下，蒸发器的生产强度越大，所需的传

热面积越小，蒸发过程的设备费用越小，所以生产强度是评价蒸发器性能的一个重要指标。

由式(9-30)可知，提高蒸发器的生产强度有两个途径，即设法提高蒸发器的总传热系数和传热温差。

总传热系数取决于蒸汽冷凝和溶液沸腾的两个给热系数和溶液侧的污垢热阻。一般情况下，蒸汽冷凝给热系数大于溶液沸腾的给热系数，蒸汽侧热阻相对较小。要提高总传热系数需强化溶液的沸腾给热系数。影响沸腾传热的因素较多，如溶液的性质、沸腾状况、蒸发操作条件和蒸发器的结构等。溶液侧的污垢热阻是影响总传热系数的另一重要因素。在处理易结晶、易结垢的物系时，在传热面上很快形成垢层，使总热阻迅速增加，相应的总传热系数急剧下降。因此，需采取能够减小垢层热阻的有效措施，常用的方法有：在溶液中加入晶种或适量的阻垢剂以减缓传热面上垢层的形成，选用适宜的蒸发器型式，定期清洗蒸发器等。

提高传热温差可从提高热源温度和降低溶液沸点两方面考虑。提高加热蒸汽的压力，其冷凝温度也相应提高，传热温差增大。但是蒸汽压力受工厂供汽条件的限制，且蒸汽压力过高经济上也不合算，所以一般用 300~800kPa 的压力。降低冷凝器的压力，可以降低溶液的沸点，加大传热温差，但这将使真空装置的功耗增加，而且溶液的沸点降低，黏度增大，传热系数减小。因此，压力一般控制在 10~20kPa。此外，为使蒸发过程的沸腾处于泡状沸腾阶段，也不宜采用过高的传热温差。

9.4 多效蒸发

蒸发是一种耗能较多的单元操作，一方面消耗大量的生蒸汽，一方面又产生大量的二次蒸汽。如能将二次蒸汽加以利用，作为另一蒸发器的加热蒸汽，则可节约生蒸汽的用量。这时，后一蒸发器的加热室就相当于前一蒸发器的冷凝器，每个蒸发器称为一效。由于二次蒸汽的温度和压力均低于生蒸汽，因此，二次蒸汽作为加热蒸汽的条件是：该蒸发器的操作压力和溶液温度均应低于前一蒸发器。工业上可采用抽真空的方法来达到降低蒸发器的操作压力和溶液温度的目的。这样，在第一效蒸发器中通入生蒸汽，产生的二次蒸汽通入第二效蒸发器作为热源，第二效的二次蒸汽再通入第三效蒸发器，以此类推，末效蒸发器的二次蒸汽通入冷凝器冷凝，冷凝器后接真空装置对系统抽真空。按此原则排布的蒸发器可以实现从第一效到最末效蒸发器的操作压力和溶液温度依次降低，二次蒸汽作为加热蒸汽成为可能，此即为多效蒸发的原理。

多效蒸发流程中，除末效以外的各效的二次蒸气都作为下一效的加热蒸汽，这就提高了生蒸汽的利用率。如果单效蒸发和多效蒸发装置中所蒸发出的水量相同，多效蒸发所消耗的生蒸汽量远小于前者。理论上，单效蒸发器中，消耗 1kg 加热蒸汽可以汽化 1kg 水，双效蒸发器中，消耗 1kg 加热蒸汽可以汽化 2kg 水。实际上，由于存在热损失和温度差损失等原因，蒸发器消耗 1kg 加热蒸汽所能汽化的水量(W/D)达不到理论的数值，其实际值见表 9-2。

表 9-2　生蒸汽的利用率

效数	单效	双效	三效	四效	五效
W/D	0.91	1.75	2.5	3.33	3.7
D/W	1.1	0.57	0.4	0.3	0.27

9.4.1 多效蒸发的流程

根据原料液加入方式的不同，多效蒸发主要有三种操作流程：并流加料，逆流加料和平流加料。以下以三效蒸发为例加以说明。

9.4.1.1 并流加料（也称顺流加料）

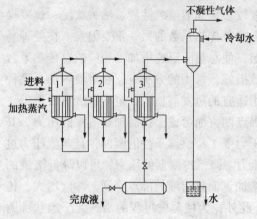

图 9 - 12　并流加料的三效蒸发流程

图 9 - 12 是并流加料的三效蒸发流程。在这种加料方式中，原料液和蒸汽都加入第一效，第一效的二次蒸汽汽进入第二效作为加热蒸汽，第二效的二次蒸汽汽同样作为加热蒸汽送入第三效，第三效的二次蒸汽汽进入冷凝器冷凝。原料液经第一效浓缩后依次进入第二效和第三效继续浓缩，完成液由第三效排出。在这种多效蒸发流程中，蒸汽和溶液的流向相同，故称为并流加料。并流加料在生产中用得最多。

并流加料的优点是：各效的压力依次降低，溶液从压力高的蒸发器流向压力低的蒸发器，可以依靠效间的压差流动，无需用泵输送。同时溶液由温度和压力高的效进入温度和压力较低的后一效时由于过热而发生自蒸发（即闪蒸），可以蒸发更多的溶液，从整个蒸发装置看，完成液以较低的温度排出，所以热量消耗较少。

并流加料的缺点是：后一效溶液的浓度较前一效高，而溶液的温度反而降低，因此沿溶液流动方向溶液的黏度逐渐增加，这使得蒸发器的传热系数逐渐下降，这种情况在最后一、二效表现得尤为突出，结果使整个装置的生产能力降低。因此，在处理黏度随浓度的增加而迅速增大的溶液时，不宜采用并流加料的操作方式。

9.4.1.2 逆流加料

图 9 - 13 所示是三效逆流加料的流程，在逆流加料操作中，原料液由末效加入，浓缩后用泵依次输送至前一效，完成液由第一效排出。而生蒸汽则由第一效进入，二次蒸汽依次进入后一效作为加热蒸汽。在逆流加料流程中，溶液的流向与蒸汽的流向相反。

逆流加料的优点是：沿溶液的流动方向，各效中溶液的浓度增高，同时温度也逐渐上升，因此浓度增高使黏度增大的趋势正好被温度上升使黏度降低的影响大致抵消，所以各效的传热系数大致相同。这种加料方式适宜于处理黏度随温度和浓度变化较大的溶液。

逆流加料的缺点是：溶液在效间流动是从低压流向高压，故必须用泵输送，能量消耗较大。且各效的进料温度均低于沸点，没有自蒸发，产生的二次蒸汽量较并流加料少。此外，完成液在较高的温度下排出，对热敏性物质的溶液蒸发不利。

9.4.1.3 平流加料

平流加料的流程如图 9 - 14 所示。在此流程中，原料液分别加入各效，蒸发后的完成液也分别由各效底部产出，蒸汽的流向仍由第一效进入依次流至末效。由于各效溶液的流向互相平行，故称为平流加料。这种流程的特点是溶液不在效间流动，适用于蒸发过程中有结晶析出的情况。例如，某些盐溶液的浓缩，由于蒸发过程中在较低浓度下即有结晶析出，为了避免在各效间输送含有大量结晶的溶液，通常采用平流加料。

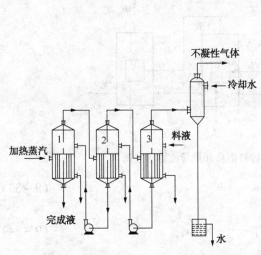

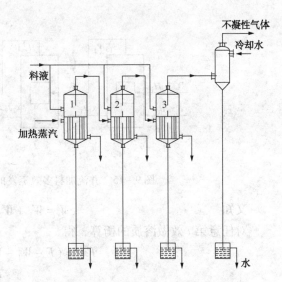

图 9 – 13　逆流加料的三效蒸发流程　　　　　　图 9 – 14　平流加料的三效蒸发流程

多效蒸发除以上三种流程外，生产中有时会根据具体情况采用上述基本流程的变型。例如，NaOH 水溶液的蒸发，有时采用并流和逆流相结合的流程。

9.4.2　多效蒸发的计算

多效蒸发的计算中，由于蒸发器效数增多，计算中未知量也相应增加，因此多效蒸发的计算较单效蒸发复杂的多，但计算的依据仍是物料衡算、热量衡算和传热速率方程。

已知条件：原料液的流量 F、浓度 x_0 和温度 t_0，生蒸汽的压力 p 或温度 T_1，冷凝器的压力 p_n，末效完成液的浓度 x_n，各效的总传热系数 K_1、K_2、$\cdots$、K_n，溶液的物性数据如焓 H 和比热容 c_p 等。

计算任务：各效的溶剂蒸发量 W_1、W_2、$\cdots$、W_n，生蒸汽的消耗量 D 和各效的传热面积 A_1、A_2、$\cdots$、A_n。

多效蒸发的计算中，若将描述蒸发过程的方程用手算联立求解，会因未知数较多而变得十分繁琐和复杂，现在一般使用计算机进行处理。不使用计算机的近似算法通常先作一些简化和假设，按假设的一些条件对未知参数进行计算，再将计算结果与假设值进行对比，若二者相符说明假设正确，否则需重新假设条件再次进行计算，直至计算值与假设值基本符合为止。

下面以图 9 – 15 所示的并流加料流程为例讨论多效蒸发的基本算法。图中各符号的意义如下：F 为原料液的流量，x_0、x_1、$\cdots$、x_n 为原料液及各效完成液的浓度，t_0 为原料液的温度，t_1、t_2、$\cdots$、t_n 为各效溶液的沸点，D_1、D_2、$\cdots$、D_n 为各效加热蒸汽的消耗量，W 为溶剂的总蒸发量，W_1、W_2、$\cdots$、W_n 为各效的溶剂蒸发量，T_1 为生蒸汽的温度，T_2、T_3、$\cdots$、T_n 为各效二次蒸汽的温度，H_1、H_2、$\cdots$、H_n 为生蒸汽及各效二次蒸汽的焓。

9.4.2.1　物料衡算

对图 9 – 15 所示的系统做溶质的衡算，得

$$Fx_0 = (F - W)x_n \tag{9 – 31}$$

或

$$W = \frac{F(x_n - x_0)}{x_n} = F\left(1 - \frac{x_0}{x_n}\right) \tag{9 – 32}$$

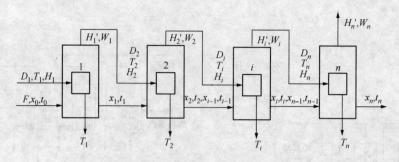

图 9-15　并流加料多效蒸发的物料衡算和热量衡算示意图

又知
$$W = W_1 + W_2 + \cdots + W_n \qquad (9-33)$$
对任意第 i 效做溶质的衡算，得
$$Fx_0 = (F - W_1 - W_2 - \cdots - W_i) x_i \qquad (9-34)$$
或
$$x_i = \frac{Fx_0}{F - W_1 - W_2 - \cdots - W_i} \qquad (9-35)$$

上述各式中，原料液浓度 x_0 和完成液浓度 x_n 由工艺条件决定，为已知值，由此可由式 (9-32) 计算出总蒸发量，而各效的溶剂蒸发量及排出液浓度还需结合各效的热量衡算和物料衡算才能求得。

9.4.2.2　热量衡算

取 0℃ 的液体为基准，对图 9-17 所示的各效作热量衡算，可获得各效的加热量 Q_i 和加热蒸汽消耗量 D_i。

第 1 效：若忽略热损失，加热蒸汽的冷凝液在饱和温度下排出，则热量衡算式如下
$$Fh_0 + D_1(H_1 - h_W) = (F - W_1) h_1 + W_1 H_1' \qquad (9-36)$$
式中　h_W——冷凝液的焓，kJ/kg。

又知
$$H_1 - h_W = r_1 \qquad (9-37)$$
$$h_1 = c_{p1} t_1 \qquad (9-38)$$
$$h_0 = c_{p0} t_0 \qquad (9-39)$$
于是式 (9-36) 可改写为
$$Fc_{p0} t_0 + D_1 r_1 = (F - W_1) c_{p1} t_1 + W_1 H_1' \qquad (9-40)$$
将溶液的比热容用原料液的比热容来表示 [参照单效蒸发的式 (9-12)]，即
$$(F - W) c_{p1} = Fc_{p0} - W_1 c_{pw} \qquad (9-41)$$
且有
$$H_1' - c_{pw} t_1 \approx r_1' \qquad (9-42)$$
式中　r_1'——第一效的二次蒸汽的汽化相变焓，kJ/kg。

将以上两式代入式 (9-40)，整理后得
$$Q_1 = D_1 r_1 = Fc_{p0}(t_1 - t_0) + W_1 r_1' \qquad (9-43)$$
同理，可写出第 2 效，第 i 效的热量衡算式。

第 2 效：
$$Q_2 = D_2 r_2 = (Fc_{p0} - W_1 c_{pw})(t_2 - t_1) + W_2 r_2' \qquad (9-44)$$
式中　$D_2 = W_1$；$r_2 = r_1'$；c_{pw} 是蒸发温度下水的比热容，kJ/(kg·℃)。

第 i 效：
$$Q_i = D_i r_i = (Fc_{p0} - W_1 c_{pw} - W_2 c_{pw} - \cdots - W_{i-1} c_{pw})(t_i - t_{i-1}) + W_i r_i' \qquad (9-45)$$

式中 $D_i = W_{i-1}$；$r_i = r'_{i-1}$。

由式(9-45)可求出第 i 效蒸发的水量为

$$W_i = D_i \frac{r_i}{r_i'} + (Fc_{p0} - W_1 c_{pw} - W_2 c_{pw} - \cdots - W_{i-1} c_{pw}) \frac{t_i - t_{i-1}}{r_i'} \tag{9-46}$$

以上各式是在忽略热损失的前提下导出的，若要计入溶液的浓缩热和系统的热损失，可将式(9-46)式等号右侧乘以热损失系数 η_i，一般可取 η_i 为 $0.96 \sim 0.98$。对于浓缩热较大的溶液，η_i 还与溶液浓度有关，例如，NaOH 水溶液，可取为 $(0.98 - 0.7\Delta x)$，Δx 为溶液的质量浓度变化。

9.4.2.3　有效温度差在各效的分配及各效传热面积的计算

根据传热速率方程式，已知生蒸汽的用量和各效的蒸发量，可求得各效的传热面积。

$$A_i = \frac{Q_i}{K_i \Delta t_i} \tag{9-47}$$

其中

$$Q_1 = D_1 r_1, \cdots, Q_i = W_{i-1} r_{i-1}, \cdots, Q_n = W_{n-1} r_{n-1} \tag{9-48}$$

$$\Delta t_1 = T_1 - t_1, \cdots, \Delta t_i = T_{i-1} - t_i, \cdots, \Delta t_n = T_{n-1} - t_n \tag{9-49}$$

在工程实际中，为了设计、制造和安装方便，多效蒸发设备的蒸发器常采用相等的传热面积，若计算的传热面积不相等，应重新分配各效的有效温度差。

温度差重新分配的方法为：设 $\Delta t'_i$ 为各效传热面积相等时的有效温度差，则

$$Q_i = K_i A \Delta t'_i \tag{9-50}$$

由于温度差调整前后各效的传热速率相等，因此，综合式(9-47)和式(9-50)可得，

$$\Delta t'_i = \frac{A_i}{A} \Delta t_i \tag{9-51}$$

将各效的温度差相加得

$$\sum \Delta t = \Delta t'_1 + \cdots + \Delta t'_i + \cdots + \Delta t'_n = \frac{A_1}{A} \Delta t_1 + \cdots + \frac{A_i}{A} \Delta t_i + \cdots + \frac{A_n}{A} \Delta t_n \tag{9-52}$$

上式可写成

$$A = \frac{A_1 \Delta t_1 + \cdots + A_i \Delta t_i + \cdots + A_n \Delta t_n}{\sum \Delta t} \tag{9-53}$$

由上式求得蒸发器的传热面积后，再用式(9-51)重新计算分配到各效的有效传热温度差，可再次得到 $\Delta t'_i$。如此反复下去，直至所求的各效传热面积相等或相近为止。

9.4.2.4　有效总传热温度差

若给定生蒸汽的压力和末效冷凝器的压力，则相应的饱和温度 T_1 和 T_n' 已知，理论上的传热总温差为

$$\Delta t_T = T_1 - T_n' \tag{9-54}$$

由于各效存在传热温度差损失，多效蒸发时的有效总传热温度差应等于理论传热温差与各效总传热温度差损失的差值，即

$$\sum_{i=1}^{n} \Delta t = \Delta t_T - \sum_{i=1}^{n} \Delta_i \tag{9-55}$$

式中的总温度差损失可按前节介绍的方法计算各效的温度差损失后累加即得。

9.4.2.5　多效蒸发的计算步骤

由于多效蒸发的计算十分复杂，一般采用试差的方法，用计算机多次迭代计算。其计算步骤如下。

（1）根据物料衡算式(9-32)计算总水分蒸发量。

（2）估算各效溶液的浓度。通常先根据生产数据予以假设，如无实际数据，各效蒸发量可按各效的水分蒸发量相等的原则进行估计，即 $W_i = W/n$。对并流加料流程，也可按一定的比例进行估计，如，三效蒸发时，$W_1 : W_2 : W_3 = 1 : 1.1 : 1.2$。在估算了各效的蒸发量后，再由热量衡算式计算各效溶液的浓度。

（3）按照各效蒸汽压力等压降的原则估算各效的沸点和有效传热温度差。

$$\Delta p = \frac{p_1 - p_n'}{n} \qquad (9-56)$$

式中　p_1——生蒸汽的压力，Pa；

　　　p_n'——末效冷凝器的压力，Pa。

由式(9-56)求得各效的压降后，可进一步算出各效二次蒸汽的压力

$$p_1' = p_1 - \Delta p, \cdots, p_i' = p_1 - i\Delta p, \cdots, p_n' = p_1 - n\Delta p \qquad (9-57)$$

由各效二次蒸汽的压力可查得各效溶液的沸点。若考虑到各效的温度差损失，则应根据各效溶液的浓度查出常压下的沸点，然后校正到操作压力下的温度差损失，再求取各效溶液的沸点。

（4）计算各效的水分蒸发量、传热量。由系统的热量衡算式(9-46)计算各效水分蒸发量，再根据操作温度、压力等条件，查得有关物性数据，由式(9-45)计算各效传热量。

（5）传热面积的计算。按各效传热面积相等的原则分配各效传热面积，进而由传热速率方程式计算各效的传热面积，若求得的传热面积不相等，则应按前述方法重新分配有效传热温度差，直至所求的各效传热面积相等为止。

9.4.3　多效蒸发的其他问题

（1）多效蒸发的温度差损失

与单效蒸发相比，在生蒸汽压力和冷凝器操作压力相等的情况下，由于多效蒸发的温度差经过多次损失，所以总温度差损失较单效蒸发的大，总传热温差比单效的传热温差小。

（2）多效蒸发的生产能力

在生蒸汽耗量相同的情况下，多效蒸发可以汽化更大的水量。或者说，对于蒸发等量的水分而言，与单效蒸发相比多效蒸发可以节省生蒸汽的消耗量。但是，多效蒸发生蒸汽利用率的提高是以降低蒸发器的生产强度为代价的，即多效蒸发单位传热面积上的蒸发水量降低。

在相同的操作条件下，若单效蒸发器的传热面积与多效蒸发器其中一个的传热面积相等，则多效蒸发的生产能力不及单效蒸发。以单效蒸发与三效蒸发的比较为例：

若不计热损失并忽略溶液浓缩热，则单效蒸发的传热速率：

$$Q = KA\Delta t \qquad (9-58)$$

三效蒸发的传热速率(设各效的传热面积和总传热系数均相等)：

$$Q_1 = KA\Delta t_1 \quad Q_2 = KA\Delta t_2 \quad Q_3 = KA\Delta t_3 \qquad (9-59)$$

则三效的总传热速率为

$$Q = Q_1 + Q_2 + Q_3 = KA(\Delta t_1 + \Delta t_2 + \Delta t_3) = KA\Delta t \qquad (9-60)$$

若不存在温度差损失时，三效蒸发与单效蒸发的传热速率相等，因此，生产能力也大致相同。但是，单位传热面积上的蒸发量是不同的，三效蒸发约为单效蒸发的1/3。实际上，

由于多效蒸发的温度差损失比单效蒸发的大，所以其生产能力也就相对较小。虽然采用多效蒸发可以提高生蒸汽的利用率，但降低了生产能力和强度，因此，多效蒸发需用多少效数要通过经济权衡来决定。

（3）适宜效数的确定

对于蒸发等量的水分而言，随着效数的增加，生蒸汽的耗用量减少，但设备投资费用增加，且所节约的生蒸汽量随着效数的增加而减少。表 9 - 2 给出了效数对单位蒸汽消耗量（D/W）的影响，由表中数据可以看出，由单效增加至两效，可节省约 50% 生蒸汽，由四效增加至五效，只能节省 10%。此外，效数越多，温度差损失越大，单位设备的生产能力越小。多效蒸发的适宜效数应根据设备费和操作费用之和最小为原则来决定。因此，工业上使用的多效蒸发设备，一般情况下效数并不是很多。例如，蒸发 NaOH 和 NH_4NO_3 等沸点升高较大的电解质溶液时，采用 2~3 效；对非电解质溶液，如有机物溶液，由于其沸点升高较小，所用效数可取 4~6 效；对于海水淡化装置，其温度差损失很小，故效数可多达 20~30 效。

9.5 蒸发操作的其他节能措施

蒸发是一种消耗热能较多的单元操作。近年来，随着能源价格的提高，采取节能措施降低蒸发过程的能耗有重要的意义。除了采用多效蒸发以提高生蒸汽的利用率外，工业上还常采用以下手段。

（1）冷凝水的合理利用

蒸发器加热室排出大量的冷凝水，其温度较高，可以用来预热料液或加热其他物料。也可以用减压闪蒸的方法产生部分蒸汽（冷凝水减压后处于过热状态，会部分汽化，汽化量与相邻两效加热室的压力有关，一般约有 2.5% 的冷凝水蒸发为蒸汽），由此产生的蒸汽可以和二次蒸汽一起作为下一效的加热蒸汽。

（2）热泵蒸发器

虽然二次蒸汽可用作多效蒸发的热源，但生产强度较低。若将蒸发器蒸出的二次蒸汽用压缩机压缩，提高它的压强，则它的饱和温度也相应提高。当其温度提高到溶液的沸点以上，与沸腾的料液间形成足够的传热温度差后，可将其送入蒸发器的加热室作为加热蒸汽。这样，仅用单效蒸发也可以提高加热蒸汽的利用率，这种方法称为热泵蒸发（或热压缩蒸发）。采用热泵蒸发只需在蒸发器启动阶段供应加热蒸汽，一到操作进入稳态，不再需要加热蒸汽，仅需提供使二次蒸汽升压所需的功。热泵蒸发器为单效蒸发器，降低了设备投资费用，提高了蒸发器的生产强度，这种方法的节能效果较好，但只限于动力电资源丰富的地区。

（3）抽取额外蒸汽

在有些场合，将多效蒸发器中的某一效的二次蒸汽引出一部分，作为其他换热器的热源，这部分引出的蒸汽称为额外蒸汽。作为热源，要求额外蒸汽的温位不能太低。一般情况下，末效蒸发器的操作处于负压，且绝对压力较低，二次蒸汽的温度较低而难以利用，因此，额外蒸汽需从多效蒸发器的前几效引出。

本章符号说明

英文字母：

A——传热面积，m^2；

c_p——溶液的比热容，$kJ/(kg \cdot K)$；

D——管径，m；

D——加热蒸汽消耗量，kg/h；

f——无因次的修正系数，

F——加料量，kg/h；

h——溶液的焓，kJ/kg；

H——蒸汽的焓，kJ/kg；

K——传热系数，$W/(m^2 \cdot ℃)$；

p——压力，Pa；

Q——蒸发器的热负荷或传热量，kJ/h；

Q_1——蒸发器的热损失，kJ/h；

r——汽化相变焓，kJ/kg；

R_s——垢层的热阻，$m^2 \cdot ℃/W$；

t——溶液的温度，$℃$；

T——料液温度，$℃$；

U——蒸发器的生产强度，$kg/(m^2 \cdot h)$；

W——水的蒸发量，kg/h；

x——料液组成（质量分率）。

希腊字母：

α——对流传热系数，$W/(m^2 \cdot ℃)$；

λ——管材的导热系数，$W/(m \cdot K)$；

δ——管壁厚度，m；

ρ——溶液的密度，kg/m^3；

Δ——温度差损失，$℃$；

Δt_m——传热平均温差，$℃$。

习题

9-1　在单效蒸发器内，将 10% 的 NaOH 溶液浓缩到 20%，已知蒸发室内绝对压力为 25kPa，求因溶液蒸气压下降而引起的沸点升高值及相应的沸点。

9-2　在 40kPa(a) 下蒸发密度为 $1000kg/m^3$ 的溶液，已知溶液在蒸发器中的高度为 2m，试求由液柱静压力引起的温度差损失。

9-3　用单效蒸发器加热浓缩某溶液，加热蒸汽的用量为 1500kg/h，其温度为 120℃，相应的汽化潜为 2205kJ/kg。已知蒸发器内二次蒸汽温度为 78℃，由于溶液蒸气压降低和液柱静压力引起的沸点升高值为 7℃。蒸汽冷凝的传热系数为 $10000W/(m^2 \cdot ℃)$，沸腾溶液的给热系数为 $4000W/(m^2 \cdot ℃)$。忽略换热器管壁和污垢热阻，蒸发器的热损失也忽略不计，求蒸发器的传热面积。

9-4 用一单效蒸发器将流量为2000kg/h的NaCl水溶液从10%（质量分数，下同）浓缩至30%，加热蒸汽压力为0.3MPa(a)，蒸发室压力为0.02MPa(a)，蒸发器内溶液的沸点为75℃，已知蒸发器的总传热系数为2000W/(m^2·℃)，NaCl的定压比热容为0.95kJ/(kg·℃)，进料温度为40℃，不计浓缩热和蒸发器的热损失，试求：蒸发水量、加热蒸汽消耗量和蒸发器的传热面积。

9-5 进料量为9000kg/h，浓度为1%（质量分率，下同）的盐溶液在40℃下进入单效蒸发器并被浓缩到1.5%。蒸发器传热面积为39.1m^2，蒸发室绝对压力为0.04MPa（该压力下水的蒸发相变焓$r' = 2318.6$kJ/kg），加热蒸汽温度为110℃（该饱和温度下水的蒸发相变焓$r = 2232$kJ/kg）。由于溶液很稀，假设溶液的沸点和水的沸点相同，0.04MPa下水的沸点为75.4℃，料液的比热容近似于水的比热容，$c_p = 4.174$kJ/(kg·K)。求：

（1）蒸发量、浓缩液量、加热蒸汽量和加热室的传热系数K。

（2）如进料量增加为12000kg/h，传热系数、加热蒸汽压强、蒸发室压强、进料温度和浓度均不变的情况下，蒸发量、浓缩液量和浓缩液浓度又为多少？均不考虑热损失。

第 10 章 干燥

10.1 概述

在化工生产中有许多原料、半成品或产品是固体物料。固体物料中经常含有一定量的水分或其他溶剂，这些水分或溶剂通称为湿分。为了使固体物料便于进一步的加工、运输、贮存和使用，往往需要将部分湿分从物料中除去，这种除去湿分的操作称为去湿。例如：药物、食品需去湿，以防失效变质；氯乙烯单体在水相中聚合得到的塑料颗粒中含有少量的水分，塑料颗粒若含水超过规定，则在以后的注塑加工中会产生气泡，影响产品的品质；造纸工业中纸张中的水分需去除，以增强纸的强度并防止纸张变形。

10.1.1 固体物料的去湿方法

常见的固体物料去湿方法有以下三类：

（1）机械去湿：通过过滤、压榨和离心分离等方法将物料的湿分去除，该法实质上是固、液相的分离过程。由于在机械去湿过程中湿分不发生相变，所以此法能耗少，费用低，但湿分去除不彻底，只适用于物料间大量水分的去除，一般用于初步去湿，为进一步干燥做准备。

（2）物理去湿：用吸湿性较强的化学药品(如无水氯化钙、苛性钠等)或吸附剂(如分子筛、硅胶等)来吸收或吸附物料中的水分，该法适用于去除少量湿分。

（3）干燥：是利用热能使物料中的湿分汽化，同时将产生的水汽或蒸气排除或带离以获得湿分含量达到规定的成品的过程。这种方法在去湿过程中湿分发生相变，耗能大，费用高，但湿分去除较为彻底，可去除物料表面以致内部的湿分。

固体物料去湿通常的做法是先采用费用低的机械去湿方法除去大部分湿分，再用干燥的方法将物料中少量的湿分除去以达到产品的要求。

干燥技术在工业中应用的领域非常广，在化工、食品、医药、纺织、造纸、建材、农业、机械、生物工程和环保等领域都得到广泛应用，在国民经济中占有重要地位。干燥技术在石油化工中也得到了全面而深入的应用，据报道，我国70%的干燥设备应用于石化行业。石化工业中催化剂制备过程中需进行干燥处理，例如，催化裂化用催化剂的生产流程包括反应成胶、喷雾干燥、水洗过滤、气流干燥、成品包装等几个工序，其中喷雾干燥工段的任务主要是催化剂成型，它的好坏决定了成品的粒度、分布以及强度等。

由于干燥过程中多数湿分为水分，因此本章仅讨论去除水分的干燥过程，干燥的基本原理和设备原则上对其他湿分的干燥也是适用的。

10.1.2 干燥过程的分类

根据划分的标准不同，干燥过程有不同的分类方法，常见的分类方法如下：

（1）按操作压强的不同分为以下两种：

① 常压干燥：多数物料的干燥在常压下或接近常压的条件下进行；

② 真空干燥：在负压条件下进行的干燥，适用于处理热敏性、易氧化或要求产品含湿量很低的物料。

（2）按操作方式是否连续可分为以下两种：

① 连续式干燥：湿物料从干燥设备中连续投入，干品连续排出，连续干燥生产能力大，产品质量均匀，热效率高，劳动条件好；

② 间歇式干燥：湿物料分批加入干燥设备中，干燥完毕后卸下干品再加料，适用于小批量，多品种或要求干燥时间较长的物料的干燥。

（3）按供热方式可分为以下几种：

① 传导干燥：载热体将热能通过传热壁面以传导的方式传给湿物料，使其中的水分汽化，然后，将产生的蒸汽排除。由于该过程中湿物料与加热介质不直接接触，故又称为间接加热干燥。适用于薄层物料或很湿物料的干燥。该干燥方式热能利用率较高，但与传热壁面接触的物料在干燥时易局部过热而变质。

② 辐射干燥：热能以电磁波的形式由辐射器发射至湿物料表面后，被物料所吸收转化为热能，而将水分加热汽化，达到干燥的目的。辐射干燥生产强度大，设备紧凑，干燥时间短，产品干燥均匀而洁净，但能耗大，适用于干燥表面积大而薄的物料。

③ 对流干燥：预热后的干燥介质（通常是热空气）与湿物料接触，热能以对流给热的方式传给湿物料，使物料中的水分汽化，再由干燥介质带走的干燥过程。对流干燥过程中，由于物料表面水分的汽化，物料内部与表面间存在水分含量的差别，使物料内部的水分以气态或液态形式向物料表面扩散，然后汽化的蒸汽再从表面扩散至干燥介质主体。在此过程中，传热和传质同时发生，热量由干燥介质传递给湿物料，而水分由湿物料传递给干燥介质，传热和传质的方向相反。干燥介质既是载热体又是载湿体，干燥过程对于干燥介质来说是一个降温增湿过程。

④ 介电加热干燥：是利用高频电场的交变作用将置于电场中的湿物料加热，使水分汽化的干燥过程。电场频率低于 3×10^9 Hz 的称为高频加热，频率在 $3 \times 10^9 \sim 3 \times 10^{12}$ Hz 之间的超高频加热，称为微波加热。

10.1.3 对流干燥过程的传热与传质

目前工业上以热空气为干燥介质，以水为湿分的对流干燥最为普遍，本章着重讨论该干燥过程。

对流干燥过程的传热和传质模式如图 10-1 所示。经预热后温度为 t、水分分压为 p 的热空气流过湿物料的表面，物料表面 t_w 低于空气温度 t。由于温差的存在，气体以对流方式向固体物料传热，使水分汽化，物料表面的水蒸气分压 p_w 高于气流主体，水蒸气在此分压差的作用下由物料表面由气流主体扩散，并被气流带走。在此过程中，空气带来热量，并将水分带走，充当了载热体和载湿体的角色。

干燥的必要条件：只要物料表面的水蒸气分压高于干燥介质中水蒸气分压，干燥即可进行，二者的差别越大，干燥进行得越快。若干燥介质被水蒸气饱和，则水蒸气扩散的推动力为零，干燥过程无法进行。由此可见，干燥过程能否进行与气体的温度无关，气体预热的目

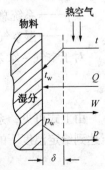

图 10-1 热空气与物料间的传热与传质

的在于加快水分汽化和物料干燥的速度，以达到一定的生产能力。

10.2　湿空气的性质和湿度图

对流干燥中所使用的干燥介质是经过预热的空气，由于空气中总含有一定量的水蒸气，故将其称为湿空气。由于湿空气既是载热体又是载湿体，湿空气的状态就关系到传热速率和传质速率的大小。在干燥过程中，湿空气的状态又随干燥过程的进行而变化，例如，湿空气的温度随干燥过程进行而逐渐下降，而湿空气中水蒸气的含量在不断增加，但其中绝干空气的量是不变的，为了计算方便，通常取 1kg 的绝干空气作基准。

10.2.1　湿空气的性质

（1）湿空气的干球温度和总压

将温度计置于湿空气中测得的温度即为湿空气的干球温度，简称温度，这是湿空气的真实温度，用 t 表示，单位为℃或 K。

湿空气的压力称为系统总压，用 p 表示，单位为 kPa。干燥过程中系统总压一般保持不变。

（2）湿空气中水蒸气的分压

水蒸气分压是湿空气中水蒸气的压力，用 p_w 表示，单位为 kPa。根据道尔顿分压定律，湿空气的总压 p 等于绝干空气的分压 p_g 和水汽分压 p_w 之和，即 $p = p_g + p_w$。

当总压一定时，空气中水蒸气的分压 p_w 越大，水蒸气的含量也越大。当空气为水蒸气所饱和时，水蒸气分压达到最大，即系统温度下水的饱和蒸汽压 p_s。

（3）绝对湿度

湿空气中所含水蒸气的质量与绝干空气的质量之比称为绝对湿度，又称湿含量或湿度，用 H 表示，其含义为单位质量的绝干空气所携带的水蒸气的质量，单位是 kg 水蒸气/kg 绝干空气（以后的讨论中常略去蒸气二字）。可表示为下式：

$$H = \frac{n_w M_w}{n_g M_g} = \frac{M_w}{M_g} \frac{p_w}{p - p_w} \qquad (10 - 1)$$

式中　H——湿空气的绝对湿度，kg 水/kg 绝干空气；

　　M_w，M_g——水蒸气、绝干空气的相对分子质量，kg/kmol；

　　n_w，n_g——水蒸气、绝干空气的物质的量，kmol；

　　　　p——系统总压，kPa；

　　　　p_w——湿空气中水蒸气的分压，kPa。

对于空气 - 水系统，有 $M_w = 18$ kg/kmol，$M_g = 29$ kg/kmol，代入上式得

$$H = 0.622 \frac{p_w}{p - p_w} \qquad (10 - 2)$$

由上式可见，系统总压一定时，空气的湿度由水蒸气的分压决定。当空气中的水蒸气分压达到给定温度下的饱和蒸汽压 p_s 时，则有

$$H_s = 0.622 \frac{p_s}{p - p_s} \qquad (10 - 3)$$

此时，湿空气中水蒸气量达到饱和。若 $H > H_s$，空气中会有水珠凝结析出，此时的湿空

气不能再作为干燥介质使用。

（4）相对湿度

绝对湿度指的是湿空气中所含水蒸气的绝对数量，不能反映空气饱和状态的程度，不能反映湿空气吸湿潜力的大小，因此引入相对湿度这一概念。相对湿度是指，在总压 p 一定的条件下，湿空气中水蒸气分压 p_w 与同温度下的饱和蒸气压 p_s 之比，以 φ 表示，即

$$\varphi = \frac{p_w}{p_s} \times 100\% \qquad (10-4)$$

相对湿度表明了湿空气的不饱和程度，反映湿空气吸收水汽的能力。φ 值越低，即 p_w 与 p_s 差距愈大，湿空气偏离饱和的程度越远，吸湿潜力越大。当 $\varphi = 0$ 时，$p_w = 0$，说明空气中不含有水蒸气，为绝干空气，当 $\varphi = 1$（或 100%）时，表示空气已被水蒸气饱和，不能再吸收水汽，已无干燥能力。

饱和蒸汽压随温度升高而增加，在绝对湿度不变（即 p_w 不变）的条件下提高气体的温度，相对湿度降低，气体的吸湿能力增加，所以，气体用作干燥介质应预热。

上式中水的饱和蒸汽压 p_s 是温度的函数，可查表或由以下经验公式计算：

$$p_s = \frac{2}{15} \exp\left(18.5916 - \frac{3991.11}{t + 233.84}\right) \qquad (10-5)$$

式中 t——气体的温度，℃。

根据相对湿度的计算式可知，$p_w = \varphi p_s$，代入绝对湿度的计算式，可得到 H、φ 之间的函数关系：

$$H = 0.622 \frac{\varphi p_s}{p - \varphi p_s} \qquad (10-6)$$

因此，在总压 p 一定的条件下，相对湿度决定于湿空气的温度和湿度。

【例 10-1】在常压下用湿空气干燥某湿物料。已知湿空气进预热器前的温度为 20℃，相对湿度为 60%，预热后的温度为 120℃，求：

（1）空气的湿度；

（2）预热后湿空气的相对湿度；

（3）120℃ 下湿空气可以达到的最大相对湿度。

解：（1）水在 20℃ 下的饱和蒸汽压为

$$p_s = \frac{2}{15} \exp\left(18.5916 - \frac{3991.11}{t + 233.84}\right) = \frac{2}{15} \exp\left(18.5916 - \frac{3991.11}{20 + 233.84}\right) = 2.338 \text{kPa}$$

空气的湿度为

$$H = 0.622 \frac{\varphi p_s}{p - \varphi p_s} = 0.622 \frac{0.6 \times 2.338}{101.3 - 0.6 \times 2.338} = 0.008734 \text{kg 水/kg 绝干空气}$$

（2）湿空气中的水蒸气分压为

$$p_w = \varphi p_s = 0.6 \times 2.338 = 1.403 \text{kPa}$$

水在 120℃ 的饱和蒸汽压为

$$p_s = \frac{2}{15} \exp\left(18.5916 - \frac{3991.11}{t + 233.84}\right) = \frac{2}{15} \exp\left(18.5916 - \frac{3991.11}{120 + 233.84}\right) = 199.79 \text{kPa}$$

预热后空气的相对湿度为

$$\varphi = \frac{p_w}{p_s} \times 100\% = \frac{1.403}{199.79} \times 100\% = 0.702\%$$

（3）120℃ 下湿空气中水蒸气分压等于系统总压时相对湿度达到最大，此时 p_w = 101. 3kPa。

$$\varphi_{max} = \frac{p_w}{p_s} \times 100\% = \frac{101.3}{199.79} \times 100\% = 50.7\%$$

（5）湿空气的比容

1kg 绝干空气及其所携带的 H kg 水蒸气的总体积称为湿空气的比容，又称为湿比容，以符号 v_H 表示，单位为 m³/kg 绝干空气，计算式为

$$v_H = v_g + v_w = \left(\frac{1}{29} + \frac{H}{18}\right) \cdot 22.4 \cdot \frac{t+273}{273} \cdot \frac{101.325}{p} = (0.287 + 0.462)\frac{t+273}{p} \quad (10-7)$$

式中　t——温度,℃；

　　　p——系统总压, kPa。

常压下，p = 101. 325kPa，则

$$v_H = (0.002835 + 0.004557H)(t+273) \quad (10-8)$$

（6）湿空气的比热容

常压下，将1kg 绝干空气和其所带的 H kg 水蒸气的温度升高1℃所需的热量称为湿空气的比热容，简称湿热，用符号 c_H 表示，单位是 J/(kg 绝干气体)。计算式为·

$$c_H = c_g \times 1 + c_v \times H = c_g + c_v H \quad (10-9)$$

式中　c_g——绝干空气的比热容，J/(kg 绝干空气·℃)；

　　　c_v——水蒸气的比热容，J/(kg 水蒸气·℃)。

c_g 和 c_v 与湿度范围有关，但在通常的干燥条件下，比热容随温度的变化很小，在工程计算中可取为常数。对空气－水系统，空气的比热容 c_g = 1.01 kJ/(kg·℃)，水蒸气的比热容 c_v = 1.88kJ/(kg·℃)，则式(10-9)可写为

$$c_H = 1.01 + 1.88H \quad (10-10)$$

（7）湿空气的焓

1kg 绝干空气的焓和其所带 H kg 水蒸气的焓之和称为湿空气的焓，或称湿空气的热含量，以符号 i_H 表示，单位为 kJ/kg 绝干空气，计算式为

$$i_H = i_g + Hi_v \quad (10-11)$$

式中　i_g——绝干空气的焓，kJ/kg 绝干空气；

　　　i_v——水蒸气的焓，kJ/kg 水蒸气。

由于焓是相对值，因此，计算焓值时必须规定其基准态和基准温度。为简化计算，常取计算基准为：0℃时绝干空气与液态水的焓等于零。则绝干空气的焓为其显热，而水蒸气的焓包括液态水在 0℃的汽化相变焓和 0℃以上的显热，所以

$$i_H = i_g + Hi_v = c_g t + (c_v t + r_0)H = (c_g + Hc_v)t + r_0 H = c_H t + r_0 H \quad (10-12)$$

式中　r_0——0℃水的汽化相变焓，约为 2490kJ/kg。

对空气－水系统即为

$$i_H = (1.01 + 1.88H)t + 2490H \quad (10-13)$$

【例 10-2】常压下温度为 40℃的湿空气，其中水蒸气的分压为 2.45kPa，试求其湿度、相对湿度、湿空气的比容和焓。

解：湿空气的湿度为

$$H = 0.622 \frac{p_w}{p - p_w} = 0.622 \frac{2.45}{101.3 - 2.45} = 0.0154 \text{kg 水/kg 绝干空气}$$

40℃水的饱和蒸汽压可由附录查得 $p_s = 7.3766\text{kPa}$，于是相对湿度为

$$\varphi = \frac{p_w}{p_s} \times 100\% = \frac{2.45}{7.3766} \times 100\% = 33.2\%$$

湿空气的比容为

$$v_H = (0.002835 + 0.004557H)(t + 273)$$
$$= (0.002835 + 0.004557 \times 0.0154)(40 + 273) = 0.909\text{m}^3/\text{kg 绝干空气}$$

湿空气的焓为

$$i_H = (1.01 + 1.88H)t + 2490H = (1.01 + 1.88 \times 0.0154) \times 40 + 2490 \times 0.0154$$
$$= 79.9\text{kJ/kg 绝干空气}$$

（8）湿空气的露点

将不饱和的空气在总压和湿度不变的情况下进行冷却，达到饱和状态时的温度称为该湿空气的露点，用符号 t_d 表示。

当空气总压和湿度不变时，空气中的水蒸气分压也不变，该空气冷却时，水的饱和蒸汽压下降，当降至与空气的实际水蒸气分压相等时，空气达到饱和状态，此时空气的温度即为露点温度。露点温度下空气的相对湿度等于1，若继续冷却该空气，则会有水珠凝结析出。露点温度是干燥系统中空气的极限温度，若空气出口温度低于露点温度，空气中所含的水蒸气将凝结析出，使物料返潮。为确保物料在干燥器以及其后的分离除尘中不发生返潮，工业上一般取空气出口温度高于露点温度 20~50℃。

对于空气 - 水体系，饱和温度与饱和蒸汽压间满足关系式（10-5），在总压一定的情况下，若已知湿空气的露点温度，可由式（10-5）求出湿空气的水蒸气分压，并可进一步求出湿空气的湿度。若已知空气中水蒸气分压 p_w，可将式（10-5）变形求出对应的露点温度如下：

$$t_d = \frac{3991.11}{16.58 - \ln p_w} - 233.84 \tag{10-14}$$

（9）湿球温度

将温度计的感温部分包裹以纱布等棉织品，纱布一端浸入贮水槽中以保证纱布一直处于润湿状态，这样就形成了湿球温度计，如图 10-2 所示。

将湿球温度计和一支普通湿度计置于温度为 t、湿度为 H 的流动不饱和湿空气中，此时普通湿度计测得的温度为湿空气的干球温度，而湿球温度计所测得的温度称为湿空气的湿球温度，二者的读数并不一致。这是因为湿球温度计外覆湿纱布，湿纱布表面的空气湿度大于湿空气主体的湿度，二者之间存在传质推动力。湿纱布表面的水分在不断汽化，并向湿空气主流中扩散；而汽化吸热使湿纱布中的水温下降，与流动的湿空气间存在温差，引起湿空气向湿纱布中的水分传

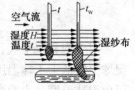

图 10-2　湿球温度的测量

热。当湿空气传给水分的热量恰好等于水分汽化所需的相变焓时，湿空气与湿纱布间的热质传递达到平衡，湿球温度计上的温度维持恒定。此温度并不代表湿空气的真实温度，但由于此温度由湿空气的温度、湿度所决定，故称它为湿空气的湿球温度，以 t_w 表示。

纱布表面的水分达到湿球温度时，湿空气对水的对流传热速率为

$$Q = \alpha A(t - t_w) \tag{10-15}$$

式中　Q——湿空气对水的传热速率，kW；

A——湿空气与湿纱布接触的表面积，m^2；

α——湿空气与水之间的给热系数，$kW/(m^2 \cdot ℃)$；

t——湿空气的干球温度，℃；

t_w——湿空气的湿球温度，℃。

水汽化的传质速率为

$$N = k_H A(H_w - H) \tag{10-16}$$

式中　N——水汽化的传质速率，kg/s；

　　k_H——以湿度差为传质推动力的对流传质系数，kg/[$m^2 \cdot s \cdot$(kg 水/kg 绝干空气)]；

　　H_w——湿纱布表面的空气湿度，kg 水/kg 绝干空气；

　　H——湿空气湿度，kg 水/kg 绝干空气。

因此，水汽化吸收的热量为

$$Q = N \cdot r_w \tag{10-17}$$

式中　r_w——湿球温度下水的汽化相变焓，kJ/kg。

达到传质传热平衡时有

$$Q = \alpha A(t - t_w) = k_H A(H_w - H)r_w \tag{10-18}$$

于是，湿球温度可表达为

$$t_w = t - \frac{k_H}{\alpha} r_w(H_w - H) \tag{10-19}$$

实验表明 k_H 和 α 都与空气速度的 0.8 次方成正比，所以 α/k_H 值与空气速度无关。对空气 – 水体系，存在经验关系：

$$\frac{k_H c_H}{\alpha} \approx 1 \tag{10-20}$$

所以上式可简化为

$$t_w = t - \frac{r_w}{c_H}(H_w - H) \tag{10-21}$$

上式表明，湿球温度仅与湿空气的干球温度和湿度有关。因此，通过测定湿空气的干球温度和湿球温度，可以通过下式计算湿空气的湿度

$$H = H_w - \frac{c_H(t - t_w)}{r_w} \tag{10-22}$$

对于饱和湿空气，$H = H_w$，其湿球温度与干球温度相等。对于不饱和的湿空气 $H < H_w$，湿球温度低于干球温度。对于一定干球温度的湿空气，其相对湿度越低，湿球温度亦越低，因此湿球温度是表明湿空气状态或性质的一种参数。

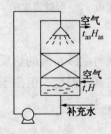

图 10 – 3　绝热饱和
冷却塔示意图

在绝热情况下操作的干燥过程，若湿物料表面保持润湿，则当过程达到稳态时，湿物料表面水分汽化所需热量正好等于湿空气传给湿物料的热量，此时湿物料表面的温度就等于湿球温度。

（10）绝热饱和温度

绝热饱和温度是湿空气的又一性质参数，可在如图 10 – 3 所示的绝热饱和冷却塔中测得。温度为 t、湿度为 H 的不饱和空气由塔底进入，大量温度低于 t 的循环水由塔顶喷淋而下，在塔中的填料层中空气与水逆流接触。因空气尚未饱和，水分便不断向空气中汽化转移。由于设备

是绝热的，无热量损失，也无外界补充热量，水分汽化所需相变焓只能来自空气中的显热，因而空气温度随过程的进行而逐渐下降，湿度相应逐渐上升。对空气而言，温度下降导致焓下降，但汽化水分又带入空气中等量的热量，因而空气的焓不变，此过程是一等焓过程。若两相接触的时间足够长，最终空气可达到饱和状态，此时传质传热过程停止，空气的温度等于循环水的温度。

这一稳定状态下的温度称为空气初始状态下的绝热饱和温度，用符号 t_{as} 表示，相应的空气饱和湿度以 H_{as} 表示。

对图 10-3 中所示的塔进行焓衡算，即气体冷却放出的显热等于流体汽化所需的相变焓，即

$$L'c_H(t - t_{as}) = L'(H_{as} - H)r_{as} \qquad (10-23)$$

整理后，得

$$t = t_{as} + \frac{r_{as}}{c_H}(H_{as} - H) \qquad (10-24)$$

式中　t——湿空气的干球温度,℃；

　　　t_{as}——湿空气的绝热饱和温度,℃；

　　　r_{as}——绝热饱和温度下水的汽化相变焓,kJ/kg；

　　　c_H——湿空气的比热容,kJ/(kg 绝干气体)；

　　　H_{as}——绝热饱和湿度,kg 水/kg 绝干空气；

　　　H——湿空气的湿度,kg 水/kg 绝干空气。

需要注意的是，空气的绝热饱和温度 t_{as} 和湿球温度 t_w 是两个完全不同的概念，前者是绝热饱和过程中最终的气液平衡温度，后者是气液进行稳定传热传质时稳定的液体温度；在气液达到绝热饱和温度时气液的传热传质都已停止，而当液体达到湿球温度时，气液两相传热与传质正在稳定地进行；气液达到绝热饱和温度时，气体放出的显热等于液体汽化吸收的热（汽化相变焓），这里的"显热"和"相变焓"指的是热量而非速率，当液体达到湿球温度时，气体对液体的对流传热速率等于液体汽化而吸收的速率，此处指的是速率而非热量。但两者都是湿空气状态(t 和 H)的函数。实验测定证明，对空气-水系统，可以近似认为绝热饱和温度与湿球温度相等，而湿球温度比较容易测定。

由湿球温度和绝热饱和温度的计算式可知，二者与空气干球温度间存在如下关系：

对不饱和湿空气：$t > t_w \approx t_{as} > t_d$；

对饱和湿空气：$t = t_w \approx t_{as} = t_d$。

10.2.2　湿空气的湿度图及其应用

由上述公式计算湿空气的性质较为繁琐，有时还需试差计算，将各公式绘制成图，由图可方便地查取所需参数。另外，由图可直观地了解气体状态的变化情况，便于分析问题。

（1）湿度图的绘制

空气的湿度图有几种形式，常用的有 $t-H$ 图和 $H-I$ 图，图 10-4 是一个大气压下空气-水系统的 $t-H$ 湿度图。图中主要有以下几条线：

① 等温度线（等 t 线）：图中的横坐标是空气的干球温度，所有纵线为等温线。

② 等湿度线（等 H 线）：图中右侧纵坐标是空气的湿度，所有的横线为等湿度线。由于系统总压已定，露点 t_d 只与湿度有关，故在等 H 线上 t_d 相等，湿热 c_H 也只与湿度有关，因

此在等H线上c_H也相等。

③ 等相对湿度线(等φ线):这是一组从坐标原点出发的曲线,是根据下式绘制的。

$$H = 0.622 \frac{\varphi p_s}{p - \varphi p_s} \tag{10-25}$$

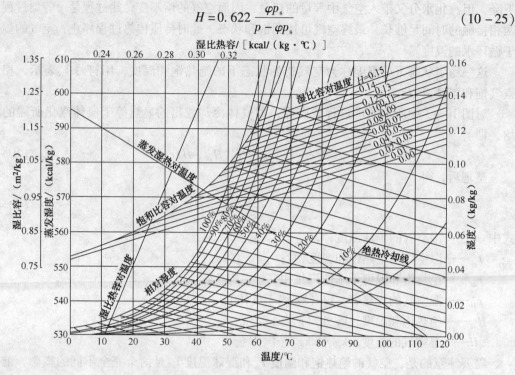

图10-4 空气-水系统湿度图

由于系统总压p一定,而p_s仅与温度t有关,故每取定一个φ值,则H是t的函数,给定一组温度t_i,可求得一组对应的湿度H_i。在图中将φ值相等的各点(t_i,H_i)连结起来即得到等φ线。取定不同的φ值,得到一簇等φ线。

$\varphi = 100\%$的曲线称为饱和空气线,此时空气完全被水蒸气所饱和。饱和空气线的左上方为过饱和区,这时湿空气成雾状,不能用来干燥物料。饱和空气线的右下方为不饱和空气区,在此区域的空气可用作干燥介质。由图可见,在湿度一定时,空气温度越高,其相对湿度值越低,空气的吸湿潜力越大。

④ 绝热冷却线(等t_{as}线):也称为等焓线,是一组在不饱和区域内由左上方向右下方倾斜的直线,是根据式(10-24)绘制的。由式可知,当t_{as}取定时,r_{as}和H_{as}不变,t只是H的函数,取若干个H可求得对应的t,得到等t_{as}线上的若干点,连接各点即得到一条绝热冷却线。每一条绝热冷却线都与$\varphi = 100\%$的等相对湿度线相交,交点处的温度值即为各条绝热冷却线对应的t_{as}值。位于同一条绝热冷却线上所有各点都具有相同的绝热饱和温度。根据绝热饱和温度的物理意义,绝热冷却线表示以线上所有各点作为起始点,经过绝热饱和过程都会到达同一终点。对于空气-水系统,$t_w \approx t_{as}$,绝热冷却线也可近似当作等湿球温度线。

⑤ 湿热-湿度线($c_H - H$线):根据湿比热容关系式$c_H = 1.01 + 1.88H$做出的直线,以图中右侧湿度坐标为自变量,以图中顶部横坐标为因变量。已知湿度值,可由此直线查出相应的c_H值。

⑥ 湿比容-温度线($v_H - t$线):当总压为一个大气压时,湿比容的计算式为$v_H = (0.002835 + 0.004557H)(t + 273)$,每取定一个$H$值,$v_H$仅是$t$的函数,且呈直线关系。取

不同的 H 值，即可得一簇直线。已知湿度和温度值，可由图查出相应的 v_H 值。

⑦ 饱和湿比容 – 温度线：对于饱和空气，其湿比容计算式为

$$v_{Has} = (0.002835 + 0.004557H_{as})(t + 273)$$

由于饱和湿度仅是温度的函数，故空气的饱和湿比容也仅是温度的函数。由饱和湿比容对温度做图，可得一条曲线，由此曲线可根据温度查得空气的饱和湿比容。

（2）湿度图的应用

在温度、湿度（或露点温度）、相对湿度、绝热饱和温度（或湿球温度）四项中，已知其中任意两个即可确定湿度图中的一个点，因而可以确定空气的一个状态，其他各未知参数也可以查出。

【例10 – 3】测得空气的干球温度 $t = 62℃$，湿度 $H = 0.092$ kg 水/kg 绝干空气，试求空气的 φ、t_{as}、t_w、t_d 和 i_H。

解： 如图 10 – 5 所示，由 $t = 62℃$ 的等温线和 $H = 0.092$ 的等湿度线可以确定一个交点 P：过 P 点的等 φ 线上读得 $\varphi = 60\%$；

过 P 点的绝热冷却线与 $\varphi = 100\%$ 的等相对湿度线的交点在横坐标上对应的值即为绝热饱和温度。读得 $t_{as} = 52℃$，即 $t_w = t_{as} = 52℃$；

过 P 点的等湿度线（$H = 0.092$）与 $\varphi = 100\%$ 的等相对湿度线的交点，在横坐标上对应的值即为露点温度，读得 $t_d = 51℃$；

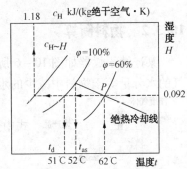

图 10 – 5　例 10 – 3 附图

过 P 点的等湿度线与 $c_H – H$ 线的交点在顶部横轴上的读数即为 c_H，读得 $c_H = 1.18$ kJ/（kg 绝干空气·K）；

在 $V_H \sim t$ 线簇中内插找到 $H = 0.092$ 的直线，该直线与 $t = 62℃$ 的等温线相交于一点，由该交点读得 $V_H = 1.092$ m³/kg 绝干空气；

在 $t – H$ 图中没有湿焓 i_H，可直接由公式计算：

$$i_H = (1.005 + 1.884 \times 0.092) \times 62 + 2491.27 \times 0.092 = 302.26 \text{kJ/kg}$$

10.3　干燥过程的物料衡算和热量衡算

本节重点讨论对流干燥过程的基本规律和干燥过程的计算。对流干燥过程的干燥介质（湿空气）经预热器加热升温后进入干燥器，在干燥器中干燥介质将热量传给湿物料使其中的水分汽化，生成的水蒸气由干燥介质带离干燥器。

10.3.1　湿物料含水量的表示方法

湿物料可认为是绝干物料和水分的混合物，湿物料的含水量可由以下两种方法表示：

（1）湿基含水量：工业上常用湿物料中水分的质量百分数表示湿物料的含水量，用符号 w 表示，单位 kg 水/kg 湿料，即

$$w = \frac{物料所含液态水分的质量}{湿物料的质量} = \frac{W}{G_c + W} \qquad (10 – 26)$$

式中　W——湿物料中水分的质量，kg；

G_c——湿物料中绝干物料的质量，kg。

（2）干基含水量：是指湿物料中的水分与绝干物料的质量比，用符号 X 表示，单位 kg 水/kg 绝干物料。用公式表示如下：

$$X = \frac{物料所含液态水分的质量}{绝干物料的质量} = \frac{W}{G_c} \qquad (10-27)$$

由于干燥过程中，湿基的质量不断变化，而绝干物料的质量是不变的。因此，用干基含水量计算较为方便。

两种含水量之间的换算关系为

$$w = \frac{X}{1+X} \qquad (10-28)$$

$$X = \frac{w}{1-w} \qquad (10-29)$$

10.3.2 物料衡算

某连续干燥器如图 10-6 所示，对整个干燥器做水分的物料衡算，则单位时间内进入空气的水分量等于物料中减少的水分量，即

$$W = G_1 - G_2 = G_c(X_1 - X_2) = L(H_2 - H_1) \qquad (10-30)$$

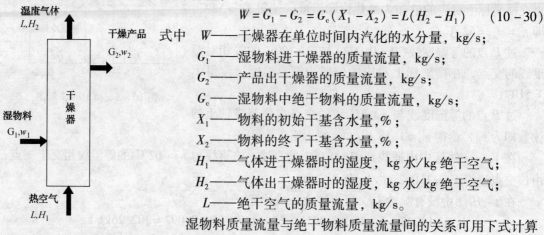

图 10-6 干燥器的物料衡算

式中　W——干燥器在单位时间内汽化的水分量，kg/s；

G_1——湿物料进干燥器的质量流量，kg/s；

G_2——产品出干燥器的质量流量，kg/s；

G_c——湿物料中绝干物料的质量流量，kg/s；

X_1——物料的初始干基含水量，%；

X_2——物料的终了干基含水量，%；

H_1——气体进干燥器时的湿度，kg 水/kg 绝干空气；

H_2——气体出干燥器时的湿度，kg 水/kg 绝干空气；

L——绝干空气的质量流量，kg/s。

湿物料质量流量与绝干物料质量流量间的关系可用下式计算

$$G_c = G_1(1-w_1) = G_2(1-w_2) \qquad (10-31)$$

式中　w_1——物料的初始含水量，%；

w_2——物料的终了含水量，%。

由此可推导出汽化 W kg 水/s 所消耗的绝干空气量为

$$L = \frac{G_c(X_1 - X_2)}{H_2 - H_1} \frac{W}{H_2 - H_1} \qquad (10-32)$$

从湿物料中需要除去的水分量 W 决定于物料的初始含水量 X_1 和干燥程度 X_2。干燥要求 X_2 一定的情况下，初始含水量 X_1 越高，W 越大，需要 L 越大，操作费用越高，因此，通常湿物料在干燥之前先用能耗低的机械去湿法脱水，尽量降低 X_1，以降低干燥操作费用。

定义汽化 1kg 水所消耗的绝干空气量为单位空气消耗量，用符号 l 表示，单位为 kg 绝干空气/kg 水，则

$$l = \frac{L}{W} = \frac{1}{H_2 - H_1} \qquad (10-33)$$

由上式可见，单位空气消耗量只与空气进、出干燥器的湿度（H_1、H_2）有关，而与经历

的过程无关。由于空气进干燥器前一般要预热，但预热前后空气的湿度不变，即预热前的湿度 H_0 与预热后的湿度 H_1 相等。这样，空气的 H_0 越大，空气的消耗量也越大。干燥装置中鼓风机所需风量根据湿空气的体积流量 $V(\mathrm{m}^3/\mathrm{s})$ 而定，湿空气的体积流量可由干空气的质量流量 L 与湿比容 v_H 的乘积求得。

【例 10-4】 某常压干燥器每小时处理 3000kg 的原料，原料中含水 10%（湿基），成品中含水 5%（湿基），空气进入预热器的状态 $t_0 = 20℃$，$\varphi = 80\%$，出干燥器的空气 $t_2 = 45℃$，$\varphi = 60\%$，求此干燥器所用鼓风机的生产能力为多少 kg 干空气/h。水的饱和蒸汽压与温度的关系可由下面的经验式计算：

$$p_s = \frac{2}{15}\exp\left(18.5916 - \frac{3991.11}{t + 233.84}\right)$$

解： 已知 $p = 101.3\mathrm{kPa}$，$w_1 = 0.1$，$w_2 = 0.05$，$G_1 = 3000\mathrm{kg/h}$。

$$X_1 = \frac{w_1}{1 - w_1} = \frac{0.1}{1 - 0.1} = 0.111\mathrm{kg}\ 水/\mathrm{kg}\ 绝干物料$$

$$X_2 = \frac{w_2}{1 - w_2} = \frac{0.05}{1 - 0.05} = 0.0526\mathrm{kg}\ 水/\mathrm{kg}\ 绝干物料$$

绝干物料流量为

$$G_c = G_1(1 - w_1) = 3000 \times (1 - 0.1) = 2700\mathrm{kg}\ 绝干物料/\mathrm{h}$$

$$t_0 = 20℃，代入公式计算出 p_{s0}$$

$$p_{s0} = \frac{2}{15}\exp\left(18.5916 - \frac{3991.11}{20 + 233.84}\right) = 2.348\mathrm{kPa}$$

$$t_2 = 45℃，可由公式计算出 p_{s2} = 9.616\mathrm{kPa}$$

$$H_0 = 0.622\frac{\varphi_0 p_{s0}}{p - \varphi_0 p_{s0}} = 0.622\frac{0.8 \times 2.348}{101.3 - 0.8 \times 2.348} = 0.0118\mathrm{kg}\ 水/\mathrm{kg}\ 绝干空气$$

$$H_2 = 0.622\frac{\varphi_2 p_{s2}}{p - \varphi_2 p_{s2}} = 0.622\frac{0.6 \times 9.616}{101.3 - 0.6 \times 9.616} = 0.0376\mathrm{kg}\ 水/\mathrm{kg}\ 绝干空气$$

由物料衡算式 $L(H_2 - H_0) = G_c(X_1 - X_2)$，得鼓风机的生产能力为

$$L = \frac{G_c(X_1 - X_2)}{H_2 - H_0} = \frac{2700 \times (0.111 - 0.0526)}{0.0376 - 0.0118} = 6111.6\mathrm{kg}\ 干空气/\mathrm{h}$$

10.3.3　热量衡算

对干燥器进行热量衡算可以确定预热器消耗热量、向干燥器补充的热量及干燥过程消耗的总热量，可由此进一步计算预热器的传热面积、加热介质用量、干燥器尺寸及干燥系统热效率等。

在图 10-7 所示的干燥系统中，湿空气首先进入预热器预热，温度由 t_0 增加至 t_1，焓值由 i_0 升至 i_1，湿度不变，即 $H_0 = H_1$。预热后的湿空气进入干燥器，与湿物料接触，将热量传递给湿物料，自身温度降低至 t_2，焓值变为 i_2，在干燥过程中湿空气的湿度增加，离开干燥器时的

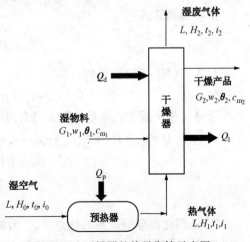

图 10-7　干燥器的热量衡算示意图

湿度变为 H_2。物料进、出干燥器的含水量分别为 X_0 和 X_1，温度分别为 θ_1 和 θ_2。设：

Q_p 为预热器向空气提供的热量，kW；

Q_d 为向干燥器补充的热量，kW；

Q_1 为干燥器的热损失，kW。

（1）整个干燥系统的热量衡算

对包括预热器和干燥器在内的整个干燥系统做热量衡算，在连续稳定操作条件下，系统无热量积累，单位时间内流入系统的焓的总和应等于流出系统的焓的总和，即

$$Li_{H0} + G_c i_{m1} + Q_p + Q_d = Li_{H2} + G_c i_{m2} + Q_1 \tag{10-34}$$

或

$$Q = Q_p + Q_d = L(i_{H2} - i_{H0}) + G_c(i_{m2} - i_{m1}) + Q_1 \tag{10-35}$$

上式中，物料的焓是以 0℃ 为基准的 1kg 绝干物料和其携带的液态水分所具有的焓的总和，即

$$i_m = c_m \theta = c_s \theta + X c_w \theta$$

式中　c_m——湿物料的比热容，kJ/(kg·℃)；

c_s——绝干物料的比热容，kJ/(kg·℃)；

θ——物料的温度，℃；

c_w——水的比热容，kJ/(kg·℃)；

X——物料的干基含水量，kg 水/kg 绝干物料。

式（10-34）中右边第一项是湿空气经过整个干燥系统的焓的变化量，可进一步展开如下

$$L(i_{H2} - i_{H0}) = L[(c_g + H_2 c_V)t_2 + r_0 H_2 - (c_g + H_0 c_V)t_0 - r_0 H_0]$$
$$= L[c_g(t_2 - t_0) + c_V(H_2 t_2 - H_0 t_0) + r_0(H_2 - H_0)] \tag{10-36}$$

由物料衡算式：

$$H_2 - H_0 = \frac{W}{L} \tag{10-37}$$

代入式（10-35），整理，得

$$L(i_{H2} - i_{H0}) = Lc_{H0}(t_2 - t_0) + W(r_0 + c_v t_2)$$

式（10-34）中右边第二项为湿物料在干燥过程中的焓值变化，可进一步展开如下

$$G_c(i_{m2} - i_{m1}) = G_c[(c_s + X_2 c_w)\theta_2 - (c_s + X_1 c_w)\theta_1] \tag{10-38}$$

由物料衡算式：

$$X_1 = X_2 + \frac{W}{G_c} \tag{10-39}$$

代入式（10-37），整理，得

$$G_c(i_{m2} - i_{m1}) = G_c c_{m2}(\theta_2 - \theta_1) - Wc_w \theta_1 \tag{10-40}$$

于是对整个系统的热量衡算式可写成

$$Q = Q_p + Q_d = W(r_0 + c_v t_2 - c_w \theta_1) + G_c c_{m2}(\theta_2 - \theta_1) + Lc_{H0}(t_2 - t_0) + Q_1 \tag{10-41}$$

令

$$Q_w = W(r_0 + c_v t_2 - c_w \theta_1) \tag{10-42}$$

$$Q_m = G_c c_{m2}(\theta_2 - \theta_1) \tag{10-43}$$

$$Q_{1'} = Lc_{H0}(t_2 - t_0) \tag{10-44}$$

Q_w 是汽化湿分所需要的热量，Q_m 为加热固体产品所需要的热量，$Q_{1'}$ 为将环境温度下的空气加热至干燥器出口温度所需要的热量，这部分热量随废气放空而排入大气，称为放空热

— 334 —

损失，Q_l 为设备热损失，则

$$Q = Q_p + Q_d = Q_w + Q_m + Q_l + Q_{l'} \tag{10-45}$$

由上式可知，整个干燥系统的热量来源有两个，即加热介质通过预热器提供的热量 Q_p 和干燥器补充加热的热量 Q_d；整个干燥系统的热量主要用于四个方面：即汽化湿分、加热产品、设备热损失和随废气放空。

（2）预热器的热量衡算

预热器的作用在于加热空气，加热空气的方法主要有两类：一类是直接加热，是将液体燃料直接喷入空气中进行燃烧，或燃烧固体燃料，产生高温烟气；另一类是间接加热，常以水蒸气或高温烟气作热源，通过间壁换热器加热空气。

预热器的热量衡算为

$$Q_p = L(i_{H_1} - i_{H_0}) \tag{10-46}$$

若空气在间壁式换热器中被加热，其湿度不发生变化，则焓差可用比热容乘以温差的方式表示，即

$$Q_p = Lc_{H_0}(t_1 - t_0) \tag{10-47}$$

（3）干燥器的热量衡算

将预热器的热量衡算式代入干燥器整个系统的热量衡算式以消去 Q_p，可得到干燥器的热量衡算式如下

$$Lc_{H0}(t_1 - t_2) + Q_d = W(r_0 + c_v t_2 - c_w \theta_1) + G_c c_{m_2}(\theta_2 - \theta_1) + Q_l \tag{10-48}$$

令

$$Q_g = Lc_{H_0}(t_1 - t_2) \tag{10-49}$$

表示热空气在干燥器中冷却而放出的热量，则上式写成

$$Q_g + Q_d = W(r_0 + c_v t_2 - c_w \theta_1) + G_c c_{m_2}(\theta_2 - \theta_1) + Q_l \tag{10-50}$$

上式的物理意义为：热空气在干燥器中冷却放出的热量和干燥器补充加热的热量用于三方面：汽化湿分、加热物料和补偿设备的热散失。

（4）理想干燥过程

若干燥器保温良好，无散热损失，物料的初始温度与产品温度相同，则加热物料所消耗的热量为零；或当干燥器的补充加热量恰等于加热物料和散热损失的热量，于是，干燥器中热空气放出的显热全部用于水分汽化，这样的干燥过程称为理想干燥过程，其热量衡算式为

$$Lc_{H_0}(t_1 - t_2) = W(r_0 + c_v t_2 - c_w \theta_1) \tag{10-51}$$

理想干燥过程中，热空气放出显热而降低的焓值恰等于水分汽化后进入热空气增加的焓值，因此，理想干燥过程中热空气焓值不变，是个等焓过程。理想干燥过程实质上和绝热饱和过程是极为相似的，有的教科书中也称之为绝热干燥过程。

实际干燥过程中，设备热损失和物料升温在所难免，如果用于水分汽化的热量远大于设备热损失和物料升温所需的热量，则干燥过程可近似看作是理想干燥过程。

【例10-5】一干燥器将湿基含水量 5% 的湿物料干燥到 0.5%。干燥器的干燥能力为 1.5 kg 绝干物料/s。进出干燥器空气的温度分别为 127℃ 和 82℃，新鲜空气的湿度为 0.007kg 水/kg 绝干空气。进出干燥器物料的温度分别为 21℃ 和 66℃。绝干物料的比热容为 1.8kJ/(kg·℃)。若忽略干燥器的热损失，计算：

（1）干燥过程除去的水分量；

（2）湿空气的消耗量；

（3）离开干燥器时空气的湿度。

解：已知 $w_1 = 0.05$，$w_2 = 0.005$

$$X_1 = \frac{w_1}{1 - w_1} = \frac{0.05}{1 - 0.05} = 0.05263 \text{kg 水/kg 绝干物料}$$

$$X_2 = \frac{w_2}{1 - w_2} = \frac{0.005}{1 - 0.005} \approx 0.005 \text{kg 水/kg 绝干物料}$$

（1）干燥过程中除去的水分量为

$$W = G_C(X_1 - X_2) = 1.5(0.05263 - 0.005) = 0.07145 \text{kg 水/s}$$

（2）湿空气消耗速率

由于出口温度已知，因此可通过对干燥器进行热量衡算求出，

$$Li_1 + G_2 c_m \theta_1 + W c_w \theta_1 = Li_2 + G_2 c_m \theta_2 + Q_l \qquad ①$$

式中，L 用 $L = \dfrac{W}{H_2 - H_0}$ 表示。

湿物料流率 G_1

$$G_1 = G_C(1 + X_1) = 1.5 \times (1 + 0.05263) = 1.579 \text{kg 湿物料/s}$$

干燥产品流率 G_2

$$G_2 = G_C(1 + X_2) = 1.5 \times (1 + 0.005) = 1.508 \text{kg 干燥产品/s}$$

据题，$t_1 = 127\text{℃}$ 时

$$i_1 = (1.01 + 1.88 H_1) t_1 + 2490 H_1$$
$$= (1.01 + 1.88 \times 0.007) \times 127 + 2490 \times 0.007 = 147.4 \text{kJ/kg 绝干空气}$$

当 $t_2 = 82\text{℃}$ 时，

$$i_2 = (1.01 + 1.88 H_2) t_2 + 2490 H_2 = 82.82 + 2644.2 H_2$$
$$c_m = (1 - w_2) c_s + w_2 c_w = (1 - 0.005) \times 1.8 + 0.005 \times 4.187 = 1.812 \text{kJ/(kg · K)}$$
$$Q_l = 0$$

将上述数据代入①式得

$$H_2 = 0.01776 \text{kg 水/kg 绝干空气}$$

$$L = \frac{W}{H_2 - H_0} = \frac{0.0714}{0.01776 - 0.007} = 6.636 \text{kg 绝干空气/s}$$

所消耗湿空气的量为

$$L' = L(1 + H_0) = 6.636 \times (1 + 0.007) = 6.682 \text{kg 湿空气/s}$$

（3）离开干燥器时空气的湿度为 $H_2 = 0.01776 \text{kg 水/kg 绝干空气}$

10.3.4　干燥系统的热效率

外界向干燥系统提供的总热量只有一部分用于汽化水分和加热物料，其余部分由于设备热损失和随废气放空而损失掉。定义用于汽化水分的热量与外界向干燥系统提供的总热量之比为干燥系统的热效率，即

$$\eta_h = \frac{Q_w}{Q_p + Q_d} \qquad (10-52)$$

对理想干燥过程，热效率可表达为

$$\eta_h = \frac{Q_w}{Q_p} = 1 - \frac{Q_{l'}}{Q_p} = 1 - \frac{L c_{H_0}(t_2 - t_0)}{L c_{H_0}(t_1 - t_0)} = \frac{t_1 - t_2}{t_1 - t_0} \qquad (10-53)$$

干燥器的热效率反映了干燥器操作的性能，热效率越高热量的利用程度越好。由上

式可知，干燥过程废气带走的热量 Q_1' 越大，系统的热效率越低。因此，废气中热量的利用对于提高热效率具有重要意义，废气中热量的利用有多种途径，例如可采用废气部分循环和利用废气预热冷空气、冷物料等。由上式可以看到，降低离开干燥器的废气的温度可提高干燥系统的热效率，但温度的下降意味着有更多的热量用于汽化湿物料中的水分，因而废气的湿度也相应提高，这将使传质推动力下降，干燥速率降低。通常，废气离开干燥器时的温度需比热空气进入干燥器时的露点温度高 20～50℃ 左右，这样才能保证废气在干燥器以后的分离设备中不致析出水滴。否则，将会使产品回潮，且易造成管道堵塞和设备材料的腐蚀。

10.3.5　干燥过程的节能

干燥过程能耗大，这是因为干燥过程中需将液态水分汽化，需提供大量的汽化热。理论上，在标准条件下（即干燥在绝热条件下进行，固体物料和水蒸气不被加热，也不存在其他热量交换）蒸发 1kg 水分所需的能量为 2200～2700kJ。而实际干燥过程的能耗大得多，因此，提高干燥设备的热效率，对节约能源、保护环境、提高企业的经济效益都有重要意义。

干燥操作的节能途径主要有以下几种：（1）减少干燥过程的各项热量损失。做好干燥系统的保温，减少干燥介质的渗漏，降低干燥器的热损失。（2）降低干燥器的蒸发负荷。在物料进入干燥器前，使用机械去湿方法脱水，减少进入干燥器物料的含水量，降低干燥器的热负荷。（3）提高干燥器入口空气温度、降低出口废气温度。由干燥热效率的表达式可知，提高干燥器入口热空气温度有利于提高热效率。但是，入口空气温度受产品允许温度限制。干燥器出口废气带走大量热量，降低出口废气温度可有效提高干燥器热效率。但出口废气温度也受到两个因素限制：一是要保证产品含水量达到要求，若出口废气温度过低，产品含水量增加，达不到指定要求；二是废气还需经过旋风分离器或布袋过滤器等后处理流程，要保证废气温度高于露点温度 20～50℃，以免在分离除尘中发生返潮现象。（4）部分废气循环。这是将部分废气和新鲜空气混合，混合气预热到所需温度后再送入干燥器的一种操作。由于利用了部分废气中的部分余热，因而使干燥器的热效率有所提高。但废气循环量增大会使热空气的湿度增加，干燥速率会有所降低，因此，需确定出最佳废气循环量，一般废气循环量为总气量的 20%～30%。

10.4　干燥速率和干燥时间

上节所述内容为确定干燥过程中湿物料蒸发的水分量、消耗空气量和热量提供了计算依据，由此可选择风机设备和预热器。但若要确定干燥器的尺寸，还需要计算干燥速率和干燥时间。本节主要讨论干燥速率、干燥时间的计算方法及其影响因素。

10.4.1　水分在空气和物料间的平衡关系

湿衣服在空气中可以晾干，而饼干在空气中又可能吸潮；夏季沿海地区衣服不易晾干，而内陆地区却与此相反。这些现象说明，水分在空气和固体间存在传递方向的问题，而传递的方向既与物料的种类和含水量有关，也与空气的湿度有关，取决于水分在空气和固体间的平衡关系。

当含水量为 X 的湿物料与一定温度和湿度的不饱和湿空气接触时，只要湿物料表面水的蒸汽压与空气中的水汽分压不等，物料就将脱除水分或吸收空气中的水分，直到二者相等为止。只要空气的状态不变，物料中所含的水分不会因与空气接触时间的延长而变化，水分在物料和空气中达到平衡状态。平衡状态下物料的含水量称为平衡含水量。平衡含水量不仅取决于空气的状态，还与物料的种类有关。水分在物料和气体间的平衡关系如图 10 - 8 所示，此图又叫干燥平衡曲线。

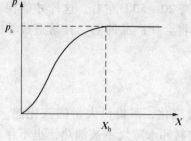

图 10 - 8　水分在空气和
物料间的平衡关系

（1）结合水与非结合水

当物料的含水量 X 大于图中 X_h 对应的含水量时，与 X 成平衡的空气中的水蒸气分压 p^* 恒等于系统温度下的饱和蒸汽压 p_s，这说明物料中大于 X_h 的那部分水分，只是机械地附着于固体表面或大空隙中，不受固体物料的作用，和单独存在的水一样，其表面上的蒸汽压等于同温度下纯水的饱和蒸汽压。这部分水分与物料间没有任何形式的结合，因此含水量超过 X_h 的那部分水分称为非结合水分。

当物料的含水量小于 X_h 时，物料中水分的平衡蒸汽压 p^* 小于同温度下水的饱和蒸汽压 p_s，并随着 X 的减小而持续降低，这表明物料中小于 X_h 的这部分水分与物料间存在某种形式的结合，由于这种结合力的存在，使这部分水分的汽化能力比单独存在的水要低。因此，含水量小于 X_h 的这部分水分称为结合水分。结合水分以不同的方式与固体物料相结合，有的水分以化学力与固体相结合，以结晶水、溶胀水分（渗透入物料细胞壁的水分）等形式存在于固体物料中；有些水分受物料的表面吸附力、毛细管力等物理化学力的作用，以吸附水分及毛细管水分的形式存在。化学结合水分与溶胀水分以化学键形式与物料分子结合，结合力较强，难以除去。相比较而言，吸附水分和毛细管水分以物理吸附方式与物料结合，结合力相对较弱，较易于除去。

（2）平衡水分与自由水分

由前述可知，平衡含水量是与空气的水蒸气分压 p 呈平衡的物料含水量，用符号 X^* 表示。低于此含水量的水分将不能用干燥的方法除去。

根据物料在一定干燥条件下，其所含水分能否用干燥的方法除去来划分，可分为平衡水分与自由水分。平衡水分是指等于或小于平衡含水量，无法用相应空气所干燥的那部分水分。自由水分是指湿物料中大于平衡含水量，有可能被该湿空气干燥除去的那部分水分。图 10 - 9 所示为结合水分、非结合水分、平衡水分和自由水分的划分情况。

影响平衡水分的因素：①物料的性质：在空气的相对湿度一定的情况下，物料的平衡水分随物料的种类不同而异。无孔的非吸水性不可溶固体物料，如瓷土和玻璃丝，其平衡水含量很低，几乎等于零；而某些多孔的吸水性的海绵状有机物与生物物料，如烟叶、皮革、木材等，却有较大的平衡含水量。某些材料的平衡曲线如图 10 - 10 所示。②空气的相对湿度：同一物料的平衡水分与其相接触的空气的相对湿度有关。空气的相对湿度越高，其平衡水分越大。空气的相对湿度为零时任何物料的平衡水分均为零。③温度：在相对湿度一定的条件下物料的平衡水分随温度的升高而减小。例如，棉花与相对湿度为 50% 的空气相接触，空气的温度由 37.8℃升高到 93.3℃时，物料的平衡含水量由 0.073kg 水/kg 绝干物料减少到 0.052kg 水/kg 绝干物料，大约减少了 25%。

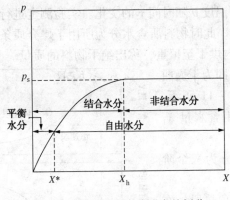

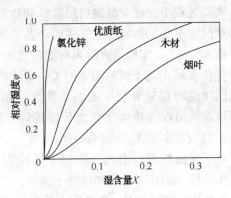

图 10 – 9　物料中水分形态的划分　　　　图 10 – 10　某些材料的平衡曲线

（3）平衡曲线的应用

① 判断过程进行的方向，并确定过程的推动力。若物料含水量 X 高于平衡含水量 X^*，则物料将脱水而被干燥，其推动力 $\Delta X = X - X^*$；若物料的含水量低于平衡含水量，则物料将吸水而增湿，其推动力 $\Delta X = X^* - X$。

② 确定过程进行的极限。可以通过平衡曲线确定在给定干燥介质的条件下，湿物料中可能去除的水分及干燥后物料的最低含水量。

③ 确定物料中水分去除的难易程度。通过平衡曲线，可以确定物料中的结合水量和非结合水量。非结合水的蒸汽压等于同温度下纯水的蒸汽压，容易去除。结合水与物料的结合力较强，其蒸汽压低于同温度下纯水的饱和蒸气压，非结合水与物料间存在一定的作用力，相对较难去除。

10.4.2　干燥速率及其影响因素

定义干燥速率为单位时间内单位干燥面积上汽化的水分质量，用符号 U 表示，单位为 kg 水/（m² · s）。用公式表示如下：

$$U = \frac{\mathrm{d}W}{A\mathrm{d}\tau} = -\frac{G_\mathrm{c}\mathrm{d}X}{A \ \mathrm{d}\tau} \tag{10 – 54}$$

式中　　U——干燥速率，kg/（m² · s）；

　　　　A——干燥面积，m²；

　　　　W——汽化的水分量，kg；

　　　　τ——干燥时间，s；

　　　　G_c——绝干物料的质量，kg；

　　　　X——物料的干基含水量，kg 水/kg 绝干物料。

式中负号的出现，是由于随着水分的汽化，物料含水量减小，$\mathrm{d}X$ 是负值之故。

由于影响干燥速率的因素很多，且干燥是同时进行传热和传质的过程，传热传质机理复杂，因此难以用数学关系式来描述干燥速率与相关因素的关系。为了设计干燥器，通常需要通过实验确定物料的干燥速率。

（1）干燥曲线

干燥实验通常在恒定干燥条件下（即固定空气的湿度、温度、流速以及与物料的接触方式）进行，实验中采用大量空气干燥少量湿物料的方式，在此条件下可认为干燥条件恒定不变。实验过程中，记录湿物料质量 G 和物料表面温度 θ 随时间 τ 的变化。实验测定进行到物料质量恒定不变，物料与空气达到动态平衡为止。此时物料所含水分为所用干燥介质条件下的平衡水分 X^*。实验结束后再将物料放入烘箱内烘干至恒重，称出绝干物料的质量。

将含水量 X 与干燥时间 τ 的关系做成曲线，即为干燥曲线。同时也可得到 θ 与 τ 的关系曲线，如图 10 – 11 所示。由干燥曲线可以直接读出在此干燥条件下物料由含水量 X_1 干燥至另一含水量 X_2 所需的时间。

由干燥曲线可以看出，物料干燥过程可以分为三个阶段：预热段、恒速干燥段和降速干燥段。

预热段：两曲线的 AB 线段表示干燥过程的预热段。在该阶段内，物料的含水量及其表面温度均随时间而变化，物料含水量由初始含水量降至与 B 点相应的含水量，而温度则由初始温度升高到与空气的湿球温度 t_w 相等的温度。在预热阶段内，空气中的一部分热量用于加热物料，一部分热量用于汽化水分。物料的含水量及温度随时间的变化都不大，斜率 $dX/d\tau$ 较小。由于该阶段的时间较短，一般将其作为恒速干燥的一部分。

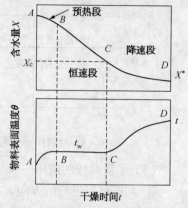

图 10 – 11　物料的干燥曲线

恒速干燥段：自 B 点起物料的表面温度趋于稳定，在此阶段，物料内部水分向物料表面的扩散速度大于表面水分的汽化速度，物料表面始终保持湿润，其状况就如湿球温度计的湿纱布一样，表面温度保持在湿球温度或近于湿球温度，空气传递给物料的热量只用来汽化水分。这一阶段一直延续到 C 点，干燥曲线在这一段斜率不变，是一条直线，即从 B 点至 C 点含水量以恒定的速率变小，所以这一段称为恒速干燥段。

降速干燥段：C 点以后干燥曲线的斜率不断变小，即含水量的变化越来越慢，这是由于物料内部水分扩散到表面的速度低于物料表面水分的汽化速度，物料表面不能再维持全部润湿，空气传热给物料除了用于水分汽化以外，还会加热物料使物料温度逐渐升高。此阶段一直持续到干燥曲线的斜率降低为零，物料的含水量达到平衡含水量 X^*，物料的温度升高至等于空气的温度为止，此时空气与物料间达到传质和传热的平衡。由于 C 点以后的曲线段中含水量变化越来越慢，干燥速率降低，所以这一阶段称为降速干燥段。

由干燥曲线不同时间处的斜率 $dX/d\tau$ 可求出这一时刻的干燥速率。

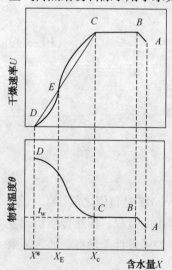

图 10 – 12　物料的干燥速率曲线

（2）干燥速率曲线

将干燥速率对物料含水量作图，可得干燥速率曲线。同时，以物料温度对含水量作图，也可得到 θ 与 X 间的关系曲线，如图 10 – 12 所示。

与干燥曲线相同，干燥速率曲线也分为三个阶段：

预热段（AB 段）：干燥开始时物料被预热，干燥速率升高，物料温度也升高，这是预热段。

恒速干燥段（BC 段）：当物料被加热到湿球温度以后，开始了恒速干燥，物料表面温度也保持湿球温度。恒速干燥段汽化的水分为非结合水，与自由液面水的汽化相同，干燥速率为物料表面水的汽化速率，故恒速干燥段又称为表面汽化控制阶段，干燥速率的大小只决定于干燥条件，即空气的温度、湿度及其流动状况，与物料内部水分的存在形式及其扩散状况无关。

降速干燥段（CD 段）：当物料的干燥速率开始下降，物料表面温度开始升高时，就开始了降速干燥段。在降速段中当物料含水量降低至等于平衡含水量 X^* 时（D 点），物料温度也升高至等于空气温度 t，干燥过程即停止。在此阶段，当干燥过程进行至图中 E 点时，全部物料表面都不含非结合水，从点 E 开始，汽化面逐渐向物料内部移动，汽化所需的热量通过已被干燥的固体层而传递到汽化面，从物料中汽化出的水分也通过这层传递到空气主体中。这时干燥速率下降的更快，干燥过程完全受水分在物料中扩散速度的控制。因此，降速干燥段中干燥速率的大小主要取决于物料本身的结构、形状和尺寸，而与外部的干燥条件关系不大，故降速干燥段又称为物料内部扩散控制阶段。

（3）临界含水量

干燥速率曲线中，恒速干燥段和降速干燥段分界点 C 处的含水量 X_c 称为临界含水量。设物料的初始含水量为 X_1，最终要求的含水量为 X_2，则当 $X_1 > X_c$ 和 $X_2 < X_c$ 时，干燥有恒速阶段和降速阶段；当 $X_2 > X_c$ 时，只有恒速干燥阶段，$X_1 < X_c$ 时只有降速干燥阶段。

临界含水量越大，干燥过程转入降速干燥段越早，物料中更多的水分将在降速段中汽化，由于降速干燥段的干燥速度低于恒速干燥段，且随物料含水量降低而逐渐下降，因此，对于相同的干燥要求，临界含水量越大会导致所需的干燥时间越长。另外，由于恒速段和降速段的干燥机理和影响因素各不相同，过程的控制因素不同，强化措施也不一样，因此，准确地确定临界含水量对干燥的设计计算、制定干燥方案和优化干燥过程都十分重要。

临界含水量受物料性质、干燥器种类和干燥操作条件三方面的影响。无孔吸水性物料的 X_c 值比多孔物料大；物料的堆积厚度小或在有搅动的干燥器内干燥，X_c 较小；干燥介质的温度高、湿度低、流速快，恒速干燥阶段的干燥速度快，X_c 值大。物料的临界含水量一般由实验测定。

（4）影响干燥过程的主要因素

分析影响干燥过程的主要因素，有利于优化干燥设计，强化干燥操作，降低能量消耗，提高产品质量。

① 物料的性质和尺寸

物料的种类不同，其化学组成和物理结构也不同，与水分的结合方式不同，结合力也不同，其干燥速率相差很大。物料种类不影响恒速段的干燥速率，但对降速段干燥速率有重大影响。在强化干燥速率时，必须考虑物料本身的性质。有些物料在干燥速率太快时容易发生变形、开裂或表面结硬壳等影响产品质量的情况。在降速干燥段，物料温度升高，因此对热敏性物料不能采用过高温度的空气作干燥介质。

物料尺寸较小时提供的干燥面积大（比表面大），例如，质量为 1kg 的黏土球（假设黏土密度为 2000kg/m³），其块径为 0.124m 时，干燥表面积为 0.024m²，若将其破碎成不同大小的颗粒，其表面如表 10−1 所示。物料尺寸减小，干燥面积增大，单位时间内汽化的水分量增加，因此需要尽量减小物料尺寸。可在物料进口处安装分散器，甚至在干燥器内加搅拌桨叶对物料进行破碎与分散。

表 10−1　1kg 黏土块料破碎成不同粒径时的表面积

黏土粒径 d_p/m	0.124	10^{-2}	10^{-3}	10^{-4}	10^{-5}	10^{-6}
表面积 A/m²	0.024	0.3	3	30	300	3000

② 气固接触方式

对同样尺寸的物料，气固接触方式对于干燥速率有很大影响。气固接触方式可分为三种，如图 10 – 13(a)所示，气流平行掠过物料层的表面时，仅仅只有表面一层物料的部份表面作为干燥面积，这种接触方式干燥效果最差。图 10 – 13(b)表示气流穿过物料层时，干燥表面比第一种接触方式大得多，因为粒子大部分表面用作干燥面积，此外在相同的气体流量下，气体通过物料层的实际速度比第一种的速度大得多，从而传质系数也大得多。如图 10 – 13(c)所示，物料分散在气流中时，依其分散情况不同而效果不一。例如在转筒干燥器中物料的分散就不如气流干燥器和流化干燥器中分散得良好。后两种干燥器中，在许多情况下几乎全部的粒子表面都用作干燥面积，所以干燥速率很大。

③ 干燥介质条件

干燥介质条件是指空气的状态及流动速度。恒速干燥段为表面汽化控制过程，提高空气温度、降低空气出口湿度、采用较高的气流速度，可以增大传热传质推动力，提高恒速段的速率。但空气温度受到物料性质的限制，过高的空气温度，可能使物料在进入降速段后受到损坏；降低空气出口湿度会增加气体的消耗量，而提高气速又会使流体阻力增大，如物料为粉粒时，物料带出量也增多。所以选择干燥条件时，必须全面考虑。

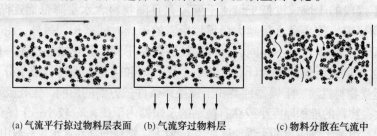

(a)气流平行掠过物料层表面　(b)气流穿过物料层　　(c)物料分散在气流中

图 10 – 13　不同的气固接触方式

降速干燥段由于是内部扩散控制，改变干燥介质条件虽也能在一定程度上提高干燥速率，但是效果远不如恒速段明显。

强化干燥条件，虽可提高恒速段的速率，但临界含水量也随之增加，恒速段变短，使更多的水分在降速段汽化，对整个干燥过程而言，所需干燥时间甚至有可能延长。因此，需对整个干燥过程做出分析的前提下，提出适当的强化措施。

10.4.3　恒定干燥条件下物料的干燥时间

对一定的干燥体系，在给定的干燥条件下，固体物料在干燥器中达到干燥要求所必须的停留时间称为干燥时间。对间歇操作来说，干燥时间直接影响生产周期的长短；对连续干燥过程来说，在物料的移动速度一定的情况下，干燥时间决定干燥设备的尺寸。因此说，干燥时间是干燥器设计的重要依据。

干燥时间可以通过物料衡算、热量衡算和传热与传质速率计算加以确定，但由于不同干燥时间下物料含水量不同，干燥机理和速率也不同，因此需根据干燥过程所处的阶段分别确定干燥时间。

(1) 恒速干燥段的干燥时间

恒速干燥段的干燥速率不变，若已知物料的初始含水量 X_1 和临界含水量 X_c，可由恒速干燥段的干燥速率计算式积分计算干燥时间：

$$\tau_1 = \int_0^{\tau_1} d\tau = -\frac{G_c}{AU_c}\int_{X_1}^{X_c} dX = \frac{G_c(X_1 - X_c)}{AU_c} \tag{10-55}$$

式中　τ_1——恒速干燥段的干燥时间，s；

　　　G_c——绝干物料的质量，kg；

　　　A——干燥表面积，m^2；

　X_1，X_c——物料的初始含水量和临界含水量，kg 水/kg 绝干物料；

　　　U_c——恒速干燥段的干燥速率，kg/($m^2 \cdot s$)。

U_c 可由实验测定，测定时的实验条件应与待设计的干燥器的条件相类似，否则会导致较大的误差。事实上，恒定干燥条件下的干燥实验为少量物料的间歇操作，而工业干燥器内进行的是大量物料的连续生产，干燥介质在干燥器进出口处的状态变化很大，不可能达到恒定干燥的条件，因此，用干燥实验测得的数据设计工业干燥器，必须考虑这种不同并做相应的修正。

（2）降速阶段的干燥时间

降速阶段干燥速率不恒定，属非稳态过程，干燥时间可从干燥曲线上直接读取，计算时可用图解法或解析法计算。

① 图解积分法

降速段的干燥时间可表示为下式：

$$\tau_2 = \int_0^{\tau_2} d\tau = -\frac{G_c}{AU}\int_{X_1}^{X_c} dX = \frac{G_c}{AU}\int_{X_2}^{X_c} dX \tag{10-56}$$

式中　τ_2——降速干燥段的干燥时间，s；

　　　G_c——绝干物料的质量，kg；

　X_2，X_c——物料干燥结束时的含水量和临界含水量，kg 水/kg 绝干物料；

　　　U——降速干燥段的干燥速率，kg/($m^2 \cdot s$)。

式(10-56)中的积分项可由图解法求得。从干燥速率曲线上的降速段读取不同湿含量 X 下的干燥速率 U 值，以 X 为横坐标，以 $1/U$ 为纵坐标做图（如图 10-14 所示），由 $1/U$ 曲线、横坐标、以及直线 $X = X_c$ 和 $X = X_2$ 围成的面积即为积分项的值。

② 解析法

若降速段的干燥速率随物料含水量呈线性变化时（如图 10-15 所示），可用解析法计算干燥时间。

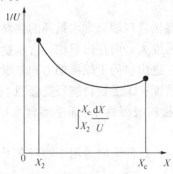

图 10-14　图解积分法示意图　　图 10-15　降速段干燥速率曲线为直线的情况

降速段干燥速率可表示为

$$\frac{U_2}{U_c} = \frac{X_2 - X^*}{X_c - X^*} \tag{10-57}$$

由此积分

$$\tau_2 = \int_0^{\tau_2} \mathrm{d}\tau = G_\mathrm{c}\int_{X_2}^{X_\mathrm{c}} \frac{\mathrm{d}X}{AU} = \frac{G_\mathrm{c}(X_\mathrm{c}-X^*)}{AU_\mathrm{c}}\int_{X_2}^{X_\mathrm{c}} \frac{\mathrm{d}X}{X-X^*} = \frac{G_\mathrm{c}(X_\mathrm{c}-X^*)}{AU_\mathrm{c}}\ln\frac{X_\mathrm{c}-X^*}{X_2-X^*}$$

$$(10-58)$$

解析法仅适用于降速干燥段的干燥速率 U 与物料含水量 X 间呈线性关系的情况，而实际上二者之间很少有这种线性关系，二者间的关系也很难用数学表达式描述。因此，降速段的干燥时间计算，借助于实验数据用图解法计算更符合生产实际。

10.5 干燥器

10.5.1 概述

（1）干燥器的基本要求

实现物料干燥过程的设备称为干燥器。工业上需要进行干燥的物料在形状上千差万别，物料结构上也各不相同，物料性质上也有差异，干燥要求也不尽相同，例如在含水量、外观、强度和粒径等方面要求不同，因此，为了适应不同的干燥要求，干燥器的种类多种多样，但对干燥器有以下的基本要求：①能保证产品的质量要求；②干燥速率快、干燥时间短，设备的生产强度高，以减小干燥器的尺寸；③设备热效率高，以节约热能；④设备系统的阻力小，以降低输送系统的能耗；⑤附属设备简单；⑥操作控制方便，劳动条件好。

（2）干燥器的操作方式

干燥介质与物料的流向：有并流、逆流和错流三种。三种方式各有自己的特点和适用范围。

逆流：干燥介质与物料在干燥器中流向相反。干燥器进口端是含水量高的物料，与湿度大温度低的介质接触。而出口端是含水量低的物料，此处是干燥介质的入口端，物料与高温低湿的介质接触。在整个干燥过程中，干燥推动力比较均匀，这一点与逆流传热的温差情况比较相似。逆流操作适用于：湿物料不允许强烈干燥（可能引起裂纹、变形、结壳等）而干物料又可以耐高温的情况。

并流：干燥介质与物料在干燥器中流向相同。在干燥器进口端，含水量高的物料与高温低湿的介质相接触，干燥推动力大，干燥速率快，干燥强度大。而在出口端，含水量低的物料与低温高湿的介质接触，干燥推动力小，干燥速率慢。进出口的干燥推动力相差很大，这一点与并流传热的温差情况相似。并流操作适用于以下情况：①湿物料能经受强烈干燥而不会发生裂纹、变形、结壳等，而干物料又不耐高温；②物料吸湿性小（即平衡含水量低）或产品含水量不要求很低。

错流：干燥介质以垂直于物料移动的方向穿过物料层，这种流向适用于物料在干燥的始终都允许快速干燥和耐高温的情况。

10.5.2 常用干燥器简介

（1）箱式干燥器

箱式干燥器又称为室式干燥器，小型的称为烘箱，大型的称为烘房。作为一种间歇式的多功能干燥器，可以同时干燥多种物料。其基本结构如图10-16所示。一般箱内设有支架、风扇、加热器、热风整流板和进出风口等。

空气进入干燥器，与部分吸湿后的空气混合，经风扇吹出来的空气再经加热器加热后，依图中箭头方向流经盘中物料层上方。增湿降温后的部分空气与入口进来的新鲜空气混合，再次进入风扇，另一部分则作为废气排出，空气的循环量可由空气入口和出口的挡板进行调节。为了提高干燥速率，可适当加大热风的速度，但为了防止物料被带出，风速一般为0.3~1.0m/s。

箱式干燥器的优点是结构简单、设备投资少、适应性强。其缺点是每次操作都要装卸物料，劳动强度大，生产效率低，产品质量不均匀。主要用于小规模、多品种、干燥条件变动大、干燥时间长的场合。

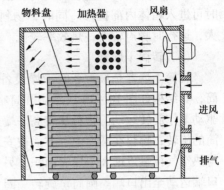

图10-16　箱式干燥器

(2) 洞道式干燥器

将采用小车的箱式干燥器发展为连续或半连续的操作，便成为洞道式干燥器，其结构如图10-17所示。洞道干燥器是一狭长的通道，其中铺设铁轨，物料放置在一串小车上，小车在铁轨上可连续或半连续地移动(或隔一段时间运动一段距离)，空气在洞道内被加热并强制地连续流过物料。洞道式干燥器的长度由物料干燥时间及干燥介质流速和允许阻力确定。干燥器越长，干燥越均匀，但阻力也越大，长度通常不超过50m。干燥介质可用热空气和烟道气，干燥的流程可安排成并流或逆流，根据需要还可安排中间加热或废气循环。洞道式干燥器容积大，小车在洞道内停留时间长，适用于具有一定形状的比较大的物料如皮革、木材、陶瓷等的干燥。

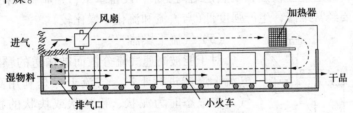

图10-17　洞道式干燥器

(3) 带式干燥器(图10-18)

带式干燥器是一种常用的连续干燥设备，通常为长方形，内有网状透气的传送带。物料

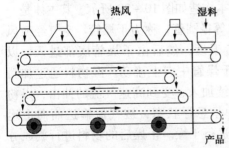

图10-18　带式干燥器

通过分布设备均匀置于传送带上，传送带可以是多层的，通常带宽1~3m，长4~50m，干燥时间为5~120min。干燥过程中，热气体穿过物料层，物料与气体形成复杂的错流。根据需要还可以在物料运动方向上设置成许多区段，每段都可装设风机和加热器，使不同区段上的气流速度和空气温度等都得到控制以满足对物料不同干燥阶段的干燥要求。

带式干燥器适用于粒状、块状和纤维状物料的干燥。带式干燥器操作灵活，湿物料的干燥过程在完全密封的箱体内进行，避免了物料粉尘的外泄，劳动条件较好。此外，带式干燥器内物料随传送带移动，物料颗粒经历的干燥时间基本相同，产品含水量较为均匀。设备结构不复杂，安装方便，可长期稳定运行，发生故障时可进入箱体内部检修。同时，物料翻动少，物料易于保持原来的形状。缺点是占地面积大，运行时噪声较大，热效率较低。

（4）转筒干燥器

转筒干燥器是最古老的干燥设备之一，其主体为一沿轴向装有若干抄板的横卧旋转圆筒，其结构如图 10－19 所示。圆筒略呈倾斜放置，倾斜角度约为 $0.5° \sim 6°$，在齿轮机构的驱动下作旋转运动。物料从较高一端进入干燥器，热空气可以与物料呈逆流或并流。随着圆筒的旋转，物料在圆筒中一方面被安装在内壁的抄板抄起，在升举到一定高度后又抛洒下来与热空气接触以增大干燥表面积，另一方面由于圆筒是倾斜的，在重力作用下物料逐渐由进口端运动至出口端。圆筒每旋转一圈，料物被抄起和抛洒一次并向前运动一段距离。

转筒干燥器所使用的干燥介质一般是热空气或烟道气，对于极易引起粉尘的物料也可采用间接加热的方式。为了减少筒内粉尘的飞扬，气体在干燥器内的速度不能过高，对粒径 1mm 左右的物料，气流速度宜处于 $0.3 \sim 1.0$m/s 的范围内，对粒径 5mm 左右的物料，气速宜在 3m/s 以下。

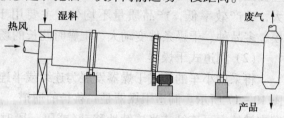

图 10－19　转筒干燥器

转筒干燥器主要用于处理散粒状物料，但如返混适当数量的干料亦可处理含水量很高的物料或膏状物料，已广泛应用于冶金、建材和化工等领域。

转筒干燥器的优点是机械化程度高，生产能力大，操作稳定可靠，流动阻力小，产品质量均匀，且对物料的适应性较强；缺点是结构复杂，设备笨重，金属材料耗量大，占地面积大，传动部分需要经常维修，生产强度低（与气流和流化干燥比较）。

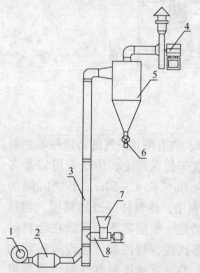

图 10－20　气流干燥器
1—鼓风机；2—预热器；3—气流干燥管；
4—引风机；5—旋风分离器；6—卸料阀；
7—加料斗；8—螺旋加料器

（5）气流干燥器

对于能被高速气流分散而被输送的颗粒物料，可采用气流干燥器进行干燥。气流干燥是利用高速流动的热空气，将湿态时为泥状、粉粒状或块状的物料分散成粉粒状，并被热气流输送，在输送过程中物料与热空气直接接触进行传热和传质，实现干燥的目的。可以说，气流干燥是固体流态化中稀相输送在干燥方面的应用。

气流干燥器的基本构造如图 10－20 所示。其主体是一根 $10 \sim 20$m 长的直立等径圆管，称为干燥管。空气经鼓风机进入后预热至指定温度，然后由干燥管底部进入，以 $20 \sim 40$m/s 的高速在干燥管中向上流动。湿物料通过加料器由干燥管的底部连续加入，受到高速气流的冲击，以粉粒状分散于气流之中呈悬浮状态，被气流输送而向上运动，并在输送过程中进行干燥。干燥后的物料进行旋风分离器分离后，由分离器底部排出，废气经引风机而放空。

气流干燥器中，固体物料刚进入干燥管时，其向上的运动速度为零。随后，在高速热气流的带动下被逐渐加速，直至气体与颗粒间的相对速度等于颗粒在气流中的沉降速度，此后，颗粒作等速运动。因此，从固体的运动特征角度看，气流干燥管可分为加速运动段和等速运动段。加速段的长度在 2m 左右，在此段中，气固两相的相对运动速度大，接触状况好，有利于传热传质。且在此段中，气、固间传热温差大，因此干燥速率最快。随着物料在管内的上升，两相间的相对速度下降，传热温差下降，干燥速率随之下降。

由物料在气流干燥器中经历的过程可以看出气流干燥器具有以下特点：

① 气固两相间传热传质面积大。气流干燥器中，固体颗粒在气流中呈高度分散状态，气固相接触面积大。

② 干燥速率快，干燥时间短，处理量大。由于气速高，气固两相间相对速度也较高（尤其是在加速段），因而传热系数也相当高，平均体积传热系数为 $3000 \sim 7000 \mathrm{W/(m^3 \cdot K)}$，比其他类型干燥器高几倍至几十倍。另外，气流干燥器气固两相并流操作，可以使用高温的热介质，传热温差大，因此干燥速率快。器内干燥时间短，物料在极短时间内（一般 $0.2 \sim 2s$，最长不超过 $5s$）就可达到干燥要求，所以当干燥介质温度较高时，物料温度也不会升得太高，可适用于热敏性物料的干燥。由于干燥速率快、物料停留时间短，单位体积干燥器的生产能力较其他种类干燥器大，处理量大。

③ 热效率高。由于能够采用高温介质，所以热效率高，空气消耗量小。例如使用 $400℃$ 以上的温度，一般 $1kg$ 干燥气体可以汽化 $0.1 \sim 0.15kg$ 的水分，热效率可达 $60\% \sim 75\%$。

④ 设备简单，操作方便。整个干燥系统结构简单、设备紧凑，除通风机和加料器外无其他活动部件，所以设备投资少，体积小，占地面积小。生产过程中，操作稳定连续，便于自动控制，成品质量均匀。

气流干燥器也有其缺点，主要表现在以下几方面：干燥管内气速高，流体流动阻力大，动力消耗大；物料在干燥管内高速运动，相互摩擦并与管壁面碰撞，导致物料和管壁的磨损较大，不适于干燥易粉碎的物料，同时，需要增加粉尘回收设备；干燥管较长，需要较高的厂房；由于干燥时间短，不适用于除去较多结合水分的情况，也不适用于高粘结性的物料。

（6）流化床干燥器

流化床干燥器又称为沸腾床干燥器，是 20 世纪 60 年代后发展起来的一种干燥技术，是流态化技术在干燥工业上的应用，目前在化工、轻工、医药、食品及建材等领域都得到了广泛应用。图 10－21 是一种单层圆筒流化床干燥器的结构示意图。设备主体为一圆筒，湿物料经加料装置加入，空气由风机送入，经预热后由圆筒底部进入，再经分布板均匀分散后与物料充分接触，使物料流化，在圆筒部分形成流化床。在流化床中，颗粒在热气流中上下翻动，彼此剧烈碰撞和混合，强化了气固间的传质和传热，干燥过程得以进行。干燥后的产品经床侧的出料管卸出，废空气从干燥器顶部排出，经旋风分离器分离出所夹带

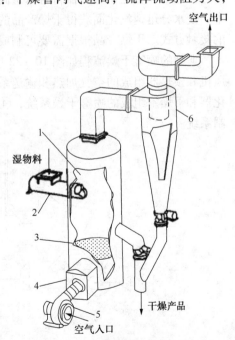

图 10－21　单层圆筒流化床干燥器

1—流化室；2—进料器；3—分布板；
4—预热器；5—风机；6—旋风分离器

的少量细微粉粒后排空。物料颗粒在床层内的平均停留时间可由床内固体量除以加料速度来计算，操作气速应在临界流化速度与带出速度之间，其值的大小主要取决于物料粒径的大小，通常适宜气速需针对具体物料由实验测定。

流化床干燥器具有如下优点：

① 流化干燥过程中，悬浮在热气流中的固体颗粒浓度高，气体与固体接触面大，颗粒剧烈运动使颗粒表面的气膜受到强烈冲刷，表面更新速率很快，传热传质速率很高，体积传热系数可高达 2300 ~7000W/(m³·K)，且热效率较高，可达 60% ~80%。

② 物料颗粒的剧烈运动和相互混合使床内各处的温度均匀一致，避免了物料的局部过热，为物料的优质干燥提供了条件。

③ 与气流干燥器比，流化床干燥器的流动阻力较小，物料的磨损较轻，气固分离较易。

④ 物料在流化床干燥器中停留时间可用出料口控制，因此可任意调节物料与介质的接触时间，便于控制产品的含水量，特别适合于干燥结合水分。

⑤ 流化床干燥器的密封性能好，传动机械不接触物料，不会混入杂质，可用于对纯洁度要求较高的物料的干燥。

⑥ 流化床干燥器结构简单，造价低，活动部件少，操作维修方便。

单层流化床干燥器的主要缺点：由于颗粒的完全混合，连续操作时物料的停留时间分布很不均匀，部分物料因停留时间过短而干燥不充分，部分颗粒因停留时间过长而过分干燥。因此，单层流化床仅用于对产品含水量的均匀性要求不高的场合。为了改善产品均匀性不高的状况，发展了多种改进的流化床干燥器形式。

（7）喷雾干燥器

喷雾干燥器是用雾化器将含水量高的稀溶液、悬浮液和浆状液等喷成雾滴分散于热气流中，使水分迅速汽化而获得干燥产品的一种方法。热气流与物料可以是并流、逆流或混合流的接触方式。干燥产品根据需要可制成粉状、颗粒状、空心球或团粒状等。

典型的喷雾干燥流程如图 10-22 所示。整个系统由以下几部分组成：①由空气过滤器、风机和预热器组成的空气加热和输送系统；②由料液槽和泵组成的原料液供给系统；③由雾化器和干燥室组成的喷雾干燥系统；④由旋风分离器和袋滤器等组成的气固分离系统；⑤控制系统。

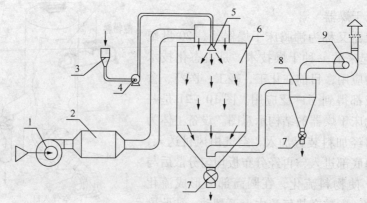

图 10-22 喷雾干燥器

1—风机；2—预热器；3—料液槽；4—泵；5—雾化器；
6—干燥器筒体；7—卸料阀；8—旋风分离器；9—引风机

空气由风机送至预热器，经加热后进入干燥室的顶部，原料液用送料泵压至雾化器，在干燥室中喷成雾滴并分散在热气流中，雾滴在向下运动过程中与热空气接触使水分迅速汽化，干燥产品以微粒或细粉形态落到干燥室底部，由风机吸至旋风分离器中而被回收，废气经风机排出。

雾化器是喷雾干燥器的关键部分，对产品质量和过程能耗有较大影响。液体通过雾化器可分散成 $10 \sim 60 \mu m$ 的雾滴，$1 m^3$ 溶液形成的雾滴表面积高达 $100 \sim 600 m^2$，具有很大的两相接触表面，利于快速干燥。对雾化器的一般要求是雾滴直径均匀，喷嘴结构简单可靠，生产能力大，能耗低，操作方便等。

喷雾干燥的优点：干燥速度快，干燥时间短，特别适合于热敏性物料；能处理难以用其他干燥方法干燥的低浓度料液，可由液体直接得到干燥产品，无需蒸发、结晶、固液机械分离等操作，故又称为一步干燥法；可连续、自动化地生产，操作稳定；产品质量好，干燥过程无粉尘飞扬，劳动条件好。缺点是：体积传热系数很低，约为 $30 \sim 90 W/(m^3 \cdot K)$，水分汽化强度仅为 $10 \sim 20 kg/(m^3 \cdot h)$，故干燥器体积庞大，热效率较低(小于 40%)，单位产品的耗热量大、动力消耗大。喷雾干燥特别适合于干燥热敏性的物料，如牛奶、蛋制品、血浆、洗衣粉、抗菌素、酵母和染料等，现已广泛应用于食品、医药、染料、塑料及化学肥料等行业。

本章符号说明

英文字母：

A——干燥面积，m^2；

c——比热容，$kJ/(kg \cdot \text{℃})$；

G——固体物料质量流率，kg/s；

H——空气湿度，kg 水/kg 绝干空气；

i——焓，kJ/kg；

k_H——对流传质系数，$kg/[m^2 \cdot s \cdot (kg$ 水/kg 绝干空气$)]$；

L——绝干空气的质量流率，kg/s；

l——绝干空气单位耗量，kg 绝干空气/kg 水；

M——相对分子质量，$kg/kmol$；

n——物质的量，$kmol$；

p——系统压力，kPa；

p^*——水分平衡分压，kPa；

Q——传热速率，kW；

r——水的汽化相变焓，kJ/kg；

t——气体的温度，℃；

U——干燥速率，kg 水/$(m^2 \cdot s)$；

v——气体的比容，m^3/kg；

w——湿基含水量，kg 水/kg 湿料；

W——水分汽化量，kg 水/s；

X——物料的干基含水量，kg 水/kg 绝干物料。

希腊字母：

α——给热系数，kW/（$m^2 \cdot °C$）；

θ——物料的温度，$°C$；

η——热效率，%；

τ——干燥时间，s；

φ——相对湿度，%。

下标：

0——大气状态或0℃下的状态；

1——干燥器入口；

2——干燥器出口；

as——绝热饱和状态；

c——绝干物料；

d——露点；

g——气体或绝干气体；

H——湿空气；

l'——放空热损失；

l——散热损失；

P——预热器；

s——饱和状态；

v——水蒸气；

w——液态水。

习题

10-1 已知湿空气的总压为100kPa，温度为50℃，相对湿度为60%，试求：(1)湿空气中水蒸气的分压；(2)湿空气的湿度；(3)湿空气的比体积和焓。

10-2 总压为1个大气压、温度为50℃的空气，若其湿球温度为30℃，试计算它的：(1)湿度；(2)焓；(3)露点温度。

10-3 将$t=25℃$、$\varphi=50\%$的新鲜空气与$t=60℃$、$\varphi=75\%$的废气以1:3的比例混合(以绝干空气为准的质量比)，试计算：(1)混合后气体的湿度和焓；(2)混合气体在预热器内被加热至100℃的相对湿度和焓。

10-4 对常压下温度为30℃，湿度为0.01kg水/kg干空气的空气。试求：(1)该空气的相对湿度及饱和湿度；(2)若保持温度不变。加入干空气使空气总压上升为303.9kPa(绝对压力)，该空气的相对湿度及饱和湿度有何变化？(3)若保持温度不变，将常压空气压缩至303.9kPa(绝对压力)，则在压缩过程中每千克干空气可析出多少水？已知30℃水的饱和蒸汽压为4242Pa。

10-5 已知常压下25℃时水分在硝化纤维物料和空气间的平衡关系，其中相对湿度$\varphi=100\%$时，$X^*=0.18$kg水/kg干物料，当$\varphi=60\%$时，$X^*=0.105$kg水/kg干物料。设硝化纤维含水量为0.25kg水/kg干物料，若与$t=25℃$，$\varphi=60\%$的恒定条件下的空气长时间充分接触，问该物料的平衡水分量和自由水分量为多少？结合水分和非结合水分含量为多少？

10-6 在一常压逆流的转筒干燥器中，干燥某种物料。温度$t_0=25℃$，相对湿度$\varphi_0=$

55%的新鲜空气经过预热器升温后送入干燥器中，空气离开干燥器时的温度 $t_2 = 35℃$，湿度 $H_2 = 0.02318kg/kg$ 干空气。湿物料的初始湿基含水量 $w_1 = 3.6\%$，干燥完毕后湿基含水量降为 $w_2 = 0.2\%$，干燥产品流量 $G_2 = 1000kg/h$。已知 25℃ 时水的饱和蒸汽压为 3168.4Pa，试求干空气流量为多少？

10-7 在一连续干燥器中干燥某种湿物料，每小时湿物料处理量为 1000kg，经干燥后物料的含水量由 30% 减至 5%（均为湿基），热空气的初始湿度为 0.01 kg 水/kg 绝干空气，离开干燥器时的湿度为 0.04 kg 水/kg 绝干空气，试求：(1) 单位时间内水分蒸发量；(2) 单位时间内绝干空气消耗量及湿空气的消耗量；(3) 单位时间内干燥产品的质量。

10-8 相对湿度为 10% 的常压空气，在 60℃ 下以每小时 1500m³ 的流量进入干燥器，干燥器内水分蒸发量为 32.5kg/h，空气离开干燥器的温度为 35℃，试求离开干燥器时空气的相对湿度。

10-9 在干燥器中，将湿物料从含水量 5% 干燥至含水量 0.5%（均为湿基），干燥器的生产能力为 5400kg 绝干物料/h。物料进口温度 $\theta_1 = 20℃$，出口温度 $\theta_2 = 65℃$。热空气入口温度 $t_1 = 127℃$，湿度 $H_1 = 0.007kg$ 水/kg 绝干空气，出口温度 $t_2 = 82℃$。若不计热损失，试确定干空气的消耗量及空气离开干燥器时的湿度 H_2。（设干物料的比热容为 1.93kJ/(kg·℃)）

10-10 常压下，空气在温度为 20℃、湿度为 0.01kg 水/kg 绝干空气状态下被预热至 120℃ 后进入理想干燥器，废气出口的湿度为 0.03kg 水/kg 绝干空气。物料的含水量由 3.5% 干燥至 0.5%（均为湿基）。干空气的流量为 8000kg 干空气/h。试求：(1) 每小时加入干燥器的湿物料量；(2) 废气出口的温度。

10-11 用内径 1.2m 的转筒干燥器干燥粒状物料，使其所含水分自 0.30 干燥至 0.02（均为湿基含水量）。所用空气进干燥器时温度为 110℃，湿球温度为 40℃，空气在干燥器内的变化为等焓过程。已知空气离开干燥器时的温度为 45℃，为避免颗粒被空气吹出，要求空气在转筒内质量流速不超过 0.833kg/(m²·s)，试求每小时最多能向干燥器加入多少湿物料。

10-12 在恒定干燥条件下进行间歇干燥实验，已知物料的干燥面积为 0.2m²，绝干物料质量为 15kg。测得的实验数据列于下表中，试标绘干燥速率曲线，并求临界含水量 X_c 和平衡含水量 X^*。

习题 10-12 附表

时间 τ/h	0	0.2	0.4	0.6	0.8	1.0	1.2	1.4
物料质量/kg	44.1	37.0	30.0	24.0	19.0	17.5	17.0	17.0

10-13 在某干燥条件下，物料由 $X = 0.3$ 干燥至 $X = 0.1$，所用干燥时间为 4h，已知临界含水量 $X_c = 0.18$，平衡含水量为 $X^* = 0.03$，降速段可视为直线，求 X 由 0.21 降到 0.07 所需的时间。

10-14 在常压绝热干燥器内干燥某湿物料，湿物料的流量为 1000kg/h，从含水量 18% 干燥至 2%（均为湿基含水量）。温度为 20℃，湿度为 0.013kg 水/kg 绝干空气的新鲜空气经预热器升温至 100℃ 后进入干燥器，空气出干燥器的温度为 60℃。

(1) 完成上述任务需要多少 kg 绝干空气/h？

(2) 空气经预热器获得了多少热量？

(3) 在恒定干燥条件下对该物料测得干燥速率曲线如图所示，已知恒速干燥段时间为

1h，求降速阶段所用的时间。

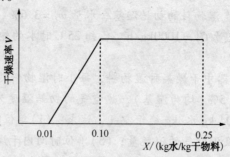

习题14 附图

10-15 物料含水42%（湿基，下同），经干燥达到4%，产量为500kg/h，空气的干球温度为20℃，相对湿度40%，经预热器加热至95℃进入干燥器，从干燥器排出时 $\varphi = 60\%$，若干燥器在绝热条件下操作，且物料进出干燥器的显热变化忽略不计，试求所需空气量及预热器提供的热量；如果空气预热至67℃进入干燥器，而在干燥器内进行中间加热以补充热量，使空气保持在67℃和 $\varphi = 60\%$ 时排出，则此时空气需用量、以及预热器和干燥器内热量消耗如何？

附　　录

1. 单位换算表

说明：下列表格中，各单位名称上的数字标志代表所属的单位制：①CGS 制；②SI；③工程制。没有标志的是制外单位。有 * 号的是英制单位。

（1）长度

① cm 厘米	② ③ m 米	* ft 英尺	* in 英寸
1	10^{-2}	0.03281	0.3937
100	1	3.281	39.37
30.48	0.3048	1	12
2.54	0.0254	0.08333	1

（2）面积

① cm^2 厘米^2	② ③ m^2 米^2	* ft^2 英尺^2	* in^2 英寸^2
1	10^{-4}	0.001076	0.1550
10^4	1	10.76	1550
929.0	0.0929	1	144.0
6.452	0.0006452	0.006944	1

（3）体积

① cm^3 厘米^3	② ③ m^3 米^3	* L 升	* ft^3 英尺^3	* Imperial gal 英加仑	* U.S. gal 美加仑
1	10^{-6}	10^{-3}	3.531×10^{-5}	0.0002200	0.0002642
10^6	1	10^3	35.31	220.0	264.2
10^3	10^{-3}	1	0.03531	0.2200	0.2642
28320	0.02832	28.32	1	6.228	7.481
4546	0.004546	4.546	0.1605	1	1.201
3785	0.003785	3.785	0.1337	0.8327	1

（4）质量

① g 克	② kg 千克	③ $kgf \cdot s^2/m$ 千克（力）·秒^2/米	t 吨	* lb 磅
1	10^{-3}	1.020×10^{-4}	10^{-6}	0.002205
1000	1	0.1020	10^{-3}	2.205
9807	9.807	1		
453.6	0.4536		4.536×10^{-4}	1

（5）重量或力

① dyn 达因	② N 牛顿	③ kgf 千克（力）	* lbf 磅（力）
1	10^{-5}	1.020×10^{-6}	2.248×10^{-6}
10^5	1	0.1020	0.2248
9.807×10^5	9.807	1	2.205
4.448×10^5	4.448	0.4536	1

（6）密度

① g/cm^3 克/厘米^3	② kg/m^3 千克/m^3	③ $kgf \cdot s^2/m^4$ 千克（力）·秒^2/米^4	* lb/ft^3 磅/英尺^3
1	1000	102.0	62.43
10^{-3}	1	0.1020	0.06243
0.009807	9.807	1	
0.01602	16.02		1

(7) 压力

① bar 巴 $= 10^6 \text{dyn/cm}^2$	② Pa = N/m² 帕斯卡 = 牛顿/米²	③ kgf/m² = mmH₂O 千克(力)/米²	atm 物理大气压	kgf/cm² 工程大气压	mmHg(0℃) 毫米汞柱	* lbf/in² 磅/英寸²
1	10^5	10200	0.9869	1.020	750.0	14.5
10^{-5}	1	0.1020	9.869×10^{-6}	1.020×10^{-5}	0.007500	1.45×10^{-4}
9.807×10^{-5}	9.807	1	9.678×10^{-5}	10^{-4}	0.07355	0.001422
1.013	1.013×10^5	10330	1	1.033	760.0	14.70
0.9807	9.807×10^4	10000	0.9678	1	735.5	14.22
0.001333	133.3	13.60	0.001316	0.001360	1	0.0193
0.06895	6895	703.1	0.06804	0.07031	51.72	1

(8) 能量、功、热

① erg = dyn · cm 尔格	② J = N · m 焦尔	③ kgf · m 千克(力)·米	③ kcal = 1000cal 千卡	kW · h 千瓦时	* ft · lbf 英尺磅(力)	* B. t. u. 英热单位
1	10^{-7}					
10^7	1	0.1020	2.39×10^{-4}	2.778×10^{-7}	0.7376	9.486×10^{-4}
	9.807	1	2.344×10^{-3}	2.724×10^{-6}	7.233	0.009296
	4187	426.8	1	1.162×10^{-3}	3088	3.968
	3.6×10^6	3.671×10^5	860.0	1	2.655×10^6	3413
	1.356	0.1383	3.239×10^{-4}	3.766×10^{-7}	1	0.001285
	1055	107.6	0.2520	2.928×10^{-4}	778.1	1

(9) 功率、传热速率

① erg/s 尔格/秒	② kW = 1000J/s 千瓦	③ kgf · m/s 千克(力)米/秒	③ kcal/s = 1000cal/s 千卡/秒	* ft · lbf/s 英尺磅(力)/秒	* B. t. u. /s 英热单位/秒
1	10^{-10}				
10^{10}	1	102	0.2389	737.6	0.9486
	0.009807	1	0.002344	7.233	0.009296
	4.187	426.8	1	3088	3.963
	0.001356	0.1383	3.293×10^{-4}	1	0.001285
	1.055	107.6	0.2520	778.1	1

(10) 黏度

① P = dyn · s/cm² = g/(cm · s) 泊	② N · s/m² = Pa · s 牛·秒/米²	③ kgf · s/m² 千克(力)·秒/米²	cP 厘泊	* lb/(ft · s) 磅/(英尺·秒)
1	10^{-1}	0.01020	100.0	0.06719
10	1	0.1020	1000	0.6719
98.07	9.807	1	9807	6.589
10^{-2}	10^{-3}	1.020×10^{-4}	1	6.719×10^{-4}
14.88	1.488	0.1517	1488	1

（11）运动黏度、扩散系数

① cm²/s 厘米²/秒	②③ m²/s 米²/秒	m²/h 米²/时	* ft²/h 英尺²/时
1	10^{-4}	0.36	3.875
10^4	1	3600	38750
2.778	2.778×10^{-4}	1	10.76
0.2581	2.581×10^{-5}	0.09290	1

（12）表面张力

① dyn/cm 达因/厘米	② N/m 牛顿/米	③ kgf/m 千克（力）/米	* lbf/ft 磅（力）/英尺
1	0.001	1.020×10^{-4}	6.852×10^{-5}
1000	1	0.1020	0.06852
9807	9.807	1	0.672
14590	14.59	1.488	1

（13）导热系数

① cal/(cm·s·℃) 卡/(厘米·秒·℃)	② W/(m·K) 瓦/米·开	③ kcal/(m·s·℃) 千卡/(米·秒·℃)	kcal/(m·h·℃) 千卡/(米·时·℃)	* B.t.u/(ft·h·℉) 英热单位/(英尺·时·℉)
1	418.7	10^{-1}	360	241.9
2.388×10^{-3}	1	2.388×10^{-4}	0.8598	0.5788
10	4187	1	3600	2419
2.778×10^{-3}	1.163	2.778×10^{-4}	1	0.6720
4.134×10^{-3}	1.731	4.139×1^{-4}	1.488	1

（14）焓、相变焓

① cal/g 卡/克	② J/kg 焦尔/千克	③ kcal/kgf 千卡/千克（力）	* B.t.u./lb 英热单位/磅
1	4178	(1)	1.8
2.389×10^{-4}	1	(2.389×10^{-4})	4.299×10^{-4}
0.5556	2326	(0.5556)	1

（15）比热容、熵

① cal/g·℃ 卡/克·℃	② J/(kg·K) 焦尔/（千克·开）	③ kcal/(kgf·℃) 千卡/（公斤·力·℃）	* B.t.u./(lb·℉) 英热单位/（磅·℉）
1	4187	(1)	1
2.389×10^{-4}	1	(2.389×10^{-4})	2.389×10^{-4}

（16）传热系数

① cal/(cm²·s·℃) 卡/(厘米²·秒·℃)	② W/(m²·K) 瓦/（米²·开）	③ kcal/(m²·s·℃) 千卡/（米²·秒·℃）	kcal/(m²·h·℃) 千卡/（米²·时·℃）	* B.t.u./(ft²·h·℉) 英热单位/（英尺²·时·℉）
1	4.187×10^4	10	3.6×10^4	7376
2.388×10^{-5}	1	2.388×10^{-4}	8598	1761
0.1	4187	1	3600	737.6
2.778×10^{-5}	1.163	2.778×10^{-4}	1	2049
1.356×10^{-4}	5.678	1.356×10^{-3}	4.882	1

（17）标准重力加速度：

$$g = 980.7 \text{cm/s}^2 [①]$$
$$= 9.807 \text{m/s}^2 [②③]$$
$$= 32.17 \text{ft/s}^2 [*]$$

（18）通用气体常数：

$$R = 1.987 (\text{cal/mol} \cdot \text{K}) [①]$$
$$= 8.314 \text{kJ/(kmol} \cdot \text{K}) [②]$$
$$= 848 \text{kgf} \cdot \text{m/(kmol} \cdot \text{K}) [③]$$
$$= 82.06 \text{atm} \cdot \text{cm}^3/(\text{mol} \cdot \text{K})$$
$$= 0.08206 \text{atm} \cdot \text{m}^3/(\text{kmol} \cdot \text{K})$$
$$= 0.08206 \text{atm} \cdot \text{L/(mol} \cdot \text{K})$$
$$= 1.987 \text{kcal/(kmol} \cdot \text{K})$$
$$= 1.987 \text{B.t.u./(lbmol} \cdot {}^\circ\text{R)} [*]$$
$$= 1544 \text{lbf} \cdot \text{ft/(lbmol} \cdot {}^\circ\text{R)}$$

（19）斯蒂芬－波尔茨曼常数：

$$\sigma_0 = 5.71 \times 10^{-5} \text{erg/(s} \cdot \text{cm}^2\text{K}^4) [①]$$
$$= 5.67 \times 10^{-8} \text{W/(m}^2 \cdot \text{K}^4) [②]$$
$$= 4.88 \times 10^{-8} \text{kcal/(h} \cdot \text{m}^2 \cdot \text{K}) [③]$$
$$= 1.73 \times 10^{-9} \text{B.t.u./(h} \cdot \text{ft}^2 \cdot {}^\circ\text{R)} [*]$$

2. 常用气体的重要物理性质

序号	名称	分子式	摩尔质量/(g·mol⁻¹)	密度/(0℃,101.3kPa)/kg·m⁻³	定压比热容 kcal/(kg·℃)	kJ/(kg·K)	$K=\dfrac{c_p}{c_v}$	黏度/(μPa·s)	沸点/(101.3kPa)/℃	气体相变熔(760mmHg) kJ/kg	kcal/kg	临界点 温度/℃	压力/atm	导热系数(0℃,101.3kPa) W/(m·K)	kcal/(m·h·℃)
1	空气	—	28.95	1.293	0.241	1.009	1.40	17.3	−195	197	47	−140.7	37.2	0.0244	0.021
2	氧气	O_2	32	1.429	0.218	0.653	1.40	20.3	−132.98	213	50.92	−118.82	48.72	0.0240	0.0206
3	氮气	N_2	28.02	1.251	0.250	0.745	1.40	17.0	−95.78	199.2	47.58	−147.13	33.49	0.0228	0.0196
4	氢气	H_2	2.016	0.0899	3.408	10.13	1.407	8.42	−252.75	454.2	108.5	−239.9	12.80	0.163	0.140
5	氦气	He	4.00	0.1785	1.260	3.18	1.66	18.8	−268.95	19.5	4.66	−267.96	2.26	0.144	0.124
6	氩气	Ar	39.94	1.7820	0.127	0.322	1.66	20.9	−185.87	163	38.9	−122.44	48.00	0.0173	0.0149
7	氯气	Cl_2	70.91	3.217	0.115	0.355	1.36	12.9(16℃)	−33.8	305	72.95	+144.0	76.1	0.0072	0.0062
8	氨气	NH_3	17.03	0.771	0.53	0.67	1.29	9.18	−33.4	1373	328	+132.4	111.5	0.0215	0.0185
9	一氧化碳	CO	28.01	1.250	0.250	0.754	1.40	16.6	−191.48	211	50.5	−140.2	34.53	0.0226	0.0194
10	二氧化碳	CO_2	44.01	1.976	0.200	0.653	1.30	13.7	−78.2	574	137	+31.1	72.9	0.0137	0.0118
11	二氧化硫	SO_2	64.07	2.927	0.151	0.502	1.25	11.7	−10.8	394	94	+157.5	77.78	0.0077	0.0066
12	二氧化氮	NO_2	46.01	—	0.192	0.615	1.31	—	+21.2	715	170.0	+158.2	100.00	0.0400	0.0344
13	硫化氢	H_2S	34.08	1.539	0.253	0.804	1.30	11.66	−50.2	548	131	+100.4	188.9	0.0131	0.0113
14	甲烷	CH_4	16.04	0.717	0.531	1.70	1.31	10.3	−161.58	511	122	−82.15	45.6	0.0300	0.0258
15	乙烷	C_2H_6	30.07	1.357	0.413	1.44	1.20	8.50	−88.50	486	116	+32.1	48.85	0.0180	0.0155
16	丙烷	C_3H_8	44.1	2.020	0.445	1.65	1.13	7.95(18℃)	−42.1	427	102	+95.6	43	0.0148	0.0127
17	正丁烷	C_4H_{10}	58.12	2.673	0.458	1.73	1.108	8.10	−0.5	386	92.3	+152	37.5	0.0135	0.0116
18	正戊烷	C_5H_{12}	72.15	—	0.41	1.57	1.09	8.74	−36.08	151	36	+197.1	33.0	0.0128	0.0110
19	乙烯	C_2H_4	28.05	1.261	0.365	1.222	1.25	9.85	−103.7	481	115	+9.7	50.7	0.0164	0.0141
20	丙烯	C_3H_6	42.08	1.914	0.390	1.436	1.17	8.35(20℃)	−47.7	440	105	+91.4	45.4	—	—
21	乙炔	C_2H_2	26.04	1.171	0.402	1.352	1.24	9.35	−83.66(升华)	829	198	+35.7	61.6	0.0184	0.0158
22	氯甲烷	CH_3Cl	50.49	2.308	0.177	0.582	1.28	9.89	−24.1	406	96.9	+148	66.0	0.0085	0.0073
23	苯	C_6H_6	78.11	—	0.299	1.139	1.1	7.2	+80.2	394	94	+288.5	47.7	0.0088	0.0076

3. 常用液体的重要物理性质

序号	名称	分子式	摩尔质量/(g/mol)	密度(20℃)/(kg/m³)	沸点(101.3kPa)/℃	汽化相变焓(101.3kPa) kJ/kg	汽化相变焓 kcal/kg	比热容(20℃) kJ/(kg·K)	比热容(20℃) kcal/(kg·℃)	黏度(20℃)/(mPa·s)	导热系数(20℃) W/(m·K)	导热系数(20℃) kcal/(m·h·℃)	体积膨胀系数(20℃)/$10^{-4}\times1/℃$	表面张力(20℃) dyn/cm 或 mN/m	表面张力(20℃) $10^{-3}kgf/m$
1	水	H_2O	18.02	998	100	2258	539.4	4.183	0.999	1.005	0.599	0.515	1.82	72.8	7.42
2	盐水(25% NaCl)	—	—	1186(25℃)	107	—	—	3.39	0.81	2.3	0.57(30°)	0.49(30°)	(4.4)		
3	盐水(25% CaCl₂)	—	—	1228	107	—	—	2.89	0.69	2.5	0.57	0.49	(3.4)		
4	硫酸	H_2SO_4	98.08	1831	340(分解)	—	—	1.47(98%)	0.35(98%)	23	0.38	0.33	5.7		
5	硝酸	HNO_3	63.02	1513	86	481.1	114.9	2.55	0.61	1.17(10°)	0.42	0.36			
6	盐酸(30%)	HCl	36.47	1149						2(31.5%)					
7	二硫化碳	CS_2	76.13	1262	46.3	352	84	1.005	0.24	0.38	0.16	0.14	12.1	32	3.3
8	戊烷	C_5H_{12}	72.15	626	36.07	357.4	85.38	2.24(15.6℃)	0.536(15.6℃)	0.229	0.113	0.097	15.9	16.2	1.65
9	己烷	C_6H_{14}	86.17	659	68.74	335.1	80.03	2.31(15.6℃)	0.552(15.6℃)	0.313	0.119	0.102		18.2	1.86
10	庚烷	C_7H_{16}	100.20	684	98.43	316.5	75.60	2.21(15.6℃)	0.528(15.6℃)	0.411	0.123	0.106		20.1	2.05
11	辛烷	C_8H_{18}	114.22	703	125.67	306.4	73.19	2.19(15.6℃)	0.523(15.6℃)	0.540	0.131	0.113		21.8	2.22
12	三氯甲烷	$CHCl_3$	119.38	1489	61.2	253.7	60.6	0.992	0.257	0.58	0.138(30°)	0.119(30°)	12.6	28.5(10℃)	2.91(10℃)
13	四氯化碳	CCl_4	153.82	1594	76.8	195	46.6	0.850	0.203	1.0	0.12	0.1		26.8	2.73
14	1,2-二氯乙烷	$C_2H_4Cl_2$	98.96	1253	83.6	324	77.4	1.260	0.301	0.83	0.14(50℃)	0.12(50℃)		30.8	3.14
15	苯	C_6H_6	78.11	879	80.10	393.9	94.08	1.704	0.407	0.737	0.148	0.127	12.4	28.6	2.91
16	甲苯	C_7H_8	92.13	867	110.63	363	86.8	1.70	0.406	0.675	0.138	0.119	10.9	27.9	2.84
17	邻二甲苯	C_8H_{10}	106.16	880	144.42	347	82.8	1.74	0.416	0.811	0.142	0.122		30.2	3.08
18	间二甲苯	C_8H_{10}	106.16	864	139.10	343	81.9	1.70	0.406	0.611	0.167	0.144	10.1	29.0	2.96
19	对二甲苯	C_8H_{10}	106.16	861	138.35	340	81.2	1.704	0.407	0.643	0.129	0.111		28.0	2.86

续表

序号	名　称	分子式	摩尔质量/(g/mol)	密度(20℃)/(kg/m³)	沸点(101.3kPa)/℃	汽化相变焓(101.3kPa) kJ/kg	汽化相变焓 kcal/kg	比热容(20℃) kJ/(kg·K)	比热容 kcal/(kg·℃)	黏度(20℃)/(mPa·s)	导热系数(20℃) W/(m·K)	导热系数 kcal/(m·h·℃)	体积膨胀系数(20℃) $10^{-4}\times1/℃$	表面张力(20℃) dyn/cm 或 mN/m	表面张力 10^{-3}kgf/m
20	苯乙烯	C_8H_9	104.1	911(15.6℃)	145.2	(352)	(84)	1.733	0.414	0.72					
21	氯苯	C_6H_5Cl	112.56	1106	131.8	325	77.6	1.298	0.310	0.85	0.14(30℃)	0.12(30℃)		32	3.3
22	硝基苯	$C_6H_5NO_2$	123.17	1203	210.9	396	94.7	1.47	0.350	2.1	0.15	0.13		41	4.2
23	苯胺	$C_6H_5NH_2$	93.13	1022	184.4	448	107	2.07	0.494	4.3	0.17	0.15	8.5	42.9	4.37
24	酚	C_6H_5OH	94.1	1050(50℃)	181.8(熔点40.9)	511	122			3.4(50℃)					
25	萘	$C_{16}H_8$	128.17	1145(固体)	217.9(熔点80.2)	314	75	1.80(100℃)	0.431(100℃)	0.59(100℃)					
26	甲醇	CH_3OH	32.04	791	64.7	1101	263	2.48	0.595	0.6	0.212	0.182	12.2	22.6	2.30
27	乙醇	C_2H_5OH	46.07	789	78.3	846	202	2.39	0.572	1.15	0.172	0.148	11.6	22.8	2.33
28	乙醇(95%)	—	—	804	78.2			1.4							
29	乙二醇	$C_2H_4(OH)_2$	62.05	1113	197.6	780	191	2.35	0.56	23				47.7	4.86
30	甘油	$C_3H_5(OH)_3$	92.09	1261	290(分解)	—	—	2.34	0.553	1499	0.59	0.51	5.3	63	8.4
31	乙醚	$(C_2H_2)_2O$	74.12	714	34.6	360	86	1.9	0.24	0.24	0.14	0.12	16.3	18	1.8
32	乙醛	CH_3CHO	44.05	783(18℃)	20.2	574	137	1.9	0.45	1.3(18℃)				21.2	2.16
33	糠醛	$C_5H_4O_2$	96.09	1168	161.7	452	108	1.6	0.38	1.15(50℃)				43.5	4.44
34	丙酮	CH_3COCH_3	58.08	792	56.2	523	125	2.35	0.561	0.32	0.17	0.15		23.7	2.42
35	甲酸	$HCOOH$	46.03	1220	100.7	494	118	2.17	0.518	1.9	0.26	0.22		27.8	2.83
36	乙酸	CH_3COOH	60.03	1049	118.1	406	97	1.99	0.477	1.3	0.17	0.15	10.7	23.9	2.44
37	乙酸乙酯	$CH_3COOC_2H_5$	88.11	901	77.1	368	88	1.92	0.459	0.48	0.14(10℃)	0.12(10℃)			
38	煤油			780~820					3	0.15	0.13(10℃)	10.0(10℃)			
39	汽油			680~800						0.7~0.8	0.19(30℃)	0.16(30℃)	12.5		

4. 常用液体的导热系数

液 体		温度/℃	导热系数/[W/(m·℃)]	液 体		温度/℃	导热系数/[W/(m·℃)]
乙酸	100%	20	0.171	正己醇		30	0.164
	50%	20	0.35			75	0.156
丙酮		30	0.177	煤油		20	0.149
		75	0.164			75	0.140
丙烯醇		25~30	0.180	盐酸	12.5%	32	0.52
氨		25~30	0.50		25%	32	0.48
氨，水溶液		20	0.45		38%	32	0.44
		60	0.50	汞		28	0.36
正戊醇		30	0.163	甲醇	100%	20	0.215
		100	0.154		80%	20	0.267
异戊醇		30	0.152		60%	20	0.329
		75	0.151		40%	20	0.405
苯胺		0~20	0.173		20%	20	0.492
苯		30	0.159		100%	50	0.197
		60	0.151	氯甲烷		−15	0.192
正丁醇		30	0.168			30	0.154
		75	0.164	硝基苯		30	0.164
异丁醇		10	0.157			100	0.152
氯化钙水溶液	30%	30	0.55	硝基甲苯		30	0.216
	15%	30	0.59			60	0.208
二硫化碳		30	0.161	正辛烷		60	0.14
		75	0.152			0	0.138~0.156
四氯化碳		0	0.185	石油		20	0.180
		68	0.163	蓖麻油		0	0.173
氯苯		10	0.144			20	0.168
三氯甲烷		30	0.138	橄榄油		100	0.164
乙酸乙酯		20	0.175	正戊烷		30	0.135
乙醇	100%	20	0.182			75	0.128
	80%	20	0.237	氯化钾	15%	32	0.58
	60%	20	0.305		30%	32	0.56
	40%	20	0.388	氯氧化钾	21%	32	0.58
	20%	20	0.486		42%	32	0.55
	100%	50	0.151	硫酸钾	10%	32	0.60
乙苯		30	0.149	正丙醇		30	0.171
		60	0.142			75	0.164
乙醚		30	0.133	异丙醇		30	0.157
		75	0.135			60	0.155
汽油		30	0.135	氯化钠水溶液	25%	30	0.57
甘油	100%	20	0.284		12.5%	30	0.59
	80%	20	0.327	硫酸	90%	30	0.36
	60%	20	0.381		60%	30	0.43
	40%	20	0.448		30%	30	0.52
	20%	20	0.481	二氧化硫		15	0.22
	100%	100	0.284			30	0.192
正庚烷		30	0.140	甲苯		30	0.149
		60	0.137			75	0.145
正己烷		30	0.138	松节油		15	0.128
		60	0.135	二甲苯 邻位		20	0.155
正庚烷		30	0.163	对位		20	0.155
		75	0.157				

5. 常用气体和蒸气的导热系数

下表中所列出的极限温度值是试验范围的数值。若外推到其他温度时，建议将所列出的数据按 $\lg\lambda$ 对 $\lg T$ (λ – 导热系数，W/(m·℃)；T – 温度，K) 作图，或者假定 P_r 数与温度（或压强，在适当范围内）无关。

物　质	温度/℃	导热系数/[W/(m·℃)]	物　质	温度/℃	导热系数/[W/(m·℃)]
丙酮	0	0.0098	氯甲烷	0	0.0067
	46	0.0128		46	0.0085
	100	0.0171		100	0.0109
	184	0.0254		212	0.0164
空气	0	0.0242	乙烷	−70	0.0114
	100	0.0317		−34	0.0149
	200	0.0391		0	0.0183
	800	0.0459		100	0.0303
氨	−60	0.0164	乙醇	20	0.0154
	0	0.0222		100	0.0215
	50	0.0272	乙醚	0	0.0133
	100	0.0320		46	0.0171
苯	0	0.0090		100	0.0227
	46	0.0126		184	0.0327
	100	0.0173		212	0.0362
	184	0.0263	乙烯	−71	0.0111
	212	0.0305		0	0.0175
二氧化碳	−50	0.0118		50	0.0267
	0	0.0147		100	0.0279
	100	0.0230	正庚烷	200	0.0194
	200	0.0313		100	0.0178
	300	0.0396	正己烷	0	0.0125
甲醇	0	0.0144		20	0.0138
	100	0.0222	丙烷	0	0.0151
正丁烷	0	0.0135		100	0.0261
	100	0.0234	氢	−100	0.0113
异丁烷	0	0.0138		−50	0.0144
	100	0.0241		0	0.0173
汞	200	0.0341		50	0.0199
二硫化物	0	0.0069		100	0.0223
	−73	0.0073		300	0.0308
一氧化碳	−189	0.0071	氮	−100	0.0164
	−179	0.0080		0	0.0242
	−60	0.0234		30	0.0277
四氯化碳	46	0.0071		100	0.0312
	100	0.0090	氧	−100	0.0164
	184	0.01112		−50	0.0206
氯	0	0.0074		0	0.0204
三氯甲烷	0	0.0066		50	0.0284
	46	0.0080		100	0.0321
三氯甲烷	100	0.010	二氧化硫	0	0.0087
	184	0.0133		100	0.0119
硫化氢	0	0.132	水蒸气	46	0.0208
甲烷	−100	0.0173		100	0.0237
	−50	0.0251		200	0.0324
	0	0.0302		300	0.0429
	50	0.0372		400	0.0545
				500	0.0763

6. 常用固体材料的重要物理性质

（1）固体材料的密度、导热系数和比热容

名　　称	密度/(kg/m³)	导热系数		比热容	
		W/(m·K)	kcal/(m·h·℃)	kJ/(kg·K)	kcal/(kg·℃)
（1）金属					
钢	7850	45.3	39.0	0.46	0.11
不锈钢	7900	17	15	0.50	0.12
铸铁	7220	62.8	54.0	0.50	0.12
铜	8800	383.8	330.0	0.41	0.097
青铜	8000	64.0	55.0	0.38	0.091
黄铜	8600	85.5	73.5	0.38	0.09
铝	2670	203.5	175.0	0.92	0.22
镍	9000	58.2	50.0	0.46	0.11
铅	11400	34.9	30.0	0.13	0.031
（2）塑料					
酚醛	1250~1300	0.13~0.26	0.11~0.22	1.3~1.7	0.3~0.4
尿醛	1400~1500	0.30	0.26	1.3~1.7	0.3~0.4
聚氯乙烯	1380~1400	0.16	0.14	1.8	0.44
聚苯乙烯	1050~1070	0.08	0.07	1.3	0.32
低压聚乙烯	940	0.29	0.25	2.6	0.61
高压聚乙烯	920	0.26	0.22	2.2	0.53
有机玻璃	1180~1190	0.14~0.20	0.12~0.17		
（3）建筑材料、绝热材料、耐酸材料及其他					
干砂	1500~1700	0.45~0.48	0.39~0.50	0.8	0.19
黏土	1600~1800	0.47~0.53	0.4~0.46	0.75(-20~20℃)	0.18(-20~20℃)
锅炉炉渣	700~1100	0.19~0.30	0.16~0.26		
粘土砖	1600~1900	0.47~0.67	0.4~0.58		
耐火砖	1810	1.05(800~1100℃)	0.9(800~1100℃)	0.88~1.0	0.21~0.24
绝缘砖（多孔）	600~1400	0.16~0.37	0.14~0.32		
混凝土	200~2400	1.3~1.55	1.1~1.33	0.84	0.20
松木	500~600	0.07~0.10	0.06~0.09	2.7(0~100℃)	0.65(0~100℃)
软土	100~300	0.041~0.064	0.035~0.055	0.96	0.23
石棉板	770	0.11	0.10	0.816	0.195
石棉水泥板	1600~1900	0.35	0.3		
玻璃	2500	0.74	0.64	0.67	0.16
耐酸陶瓷制品	2200~2300	0.93~1.0	0.8~0.9	0.75~0.80	0.18~0.19
耐酸砖和板	2100~2400				
耐酸搪瓷	2300~2700	0.99~1.0	0.85~0.9	0.84~1.26	0.2~0.3
橡胶	1200	0.16	0.14	1.38	0.33
冰	900	2.3	2.0	2.11	0.505

（2）固体物料的表观密度

名　称	表观密度/(kg/m³)	名　　称	表观密度/(kg/m³)	名　　称	表观密度/(kg/m³)
磷灰石	1850	石英	1500	食盐	1020
结晶石膏	1300	焦炭	500	木炭	200
干粘土	1380	黄铁矿	3300	煤	800
炉灰	680	块状白垩	1300	磷灰石	1600
干土	1300	干砂	1200	聚苯乙烯	1020
石灰石	1800	结晶碳酸钠	800		

7. 水的重要物理性质

温度/℃	外压 100kPa	外压 kgf/cm²	密度/(kg/m³)	焓 kJ/kg	焓 kcal/kg	比热容 kJ/(kg·K)	比热容 kcal/(kg·℃)	导热系数 W/(m·K)	导热系数 kcal/(m·h·℃)	黏度 mPa·s 或 cP	黏度 10⁻⁶kgf·s/m²	运动黏度/(10⁻⁵ m²/s)	体积膨胀系数 10⁻³/℃	表面张力 mN/m	表面张力 10⁻³kgf/m
0	1.013	1.033	999.9	0	0	4.212	1.006	0.551	0.474	1.789	182.3	0.1789	-0.063	75.6	7.71
10	1.013	1.033	999.7	42.04	10.04	4.191	1.001	0.575	0.494	1.305	133.1	0.1306	+0.070	74.1	7.56
20	1.013	1.033	998.2	83.90	20.04	4.183	0.999	0.599	0.515	1.005	102.4	0.1006	0.182	72.7	7.41
30	1.013	1.033	995.7	125.8	30.02	4.174	0.997	0.618	0.531	0.801	81.7	0.0805	0.321	71.2	7.26
40	1.013	1.033	992.2	167.5	40.01	4.174	0.997	0.634	0.545	0.653	66.6	0.0659	0.387	69.6	7.10
50	1.013	1.033	988.1	209.3	49.99	4.174	0.997	0.648	0.557	0.549	56.0	0.0556	0.449	67.7	6.90
60	1.013	1.033	983.2	251.1	59.98	4.178	0.998	0.659	0.567	0.470	47.9	0.0478	0.511	66.2	6.75
70	1.013	1.033	977.8	293.0	69.98	4.187	1.000	0.668	0.574	0.406	41.4	0.0415	0.570	64.3	6.56
80	1.013	1.033	971.8	334.9	80.00	4.195	1.002	0.675	0.580	0.355	36.2	0.0365	0.632	62.6	6.38
90	1.013	1.033	965.3	377.0	90.04	4.208	1.005	0.680	0.585	0.315	32.1	0.0326	0.695	60.7	6.19
100	1.013	1.033	958.4	419.1	100.10	4.220	1.008	0.683	0.587	0.283	28.8	0.0295	0.752	58.8	6.00
110	1.433	1.461	951.0	461.3	110.19	4.223	1.011	0.685	0.589	0.259	26.4	0.0272	0.808	56.9	5.80
120	1.986	2.025	943.1	503.7	120.3	4.250	1.015	0.686	0.590	0.237	24.2	0.0252	0.864	54.8	5.59
130	2.702	2.755	934.8	546.4	130.5	4.266	1.019	0.686	0.590	0.218	22.2	0.0233	0.919	52.8	5.39
140	3.642	3.699	926.1	589.1	140.7	4.287	1.024	0.685	0.589	0.201	20.5	0.0217	0.972	50.7	5.17
150	4.761	4.855	917.0	632.2	151.0	4.312	1.030	0.684	0.588	0.186	19.0	0.0203	1.03	48.6	4.96
160	6.181	6.303	907.4	675.3	161.3	4.346	1.038	0.683	0.587	0.173	17.7	0.0191	1.07	46.6	4.75
170	7.924	8.080	897.5	719.3	171.8	4.386	1.046	0.679	0.584	0.163	16.6	0.0181	1.13	45.3	4.62
180	10.03	10.23	886.9	763.3	182.3	4.417	1.055	0.675	0.580	0.153	15.6	0.0173	1.19	42.3	4.31
190	12.55	12.80	876.0	807.6	192.9	4.459	1.065	0.670	0.576	0.144	14.7	0.0165	1.26	40.0	4.08

温度/℃	外压		密度/(kg/m³)	焓		比热容		导热系数		黏度		运动黏度/(10⁻⁵m²/s)	体积膨胀系数/10⁻³/℃	表面张力	
	100kPa	kgf/cm²		kJ/kg	kcal/kg	kJ/(kg·K)	kcal/(kg·℃)	W/(m·K)	kcal/(m·h·℃)	mPa·s 或 cP	10⁻⁶kgf·s/m²			mN/m	10⁻³kgf/m
200	15.54	15.85	863.0	852.4	203.6	4.505	1.076	0.663	0.570	0.136	13.9	0.0158	1.33	37.7	3.84
210	19.07	19.45	852.8	897.6	214.4	4.555	1.088	0.655	0.563	0.130	13.3	0.0153	1.41	35.4	3.61
220	23.20	23.66	840.3	943.7	225.4	4.614	1.102	0.645	0.555	0.124	12.7	0.0148	1.48	33.1	3.38
230	27.98	28.53	827.3	990.2	236.5	4.681	1.118	0.637	0.648	0.120	12.2	0.0145	1.59	31.0	3.16
240	33.47	34.13	813.6	1038	247.8	4.756	1.136	0.628	0.540	0.115	11.7	0.0141	1.68	28.5	2.91
250	39.77	40.55	799.0	1086	259.3	4.844	1.157	0.618	0.531	0.110	11.2	0.0137	1.81	26.2	2.67
260	46.93	47.85	784.0	1135	271.1	4.949	1.182	0.604	0.520	0.106	10.8	0.0135	1.97	23.8	2.42
270	55.03	56.11	767.9	1185	283.1	5.070	1.211	0.590	0.507	0.102	10.4	0.0133	2.16	21.5	2.19
280	64.16	65.42	750.7	1237	295.4	5.229	1.249	0.575	0.494	0.098	10.0	0.0131	2.37	19.1	1.95
290	74.42	75.88	732.3	1290	308.1	5.485	1.310	0.558	0.480	0.094	9.6	0.0129	2.62	16.9	1.72
300	85.81	87.6	712.5	1345	321.2	5.736	1.370	0.540	0.464	0.091	9.3	0.0128	2.92	14.4	1.47
310	98.76	100.6	691.1	1402	334.9	6.071	1.450	0.523	0.450	0.088	9.0	0.0128	3.29	12.1	1.23
320	113.0	115.1	667.1	1462	349.2	6.573	1.570	0.506	0.435	0.085	8.7	0.0128	3.82	9.81	1.00
330	128.7	131.2	640.2	1526	364.5	7.24	1.73	0.484	0.416	0.081	8.3	0.0127	4.33	7.67	0.782
340	146.1	149.0	610.1	1595	380.9	8.16	1.95	0.457	0.39	0.077	7.9	0.0127	5.34	5.67	0.578
350	165.5	168.6	574.4	1671	399.2	9.50	2.27	0.43	0.37	0.073	7.4	0.0126	6.68	3.81	0.389
360	189.0	190.32	528.0	1761	420.7	13.98	3.34	0.40	0.34	0.067	6.8	0.0126	10.9	2.02	0.206
370	210.4	214.5	450.5	1892	452.0	40.32	9.63	0.34	0.29	0.057	5.8	0.0126	26.4	4.71	0.048

8. 饱和湿空气的性质(101.3kPa)

温度/ ℃	蒸气压/ kPa	湿度/ (kg水/kg绝干气)	焓/ (kJ/kg绝干气)
0	0. 6108	0. 00382	9. 55
2	0. 7501	0. 00418	13. 06
4	0. 8129	0. 005100	16. 39
6	0. 9346	0. 005868	20. 77
8	1. 0721	0. 006749	25. 00
10	1. 2271	0. 007733	29. 52
12	1. 4015	0. 008849	34. 37
14	1. 5974	0. 010105	39. 57
16	1. 8168	0. 011513	45. 18
18	2. 062	0. 013108	51. 29
20	2. 337	0. 014895	57. 86
22	2. 642	0. 0161812	65. 02
24	2. 982	0. 019131	72. 60
26	2. 390	0. 021635	81. 22
28	3. 778	0. 024435	90. 48
30	4. 241	0. 027558	100. 57
32	4. 753	0. 031050	111. 58
34	5. 318	0. 034950	123. 72
36	5. 940	0. 039289	136. 99
38	6. 624	0. 044136	151. 60
40	7. 375	0. 049532	167. 64
42	8. 198	0. 05560	185. 40
44	9. 010	0. 062278	204. 94
46	10. 085	0. 069778	226. 55
48	11. 161	0. 078146	250. 45
50	12. 335	0. 087516	277. 04
52	13. 613	0. 098108	306. 64
54	15. 002	0. 10976	339. 51
56	16. 509	0. 12297	373. 31
58	18. 146	0. 13990	417. 72
60	19. 92	0. 15472	464. 11
62	21. 84	0. 17380	516. 57
64	23. 91	0. 19541	575. 77
66	26. 14	0. 22021	643. 51
68	28. 55	0. 24866	721. 01

9. 空气的重要物理性质(101.3kPa 压力下)

温度/ ℃	密度/ (kg/m³)	定压比热容		导热系数		黏度		运动黏度/ (mm²/s)
		kJ/ (kg·K)	kcal/ (kg·℃)	W/ (m·K)	kcal/ (m·h·℃)	μPa·a 或 10⁻³cP	10⁻⁶kgf·s/ m²	
−50	1. 584	1. 013	0. 242	0. 0204	0. 0175	14. 6	1. 49	9. 23
−40	1. 515	1. 013	0. 242	0. 0212	0. 0182	15. 2	1. 55	10. 04
−30	1. 453	1. 013	0. 242	0. 0220	0. 0189	15. 7	1. 60	10. 80
−20	1. 395	1. 009	0. 241	0. 0228	0. 0196	16. 2	1. 65	12. 79
−10	1. 342	1. 009	0. 241	0. 0236	0. 0203	16. 7	1. 70	12. 43
0	1. 293	1. 005	0. 240	0. 0244	0. 0210	17. 2	1. 75	13. 28
10	1. 247	1. 005	0. 240	0. 0251	0. 0216	17. 7	1. 80	14. 16
20	1. 205	1. 005	0. 240	0. 0259	0. 0223	18. 1	1. 85	15. 06
30	1. 165	1. 005	0. 240	0. 0267	0. 0230	18. 6	1. 90	16. 00
40	1. 128	1. 005	0. 240	0. 0276	0. 0237	19. 1	1. 95	16. 96
50	1. 093	1. 005	0. 240	0. 0283	0. 0243	19. 6	2. 00	17. 95
60	1. 060	1. 005	0. 240	0. 0290	0. 0249	20. 1	2. 05	18. 97
70	1. 029	1. 005	0. 241	0. 0297	0. 0255	20. 6	2. 10	20. 02
80	1. 000	1. 009	0. 241	0. 0305	0. 0262	21. 1	2. 15	21. 09
90	0. 972	1. 009	0. 241	0. 0313	0. 0269	21. 5	2. 19	22. 10
100	0. 946	1. 009	0. 241	0. 0321	0. 0276	21. 9	2. 23	23. 13
120	0. 898	1. 009	0. 241	0. 0334	0. 0287	22. 9	2. 33	25. 45
140	0. 854	1. 013	0. 242	0. 0349	0. 0300	23. 7	2. 42	27. 80
160	0. 815	1. 017	0. 243	0. 0364	0. 0313	24. 5	2. 50	30. 09
180	0. 779	1. 022	0. 244	0. 0378	0. 0325	25. 3	2. 58	32. 49
200	0. 746	1. 026	0. 245	0. 0393	0. 0338	26. 0	2. 65	34. 85
250	0. 674	1. 038	0. 248	0. 0429	0. 0367	27. 4	2. 79	40. 61
300	0. 615	1. 048	0. 250	0. 0461	0. 0396	29. 7	3. 03	48. 33
350	0. 566	1. 059	0. 253	0. 0491	0. 0422	31. 4	3. 20	55. 46
400	0. 524	1. 068	0. 255	0. 0521	0. 0448	33. 0	3. 37	63. 09
500	0. 456	1. 093	0. 261	0. 0575	0. 0494	36. 2	3. 69	79. 38
600	0. 404	1. 114	0. 266	0. 0622	0. 0535	39. 1	3. 99	96. 89
700	0. 362	1. 135	0. 271	0. 0671	0. 0577	41. 8	4. 26	115. 4
800	0. 329	1. 156	0. 276	0. 0718	0. 0617	44. 3	4. 52	134. 8
900	0. 301	1. 172	0. 280	0. 0763	0. 0656	46. 7	4. 76	155. 1
100	0. 277	1. 185	0. 283	0. 0804	0. 0694	49. 0	5. 00	177. 1
1100	0. 257	1. 197	0. 286	0. 0850	0. 0731	51. 2	5. 22	199. 3
1200	0. 239	1. 206	0. 288	0. 0915	0. 0787	53. 4	5. 45	223. 7

10. 水的饱和蒸气压(−20 ~ 100℃)

温度/℃	压力/mmHg	温度/℃	压力/mmHg	温度/℃	压力/mmHg	温度/℃	压力/mmHg
−20	0. 772	−11	1. 780	2	3. 876	7	7. 51
19	0. 850	−10	1. 946	−1	4. 216	8	8. 05
18	0. 935	9	2. 125	0	4. 579	9	8. 61
17	1. 027	8	2. 321	+1	4. 93	10	9. 21
16	1. 128	7	2. 532	2	5. 29	11	9. 84
15	1. 238	6	2. 761	3	5. 69	12	10. 52
14	1. 357	5	3. 008	4	6. 10	13	11. 23
13	1. 486	4	3. 276	5	6. 54	14	11. 99
12	1. 627	3	3. 566	6	7. 01	15	12. 79
16	13. 63	37	47. 07	58	136. 1	79	341. 0
17	14. 53	38	49. 65	59	142. 6	80	355. 1
18	15. 48	39	52. 44	60	149. 4	81	369. 3
19	16. 48	40	55. 32	61	156. 4	82	334. 9
20	17. 54	41	58. 34	62	163. 8	83	400. 6
21	18. 65	42	61. 50	63	171. 4	84	416. 8
22	19. 83	43	64. 80	64	179. 3	85	433. 6
23	21. 07	44	68. 26	65	137. 5	86	450. 9
24	22. 38	45	71. 88	66	196. 1	87	466. 1
25	23. 76	46	75. 65	67	205. 0	88	487. 1
26	25. 21	47	79. 60	68	214. 2	89	506. 1
27	26. 74	48	83. 71	69	223. 7	90	525. 8
28	28. 35	49	88. 02	70	233. 7	91	546. 1
29	30. 04	50	92. 51	71	243. 9	92	567. 0
30	31. 83	51	97. 20	72	254. 6	93	588. 6
31	33. 70	52	102. 1	73	265. 7	94	610. 9
32	35. 66	53	107. 2	74	277. 2	95	633. 9
33	37. 73	54	112. 5	75	289. 1	96	657. 6
34	39. 90	55	118. 0	76	301. 4	97	682. 1
35	42. 18	56	123. 8	77	314. 1	98	707. 3
36	44. 56	57	129. 8	78	327. 3	99	733. 2
						100	760. 0

11. 饱和水蒸气表（按温度排列）

温度 ℃	绝对压力 kgf/cm²	绝对压力 kPa	蒸汽比体积 m³/kg	蒸汽密度 kg/m³	液体焓 kcal/kg	液体焓 kJ/kg	蒸汽焓 kcal/kg	蒸汽焓 kJ/kg	汽化热 kcal/kg	汽化热 kJ/kg
0	0. 0062	0. 61	206. 5	0. 00484	0	0	595. 0	2491. 3	595. 0	2491. 3
5	0. 0089	0. 87	147. 1	0. 00680	5. 0	20. 94	597. 3	2500. 9	592. 3	2480. 0
10	0. 0125	1. 23	106. 4	0. 00940	10. 0	41. 87	599. 6	2510. 5	589. 6	2468. 6
15	0. 0174	1. 71	77. 9	0. 01283	15. 0	62. 81	602. 0	2520. 6	587. 0	2457. 8
20	0. 0238	2. 33	57. 8	0. 01719	20. 0	83. 74	604. 3	2530. 1	584. 3	2446. 3
25	0. 0323	3. 17	43. 40	0. 02304	25. 0	104. 68	606. 6	2538. 6	581. 6	2433. 9
30	0. 0433	4. 25	32. 93	0. 03036	30. 0	125. 60	608. 9	2549. 5	578. 9	2423. 7
35	0. 0573	5. 62	25. 25	0. 03960	35. 0	146. 55	611. 2	2559. 1	576. 2	2412. 6
40	0. 0752	7. 37	19. 55	0. 05114	40. 0	167. 47	613. 5	2568. 7	573. 5	2401. 1
45	0. 0977	9. 58	15. 28	0. 06543	45. 0	188. 42	615. 7	2577. 9	570. 7	2389. 5
50	0. 1528	14. 98	12. 054	0. 0830	50. 0	209. 34	618. 0	2587. 6	568. 0	2378. 1
55	0. 1605	15. 74	9. 589	0. 1043	55. 0	230. 29	620. 2	2596. 8	565. 2	2366. 5
60	0. 2031	19. 92	7. 687	0. 1301	60. 0	251. 21	622. 5	2606. 3	562. 5	2355. 1
65	0. 2550	25. 01	6. 209	0. 1611	65. 0	272. 16	624. 7	2615. 6	559. 7	2343. 4
70	0. 3177	31. 16	5. 052	0. 1979	70. 0	293. 08	616. 8	2624. 4	556. 8	2331. 2
75	0. 393	38. 5	4. 139	0. 2416	75. 0	314. 03	629. 0	2629. 7	554. 0	2315. 7
80	0. 483	47. 4	3. 414	0. 2929	80. 0	334. 94	631. 1	2642. 4	551. 2	2307. 3
85	0. 590	57. 9	2. 832	0. 3531	85. 0	355. 90	633. 2	2651. 2	548. 2	2295. 3
90	0. 715	70. 1	2. 365	0. 4229	90. 0	376. 81	635. 3	2660. 0	545. 3	2283. 1
95	0. 862	84. 5	1. 985	0. 5039	95. 0	397. 77	637. 4	2668. 8	542. 4	2271. 0
100	1. 033	101. 3	1. 675	0. 5970	100. 0	418. 68	639. 4	2677. 2	539. 4	2258. 4
105	1. 232	120. 8	1. 421	0. 7036	105. 1	439. 64	641. 3	2685. 1	536. 3	2245. 5
110	1. 461	143. 3	1. 212	0. 8254	110. 1	460. 97	643. 3	2693. 5	533. 1	2232. 4
115	1. 724	120. 0	1. 038	0. 9635	115. 2	481. 51	645. 2	2702. 5	530. 1	2221. 0
120	2. 025	198. 6	0. 893	1. 1199	120. 3	503. 67	647. 0	2708. 9	526. 7	2205. 2
125	2. 367	232. 1	0. 7715	1. 296	125. 4	523. 38	648. 8	2716. 5	523. 5	2193. 1
130	2. 755	270. 2	0. 6693	1. 494	130. 5	546. 38	650. 6	2723. 9	520. 1	2177. 6
135	3. 192	313. 0	0. 5831	1. 715	135. 6	565. 25	652. 3	2731. 2	516. 7	2166. 0
140	3. 685	361. 4	0. 5096	1. 962	140. 7	589. 08	653. 9	2737. 8	513. 2	2148. 7
145	4. 238	415. 6	0. 4469	2. 238	145. 9	607. 12	655. 5	2744. 6	509. 6	2137. 5
150	4. 855	476. 1	0. 3933	2. 543	151. 0	632. 21	657. 0	2750. 2	506. 0	2118. 5
160	6. 303	618. 1	0. 3075	3. 252	161. 4	675. 75	659. 9	2762. 9	498. 5	2087. 0
170	8. 080	792. 4	0. 2431	4. 113	171. 8	719. 29	662. 4	2773. 3	490. 6	2054. 0
180	10. 23	1003	0. 1944	5. 145	182. 3	763. 25	664. 6	2782. 6	482. 3	2019. 3
190	12. 80	1255	0. 1568	6. 389	192. 9	807. 63	666. 4	2790. 1	473. 5	1982. 5
200	15. 85	1554	0. 1276	7. 840	203. 5	852. 01	667. 7	2795. 5	464. 2	1943. 5
210	19. 55	1917	0. 1045	9. 567	214. 3	897. 23	668. 6	2799. 3	454. 5	1902. 1
220	23. 66	2320	0. 0862	11. 600	225. 1	942. 45	669. 0	2801. 0	443. 9	1858. 5
230	28. 53	2797	0. 07155	13. 98	236. 1	988. 50	668. 8	2800. 1	432. 7	1811. 6
240	34. 13	3347	0. 05967	16. 76	247. 1	1034. 56	668. 0	2796. 8	420. 8	1762. 2
250	40. 55	3976	0. 04998	20. 01	258. 3	1081. 45	666. 4	2790. 1	408. 1	1708. 6
260	47. 85	4693	0. 04199	23. 82	269. 6	1128. 76	664. 2	2780. 9	394. 5	1652. 1
270	56. 11	5503	0. 03538	28. 27	281. 1	1176. 91	661. 2	2760. 3	380. 1	1591. 4
280	63. 42	6220	0. 02988	33. 47	292. 7	1225. 48	657. 3	2752. 0	364. 6	1526. 5
290	75. 88	7442	0. 02525	39. 60	304. 4	1274. 46	652. 6	2732. 3	348. 1	1457. 8
300	87. 6	8591	0. 02131	46. 93	316. 6	1325. 54	646. 8	2708. 0	330. 2	1382. 5
310	100. 7	9876	0. 01799	55. 59	329. 3	1378. 71	640. 1	2680. 0	310. 8	1301. 3
320	115. 2	11300	0. 01516	65. 95	343. 0	1436. 07	632. 5	2648. 2	289. 5	1212. 1
330	131. 3	12880	0. 01273	78. 53	357. 5	1446. 78	623. 5	2610. 3	266. 6	1113. 7
340	149. 0	14510	0. 01064	93. 98	373. 3	1562. 93	613. 5	2568. 6	240. 2	1005. 7
350	168. 6	16530	0. 00884	113. 0	390. 8	1632. 20	601. 0	2516. 7	210. 3	880. 5
360	190. 3	18660	0. 00716	139. 6	413. 0	1729. 15	583. 4	2442. 6	170. 3	713. 4
370	214. 5	21030	0. 00585	171. 0	451. 0	1888. 25	549. 8	2301. 9	98. 2	411. 1
374	225. 0	22060	0. 00310	322. 6	501. 1	2098. 0	501. 1	2098. 0		

12. 饱和水蒸气表(按压力排列)

绝对压力		温度	蒸汽的比体积	蒸汽密度	焓/(kJ/kg)		汽化热
kPa	atm	℃	m³/kg	kg/m³	液体	蒸汽	kJ/kg
1. 0	0. 00987	6. 3	129. 37	0. 00773	26. 48	2503. 1	2476. 8
1. 5	0. 0148	12. 5	88. 26	0. 01133	52. 26	2515. 3	2463. 0
2. 0	0. 0197	17. 0	67. 29	0. 01486	71. 21	2524. 2	2452. 9
2. 5	0. 0247	20. 9	54. 47	0. 01836	87. 45	2531. 8	2444. 3
3. 0	0. 0296	23. 5	45. 52	0. 02179	98. 38	2536. 8	2438. 4
3. 5	0. 0345	26. 1	39. 45	0. 02523	109. 30	2541. 8	2432. 5
4. 0	0. 0395	28. 7	34. 88	0. 02867	120. 23	2546. 8	2426. 6
4. 5	0. 0444	30. 8	33. 06	0. 03205	129. 00	2550. 9	2421. 9
5. 0	0. 0493	32. 4	28. 27	0. 03537	135. 69	2554. 0	2418. 3
6. 0	0. 0592	35. 6	23. 81	0. 04200	149. 06	2560. 1	2411. 0
7. 0	0. 0691	38. 3	20. 56	0. 04864	162. 44	2566. 3	2403. 8
8. 0	0. 0790	41. 3	18. 13	0. 05514	172. 73	2571. 0	2398. 2
9. 0	0. 0888	43. 3	16. 24	0. 06156	181. 16	2574. 8	2393. 6
10	0. 0987	45. 3	14. 71	0. 06798	189. 59	2578. 5	2388. 5
15	0. 148	53. 5	10. 04	0. 09956	224. 03	2594. 0	2370. 0
20	0. 197	60. 1	7. 65	0. 13068	251. 51	2606. 4	2354. 9
30	0. 296	66. 5	5. 24	0. 19093	288. 77	2622. 4	2333. 7
40	0. 395	75. 0	4. 00	0. 24975	315. 93	2634. 1	2312. 2
50	0. 493	81. 2	3. 25	0. 30799	339. 80	2644. 3	2304. 5
60	0. 592	85. 6	2. 74	0. 36514	358. 21	2652. 1	2393. 9
70	0. 691	89. 9	2. 37	0. 42229	376. 61	2659. 8	2283. 2
80	0. 799	93. 2	2. 09	0. 47807	390. 08	2665. 3	2275. 3
90	0. 888	96. 4	1. 87	0. 53384	403. 49	2670. 8	2267. 4
100	0. 987	99. 6	1. 70	0. 58961	416. 90	2676. 3	2259. 5
120	1. 184	104. 5	1. 43	0. 69868	437. 51	2684. 3	2246. 8
140	1. 382	109. 2	1. 24	0. 80758	457. 67	2692. 1	2234. 4
160	1. 579	113. 0	1. 21	0. 82981	473. 88	2698. 1	2224. 2
180	1. 776	116. 6	0. 988	1. 0209	489. 32	2703. 7	2214. 3
200	1. 974	120. 2	0. 887	1. 1273	493. 71	2709. 2	2204. 6
250	2. 467	127. 2	0. 719	1. 3904	534. 39	2719. 7	2185. 4
300	2. 961	133. 3	0. 606	1. 6501	560. 38	2728. 5	2168. 1
350	3. 454	138. 8	0. 524	1. 9074	583. 76	2736. 1	2152. 3
400	3. 948	143. 4	0. 463	2. 1618	603. 61	2742. 1	2138. 5
450	4. 44	147. 7	0. 414	2. 4152	622. 42	2747. 8	2125. 4
500	4. 93	151. 7	0. 375	2. 6673	639. 59	2752. 8	2113. 2
600	5. 92	158. 7	0. 316	3. 1686	670. 22	2761. 4	2091. 1
700	6. 91	164. 7	0. 273	3. 6657	696. 27	2767. 8	2071. 5
800	7. 90	170. 4	0. 240	4. 1614	720. 96	2773. 7	2052. 7
900	8. 88	175. 1	0. 215	4. 6525	741. 82	2778. 1	2036. 2
1×10^3	9. 87	179. 9	0. 194	5. 1432	762. 68	2782. 5	2019. 7
$1. 1 \times 10^3$	10. 86	180. 2	0. 177	5. 6339	780. 34	2785. 5	2005. 1
$1. 2 \times 10^3$	11. 84	187. 8	0. 166	6. 1241	797. 92	2788. 5	1990. 6
$1. 3 \times 10^3$	12. 83	191. 5	0. 151	6. 6141	814. 25	2790. 9	1976. 7
$1. 4 \times 10^3$	13. 82	194. 8	0. 141	7. 1038	829. 06	2792. 4	1963. 7
$1. 5 \times 10^3$	14. 80	198. 2	0. 132	7. 5935	843. 86	2794. 5	1950. 7
$1. 6 \times 10^3$	15. 79	201. 3	0. 124	8. 0814	857. 77	2796. 0	1938. 2
$1. 7 \times 10^3$	16. 78	204. 1	0. 117	8. 5674	870. 58	2797. 1	1926. 5
$1. 8 \times 10^3$	17. 76	206. 9	0. 110	9. 0533	883. 39	2798. 1	1914. 8
$1. 9 \times 10^3$	18. 85	209. 8	0. 105	9. 5392	896. 21	2799. 2	1903. 0
2×10^3	19. 74	212. 2	0. 0997	10. 0338	907. 32	2799. 7	1892. 4
3×10^3	29. 61	233. 7	0. 0666	15. 0075	1005. 4	2798. 9	1793. 5
4×10^3	39. 48	250. 4	0. 0498	20. 0969	1082. 9	2789. 8	1706. 8
5×10^3	49. 35	263. 8	0. 0394	25. 3663	1146. 9	2776. 2	1629. 2
6×10^3	59. 21	275. 4	0. 0324	30. 8494	1203. 2	2759. 5	1556. 3

绝对压力		温度	蒸汽的比体积	蒸汽密度	焓/(kJ/kg)		汽化热
kPa	atm	℃	m³/kg	kg/m³	液体	蒸汽	kJ/kg
7×10^3	69. 08	285. 7	0. 0273	36. 5744	1253. 2	2740. 8	1487. 6
8×10^3	79. 95	294. 8	0. 0235	42. 5768	1299. 2	2720. 5	1403. 7
9×10^3	88. 82	303. 2	0. 0205	48. 8945	1343. 5	2699. 1	1356. 6
10×10^3	98. 69	310. 9	0. 0180	55. 5407	1384. 0	2677. 1	1293. 1
12×10^3	118. 43	324. 5	0. 0142	70. 3075	1463. 4	2631. 2	1167. 7
14×10^3	138. 17	336. 5	0. 0115	87. 3020	1567. 9	2583. 2	1043. 4
16×10^3	157. 90	347. 2	0. 00927	107. 8010	1615. 8	2531. 1	915. 4
18×10^3	177. 64	356. 9	0. 00744	134. 4813	1699. 8	2466. 0	766. 1
20×10^3	197. 38	365. 6	0. 00566	176. 5961	1817. 8	2364. 2	544. 9

13. 水的黏度(0~100℃)

温度	黏度	温度	黏度	温度	黏度	温度	黏度
℃	mPa·s	℃	mPa·s	℃	mPa·s	℃	mPa·s
0	1. 7921	25	0. 8937	51	0. 5404	77	0. 3702
1	1. 7313	26	0. 8737	52	0. 5315	78	0. 3655
2	1. 6728	27	0. 8545	53	0. 5229	79	0. 3610
3	1. 6191	28	0. 8360	54	0. 5146	80	0. 3565
4	1. 5674	29	0. 8180	55	0. 5064	81	0. 3521
5	1. 5188	30	0. 8007	56	0. 4985	82	0. 3478
6	1. 4728	31	0. 7840	57	0. 4907	83	0. 3436
7	1. 4284	32	0. 7679	58	0. 4832	84	0. 3395
8	1. 3860	33	0. 7523	59	0. 4759	85	0. 3355
9	1. 3462	34	0. 7371	60	0. 4688	86	0. 3315
10	1. 3077	35	0. 7225	61	0. 4618	87	0. 3276
11	1. 2713	36	0. 7085	62	0. 4550	88	0. 3239
12	1. 2363	37	0. 6947	63	0. 4483	89	0. 3202
13	1. 2028	38	0. 6814	64	0. 4418	90	0. 3165
14	1. 1709	39	0. 6685	65	0. 4355	91	0. 3130
15	1. 1404	40	0. 6560	66	0. 4293	92	0. 3095
16	1. 1111	41	0. 6439	67	0. 4233	93	0. 3060
17	1. 0828	42	0. 6321	68	0. 4174	94	0. 3027
18	1. 0559	43	0. 6207	69	0. 4117	95	0. 2994
19	1. 0299	44	0. 6097	70	0. 4061	96	0. 2962
20	1. 0050	45	0. 5988	71	0. 4006	97	0. 2930
20. 2	1. 0000	46	0. 5883	72	0. 3952	98	0. 2899
21	0. 9810	47	0. 5782	73	0. 3900	99	0. 2868
22	0. 9579	48	0. 5683	74	0. 3849	100	0. 2838
23	0. 9359	49	0. 5588	75	0. 3799		
24	0. 9142	50	0. 5494	76	0. 3750		

14. 液体黏度共线图

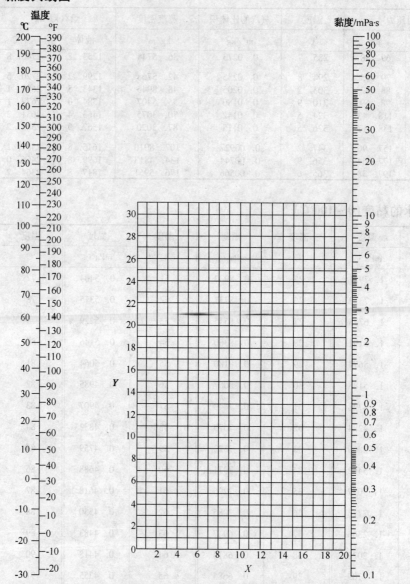

附录图1　液体黏度共线图

用法举例：求苯在50℃时的黏度，从下表序号26查得苯的$X=12.5$，$Y=10.9$。把这两个数值标在前页共线图的$Y-X$坐标上得一点，把这点与图中左方温度标尺上50℃的点联成一直线，延长，与右方黏度标尺相交，由此交点定出50℃苯的黏度为$0.44mPa \cdot s$。

液体黏度共线图坐标值

序号	名称	X	Y	序号	名称	X	Y
1	水	10.2	13.0	31	乙苯	13.2	11.5
2	盐水(25% NaCl)	10.2	16.6	32	氯苯	12.3	12.4
3	盐水(25% $CaCl_2$)	6.6	15.9	33	硝基苯	10.6	16.2
4	氨	12.6	2.0	34	苯胺	8.1	18.7
5	氨水(26%)	10.1	13.9	35	酚	6.9	20.8
6	二氧化碳	11.6	0.3	36	联苯	12.0	18.3
7	二氧化硫	15.2	7.1	37	萘	7.9	18.1
8	二硫化碳	16.1	7.5	38	甲醇(100%)	12.4	10.5

— 370 —

序号	名称	X	Y	序号	名称	X	Y
9	溴	14. 2	13. 2	39	甲醇(90%)	12. 3	11. 8
10	汞	18. 4	16. 4	40	甲醇(40%)	7. 8	15. 5
11	硫酸(110%)	2	27. 4	41	乙醇(100%)	10. 5	13. 8
12	硫酸(100%)	8. 0	25. 1	42	乙醇(95%)	9. 8	14. 3
13	硫酸(98%)	7. 0	24. 8	43	乙醇(40%)	6. 5	16. 6
14	硫酸(60%)	10. 2	21. 3	44	乙二醇	6. 0	23. 6
15	硝酸(95%)	12. 8	13. 8	45	甘油(100%)	2. 0	30. 0
16	硝酸(60%)	10. 8	17. 0	46	甘油(50%)	6. 9	19. 6
17	盐酸(31. 5%)	13. 0	16. 6	47	乙醚	14. 5	5. 3
18	氢氧化钠(50%)	3. 2	25. 8	48	乙醛	15. 2	14. 8
19	戊烷	14. 9	5. 2	49	丙酮	14. 5	7. 2
20	己烷	14. 7	7. 0	50	甲酸	10. 7	15. 8
21	庚烷	14. 1	8. 4	51	乙酸(100%)	12. 1	14. 2
22	辛烷	13. 7	10. 0	52	乙酸(70%)	9. 5	17. 0
23	三氯甲烷	14. 4	10. 2	53	乙酸酐	12. 7	12. 8
24	四氯化碳	12. 7	13. 1	54	乙酸乙酯	13. 7	9. 1
25	二氯乙烷	13. 2	12. 2	55	乙酸戊酯	11. 8	12. 5
26	苯	12. 5	10. 9	56	氟里昂－11	14. 4	9. 0
27	甲苯	13. 7	10. 4	57	氟里昂－12	16. 8	5. 6
28	邻二甲苯	13. 5	12. 1	58	氟里昂－21	15. 7	7. 5
29	间二甲苯	13. 9	10. 6	59	氟里昂－22	17. 2	4. 7
30	对二甲苯	13. 9	10. 9	60	煤油	10. 2	16. 9

15. 气体黏度共线图(常压下用)

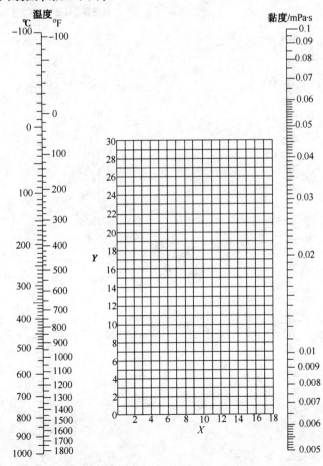

附录图2　气体黏度共线图(常压下用)

序号	名称	X	Y	序号	名称	X	Y
1	空气	11.0	20.0	21	乙炔	9.8	14.9
2	氧	11.0	21.3	22	丙烷	9.7	12.9
3	氮	10.6	20.0	23	丙烯	9.0	13.8
4	氢	11.2	12.4	24	丁烯	9.2	13.7
5	$3H_2 + N_2$	11.2	17.2	25	戊烷	7.0	12.8
6	水蒸气	8.0	16.0	26	己烷	8.6	11.8
7	二氧化碳	9.5	18.7	27	三氯甲烷	8.9	15.7
8	一氧化碳	11.0	20.0	28	苯	8.5	13.2
9	氨	8.4	16.0	29	甲苯	8.6	12.4
10	硫化氢	8.6	18.0	30	甲醇	8.5	15.6
11	二氧化硫	9.6	17.0	31	乙醇	9.2	14.2
12	二硫化碳	8.0	16.0	32	丙醇	8.4	13.4
13	一氧化二氮	8.8	19.0	33	醋酸	7.7	14.3
14	一氧化氮	10.9	20.5	34	丙酮	8.9	13.0
15	氟	7.3	23.8	35	乙醚	8.9	13.0
16	氯	9.0	18.4	36	醋酸乙酯	8.5	13.2
17	氯化氢	8.8	18.7	37	氟里昂－11	10.6	15.1
18	甲烷	9.9	15.5	38	氟里昂－12	11.1	16.0
19	乙烷	9.1	14.5	39	氟里昂－21	10.8	15.3
20	乙烯	9.5	15.1	40	氟里昂－22	10.1	17.0

16. 液体比热容共线图

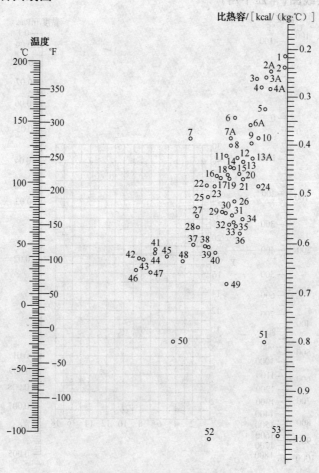

附录图3　液体比热容共线图

编号	名称	温度范围/℃	编号	名称	温度范围/℃	编号	名称	温度范围/℃
53	水	10~200	6A	二氯乙烷	-30~60	47	异丙醇	-20~50
51	盐水(25% NaCl)	-40~20	3	过氯乙烯	-30~40	44	丁醇	0~100
49	盐水(25% CaCl₂)	-40~20	23	苯	10~80	43	异丁醇	0~100
52	氨	-70~50	23	甲苯	0~60	37	戊醇	-50~25
11	二氧化碳	-20~100	17	对二甲苯	0~100	41	异戊醇	10~100
2	二硫化碳	-100~25	18	间二甲苯	0~100	39	乙二醇	-40~200
9	硫酸(98%)	10~45	19	邻二甲苯	0~100	38	甘油	-40~20
48	盐酸(30%)	20~100	8	氯苯	0~100	27	苯甲基醇	-20~30
35	己烷	-80~20	12	硝基苯	0~100	36	乙醚	-100~25
28	庚烷	0~60	30	苯胺	0~130	31	异丙醚	-80~200
33	辛烷	-50~25	10	苯甲基氯	-20~30	32	丙酮	20~50
34	壬烷	-50~25	25	乙苯	0~100	29	乙酸	0~80
21	癸烷	-80~25	15	联苯	80~120	24	乙酸乙酯	-50~25
13A	氯甲烷	-80~20	16	联苯醚	0~200	26	乙酸戊酯	0~100
5	二氯甲烷	-40~50	16	联苯-联苯醚	0~200	20	吡啶	-50~25
4	三氯甲烷	0~50	14	萘	90~200	2A	氟里昂-11	-20~70
22	二苯基甲烷	30~100	40	甲醇	-40~20	6	氟里昂-12	-40~15
3	四氯化碳	10~60	42	乙醇(100%)	30~80	4A	氟里昂-21	-20~70
13	氯乙烷	-30~40	46	乙醇(95%)	20~80	7A	氟里昂-22	-20~60
1	溴乙烷	5~25	50	乙醇(50%)	20~80	3A	氟里昂-113	-20~70
7	碘乙烷	0~100	45	丙醇	-20~100			

17. 气体比热容共线图(常压下用)

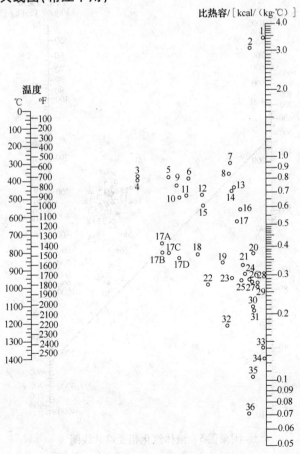

附录图 4　气体比热容共线图(常压下用)

编号	名称	温度范围 ℃	编号	名称	温度范围 ℃	编号	名称	温度范围 ℃
27	空气	0～1400	24	二氯化碳	400～1400	9	乙烷	200～600
23	氧	0～500	22	二氧化硫	0～400	8	乙烷	600～1400
29	氧	500～1400	31	二氧化硫	400～1400	4	乙烯	0～200
26	氮	0～1400	17	水蒸气	0～1400	11	乙烯	200～600
1	氢	0～600	19	硫化氢	0～700	13	乙烯	600～1400
2	氢	600～1400	21	硫化氢	700～1400	10	乙炔	0～200
32	氯	0～200	20	氟化氢	0～1400	15	乙炔	200～400
34	氯	200～1400	30	氯化氢	0～1400	16	乙炔	400～1400
33	硫	300～1400	35	溴化氢	0～1400	17B	氟里昂－11	0～500
12	氨	0～600	36	碘化氢	0～1400	17C	氟里昂－21	0～500
14	氨	600～1400	5	甲烷	0～300	19A	氟里昂－22	0～500
25	一氧化氮	0～700	6	甲烷	300～700	17D	氟里昂－113	0～500
28	一氧化氮	700～1400	7	甲烷	700～1400			
18	二氧化碳	0～400	3	乙烷	0～200			

18. 液体汽化相变焓共线图

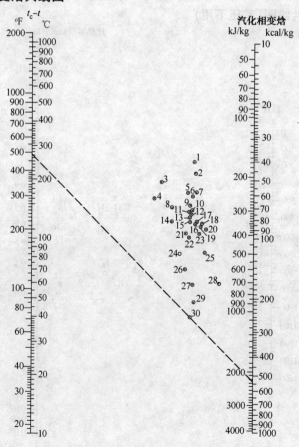

附录图 5　液体汽化相变焓共线图

用法举例：求水在 $t=100℃$ 时的汽化相变焓，从下表中查得水的编号为30，又查得水的 $t_c=374℃$，故得 $t_c-t=374-100=274℃$，在前页共线图的 t_c-t 标尺上定出的274℃的点，与图中编号为30的圆圈中心点联一直线，延长到汽化相变焓的标尺上，读出交点读数为540kcal/kgf 或2260kJ/kg。

液体汽化相变焓共线图中的编号

编号	名称	$t_c/℃$	t_c-t 范围/℃	编号	名称	$t_c/℃$	t_c-t 范围/℃
30	水	374	100~500	2	四氯化碳	283	30~250
29	氨	133	50~200	17	氯乙烷	187	100~250
19	一氧化氮	36	25~150	13	苯	289	10~400
21	二氧化碳	31	10~100	3	联苯	527	175~400
4	二硫化碳	273	140~275	27	甲醇	240	40~250
14	二氧化硫	157	90~160	26	乙醇	243	20~140
25	乙烷	32	25~150	24	丙醇	264	20~200
23	丙烷	96	40~200	13	乙醚	194	10~400
16	丁烷	153	90~200	22	丙酮	235	120~210
15	异丁烷	134	80~200	18	乙酸	321	100~225
12	戊烷	197	20~200	2	氟里昂-11	198	70~225
11	己烷	235	50~225	2	氟里昂-12	111	40~200
10	庚烷	267	20~300	5	氟里昂-21	178	70~250
9	辛烷	296	30~300	6	氟里昂-22	96	50~170
20	一氯甲烷	143	70~250	1	氟里昂-113	214	90~250
8	二氯甲烷	216	150~250				
7	三氯甲烷	263	140~270				

19. 液体表面张力

各种液体在不同温度下的表面张力由附录图6查得。

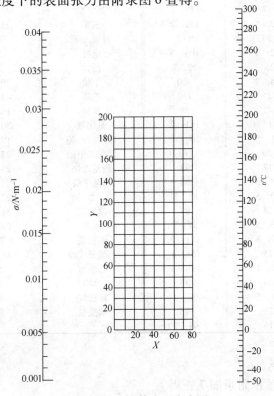

附录图6　液体表面张力图

各种液体在附录图 6 中的坐标值列于下表中。

液体名称	X	Y	液体名称	X	Y
环氧乙烷	42	83	丙酮	28	91
乙苯	22	118	异丙醇	12	111.5
乙胺	11.2	83	丙醇	8.2	105.2
乙硫醇	35	81	丙酸	17	112
乙醇	10	97	丙酸乙酯	22.6	97
乙醚	27.5	64	丙酸甲酯	29	95
乙醛	33	78	二乙（基）酮	20	101
乙醛肟	23.5	127	异戊醇	6	106.8
乙酰胺	17	192.5	四氯化碳	26	104.5
乙酰乙酸乙酯	21	132	辛烷	17.7	90
二乙醇缩乙醛	19	88	亚硝酰氯	38.5	93
间二甲苯	20.5	118	苯	30	110
对二甲苯	19	117	苯乙酮	18	163
二甲胺	16	66	苯乙醛	20	134.2
二甲醚	44	37	苯二乙胺	17	142.6
1，2-二氯乙烯	32	122	苯二甲胺	20	149
二硫化碳	35.8	117.2	苯甲醚	24.4	138.9
丁酮	23.6	97	苯甲酸乙酯	14.8	151
丁醇	9.6	107.5	苯胺	22.9	171.8
异丁醇	5	103	苯（基）甲胺	25	156
丁酸	14.5	115	苯酚	20	168
异丁酸	14.8	107.4	苯并吡啶	19.5	183
丁酸乙酯	17.5	102	氨	56.2	63.5
异丁酸乙酯	20.9	93.7	氧化亚氮	62.5	0.5
丁酸甲酯	25	88	草酸乙二酯	20.5	130.8
异丁酸甲酯	24	93.8	氯	40.5	95.2
三乙胺	20.1	83.9	氯仿	32	101.3
三甲胺	21	57.6	对氯甲苯	18.7	134
1，3，5-三甲苯	17	119.8	氯甲烷	45.8	53.2
三苯甲烷	12.5	182.7	氯苯	23.5	132.5
三氯乙醛	30	113	对氯溴苯	14	162
三聚乙醛	22.3	103.8	吡啶	34	138.2
己烷	22.7	72.2	丙腈	23	108.6
六氢吡啶	24.7	120	丁腈	20.3	113
甲苯	24	113	乙腈	33.5	111
甲胺	42	58	苯腈	19.5	159
间甲酚	13	161.2	氰化氢	30.6	66
对甲酚	11.5	160.5	硫酸二乙酯	19.5	139.5
邻甲酚	20	161	硫酸二甲酯	23.5	158
甲醇	17	93	硝基乙烷	25.4	126.1
甲酸甲酯	38.5	88	硝基甲烷	30	139
甲酸乙酯	30.5	88.8	萘	22.5	165
甲酸丙酯	24	97	溴乙烷	31.6	90.2
丙胺	25.5	87.2	溴苯	23.5	145.5
对异丙基甲苯	12.8	121.2	碘乙烷	28	113.2
茴香脑	13	158.1	乙酸异戊酯	16.4	130.1
乙酸	17.1	116.5	乙酸酐	25	129
乙酸甲酯	34	90	噻吩	35	121
乙酸乙酯	27.5	92.4	环己烷	42	86.7
乙酸丙酯	23	97	磷酰氯	26	125.2
乙酸异丁酯	16	97.2			

20. 有机液体的密度

有机液体的相对密度由附录图 7 查得。

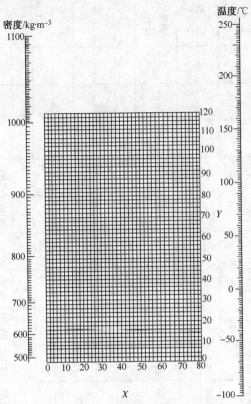

密度/kg·m⁻³

温度/℃

附录图 7　有机液体相对密度共线图

有机液体相对密度在附录图 7 中的坐标值列于下表中。

有机液体	X	Y	有机液体	X	Y
乙炔	20.8	10.1	甲酸乙酯	37.6	68.4
乙烷	10.8	4.4	甲酸丙酯	33.8	66.7
乙烯	17.0	3.5	丙烷	14.2	12.2
乙醇	24.2	48.6	丙酮	26.1	47.8
乙醚	22.6	35.8	丙醇	23.8	50.8
乙丙醚	20.0	37.0	丙酸	35.0	83.5
乙硫醇	32.0	55.5	丙酸甲酯	36.5	68.3
乙硫醚	25.7	55.3	丙酸乙酯	32.1	63.9
乙二胺	17.8	33.5	戊烷	12.6	22.6
二氧化碳	78.6	45.4	异戊烷	13.5	22.5
异丁烷	13.7	16.5	辛烷	12.7	32.5
丁酸	31.3	78.7	庚烷	12.6	29.8
丁酸甲酯	31.5	65.5	苯	32.7	63.0
异丁酸	31.5	75.9	苯酚	35.7	103.8
丁酸(异)甲酯	33.0	64.1	苯胺	33.5	92.5
十一烷	14.4	39.2	氯苯	41.9	86.7
十二烷	14.3	41.4	癸烷	16.0	38.2
十三烷	15.3	42.4	氨	22.4	24.6
十四烷	15.8	43.3	氯乙烷	42.7	62.4
三乙胺	17.9	37.0	氯甲烷	52.3	62.9
三氢化磷	38.0	22.1	氯苯	41.7	105.0
己烷	13.5	27.0	丁腈	20.1	44.6
壬烷	16.2	36.5	乙腈	21.8	44.9
六氢吡啶	27.5	60.0	环己烷	19.6	44.0
甲乙醚	25.0	34.4	乙酸	40.6	93.5
甲醇	25.8	49.1	乙酸甲酯	40.1	70.3
甲硫醇	37.3	59.6	乙酸乙酯	35.0	65.0
甲硫醚	31.9	57.4	乙酸丙酯	33.0	65.5
甲醚	21.2	30.1	甲苯	27.0	61.0
甲酸甲酯	46.4	74.6	异戊醇	20.5	52.0

21. 无机物水溶液在大气压下的沸点

溶液浓度/%（质量）

温度/℃ 溶液	101	102	103	104	105	107	110	115	120	125	140	160	180	200	220	240	260	280	300	340
CaCl$_2$	5.66	10.31	14.16	17.36	20.00	24.24	29.33	35.68	40.83	54.80	57.89	58.94	75.85	64.91	68.73	72.64	75.76	78.95	81.63	86.18
KOH	4.49	8.51	11.96	14.82	17.01	20.88	25.65	31.97	36.51	40.23	48.05	54.89	60.41							
KCL	8.42	14.31	18.96	23.02	26.57	32.62	36.47			（近于108.5℃）*										
K$_2$CO$_3$	10.31	18.37	24.20	28.57	32.24	37.69	43.97	50.86	56.04	60.40	66.94		（近于133.5℃）							
KNO$_3$	13.19	23.66	32.23	39.20	45.10	54.65	65.34	79.53												
MgCl$_2$	4.67	8.42	11.66	14.31	16.59	20.23	24.41	29.48	33.07	36.02	38.61									
MgSO$_4$	14.31	22.78	28.31	32.23	35.32	42.86	（近于108℃）													
NaOH	4.12	7.40	10.15	12.51	14.53	18.32	23.08	26.21	33.77	37.58	48.32	60.13	69.97	77.53	84.03	88.89	93.02	95.92	98.47	（近于314℃）
NaCl	6.19	11.03	14.67	17.69	20.32	25.09	28.92	（近于108℃）												
NaNO$_3$	8.26	15.61	21.87	17.53	32.45	40.47	49.87	60.94	68.94											
Na$_2$SO$_4$	15.26	24.81	30.73	31.83	（近于103.2℃）															
Na$_2$CO$_3$	9.42	17.22	23.72	29.18	33.66		（近于104.2℃）													
CuSO$_4$	26.95	39.98	40.83	44.47	45.12															
ZnSO$_4$	20.00	31.22	37.89	42.92	46.15															
NH$_4$NO$_3$	9.09	16.66	23.08	29.08	34.21	42.52	51.92	63.24	71.26	77.11	87.09	93.20	69.00	97.61	98.84	100				
NH$_4$Cl	6.10	11.35	15.96	19.80	22.89	28.37	35.98	46.94												
(NH$_4$)$_2$SO$_4$	13.34	23.41	30.65	36.71	41.79	49.73	49.77	53.55	（近于108.2℃）											

* 括号内的指饱和溶液的沸点。

22. 壁面污垢热阻(污垢系数)/(m² · ℃/W)

(1) 冷却水的污垢热阻

加热液体的温度/℃	115 以下		115 ~ 205	
水的温度/℃	25 以下		25 以上	
水的流速/(m/s)	1 以下	1 以上	1 以下	1 以上
海水	0.8598×10^{-4}	0.8598×10^{-4}	1.7197×10^{-4}	1.7197×10^{-4}
自来水、井水、湖水	1.7197×10^{-4}	1.7197×10^{-4}	3.4394×10^{-4}	3.4394×10^{-4}
软化锅炉水				
蒸馏水	0.8598×10^{-4}	0.8598×10^{-4}	0.8598×10^{-4}	0.8598×10^{-4}
硬水	5.1590×10^{-4}	5.1590×10^{-4}	8.598×10^{-4}	8.598×10^{-4}
河水	5.1590×10^{-4}	3.4394×10^{-4}	6.8788×10^{-4}	5.1590×10^{-4}

(2) 工业用气体的污垢热阻

气体	污垢热阻	气体	污垢热阻
有机化合物	0.8598×10^{-4}	溶剂蒸气	1.7197×10^{-4}
水蒸气	0.8598×10^{-4}	天然气	1.7197×10^{-4}
空气	3.4394×10^{-4}	焦炉气	1.7197×10^{-4}

(3) 工业用液体的污垢热阻

液体	污垢热阻	液体	污垢热阻
有机化合物	1.7197×10^{-4}	熔盐	0.8598×10^{-4}
盐水	1.7197×10^{-4}	植物油	5.5190×10^{-4}

(4) 石油分馏物的污垢热阻

馏出物	污垢热阻	馏出物	污垢热阻
原油	$3.4394 \times 10^{-4} \sim$ 12.098×10^{-4}	柴油	$3.4394 \times 10^{-4} \sim$ 5.1590×10^{-4}
汽油	1.7197×10^{-4}	重油	8.598×10^{-4}
石脑油	1.7197×10^{-4}	沥青	17.197×10^{-4}
煤油	1.7197×10^{-4}		

23. 普通无缝钢管规格简表(摘自 GB/T 17395—2008)

外径/mm	壁厚/mm 从	壁厚/mm 到	外径/mm	壁厚/mm 从	壁厚/mm 到	外径/mm	壁厚/mm 从	壁厚/mm 到
6	0.25	2.0	35	0.40	9.0	102	1.4	28
7	0.25	2.5	38	0.40	10	108	1.4	30
8	0.25	2.5	40	0.40	10	114	1.5	30
9	0.25	2.8	42	1.0	10	121	1.5	32
10	0.25	3.5	45	1.0	12	127	1.8	32
11	0.25	3.5	48	1.0	12	133	2.5	36
12	0.25	4.0	51	1.0	12	140	3.0	36
13	0.25	4.0	54	1.0	14	142	3.0	36
14	0.25	4.0	57	1.0	14	146	3.0	40
16	0.25	5.0	60	1.0	16	152	3.0	40
17	0.25	5.0	63	1.0	16	159	3.5	45
18	0.25	5.0	65	1.0	16	168	3.5	45
19	0.25	6.0	68	1.0	16	180	3.5	50
20	0.25	6.0	70	1.0	17	194	3.5	50
21	0.40	6.0	73	1.0	19	213	3.5	55
22	0.40	6.0	76	1.0	20	219	6.0	55
25	0.40	7.0	77	1.4	20	232	6.0	65
27	0.40	7.0	80	1.4	20	245	6.0	65
28	0.40	7.0	83	1.4	22	267	6.0	65
30	0.40	8.0	85	1.4	22	273	6.5	85
32	0.40	8.0	89	1.4	24	299	7.5	100
34	0.40	8.0	95	1.4	24	302	7.6	100

壁厚有: 0.25, 0.30, 0.40, 0.50, 0.60, 0.80, 1.0, 1.2, 1.4, 1.5, 1.6, 1.8, 2.0, 2.2, 2.5, 2.8, 3.0, 3.2, 3.5, 4.0, 4.5, 5.0, 5.5, 6.0, 6.5, 7.0, 7.5, 8.0, 8.5, 9, 9.5, 10, 11, 12, 13, 14, 15, 16, 17, 18, 19, 20, 22, 24, 25, 26, 28, 30, 32, 34, 36, 38, 40, 42, 45, 48, 50, 55, 60, 65, 70, 75, 80, 85, 90, 95, 100, 110, 120mm。

24. 离心泵性能表

(1) IS 型单级单吸离心泵性能表(摘录)

型号	转速(n)/ (r/min)	流速		扬程(H)/ m	效率(η)/ %	功率/kW		必需汽蚀余量 $NPSH_r$/ m	质量 (泵/底座)/ kg
		m³/h	L/s			轴功率	电机功率		
IS50-32-125	2900	7.5	2.08	22	47	0.96		2.0	
		12.5	3.47	20	60	1.13	2.2	2.0	32/46
		15	4.17	18.5	60	1.26		2.5	
	1450	3.75	1.04	5.4	43	0.13		2.0	
		6.3	1.74	5	54	0.16	0.55	2.0	32/38
		7.5	2.08	4.6	55	0.17		2.5	
IS50-32-160	2900	7.5	2.08	34.3	44	1.59		2.0	
		12.5	3.47	32	54	2.02	3	2.0	50/46
		15	4.17	29.6	56	2.16		2.5	
	1450	3.75	1.04	8.5	35	0.25		2.0	
		6.3	1.74	8	48	0.29	0.55	2.0	50/38
		7.5	2.08	7.5	49	0.31		2.5	
IS50-32-200	2900	7.5	2.08	52.5	38	2.82		2.0	
		12.5	3.47	50	48	3.54	5.5	2.0	52/66
		15	4.17	48	51	3.95		2.5	
	1450	3.75	1.04	13.1	33	0.41		2.0	
		6.3	1.74	12.5	42	0.51	0.75	2.0	52/38
		7.5	2.08	12	44	0.56		2.5	
IS50-32-250	2900	7.5	2.08	82	23.5	5.87		2.0	
		12.5	3.47	80	38	7.16	11	2.0	88/110
		15	4.17	78.5	41	7.83		2.5	
	1450	3.75	1.04	20.5	23	0.91		2.0	
		6.3	1.74	20	32	1.07	1.5	2.0	88/64
		7.5	2.08	19.5	35	1.14		3.0	
IS65-50-125	2900	15	4.17	21.8	58	1.54		2.0	
		25	6.94	20	69	1.97	3	2.5	50/41
		30	8.33	18.5	68	2.22		3.0	
	1450	7.5	2.08	5.35	53	0.21		2.0	
		12.5	3.47	5	64	0.27	0.55	2.0	50/38
		15	4.17	4.7	65	0.30		2.5	
IS65-50-160	2900	15	4.17	35	54	2.65		2.0	
		25	6.94	32	65	3.35	5.5	2.0	51/66
		30	8.33	30	66	3.71		2.5	
	1450	7.5	2.08	8.8	50	0.36		2.0	
		12.5	3.47	8.0	60	0.45	0.75	2.0	51/38
		15	4.17	7.2	60	0.49		2.5	

型号	转速(n)/ (r/min)	流速		扬程(H)/ m	效率(η)/ %	功率/kW		必需汽蚀余量 $NPSH_r$/ m	质量 (泵/底座)/ kg
		m³/h	L/s			轴功率	电机功率		
IS65-40-200	2900	15	4.17	53	49	4.42		2.0	62/66
		25	6.94	50	60	5.67	7.5	2.0	
		30	8.33	47	61	6.29		2.5	
	1450	7.5	2.08	13.2	43	0.63		2.0	62/46
		12.5	3.47	12.5	55	0.77	1.1	2.0	
		15	4.17	11.8	57	0.85		2.5	
IS65-40-250	2900	15	4.17	82	37	9.05		2.0	82/110
		25	6.94	80	50	10.89	15	2.0	
		30	8.33	78	53	12.02		2.5	
	1450	7.5	2.08	21	35	1.23		2.0	82/67
		12.5	3.47	20	46	1.48	2.2	2.0	
		15	4.17	19.4	48	1.65		2.5	
IS65-40-315	2900	15	4.17	127	28	18.5		2.5	152/110
		25	6.94	125	40	21.3	30	2.5	
		30	8.33	123	44	22.8		3.0	
	1450	7.5	2.08	32.2	25	6.63		2.5	152/67
		12.5	3.47	32.0	37	2.94	4	2.5	
		15	4.17	31.7	41	3.16		3.0	
IS80-65-125	2900	30	8.33	22.5	64	2.87		3.0	44/46
		50	13.9	20	75	3.63	5.5	3.0	
		60	16.7	18	74	3.98		3.5	
	1480	15	4.17	5.6	55	0.42		2.5	44/38
		25	6.94	5	71	0.48	0.75	2.5	
		30	8.33	4.5	72	0.51		3.0	
IS80-65-160	2900	30	8.33	36	61	4.82		2.5	48/66
		50	13.9	32	73	5.97	7.5	2.5	
		60	16.7	29	72	6.59		3.0	
	1450	15	4.17	9	55	0.67		2.5	48/46
		25	6.94	8	69	0.79	1.5	2.5	
		30	8.33	7.2	68	0.86		3.0	
IS80-50-200	2900	30	8.33	53	55	7.87		2.5	64/124
		50	13.9	50	69	9.87	15	2.5	
		60	16.7	47	71	10.8		3.0	
	1460	15	4.17	13.2	51	1.06		2.5	64/46
		25	6.94	12.5	65	1.31	2.2	2.5	
		30	8.33	11.8	67	1.44		3.0	

型号	转速$(n)/$ (r/min)	流速		扬程$(H)/$ m	效率$(\eta)/$ %	功率/kW		必需汽蚀余量 $NPSH_r/$ m	质量 (泵/底座)/ kg
		m³/h	L/s			轴功率	电机功率		
IS80-50-250	2900	30	8.33	84	52	13.2		2.5	
		50	13.9	80	63	17.3	22	2.5	90/100
		60	16.7	75	64	19.2		3.0	
	1450	15	4.17	21	49	1.75		2.5	
		25	6.94	20	60	2.27	3	2.5	90/64
		30	8.33	8.8	61	2.52		3.0	
IS80-50-315	2900	30	8.33	128	41	25.5		2.5	
		50	13.9	125	54	31.5	37	2.5	125/160
		60	16.7	123	57	35.3		3.0	
	1450	15	4.17	32.5	39	3.4		2.5	
		25	6.94	32	52	4.19	5.5	2.5	125/66
		30	8.33	31.5	56	4.6		3.0	
IS100-80-125	2900	60	16.7	24	67	5.86		4.0	
		100	27.8	20	78	7.00	11	4.5	49/64
		120	33.3	16.5	74	7.28		5.0	
	1450	30	8.33	6	64	0.77		2.5	
		50	13.9	5	75	0.91	1	2.5	49/46
		60	16.7	4	71	0.92		3.0	
IS100-80-160	2900	60	16.7	36	70	8.42		3.5	
		100	27.8	32	78	11.2	15	4.0	69/110
		120	33.3	28	75	12.2		5.0	
	1450	30	8.33	9.2	67	1.12		2.0	
		50	13.9	8.0	75	1.45	2.2	2.5	69/64
		60	16.7	6.8	71	1.57		3.5	
IS100-65-200	2900	60	16.7	54	65	13.6		3.0	
		100	27.8	50	76	17.9	22	3.6	81/110
		120	33.3	47	77	19.9		4.8	
	1450	30	8.33	13.5	60	1.84		2.0	
		50	13.9	12.5	73	2.33	4	2.0	81/64
		60	16.7	11.8	74	2.61		2.5	
IS100-65-250	2900	60	16.7	87	61	23.4		3.5	
		100	27.8	80	72	30.0	37	3.8	90/160
		120	33.3	74.5	73	33.3		4.8	
	1450	30	8.33	21.3	55	3.16		2.0	
		50	13.9	20	68	4.00	5.5	2.0	90/66
		60	16.7	19	70	4.44		2.5	
IS100-65-315	2900	60	16.7	133	55	39.6		3.0	
		100	27.8	125	66	51.6	75	3.6	180/295
		120	33.3	118	67	57.5		4.2	
	1450	30	8.33	34	51	5.44		2.0	
		50	13.9	32	63	6.92	11	2.0	180/112
		60	16.7	30	64	7.67		2.5	

（2）AY 型离心油泵性能表（摘录）

泵型号	流量/ (m³/h)	扬程/ m	转速/ (r/min)	效率/ %	必需汽蚀余量/m	轴功率/ kW	配带电动机 型号	配带电动机 功率/kW	泵质量/ kg
40AY40×2	6.25	80	2950	31	2.7	4.4	YB132S2-2	7.5	
40AY40×2A	5.85	70	2950	32	2.7	3.6	YB132S1-2	5.5	
40AY40×2B	5.4	60	2950	31	2.5	2.85	YB112M-2	4	163
40AY40×2C	4.9	50	2950	31	2.5	2.17	YB100L-2	3	
50AY60	12.5	70	2950	42	2.9	5.67	YB132S2-2	7.5	
50AY60A	11.2	53	2950	39	2.9	4.1	YB132S1-2	5.5	130
50AY60B	9.9	39	2950	37	2.8	2.8	YB112M-2	4	
50AY60×2	12.5	120	2950	37	2	11	YB160M2-2	15	
50AY60×2A	12	105	2950	36	2	9.5	YB160M2-2	15	210
50AY60×2B	11	90	2950	35	1.9	7.7	YB160M1-2	11	
50AY60×2C	10	76	2950	35	1.7	6	YB160M1-2	11	
65AY60	25	60	2950	56	3.1	7.3	YB160M1-2	11	
65AY60A	22.5	49	2950	54	2.8	5.6	YB132S2-2	7.5	170
65AY60B	20	37.5	2950	52	2.5	3.9	YB132S1-2	5.5	
65AY100	25	110	2950	47	3	15.9	YB180M-2	22	
65AY100A	23	92	2950	46	2.9	12.5	YB160L-2	18.5	190
65AY100B	21	73	2950	44	2.9	9.5	YB160M2-2	15	
65AY100×2	25	205	2950	48	2.8	29.1	YB225M-2	45	
65AY100×2A	23	178	2950	47	2.7	23.7	YB200L2-2	37	310
65AY100×2B	22	154	2950	46	2.7	20.1	YB200L1-2	30	
65AY100×2C	20	130	2950	45	2.6	15.7	YB180M-2	22	
80AY60	50	60	2950	62	3.2	13.2	YB160L-2	18.5	
80AY60A	45	49	2950	61	3	9.9	YB160M2-2	15	200
80AY60B	40	38	2950	60	3	6.9	YB160M1-2	11	
80AY100	50	104	2950	59	3.1	24	YB200L2-2	37	
80AY100A	45	85	2950	56	3	18.6	YB200L1-2	30	220
80AY100B	40	76	2950	54	3.9	15.3	YB180M-2	22	
80AY100×2	50	200	2950	57	3.6	47.8	YB280S-2	75	
80AY100×2A	47	175	2950	55	3.5	40.7	YB250M-2	55	380
80AY100×2B	43	153	2950	53	3.3	33.8	YB225M-2	45	
80AY100×2C	40	125	2950	51	3.3	26.7	YB200L2-2	37	
100AY60	100	63	2950	72	4	23.8	YB200L2-2	37	
100AY60A	90	49	2950	71	3.8	16.9	YB200L1-2	30	220
100AY60B	79	38	2950	67	3.5	12.2	YB160L-2	18.5	

泵型号	流量/ (m³/h)	扬程/ m	转速/ (r/min)	效率/ %	必需汽蚀 余量/m	轴功率/ kW	配带电动机		泵质量/ kg
							型号	功率/kW	
100AY120	100	123	2950	68	4.3	50.6	YB280S-2	75	
100AY120A	93	108	2950	62	4	44.1	YB280S-2	75	320
100AY120B	85	94	2950	62	3.8	35.5	YB250M-2	55	
100AY120C	79	75	2950	59	3.6	27.5	YB200L2-2	37	
80AY120×2	100	240	2950	61	4.5	107.2	YB315M2-2	160	500
80AY120×2A	93	205	2950	60	4.3	86.6	YB315M1-2	132	
80YA120×2B	86	178	2950	59	4.2	70.7	YB315S-2	110	500
80AY120×2C	79	150	2950	58	4.1	55.7	YB280S-2	75	
150AY75	180	80	2950	75	3.9	52.3	YB280S-2	75	
150AY75A	160	66	2950	74	3.8	38.9	YB250M-2	55	290
150AY75B	145	46	2950	73	3.6	24.9	YB200L2-2	37	
150AY150	180	157	2950	69	3.6	111.6	YB315M2-2	160	
150AY150A	168	137	2950	68	3.3	92.2	YB315M1-2	132	600
150AY150B	155	116	2950	67	3.2	73.1	YB315S-2	110	
150AY150C	140	94	2950	65	3.1	55.5	YB280S-2	75	
150AY150×2	180	300	2950	67	3.6	219.5	YB355L-2	315	
150AY150×2A	167	258	2950	65	3.2	180.5	YB355S4-2	250	1500
150AY150×2B	155	222	2950	62	3	151.1	YB355S3-2	220	
150AY150×2C	140	181	2950	60	2.9	115	YB315M2-2	160	
200AY75	300	75	2950	79	5.5	77.6	YB315S-2	110	
200AY75A	260	60	2950	78	5.5	54.5	YB280S-2	75	275
200AY75B	225	45	2950	77	5.5	35.8	YB250M-2	55	
200AY150	300	150	2950	76	4.7	161	YB355S3-2	220	
200AY150A	270	137	2950	75	4.2	132	YB355S1-2	185	620
200AY150B	243	127	2950	73	3.8	115.1	YB315M2-2	160	
200AY150C	219	112	2950	72	3.5	92.8	YB315M1-2	132	
200AY150×2	300	300	2950	74	5.5	331.2	YB450M1-2	450	
200AY150×2A	287	270	2950	73	5.4	289	YB450S3-2	400	1400
200AY150×2B	270	239	2950	72	5.2	244	YB450S2-2	355	
200AY150×2C	247	195	2950	70	5.0	187.4	YB355S4-2	250	

25. 换热器

（1）管壳式热交换器系列标准（摘自 JB/T 4714—1992，JB/T 4715—1992）

① 固定管板式、换热管为 φ19mm 的换热器基本参数（管心距 25mm）

公称直径 (DN)/ mm	公称压力 (PN)/ MPa	管程数 (N)	管子根数 (n)	中心排管数	管程流通面积/m²	计算换热面积/m² 换热管长度(L)/mm					
						1500	2000	3000	4500	6000	9000
400		1	174	14	0.0307	14.5	19.7	30.1	45.7	61.3	—
		2	164	15	0.0145	13.7	18.6	28.4	43.1	57.8	—
		4	146	14	0.0065	12.2	16.6	25.3	38.3	51.4	—
450		1	237	17	0.0419	19.8	26.9	41.0	62.2	83.5	—
	0.60	2	220	16	0.0194	18.4	25.0	38.1	57.8	77.5	—
		4	200	16	0.0088	16.7	22.7	34.6	52.5	70.4	—
500	1.00	1	275	19	0.0486	—	31.2	47.6	72.2	96.8	—
		2	256	18	0.0226	—	29.0	44.3	67.2	90.2	—
	1.60	4	222	18	0.0098	—	25.2	38.4	58.3	78.2	—
600	2.50	1	430	22	0.0760	—	48.8	74.4	112.9	151.4	—
		2	416	23	0.0368	—	47.2	72.0	109.3	146.5	—
	4.00	4	370	22	0.0163	—	42.0	64.0	97.2	130.3	—
		6	360	20	0.0106	—	40.8	62.3	94.5	126.8	—
700		1	607	27	0.1073	—	—	105.1	159.4	213.8	—
		2	574	27	0.0507	—	—	99.4	150.8	202.1	—
		4	542	27	0.0239	—	—	93.8	142.3	190.9	—
		6	518	24	0.0153	—	—	89.7	136.0	182.4	—
800		1	797	31	0.1408	—	—	138.0	209.3	280.7	—
		2	776	31	0.0686	—	—	134.3	203.8	273.3	—
		4	722	31	0.0319	—	—	125.0	189.8	254.3	—
		6	710	30	0.0209	—	—	122.9	186.5	250.0	—
900	0.60 1.00 1.60 2.50 4.00	1	1009	35	0.1783	—	—	174.7	265.0	355.3	536.0
		2	988	35	0.0873	—	—	171.0	259.5	347.9	524.9
		4	938	35	0.0414	—	—	162.4	246.4	330.3	498.3
		6	914	34	0.0269	—	—	158.2	240.0	321.9	485.6
1000		1	1267	39	0.2239	—	—	219.3	332.8	446.2	673.1
		2	1234	39	0.1090	—	—	213.6	324.1	434.6	655.6
		4	1186	39	0.0524	—	—	205.3	311.5	417.7	630.1
		6	1148	38	0.0338	—	—	198.7	301.5	404.3	609.9

注：表中的管程流通面积为各种平均值；管子为正三角形排列。

② 浮头式(内导流)换热器的主要参数

DN/mm	N	n①		中心排管数		管程流通面积/m² d×δ_t			A②/m²							
									L=3m		L=4.5m		L=6m		L=9m	
		d				19×2	25×2	25×2.5	19	25	19	25	19	25	19	25
		19	25	19	25											
325	2	60	32	7	5	0.0053	0.0055	0.0050	10.5	7.4	15.8	11.1	—	—	—	—
	4	52	28	6	4	0.0023	0.0024	0.0022	9.1	6.4	13.7	9.7	—	—	—	—
426	2	120	74	8	4	0.0106	0.0126	0.0116	20.9	16.9	31.6	25.6	42.3	34.4	—	—
400	4	108	68	9	6	0.0048	0.0059	0.0053	18.8	15.6	28.4	23.6	38.1	31.6	—	—
500	2	206	124	11	8	0.0182	0.0215	0.0194	35.7	28.3	54.1	42.8	72.5	57.4	—	—
	4	192	116	10	9	0.0085	0.0100	0.0091	33.2	26.4	50.4	40.1	67.6	53.7	—	—
600	2	324	198	14	11	0.0286	0.0343	0.0311	55.8	44.9	84.8	68.2	113.9	91.5	—	—
	4	308	188	14	10	0.0136	0.0163	0.0148	53.1	42.6	80.7	64.8	108.2	86.9	—	—
	6	284	158	14	10	0.0083	0.0091	0.0083	48.9	35.8	74.4	54.4	99.8	73.1	—	—
700	2	468	268	16	13	0.0414	0.0464	0.0421	80.4	60.6	122.2	92.1	164.1	123.7	—	—
	4	448	256	17	12	0.0198	0.0222	0.0201	76.9	57.8	117.0	87.9	157.1	118.1	—	—
	6	382	224	15	10	0.0112	0.0129	0.0116	65.6	50.6	99.8	76.9	133.9	103.4	—	—
800	2	610	366	19	15	0.0539	0.0634	0.0575	—	—	158.9	125.4	213.5	168.5	—	—
	4	588	352	18	14	0.0260	0.0305	0.0276	—	—	153.2	120.6	205.8	162.1	—	—
	6	518	316	16	14	0.0152	0.0182	0.0165	—	—	134.9	108.3	181.3	145.5	—	—

续表

DN/mm	N	n① 19	n① 25	中心排管数 d 19	中心排管数 d 25	管程流通面积/m² d×δₜ 19×2	25×2	25×2.5	A②/m² L=3m 19	25	L=4.5m 19	25	L=6m 19	25	L=9m 19	25
900	2	800	472	22	17	0.0707	0.0817	0.0741	—	—	207.6	161.2	279.2	216.8	—	—
	4	776	456	21	16	0.0343	0.0395	0.0353	—	—	201.4	155.7	270.8	209.4	—	—
	6	720	426	21	16	0.0212	0.0246	0.0223	—	—	186.9	145.5	251.3	195.6	—	—
1000	2	1006	606	24	19	0.0890	0.105	0.0952	—	—	260.6	206.6	350.6	277.9	—	—
	4	980	588	23	18	0.0433	0.0509	0.0462	—	—	253.9	200.4	341.6	269.7	—	—
	6	892	564	21	18	0.0262	0.0326	0.0295	—	—	231.1	192.2	311.0	258.7	—	—
1100	2	1240	736	27	21	0.1100	0.1270	0.1160	—	—	230.3	250.2	431.3	336.8	—	—
	4	1212	716	26	20	0.0536	0.0620	0.0562	—	—	313.1	243.4	421.6	327.7	—	—
	6	1120	692	24	20	0.0329	0.0399	0.0362	—	—	289.3	235.2	389.6	316.7	—	—
1200	2	1452	880	28	22	0.1290	0.1520	0.1380	—	—	374.4	298.6	504.3	402.2	764.2	609.4
	4	1424	860	28	22	0.0629	0.0745	0.0675	—	—	367.2	291.8	494.6	393.1	749.5	595.6
	6	1348	828	27	21	0.0396	0.0478	0.0434	—	—	347.6	280.9	468.2	378.4	709.5	573.4
1300	4	1700	1024	31	24	0.0751	0.0887	0.0804	—	—	—	—	589.3	467.1	—	—
	6	1616	972	29	24	0.0476	0.0560	0.0509	—	—	—	—	560.2	443.3	—	—

① 排管数按正方形旋转45°排列计算。
② 计算换热面积按光管及公称压力2.5MPa的管板厚度确定。

（2）管壳式换热器型号的表示方法

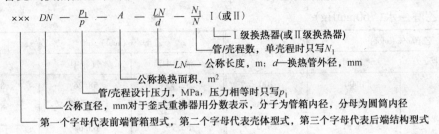

$$\times\times\times \ DN - \frac{p_1}{p} - A - \frac{LN}{d} - \frac{N_1}{N} \ \mathrm{I}（或\mathrm{II}）$$

- └─ I 级换热器(或 II 级换热器)
- └─ 管/壳程数，单壳程时只写 N_1
- └─ LN——公称长度，m；d——换热管外径，mm
- └─ 公称换热面积，m^2
- └─ 管/壳程设计压力，MPa，压力相等时只写 p_1
- └─ 公称直径，mm对于釜式重沸器用分数表示，分子为管箱内径，分母为圆筒内径
- └─ 第一个字母代表前端管箱型式，第二个字母代表壳体型式，第三个字母代表后端结构型式

管壳式换热器前端、壳体和后端结构型式分类

代号	前端固定管箱型式	代号	壳体型式	代号	后端管箱型式
A	管箱和可拆端盖	E	单程壳体	L	与"A"类似的固定管板
B	封头(整体端盖)	F	具有纵向隔板的双程壳体	M	与"B"类似的固定管板
C	仅用于可拆管束管板与管箱为整体及可拆端盖	G	分流壳体	N	与"N"类似的固定管板
		H	双分流壳体	P	外部填料函浮头
N	管板与管箱为整体及可拆端盖	J	无隔板分流壳体	S	有背衬的浮头
				T	可抽式浮头
		K	釜式再沸器	U	U形管束
D	高压特殊封头	X	错流壳体	W	外密封浮动管板

26. 部分二元物系的气液平衡组成

（1）乙醇－水(760mmHg)

乙醇/%（mol）		温度/℃	乙醇/%（mol）		温度/℃
液相中	气相中		液相中	气相中	
0.00	0.00	100	32.73	58.26	81.5
1.90	17.00	95.5	39.65	61.22	80.7
7.21	38.91	89.0	50.79	65.64	79.8
9.66	43.75	86.7	51.98	65.99	79.7
12.38	47.04	85.3	57.32	68.41	79.3
16.61	50.89	84.1	57.63	73.85	78.74
23.37	54.45	82.7	74.72	78.15	78.41
26.08	55.80	82.3	89.43	89.43	78.15

（2）苯－甲苯(760mmHg)

苯/%（mol）		温度/℃
液相中	气相中	
0.0	0.0	110.6
8.8	21.2	106.1
20.0	37.0	102.2
30.0	50.0	98.6
39.7	61.8	95.2
48.9	71.0	92.1
59.2	78.9	89.4
70.0	85.3	86.8
80.3	91.4	84.4
90.3	95.7	82.3
95.0	97.9	81.2
100.0	100.0	80.2

（3）氯仿－苯(760mmHg)

氯仿/%（质量）		温度/℃
液相中	气相中	
10	13.6	79.9
20	27.2	79.0
30	40.6	78.1
40	53.0	77.2
50	65.0	76.0
60	75.0	74.6
70	83.0	72.8
80	90.0	70.5
90	96.1	67.0

（4）水－醋酸

水/%（mol）		温度/℃	压强/mmHg
液相中	气相中		
0.0	0.0	118.2	760
27.0	39.4	108.2	
45.5	56.5	105.3	
58.8	70.7	103.8	
69.0	79.0	102.8	
76.9	84.5	101.9	
83.3	88.6	101.3	
88.6	91.9	100.9	
93.0	95.0	100.5	
86.8	97.7	100.2	
100.0	100.0	100.0	

（5）甲醇－水

甲醇/%（mol）		温度/℃	压强/mmHg
液相中	气相中		
5.31	28.34	92.9	760
7.67	40.01	90.3	
9.26	43.53	88.9	
12.57	48.31	86.6	
13.15	54.55	85.0	
16.74	55.85	83.2	
18.18	57.75	82.3	
20.83	62.73	81.6	
23.19	64.85	80.2	
28.18	67.75	78.0	
29.09	68.01	77.8	
33.33	69.18	76.7	
35.13	73.47	76.2	
46.20	77.56	73.8	
52.92	79.71	72.7	
59.37	81.83	71.3	
68.49	84.92	70.0	
77.01	89.62	68.0	
87.41	91.94	66.9	

参 考 文 献

[1] 李阳初, 刘雪暖编. 石油化学工程原理. 北京: 中国石化出版社, 2008.

[2] 李阳初, 王耀斌编. 石油化学工程基础. 东营: 中国石油大学出版社, 2004.

[3] 陈敏恒, 从德滋, 方图南, 齐鸣斋编. 化工原理. (第三版). 北京: 化学工业出版社, 2006.

[4] 柴诚敬主编. 化工原理. 北京: 高等教育出版社, 2005.

[5] 姚玉英, 黄凤廉, 陈常贵, 柴诚敬编. 化工原理. (第二版). 天津: 天津科学技术出版社, 2012.

[6] 朱家骅, 叶世超, 夏素兰等编. 化工原理(上册). (第二版). 北京: 科学出版社, 2001.

[7] 叶世超, 夏素兰, 叶美桂等编. 化工原理(下册). (第二版). 北京: 科学出版社, 2002.

[8] 李德华编著. 化学工程基础. (第二版). 北京: 化学工业出版社, 2007.

[9] 蒋维钧, 雷良恒, 刘茂林, 戴猷元, 余立新编著. 化工原理. (第三版). 北京: 清华大学出版社, 2010.

[10] 潘永康编. 现代干燥技术. 北京: 化学工业出版社, 1998.

[11] 王晓红, 田文德编. 化工原理. 北京: 化学工业出版社, 2011.

[12] 时钧, 袁权, 高从堦. 膜技术手册. 北京: 化学工业出版社, 2001.

[13] 韩布兴编著. 超临界流体科学与技术. 北京: 中国石化出版社, 2005.

[14] 大连理工大学化工原理教研室编. 化工原理. 大连: 大连理工大学出版社, 2002.

[15] 谭天恩, 窦梅, 周明华编著. 化工原理. (第三版). 北京: 化学工业出版社, 2006.

[16] 柴诚敬, 张国亮编著. 化工流体流动与传热. 北京: 化学工业出版社, 2000.

[17] 兰州石油机械研究所主编. 现代塔器技术. (第二版). 北京: 中国石化出版社, 2005.

[18] 汪家鼎, 骆广生著. 溶剂萃取. 北京: 化学工业出版社, 2002.

[19] 周立雪, 周波主编. 传质与分离技术. 北京: 化学工业出版社, 2002.

[20] 林世雄主编. 石油炼制工程. (第三版). 北京: 石油工业出版社, 2000.